POUX, PUCES, PUNAISES
LA VERMINE DE L'HOMME

Rencontres d'histoire de la médecine, des pratiques et des représentations médicales dans les sociétés anciennes

Publications précédentes :

Air, miasmes et contagion. Les épidémies dans l'Antiquité et au Moyen Âge,
études réunies par D. Quéruel, É. Samama et S. Bazin-Tachella, Langres : Dominique Guéniot, juin 2001, 198 pages, ISBN 2-87825-208-X

Le corps à l'épreuve. Poisons, remèdes et chirurgie : aspects des pratiques médicales dans l'Antiquité et au Moyen Âge,
études réunies par Fr. Collard et É. Samama, Langres : Dominique Guéniot, juillet 2002, 192 pages, ISBN 2-87825-233-0

Mires, physiciens, barbiers et charlatans. Les marges de la médecine de l'Antiquité au XVIe siècle,
études réunies par Fr. Collard et É. Samama, Langres : Dominique Guéniot, mars 2004, 180 pages, ISBN 2-87825-277-2

Pharmacopoles et apothicaires, les « Pharmaciens » de l'Antiquité au Grand Siècle,
études réunies par Fr. Collard et É. Samama, Paris : L'Harmattan, août 2006, 196 pages, ISBN 2-296-01061-X

Handicaps et sociétés dans l'histoire. L'estropié, l'aveugle et le paralytique,
études réunies par Fr. Collard et É. Samama, Paris : L'Harmattan, mars 2010, 226 pages, ISBN 978-2-296-11443-2

Dents, dentistes et art dentaire. Histoire, pratiques et représentations Antiquité, Moyen Âge, Ancien Régime,
études réunies par Fr. Collard et É. Samama, Paris : L'Harmattan, décembre 2012, 370 pages, ISBN 978-2-336-29012-6

Sous la direction de
Franck Collard
et Évelyne Samama

POUX, PUCES, PUNAISES
LA VERMINE DE L'HOMME

Découverte, descriptions et traitements
Antiquité, Moyen Âge, Époque moderne

L'Harmattan

Comité de lecture pour le présent ouvrage :
Nicoletta Palmieri
Laurence Moulinier Brogi
Elisabeth Belmas

Edition, mise en page et maquette :
Franck COLLARD et Évelyne SAMAMA
avec le concours de Nicolas BOILEAU (UVSQ)

5-7, rue de l'Ecole-Polytechnique, 75005 Paris

http://www.harmattan.fr
diffusion.harmattan@wanadoo.fr

ISBN : 978-2-343-07898-4
EAN : 9782343078984

Avant-propos

Depuis bientôt presque vingt ans, les « Rencontres d'histoire de la médecine, des représentations et des pratiques médicales » réunissent, dans une démarche diachronique et pluri-disciplinaire, des philologues, historiens, littéraires, historiens de l'art, archéologues, anthropologues, scientifiques et médecins pour interroger le passé éloigné, de l'Antiquité aux Temps modernes, de l'Orient au Nouveau Monde, sur des questions diverses et variées. Si grandes aient-elles été, les révolutions survenues depuis le XIXe siècle dans le domaine de la médecine et dans le monde sanitaire n'ont pas coupé totalement ceux-ci des réalités pathologiques et thérapeutiques qui prévalurent des siècles durant dans des sociétés dites traditionnelles, certes pauvres en moyens de guérison, mais moins résignées qu'on a pu le dire à la souffrance et aux maladies. Sans négliger de mettre les représentations forgées par les périodes reculées sur l'arrière-plan des connaissances actuelles, il s'agit de les explorer et de les comprendre dans leur contexte, sans exclure la possibilité d'en percevoir encore quelques prolongements ou vestiges en notre temps.

Parmi les nuisances du quotidien, en des temps d'hygiène sommaire et de promiscuité, les parasites de l'homme que sont poux, puces et punaises (selon une classification qui n'était pas celle du passé) ont tenu une place rien moins qu'anecdotique. Mais leur trivialité a longtemps détourné le regard des historiens de ces créatures minuscules qui opèrent un retour marqué dans les sociétés dites avancées. Le sujet a une première dimension de « philosophie naturelle » : où et comment a-t-on pensé, décrit, répertorié et représenté, à travers les siècles, ce qui ne se nomme « parasites » que depuis le XVIIIe siècle seulement ? Comment a-t-on expliqué à la fois leur origine (externe ou interne ?), leurs modes d'existence (voyage dans le corps) et leurs modes d'action (agitation démangeante ou parasitage) ? Se rattachent à cette première série de problèmes des interrogations sur les conditions d'hygiène dans les sociétés anciennes souvent caricaturées à cet égard, ainsi que des questions sur la vision symbolique, voire spirituelle, de ces créatures participant de la misère de l'homme mais aussi, croit-on, de la gloire divine de l'engendrement sans accouplement, censé caractériser leur génération. La deuxième dimension, médicale, concerne les pathologies liées aux « parasites » ainsi que les protocoles thérapeutiques mis en œuvre, préventivement ou curativement, pour obvier à leurs effets ou les combattre. Ces moyens incluent aussi des procédures non pharmacologiques voire non savantes, comme l'épouillage qui a beaucoup intéressé anthropologues et ethnologues.

Les vingt-cinq contributions rassemblées sont la forme écrite des communications présentées au colloque des 11, 12 et 13 mars 2015 à l'Université de Versailles-St-Quentin-en-Yvelines, au Centre Scipion de l'AP-HP (Assistance publique – Hôpitaux de Paris) et à l'Université de Paris Ouest Nanterre. Deux journées d'études préparatoires, tenues en novembre 2013 à la MSH Paris-Nord puis en mars 2014 à Nanterre, ont permis de dégager les grands axes de la réflexion qui forment l'ossature de ce volume.

Journées d'études et colloque ont été financés par trois laboratoires, l'EA 2356 Pléiade (Université de Paris-13, Sorbonne-Paris-Cité), l'EA 1587 CHiSCO (Université de Paris-Ouest Nanterre La Défense) et l'EA 2449 DyPaC (Université de Versailles Saint-Quentin-en-Yvelines), par l'ED 395 de l'Université de Paris-Ouest Nanterre et par le Forum « Jeu et Société » ainsi que par le Conseil régional d'Île-de-France. Toute notre gratitude va à Elisabeth Belmas, professeur à l'université de Paris-13, qui a, une nouvelle fois, œuvré au bon déroulement de nos rencontres. L'AP-HP nous a reçus dans les magnifiques locaux de l'Espace Scipion et nous remercions pour leur accueil Patrice Guérin, conservateur en chef des Archives de l'AP-HP, et son équipe. Nous sommes très reconnaissants à Nicolas Boileau (UVSQ DyPac) d'avoir trouvé et adapté l'image qui a illustré l'affiche du colloque et la couverture de ce livre.

La publication des actes a été possible grâce au Forum « Jeu et Société » et Conseil régional d'Île-de-France.

Historienne, c'est-à-dire soucieuse de comparer les époques et les aires pour mettre en évidence les transmissions, les permanences et les évolutions, la démarche suivi a visé à dégager les voies d'approche d'un thème à première vue aussi insaisissable que les animalcules qu'il concerne et à confronter les données matérielles, textuelles et iconographiques, en faisant varier les modes de présence des poux, puces et punaises, sujets de considérations scientifiques et médicales, de création artistique et langagière, mais aussi objets d'exaspérations nocturnes et de traitements plus ou moins élaborés, véhicules d'une dimension symbolique et support de discours moraux, voire théologique.

Le propos a été divisé en autant de sections qu'il y a de créatures mentionnées dans le titre. La première regroupe des réflexions sur les traces matérielles et verbales laissées dans l'histoire par les poux et leurs cousines, après un cadrage parasitologique qui donne l'état des savoirs actuels et montre la permanence d'affections pédiculaires ou autres présentes aux époques les plus lointaines et détectables lors de fouilles archéologiques par paléo-anthropologues et paléo-parasitologues à l'affût de la moindre marque de grattement ou de la moindre larve fossilisée. Non contentes d'infester les corps, les linges et les demeures, les bestioles considérées se répandent aussi dans le langage et les différentes langues, leurs maux se transcrivent en mots. Leur lexicographie est riche d'enseignements dans des domaines qui dépassent de loin la seule philosophie naturelle.

La deuxième section explore les aspects plus proprements scientifiques de la question à travers des sources textuelles savantes qui relèvent soit de la description (encyclopédique ou non) de la nature, avec le problème de la visibilité du minuscule et celui de la classification de nos créatures, soit des écritures médicales. Cette documentation se caractérise certes par l'absence de traité spécifique dévolu aux trois catégories étudiées — puisque la notion de parasite émerge très tardivement — mais aussi par la relative abondance de réflexions produites à leur propos, leur enrichissement à partir de la base greco-romaine, la grande fidélité des auteurs arabo-musulmans et occidentaux à des « vérités » fausses (la génération spontanée en particulier) mais aussi l'importance des préoccupations prophylactiques ou curatives qui témoignent à la fois de l'enfer de démangeaison que pouvait être le quotidien des gueux ou des rois et de la recherche de solutions pour améliorer les choses. Comme dans la première section, la dimension morale et symbolique affleure, car même les créatures les plus viles reflètent un ordre du monde voulu par la Providence.

La dernière section aborde plus directement ces dimensions en envisageant poux et consorts comme des motifs de jeux (littéraires ou libertins), de méditation spirituelle (impureté et humilité), de réflexion politique (pédiculose et tyrannie, majesté et misère du corps) ou de représentations picturales qui donnent à voir ce que, grâce aux progrès modernes de l'optique, les « lunettes à puces », premier nom du microscope, commencent au même moment à mieux pouvoir discerner.

Ainsi peut-on espérer que le lecteur aura une connaissance, sinon complète du moins diversifiée, sur un sujet rien moins que saugrenu ou incongru. Car, outre le fait qu'il met en jeu les plaies de l'existence quotidienne des populations du passé et regarde donc l'histoire sociale à travers celle du corps, il offre des perspectives de grand intérêt sur l'histoire des idées scientifiques et médicales ainsi que sur l'histoire des représentations. On sait, depuis Michel Pastoureau, que les animaux ont une histoire qui dit beaucoup sur celle des hommes. Il n'y avait aucune raison de laisser dans l'ombre poux, puces et punaises au prétexte qu'ils comptent parmi les plus vils et les plus menus. Une culture commune s'est construite à leur « contact », de la Grèce ancienne à Byzance et Bagdad, du Moyen Âge au Grand Siècle, du Vieux Monde aux Antilles. Et ils ont concouru à changer la vision des choses.

S'il faut absolument trouver une « modernité » au sujet, on peut dire, à bien y réfléchir, qu'elle réside moins dans la réapparition récente des punaises de lits que dans le rôle tenu dans l'invention de la science moderne par les poux et les puces. L'appareil inventé pour voir ces dernières a permis l'invalidation de la théorie de la génération spontanée incarnée, si l'on ose dire, par les premiers. Utile vermine, qui, bien loin de matérialiser la punition divine qu'elle était censée être aux yeux des théologiens ou des moralistes de jadis, a piqué la curiosité des hommes et élargi les champs d'investigation des historiens.

Franck Collard et Évelyne Samama
octobre 2015

PREMIÈRE PARTIE

MOTS, MAUX ET TRACES : DÉCOUVRIR, IDENTIFIER, NOMMER

Le dermatologue du XXIe siècle et les ectoparasites

Antoine PETIT[1]

Le dermatologue du XXIe siècle réserve le terme d'ectoparasites, si l'on se réfère au programme français des études médicales, aux poux et au sarcopte de la gale. Pour mieux correspondre à l'intitulé du colloque, nous aurions pu y ajouter les puces ; nous leur avons préféré les punaises de lit qui, au sein des insectes piqueurs, occupent une place particulière. L'intérêt des médecins et des scientifiques à l'égard de toutes ces petites bestioles se maintient au fil des ans, comme en témoigne le nombre de publications qui leur sont consacrées dans la base de données « PubMed » (fig. 1). Elles n'ont sans doute plus le même statut de « vermine » que par le passé, où leur génération spontanée a pu témoigner de la corruption des chairs, voire des âmes, mais n'en conservent pas moins un fort pouvoir d'évocation. D'une part, des images de misère, de malheur et de honte leur restent attachées. D'autre part, certains débats les concernant ont traversé le monde médical hier et trouvent encore des échos aujourd'hui. Après avoir vu comment l'histoire a lié les destins du dermatologue et du parasite de la gale, nous aborderons trois de ces thématiques : le visible et l'invisible, le trivial et le sévère, l'intérieur et l'extérieur.

1. La naissance conjointe du dermatologue et du sarcopte

En 1801, les Révolutionnaires parisiens baptisèrent l'hôpital Saint-Louis « Hospice du Nord » et lui assignèrent le soin des maladies de la peau. L'hôpital, dont la construction avait commencé en 1607 bien en dehors des murs de la ville, en raison des épidémies de peste, vit ainsi naître la dermatologie en tant que spécialité médicale sous l'égide d'un jeune médecin ambitieux acquis aux idées médicales nouvelles, Jean Louis Alibert[2]. La découverte du parasite de la gale par les institutions officielles est contemporaine de cette naissance, illustrant l'importance du lien entre dermatologues et ectoparasites.

La gale (scabiose) est une maladie strictement humaine, même si le terme de gale est parfois utilisé improprement pour des parasitoses animales ou des affections non parasitaires. Elle est due à un petit acarien dont les plus gros spécimens, femelles matures, mesurent jusqu'à 400μ, soit près d'un demi-millimètre. Son cycle de vie se déroule principalement en surface du tégument, où il se nourrit de débris cellulaires, mais les nymphes creusent

---

[1] Praticien hospitalier, service de dermatologie, APHP Hôpital Saint-Louis, Paris, France, antoine.petit@aphp.fr.

[2] Gérard TILLES, *Dermatologie des XIXe et XXe siècles. Mutations et controverses*, Paris : Springer Verlag France, 2011, p. 15-22.

aussi des sillons dans la surface de l'épiderme pour s'y transformer en adultes, et les femelles pour y pondre leurs œufs (fig. 2). L'infestation engendre après quelques semaines des démangeaisons particulièrement intenses et insomniantes, ainsi que des lésions cutanées caractéristiques.

L'histoire de la « découverte » du sarcopte a été admirablement racontée par M. Janier[3] et G. Tillès[4]. La gale est une affection banale ; la présence de parasites, souvent nommés cirons, y est connue depuis longtemps (elle serait mentionnée par Avenzoar) et leur extraction de la peau à l'aide d'une aiguille est traditionnellement pratiquée dans certains milieux. On trouve une description d'une extraordinaire justesse de la maladie et du parasite sous la plume de deux auteurs, Bonomo et Cestoni, dans une lettre adressée en 1687 au naturaliste florentin Redi[5] ; la précision de leurs observations et la rigueur de leur raisonnement les amènent à considérer que le parasite est bien l'agent causal de la maladie, responsable de sa contagiosité. Mais les milieux médicaux, imprégnés de la doctrine humoraliste et de la théorie de la génération spontanée, ne les écouteront pas avant plus d'un siècle, considérant que les éventuels parasites naissent des chairs corrompues et sont donc une conséquence plutôt qu'une cause de la gale. Une partie des scientifiques parisiens doutait encore de l'existence et du rôle des « insectes » de la gale au début du XIXe siècle. Les idées nouvelles, privilégiant l'observation minutieuse à la manière des sciences naturelles, au détriment du commentaire théorique des Anciens, suscitaient encore des résistances.

Alibert participa au combat pour faire reconnaître l'existence du sarcopte de la gale, au cours de démonstrations officielles qui étaient de véritables événements publics et mondains. D'abord berné par un interne sans doute indélicat au nom prédestiné de Galès, dont la découverte fut finalement reconnue comme un banal acarien du fromage[6], il parvint à son but en 1834 quand un autre interne, François Simon Renucci, mit en évidence le vrai agent responsable, *Sarcoptes scabiei*, devant un parterre de savants, dans la cour de l'hôpital Saint-Louis. Le sarcopte de la gale naissait officiellement des efforts des premiers dermatologues, marquant une ère nouvelle de la médecine (fig. 3)…

2. Du visible à l'invisible

En 1859, un médecin parisien écrivait :

> « On introduit doucement une épingle parallèlement à la peau. Si l'opération est bien faite, on doit voir sur l'aiguille le sarcopte qui s'y

[3] Michel JANIER, « L'histoire du sarcopte de la gale », *Histoire des Sciences Médicales* 28 (1994), accessible sur http://www.biusante.parisdescartes.fr/sfhd/ecrits/sarcopte.html.

[4] Gérard TILLES, *op. cit.* note 2, p. 124-135.

[5] C. Bonomo, *Osservazzioni intorno a pellicelli del corpo umano e da lui con altre osservazzioni scritte in una lettera all'illustri Sign. Francesco Redi*, Florence : Piero Matini, all'insegna del Lion d'Oro, 1687. La première traduction française de la lettre date de 1730, *cf.* G. TILLES, *op. cit.* note 2, p. 125-126.

[6] Plutôt que tenter de défendre sa découverte ou se justifier, il semble que Galès préféra ouvrir des centres privés de traitement de la gale à Paris.

tient cramponné. Cette petite opération est d'une extrême simplicité et ne demande qu'un peu d'habitude et une vue ordinaire »[7].

Ce à quoi un autre répondait : « Par le temps qui court où chaque médecin voit vingt fois plus de malades qu'il n'en peut examiner sérieusement, croyez-vous qu'il pourra dépenser deux heures à caractériser un sarcopte perché au bout d'une aiguille ? »[8]. Le débat reste d'actualité aujourd'hui où le dermatoscope permet d'objectiver bien plus facilement les sarcoptes sur le malade même. Il s'agit d'une sorte de loupe éclairante sous laquelle on interpose un gel qui permet de voir à travers la couche cornée de l'épiderme ; c'est un outil avec lequel presque tous les dermatologues examinent quotidiennement les grains de beauté ; or nombre d'entre eux n'en font pas usage pour le diagnostic de gale, expliquant que cela leur prendrait trop de temps ou qu'« ils ne voient rien », et préférant se fier soit à des prélèvements effectués dans un laboratoire de parasitologie, soit à leur seul diagnostic clinique. Tandis que se développent des techniques de biologie moléculaire ou des techniques de recherche de sarcoptes à l'aide d'appareillages coûteux tels que la microscopie confocale, la simple visualisation à la loupe semble peut-être trop triviale…

Du côté des plus grandes bestioles, la mise en évidence *de visu* de l'infestation parasitaire n'est pas dépourvue de difficultés non plus. Les punaises de lit (*Cimex lectularius*, *Cimex hemipterus*) (fig. 4) sont des insectes hématophages d'environ ½ cm répandus dans le monde entier et qui semblent en recrudescence depuis quelques années. Vivant dans les bois de lit, les interstices des meubles ou les doublures des rideaux, elles se déplacent la nuit pour se nourrir de sang humain pendant le sommeil de leurs hôtes, mais restent extrêmement bien cachées le jour ; en débarrasser un appartement est de la plus haute difficulté. Leur piqûre détermine des lésions cutanées variées et parfois très intenses qui peuvent faire évoquer à tort les diagnostics les plus divers ; se convaincre et convaincre les patients de leur responsabilité n'est pas toujours facile pour le médecin.

Les poux sont des insectes hématophages de quelques millimètres. Les poux de tête (*Pediculus humanus* var. *capitis*), banals chez les enfants, sont faciles à voir quand ils sont assez nombreux ; à défaut, on peut mettre en évidence leurs œufs, les lentes, fermement accrochés aux cheveux ; une faible distance du cuir chevelu et un aspect brillant et tendu témoignent de leur vitalité (les vieilles lentes sont haut situées et d'aspect flétri). Les poux de corps (*Pediculus humanus* var. *corporis*) sont une variante des poux de tête qui habitent et pondent sur les fibres textiles des vêtements ; on les cherche surtout dans les coutures. L'infestation par les poux de corps est directement liée au fait de ne pas changer de vêtement ; elle touche des personnes vivant dans des conditions difficiles, accompagnant la misère, les prisonniers des camps, les SDF. Poux de tête et poux de corps sont des espèces proches. Les poux de pubis, ou morpions (*Phtirius inguinalis*) sont

---

[7] Eugène LANQUETIN, *Notice sur la gale et sur l'animalcule qui la produit*, Paris : J-B Baillière et fils, 1859.

[8] Cité par Michel JANIER (voir *supra* note 3).

beaucoup plus trapus de forme ; ils habitent essentiellement la région génitale et anopérinéale mais s'étendent parfois sur d'autres poils corporels ; ils affectionnent aussi les cils des petits enfants. Ils paraissent souvent moins mobiles et plus difficiles à voir directement que les poux de tête, d'autant que l'examen prolongé de la pilosité pubienne peut être délicat ; le diagnostic est souvent confié au patient.

Une dernière catégorie de parasites doit être mentionnée : c'est celle des bestioles imaginaires. Le syndrome d'Ekbom, attribué au psychiatre suédois du même nom qui en fit une description en 1938, était déjà connu auparavant. Il s'agit d'une forme de psychose qui touche volontiers des femmes après la cinquantaine et se cantonne à la conviction délirante d'être infesté de parasites cutanés. Cette conviction profondément ancrée amène volontiers les patients à produire devant le médecin divers échantillons de miettes, croûtes ou poussières censés témoigner de la réalité de l'infestation. Les contredire ou les adresser à un psychiatre induit une interruption immédiate de la relation ; le dermatologue est donc amené à prescrire lui-même les neuroleptiques qui seuls, en réduisant l'activité délirante, procurent un peu de répit à ces malades, fréquemment très angoissés et souffrant d'un retentissement social majeur de leur affection. Comme souvent en psychiatrie, on observe aujourd'hui des tableaux cliniques moins caricaturaux ou mélangés, mais la problématique reste présente. Un des avatars les plus surprenants du syndrome est sans doute la prise en charge collective du délire par une association, dans une perspective de revendication de la réalité de l'infestation : c'est la « maladie des morgellons ». La fameuse « Mayo Clinic » emploie, sur son site internet[9], les mêmes ruses de langage pour éviter de contredire frontalement le lobby défendant la réalité de la maladie des morgellons que le dermatologue face à son patient atteint d'un délire d'infestation parasitaire...

3. Le trivial et le sévère

Connus dans l'histoire pour accompagner catastrophes, conflits armés, famines et épidémies, les ectoparasites étaient bien présents durant les grandes pestes, transmises par morsures de puces, ou pendant la première guerre mondiale. La boutade selon laquelle le pou aurait fait plus de victimes que tous les belligérants en 1914-1918 est peut-être exagérée mais reflète bien le rôle du typhus exanthématique, une infection bactérienne transmise par les poux de corps, dans la mortalité des pays concernés. Par ce risque de transmission infectieuse, le petit désagrément du quotidien, trivial et ridicule, accède au statut de danger mortel — un peu comme le moustique transportant le paludisme — et acquiert ainsi une certaine respectabilité, au moins aux yeux des médecins. Le spectre du typhus hantait les armées des deux camps au début de la seconde guerre mondiale, assurant une large promotion du DDT, alors récent et miraculeux insecticide. Plus près de nous, une équipe du célèbre infectiologue marseillais D. Raoult a démontré la

---

[9] http://www. mayoclinic.org/morgellons-disease/art-20044996.

proximité génétique entre poux de tête et poux de corps, prophétisant que les seconds pourraient servir de réservoir de population aux premiers, exposant de ce fait nos chers enfants aux mêmes périls que les poilus des tranchées[10]... Plus inquiétant encore, l'analyse fine, grâce aux techniques modernes d'identification microbiologique, des microbes présents dans la salive des punaises de lit, révèle d'innombrables agents infectieux potentiels, de la peste au typhus... Heureusement, il faut plus que la simple présence de la bactérie dans le tube digestif d'un insecte hématophage pour qu'il y ait transmission à l'homme[11].

Il n'est pas nécessaire de convoquer un risque létal pour donner quelque respectabilité à une maladie jusqu'ici considérée tout au plus comme un petit tourment, inspirant plus la moquerie que la compassion. La médecine s'intéresse désormais à la souffrance des patients, au vécu et non seulement à la survie, bref, à ce qu'il est convenu d'appeler « qualité de vie ». On la mesure par d'innombrables échelles composées de séries de question qui ne sont pas sans rappeler les jeux-tests naïfs des magazines estivaux, mais cette démarche à tout prendre vaut mieux que l'ignorance ou le mépris ironique qui doublaient la peine de tous les patients atteints de disgrâces bénignes comme la plupart des maladies de la peau. Ainsi le regard amusé porté par les caricaturistes sur les pauvres diables passant leurs insomnies à chasser les insectes piqueurs a-t-il cédé le pas au regard sérieux et compassionnel des psychiatres expliquant que les piqûres de punaises peuvent être responsables de syndrome de stress post-traumatique au même titre que la participation à de violentes actions de guerre : cauchemars, flashbacks, hypervigilance pour tenir à distance les insectes, insomnie, anxiété, comportements d'évitement et *personal dysfunction*[12]. Est-ce là exagéré ? Le monde change...

Le changement, ce sont aussi les mouvements de populations, tourisme ou migrations, qui modifient notre regard sur le monde et bousculent les frontières d'une médecine historiquement « européano-centrée ». Au chapitre des ectoparasitoses cosmopolites, la gale n'est plus si anodine quand elle sévit à l'état endémique dans des populations entières, où l'infestation chronique est responsable de complications parfois graves ; certains aborigènes australiens sont particulièrement concernés. D'autres maladies dites exotiques apparaissent de moins en moins exotiques : c'est le cas d'ectoparasites envahissants qui ont tendance à pénétrer la peau, comme les myiases furonculoïdes (de gros asticots nichés dans la peau donnent l'impression de furoncles agités...) ou la *larva migrans* (larve de vers

---

[10] Wenjun Li, Gabriel Ortiz, Pierre-Edouard Fournier, Gregory Gimenez, David L. Reed, Barry Pittendrigh, Didier Raoult, « Genotyping of human lice suggests multiple emergences of bodyl lice from local head louse populations », *PLOS Neglected Tropical Diseases* 4 (2010), e-641.

[11] Pascal Delaunay, Véronique Blanc, Pascal Del Giudice, Anna Levy-Bencheton, Olivier Chosidow, Pierre Marty, Philippe Brouqui, « Bedbugs and Infectious Diseases », *Clinical Infectious Diseases* 52 (2011), p. 200-210.

[12] Jerome Goddard, Richard de Shazo, « Psychological effects of bed bug attacks (*Cimex lectularius* L.) », *Social Science & Medicine* 71 (2010), p. 1084-1088.

habitués à parasiter l'intestin des chiens et qui pénètrent la peau à l'occasion d'une sieste sur la plage mais n'arrivent plus à poursuivre leur cycle et errent pendant des semaines en traçant des dessins serpigineux et en causant de vives démangeaisons...). Là encore, ce qui n'est souvent qu'une simple péripétie pour le touriste est parfois un fléau pour les populations locales, comme l'est la tungose, ou « puce chique » : la femelle de ce petit insecte hématophage, qui vit sur le sol, vient nicher son corps dans la peau, laissant exposé l'orifice par lequel elle pondra les œufs dans le milieu extérieur. Dans les milieux ruraux de Tanzanie, plus de 40 % de la population sont infestés, avec un nombre médian de 17,5 puces chiques par patient et des troubles de la marche chez 22 % d'entre eux[13].

À l'opposé de ces tableaux inquiétants, les ectoparasites n'échappent pas à la règle qui veut qu'un micro-organisme puisse vivre en bonne entente avec son hôte humain, sans conséquence pathologique. On sait notre peau, de même que le revêtement de toutes nos cavités naturelles, habitées de bactéries définissant une flore commensale physiologique qu'il convient de respecter (sous peine de déséquilibre favorisant la croissance d'espèces pathogènes). Des champignons et des virus colonisent l'homme à l'état normal. Des parasites de plus grande taille, eucaryotes, aussi : c'est le cas de *Demodex folliculorum*, un petit acarien allongé niché dans des orifices pilaires normaux du visage, qui ne devient pathogène que dans des circonstances particulières.

4. Extérieur ou intérieur ?

Avant que soit définitivement établie son origine parasitaire, les traitements les plus divers étaient employés contre la gale, soit par voie générale – en vertu de la théorie des humeurs ou plus tard des diathèses ; soit par voie locale, notamment à l'aide de préparations soufrées. Les traitements généraux n'avaient probablement aucune efficacité ; les traitements locaux allaient progressivement et logiquement s'imposer. À l'hôpital Saint-Louis dans la seconde partie du XIXe siècle, ils étaient d'abord dispensés au cours d'hospitalisations de plusieurs jours dans une unité spécialisée, puis en ambulatoire ; le pavillon abritant les bains thérapeutiques est encore visible aujourd'hui (fig. 5). La thérapeutique était assez rude, comme en atteste un témoignage de l'époque :

> « Ces traitements sont irritants et d'odeur affreuse voire méphitique. Il est difficile de voir une guérison dans l'état de ces pauvres diables renvoyés dans leurs garnis ou leurs ateliers qu'ils ont quitté deux heures auparavant, peut-être avec leurs *acarus* morts mais avec tous leurs boutons, plus une couche sur tout le corps d'une pommade qui altère à tout jamais leur linge et neuf fois sur dix avec une éruption nouvelle produite par le traitement. Seuls les militaires,

---

[13] H.D. MAZIGO, E. BAHEMANA, E.T. KONJE, O. DYEGURA, L.L. MNYONE, E.J. KWEKA, B.R. KIDENYA, J. HEUKELBACH, « Jigger flea infestation (*Tungiasis*) in rural Western Tanzania: high prevalence and severe morbidity », *Transactions of the Royal Society of Tropical Medicine and Hygiena* 106 (2012), p. 159-163.

jeunes gens vigoureux, peuvent supporter le traitement mais non les femmes ni les gens du Monde »[14].

Malgré la mise au point de nouveaux composés acaricides / insecticides plus efficaces et moins toxiques, les traitements locaux de la gale devaient rester assez pénibles et contraignants de par leur odeur, leur pouvoir irritant et la nécessité de les appliquer sur la surface entière du tégument de tous les individus en contact étroit.

Au début des années 1980 apparut un nouvel antiparasitaire, l'ivermectine, d'abord sur le marché vétérinaire puis comme médicament humain. Prise par voie orale, l'ivermectine s'avéra un traitement remarquable de diverses parasitoses, permettant en particulier de réduire considérablement l'endémie d'onchocercose, qui était pourvoyeuse de nombreux cas de cécité dans certains pays africains. En 1999, les autorités sanitaires françaises décidèrent d'accorder à l'ivermectine orale une autorisation de mise sur le marché (AMM) pour le traitement de la gale, en faisant le premier médicament remboursé dans cette indication – les traitements locaux classiques, à statut d'insecticides, n'étant pas pris en charge par la Sécurité Sociale. Il subsistait alors quelques incertitudes sur son efficacité relative par rapport aux traitements locaux classiques : d'une part en raison d'essais thérapeutiques comparatifs aux résultats parfois contradictoires, d'autre part en raison de doutes sur son assimilation par les parasites immatures en surface de la peau et par les œufs. Ce dernier point, étayé par les résultats de plusieurs essais, aurait dû amener à préconiser deux prises à quinze jours d'intervalle, mais l'AMM fut délivrée pour une prise unique, peut-être dans l'enthousiasme. Il s'agissait en effet d'une nouveauté thérapeutique particulièrement séduisante par sa facilité d'emploi ; avec son statut de médicament remboursé pris par voie générale, la gale et les médecins qui la soignaient quittaient enfin le XIXe siècle et ses affreux badigeons pour entrer dans une médecine moderne et respectable… La suite de l'histoire révéla cependant que le traitement par ivermectine orale, quoique fort utile, était loin d'être miraculeux (et devait surtout être répété au moins une deuxième fois) ; la disparition en 2013 du traitement local de référence en France coïncida avec une recrudescence de la maladie qui persiste aujourd'hui.

L'intérêt pour un traitement interne des ectoparasites ne s'arrête pas à la gale, puisque les poux sont eux aussi sensibles au médicament. Intuitivement, leur caractère hématophage explique aisément cette efficacité, qu'un essai particulièrement rigoureux a montré supérieur à celle des insecticides locaux de référence[15]. Ce traitement révolutionnaire a soulevé l'enthousiasme de certains, les incitant à réclamer une extension de l'AMM à cette indication. Tel le Professeur Didier Raoult, à qui le magazine *Le*

---

[14] Cité par Michel JANIER (voir *supra* note 3).

[15] Olivier CHOSIDOW, Bruno GIRAUDEAU, Jeremy COTTRELL, Arezki IZRI, Robert HOFMANN, Stephen G. MANN, Ian BURGESS, « Oral Ivermectin *versus* Malathion Lotion for Difficult-to-Treat Head Lice », *The New England Journal of Medicine* 362 (2010), p. 896-905.

Point prêtait en 2013 les propos suivants concernant les pédiculoses du cuir chevelu :

> « [...] Voilà un exemple remarquable de notre incapacité à gérer une épidémie du fait d'un certain nombre de contraintes économiques et réglementaires. Nous ne pouvons pas lutter contre une épidémie incroyablement banale qui parasite nos enfants, alors que nous avons sous la main un produit efficace, facile à utiliser, bon marché et dépourvu de toxicité. Cela n'a plus de sens, où est le pilote ? ».

Il est vrai que dans la perspective, évoquée par le même auteur[16], d'une possible transmission d'infections sévères par les poux de tête, ce traitement pourrait être particulièrement utile.

À l'opposé s'expriment aussi d'autres orientations. L'une, qui relève du *primum non nocere*, considère qu'il est par principe moins risqué pour le patient de recevoir un traitement externe qu'interne ; aussi l'ivermectine peut-elle être tout simplement administrée par voie locale[17]. Par ailleurs, dans le souci légitime de limiter les sources de pollution chimique, on pourrait aussi abandonner toute espèce d'insecticide : les applications de diméticone permettent d'étouffer « mécaniquement » les poux sans risque de déchets toxiques[18]. Enfin, une préoccupation écologique poussée a donné naissance à une tendance nouvelle, dans certains milieux occidentaux, qui serait d'accepter une cohabitation pacifique avec les poux, ou tout au moins de revenir à des recettes anciennes comme l'épouillage manuel.

Conclusion

La médecine occidentale inaugurait au début du XIXe siècle une ère nouvelle, tournant le dos aux constructions théoriques héritées du passé pour privilégier l'observation et la description sur le modèle de la botanique ou de la zoologie. L'étude des maladies de peau était au centre de ce mouvement, la reconnaissance du sarcopte de la gale en est un symbole. Le célèbre dermatologue viennois Moritz Kaposi pouvait écrire :

> « La doctrine humorale ancienne [...] a été complétement renversée et abandonnée après qu'elle eut été (qu'on me permette cette métaphore) entièrement sapée par le travail souterrain du petit acare. Ainsi, c'est dans l'histoire de la gale que prend racine la nouvelle ère de la médecine fondée sur les sciences naturelles »[19].

Aujourd'hui, la dermatologie a perdu une partie de son aura, devenant une des spécialités médicales les moins prestigieuses auprès des étudiants[20]. Il n'est d'ailleurs pas rare que des patients demandent à leurs

---

[16] Wenjun LI, Didier RAOULT *et alii*, voir *supra* note 9.

[17] David M. PARISER, Terry Lynn MEINKING, Margie BELL, William G. RYAN, « Topical 0.5 % Ivermectin Lotion for Treatment of Head Lice », *The New England Journal of Medicine* 367 (2012), p. 1687-1691.

[18] Anonyme, « Poux du cuir chevelu. Diméticone, substance pédiculicide de premier choix », *Revue Prescrire* 34 (2014), p. 198-202.

[19] Cité par Gérard TILLES, voir *supra* note 4.

[20] Tout en restant une des plus attractives, en particulier par sa réputation de ne pas avoir à faire face au stress des urgences et des maladies mortelles, *cf.* Peter A. CREED, Judy SEARLE,

dermatologues s'ils sont « aussi » médecins… L'organe qu'ils soignent n'est ni « profond » ni « noble » ; les maladies qu'ils traitent sont réputées sans gravité, de surcroît souvent « sales », tout comme les traitements qu'ils appliquent ; leur démarche serait descriptive, purement clinique, s'intéressant aux états visibles au lieu des mécanismes internes et secrets, recourant peu aux technologies modernes et aux avancées de la science biologique. Comme si la spécialité était restée accrochée au XIXe siècle, ses sarcoptes et ses naturalistes ; le dermatologue est d'ailleurs parfois comparé par moquerie à un chasseur de papillons, collectionnant des maladies au nom latin bizarre auxquelles la vraie médecine ne saurait s'intéresser. Les thématiques du visible et du caché, du trivial et du sévère, du traitement de surface et du traitement interne s'inscrivent aussi dans cette problématique : en préférant la biologie moléculaire à la loupe éclairante pour le diagnostic de la gale, et les traitements internes aux badigeons cutanés pour son traitement, le dermatologue du XXIe siècle cherche-t-il à redorer son blason ?

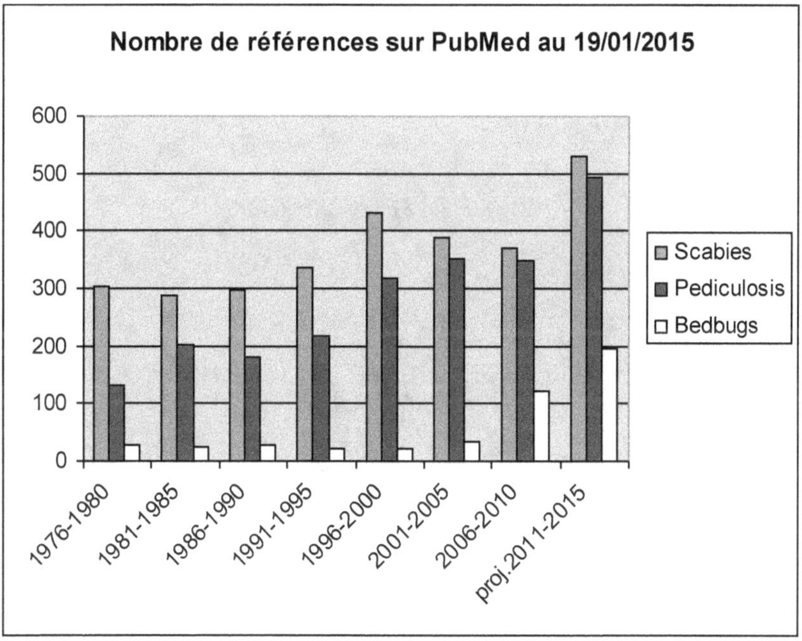

Figure 1. Nombre d'articles référencés dans la base de données PubMed sur la gale, les poux et les punaises de lit, entre 1976 et 2015 (pour 2015, projection à partir des années 2011-2014)

Mary E. ROGERS, « Medical specialty prestige and lifestyle preferences for medical students », *Social Science & Medicine* 71 (2010), p. 1084-1088.

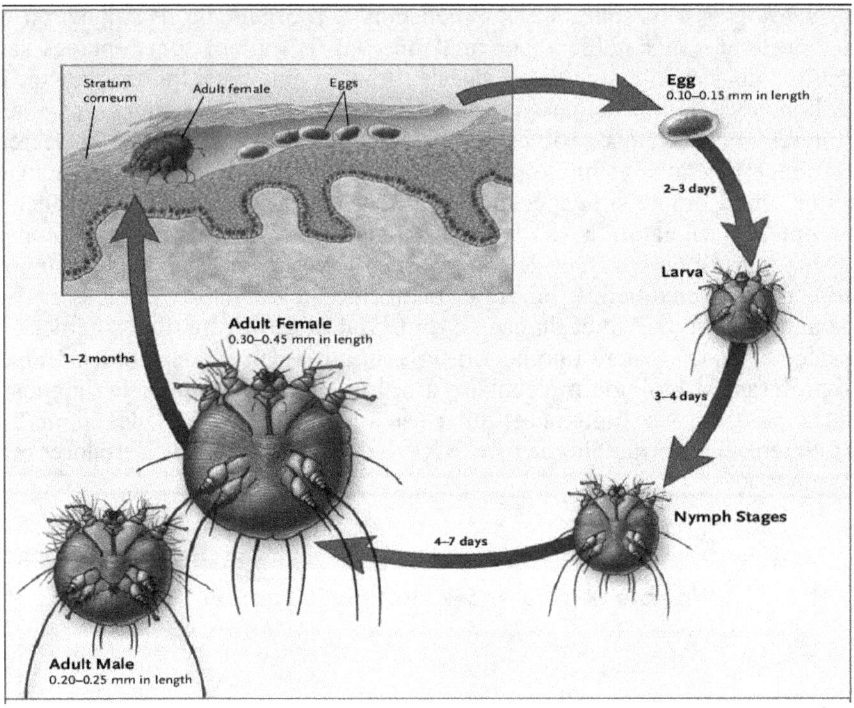

Figure 2. Le cycle de la gale

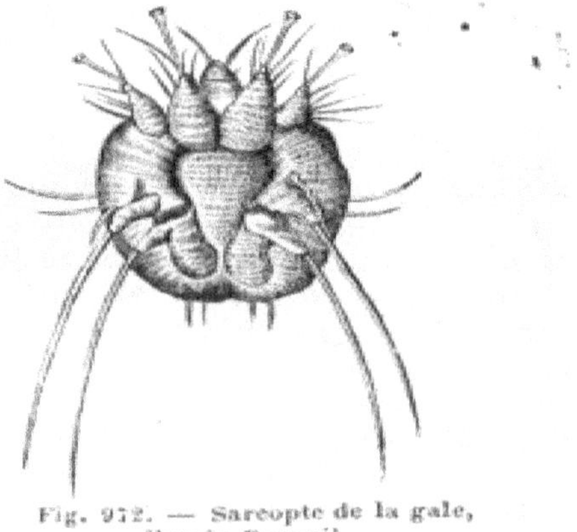

Fig. 972. — Sarcopte de la gale,
d'après Raspail.

Figure 3. Le sarcopte de la gale, d'après Raspail

Figure 4. *Cimex lectularius*, la punaise de lit (cliché de l'auteur)

Figure 5. Le pavillon des bains à l'Hôpital Saint-Louis (cliché A.P.)

Subir, ou lutter contre les ectoparasites dans les populations du passé : l'apport de l'anthropologie biologique

Caroline POLET[1]

Les restes humains constituent des archives biologiques dont l'étude permet aux anthropologues de restituer de nombreux aspects des sociétés anciennes. Parmi ceux-ci, la santé et l'hygiène occupent une place prépondérante car elles régissent la croissance et la survie d'une population. Ces deux paramètres sont l'objet de la paléopathologie, une discipline qui investigue les maladies de nos ancêtres et qui se situe à l'interface entre la médecine, l'anthropologie biologique et l'archéologie (ainsi que l'histoire pour les périodes récentes)[2]. Le domaine de recherche de la paléopathologie consacré à l'étude des parasites qui affectaient les populations du passé est dénommé « paléoparasitologie »[3]. Il apporte des données épidémiologiques essentielles qui concernent plus particulièrement : les conditions de vie, l'alimentation, les migrations et, à un niveau plus global, l'émergence et la disparition des maladies parasitaires.

Les recherches paléoparasitologiques portent principalement sur les restes humains ou animaux momifiés, les coprolithes[4] et les sédiments. Les parasites investigués peuvent être internes (endoparasites) comme les vers intestinaux et les amibes ou externes (ectoparasites) comme les poux, les puces et les punaises qui constituent le thème de cette contribution.

Les apports de l'anthropologie biologique à la paléoparasitologie sont divers. Outre le diagnostic d'une parasitose, l'étude de restes humains permet de travailler à l'échelle individuelle (une parasitose pourra être associée à un individu) et de pouvoir mettre en relation la présence d'un parasite avec d'autres paramètres biologiques comme le sexe, l'âge et d'autres pathologies.

Pour diagnostiquer une parasitose, l'anthropologue examine des traces sur les restes humains. Celles-ci peuvent être détectées visuellement ou chimiquement. Elles sont laissées par les parasites mêmes, par les maladies qu'ils peuvent transmettre ou par les moyens utilisés pour lutter contre eux.

---

[1] Chercheur à la Direction Opérationnelle Terre et Histoire de la Vie, Institut royal des Sciences naturelles de Belgique, 29 rue Vautier, B-1000 Bruxelles, Belgique.

[2] Olivier DUTOUR, *La paléopathologie* (Collection Préhistoires en questions, n°1), Paris : éditions du CTHS, 2011.

[3] Stéphanie HARTER & Françoise BOUCHET, « Paléoparasitologie : apports des méthodes de la parasitologie médicale à l'étude des populations anciennes », *Bulletins et Mémoires de la Société d'Anthropologie de Paris*, nouvelle série 14 (2002), p. 363-370.

[4] Un coprolithe est un excrément ancien : il peut être desséché, congelé, minéralisé ou fossilisé.

L'anthropologue dispose de toute une série de méthodes pour mettre en évidence la présence de parasites sur ou dans des restes humains[5] : examen à l'œil nu (avec ou sans l'aide d'une loupe), microscopie optique ou électronique et techniques histologiques[6], immunologiques[7] et moléculaires[8].

1. Subir les poux, les puces et les punaises

Les hommes subissent les ectoparasites depuis l'aube de l'Humanité. Ils les auraient hérités de leurs cousins primates (ou d'un ancêtre commun) ainsi que d'autres mammifères[9]. En effet, les poux de corps et de tête humains (respectivement, *Pediculus humanus humanus* et *Pediculus humanus capitis*) présentent énormément de similarités morphologiques et génétiques avec le pou du chimpanzé (*Pediculus schaeffi*). Notre pou du pubis (*Phtirus pubis*), en revanche, est plus proche de celui du gorille (*Phtirus gorillae*). Les puces humaines (*Pulex irritans*) seraient d'origine américaine et pourraient provenir des cochons d'Inde ou des pécaris. Quant aux punaises des lits (*Cimex lectularius*), elles sont les parasites habituels de chauve-souris cavernicoles. Il est probable que nous les ayons acquises lorsque nous nous réfugiions dans les cavernes pour y dormir !

L'histoire des parasites est intimement liée à la nôtre. Nos évolutions sont interdépendantes (coévolution hôte-parasite) et leur distribution géographique s'explique en grande partie par les migrations humaines[10]. Les ectoparasites étaient communs et largement répandus dans toutes les populations humaines du passé. Les recherches paléoparasitologiques montrent qu'ils ont sévi aussi bien en contexte rural qu'urbain[11] et qu'ils affectaient toutes les couches de la société[12]. Leur prévalence semble

---

[5] Adauto ARAÚJO, Karl REINHARD, Otílio M. BASTOS, Ligia C. COSTA, Claude PIRMEZ, Alena IÑIGUEZ, Ana C. VICENTE, Carlos M. MOREL & Luiz FERNANDO FERREIRA, « Paleoparasitology: Perspectives with new techniques », *Revista do Instituto de Medicina Tropical de São Paulo* 40, 6 (1998), p. 371-376.

[6] Techniques de préparation de coupes dans des tissus biologiques pour l'observation au microscope optique.

[7] Techniques utilisant des anticorps spécifiques pour détecter un antigène (dans le cas qui nous occupe, l'antigène est un agent pathogène).

[8] Techniques permettant de caractériser, isoler et manipuler les composants moléculaires des cellules et des organismes. Dans le cadre des études paléoparasitologiques, ce composant est l'ADN (support de l'information génétique) du parasite.

[9] George H. PERRY, « Parasites and Human Evolution », *Evolutionary Anthropology* 23 (2014), p. 218-228 ; Paul C. BUCKLAND & Jon P. SADLER, « A biogeography of the Human Flea, *Pulex irritans* L. (Siphonaptera: Pulicidae) », *Journal of Biogeography* 16, 2 (1989), p. 115–120.

[10] Amina BOUTELLIS, Laurent ABI-RACHED & Didier RAOULT, « The Origin and Distribution of Human Lice in the World », *Infection, Genetics and Evolution* 23 (2014), p. 209–217.

[11] Véronique FORBES, Frédéric DUSSAULT & Allison BAIN, « Contributions of Ectoparasite Studies in Archaeology with two Examples from the North Atlantic Region », *International Journal of Paleopathology* 3 (2013), p. 158–164.

[12] Gino FORNACIARI, Valentina GIUFFRA, Silvia MARINOZZI, Malayka S. PICCHI & Massimo MASETTI, « "Royal" Pediculosis in Renaissance Italy: Lice in the Mummy of the King of Naples Ferdinand II of Aragon (1467-1496) », *Memórias do Instituto Oswaldo Cruz* 104, 4 (2009), p. 671-672.

toutefois liée à la densité de population[13]. Les ectoparasites sont seulement devenus rares récemment dans les pays développés bien que les poux de tête continuent toujours à sévir chez les écoliers[14] et que les punaises de lit soient en recrudescence surtout dans les grandes villes d'Europe et d'Amérique du Nord[15].

Les preuves archéologiques indiquant que les populations anciennes souffraient des ectoparasites sont diverses. Tout d'abord, le témoignage le plus évident est la découverte de spécimens plus ou moins bien conservés. D'autre part, on peut mettre en évidence les séquelles directes et indirectes de ces parasites sur des restes humains. Par séquelles directes, nous entendons les lésions résultant des piqûres et des démangeaisons qu'elles ont entraînées. Les séquelles indirectes sont celles des maladies que transmettent ces parasites.

Poux, puces et punaises « archéologiques »

Des insectes comme les poux, les puces et les punaises peuvent se conserver dans divers contextes archéologiques. Leur étude est l'objet d'une discipline située à la frontière entre l'entomologie et l'archéologie appelée « archéoentomologie »[16].

Des parasites ont été observés sur des restes animaux et humains momifiés. Il s'agit de spécimens adultes ou d'œufs principalement présents dans les poils ou les cheveux de leur hôte. Les espèces identifiées sont des puces[17] ou des poux (de tête[18] et du pubis[19]) car les punaises, passant très peu de temps sur leur victime (le temps de la piqûre), ont peu de chance d'être découvertes sur cette dernière.

---

[13] Adauto ARAÚJO, Luiz F. FERREIRA, Niède GUIDON, Nicolau MAUES DA SERRA-FREIRE, Karl J. REINHARD & Katharina DITTMAR, « Ten Thousand Years of Head Lice Infection », *Parasitology Today* 16, 7 (2000), p. 269.

[14] Matthew E. FALAGAS, Dimitrios K. MATTHAIOU, Petros I. RAFAILIDIS, George PANOS, Georgios PAPPAS, « Worldwide Prevalence of Head Lice », *Emerging Infectious Diseases* 14, 9 (2008), p. 1493-1494.

[15] Jean-Michel BERENGER, Pascal DELAUNAY & Frédéric PAGÈS, « Les punaises de lit (*Hetepora, Cimicidae*) : une actualité envahissante », *Médecine tropicale* 68 (2008), p. 563-567.

[16] Je n'évoquerai que brièvement ce sujet, traité en détail par J.-B. Huchet dans ce volume.

[17] Katharina DITTMAR, « Evaluation of ectoparasites on the Guinea pig mummies of El Yaral and Moquegua Valley, in Southern Peru », *Chungara (Revista de Antropología Chilena)* 32 (2000), p. 123-125.

[18] José BRESCIANI, Niels HAARLØV, Peter NANSEN & G. MØLLER, « Head Louse (*Pediculus humanus* subsp. *capitis* de Geer) from Mummified Corpses of Greenlanders AD 1475 », *Acta Entomologica Fennica* 42 (1983), p. 24-27 ; Adauto ARAÚJO *et alii* (*op. cit. supra* note 13), p. 269 ; Bernardo ARRIAZA, Nancy C. ORELLANA, Helene S. BARBOSA, Rubem F. S. MENNA-BARRETO, Adauto ARAÚJO & Vivien STANDEN, « Severe Head Lice Infestation in an Andean Mummy of Arica, Chile », *Journal of Parasitology* 98, 2 (2012), p. 433-436.

[19] Fernanda M. RICK, Gino C. ROCHA, Katharina DITTMAR, Carlos E.A. COIMBRA Jr., Karl REINHARD, Françoise BOUCHET, Luiz F. FERREIRA & Adauto ARAÚJO, « Crab Louse Infestation in pre-Columbian America », *Journal of Parasitolology* 88 (2002), p. 1266–1267.

Les trois ordres d'insectes ont été retrouvés dans les sédiments récoltés sur les sites archéologiques : les poux (de tête[20], de corps[21], du pubis[22]), les puces[23] et les punaises[24]. Des ectoparasites ont également été découverts sur divers objets personnels comme des peignes[25] et des vêtements[26]. Enfin, les coprolithes ont également livré des ectoparasites adultes ou leurs œufs[27].

Séquelles des ectoparasites sur des restes humains

Les ectoparasites peuvent laisser des traces sur les restes humains. Ces lésions concernent principalement l'appareil tégumentaire (peau et phanères[28]) mais, si elles sont sévères, elles peuvent aussi impliquer les tissus sous-jacents.

L'étude des pathologies de l'appareil tégumentaire sur des restes humains anciens ressort d'une discipline récente appelée « paléo-dermatologie ». De nombreuses structures peuvent se préserver dans la peau momifiée comme la couche cornée, des kératinocytes[29], la mélanine, le follicule pilo-sébacé, le collagène, les fibres d'élastine, les vaisseaux

---

[20] Véronique FORBES *et alii*, *op. cit. supra* note 11.

[21] Didier RAOULT, Olivier DUTOUR, Linda HOUHAMDI, Rimantas JANKAUSKAS, Pierre-Edouard FOURNIER, Yann ARDAGNA, Michel DRANCOURT, Michel SIGNOLI, Vu D. LA, Yves MACIA & Gérard ABOUDHARAM, « Evidence for Louse-transmitted Diseases in Soldiers of Napoleon's Grand Army in Vilnius », *The Journal of infectious diseases* 193, 1 (2006), p. 112-120.

[22] Harry KENWARD, « Pubic lice in Roman and Medieval Britain », *Trends in Parasitology* 17, 4 (2001), p. 167-168.

[23] John P. SADLER, « Records of Ectoparasites on Humans and Sheep from Viking-Age Deposits in the Former Western Settlement of Greenland », *Journal of Medical Entomology* 27, 4 (1990), p. 628-631 ; Jean-Hervé YVINEC, Philippe PONEL et Jean-Claude BEAUCOURNU, « Premiers apports archéoentomologiques de l'étude des puces, aspects historiques et anthropologiques (*Siphonaptera*) », *Bulletin de la Société entomologique de France* 105, 4 (2000), p. 419-425 ; Eva PANAGIOTAKOPULU, « Fleas from Pharaonic Amarna », *Antiquity* 75 (2001), p. 499- 500.

[24] Eva PANAGIOTAKOPULU & Paul C. BUCKLAND, « *Cimex lectularius* L., the Common Bedbug from Pharaonic Egypt », *Antiquity* 173, 282 (1999), p. 908-911.

[25] Kosta Y. MUMCUOGLU & Joseph ZIAS, « Head lice, *Pediculus humanus capitis* (*Anoplura*: *Pediculidae*) from Hair Combs Excavated in Israel and dated from the first century B.C. to the eight century A.D. », *Journal of Medical Entomology* 25, 6 (1988), p. 545–547.

[26] Hans-Jürgen HUNDT, « Vorgeschichtliche Gewebe aus dem Hallstätter Salzberg», *Jahrbuch des römisch-germanischen Zentralmuseums Mainz* 7 (1960), p. 126–141 ; Kosta MUMCUOGLU, Joseph ZIAS, M. TARSHIS, M. LAVI, G.D. STIEBEL, « Body Louse Remains found in Textiles Excavated at Masada, Israel », *Journal of Medical Entomology* 40 (2003), p. 585-587.

[27] Gary F. FRY, *Analysis of Prehistoric Coprolites from Utah*, University of Utah, Anthropological Papers, 97, 1976 ; Keith L. JOHNSON, Karl J. REINHARD, Luciana SIANTO, Adauto ARAÚJO & Scott L. GARDNER, « A Tick From a Prehistoric Arizona Coprolite », *Journal of Parasitology* 94, 1 (2008), p. 296-298.

[28] Les phanères sont des productions tégumentaires riches en kératine. Chez l'Homme, les principaux phanères sont les cheveux, les poils et les ongles.

[29] Les kératinocytes sont les principales cellules de la couche superficielle de la peau (épiderme) et des phanères.

sanguins et le tissu adipeux sous-cutané[30]. Des pathologies (paléodermatoses) peuvent y être mises en évidence. Elles sont de type parasitaire mais également infectieux, génétique, nutritionnel, hormonal, tumoral, acquis ou iatrogène[31].

Au niveau du cuir chevelu, on observait parfois jadis une plique polonaise (*plica polonica*)[32]. Cette dernière, aussi dénommée trichome, est devenue très rare aujourd'hui[33]. Elle se définit comme une masse de cheveux entortillés devenue inextricable, dure et impénétrable[34].

Figure 1 : Plique polonaise (*plica polonica*) qui adhère aux cheveux sains (F. L. DE LAFONTAINE, *Traité de la plique polonaise suivi d'observation sur cette maladie*, Paris : Méquignon, 1808)

Elle est formée de fibres kératiniques cimentée de façon permanente par du pus séché, du sang, des sécrétions sébacées et de la saleté[35]. La plique a longtemps été décrite comme étant l'expression d'un état pathologique et

---

[30] Kieron S. LESLIE & Nick J. LEVELL, « Skin Disease in Mummies », *International Journal of Dermatology* 45 (2006), p. 161–163.

[31] Eve J. LOWENSTEIN, « Paleodermatoses: Lessons learned from Mummies », J*ournal of the American Academy of Dermatology* 50 (2004), p. 919-936 ; Keith LIDDELL, « Skin disease in antiquity », *Clinical Medicine* 6 (2006), p. 81-86 ; Eve LOWENSTEIN, « Paléodermatologie : lésions dermatologiques sur les restes humains anciens », chapitre de *Ostéo-archéologie et techniques médico-légales : tendances et perspectives, pour un "Manuel pratique de paléopathologie humaine"* (Collection Pathographie, 2), dir. Philippe CHARLIER, Paris : De Boccard, 2008, p. 221-227.

[32] La plique est qualifiée de « polonaise » parce qu'elle était commune dans cette contrée jusqu'au XIXe siècle (Denis DIDEROT & Jean LE ROND D'ALEMBERT, *Encyclopédie ou dictionnaire raisonné des Sciences, des arts et des métiers*, t. 12, 1765, p. 767-770 ; Laurent-Justinien GADOWSKI, *Dissertation sur la plique polonaise*. Thèse présentée et soutenue à la Faculté de Médecine de Paris, 1814).

[33] André FRIEDLI, Jaqueline PIERRIARD-WOLFENSBERGER & Monika HARMS, « Die Plica Polonica im 21. Jahrhundert », *Der Hautarzt* 51, 3 (2000), p. 201-202.

[34] Nicolas P. ADELON [*et al.*], *Dictionnaire des sciences médicales*, Vol. 43 (Plai-Pois), Paris : Charles-Louis-Fleury Panckoucke, 1820, p. 226.

[35] http://fr.wikipedia.org/wiki/Plique_polonaise (consulté le 2 avril 2015).

était souvent associée à d'autres maladies comme des infections oculaires, vénériennes ou articulaires[36]. Certains déconseillaient de s'en débarrasser étant donné son supposé caractère protecteur contre les maladies[37]. Des médecins affirmaient même que sa coupe pouvait provoquer des saignements et la « rétropulsion de l'humeur morbide »[38]. En 1812, Dominique Larrey, premier chirurgien de la Garde Impériale, réfuta l'origine pathologique de la plique et affirma, à juste titre, qu'elle résulte habituellement d'une déficience de soins capillaires[39].

Les avis divergent en ce qui concerne les relations entre la plique polonaise et les poux. Pour certains, l'association est automatique. Raspail cite ainsi : « Il n'est pas un individu affecté de la plique qui soit exempt de cette vermine »[40]. Pour d'autres, l'association n'est pas obligatoire et la pédiculose peut soit faire suite à celle-ci[41] ou la précéder[42]. Dans ce dernier cas, la pédiculose serait l'élément causal principal de cette modification du système pileux. C'est l'étiologie qui prévaut encore aujourd'hui[43] : les exsudats cutanés produits par le grattage peuvent constituer, en cas d'absence d'hygiène capillaire, un des points de départ pour le cimentage des cheveux.

Des cheveux atteints de plique sont conservés dans divers musées comme celui de la Faculté de médecine de l'Université Jagellonne à Cracovie en Pologne. Un exemplaire daté du XIXe siècle et atteignant 1 m 50 de long y est présenté.

---

36 Jacek J. PRUSZYŃSKI, Jacek PUTZ, Dorota CIANCIARA, « Plica Neuropathica – a short History and Description of a Particular Case », *Hygeia Public Health* 48 (2013), p. 481-485.

37 Tatsiana VALODZINA, « Plica polonica in Belarusian beliefs and incantations », *Incantatio (An International Journal of Charms, Charmers and Charming)* 4 (2014), p. 59-81.

38 Louis BABIN, *Dangers des poux et de la malpropreté chez les enfants des écoles primaires*, Paris : Vigot frères, 1917, p. 32.

39 Dominique J. LARREY, *Mémoires de chirurgie militaire et campagnes*, tome III, Paris : J. Smith et F. Buisson, 1812, p. 34-35.

40 François-Vincent RASPAIL, *Histoire naturelle de la santé et de la maladie chez les végétaux et chez les animaux en général, et en particulier chez l'homme, suivie du Formulaire pour la nouvelle méthode de traitement hygiénique et curatif*, tome II, Paris : Alphonse Levavasseur, 3e ed., 1845, p. 97-98.

41 Jean-Charles GASC, « Mémoire sur la plique polonaise », *Mémoires et Prix de la Société de Médecine de Paris*, 1817, p. 173-288 (voir p. 258) ; Nicolas ADELON [et *al.*], *Dictionnaire…* (*op. cit. supra* note 34), p. 226.

42 Alfred HARDY, *Traité pratique et descriptif des maladies de peau*, Paris : Baillière et fils, 1886, p. 103-105.

43 John O'D. ALEXANDER, *Arthropods and Human Skin*, Berlin : Springer Verlag, 1984, p. 38-39 ; Heinz MEHLHORN, « Head Lice and their Control : a never-ending story … », chapitre 18 de *Handbook of Hair in Health and Disease*, dir. V.R. PREEDY, Wageningen (Pays-Bas) : Wageningen Academic Publishers, 2012, p. 355-385 ; Bhushan MADKE & Uday KHOPKAR, « Pediculosis Capitis: An update », *Indian Journal of Dermatology, Venerology and Leprology* 78, 4 (2012), p. 429-438.

Il existe un exemple archéologique de plique polonaise. Il s'agit d'une momie Chiribaya du Pérou (1000-1500 ap. J.-C.) dont les cheveux étaient emmêlés et agglomérés dans une matière ressemblant à une croûte[44].

Sur des restes momifiés, il est possible d'observer des séquelles dermatologiques des piqûres ou du prurit qu'elles ont entraînés. En effet, les protéines salivaires injectées par les insectes lors des piqûres induisent une réponse allergique qui se traduit par d'intenses démangeaisons. Le grattage répété entraîne des excoriations cutanées qui constituent une porte d'entrée aux bactéries pathogènes pouvant, entre autres, provenir des excréments des ectoparasites[45]. Les conséquences sont des surinfections bactériennes pouvant causer des pyodermies, de l'impétigo, des cellulites infectieuses, des folliculites et des furonculoses[46].

Le seul cas de dermatose qui pourrait résulter d'une pédiculose a été décrit sur une momie aléoutienne datée du début du XVIIIe siècle[47]. Cette femme présentait de nombreuses lentes et poux ainsi que des excoriations du cuir chevelu qui, selon les auteurs de cette étude, résulteraient de l'infestation.

Un autre cas probable, mais non décrit comme tel, est celui d'une momie égyptienne de sexe féminin conservée au British Museum[48]. Elle provient de la région de Gebelein et date de la période prédynastique. Elle présente dans les cheveux de nombreuses lentes et des excoriations du cuir chevelu. Les auteurs de cette étude proposent que ces lésions seraient d'origine eczémateuse : ils avancent une dermite séborrhéique ou une dermite de contact secondaire à l'application de henné sur les cheveux. Ils n'ont pas envisagé qu'une pédiculose puisse être à l'origine de cette dermatose mais, interrogés à ce sujet[49], les auteurs n'excluent pas cette étiologie.

---

44 Karl J. REINHARD & Jane E. BUIKSTRA, « Louse infestation of the Chiribaya Culture, Southern Peru : Variation in prevalence by age and sex », *Memórias do Instituto Oswaldo Cruz* 98, suppl. I (2003), p. 173-179.

45 Günter A. SCHAUB, Astrid H. KOLLIEN & Carsten BALCZUN, « Lice as Vectors of Bacterial Diseases », chapitre 11 de *Arthropods as vectors of emerging diseases* (*Parasitology Research Monographs*, 3), dir. H. MEHLHORN, Berlin : Springer, 2012, p. 255-274.

46 John O'D. ALEXANDER (*op. cit. supra* note 43), p. 38-39 ; Didier RAOULT, Cédric FOUCAULT & Philippe BROUQUI, « Infections in the Homeless », *The Lancet Infectious Diseases* 1 (2001), p. 77-84 ; Benjamin ESTRADA, « Ectoparasitic infestations in homeless children », *Seminars in Pediatric Infectious Diseases* 14, 1 (2003), p. 20–24.

47 Michael R. ZIMMERMAN, Erik TRINKAUS, M. LEMAY, Arthur C. AUFDERHEIDE, T. A. REYMAN, G. R. MARROCCO, R. W. ORTEL, J. T. BENITEZ, W. S. LAUGHLIN, P. D. HORNE, R. E. SCHULTES & E. A. COUGHLIN, « The Paleopathology of an Aleutian Mummy », *Archives of Pathology and Laboratory Medicine* 105, 12 (1981), p. 638-641.

48 Kieron S. LESLIE & Nick J. LEVELL, « Cutaneous Findings in Mummies from the British Museum », *International Journal of Dermatology* 45, 5 (2006), p. 618–621.

49 Nick J. Levell, comm. personnel.

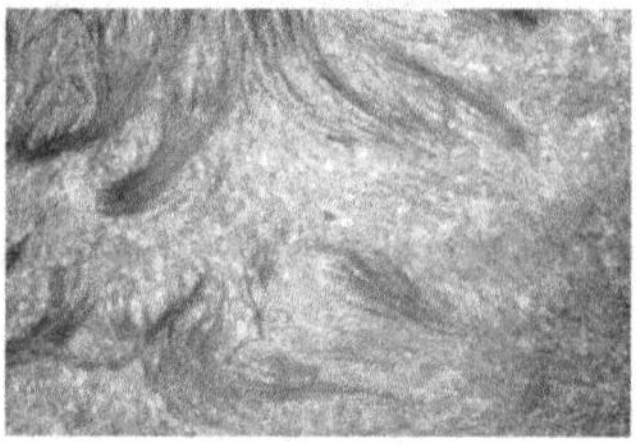

Figure 2 : Excoriations du cuir chevelu chez une momie égyptienne prédynastique de sexe féminin conservée au British Museum (reproduit avec l'autorisation de Nick Levell, Kieron Leslie et Simon Dove, Norfolk and Norwich University Hospital, tous droits réservés)

Les sujets infestés de façon chronique par le pou de corps peuvent présenter une hyperpigmentation cutanée (leucomélanodermie des vagabonds) qui se marque surtout au niveau des organes génitaux, des aines, des aisselles et des cuisses[50]. Cet état n'a pas, à ma connaissance, été décrit sur des restes humains momifiés.

Si les poux ont entraîné des infections sévères du cuir chevelu, il peut y avoir des atteintes osseuses. Deux publications font état de lésions crâniennes qui pourraient résulter de pédiculose.

La première concerne les 143 victimes de l'éruption du Vésuve (79 ap. J.-C) qui ont été retrouvées à Herculanum. Capasso et Di Tota ont découvert, sur le crâne d'une jeune femme, des cheveux préservés grâce à leur imprégnation par des oxydes de fer provenant d'une de ses épingles à cheveux[51]. Un de ces cheveux portait une lente. Cette femme présentait également à l'arrière du crâne une dépression ovale dont la surface externe est rugueuse et poreuse. Cette zone de remodelage résulte d'une irritation locale du périoste (membrane qui entoure l'os) qui pourrait avoir été causée par sa pédiculose. À Herculanum, 22 % des crânes présentent cette pathologie.

La deuxième étude portait sur des squelettes d'Indiens pueblos, les Mimbres du Nouveau-Mexique (700 à 1150 ap. J.-C.). Holliday a observé des dépressions occipitales similaires à celles décrites par Capasso et Di Tota[52]. Elle distingue deux types de lésions : actives (fig. 3) et guéries. Les premières ne concernent que les enfants âgés de quelques mois à un an, les secondes touchent les enfants de plus d'un an et les adultes. Ces pathologies qui se seraient formées pendant la petite enfance, pourraient résulter de l'utilisation de planches porte-bébé (*cradleboard*). En effet, le confinement, la pression et la friction pourraient avoir entraîné des infections et des ulcérations à l'arrière de la tête. La localisation des lésions laisse supposer que le point de départ du processus infectieux pourrait être une pédiculose.

---

[50] John O'D. ALEXANDER (*op. cit. supra* note 43), p. 36-37.

[51] Luigi CAPASSO & Gabriella DI TOTA, « Lice buried under the ashes of Herculaneum », *The Lancet* 351, 9107 (1998), p. 992.

[52] Diane Y. HOLLIDAY, « Occipital Lesions: a possible cost of cradleboards », *American Journal of Physical Anthropology* 90, 3 (1993), p. 283-290.

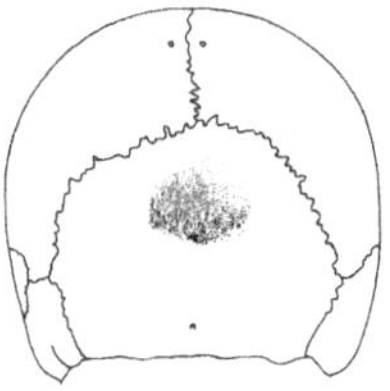

Figure 3 : Lésion active de l'occipital chez un bébé indien mimbres du Nouveau-Mexique. Dessin : Anne-Marie Wittek (ADIA), d'après Diane Y. HOLLIDAY, « Occipital lesions: a possible cost of cradleboards », *American Journal of Physical Anthropology* 90, 3 (1993), p. 283-290

Chez certains individus, une parasitose sévère et de longue durée peut entraîner une anémie. Il s'agit principalement de personnes malnutries et fragiles comme des enfants en grande précarité[53] ou des sans domicile fixe (SDF)[54]. Cet état devait être fréquent dans les classes sociales défavorisées des populations du passé qui souffraient souvent de malnutrition, de manque d'hygiène et étaient généralement affectées de nombreuses autres maladies.

L'anémie peut laisser des traces sur le squelette[55]. En réaction aux carences en globules rouges, l'organisme accroît sa quantité totale de moelle rouge osseuse, siège de production de ces globules. Au niveau du squelette, on observe ainsi une hypertrophie du tissu osseux spongieux interne et un amincissement de la table corticale externe. Ces modifications sont surtout visibles sur le plafond de l'orbite car l'os compact y est très mince. Elles portent, dans ce cas, le nom de *cribra orbitalia* (fig. 4). Il est donc probable que certains cas de *cribra orbitalia* observés dans des échantillons archéologiques aient pour origine une pédiculose ou, du moins, que l'anémie ait été aggravée par cette dernière.

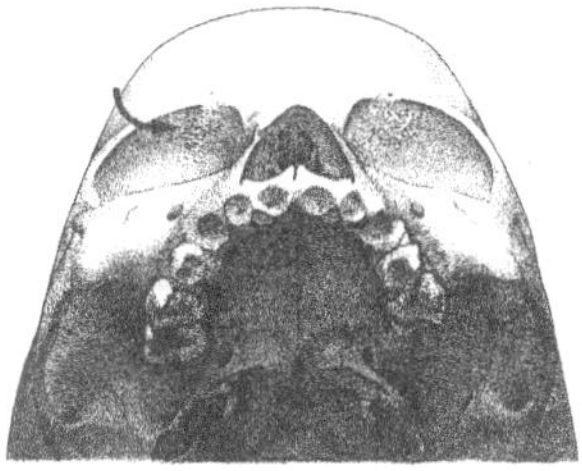

Figure 4 : Perforations de la table externe de l'orbite ou *cribra orbitalia* (→). Dessin : Anne-Marie Wittek (ADIA)

53 Shoshana BURKE & Pervaiz MIR, « Pediculosis causing iron deficiency anaemia in School children », *Archives of Disease in Childhood* 96, 10 (2011), p. 989 ; Veronica HAU & Nadia MUHI-IDDIN, « A Ghost covered in lice : a case of severe blood loss with long-standing heavy Pediculosis Capitis infestation », *British Medical Journal case reports*, 2014, p. 1-2.

54 David A. GUSS, Mark KOENIG & Edward M. CASTILLO, « Severe iron deficiency anemia and lice infestation », *The Journal of Emergency Medicine* 41, 4 (2011), p. 362-365.

55 Caroline POLET, « L'apport de l'anthropologie biologique à la connaissance des régimes alimentaires des populations du passé », *Vie archéologique* 72 (2013), p. 67-76.

Maladies transmises par les poux, les puces et les punaises

Les poux, les puces et les punaises sont d'une importance capitale en épidémiologie car ils peuvent transmettre à leurs hôtes des maladies dont certaines entraînent une morbidité et une mortalité conséquentes (voir tableau en annexe). Ces maladies, comme le typhus et la peste, ont significativement influencé le cours de l'Histoire car elles ont déterminé l'issue de nombreuses batailles et décimé une grande proportion de l'humanité.

Selon l'espèce d'ectoparasite incriminée, la transmission des pathogènes a lieu de diverses manières. La contamination peut se passer lors de la piqûre par l'insecte, survenir via les déjections (transmission stercorale) du parasite ou via son hémolymphe[56] qui se répand quand il est écrasé (entre les ongles ou les dents !). L'entrée de l'agent infectieux dans le corps humain se produit au niveau des lésions de piqûre ou de grattage, par contact avec des muqueuses ou des conjonctives ou encore par voie respiratoire via l'inhalation de poussières contaminées par des fèces de parasites (le pathogène peut y rester infectieux jusque cent jours !).

Les facteurs favorisant la transmission de ces maladies sont : une densité de population élevée, un manque d'hygiène, une proximité avec des animaux contaminés, le contact avec des migrants venant d'une région où le parasite est endémique, des logements vétustes ou riches en cachettes pour les parasites qui ne vivent pas sur le corps humain.

Les poux

Des trois espèces de poux inféodées à l'Homme, seul le pou de corps (*Pediculus humanus corporis*) peut être vecteur d'infections[57]. Ces maladies sont le typhus exanthématique[58], la fièvre des tranchées et la fièvre récurrente. Ce sont des anthroponoses car les humains constituent le réservoir nécessaire pour le maintien de ces maladies. Elles ont surtout été associées aux guerres, aux camps de concentration et d'extermination[59]. On assiste actuellement à leur réémergence par suite de la détérioration des conditions socio-économiques et sanitaires comme dans les camps de réfugiés ou chez les SDF[60].

---

[56] L'hémolymphe est le liquide circulatoire des insectes. Son rôle est analogue au sang et au liquide interstitiel des vertébrés.

[57] Jean-Claude DESENCLOS, Anne LAPORTE & Philippe BROUQUI, « Les infections humaines transmises par les poux », *Médecine et maladies infectieuses* 41 (2011), p. 295–300.

[58] Il existe d'autres types de typhus comme le typhus abdominal (ou fièvre typhoïde) causé par *Salmonella typhy* et le typhus murin causé par *Rickettsia typhi* (John D. BAXTER, « The Typhus group », *Clinics in Dermatology* 14, 3 (1996), p. 271–278).

[59] Mary E. GRINNEL & Ina L. HAWES, *Bibliography on lice and man with particular reference to wartime conditions* (Bibliographical bulletin, 1), Washington : US Dep. of Agriculture, 1943 ; Kimberly WEISS, « The Role of Rickettsioses in History », premier chapitre de *Biology of Rickettsial Diseases*, dir. D.H. WALKER, Boca Raton (USA) : CRC Press, 1988, p. 2-14.

[60] Philippe BROUQUI & Didier RAOULT, « Arthropod-Borne Diseases in Homeless », *Annals of the New York Academy of Sciences* 1078, 1 (2006), p. 223–235.

Le typhus exanthématique est causé par la bactérie nommée *Rickettsia prowazekii*[61]. Il n'est pas transmis à l'Homme par les piqûres des poux mais par leurs déjections ou leur hémolymphe. La période d'incubation du typhus est habituellement de dix à quatorze jours. Les symptômes débutent par une forte fièvre avec des maux de tête violents. On peut ensuite observer une toux, une éruption cutanée généralisée (exanthème), des douleurs musculaires et abdominales. Le malade est souvent atteint d'hébétude, de stupeur (*tuphos*), de confusion mentale et de prostration. Les complications sont essentiellement cardiaques, vasculaires et neurologiques. Les plus sérieuses sont des gangrènes des doigts et des orteils, des thromboses cérébrales et des comas. La maladie dure environ deux semaines mais le rétablissement complet peut prendre plusieurs mois. Sans l'intervention d'antibiotiques, on estime que le taux de létalité varie entre 2 et 40 %.

La fièvre des tranchées est causée par la bactérie *Bartonella quintana*[62]. Elle est transmise par les déjections des poux. La période d'incubation dure de quinze à vingt-cinq jours. Les premiers symptômes consistent en de la fièvre et des céphalées suivies de douleurs osseuses pré-tibiales. Ils évoluent par récurrence tous les cinq jours (la maladie est aussi appelée fièvre quinte) et se répètent durant quatre à six semaines. Après cette phase prolongée, certains sujets vont développer une endocardite, c'est-à-dire une infection des valves cardiaques. Le pronostic de la fièvre des tranchées est majoritairement favorable (mortalité < 1 %) mais la maladie peut être très invalidante.

La fièvre récurrente à poux est causée par la bactérie *Borrelia recurrentis*[63]. La contamination se fait via l'hémolymphe du pou et ses déjections. Après une phase d'incubation de un à dix jours, la maladie se caractérise par une fièvre d'apparition brutale associée à des douleurs musculaires, articulaires et abdominales, une toux, une éruption cutanée et un ictère. Cet épisode dure en moyenne six jours et réapparait toutes les deux semaines environ (une à cinq récurrences possibles). Les complications sont hépatiques, oculaires et génitales entraînant, en l'absence de traitement, le décès dans 10 à 40 % des cas.

La présence de maladies transmises par les poux (et donc indirectement la leur) a été mise en évidence dans plusieurs populations du passé grâce à la biologie moléculaire. Le site de la rue Martin-du-Nord de Douai (Nord de la France) a livré une dizaine de sépultures multiples qui contenaient les squelettes de soldats décédés en 1710 ou 1712 lors de la

---

61 Yassina BECHAH, Christian CAPO, Jean-Louis MEGE & Didier RAOULT, « Epidemic Typhus », *The Lancet Infectious Diseases* 8, 7, 2008, p. 417-426 ; Philippe BROUQUI & Didier RAOULT, *op. cit. supra* note 60.

62 Ph. BROUQUI & D. RAOULT, *op. cit. supra* note 60 ; Günter SCHAUB *et alii, op. cit. supra* note 45.

63 Ph. BROUQUI & D. RAOULT, *op. cit. supra* note 60 ; Günter A. SCHAUB *et al., op. cit. supra* note 45 ; Linda HOUHAMDI & D. RAOULT, « Excretion of Living *Borrelia recurrentis* in Feces of Infected Human Body Lice », *Journal of Infectious Diseases* 191 (2005), p. 1898–1906.

guerre de succession d'Espagne. La pulpe dentaire[64] de six des 21 individus étudiés (29 %) a livré de l'ADN de *Rickettsia prowazekii*[65]. Le génotypage de la bactérie montre qu'il s'agit de la même souche qui a touché ensuite régulièrement l'Espagne. Cette étude conforte l'hypothèse selon laquelle le typhus aurait été importé en Europe au début du XVIe siècle par les conquistadors espagnols revenant des Amériques. Une étude similaire a été menée sur 35 soldats de Napoléon décédés à Vilnius (Lituanie) en 1812 lors de la retraite de Russie[66]. Les pulpes dentaires de trois individus contenaient de l'ADN de *R. prowazekii* et celles de sept autres sujets, celui de *Bartonella quintana*, indiquant qu'un tiers des soldats de la Grande Armée étaient affectés par des maladies transmises par les poux. La fièvre des tranchées a également été identifiée chez un individu vieux de 4000 ans provenant du site de Roaix (Sud-Est de la France)[67] et dans un coprolithe humain du XIVe siècle découvert à Namur (Belgique)[68].

Les puces

De nombreuses espèces de puces peuvent piquer l'Homme car elles sont beaucoup moins inféodées à un hôte que les poux. Les maladies qu'elles peuvent transmettre à l'humain sont principalement[69] : le typhus murin (proche mais moins sévère que le typhus exanthématique) via la puce du rat (*Xenopsylla cheopis*) et celle de l'Homme (*Pulex irritans*), des verminoses via *P. irritans*, la puce du chat (*Ctenocephalides felis*) et celle du chien (*C. canis*) et, surtout, la peste via la puce du rat (*X. cheopis*)[70].

La peste est une anthropozoonose (maladie animale pouvant affecter l'Homme) causée par la bactérie *Yersinia pestis*[71]. La transmission se fait par

---

[64] La pulpe dentaire est la partie la plus interne de la dent. Elle renferme des vaisseaux sanguins et des nerfs. Elle constitue un matériau de choix pour les études de paléomicrobiologie car, étant richement vascularisée, il y a de fortes probabilités que le pathogène y soit présent. De plus, la pulpe est bien protégée (de la dégradation et des contaminations) car la dent est constituée des tissus les plus minéralisés du corps humain.

[65] Tung NGUYEN-HIEU, Gérard ABOUDHARAM, Michel SIGNOLI, Catherine RIGEADE, Michel DRANCOURT & Didier RAOULT « Evidence of a Louse-Borne Outbreak Involving Typhus in Douai, 1710-1712, during the War of Spanish Succession », *PLoS One* 5, 10 (2010), e15405.

[66] Didier RAOULT *et alii*, *op. cit. supra* note 21.

[67] Michel DRANCOURT, Lam TRAN-HUNG, Jean COURTIN, Henry DE LUMLEY & Didier RAOULT, « "*Bartonella quintana*" in a 4000-Year-Old Human Tooth », *The Journal of Infectious Diseases* 191, 4 (2005), p. 607-611.

[68] Sandra APPELT, Fabrice ARMOUGOM, Matthieu LE BAILLY, Catherine ROBERT & Michel DRANCOURT, « Polyphasic Analysis of a Middle Ages Coprolite Microbiota, Belgium », *Plos One* 9, 2 (2014), e88376.

[69] Idir BITAM, Katharina DITTMAR, Philippe PAROLA, Michael F. WHITING, Didier RAOULT, « Fleas and flea-borne diseases », *International Journal of Infectious Diseases* 14, 8 (2010), p. e667–e676 ; Heinz MEHLHORN, « Fleas as Underestimated Vectors of Agents Diseases », chapitre 13 de *Arthropods as vectors of emerging diseases* (*Parasitology Research Monographs*, 3), dir. H. MEHLHORN, Berlin : Springer, 2012, p. 301-328.

[70] La puce de l'Homme et son pou de tête pourraient également être des vecteurs de la peste mais, étant donné que *Yersinia pestis* n'entraîne pas de blocage du proventicule chez ces insectes, la contamination nécessite que ces parasites aient piqué des sujets en phase septicémique (plein de bacilles dans le sang) et cela à de nombreuses reprises.

[71] Michael B. PRENTICE & Lila RAHALISON, « Plague », *Lancet* 369 (2007), p. 1196-1207.

piqûre. Lorsque la puce du rat ingère du sang contenant des bacilles de la peste, ceux-ci se multiplient dans le proventricule (dilatation située entre l'œsophage et l'estomac) et vont obstruer son tube digestif. Ceci aura deux conséquences : la puce va être affamée et piquer maintes fois son hôte. Elle va aussi régurgiter dans la plaie du sang contaminé, augmentant les risques de transmission de la maladie. L'hôte normal de la peste est un rongeur sauvage. Occasionnellement, la puce peut infecter un rongeur en milieu rural ou urbain. Dans les deux cas, la transmission à l'Homme est possible mais elle est accidentelle (elle a souvent lieu lorsque la population de rats est décimée).

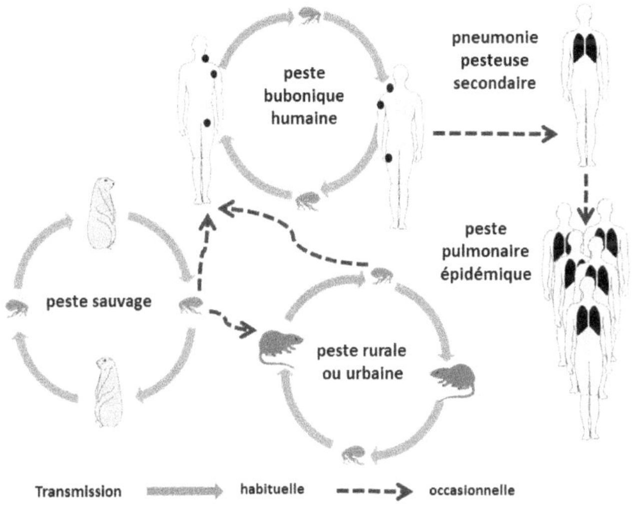

Figure 5 : Cycle de la peste : des puces, des rats et des hommes
Dessin : Anne-Marie Wittek (ADIA) d'après OMS 84 12 71

Chez l'Homme, la bactérie se multiplie au point d'inoculation laissant une vésico-pustule. Ensuite, elle gagne le système lymphatique et colonise 3 à 6 jours plus tard le ou les ganglions à proximité du point d'inoculation (souvent inguinal en cas de morsure aux membres inférieurs). Là, la bactérie est provisoirement arrêtée et provoque le gonflement et la suppuration du ganglion (le bubon), matérialisant la peste bubonique qui est de loin la plus fréquente forme de peste (80 à 90 %). À ce stade local, le malade est peu contagieux et il peut guérir spontanément. La barrière ganglionnaire peut cependant être vite franchie et, à la forme bubonique, fait suite une dissémination par voie sanguine, provoquant la peste septicémique qui est souvent mortelle. Si le germe atteint les poumons, il développera une localisation pulmonaire secondaire. Cette pneumonie pesteuse rend le malade contagieux, les expectorations étant riches en bacilles. La propagation se fait alors très rapidement d'homme à homme par inhalation de particules chargées de germes qui engendrent d'emblée une peste pneumonique sans passer par le stade bubonique.

Dans l'histoire de l'Humanité, on dénombre trois pandémies[72] pesteuses[73]. La première est appelée « peste de Justinien » et a sévi dans l'Empire romain de 541 à 546 ap. J.-C. (avec des épidémies sporadiques jusqu'en 767). On estime que 50 à 60 % de la population européenne fut décimée. La seconde est la célèbre peste noire du XIVe siècle. Elle aurait entraîné la mort de 15 à 23,5 millions de personnes en Europe. Cette pandémie fut le point de départ de nombreuses épidémies qui ravagèrent l'Europe et l'Afrique durant les siècles qui suivirent. La troisième pandémie est appelée peste de Chine. Elle commença en 1894 à Hong-Kong et Canton et toucha, grâce à la navigation à vapeur, les cinq continents en une dizaine d'années.

L'anthropologie biologique peut aider à identifier des cimetières de pestiférés parmi des ensembles funéraires renfermant un grand nombre d'individus inhumés simultanément (crise de mortalité). L'examen macroscopique des os et des dents ne permet pas de diagnostiquer un cas de peste (la rapidité d'action du germe ne laisse pas aux lésions osseuses le temps de se développer) mais le sex-ratio, l'état sanitaire et surtout le profil de mortalité d'un échantillon de squelettes sont révélateurs de la cause des décès[74]. Ainsi, un *sex-ratio* très en faveur des individus de sexe masculin et de nombreuses pathologies traumatiques non-guéries sont indicateurs d'un cimetière militaire. Si le *sex-ratio* est équilibré et qu'il y a peu de pathologies traumatiques, ces décès simultanés sont plutôt l'indice d'une épidémie fulgurante. Étant donné que les épidémies n'affectent pas uniformément les différentes tranches d'âge d'une population, l'établissement d'un profil de mortalité pour l'échantillon étudié et sa comparaison avec un profil théorique attendu pour une mortalité naturelle (tables de Ledermann[75]) permettent de se prononcer sur la nature de l'agent infectieux. Pour les populations pré-jennérienne[76], le profil de mortalité naturelle se caractérise par une très forte mortalité des enfants de 0 à 4 ans puis une diminution brusque et une augmentation à partir de l'âge adulte.

---

[72] Une pandémie est une épidémie présente sur une large zone géographique.

[73] Björn P. ZIETZ & Hartmut DUNKELBERG, « The History of the Plague and the Research on the Causative Agent *Yersinia pestis* », *International Journal of Hygiene and Environmental Health* 207, 2 (2004), p. 165-178 ; Frédérique AUDOUIN-ROUZEAU, *Les chemins de la peste. Le rat, la puce et l'homme*, Paris : Éditions Tallandier (collection "Texto"), 2007 ; Jean VITAUX, *Histoire de la peste*, Paris : PUF, 2010.

[74] Catherine RIGEADE, *Les sépultures de catastrophe. Approche anthropologique des sites d'inhumations en relation avec des épidémies de peste, des massacres de population et des charniers militaires* (BAR international, series 1695), Oxford : Archaeopress, 2009.

[75] Sully LEDERMANN, *Nouvelles tables-types de mortalité* (Travaux et documents, 53), Paris : INED et PUF, 1969.

[76] Les populations dites pré-jennériennes sont antérieures à Edward Jenner, l'inventeur, en 1792, du vaccin anti-variole qui a fortement contribué à la baisse de la mortalité infantile.

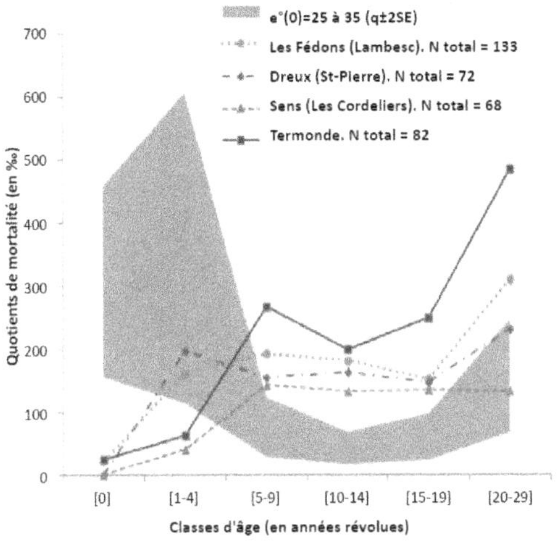

Figure 6 : Comparaison du profil de mortalité de sites de peste français (Dreux, Sens et Les Fédons) et belge (Termonde) aux valeurs théoriques de Ledermann (zone grisée) (d'après Gwendal GUEGUEN, Sacha KACKI, Caroline POLET, Edith GOUDIE-FALCKENBACH & Dominique CASTEX, « Le cimetière du couvent de Maria Troon (Termonde, Flandre orientale, Belgique, XVIe siècle) : de nouveaux indices pour une épidémie de peste », *1838es Journées de la Société d'Anthropologie de Paris* (Paris, 23-25 janvier 2013), 2013)

Dans le cas des cimetières de peste[77], on observe une faible représentation des jeunes enfants avec une absence totale des nouveau-nés. Les enfants plus âgés, les adolescents et les jeunes adultes sont, par contre, surreprésentés par rapport au profil théorique. Ce type de profil de mortalité a par exemple été observé dans divers sites français[78] et un site belge[79].

Les analyses biomoléculaires effectuées sur des restes humains permettent de confirmer le diagnostic de peste. Deux techniques ont été appliquées : l'utilisation d'anticorps dirigés contre *Yersinia pestis* (immunologie) et la détection d'ADN de cette bactérie. Jusqu'à présent, une trentaine de sites européens ont ainsi donné des résultats positifs[80]. Il s'agit

---

[77] Dominique CASTEX, « De la composition par âge et par sexe des populations archéologiques à l'identification des grandes épidémies du passé », CUDEP, XIVe Colloque National de Démographie, Démographie et Santé, IEDUB (Bordeaux 21-24 mai 2007), 2007, p. 383-391.

[78] Dominique CASTEX, « Identification and Interpretation of Historical Cemeteries linked to Epidemics », chapitre 2 de *Paleomicrobiology and Past Infections*, dir. Didier RAOULT & Michel DRANCOURT, Berlin : Springer, 2008, p. 23-48.

[79] Gwendal GUEGUEN, Sacha KACKI, Caroline POLET, Edith GOUDIE-FALCKENBACH & Dominique CASTEX, « Le cimetière du couvent de Maria Troon (Termonde, Flandre orientale, Belgique, XVIe siècle) : de nouveaux indices pour une épidémie de peste », poster présenté lors des *1838e Journées de la Société d'Anthropologie de Paris* (Paris, 23-25 janvier 2013), 2013.

[80] Thi-Nguyen-Ny TRAN, Michel SIGNOLI, Luigi FOZZATI, Gérard ABOUDHARAM, Didier RAOULT & Michel DRANCOURT, « High Throughput, Multiplexed Pathogen Detection authenticates Plague Waves in Medieval Venice, Italy », *PLoS One* 6, 3 (2011), e16735 ; Stephanie HAENSCH, Raffaella BIANUCCI, Michel SIGNOLI, Minoarisoa RAJERISON, Michael

d'un site espagnol et de sites français, hollandais, allemands, italiens et britanniques. Certains sites datent de l'Antiquité (peste justinienne) comme celui de Sens, d'autres du Moyen Âge comme ceux de Montpellier et de Bergem op Zoom (Pays-Bas) ou sont plus récents comme ceux de Parme et de Draguignan.

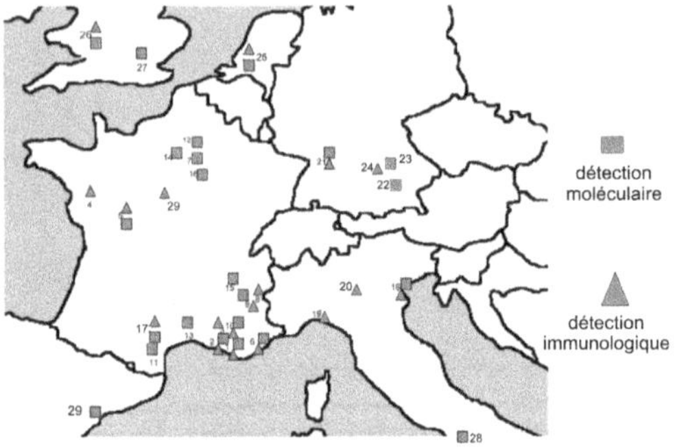

Figure 7 : Détection moléculaire et immunologique de l'agent de la peste, *Yersinia pestis*, dans des restes humains provenant de 29 cimetières européens de diverses époques (actualisé de Thi-Nguyen-Ny TRAN, et *alii*, cf. *infra* note 80)

La biologie moléculaire a aussi permis de mieux connaître l'origine de la maladie. D. Wagner et ses collaborateurs[81] ont étudié l'ADN de *Yersinia pestis* provenant d'individus décédés lors des trois pandémies pesteuses. Ils ont montré que la première pandémie serait originaire d'Asie centrale et que la souche responsable serait un cul de sac évolutif, c'est-à-dire qu'elle n'aurait pas eu de descendant. La deuxième pandémie serait originaire de la même région mais ne serait pas dérivée de la première. La troisième pandémie, en revanche, serait descendante de cette souche médiévale.

Les punaises

Deux familles de punaises possèdent des espèces qui s'attaquent à l'Homme : les Cimicidés (avec la punaise des lits, *Cimex lectularius*) et les Réduviidés (avec les genres *Triatoma*, *Panstrongylus* et *Rhodnius*). Ces punaises qui se nourrissent exclusivement de sang d'humain et d'autres vertébrés, nichent dans les fentes des bois de lit ou dans les murs, toujours proches de leurs victimes qu'elles piquent la nuit.

SCHULTZ, Sacha KACKI, Marco VERMUNT, Darlene A. WESTON, Derek HURST, Mark ACHTMAN, Elisabeth CARNIEL & Barbara BRAMANTI, « Distinct Clones of *Yersinia pestis* caused the Black Death », *PLoS One* 6, 10 (2010), e1001134

[81] David M. WAGNER, Jennifer KLUNK, Michaela HARBECK, Alison DEVAULT, Nicholas WAGLECHNER, Jason W. SAHL, Jacob ENK, Dawn N. BIRDSELL, Melanie KUCH, Candice LUMIBAO, Debi POINAR, Talima PEARSON, Mathieu FOURMENT, Brian GOLDING, Julia M. RIEHM, David J. D. EARN, Sharon DEWITTE, Jean-Marie ROUILLARD, Gisela GRUPE, Ingrid WIECHMANN, James B. BLISKA, Paul S. KEIM, Holger C. SCHOLZ, Edward C. HOLMES & Hendrik POINAR, « *Yersinia pestis* and the Plague of Justinian 541—543 AD : a Genomic Analysis », *The Lancet Infectious Disease* 14, 4 (2014), p. 319-326.

La punaise des lits est répandue dans toute la zone tempérée. Sa salive rend ses piqûres prurigineuses et fort désagréables (surtout en cas d'allergie) mais il n'a pas été démontré qu'elle pouvait jouer un rôle de vecteur de maladie[82].

En Amérique latine, par contre, des punaises hématophages de la famille des Réduviidés sont les vecteurs de la maladie de Chagas (aussi appelée trypanosomiase américaine[83]. C'est une anthropozoonose dont l'agent pathogène infectant est un organisme unicellulaire appelé *Trypanosoma cruzi.*

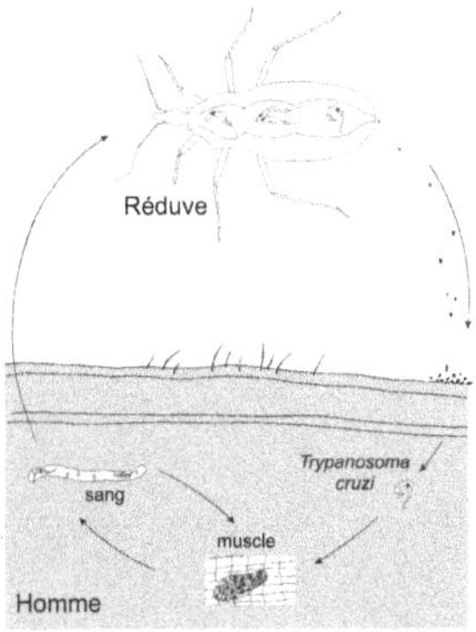

Figure 8 : Cycle de la maladie de Chagas : des punaises (Réduves) et des Hommes.
Dessin : A.-M. Wittek (ADIA) d'après CDC (Centres for Disease Control and Prevention)

Il est principalement transmis par les fèces de la punaise (il existe aussi une transmission transplacentaire de la mère à son fœtus et digestive lors de la consommation de viande crue d'un animal contaminé). Après une période d'incubation d'une à deux semaines, suit une période d'invasion marquée par des réactions locales dans la zone d'inoculation (œdème inflammatoire souvent localisé sur le visage). Ensuite, se déroule la phase aiguë qui dure de quatre à huit semaines et qui est caractérisée par de la fièvre et une hépatosplénomégalie[84]. Elle entraîne 2 à 3 % des décès suite à des myocardites[85] ou des méningo-encéphalites[86]. Dans sa phase chronique qui touche 15 à 30 % des malades, la trypanosomiase provoque des complications cardiaques, neurologiques ou digestives (mégaœsophages et mégacôlons) qui surviennent de 10 à 25 ans plus tard.

---

[82] Pascal DELAUNAY, Véronique BLANC, Pascal DEL GIUDICE, Anna LEVY-BENCHETON, Olivier CHOSIDOW, Pierre MARTY & Philippe BROUQUI, « Bedbugs and Infectious Diseases », *Clinical Infectious Diseases* 52, 2 (2011), p. 200-210.

[83] Anis RASSI Jr, Anis RASSI & José A. MARIN-NETO, « Chagas disease », *The Lancet* 375 (2010), p. 1388-1402 ; Louis V. KIRCHHOFF, « Epidemiology of American Trypanosomiasis (Chagas disease) », *Advances in Parasitology* 75 (2011), p. 1-18.

[84] Une hépatosplénomégalie est l'association d'une augmentation de volume du foie (hépatomégalie) et de la rate (splénomégalie).

[85] Une myocardite est une atteinte inflammatoire du muscle cardiaque.

[86] Une méningo-encéphalite est une atteinte inflammatoire du système nerveux central (SNC) qui touche le tissu cérébral et les méninges (membranes qui enveloppent le SNC).

La maladie de Chagas a été diagnostiquée dans diverses populations américaines précolombiennes. Des mégacôlons et des cardiomégalies ont été découverts lors d'autopsies de momies provenant du Chili (470 av. J.-C. et 600 ap. J.-C.)[87], du Brésil (560 ap. J.-C.)[88] et même d'Amérique du Nord (frontière entre le Texas et le Mexique, 1150 B.P.)[89]. La maladie a été aussi détectée grâce à la microscopie et diverses techniques de biologie moléculaire. G. Fornaciari et son équipe ont observé des *Trypanosoma cruzi* au microscope électronique dans le muscle cardiaque de momies incas du Pérou[90]. Ils ont confirmé leur détermination grâce à des techniques immunologiques. La présence du pathogène a aussi été détectée grâce à son ADN (parfois même sans symptômes visibles) sur diverses momies brésiliennes[91], péruviennes et chiliennes[92] dont certaines étaient vieilles de 9000 ans[93]. De l'ADN du trypanosome a également été mis en évidence dans des coprolithes de momies du désert d'Atacama plaidant, dans ces cas, pour une transmission digestive du parasite[94].

---

[87] Francisco ROTHERHAMMER, Marvin J. ALLISON, Lautaro NÚÑEZ, Vivien STADEN & Bernardo ARRIAZA, « Chagas' disease in pre-Colombian South America », *American Journal of Physical Anthropology* 68 (1985), p. 495–498.

[88] Alexandre FERNANDES, Alena M. IÑIGUEZ, Valdirene S. LIMA, Sheila M.F. MENDONÇA DE SOUZA, Luiz F. FERREIRA, Ana C. P. VICENTE & Ana M. JANSEN, « Pre-Columbian Chagas Disease in Brazil : *Trypanosoma cruzi* I in the archaeological remains of a human in Peruaçu Valley, Minas Gerais, Brazil », *Memórias do Instituto Oswaldo Cruz* 103, 5 (2008), p. 514-516.

[89] Karl REINHARD, T. Michael FINK & Jack SKILES, « A Case of Megacolon in Rio Grande Valley as a possible case of Chagas Disease », *Memórias do Instituto Oswaldo Cruz* 98, suppl. 1 (2003), p. 165-72. B.P. signifie « Before Present ». Il s'agit d'une date obtenue par la méthode du Carbone 14. Elle est exprimée en nombre d'années écoulées depuis 1950.

[90] Gino FORNACIARI, Maura CASTAGNA, Paolo VIACAVA, Adele TOGNETTI, Generoso BEVILACQUA & Elsa SEGURA, « Chagas' disease in Peruvian Inca mummy », *Lancet* 339, 8785 (1992), p. 128-129.

[91] Valdirene S. LIMA, Alena M. IÑIGUEZ, Koko OTSUKI, Luiz F. FERREIRA, Adauto ARAÚJO, Ana C. P. VICENTE & Ana M. JANSEN, « Chagas disease in ancient hunter-gatherer population, Brazil », *Emerging Infectious Diseases* 14, 6 (2008), p. 1001-1002.

[92] Felipe GUHL, Carlos JARAMILLO, Gustavo A. VALLEJO, Roxana YOCKTENG, Felipe CÁRDENAS-ARROYO, Gino FORNACIARI, Bernardo ARRIAZA & Arthur C. AUFDERHEIDE, « Isolation of *Trypanosoma cruzi* DNA in 4,000-year-old mummified human tissue from northern Chile », *American Journal of Physical Anthropology* 108, 4 (1999), p. 401-407.

[93] Arthur C. AUFDERHEIDE, Wilmar SALO, Michael MADDEN, John STREITZ, Jane BUIKSTRA, Felipe GUHL, Bernardo ARRIAZA, Colleen RENIER, Lorentz E. WITTMERS Jr., Gino FORNACIARI & Marvin ALLISON, « A 9,000-year record of Chagas' disease », *Proceedings of the National Academy of Sciences* 101, 7 (2003), p. 2034–2039.

[94] Arthur C. AUFDERHEIDE, Wilmar SALO, Michael MADDEN, John STREITZ, Katharina DITTMAR DE LA CRUZ, Jane BUIKSTRA, Bernardo ARRIAZA & Lorentz E.WITTMERS Jr., « Aspects of ingestion transmission of Chagas disease identified in mummies and their coprolites », *Chungara* (*Revista de Antropología Chilena*) 37, 1 (2005), p. 85-90.

2. Lutter contre les poux, les puces et les punaises

Depuis des millénaires, les hommes ont fait preuve d'ingéniosité pour éliminer leurs ectoparasites[95]. Il s'agit malheureusement d'une lutte sans fin étant donné que certains de ces insectes parasitent aussi des animaux sauvages qui ne sont pas toujours faciles à traiter et qu'ils développent une résistance contre les insecticides. Les méthodes de lutte mises en œuvre sont de type manuel, mécanique ou chimique.

Méthodes de lutte manuelles et mécaniques

Les méthodes manuelles et mécaniques consistent principalement en l'épouillage et le rasage.

L'épouillage des cheveux, du corps et des vêtements peut être réalisé à la main (la sienne ou celle d'un proche !). Après sa capture, l'insecte est écrasé entre les ongles ou les dents (avec parfois ingestion du parasite). L'ingestion de parasites lors de l'épouillage a été mise en évidence dans des populations anciennes grâce à leur présence dans les intestins de momies et dans les coprolithes. Il s'agit, par exemple, de Paléoindiens de l'Utah[96] et d'Esquimaux groenlandais du XVe siècle[97].

L'épouillage des cheveux et des poils peut aussi se faire à l'aide de peignes dont l'espacement entre les dents est inférieur à la taille du pou (et de sa lente)[98]. De nombreux peignes à poux en os, en ivoire ou en bois ont été retrouvés lors de fouilles archéologiques dont les plus anciens remontent à environ 12 000 ans av. J.-C. Certains d'entre eux contenaient encore des poux ou des lentes[99], d'autres en revanche contenaient des restes de puces (*Pulex irritans*) indiquant qu'ils ont probablement aussi servi à éliminer les parasites présents dans les peaux animales utilisées comme vêtements[100].

Les hommes se sont rapidement rendu compte que la longueur des cheveux favorisait le pullulement des poux. Ils ont donc coupé leurs cheveux ou les ont rasés. Pour dissimuler leur crâne tondu, certains, comme les Égyptiens ont eu recours à des perruques qui sont facilement retirées et

---

[95] Jean-Marie DOBY, « La lutte contre poux et morpions de l'Antiquité à nos jours », *Bulletin de la Société Française de Parasitologie* 14 (1966), p. 1-19.

[96] Gary F. FRY, *op. cit. supra* note 27.

[97] José BRESCIANI, Niels HAARLØV, Peter NANSEN & G. MØLLER, « Head Lice in Mummified Greenlanders from A.D. 1475 », chapitre de *The Mummies from Qilakitsoq - Eskimos in the 15th Century* (*Meddelelser om Grønland, Man & Society*, 12), dir. J. P. HART HANSEN & H. C. GULLØV, Copenhague : Museum Tuscalanum Press, 1989, p. 89–92.

[98] Jean-Marie DOBY, « Le peigne à poux, de la préhistoire à nos jours », *Insectes* 112 (1999), p. 9-12.

[99] K. MUMCUOGLU & J. ZIAS, *op. cit. supra* note 25 ; Ricardo L. PALMA, « Ancient Head Lice on a Wooden Comb from Antinoe, Egypt », *Journal of Egyptian Archaeology* 77 (1991), p. 194 ; Vanessa FELL, « Two Roman 'nit' Combs from Excavations at Ribchester (RBG80 and RB89), Lancashire », *Ancient Monuments Laboratory Report* 87/91 (1991), p. 1-7.

[100] Jaap SCHELVIS, « Caught between the Teeth. A review of Dutch Finds of Archaeological Remains of Ectoparasites in Combs », *Proceedings of the Section on Experimental and Applied Entomology of the Netherlands Entomological Society* 5 (1994), p. 131-132.

nettoyées en cas de pédiculose[101]. Des momies au crâne rasé ont été découvertes en Égypte comme celle de la jeune dame (*younger lady*) exhumée en 1898 dans la Vallée des Rois par l'archéologue Victor Loret[102] et qui serait la mère de Toutankhamon.

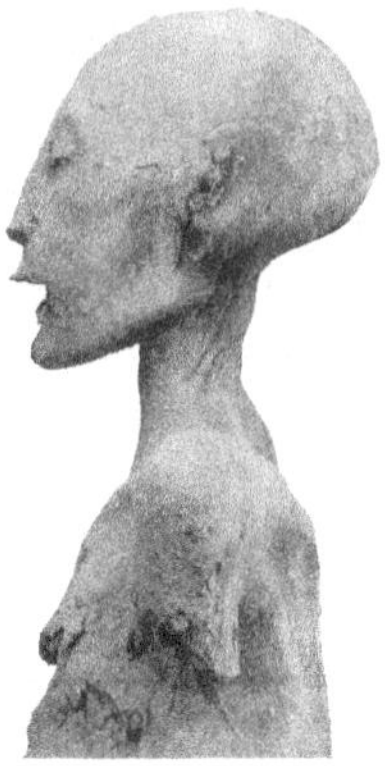

Figure 9 : La Jeune Dame (*Younger Lady*), momie avec le crâne rasé découverte en1898 dans la Vallée des Rois en Égypte (G. Elliot SMITH. *The Royal Mummies*, Le Caire : Imprimerie de l'Institut Français d'Archéologie Orientale, 1912)

Méthodes de lutte chimiques

Diverses substances ont été utilisées pour repousser ou éradiquer les ectoparasites[103]. Les répulsifs sont généralement des extraits de végétaux comme ceux de citronnelle, de menthe pouillot et de lavande. Pour lutter contre la pédiculose, des lotions d'origine animale, végétale ou minérale ont été appliquées sur le cuir chevelu pour engluer et asphyxier les poux (graisse, huile, miel, vaseline, etc.), les empoisonner (graine de staphisaigre, nicotine, sels de mercure, pétrole, alcool camphré, etc.) ou détacher les lentes (vinaigre).

G. Fornaciari et ses collègues ont étudié les restes momifiés de Ferdinand II d'Aragon, roi de Naples, décédé de malaria à la fin du XVe siècle[104]. Ils ont relevé une concentration élevée en mercure dans les cheveux de ce monarque. Ce métal a dû être appliqué localement car les autres tissus biologiques du défunt comme sa peau et ses poils pubiens présentent des teneurs bien moindres. L'examen des cheveux à la loupe binoculaire a, par

---

[101] Joann FLETCHER, « A Tale of Hair, Wigs and Lice », *Egyptian Archaeology* 5 (1994), p. 31-33.

[102] G. Elliot SMITH. *The Royal Mummies*, Le Caire : Imprimerie de l'Institut Français d'Archéologie Orientale, 1912.

[103] John O'D. ALEXANDER, *op. cit. supra* note 43, p. 399-408 ; Kosta Y. MUMCUOGLU, « Control of Human Lice (*Anoplura: Pediculidae*) Infestations: Past and Present », *American Entomologist* 42, 3 (1995), p. 175-178.

[104] Gino FORNACIARI, Silvia MARINOZZI, Valentina GAZZANIGA, Valentina GIUFFRA, Malayka S. PICCHI, Mario GIUSIANI & Massimo MASETTI, « The Use of Mercury against Pediculosis in the Renaissance : The Case of Ferdinand II of Aragon, King of Naples, 1467–96 », *Medical History* 55 (2011), p. 109-115.

ailleurs, révélé la présence de poux et de lentes. Cette étude illustre ainsi l'utilisation de remèdes à base de mercure pour lutter contre la pédiculose chez les aristocrates italiens à la Renaissance.

À la fin des années 1930, l'arrivé du DDT (dichlorodiphényl-trichloroéthane) semble régler définitivement le sort des ectoparasites. Répandu en masse, le pesticide fait des ravages dans les populations de poux, puces et punaises. Il a cependant été banni de la majorité des pays occidentaux depuis les années 1970 en raison de ses effets délétères et de ses impacts négatifs sur l'environnement du fait de sa non-biodégradabilité. De plus, des résistances ont été observées dans les trois ordres d'insectes[105]. Par la suite, de nombreux autres insecticides de synthèse (lindane, malathion, carbamates, pyréthrinoïdes, régulateurs de croissance des insectes, etc.) ont été mis sur le marché avec à la clé, malheureusement, l'apparition progressive de résistance chez les parasites.

Étant donné que les organochlorés comme le DDT et le lindane s'accumulent dans les tissus biologiques comme les cheveux[106], il devrait être possible de les détecter dans des restes humains de la deuxième moitié du XXe siècle !

Conclusion

L'histoire des Hommes et celle de leurs parasites sont intimement liées. De nombreuses informations peuvent donc être glanées sur les populations du passé par le biais de la paléoparasitologie. Les parasites constituent en effet de bons bioindicateurs des conditions de vie (densité de population, hygiène), des comportements et des migrations de leurs hôtes.

L'anthropologie biologique conjointement avec la biologie moléculaire a permis de diagnostiquer de nombreuses parasitoses et de mieux connaîttre leur origine, leurs dispersions et leurs conséquences sur les populations anciennes. Ces contributions à la paléoparasitologie montrent que les ectoparasites et le cortège de maladies plus ou moins graves qu'ils transmettent furent, durant des millénaires, le lot quotidien de nos ancêtres, qu'ils soient pauvres ou nantis. Elles révèlent aussi que nos prédécesseurs ne sont pas restés passifs face aux infestations par les ectoparasites. Ils ont développé une batterie de méthodes de lutte plus ou moins efficaces qui vont de leur simple écrasement à la synthèse de molécules complexes aux propriétés répulsives ou insecticides.

Mais qui gagnera cette lutte sans merci ? Alors que l'Homme pensait avoir remporté le combat avec la mise au point de molécules comme le

---

105 Lisa M. KNOLHOFF & David W. ONSTAD, « Resistance by Ectoparasites », chapitre 6 de *Insect Resistance. Management: Biology, Economics, and Prediction*, dir. D. W. ONSTAD, San Diego : Academic Press, 2008, p. 185-232.

106 Adrian COVACI, Maria TUTUDAKI, Aristidis M. TSATSAKIS & Paul SCHEPENS, « Hair Analysis : Another Approach for the Assessment of Human Exposure to Selected Persistent Organochlorine Pollutants », *Chemosphere* 46 (2002), p. 413-418 ; Hong ZHANG, Zhifang CHAI & Huibin SUN, « Human Hair as a Potential Biomonitor for Assessing Persistent Organic Pollutants », *Environment International* 33, 5 (2007), p. 685-693.

DDT, force est de constater que les parasites développent régulièrement de nouvelles formes de résistances. Gageons donc que les poux, les puces et les punaises ont encore de beaux jours devant eux[107].

Annexe

Quelques ectoparasites pouvant piquer l'homme, leurs hôtes habituels, les maladies qu'ils peuvent lui transmettre et leur taux de mortalité, en l'absence de traitement antibiotique.

ectoparasite					
nom vernaculaire	**nom latin**	**Hôte(s) habituel(s)**	**maladie transmise**	**pathogène**	**taux de mortalité**
puce de l'homme	*Pulex irritans*	Homme, carnivores, porc	(peste ?)		
puce du rat	*Xenopsylla cheopis*	rongeurs sauvages, rat	peste	*Yersinia pestis*	50-60 % (bubonique) 80 % (septicémique) 100 % (pulmonaire)
pou de tête	*Pediculus humanus capitis*	Homme			
pou de corps	*Pediculus humanus humanus*	Homme	typhus exanthé-matique	*Rickettsia prowazekii*	2 – 40 %
			fièvre des tranchées	*Bartonella quintana*	<1 %
			fièvre récurrente	*Borrelia recurrentis*	10 – 40 %
pou du pubis	*Phtirus pubis*	Homme			
punaise des lits	*Cimex lectularius*	Homme, chauve-souris, oiseaux, animaux de compagnie			
réduves	*Triatoma sp.* *Rhodnius prolixus* *Panstrongylus sp.*	Homme et autres mammifère s	Maladie de Chagas	*Trypanoso ma cruzi*	0 – 13 %

[107] Je remercie chaleureusement les organisateurs de ce colloque, Franck Collard (Université Paris-Ouest Nanterre La Défense) et Évelyne Samama (Université de Versailles Saint-Quentin-en-Yvelines) de m'avoir invitée à participer à cet événement. Merci à Jean-Bernard Huchet (Muséum National d'Histoire Naturelle de Paris) et Eve Lowenstein (South Nassau Dermatology) pour m'avoir transmis des informations et des articles sur les poux, les puces et les punaises. Mes remerciements s'adressent aussi à Nick Levell, Kieron Leslie et Simon Dove (Norfolk and Norwich University Hospital) pour m'avoir autorisée à reproduire une photographie de dermatose du cuir chevelu sur une momie égyptienne du British Museum. Anne-Marie Wittek (Association pour la Diffusion de l'Information Archéologique) a réalisé diverses illustrations pour le présent article, qu'elle en soit remerciée. Enfin, j'exprime ma gratitude à Serge Lemaitre (Musées Royaux d'Art et d'Histoire) pour sa relecture attentive du manuscrit et Tara Chapman (Université Libre de Bruxelles) pour la correction du résumé anglais.

Ectoparasites de l'Homme : le regard de l'archéoentomologiste

Jean-Bernard HUCHET[1]

Plus que tout autre représentant du monde animal, les parasites occupent une place particulière dans l'histoire de l'humanité. Vivants sur l'homme ou comme hôtes éphémères, leur remarquable adaptation résume à elle seule leur longue histoire coévolutive. Considérés de tout temps à jamais comme une vermine insidieuse et repoussante, les parasites externes de l'homme, ou « ectoparasites », sont évoqués très anciennement sur les papyrus et dans les textes des premiers auteurs naturalistes. Toutefois, ces mentions, souvent trop concises et imprécises, permettent rarement d'identifier spécifiquement les créatures incriminées.

Les restes d'insectes et autres arthropodes issus de fouilles archéologiques sont des témoins précieux des activités de l'homme et de son environnement. L'étude des assemblages issus de ces contextes anciens permet souvent la découverte de formes ectoparasites et commensales. Ces investigations archéoparasitologiques se révèlent d'un intérêt capital en fournissant des informations importantes sur l'origine et la mise en place de la relation hôte / parasite, l'histoire des migrations mais également sur les conditions sanitaires du passé. Elles s'inscrivent en outre dans une perspective paléoépidémiologique en permettant l'identification de certaines maladies infectieuses liées à ces parasitoses.

À partir d'exemples issus de contextes chronologiques, géographiques et culturels distincts, ce travail se propose d'être une incursion dans « l'Archéologie du parasite ». L'homme sera, une fois n'est pas coutume, considéré ici comme un simple hôte en relation avec ses bien irritants compagnons.

1. Parasites et archéologie

L'intérêt pour les parasites remonte sans doute à des époques très anciennes comme en témoigne une figurine du Paléolithique supérieur de Kleine Scheuer, fidèle reproduction de la larve de *Oedemagena tarandi* (L.),

[1] UMR 7209 du CNRS – Archéozoologie, Archéobotanique : sociétés, pratiques et environnements, Muséum national d'Histoire naturelle, CP 56, 55 rue Buffon, 75005 Paris – France, huchet@mnhn.fr — UMR 7205 du CNRS – Institut de Systématique, Évolution, Biodiversité (ISyEB), Département Systématique et Evolution (entomologie), Muséum national d'Histoire naturelle, CP 50, 45 rue Buffon, Paris Cedex 05 — UMR 5199 du CNRS, PACEA – Anthropologie des populations passées et présentes, Université de Bordeaux, Bât. B 8, Allée Geoffroy St. Hilaire, CS 50023, 33615 Pessac Cedex – France.

le diptère parasite du renne[2]. S'il s'agit là d'évocations stylisées de parasites des temps glaciaires, d'autres témoins, bien réels, ont pu se préserver dans les sédiments et parvenir jusqu'à nous.

L'archéoentomologie est l'étude des assemblages d'insectes, essentiellement synanthropes, recueillis lors de fouilles archéologiques. Cette branche particulière de l'archéozoologie a véritablement pris son essor au début des années soixante sous l'impulsion de chercheurs de l'Université de Birmingham[3]. Ces recherches ont révélé que dans un grand nombre de contextes sédimentaires, l'exosquelette des insectes pouvait se conserver sur de très longues périodes pouvant s'étendre jusqu'au Tertiaire. Coope démontra également que si les milieux avaient considérablement évolué au cours du Quaternaire, l'entomofaune[4] faisait preuve d'une remarquable stabilité morphologique permettant des comparaisons avec leurs représentants actuels.

Le terme « d'archéoparasitologie » a été introduit par Karl Reinhard pour définir l'étude des vestiges de parasites issus de contexte archéologique[5]. Cette discipline prend en compte l'ensemble des parasites, qu'ils soient humains ou animaux. Classiquement, on distingue trois groupes écologiques au sein des parasites : les ectoparasites, vivant à la surface de la peau ou au niveau des follicules pileux, les mésoparasites qui vivent à l'intérieur d'un organisme en gardant cependant un contact avec l'extérieur et enfin les endoparasites qui vivent continuellement à l'intérieur de leur hôte. Dans la majorité des cas, les ectoparasites sont des invertébrés, et la plupart d'entre eux des arthropodes (majoritairement insectes et arachnides). En fonction de leur biologie, on les classe en deux catégories : les parasites obligatoires et facultatifs. Les premiers dépendent entièrement d'un hôte pour vivre, pour les seconds, le parasitisme est secondaire et ils peuvent croître indépendamment[6].

La connaissance des parasites revêt un intérêt capital puisque ces derniers, vecteurs de nombreux organismes pathogènes, sont à l'origine d'endémies historiques telles que la peste, le typhus ou encore le paludisme. Par l'étude de parasites subfossiles, l'approche combinée de

---

[2] J. Hubert DINGFELDER, « *Oedemagena tarandi* als bemerkenswerte Darstellung einer Insectenlarve aus dem Jungpaläolithicum », *Quartar* 13 (1961), p. 91-92.

[3] Voir notamment G. Russel COOPE, « Quaternary Coleoptera as aids in the interpretation of environmental history », dans *British Quaternary Studies - Recent Advances*, dir. Ed. F. W. SHOTTON, Oxford : Clarendon Press, 1977, p. 55-68 ; G. Russel COOPE, « Coleoptera analysis », dans *Handbook of Holocene palaeoecology and palaeohydrology*, dir. B. E. BERGLUND, New York : J. Wiley & sons, 1986, p. 703-713 ; Peter J. OSBORNE, « An insect fauna of Late Bronze Age date from Wilsford, Wiltshire », *Journal of Animal Ecology* 38 (1969), p. 555–566 ; Paul C. BUCKLAND, « The use of insect remains in the interpretation of archaeological environments », dans *Geoarchaeology: earth science and the past*, dir. D. A. DAVIDSON & M. L. SHACKLEY, Londres : Duckworth, 1976, p. 369-396.

[4] Partie de la faune constituée par les insectes.

[5] Karl J. REINHARD, « Archaeoparasitology in North America », *American Journal of Physical Anthropology* 82 (1990), p. 145-163.

[6] Karl J. REINHARD, « Parasitology as an Interpretive Tool in Archaeology », *American Antiquity* 57 (1992), p. 231-245.

l'archéoentomologie et de l'archéoparasitologie dresse un panorama inédit de ces perfides animalcules et de leur propagation au cours de l'histoire de l'homme.

2. Les ectoparasites de l'Homme

Les poux

Les poux sont des insectes de l'ordre des Pthiraptères appartenant à la famille des *Pediculidae* qui regroupe les parasites de l'homme et des singes. L'absence d'ailes, tout autant que la différenciation de la partie terminale de leurs pattes en puissantes griffes préhensiles, témoignent d'une parfaite adaptation à la vie parasitaire. Contrairement aux puces ou aux punaises des lits, parasites temporaires à forte mobilité, les poux sont des ectoparasites permanents, vivant et se reproduisant sur leur hôte. Trois d'entre eux peuvent infester l'être humain : le pou du corps (*Pediculus humanus humanus* L.), le pou de la tête (*Pediculus humanus capitis* De Geer) et le pou du pubis (*Pthirus pubis* L.). Ces trois espèces, toutes hématophages[7], font plusieurs repas de sang par jour. Seul le pou du corps est vecteur d'infections septicémiques majeures, tels le typhus exanthématique, la fièvre des tranchées ou encore la fièvre dite récurrente[8].

Si le registre archéologique fournit des preuves concrètes de la présence des poux pour les derniers millénaires, les données récentes de la biologie moléculaire indiquent que cette « cohabitation forcée » entre l'homme et le parasite a débuté il y a plusieurs millions d'années. L'analyse de l'ADN mitochondrial suggère que les espèces *P. humanus* (le pou de l'Homme) et *P. schaeffi* (le pou du chimpanzé) se seraient individualisées il y a près de 5.6 millions d'années[9]. La séparation de *P. humanus* en deux sous-espèces écologiquement distinctes (pou de la tête et pou du corps) serait corollaire de l'apparition du vêtement, il y a près de 107.000 ans[10]. Cette intime promiscuité a fait que les poux, en accompagnant les hommes dans leurs migrations, sont devenus aussi cosmopolites que leurs hôtes.

*Le pou de tête (*Pediculus humanus capitis*)*

De tous les parasites humains, le pou de tête est incontestablement le plus célèbre. L'insecte, d'un blanc laiteux et d'une taille avoisinant les 3 mm à l'état adulte, vit exclusivement sur le cuir chevelu où il se nourrit de sang qu'il prélève plusieurs fois par jour. La reproduction a lieu *in situ* et la femelle pond en moyenne entre 300 et 400 œufs au cours de sa vie. Deux glandes annexes enduisent l'œuf (la lente) d'une sécrétion qui, en se solidifiant à l'air, va fixer fortement ce dernier au *substratum* (le cheveu

---

[7] Qui se nourrit de sang.

[8] Jean-Claude Desenclos, Anne Laporte, Philippe Brouqui, « Les infections humaines transmises par les poux », *Médecine et Maladies Infectieuses* 41 (2011), p. 295-300.

[9] David L. Reed, Vincent S. Smith, Shaless L. Hammond, Alan R. Rogers, Dale H. Clayton, « Genetic analysis of lice supports direct contact between Modern and Archaic Humans », *PloS Biology* 2 (2004), e340.

[10] Ralf Kittler, Manfred Kayser, Mark Stoneking, « Molecular Evolution of *Pediculus humanus* and the Origin of Clothing », *Current Biology* 13 (2003), p. 1414-1417.

pour le pou de tête ou un morceau d'étoffe pour le pou du corps)[11]. Par leur conformation, les lentes constituent la forme de résistance de l'insecte.

Dénommé « ver de peau » et considéré par Aristote comme une sécrétion naturelle du corps humain[12], le pou et ses diverses utilisations thérapeutiques sont omniprésentes dans la littérature naturaliste classique. Selon les sociétés et les époques, ils sont consommés vivants chez les peuples « pthyrophages » (Hottentots, Tartares) décrits par Geoffroy et de Nobleville (1756), ou encore se substituent à l'impôt chez certaines civilisations précolombiennes[13].

Témoins directs de l'état sanitaire des populations passées, les poux sont de précieux auxiliaires pour retracer l'histoire des migrations humaines. Vraisemblablement originaire d'Afrique, le pou de tête est le plus ancien parasite humain connu[14]. Il aurait été introduit en Amérique avec les premières vagues de migrants. C'est d'ailleurs sur ce même continent, dans un site archéologique du nord-est du Brésil, que le plus vieux spécimen (une lente de 10.000 ans retrouvée sur un cheveu humain) a été mis au jour[15]. Les études paléoparasitologiques conduites sur des restes humains momifiés de cette région du globe montrent que ce parasite sévissait dans la grande majorité des civilisations précolombiennes du Chili et du Pérou[16].

---

[11] Michel VALADE, *Le pou de l'homme,* Pediculus humanus Linné*, 1758 : observations biologiques, évaluation de l'activité de différents insecticides*, Paris : ORSTOM, 1985.

[12] Aristote, *Histoire des Animaux*, V, 25 [ed. P. Louis, CUF, 1968], litt. « des sécrétions de chair vivante ».

[13] Etienne-Louis GEOFFROY et Louis Daniel Arnault DE NOBLEVILLE, *Suite de la matière medicale de M. Geoffroy, Volume 1, Règne Animal, tome premier, 1ère classe, Des insectes,* Paris : Desaint & Saillant, 1756. Chez les Incas, il était demandé aux miséreux de verser leur impôt en poux vivants (Pedro CIEZA DE LEÓN, *Primera Parte de la Crónica del Perú*, Sevilla : Martin de Montesdoca, 1553 ; Garcilaso DE LA VEGA [1609], *Comentarios Reales de los Incas*, A. Rosenblat, Buenos Aires : Emecé editores, 1943).

[14] David L. REED, Jessica E. LIGHT, Julie M. ALLEN, Jeremy J. KIRCHMAN, « Pair of Lice Lost or Parasites Regained: The Evolutionary History of Anthropoid Primate Lice », *BMC Biology* 5 (2007), p. 1-11.

[15] Adauto ARAÚJO, Luis Fernando FERREIRA, Niede GUIDON, Nicolau MAUES DA SERRA FREIRE, Karl J. REINHARD, Katharina DITTMAR, « Ten thousand years of head lice infection », *Parasitology Today* 16 (2000), p. 269.

[16] Karl J. REINHARD, Jane BUIKSTRA, « Louse infestation of the Chiribaya Culture, Southern Peru : Variation in prevalence by age and sex », *Memórias do Instituto Oswaldo Cruz* 98, Suppl. 1 (2003), p. 173-179 ; Elizabeth MARTINSON, Karl J. REINHARD, Jane E. BUIKSTRA, Katharina DITTMAR DE LA CRUZ « Pathoecology of Chiribaya Parasitism », *Memorias do Instituto Oswaldo Cruz* 98, Suppl. I (2003), p. 195-205 ; Didier RAOULT, David REED, Katharina DITTMAR, Jeremy KIRCHMAN, Jean-Marc ROLAIN, Sonia GUILLEN, Jessica LIGHT, « Molecular identification of lice from Pre-Columbian mummies », *The Journal of Infectious Diseases* 197 (2008), p. 535-543 ; Bernardo ARRIAZA, Nancy C. ORELLANA, Helene S. BARBOSA, Rubem F. MENNA-BARRETO, Adauto ARAÚJO, Vivien STANDEN, « Severe Head Lice Infestation in an Andean Mummy of Arica, Chile » *Journal of Parasitology* 98 (2012), p. 433-436 ; Bernardo ARRIAZA, Vivien STANDEN, Hipólito NÚÑEZ, Karl REINHARD, « Study of archaeological nits/eggs of *Pediculus humanus capitis* by scanning electron microscopy » *Micron* 45 (2013), p. 145-149 ; Juliana M. DUTRA, Arthur Daniel ALVES, Thaila PESSANHA, Rachel RACHID, Wanderley DE SOUZA, Pedro Marcos LINARDI, Luis Fernando FERREIRA, Sheila MENDONÇA DE SOUZA, Araujo ADAUTO, « Prehistorical *Pediculus humanus capitis*

Dans l'Ancien Monde, les traces archéologiques du parasite sont tout aussi nombreuses. Les plus anciens vestiges de poux (des lentes engluées dans de l'asphalte sur un crâne) ont été découverts dans un site d'habitat néolithique en Israël et datent de 9000 ans[17].

En Égypte, la première étude paléoparasitologique faisant état de la présence de poux sur des momies égyptiennes est due à M. A. Ruffer[18]. À propos de la vermine de la 3e Plaie d'Égypte, on trouve trace, dans le *papyrus Ebers*[19], d'une recette à base de farine de dattes et d'eau destinée au traitement de la pédiculose[20]. La prévalence de l'infestation en Égypte ancienne n'a pas manqué de frapper les esprits des premiers voyageurs. À cet égard, Hérodote indique que les prêtres égyptiens se préservaient des infestations de la vermine en se rasant entièrement le crâne, mais également les cils et sourcils[21]. Il semblerait que cet usage se soit ensuite plus ou moins répandu, notamment au sein des familles de haut rang, comme en témoigne une peinture du site de Tell El Amarna représentant les deux filles du pharaon Amenophis IV le crâne entièrement rasé[22]. L'archéologie montre cependant que la pratique du rasage n'a pu totalement endiguer la propagation du parasite. L'étude archéoparasitologique d'une momie égyptienne de la XXIIe dynastie (825–800 *a.C.*) du Musée Anne de Beaujeu, en restauration au laboratoire du C2RMF de Versailles[23], a révélé la présence de myriades de lentes et de poux adultes[24]. Dans ce cas précis, le sujet souffrait d'une parasitose sévère ayant sans doute entraîné un prurit important généralisé à l'ensemble du scalp.

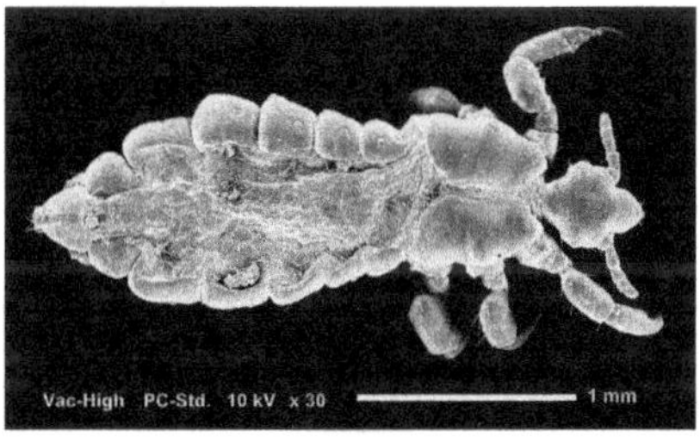

Figure 1. Pou de tête (*Pediculus humanus capitis* L.) provenant d'une momie égyptienne de la XXIIe dynastie (825–800 *a.C.*), Musée Anne de Beaujeu, Moulins, Allier, n° inv. 4.2.2. © C2RMF / D. Robcis

---

infestation: quantitative data and low vacuum scanning microscopy », *Revista do Instituto de Medicina Tropical de São Paulo* 56 (2014), p. 115-119.

17 Joseph ZIAS, Kosta Y. MUMCUOGLU, « Pre-pottery Neolithic B head lice from Nahal Hemar cave » *Antiqot* 20 (1991), p. 167-168.

18 Marc Armand RUFFER, *Studies on Paleopathology of Egypt*, Chicago : University Press, 1921.

19 Le *papyrus Ebers,* daté d'environ 1550 *a.C.*, est l'un des plus anciens traités médicaux.

20 Ange-Pierre LECA, *La médecine égyptienne au temps des pharaons*, Paris : Dacosta, 1971.

21 Hérodote, *L'Enquête*, Livre II, 37 [tr. Andrée Barguet, Paris : Gallimard (Pléiade), 2004].

22 Bernard VRAY, « Le parasitisme : le plus vieux métier du monde ? » *Année Biologique* 78 (1998), p. 163-176.

23 Centre de Recherche et de Restauration des Musées de France.

24 Voir Figure 1 et Jean-Bernard HUCHET, article à paraître.

Les peignes à poux, présents dans de nombreux sites, sont d'autres preuves archéologiques attestant de la présence du parasite. Le plus ancien peigne provient d'un site Natoufien du Proche-Orient et date de près de 12.000 ans[25]. De nombreux peignes en bois, en os, en ivoire, en éléments végétaux, parfois richement décorés, ont été découverts en Égypte, en Israël, en Chine, en Inde, en Amérique du Sud mais également dans des niveaux d'époque romaine en Europe[26]. Malgré des origines très distinctes, on constate une étonnante similitude entre tous ces peignes dont la forme originale n'a pas évolué depuis des millénaires.

Contrairement aux puces et aux punaises, les parasites permanents, en vivant directement sur leur hôte, se montrent peu sensibles aux rudesses du climat. Les récits des premiers explorateurs de l'Arctique soulignent le manque d'hygiène des populations eskimos, mentionnant que ces dernières sont infestées de parasites[27]. D'autres sources, ethnologiques cette fois, décrivent les séances quotidiennes d'épouillage au sein de ces populations de l'Arctique[28]. La présence de poux dans le contenu stomacal de momies Qilakitsoq du Groenland (1460 ± 50 *p.C.*) a permis de montrer que cette pratique était courante au XVe siècle[29]. D'autres découvertes archéologiques témoignent de la présence du parasite en Alaska, sur une momie aléoutienne du XVIIIe siècle[30] ou encore chez les Inughuits du nord-ouest du Groenland[31].

Certaines concentrations massives de poux en contexte archéologique ont pu être interprétées comme la conséquence d'activités d'épouillage. Deux sites distincts ont permis de mettre en avant ces

---

25 Kosta MUMCUOGLU, Joseph ZIAS, « How the Ancients De-loused Themselves », *Biblical Archaeology Review* 15 (1989), p. 66-69.

26 Kosta MUMCUOGLU, « The louse comb: past and present », *American Entomologist* 54 (2008), p. 164-166 ; R. PALMA, « Ancient head lice in a wooden comb from Antionë, Egypt », *The Journal of Egyptian Archaeology* 77 (1991), p. 194 ; Kosta MUMCUOGLU, Joseph ZIAS, « Head lice, *Pediculus humanus capitis* (*Anoplura : Pediculidae*) from hair combs excavated in Israel and dated from the first century B.C. to the eight century A.D. », *Journal of Medical Entomology* 25 (1988), p. 545-547 ; SCHELVIS Jaap, « Lice and nits (*Pediculus humanus*) from medieval combs excavated in the Netherlands », *Proceedings of the Section Experimental and Applied Entomology of the Netherlands Entomological Society* 2 (1991), p. 14-15.

27 Isaac Israel HAYES, Norton SHAW, *An Arctic Boat-Journey in the Autumn of 1854*, Londres : R. Bentley, 1860 ; Elisha Kent KANE, *Arctic Explorations: The Second Grinnell Expedition in Search of Sir John Franklin, 1853, '54, '55* (2 vol.), Philadelphie: Childs & Peterson, 1856 ; Josephine PEARY, Robert Edwin PEARY, *My Arctic Journal: A Year among the Ice-Fields and Eskimos*. New York: Contemporary Publishing Company, 1893.

28 Knud RASMUSSEN, *Du Groenland au Pacifique : deux ans d'intimité avec des tribus d'Esquimaux inconnus* (traduit par Cécile Lund & Jules Bernard), Paris : Plon, 1929.

29 J. BRESCIANI, N. HAARLOV, P. NANSEN, G. MOLLER, « Head lice in mummified Greenlanders from A.D. 1475 », dans *The mummies from Qilakitsoq - Eskimos in the 15th century*, dir. J. P. Hart HANSEN, H. C. GULLØV, *Meddelelser om Grønland: Man & Society* 12 (1989), p. 89-92.

30 Patrick HORNE, « Head Lice from an Aleutian Mummy », *Paleopathology Newsletter* 25 (1979), p. 7-8.

31 Véronique FORBES, Frédéric DUSSAULT, Allison BAIN, « Contributions of Ectoparasite Studies in Archaeology with Two Examples from the North Atlantic Region », *International Journal of Paleopathology* 3 (2013), p. 158-164.

hypothèses : le site post-médiéval de Reykholt en Islande[32] ainsi que celui de Gård Under Sandet au Groenland[33]. Un bon nombre de parasites étant carbonisés, les auteurs ont suggéré qu'ils avaient sans doute été jetés intentionnellement dans le foyer lors des séances d'épouillage.

Certaines pédiculoses sévères se prolongeant dans le temps occasionnent des dermatoses prurigineuses[34]. L'infection bactérienne en résultant peut parfois provoquer une ulcération majeure atteignant le derme, l'hypoderme pouvant occasionner des lésions osseuses localisées. La découverte de lentes sur le crâne d'un squelette d'Herculanum (79 *p.C.*), combinée à la présence d'aires lésionnelles localisées dans la région occipitale (altérations se retrouvant sur près d'un quart des squelettes humains étudiés), a été interprétée comme l'expression d'un grattage chronique se rapportant à une infestation parasitaire prolongée[35].

Contrairement aux croyances populaires, les poux de la tête infestent l'être humain indépendamment de l'hygiène corporelle ou du statut social. Les têtes couronnées étaient tout autant infestées par la vermine. J. O'Farrell indique que le jour du couronnement d'Henri IV, les invités furent effarés de voir des myriades de poux tomber de la couronne fraîchement déposée sur sa tête[36]. M. Miller ajoute que le roi était si pouilleux que sans « l'intervention » prématurée de Ravaillac, il serait vraisemblablement mort des suites du typhus[37]. De récentes analyses paléopathologiques conduites sur le corps momifié de Ferdinand II d'Aragon, roi de Naples (1467-1496) dévoilent que ce dernier était également infesté par les poux[38]. L'étude biochimique des cheveux permit de mettre en évidence une forte concentration de sels de mercure, vraisemblablement destinés à enrayer l'infestation.

---

32 Paul C. BUCKLAND, Jon P. SADLER, Guthrún SVEINBJARNADÓTTIR, « Palaeoecological investigations at Reykholt, western Iceland », dans *Norseand Later Settlement and Subsistence in the North Atlantic*, dir. C. D. MORRIS & D. J. RACKHAM, Glasgow : University Press, 1992, p. 149-167.

33 Paul C. BUCKLAND, Philip I. BUCKLAND, Peter SKIDMORE, « Insect Remains from GUS : an Interim Report », *Man, Culture and Environment in Ancient Greenland*, dir. J. ARNEBORG & H. C. GULLØV, Copenhague : Dansk Polar Centre & Danish National Museum, 1998, p. 74-79.

34 Howard T. BEHRMAN, *The Scalp in Health and Disease*, St. Louis : C.V. Mosby, 1952.

35 Luigi CAPASSO, Salvatore CARAMIELLO, Mirella LA VERGHETTA, Luisa DI DOMENICANTONIO, Ruggero D'ANASTASIO, « Lice and related Skull Lesions in a Female Subject from Herculaneum (79 AD, South Italy) », *Journal of Paleopathology* 9 (1997), p. 25-135 ; Luigi CAPASSO, Gabriella DI TOTA « Lice Buried Under The Ashes Of Herculaneum », *The Lancet* 351-9107 (1998), p. 992.

36 John O'FARRELL, *An Utterly Impartial History of Britain, or 2000 Years Of Upper Class Idiots In Charge*. Londres : Black Swan, 2008.

37 Michael MILLER, *Wars of the Roses, An Analysis of the Causes of the Wars and the course which they took*, © Michael D. Miller, 2003, http://www.warsoftheroses.co.uk/.

38 Gino FORNACIARI, Valentina GIUFFRA, MARINOZZI Silvia, Samantha PICCHI MALAYKA, Massimo MASETTI, « "Royal" Pediculosis in Renaissance Italy: Lice in the Mummy of the King of Naples Ferdinand II of Aragon (1467-1496) » *Memórias do Instituto Oswaldo Cruz* 104 (2009), p. 671-672.

*Le pou du corps (*Pediculus humanus humanus L.*)* (fig. 2)

Les deux sous-espèces *Pediculus h. humanus* et *Pediculus h. capitis* sont morphologiquement très proches et leur identification se révèle souvent délicate lorsque l'on a affaire à des restes archéologiques fragmentés. Contrairement aux poux de tête, totalement inoffensifs, ceux du corps sont vecteurs de trois bactéries pathogènes : *Rickettsia prowazekii*, *Borrelia recurrentis* et *Bartonella quintana*, responsables respectivement du typhus exanthématique, de la fièvre récurrente à poux et de la fièvre des tranchées.

En contexte archéologique, les plus anciens vestiges datent de l'âge du Fer (Ier mill. *a.C.*) et proviennent d'un lot de tissus découverts dans une mine de sel à Salzbourg[39] (Autriche). D'autres restes de cette espèce furent mis au jour à Massada (Israël), célèbre cité construite durant le règne du roi Hérode le Grand, dans des niveaux du Ier siècle de notre ère[40]. On retrouve l'espèce au Royaume-Uni à l'époque romaine[41] ainsi que dans près de cinquante contextes anglo-scandinaves à Coppergate. Les investigations conduites dans des fermes groenlandaises des Xe - XIVe siècles indiquent que les Vikings étaient également infestés par ce parasite[42]. Les poux du corps se révèlent tout aussi communs que leurs homologues chez les populations eskimos d'Alaska comme en témoigne la découverte récente de 75 individus dans les sols d'habitats d'un village occupé du XIVe au XVIIe siècle à Nunalleq[43].

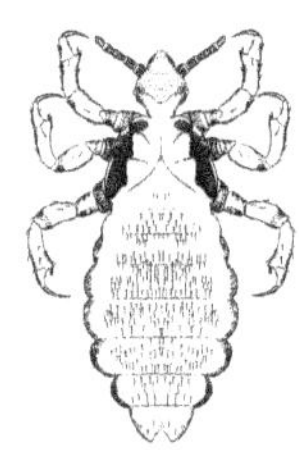

Figure 2. Le pou du corps (*Pediculus humanus humanus* L.), représentation schématique (d'après Robinson 2005, modifiée)

---

[39] Hans-Jürgen HUNDT, « Vorgeschichtliche Gewebe aus dem Hallstätter Salzberg », *Jahrbuch des römisch-germanischen Zentralmuseums Mainz* 7 (1960), p. 126-141.

[40] Kosta MUMCUOGLU, J. ZIAS, M. TASHIS, M. LAVI, G.D. STIEBEL, « Body Louse Remains found in Textiles Excavated at Masada, Israel », *Journal of Medical Entomology* 40 (2003), p. 585-587.

[41] Allan R. HALL, Harry K. KENWARD, *Environmental Evidence from the Colonia,* York : Council for British Archaeology / York Archaeological Trust, Archaeology of York 14/6, 1990 ; Harry K. KENWARD, Allan R. HALL, *Biological evidence from 16-22 Coppergate*, York : Council for British Archaeology / York Archaeological Trust, Archaeology of York 14/7, 1995.

[42] Jonathan SADLER, « Records of Ectoparasites on Human and Sheep from Viking Age Deposits on the Former Western Settlement of Greenland », *Journal of Medical Entomology* 27 (1990), p. 628-631.

[43] Véronique FORBES, Kate BRITTON, Rick KNECHT, « Preliminary Archaeoentomological Analyses of Permafrost-preserved Cultural Layers from the Pre-contact Yup'ik Eskimo Site of Nunalleq, Alaska: Implications, Potential and Methodological Considerations », *Environmental Archaeology* 20 (2015), p. 158-167.

La présence de *P. h. humanus* en contexte archéologique permet parfois d'élucider certains épisodes de notre histoire. Des investigations conduites dans un charnier contenant les corps de centaines de soldats de l'armée napoléonienne à Vilnius (Lituanie) ont pu mettre en évidence des vestiges de ce parasite[44]. Les recherches d'agents infectieux présents tant dans les restes d'insectes qu'au niveau de la pulpe dentaire des grognards ont révélé la présence de la bactérie *Bartonella quintana* à l'origine de la fièvre des tranchées. En outre, *Rickettsia prowazekii*, responsable de la transmission du typhus, figurait au niveau de la pulpe dentaire de trois des soldats examinés. Il a pu être ainsi démontré que 30 % des corps de soldats de la Grande Armée exhumés souffraient d'infections transmises par les poux et auraient succombé des suites de cette parasitose[45]. S'il est logique de penser que le froid et la famine ont également contribué à décimer l'armée napoléonienne, il n'en demeure pas moins que des milliers de soldats ont payé un lourd tribut aux agents pathogènes véhiculés par *Pediculus h. humanus.*

*Le pou du pubis (*Pthirus pubis L.*)*

Le genre *Pthirus* Leach ne compte que deux espèces dans le monde, *Pthirus pubis* L., le parasite de l'homme et *Pthirus gorillae* Ewing, propre au gorille. Morphologiquement, l'espèce se distingue aisément des poux du corps et des cheveux par sa forme distinctement plus trapue. *P. pubis*, plus connu sous le nom de « morpion » (fig. 3), vit ordinairement à la base des poils pubiens et dans la région péri-anale où il occasionne de vives démangeaisons. L'entomologiste Guérin-Méneville (1830) dans son *Histoire naturelle des Insectes* mentionne à cet égard : « sa piqûre, qui est très vive, l'a fait nommer par quelques naturalistes, *Pediculus ferox* »[46]. Lors d'infestations sévères, l'espèce peut migrer et s'implanter au niveau des aisselles, des cils ou des sourcils. On trouve trace, dans la littérature ancienne, de ces invasions temporaires des parties « hautes » du corps. Ainsi, Théodore Agrippa d'Aubigné, évoquant Henri IV dans *La Confession catholique du sieur de Sancy,* mentionne : « Ces poux espagnols, las de posséder les parties basses ou étant trop pressez de logis avoyent pris un domicile évident dans les usseo (sourcils) et le rond des cheveux, siège de la couronne »[47].

---

[44] Didier RAOULT, Olivier DUTOUR, Linda HOUHAMDI, Rimantas JANKAUSKAS, Pierre-Edouard FOURNIER, Yann ARDAGNA, Michel DRANCOURT, Michel SIGNOLI, Vu DANG LA, Yves MACIA, Gérard ABOUDHARAM, « Evidence for Louse-transmitted Diseases in Soldiers of Napoleon's Grand Army in Vilnius », *Journal of Infectious Diseases* 193 (2006), p. 112-120.

[45] Michel DRANCOURT, Gérard ABOUDHARAM, Michel SIGNOLI, Olivier DUTOUR, Didier RAOULT, « Detection of 400-year-old *Yersinia pestis* DNA in Human Dental Pulp : an Approach to the Diagnosis of Ancient Septicemia », *Proceedings of the National Academy of Sciences USA* 95 (1998), p. 12637-12640.

[46] Félix-Edouard GUÉRIN-MÉNEVILLE, *Histoire naturelle des Insectes* (3e ed.), par F.M.G.T. de Tigny, Paris : Roret, 1830.

[47] *Œuvres complètes de Théodore Agrippa d'Aubigné*, ed. E. Réaume et F. de Caussade (6 vol.), Paris : Lemerre, 1873-1892, p. 265-266.

À l'encontre des deux espèces citées précédemment, ce parasite se révèle relativement rare en contexte archéologique. Les sources disponibles indiquent cependant qu'il y a 2.000 ans, la pédiculose pubienne était présente tant sur le Vieux Continent qu'au Nouveau Monde.

En Europe, les plus anciens restes de « morpions » datent de la période romaine (Ier-IIe siècle *p.C.*) et proviennent du Royaume-Uni[48]. Du même site archéologique, divers autres fragments, d'époque médiévale cette fois-ci, ont également été mis au jour[49]. Des lentes de *P. pubis* figuraient également sur le corps momifié de Ferdinand II, roi de Naples[50]. En Amérique du Sud, dans le désert chilien d'Atacama, l'espèce a pu être mise en évidence sur diverses momies précolombiennes datant de près de 2000 ans[51]. D'autres spécimens, plus récents (1050-1500 *p.C.*) figuraient dans les textiles d'une momie péruvienne à Chiribaya Baja[52]. Les populations septentrionales n'étaient pas pour autant exemptes de ce parasite comme en témoigne la découverte de *P. pubis* à Cap Grinnell, au Groenland, dans des habitations Inuit du XIe siècle[53].

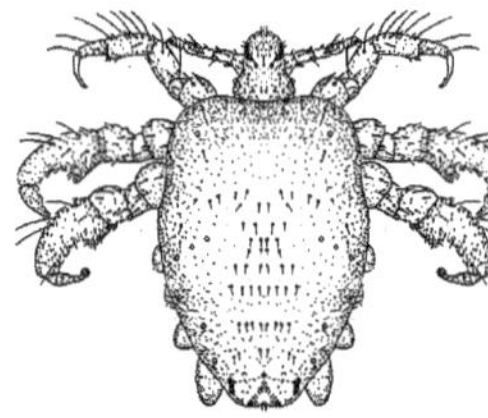

Figure 3. Le pou du pubis (*Pthirus pubis* L.), représentation schématique (d'après William H. ROBINSON, *Urban Insects and Arachnids, A Handbook of Urban Entomology*, Cambridge : University Press, 2005, modifiée)

La puce (*Pulex irritans*)

Les puces appartiennent à l'ordre des Siphonaptères, comptant près de 2500 espèces[54]. Morphologiquement, ces insectes se distinguent aisément de tous les autres ectoparasites par leur corps comprimé latéralement[55] et

---

48 Paul C. BUCKLAND, *et alii*, 1992 (*supra*, note 32) ; Harry K. KENWARD, « Pubic Lice (*Pthirus pubis* L.) were present in Roman and Medieval Britain » *Antiquity* 73 (1999), p. 911-915.

49 Harry K. KENWARD, *op. cit.* note précédente.

50 Gino FORNACIARI *et alii, op. cit. supra* note 38.

51 F.M. RICK, G.C. ROCHA, Katharina DITTMAR, C.E.A. COIMBRA, Karl REINHARD, Françoise BOUCHET, Luis Fernando FERREIRA, Adauto ARAÚJO, « Crab Louse Infestation in Pre-Columbian America », *Journal of Parasitology* 88 (2002), p. 1266-1267.

52 F.M. RICK, *op. cit.* note précédente.

53 Frédéric DUSSAULT, Allison BAIN, « How Entomology can Help us Interpret Archaeological Sites: Archaeoentomology in Greenland », *Bulletin de la Société d'entomologie du Canada* 41 (2009), p. 73-74.

54 Michael F. WHITING, Alison S. WHITING, Michael W. HASTRITER, Katharina DITTMAR, « A Molecular Phylogeny of Fleas (*Insecta Siphonaptera*): Origins and Host Associations », *Cladistics* 24 (2008), p. 677-707.

55 Cette conformation singulière facilite leur progression dans le pelage.

leurs pattes postérieures adaptées au saut. Toutes aptères[56], les puces se nourrissent de sang prélevé sur les vertébrés, principalement sur les mammifères et oiseaux[57]. Les espèces synanthropes[58] sont d'un nombre toutefois relativement restreint incluant la puce de l'homme *Pulex irritans* L., la puce du chien *Ctenocephalides canis* (Curtis) et celle du chat *Ctenocephalides felis* (Bouché). S'il est généralement admis que la puce « orientale » du rat (*Xenopsylla cheopis* Rothsch.) serait à l'origine des grandes pandémies de peste en Europe, sa responsabilité comme vecteur de la peste est de nos jours fortement controversée. En premier lieu, les exigences écologiques de *X. cheopis,* d'origine tropicale, lui permettent difficilement de s'acclimater sous nos latitudes[59]. En outre, alors que les puces se retrouvent fréquemment en contexte archéologique, aucune découverte fossile de *X. cheopis* n'a été relevée en Europe (et l'espèce est actuellement absente de notre faune). La présence récurrente de *Pulex irritans,* archéologiquement attestée dans de très nombreux sites, désignerait cette espèce comme vecteur potentiel[60]. Des données archéozoologiques récentes sur la répartition du rat noir pour les périodes historiques[61] démontrent que le rongeur, absent des villes européennes d'Europe du Nord au Moyen Âge, ne peut être tenu responsable de la diffusion de l'épidémie. Selon ces auteurs, la propagation de la peste serait liée à un mode de transmission interhumain[62], mettant au premier plan deux ectoparasites spécifiques pullulant à ces périodes, la puce de l'homme (*P. irritans*) et le pou du corps (*Pediculus humanus*). Le rôle du rat n'en est pas dénigré pour autant puisque son rôle fondamental de mammifère-réservoir à l'origine de la peste reste entier.

Les plus anciennes preuves de la cohabitation entre l'homme et la puce datent du Néolithique et proviennent du site de Skara Brae, dans l'île de Mainland, au nord de l'Écosse[63]. De la même période chronologique, en France, Philippe Ponel mentionne la découverte de nombreux spécimens de

---

[56] Est aptère qui ne possède pas d'ailes.

[57] Eugène SÉGUY, *Insectes ectoparasites (Mallophaga, Anoploures, Siphonaptera),* Faune de France 43, Paris : Lechevalier, 1944.

[58] La synanthropie est un type particulier de relation liant certains animaux non domestiques avec les humains à proximité desquels ils vivent.

[59] Il a toutefois été signalé que cette espèce avait pu s'acclimater durant au moins 25 ans dans les galeries de mines du Bassin houiller de la Loire (Roman et Pichot 1974). Selon ces mêmes auteurs, l'espèce a aujourd'hui disparu de cet environnement singulier.

[60] Jean-Claude BEAUCOURNU, « A propos du vecteur de la peste en Europe occidentale au cours de la deuxième pandémie », *Bulletin de la Société française de Parasitologie* 13 (1995), p. 233-252 ; Jean-Hervé YVINEC, Philippe PONEL, Jean-Claude BEAUCOURNU, « Premiers apports archéoentomologiques de l'étude des puces, aspects historiques et anthropologiques (*Siphonaptera*) », *Bulletin de la Société entomologique de France* 105 (2000), p. 419-425.

[61] Anne Karin HUFTHAMMER, Lars WALLØE, « Rats Cannot Have Been Intermediate Hosts for *Yersinia pestis* During Medieval Plague Epidemics in Northern Europe », *Journal of Archaeological Science* 40 (2013), p. 1752-1759.

[62] Par piqûre de puces d'homme à homme, sans l'intervention d'un mammifère-réservoir.

[63] Paul C. BUCKLAND, Jon P. SADLER, « Insects », dans *Scotland After the Ice Age: Environment, Archaeology and History, 8000 BC - AD 1000,* dir. Kevin J. EDWARDS & Ian B. M. RALSTON, Edinburgh : University Press, 2003, p. 105-108.

Pulex irritans sur le site lacustre de Chalain, en 3100 avant notre ère[64]. Leur présence suggère fortement que le sol des habitations préhistoriques était recouvert de nattes ou de fourrures, facteur indispensable pour assurer le cycle complet de l'espèce. L'espèce figure également en Égypte pharaonique, comme l'atteste leur découverte sur le site de Tell el-Amarna, capitale construite par le pharaon Akhenaton, il y a près de 3500 ans[65].

Pour la période gallo-romaine, l'espèce est omniprésente dans de nombreux sites archéologiques en France mais également en Angleterre et en Écosse[66]. L'étude conduite sur les fermes vikings du Groenland (990-1350 *p.C.*) montre qu'à l'évidence ces insectes, tout autant que leurs homologues *P. h. humanus*, représentaient un fléau pour les populations résidentes[67]. On retrouve également l'espèce à Nunalleq (Alaska) dans des niveaux datant des XIVe-XVIIe siècles[68] (fig. 4). Enfin, pour l'époque moderne, elle apparaît à Londres dans des niveaux datant du XVIIIe siècle[69].

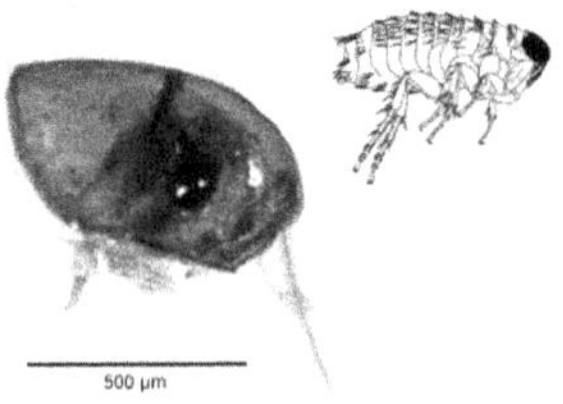

Figure 4. Capsule céphalique (tête) de la puce de l'homme (*Pulex irritans* L.) provenant du site Eskimo de Nunalleq, Alaska (XIVe-XVIIe siècles).
Photo : Véronique Forbes, département d'Archéologie, Université d'Aberdeen, Écosse

La punaise des lits (*Cimex lectularius*)

La punaise des lits, décrite par Carl von Linné en 1758 sous le nom de *Cimex lectularius*, est un insecte de l'ordre des Hémiptères appartenant à

---

[64] Jean-Hervé YVINEC, Philippe PONEL et *al.*, *op. cit. supra* note 60.
[65] Eva PANAGIOTAKOPULU, Paul C. BUCKLAND, « *Cimex lectularius* L., the Common Bedbug from Pharaonic Egypt », *Antiquity* 73 (1999), p. 908-911.
[66] Jean-Hervé YVINEC et *al.*, *op. cit. supra* note 60 ; K. GOODWIND, J.P. HUNTLEYE, E.P. ALLISON, H.K. KENWARD, L.M. MORGAN, « The plant and insect remains from periods 2 and 2-3; The plant and insect remains from Building 1627 ; Building 1633 ; The plant and insect remains from the external areas ; The plant and insect remains from period 3B », dans *The structural sequence and environmental remains from Castle Street, Carlisle*, dir. M.R. MCCARTHY, Carlisle: Cumberland & Westmoreland Antiquarian & Archaeological Society, Research series 5, 1991, p. 9-20 ; Harry K. KENWARD, Mike HILL, Deborah JAQUES, Alex KROUPA, Frances LARGE, « Evidence from Beetles and other Insects : Evidence for Living Conditions on the Crannog », dans *The history of Scottish Lowland Crannog: Excavations at Buiston, Ayrshire,* 1989-90, dir. A. CRONE, Edimbourg : Scottish Trust for Archaeological Research, 2000, p. 230-247.
[67] Jonathan SADLER, *op.cit. supra* note 42.
[68] Recherche inédite de Véronique Forbes.
[69] M. GIRLING, « Eighteenth Century Records of Human Lice (*Pthiraptera Anoplura*) and Fleas (*Siphonaptera Pulcidae*) in the City of London », *Entomologist's Monthly Magazine* 120 (1984), p. 207-210.

la famille des *Cimicidae* qui rassemble près de 90 espèces à l'échelle du globe[70]. Les représentants de cette famille ont en commun un mode de reproduction singulier dit « insémination extragénitale traumatique », le mâle perforant l'abdomen (ou toute autre partie anatomique) de la femelle lors de l'accouplement. Le liquide séminal, une fois inoculé, va migrer vers les ovaires via l'hémolymphe[71] et fertiliser les œufs. La dénomination de « punaise des lits » n'est pas restreinte à *Cimex lectularius* puisqu'une seconde espèce du genre (*C. hemipterus* (F.)) parasite l'homme dans les régions tropicales. Toutes deux présentent les mêmes caractéristiques morphologiques, à savoir une forme lenticulaire, une taille comprise entre 3 et 7 mm, ainsi qu'une forte échancrure au bord antérieur du thorax s'apparentant à un « col Médicis »[72]. Comme cela est fréquemment le cas chez nombre de parasites, les punaises des lits peuvent survivre de très longues périodes sans se nourrir, ce jeûne forcé pouvant parfois atteindre 18 mois[73].

Il est fortement soupçonné qu'à l'origine, les grottes et autres abris sous roche aient abrité une forme ancestrale de *Cimex sp.,* parasite primaire des chauve-souris[74]. L'occupation du milieu karstique au paléolithique par les chasseurs-cueilleurs aurait progressivement contribué à ce que l'espèce modifie son comportement et parasite nos ancêtres préhistoriques. L'espèce étant aptère, sa dispersion aurait ensuite été largement favorisée par les déplacements des populations humaines, transportant ces passagers clandestins dans leurs vêtements, literie et autre équipements. Avec les débuts de la période néolithique et de la sédentarisation de l'homme, l'espèce serait devenue commensale, délaissant son habitat naturel pour s'installer au sein des premières habitations. L'archéoentomologie de ces périodes reculées n'a, pour l'heure, fourni aucun indice tangible pouvant corroborer cette séduisante hypothèse.

Dans la littérature classique, l'espèce est mentionnée par nombre d'auteurs grecs ou latins, certains conférant à cette dernière des vertus thérapeutiques des plus inattendues, dont notamment, au Ier siècle de notre ère, le Grec Dioscoride, dans son traité pharmacologique *De Materia Medica*[75]. Au XVIe siècle, le texte est commenté comme suit :

---

[70] Jean PÉRICART, « Family Cimicidae Latreille, 1802 – Bedbugs », *Catalogue of the Heteroptera of the Palearctic Region,* dir. B. AUKEMA & C. RIEGER, Amsterdam : Netherlands Entomological Society, 1996, p. 141-144.

[71] Liquide circulatoire des arthropodes dont le rôle fonctionnel est analogue au sang.

[72] Jacques EUZÉBY, *Grand dictionnaire illustré de parasitologie médicale et vétérinaire,* Paris : Lavoisier, 2008.

[73] Mike LEHANE, *The Biology of Blood-Sucking in Insects,* Cambridge : University Press, 2005 (2e édition).

[74] Robert Leslie USINGER, *Monograph of Cimicidae (Hemiptera - Heteroptera),* Entomological Society of America vol. 7, Lanham : The Thomas Say Foundation, 1966 ; Robert Leslie USINGER, Dalibor POVOLNÝ, « The Discovery of a Possibly Aboriginal Population of the Bedbug (*Cimex lectularius* Linnaeus, 1758) », *Acta Musei Moroviae* 51 (1966), p. 237-242.

[75] Dioscoride consacre le chapitre 34 du livre II aux punaises [ed. Max Wellmann, Berlin : Weidmann, 1907].

« Entre tous les ennemis qui nous persécutent de nuit, nous n'en avons point de si mauvais & importuns que les punaises : car non seulement elles nous mordent, donc elles nous entrerompent le doux sommeil & nous sucent le sang, mais aussi elles nous laissent une puanteur tant grande & détestable, qu'elles en blessent plus le sens & l'esprit que les parties du corps qu'elles ont piquées. Toutesfois quelques puantes & importunes bestes qu'elles soient, nature ne les a pas créées sans pouvoir servir en la médecine. Aucuns modernes en usent pour faire uriner, les mettant toutes vives dedans la verge, non pas mortes & broyées comme Dioscor. l'ordonne, ce qui me semble estre plus raisonnable : car estant dedans le tuyau de l'urine, en cheminant elles le chatouillent, & irritent la vertu expultrice pour pousser hors l'urine »[76].

Pline l'Ancien révèle un autre usage des punaises des lits qui, selon lui, s'avèrent particulièrement efficientes contre la morsure des serpents et toute autre sorte de venin[77]. Il ajoute, en outre, qu'écrasées avec du sel et du lait de femme, elles guérissent des maux d'oreilles. Bien que les textes montrent que cette punaise était largement répandue dans le monde antique, les découvertes de *C. lectularius* en contexte archéologique demeurent relativement rares. Le seul indice de sa présence pour la période romaine provient du Royaume-Uni[78]. Toutefois, comme l'indique l'auteur de la découverte, la partie anatomique conservée ne permet pas de certifier qu'il s'agit bien de *C. lectularius* ou d'une espèce proche (notamment *C. columbarius*, la punaise parasite du pigeon).

Les plus anciens témoins fossiles attestant de la présence de *C. lectularius* proviennent d'Égypte, plus exactement du village dit « des Ouvriers » situé à proximité de la ville de Tell el-Amarna[79], la capitale construite par le pharaon Akhenaton (1352-1336 *a.C.*). La punaise, sans doute déjà considérée comme un compagnon nocturne bien incommodant, est mentionnée sur un papyrus du IIIe siècle avant notre ère[80]. Ces découvertes tendraient à démontrer que *C. lectularius*, aujourd'hui cosmopolite, serait native de l'Ancien Monde.

L'espèce est attestée du Moyen Âge au Royaume-Uni où elle figure conjointement à York et Norwich[81] dans des niveaux datés des Xe-XIe siècles, également à Bedern au XVIIe siècle[82] et à Londres au XVIIIe siècle[83]. Les sources archéologiques montrent que l'espèce gagne le Nouveau Monde

---

[76] Pietro Andrea Mattioli, dit Pierre André Matthiole, *Commentaires sur les six livres de Ped. Dioscoride Anazarbéen de la matière médicale ... mis en français sur la dernière édition latine de l'auteur par Jean des Moulins*, Lyon : Guillaume Rouillé, 1572, p. 221.
[77] *Histoire Naturelle,* XXIX, 17 tr. É. Littré, Paris : Dubrochet, Le Chevalier & Co, 1850.
[78] Peter J. OSBORNE, « An Insect Fauna from the Roman Site at Alcester, Warwickshire », *Britannia* 2 (1971), p. 156-165.
[79] Eva PANAGIOTAKOPULU, Paul C. BUCKLAND, *op. cit. supra* note 65.
[80] Evzen STROUHAL, *Life in Ancient Egypt*, Liverpool : University Press, 1995.
[81] Harry K. KENWARD, Allan R. HALL, 1995, *op. cit. supra* note 41.
[82] Allan R. HALL, Harry K. KENWARD, Alexander ROBERTSON, *Investigation of Medieval and Postmedieval Plant and Invertebrate Remains from Area X of the Excavations in The Bedern (South-West)*, York : Technical report, Ancient Monuments Laboratory Report 56/93, 1993.
[83] M. GIRLING, *op. cit. supra* note 69.

avec l'arrivée des premiers colons européens. *C. lectularius* est ainsi trouvée dans divers sites d'époque coloniale[84] (fig. 5), notamment à Fort James (Virginie), dans des niveaux du XVIIe siècle[85] ou encore à Québec[86] dans les latrines du Palais de l'Intendant (début du XVIIIe siècle).

Figure 5. Tête et pronotum (thorax) de la punaise des lits *Cimex lectularius* L. découverts dans une latrine d'époque coloniale (îlot Hunt, Québec, Canada, *ca.* 1860). Photo : Stéphane Ferré, laboratoire d'archéologie environnementale, Université Laval

Conclusion

Représentant à eux seuls près de la moitié de la diversité du monde vivant sur terre[87], les parasites occupent, depuis la nuit des temps, une place particulière dans l'histoire de l'homme. Stylisés par les premiers artistes préhistoriques, peints sur des tombeaux d'époque pharaonique ou encore utilisés à des fins thérapeutiques dans les traités des auteurs grecs et latins, les parasites sont omniprésents. Devenus synanthropes, ils se sont multipliés dans les vêtements, ont envahi les habitations, granges et écuries et se sont même immiscés dans les expressions populaires : « laid comme un pou », « excité comme une puce » ou encore « punaise de sacristie »[88].

L'archéologie montre que cette cohabitation est tout aussi ancienne qu'effective et que nul n'a été épargné. Exhumés de la gangue de terre qui les a préservés, ces minuscules hôtes apparaissent aujourd'hui bien inoffensifs. Abandonnant leur statut de vermine, ils deviennent « objet

---

[84] Allison BAIN, *Archaeoentomological and Archaeoparasitological Reconstructions at Îlot Hunt (CeEt-110): New Perspectives in Historical Archaeology (1850-1900)*, Oxford : *BAR* International Series 973, 2001 ; Allison BAIN, « Irritating Intimates: The Archaeoentomology of Lice, Fleas and Bedbugs », *Northeast Historical Archaeology* 33 (2004), p. 81-90.

[85] Gary KING, Allison BAIN, Frédéric DUSSAULT, « Assessment of Insect Remains from a Colonial Well (JR2158; Structure 177) at James Fort, Jamestown, Virginia », *Revue des Laboratoires d'Archeologie de l'Université Laval* 1 (2010), p. 198-2010.

[86] Allison BAIN, Julie-Anne BOUCHARD-PERRON, Réginald AUGER, Daniel SIMONEAU, « Bugs, Seeds, and Weeds at the Intendant's Palace: A Study of an Evolving Landscape », *Post-medieval Archaeology* 43 (2009), p. 183-197.

[87] Peter W. PRICE, *Evolutionary Biology of Parasites*, Princeton : University Press, 1980.

[88] Bigote.

scientifique » dont l'étude attentive, à la lumière du microscope, révèle des pans entiers d'un passé commun[89].

Références complémentaires

CARROTT John, DOBNEY Keith, HALL Allan, ISSITT Michael, JAQUES Deborah, JOHNSTONE Cluny, KENWARD Harry, LARGE Frances, « An evaluation of Biological Remains from Excavations at Keldgate, Beverley (site code : KEL94) », *Reports from the Environmental Archaeology Unit, York 95/3*, 1995, 11 p.

ROMAN E. & PICHOT J. « Sur quelques Siphonaptères de la faune française », *Bulletin de la Société entomologique de France* 79 (1974), p. 51-52

[89] Je tiens particulièrement à remercier ici les collègues qui m'ont aimablement procuré certaines des photos de parasites archéologiques illustrant cet article : Allison Bain et Stéphane Ferré du laboratoire d'Archéologie Environnementale, Université Laval à Québec (Canada) et Véronique Forbes, du département d'Archéologie, Université d'Aberdeen, Ecosse. Je tiens également à exprimer toute ma gratitude à mon collègue Michel Lemoine (MNHN), pour s'être chargé de la réalisation de la photo du « pou de la momie égyptienne » au microscope électronique à balayage (MEB).

Quelques insectes de l'Égypte ancienne

Thierry BARDINET[1]

Le nombre de mots égyptiens désignant les insectes et bestioles apparentées ne saurait rendre compte, on s'en doute, du foisonnement des espèces recensées en Égypte par les entomologistes ; et je n'ai toujours pas trouvé dans les textes égyptiens le nom de ces blattes ailées qui vivaient dans la douche de ma chambre du Centre franco-égyptien de Karnak et qui partaient comme des missiles dès que la lumière était allumée.

Les insectes sont très peu présents dans les textes de l'Égypte ancienne, sans parler des représentations figurées qui les ignorent presque totalement, notamment dans les tombes où la vermine, même seulement dessinée, n'était pas la bienvenue. Pourtant, l'existence de connaissances précises et documentées de leur biotope par les anciens Égyptiens reste probable. On ne possède pas de traité égyptien concernant les insectes mais on en a un sur les serpents ainsi que quelques fragments de traités concernant les plantes. Le type de description que l'on trouve dans ces traités est analogue. Les descriptions se font toujours à partir de noms préexistants, c'est-à-dire qu'on ne cherche pas à nommer et à dénombrer mais à décrire le nouveau à partir du connu. On utilise des comparaisons, par exemple : la couleur de la peau de l'animal A est celle de l'animal B, la queue est celle de l'animal C ; les feuilles de la plante A sont pareilles à celles de la plante B, ses graines sont rouges, comme celles de la plante C, etc. On peut s'attendre à un même type d'analyse pour les insectes, c'est-à-dire que les Égyptiens les décrivent à partir d'un stock de noms existant qui sera forcément limité aux insectes familiers, ceux qui ont un statut religieux, comme les scarabées sacrés, et ceux, moins bienvenus, que les Égyptiens reliaient aux forces du désordre et en particulier à l'action du dieu Seth, le dieu du désordre inhérent au monde. Seth contrôle les agents pathogènes communs que combat le médecin dans une lutte qui, du point de vue médical et religieux, était organisée au plus haut niveau de l'État. Dans l'Égypte ancienne ce que nous nommons la vermine répond à une classification religieuse qui déborde le cadre des classifications modernes du monde du minuscule. Comme d'habitude, dans les textes de l'Égypte ancienne, nos catégories correspondent mal et on trouvera réunis, ensemble, puces, poux, parasites divers et bien d'autres insectes ainsi que les vers et les serpents. Leur point commun est d'être des agents de maladie servant d'émissaires aux forces du désordre contrôlées par le dieu Seth.

---

[1] Docteur en Egyptologie (École Pratique des Hautes Études).

La vermine n'est pas non plus la bienvenue dans le système d'écriture lui-même où l'emploi de signes pour la représenter est très restreint et, surtout, soumis à des lois particulières pour éviter qu'ils ne présentent un danger pour les vivants comme pour les morts.

Voici ainsi l'écriture du mot « vermine », *ḥrrt*[2] :

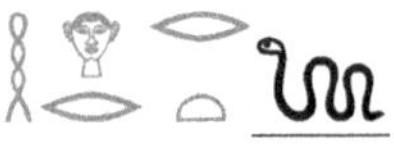

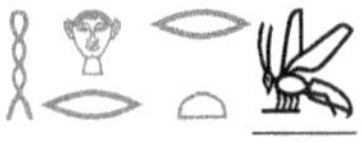

Les signes représentant la vermine varient et sont le serpent / ver, l'abeille ou le scorpion. L'utilisation des dessins du scorpion ou du serpent / ver semble indiquée pour représenter un mot qui désigne la vermine, un ensemble d'êtres minuscules et détestables. L'emploi de l'abeille semble, *a contrario*, plutôt curieux. Mais ce qu'on nomme couramment « l'abeille pharaonique » n'est pas une simple abeille. C'est un être hybride qui a, comme les représentations en couleur le montrent, en plus de celles de l'abeille, les caractéristiques de la guêpe et du frelon[3], insectes qui s'attaquent à la vermine, aux tiques et à d'autres insectes comme les mouches. C'est donc indirectement que « l'abeille pharaonique » va évoquer la vermine *ḥrrt* : on dessine, après l'écriture phonétique de ce mot, un signe représentant un insecte qui la détruit et qui lui fera magiquement barrage.

Ceci précisé, le système d'écriture égyptien présente toujours ici ses caractéristiques habituelles : un mélange de signes phonétiques donnant la lecture du mot et d'idéogrammes ou de déterminatifs représentant ou évoquant seulement l'objet nommé. Voici maintenant quelques textes significatifs des représentations qu'avaient les Égyptiens de leurs insectes.

1. Textes concernant la puce, *pwy*.

Papyrus Ebers :

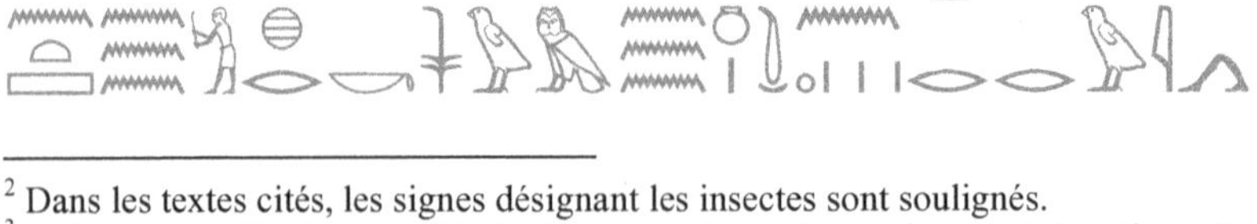

[2] Dans les textes cités, les signes désignant les insectes sont soulignés.

[3] Voir les considérations de Dimitri MEEKS, « De quelques "insectes" égyptiens. Entre lexique et paléographie » dans *Perspectives on Ancient Egypt. Studies in Honor of Edward Brovarski*, ed. Zahi HAWASS, Peter DER MANUELIAN, Ramadan B. HUSSEIN, Le Caire : Conseil suprême des Antiquités, 2010 [*Annales du Service des Antiquités de l'Égypte* Suppl. 40], p. 281-284.

« Début des remèdes à préparer pour chasser les puces qui sont dans la maison.
Tu devras l'asperger avec de l'eau de natron jusqu'à ce que cela s'enfuie »[4].

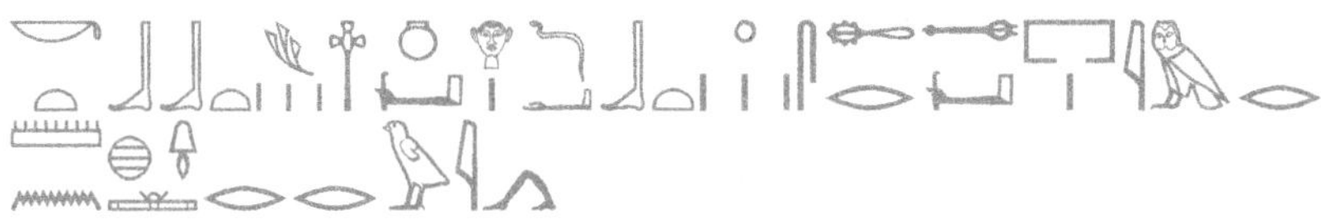

« Variante : conyse. Ce sera broyé avec du charbon et la maison en sera badigeonnée parfaitement jusqu'à ce que cela s'enfuie »[5].

Texte des sarcophages du Moyen Empire :

« Le voyant dans la salle de l'Ouryt, un complot est ourdi par Celui (=le dieu Seth) qui agit toujours contre lui (le dieu Osiris). Il se transforme alors en puce pour se faufiler sous ses côtes »[6].

Hymne à Amon :

« (Les hommes sont sortis de ses yeux,
les dieux sont venus à l'existence sur sa bouche.
Il fait l'herbe pour faire vivre le bétail
et les arbres fruitiers pour l'humanité.
Il fait ce dont vivent les poissons du fleuve
et les oiseaux qui peuplent le ciel.

[4] *Pap. Ebers* 840 [ed. Georg Ebers, Leipzig : Engelmann, 1875].
[5] *Pap. Ebers* 841.
[6] Adriaan de BUCK, *The Egyptian Coffin Texts I*, Chicago : Univ. Press, 1935 [édition en 7 vol. entre 1935 et 1961, désormais abrégé *CT*], 215e -217a (Spell 49), et Paul BARGUET, *Les textes des sarcophages égyptiens du Moyen Empire*, Paris : Ed. du Cerf, 1986 [*Littératures Anciennes du Proche-Orient* 12].

Il donne le souffle à ce qui est dans l'œuf,
vivifie le petit du lézard)
fait ce dont vivent les moustiques
ainsi que les vers et les puces
fait ce dont les souris ont besoin dans leurs trous
et vivifie la gente ailée sur tout arbre »[7].

Les signes se rapportant à l'insecte lui-même sont variés. On trouve le générique qui sert de déterminatif à toutes sortes d'animaux, le signe qui renvoie aux différentes espèces volantes (où, comme ici, sautantes) et qui n'est donc pas, lui non plus, spécifique. Dans le passage cité des *Textes des sarcophages*, le scribe a toutefois tenu à représenter l'insecte. Le signe n'est pas répertorié dans les listes communes des signes hiéroglyphiques établies par les égyptologues. Dans ce passage, la puce se présente comme un animal séthien et dangereux, même pour le mort (Osiris). L'*Hymne à Amon*, écrit près de cinq siècles plus tard, veut montrer le démiurge qui organise la création et dont les bienfaits se retrouvent dans le moindre animal crée, même une puce, de sorte que tout procède de lui. Il est peu probable que l'on venait à bout des puces, des poux et autres parasites dans la vie quotidienne et certaines des recettes du *Papyrus Ebers,* destinées à protéger la maison des parasites, sont en fait empruntées aux rituels de purification des temples égyptiens.

2. Textes concernant le pou, *ktt*

Texte des sarcophages :

« Le pou vient [bis], le pou vient [bis]. O mort, le pou mord »[8].

Texte des sarcophages :

« L'homme dira cette formule magique sur un pou de tête qu'il placera sur son genou tout en crachant jusqu'à ce qu'une mouche vienne l'enlever »[9].

Dans ces deux textes, tous deux tirés des textes des sarcophages du Moyen Empire, le scribe se livre encore à son esprit inventif en créant des

---

[7] *Grand hymne à Amon* du Caire (6, 5-7), tr. d'après André BARUCQ et François DAUMAS, *Hymnes et prières de l'Égypte ancienne*, Paris : Ed. du Cerf, 1980 [*Littératures Anciennes du Proche-Orient* 10].

[8] *CT* V [Chicago, 1954], 281c (Spell 433), voir *supra* note 6.

[9] *CT* II [Chicago, 1938], 94a-c (Spell 98) voir *supra* note 6.

signes représentant les poux qu'on trouve uniquement dans les textes des sarcophages. Le premier texte est une sorte de comptine religieuse présentant le pou comme ennemi du défunt après avoir été celui de l'homme de son vivant. Notons la distinction entre pou de la tête et pou du corps dans le deuxième texte. En lui crachant dessus ou en le collant avec de la salive, on enlève au pou son pouvoir pathogène, ce qui met en échec le dieu Seth lui-même… en attendant qu'une mouche, autre animal séthien, ne vienne le secourir.

3. Textes concernant les dermestes, *^{c}pšyt*

Graphies :

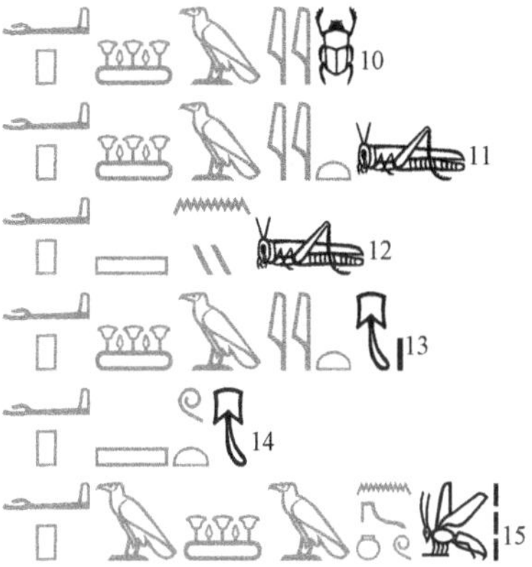

Livre des morts, Chapitre 36 (titre : repousser le *^{c}pšyt*) :
« Éloigne-toi, ô toi qui as des lèvres qui mordent »[16].

Pap. Médical de Londres :
« *^{c}pšyt* … toi qui te manifestes dans le cercueil, ne mange pas à la surface de mon corps, ne dévore pas… »[17].

---

[10] Edouard NAVILLE, *Das ægyptische Todtenbuch der XVIII. bis XX. Dynastie*, Berlin : Asher, 1886, 36, 1 (vol. I, pl. 49).

[11] Ernest A.W. BUDGE, *Facsimiles of the Papyri of Hunefer, Anhai, Ḳerāsher and Netchemet with supplementary text from the papyrus of Nu*, Londres : British Museum, 1899, *Livre des Morts*, Nu, pl. 16.

[12] E. NAVILLE (*supra* note 10) 36, 1 (vol. II, pl. 102).

[13] Papyrus médical de Londres (BM 10059), 4, 6, *cf.* Christian LEITZ, *Magical and Medical Papyri of the New Kingdom*, Londres : British Museum, 1999 [*Hieratic Papyri of the British Museum* VII], Incantation 11, p. 59.

[14] Papyrus médical de Berlin (Bln) : Berlin 3038, 5, 11, *cf.* Hermann GRAPOW, *Die medizinischen Texte in hieroglyphischer Umschreibung autographiert*, Berlin : Akademie Verlag, 1958, p. 265 (Bln. 59 dans un contexte de fumigations (Bln. 58 à 64) contre les substances dangereuses nocives et vivantes apportées par les dieux et les morts).

[15] Papyrus Louvre (inédit), recto x+1, 11-12.

[16] Voir note 10.

[17] Papyrus médical de Londres (BM 10059), voir *supra* note 13.

Papyrus médical du Louvre E 32847 :

« Autre (médication) : queues du scarabée-^{c}*pšn*. On veillera à que ce soit placé dans l'œil »[18].

Dans la recette magique du papyrus du Louvre, les « queues » sont probablement des élytres de scarabée. Le scarabée -^{c}*pšn* n'est connu que dans les textes funéraires et médicaux[19]. C'est un ennemi du mort, certainement un scarabée nécrophage, et probablement un dermestidé[20]. Dans le passage cité du papyrus du Louvre, des éléments du corps de cet insecte ennemi des morts seront mis en protection pour éloigner les démons de la maladie, eux qui sont très souvent des morts errants. Si l'emploi du scarabée (ou d'une sorte de scarabée[21]) semble approprié comme déterminatif ou encore le déterminatif générique des animaux, ce n'est pas le cas de la représentation de la sauterelle[22] et, dans le texte du Louvre, de « l'abeille pharaonique » ; mais nous avons déjà rencontré cette « abeille » avec le mot *ḥrrt* et nous avons vu qu'il s'agissait d'une écriture de protection magique. La représentation d'un scarabée , attestée dans un *Livre des morts*, renvoie forcément au scarabée sacré *ḫpr* et donc à la puissance dangereuse de Rê. Elle pourrait renforcer le pouvoir de nuisance du dermeste, alors que l'« abeille pharaonique » qui est autant une abeille qu'une guêpe ou un frelon et donc un insecte prédateur de la vermine, empêche ce danger. La sauterelle, si c'est elle qui est représentée, est aussi un prédateur qui s'attaque à d'autres insectes. Abeilles / frelons et sauterelles (?) seraient donc simplement là pour bloquer la force magique dangereuse qui pourrait être déclenchée par l'écriture du nom du dermeste.

Les « rubriques » des *Livres des morts* représentent parfois de façon imagée notre parasite et on voit, sans qu'il soit besoin d'ajouter un dessin, qu'il est promis à un sombre destin :

---

[18] Papyrus du Louvre, voir *supra* note 15.

[19] Voir en dernier Jürgen OSING, « Zu einigen magischen Texten », dans Ulrich LUFT ed., *The Intellectual Heritage of Egypt. Studies presented to L. Kákosy*, Budapest : ELTE, 1992 [*Studia Aegyptiaca* XIV], p. 474-476 ; Jürgen OSING, *Hieratische Papyri aus Tebtunis* I (*The Carlsberg Papyri 2*), Copenhague : Univ. Press, 1998, p. 123, n. j. ; Christian LEITZ, *Tagewählerei*, Wiesbaden : Harrassowitz, 1994 [*Ägyptische Abhandlungen* 55], p. 43-44 ; James E. HOCH, *Semitic Words in Egyptian Texts of the New Kingdom and Third Intermediate Period*, Princeton (NJ) : Univ. Press, 1994, p. 66-67.

[20] Pascal VERNUS et Jean YOYOTTE, *Bestiaire des pharaons*, Paris : Perrin, 2005, p. 67-68.

[21] Voir D. MEEKS, *op. cit. supra* note 3, p. 289-290 et fig. 8.

[22] Si c'est une sauterelle ! Voir les remarques de D. MEEKS (note précédente).

4. Textes littéraires nommant le moustique *ḫnms*, l'aoûtat, *ḫmy*, et le taon, *ḏ3w3ty*.

Graphies :

 « moustiques »

 et  « aoûtats »

 « taons »

« Le coupeur de roseaux va dans le Delta
Pour récolter des flèches.
Quand il en a fabriqué plus que ses bras ne peuvent porter
Les moustiques ont fini de le torturer
Et les aoûtats de le massacrer »[23].

[23] Satire des métiers (*Papyrus Sallier II*, V, 5-6, ed. Hellmut Brunner, Glückstadt : Augustin, 1944).

« Les moustiques viennent dès le coucher du soleil,
les taons à midi,
et les aoûtats des jambes piquent
et sucent chaque conduit du corps »[24].

Ces deux textes non religieux donnent finalement une image plus exacte de la réalité ordinaire concernant les conditions de vie sous des climats si propices aux petites bêtes. Notons le nom du moustique, *ḫnms* qui, comme l'explique Pascal Vernus, est une réinterprétation d'un ancien *ḫnws* « insecte piqueur » sous la forme *ḫnms*, un radical qui veut dire « ami » — à comparer avec nos « cousins »[25] !

---

[24] *Papyrus Anastasi* IV, 12, 9-10 (= *papyrus Ananastasi* V, 4, a, b).
[25] Pascal VERNUS et Jean YOYOTTE, *op. cit. supra* note 20, p. 83.

Le pou, la puce, la punaise et l'Autre. Non-dits et sous-entendus sur la vermine dans les textes grecs

Évelyne SAMAMA[1]

« Ceux que nous avons pris, nous les avons laissés, ceux que nous n'avons pas pris, nous les portons » telle aurait été la réponse donnée par des jeunes gens à Homère qui s'enquérait de leur pêche, lors d'une rencontre sur l'île d'Ios, l'une des Cyclades. Le poète, racontent quelques-uns des nombreux textes anonymes retraçant sa vie[2], faute d'avoir découvert ce dont ils parlaient, en serait mort d'abattement[3]. La clé de l'énigme est simple quand on pense aux poux : faute d'avoir pêché des poissons, les adolescents s'étaient épouillés au bord de la mer, se débarrassant de ceux qu'ils avaient pris et gardant encore sur eux les autres. Homère serait donc — certes indirectement — une très illustre victime de la vermine !

La célébrité de cette énigme, qui a traversé les siècles, montre évidemment que des Grecs, à toutes les époques de leur histoire et comme toutes les populations[4], ont pu souffrir des attaques de ce qu'il convient désormais de nommer des ectoparasites, et ont exprimé, avec humour, ou

---

[1] Professeur d'Histoire ancienne, Université de Versailles Saint-Quentin-en-Yvelines (EA 2449, DyPaC).

[2] Cette anecdote, dont on connaît plusieurs versions concurrentes dans l'Antiquité, a fait l'objet d'un certain nombre de commentaires modernes, notamment philosophiques. Citée par Héraclite qui fait intervenir des enfants et non des pêcheurs (frag. 56 dans l'édition de H. DIELS : ὅσα εἴδομεν καὶ ἐλάβομεν, ταῦτα ἀπολείπομεν, ὅσα δ ' οὔτε εἴδομεν, οὔτ ' ἐλάβομεν, ταῦτα φέρομεν) et donc remontant au moins au VIe siècle *a.C.*, elle conserve encore son ambiguïté et sa force énigmatique. Elle est rapportée de la manière suivante par le Pseudo-Plutarque, *Vie d'Homère I, 4* [ed. Martin L. West, Cambridge : Univ. Press, LCL, 2003 p. 409-411] : « Peu de temps après, alors qu'il se rendait par mer à Thèbes pour les Cronia (un concours musical qui a lieu là-bas), il vint à Ios. Là, assis sur un rocher, il observa des pêcheurs qui venaient vers lui. Il leur demanda s'ils avaient quelque chose. Comme ils n'avaient rien pris et que, faute de poissons à pêcher, ils s'étaient épouillés, ils firent cette réponse : "Ce que nous avons pris, nous l'avons laissé, ce que nous n'avons pas pris, nous le portons", en voulant dire qu'ils avaient tué et laissé sur place les poux qu'ils avaient pris, mais qu'ils portaient dans leur vêtement ceux qu'ils n'avaient pas pris. N'ayant pu trouver la solution, Homère mourut d'abattement ». Sur les nombreuses version de l'énigme, voir G. S. KIRK, « The Michigan Alcidamas-Papyrus; Heraclitus Fr. 56 D: The Riddle of the Lice », *Classical Quarterly* 44 (1950), p. 149-167, avec la bibliographie, et Georges KONIARIS, « On Homer and the Riddle of the Lice », *Wiener Studien* 84 (N.S. 5), 1971, p. 29-38.

[3] C'est ainsi que la petite île se glorifie d'abriter le corps d'Homère, selon la plupart des *Vies d'Homère.*

[4] Sur les plus anciennes traces de parasites, on se reportera aux communications de Caroline Polet et Jean-Bernard Huchet dans ce volume, ainsi qu'à Allison BAIN, « Irritating Intimates: The Archaeoentomology of Lice, Fleas and Bedbugs » *Northeast Historical Archaeology* 33 (2004), p. 81-90 ; Kosta Y. MUMCUOGLU, « Human lice : *Pediculus* and *Phtirus* », chapitre 13 de *Paleomicrobiology: Past Human Infections*, dir. Didier RAOULT & Michel DRANCOURT, Berlin : Springer, 2008, p. 215-221.

désespoir, les désagréments liés à la présence de ces bestioles. Les plus connus sont indiscutablement les aptères, puces, poux et punaises[5], dont le signalement conjoint est présent chez Aristote[6].

En intitulant ma communication « Poux, puces ... et politique », je comptais bien découvrir quelques appellations discourtoises[7], ou même injurieuses, lancées aux adversaires dans les débats athéniens dont nous avons trace[8]. Or, j'ai rencontré surtout des sous-entendus qui n'étaient pourtant, semble-t-il, pas dénués d'intention politique et que je présenterai brièvement. Dans un mouvement qui, du concret, nous mènera vers des données plus abstraites, il sera question, dans un premier temps, des inconvénients de ces animaux, malgré leur petite taille ; ensuite, de la pauvreté et de la saleté ; enfin, s'attache à ces bestioles une mauvaise réputation, méritée, certes, mais qui entraîne jusqu'à l'idée de souillure, voire de punition divine[9].

1. Nuisible, bien que petit

Un ennemi mal identifié

Le vocabulaire grec[10], bien qu'il distingue le **pou** (ὁ φθείρ, φθειρός *pediculus humanus capitis* et *pediculus humanus corporis*[11] — diminutif de

[5] Sur ces animaux, *cf.* déjà Carl Jacob SUNDEVALL, *Die Thierarten des Aristoteles, von den Klassen der Säugethiere, Vögel, Reptilien und Insekten*, Stockholm : Samson & Wallin, 1863 ; Otto KELLER, *Die antike Tierwelt*, 2. Bd, Leipzig : Wilhelm Engelmann, 1913 ; Reiner MÜLLER, *Medizinische Mikrobiologie : Parasiten, Bakterien, Immunität*, München : Urban & Schwarzenberg, 1950 [4e *ed.*, *ed. pr.* 1939], p. 19-29 ; Ian C. BEAVIS, *Insects and other Invertebrates in Classical Antiquity*, Exeter : Univ. Press, 1988, p. 112 *sqq.* (pou) et 240 *sqq.* (puce) et les écrits de Reinhard HOEPPLI, *The role of parasites in medicine before the development of modern parasitology*, Singapore, 1952 ; « Parasitological Review: The Knowledge of Parasites and Parasitic Infections from Ancient Times to the 17th Century », *Experimental Parasitology* 5 (1956), p. 398-419 et surtout *Parasites and Parasitic Infections in Early Medicine and Science*, Singapore : University of Malaya Press, 1959. Sur le lien avec l'hygiène, Heinrich KEMPER, « Über Gliederfüßler als Gesundheitsschädlinge im Altertum 1 », *Zeitschrift für Gesundheitstechnik und Städtehygiene* 10, 1934, p. 547-554 et Heinrich KEMPER, « Über Gliederfüßler als Gesundheitsschädlinge im Altertum 2 », *Zeitschrift für Gesundheitstechnik und Städtehygiene* 11/12, 1934, p. 613-628. John SCARBOROUGH propose une bibliographie des écrits concernant l'entomologie antique : « On the History of Early Entomology, Chiefly Greek and Roman with a Preliminary Bibliography », *Melsheimer Entomological Series* 26 (1979), p. 17-27.

[6] Aristote, *Histoire des animaux* 5, 31 [556 b 23] : « Les poux, les punaises, les puces » qui « vivent des humeurs d'une chair vivante »... Sur le classement, par Aristote, en animaux avec du sang ou sans (*anaima*), Arnaud ZUCKER, *Aristote et les classifications zoologiques*, Louvain-la-Neuve : Peeters, 2005, p. 145 *sqq.*

[7] L'allemand *Lausbub* (litt. gamin pouilleux) « mauvais garnement », ou, avec un sens voisin, *Lausebengel*, *Lausejunge*, *Lausekerl*, ou encore l'expression chanter pouilles « dire des injures », ne connaissent donc pas de forme grecque.

[8] Aucune occurrence de « pou », « puce », « punaise », « vermine », « ver », « pourriture », « morsure », « piqûre », « insecte » dans les textes d'Andocide, d'Antiphon, de Démosthène, de Dinarque, d'Eschine, d'Hypéride, d'Isée, d'Isocrate, de Lycurgue, ni de Lysias.

[9] Voir les communications d'Alessia Guardasole et d'Antoine Pietrobelli dans ce volume.

[10] Voir Luis GIL FERNANDEZ, *Nombres de Insectos en griego antiguo*, Madrid : Instituto Antonio de Nebrua, 1959, p. 21-23, 109-111 et 118-119.

pedis[12], pou), la **lente** (ἡ κονίς, κονιδός), la **puce** (ἡ ψύλλα, ψύλλας *pulex irritans*), et la **punaise** (ὁ κορίς, κοριδός *cimex lectularius*)[13] connaît, pour désigner la vermine, des incertitudes[14] et de nombreuses variantes[15].

Si la punaise tire, en grec, son nom de la racine **ker-* qui signifie « couper », et qu'Aristote l'inclut dans les « animaux à entailles »[16], le nom de la puce (ψύλλα), est fabriqué à partir d'une racine reconstituée en **b(h)lus-* qui a donné en latin *pulex*, ainsi que *flea* et *Floh*[17]...

La désignation de la lente par le terme κονίς qui a le sens de « poussière, cendre » est fondée sur l'aspect et la taille minuscule des larves[18]. Il est facile de comprendre que, dans l'imaginaire collectif, leur présence, inexpliquée, est perçue comme une masse difficile à isoler[19].

Les Grecs recourent aussi à des appellations collectives, comme « bestiole » (τὸ θηριδίον, -ου). Ce neutre permet d'englober l'ensemble des petites bêtes sauvages nuisibles. Il est formé, avec un suffixe diminutif, à partir du nom[20] ὁ θήρ, θηρός, en latin *fera*, et utilisé à partir de la fin du IVe

---

[11] Sur la distinction entre le pou de la tête et celui du corps ainsi que l'évolution du *Pediculus humanus* en relation avec le vêtement, *cf.* Ralf KITTLER, Manfred KAYSER and Mark STONEKING, « Molecular Evolution of *Pediculus humanus* and the Origin of Clothing », *Current Biology* 13 (2003), p. 1414–1417.

[12] *Pedis* (avec un e long) a été remplacé par le diminutif, *pediculus*, « seule forme attestée à l'époque impériale (Pétrone, Pline l'Ancien, Celse) », *Dictionnaire étymologique de la langue latine*, A. ERNOUT et A. MEILLET, Paris : Klincksieck, 1985 (4e ed.), dorénavant abrégé *DELL*, *s.u*, avec, pour l'étymologie, un rapprochement possible entre *pedis* et *pedo* « péter » (« mot vulgaire (satiriques) », *DELL s.u. pedo*).

[13] Le terme est masculin à l'époque classique puis féminin (Pierre CHANTRAINE *et alii*, *Dictionnaire étymologique de la langue grecque*, Paris : Klincksieck, 2009², *s.u.*, dorénavant abrégé *DELG*). Un jeu de mots d'Aristophane, en 423 *a.C.*, entre κόρεις (les punaises) et Κορίνθιοι (les Corinthiens, ennemis d'Athènes pendant la Guerre du Péloponnèse de 431 à 404), *Nuées* 699-710, *cf.* Saara LILJA, « Vermin in Ancient Greece », *Arctos* 10 (1976), p. 59-68.

[14] Ainsi entre les punaises (κόρεις) et les mites, entre les cousins (κώνωπες) et les tiques (κροτῶνες). Au IIe siècle *p.C.*, Alciphron, *Lettres de paysans* (II), 5 signale, chez un vieil usurier, des feuillets « à demi dévorés par les punaises (mites ?) et par les vers » (tr. Anne-Marie Ozanam, Roue à livres, 2004). Sur la confusion, en latin, entre *pulex* et *culex* (le moucheron, le cousin), probablement due à la dictée d'un texte, *cf.* Adam LUKASZEWICZ, « *Culices rutundos* — Gnats or ... fleas ? », *Eos* 90 (2003), p. 47-48.

[15] Ainsi ὁ ψύλλος, ψύλλου désigne, au masculin, le puceron de mer. Sur les synonymes de φθείρ, voir Ian C. BEAVIS (*supra* note 5), p. 113-114.

[16] *Histoire des animaux* 5, 31 [556 b 20]. La même racine donne le russe *kori*, « mite ». Le latin *cimex* (avec un i long), est dit « mot populaire, sans étymologie » dans le *DELL*, *s.u.*

[17] Le mot n'a pas d'étymon unique : on trouve **plus-*, **pusl-* (*cf.* latin *pulex*, avec un u long), **b(h)lus-* (Floh, flea).Voir les explications de Luis GIL FERNANDEZ (*supra* note 10), p. 22.

[18] On note le doublon κονία, -ας. Il est intéressant de souligner que durant la première moitié du VIIe siècle *p.C.*, Isidore de Séville (*Origines* XII, 5, 15), par fausse étymologie, rattache de même *pulex* à *pulvis*.

[19] Aristote lui-même, qui les pose comme œufs des poux, les considère comme impropres à la reproduction, *Histoire des animaux* 5, 31 [556 b 20- 557 a 35] : « Parmi les animaux à entailles, ceux qui ne sont pas mangeurs de chair, mais qui vivent pourtant des humeurs d'une chair vivante, comme les poux, les punaises, les puces, engendrent tous à la suite d'un accouplement ce que l'on appelle des lentes, mais de celles-ci, rien ne naît » [tr. Janine Bertier, Paris : Gallimard, coll. folio, 1994, p. 307].

[20] On trouve aussi, avec le sens d'animal sauvage, τὸ θηρίον, θηρίου (*cf.* *DELG*, *s.u.*).

siècle *a.C.*, car les plus anciennes et rares occurrences se rencontrent chez Théophraste, élève d'Aristote[21] ; il est surtout employé à partir du IIe s. *p.C.*, par Plutarque, puis chez les auteurs tardifs.

L'unique mention, chez les Tragiques, de la vermine qui régnait dans l'armée grecque devant les murailles de Troie prend la forme d'un autre adjectif formé sur θήρ, θηρός, dans l'*Agamemnon* d'Eschyle[22]. Le héraut rappelle la pluie incessante qui a « rempli de vermine le poil des manteaux »[23]. Cette présentation illustre l'idée qu'une importante humidité est propice à l'apparition de ces animaux[24].

Une autre désignation indirecte se fait par l'adjectif substantivé μυσαρός, -ός, όν désignant ce qui est « sale », « qui souille ». Ce mot, fréquent dès le Ve siècle chez les Tragiques et chez Hérodote, est dérivé de μύσος qui a le sens de « souillure, abomination », une notion sur laquelle nous reviendrons.

Terminons par φθείρ, le pou (parfois aussi la tique). Ce mot[25] donne naissance à de nombreux composés (au IIe siècle de notre ère), pour désigner ce qui a la propriété de produire les poux[26] (φθειροποίος) de les éloigner ou de les tuer[27] (φθειροκτόνος). Sont aussi fabriqués des mots pour nommer ceux qui mangent les poux[28] (φθειροτράγω ou φθειροφάγος) ou ceux, à l'inverse, qui sont dévorés par eux (φθειρόβρωτος). Phanostratè, une

---

[21] Des 76 occurrences que signale le *Thesaurus Linguae Graecae* (mis en ligne par l'université d'Irvine, en Californie, désormais abrégé *TLG*), trois sont dans les écrits de Théophraste, six chez Plutarque, trois dans les textes philologiques de Galien et 56 sont mentionnées dans des textes postérieurs au Ve siècle *p.C.*.

[22] Eschyle, *Agamemnon*, 562 : ἐσθημάτων τιθέντες ἔνθηρον τρίχα. L'adjectif ἔνθηρον signifie litt. « plein de bestioles ». La trilogie a été représentée en 458 *a.C.*.

[23] Cette évocation précède l'annonce qu'il doit faire à Clytemnestre du retour d'Agamemnon. Le même terme (ἔνθηρον) est repris par Sophocle (*Philoctète*, 698 et fragm. 314) et Euripide (fragm. 669 et *Rhésus* 289). Il n'apparaît ensuite que chez Arrien (*Périple du Pont-Euxin*, 12, 5) et Elien, *Personnalité des animaux* pour qualifier des contrées exotiques comme la Libye ou l'Inde, riches en animaux de toute sorte, surtout dangereux.

[24] Cette remarque rejoint les observations d'Aristote sur la génération spontanée, facilitée dans le milieu humide que constitue la pourriture, *Histoire des animaux* 5, 31 [556 b 25-30] : « Parmi ces animaux, les puces naissent d'une infime pourriture (car là où il y a un excrément sec, là elles se constituent), les punaises, d'une exhalaison qui vient des animaux et qui prend consistance à l'extérieur, et les poux, des chairs. Il se produit, quand ils sont sur le point de naître, comme de petits boutons qui ne contiennent pas de pus. Et si on les perce, il en sort des poux ». Sur ces questions, *cf.* Eugene S. McCARTNEY, « Spontaneous Generation and Kindred Notions in Antiquity », *Transactions and Proceedings of the American Philological Association* 51 (1920), p. 101-115. *Cf.* aussi Sylvia BERRYMAN, « *Horror vacui* in the Third Century BC : when is a Theory Not a Theory ? », *Aristotle and After*, ed. Richard SORABJI, Londres : Institute of Classical Studies [BICS Suppl. 68], 1997, p. 147-157.

[25] Les deux seules mentions dans le *Corpus hippocratique* (en réalité le même épisode) renvoient à une femme qui perd la tête et croit attraper des poux dans une couverture lors d'un délire (lié à la fièvre ?), *Affections internes*, 48 et *Jours critiques*, 3 : Καὶ τὰς κροκίδας ἀφαιρέει ἀπὸ τῶν ἱματίων, ἥν περ ἴδῃ, δοκέων φθείρας εἶναι.

[26] Le mot est présent, d'après le *TLG*, chez Théophraste (1) et Plutarque (3)..

[27] Peu d'occurrences : mention par Dioscoride et Phrynicos [IIe s. *p.C.*], *Preparatio sophistica* [ed. J. de Borries, Leipzig : Teubner, 1911, p. 123].

[28] A noter que les populations nommées φθιροφάγοι (Hérodote, IV, 109) ne se nourrissent pas de poux, mais de pignes de pin.

courtisane du IIe siècle *p.C.*, portait le gracieux sobriquet de Phtheiropylè, « porte à poux »[29] … ou plutôt à morpions.

Si le dénominatif φθειριάω signifie « avoir des poux »[30], les Anciens[31] rapprochent sans hésiter le nom φθείρ du verbe φθείρω, « ravager, détruire, emporter dans le flot, dériver[32] selon un cheminement marin dangereux ». Il faut noter le rapport, implicite ou explicite, avec l'humidité et la pourriture d'où naissent les poux[33]. Quoi qu'il en soit, φθείρ, généralement au pluriel φθεῖρες, devient le terme générique[34] pour l'ensemble de la vermine, disons de toutes les bestioles nuisibles[35], considérées comme issues de la pourriture[36].

Petits, gênants et insaisissables

Mais avant de revenir sur ce point, restons quelques instants sur deux traits majeurs dans la représentation mentale de la vermine : la petite taille et la difficulté qu'ont les hommes à s'en débarrasser. Poux, puces et punaises se montrent de bien fidèles, mais fâcheux compagnons.

Décrite comme légère[37], la puce est surtout caractérisée par sa capacité à bondir rapidement et donc à échapper aux mains des hommes qui s'apprêtent à l'attraper pour l'écraser entre leurs ongles. Ses sauts, sa seule défense, lui sauvent la vie à bien des reprises.

> « Un jour, une puce vient atterrir d'un bond sur l'orteil d'un athlète malade, qu'elle mordit entre deux sauts. Déjà l'athlète furieux tenait ses ongles prêts à l'écraser, mais la puce, prenant son élan, l'esquive d'un bond et trouva son salut dans la fuite. "Ah Héraclès", dit l'athlète avec un soupir, "si tel est le secours que tu m'apportes contre une puce, comment m'aideras-tu à lutter contre mes adversaires ?"

---

[29] Athénée (170- ?), *Deipnosophistae*, 586 a, rapporte, qu'Apollodore explique que c'est dû au fait qu'elle s'épouillait devant sa porte, mais le sens obscène paraît plus vraisemblable (*DELG, s.u.*).

[30] Ce verbe signifie aussi « souffrir de la maladie pédiculaire » (*DELG*). Le *TLG* en offre 48 occurrences, en lien avec la phtiriase, chez Phérécyde, Callisthène, Chrysippe et Poseidonios. Voir, dans ce volume, l'article d'Antoine Pietrobelli.

[31] Le rapprochement est déjà chez Galien, à la fin de la *Thériaque à Pison* [K 14, 290].

[32] Helmut RIX, *Lexikon der indogermanischen Verben,* Wiesbaden : L. Reichert, 1998 (2001^2), *s.v.*, restitue une racine *$*g^wg^her$-.* avec le sens de « emporter dans le flot », *cf.* aussi la mise à jour d'Alain Blanc, dans les « Chroniques d'étymologie grecque », *Revue de Philologie* 86 (2012), p. 1364, article φθείρω. Je remercie Françoise Skoda pour ces références.

[33] Je laisse ici délibérément de côté les idées aristotéliciennes sur la génération spontanée. Voir *supra* note 25 et voir les pages d'Antoine Pietrobelli dans ce volume.

[34] Ainsi pour Aristophane, *Paix*, 740 : Faire la guerre à la vermine (citée après les haillons τὰ ῥάκια) τοῖς φθειρσὶν πολεμοῦντας.

[35] Sur les différentes formes latines des vers (qui ont abouti au mot « vermine » [XIIe s.], « ensemble de vers, d'insectes nuisibles »), *cf.* Jacques ANDRÉ, « *Verminare, verminari* », *Revue de philologie* 48 [= 100] (1974), p. 267-273.

[36] Elien (*Histoire des animaux*, IX, 19) signale l'apparition de poux chez qui a consommé un lézard moucheté tombé dans de l'huile ; sur ce texte, *cf.* Maryse WAEGEMAN, « The Gecko, the Hoopoe … and Lice », *L'Antiquité classique* 53 (1984), p. 218-225.

[37] Elien, *Histoire des animaux*, VI, 26 [tr. Arnaud Zucker, Roue à livres, 2001] : « L'araignée "guenon" est aussi appelée par quelques-uns, la "puce" ».

Cette fable enseigne à ne pas nous hâter à notre tour d'invoquer les dieux dans les affaires sans conséquences ni danger, mais à attendre qu'une nécessité plus grave nous presse »[38].

Quand ils parviennent à la saisir, nulle pitié donc : les hommes l'écrasent, se vengeant ainsi des piqûres de l'insecte. Le fabuliste, comme le naturaliste, note que l'animal se repaît du sang de l'homme et mord (δάκνω)[39] tant qu'il peut. Sur la façon dont puces et punaises infligent leur morsure — autrement dit les puces ont-elles des dents pour mordre ? — les textes demeurent évidemment muets !

Bref, la puce saute, bien avant d'être dressée pour le cirque, et la maladresse des efforts des hommes à s'en débarrasser suscite le rire avant même la réflexion sur le tourment non négligeable qu'elle inflige. Elle trouve donc tout naturellement sa place dans le cadre du théâtre comique[40] autant que dans celui des *Fables*.

Un sujet de discussion philosophique tout à fait mineur

Alors que les Athéniens subissent, depuis huit ans, les difficultés de la guerre qui les oppose à la Ligue du Péloponnèse, Aristophane présente, au concours des Dionysies de 423 *a.C.*, une violente satire des sophistes, au premier rang desquels il place (injustement) Socrate. Il les accuse d'avoir contribué à la désagrégation des valeurs morales dans la cité en prônant un scepticisme proche du cynisme et les tourne en ridicule en les montrant, par exemple, occupés au calcul de la distance d'un saut de puce[41] :

Le disciple : « Socrate demandait à Chéréphon combien de fois une puce sautait la longueur de ses pattes : elle avait mordu Chéréphon au sourcil et bondi à la tête de Socrate[42].

Strepsiade : « Comment a-t-il mesuré ?

Le disciple : « Très ingénieusement. Il fit fondre de la cire, prit la puce, y plongea les deux pattes qui, une fois refroidies, se trouvèrent chaussées de persiques[43]. Il détacha celles-ci et mesura la distance.

Strepsiade : « O Zeus souverain ! Quelle finesse d'esprit ! »

Même si le détail de l'opération reste sciemment obscur, car Aristophane présente cette estimation comme une opération aussi secrète

[38] Esope, *Fable* 231 (= La Fontaine VIII, 5) : *La puce et l'athlète* [tr. Daniel Loayza, GF, 1995]. Voir de même la *Fable* 273, *La puce et le bœuf.*

[39] Le verbe δάκνω signifie « mordre, déchirer avec les dents », *cf.* Isabelle BOEHM et Pascal LUCCIONI, « Irriter ou mordre ? δάκνω chez Dioscoride et Galien », dans Isabelle BOEHM et Pascal LUCCIONI ed., *Les cinq sens dans la médecine de l'époque impériale*, Lyon : Publications de la MOM, 2003, p. 55-74.

[40] Pourtant les pièces d'Aristophane n'en présentent (d'après le *TLG*) que trois occurrences : *Thesmophories*, 1180 ; *Nuées*, 145 et 149 ; *Ploutos*, 537.

[41] Aristophane, *Nuées*, 144-149 [tr. Marc-Jean Alfonsi, GF, 1966]. La pièce a remporté la troisième place au concours.

[42] Les scholies font allusion à une plaisanterie sur les sourcils épais de Chéréphon et le crâne chauve de Socrate.

[43] Les persiques étaient des bottines de femmes.

que les cérémonies des mystères[44], le « Socrate » dépeint dans les *Nuées* poursuit sa tâche de naturaliste et répond ensuite à la question cruciale de l'origine du bruit émis par les cousins en vol (par la trompe ou par l'arrière). Là encore, l'explication donnée relève de la plus haute fantaisie et en aucune façon de l'entomologie : l'insecte aurait le derrière en forme de trompette. Le philosophe, s'attachant ainsi à des questions sans importance, voire sans aucun intérêt, s'en trouve évidemment discrédité[45].

Toujours pour désigner une chose minime ou dérisoire, la puce se prête volontiers à l'onomastique[46], par le biais d'un hypocoristique — les adultes adressent, aujourd'hui encore, aux petites filles un « ma puce » qui se veut affectueux —, ce qui permet de donner son nom, en guise de sobriquet, à des demoiselles de petite taille[47] ou de jeunes esclaves[48]. Dans sa comédie des *Thesmophories*, jouée devant le public athénien au printemps 411, Aristophane compare ainsi une petite danseuse à une puce bondissant sur une peau de chèvre[49].

La punaise (ἡ κόρις), au féminin, est proche de κόρη, la « jeune fille ». Ajoutons que Phrynichos, grammairien atticiste du IIe s. *p.C.*, condamne déjà l'emploi du féminin ψεῖρα pour nommer le pou[50]. Les trois bestioles connaîtraient donc des formes du genre féminin... Faut-il voir là une nouvelle illustration du danger de celles — que je n'oserais nommer « pucelles vénéneuses » — qui, bien qu'inférieures, peuvent causer grand tort ?

En réalité, il semble que les mentions de la vermine servent surtout à caractériser un état de pauvreté, voire de misère.

2. De la pauvreté à la mise à l'écart

L'indice de la pauvreté

Les Grecs les plus pauvres se procurent de quoi se vêtir seulement lorsque leurs habits sont élimés. Les vêtements, sauf exception, ne semblent pas figurer parmi les dépenses prioritaires des paysans et il est certain qu'en l'absence d'hygiène régulière et du fait de la proximité avec les animaux, ils

---

44 L'allusion est répétée dans les *Nuées*, au vers 831, comme symbole de la beauté de l'instruction : « Socrate, natif de Mélos (patrie de Diagoras, athée notoire) et Chéréphon, qui connaît l'enjambée des puces ».

45 Cette anecdote est reprise dans le *Banquet* de Xénophon 6, 8 [tr. François Ollier, CUF, 1961], où un Syracusain, propriétaire d'une joueuse d'*aulos*, d'une acrobate et d'un jeune garçon cithariste et danseur qui ont animé le *symposion*, s'adresse à Socrate avec une intention satirique : « Dis-moi plutôt de combien de foulées de puce tu es éloigné de moi. Car on dit que tu te livres à ce genre de mesure ».

46 Voir aussi Georges DAUX, « Deux anthroponymes grecs méconnus : guenon et puce », *Revue des études grecques* 85 (1972), p. 75-82.

47 Ainsi *Anthologie palatine* VII, 403.

48 Une servante paresseuse nommée Psylla chez Hérondas, au IIe s. *p.C.*, *Mimes*, VIII, 1.

49 *Thesmophories*, 1180. La peau de chèvre devait justement être infestée de puces...

50 Comme l'explique le *DELG*, l'initiale est due à l'analogie avec ψύλλα. Le mot est resté en grec moderne.

devaient être infestés de vermine[51]. En effet, si le pou de la tête (*Pediculus humanus capitis*) qui provoque des démangeaisons du cuir chevelu se rencontre dans toutes les catégories de la population, celui qui touche le corps — en particulier les poils pubiens (pour le *pediculus humanus humanus*) — se multiplie en cas de manque d'hygiène corporelle[52] et s'installe dans les habits portés longtemps.

La présence des puces est aussi liée à l'indigence et son cortège de maux. Ainsi Aristophane, dans sa comédie *Ploutos*, représentée en 388, met-il dans la bouche de Chrémyle, un vieillard athénien, une accusation en règle de Pénia, déesse de la pauvreté :

> « Toi [Pénia], quels avantages pourrais-tu donc offrir, si ce n'est ces taches de rousseur qu'on rapporte des bains, ces foules de gosses et de vieilles femmes affamés ? Une multitude de poux, de moustiques (cousins), de puces, je ne saurais dire, car ils sont légion, qui bourdonnent autour de nos têtes, nous maltraitent, nous réveillent et nous disent : "Tu auras faim ! Allez, debout !" »[53].

La rare mise en scène de ces insectes semble aller de pair avec celle de la misère. C'est bien une servante qui, à la lueur de la chandelle, vient, on le comprend sans le voir, d'attraper une puce et s'apprête à écraser l'animal entre les ongles de ses deux pouces dans le tableau de la puce[54], peint en 1638 par Georges de La Tour.

Mais puces et poux ne sont pas seuls dans le cortège de la pauvreté selon Aristophane : Strepsiade, le campagnard venu suivre l'enseignement de Socrate dans les *Nuées*, se plaint de ne pouvoir emporter son grabat à cause des punaises[55]. Celles-ci semblent les compagnes de toutes les

---

[51] Jean THÉODORIDÈS, « L'influence de la parasitologie sur le développement de la médecine clinique », *Clio Medica* 7 (1972), p. 259-269, explique que la parasitologie est mal établie pour l'Antiquité, mais que l'on peut légitimement supposer la présence de parasites végétaux (la teigne faveuse, *achorion schönleinii*, Remak, 1845), d'affections du cuir chevelu et de parasites animaux (l'acarien *sarcoptes scabiei* pour la gale).

[52] Sur les conséquences récentes d'une épidémie de poux au Burundi, *cf.* Didier RAOULT et Véronique ROUX, « The Body Louse as a Vector of Reemerging Human Diseases », *Clinical Infectious Diseases* 29, 4 (1999), p. 888-911.

[53] Aristophane, *Ploutos*, 535-539 [tr. Marc-Jean Alfonsi, GF, 1966].

[54] Georges de La Tour (1593-1652), *La Femme à la puce* (huile sur toile 1,21 x 0,89), Nancy, Musée lorrain (inv. MHL 55.4.3).

[55] *Nuées*, 634 : οὐκ ἐῶσιν μ ᾽ ἐξενεγκεῖν οἱ κόρεις. De même, v. 699, il se plaint de devoir méditer sur son gravat infesté de punaises dont il sera la proie (τοῖς κόρεσι). De ce fait, sa seule méditation est de se demander si les punaises « laisseront subsister quelque chose » de lui (v. 725). La punaise se nourrit rarement de sang humain, mais apprécie celui des souris et des rats ainsi que des chats ou des chiens (Asa CHANDLER, *Introduction to Human Parasitology*, New York : Wiley & Sons, 1930 (4e ed.) p. 445). Les larves éclosent en environ 29 jours. Son odeur désagréable en fait un bouc émissaire idéal : elle est accusée de transmettre des maladies, or ce n'est pas le cas en réalité car elles ne se déplacent que rarement. Dioscoride signale une plante nommée punaise, à cause de sa forme, *cf.* J. JOUANNA, « Le traité hippocratique des *Affections internes* (c. 35) et le *Glossaire hippocratique* de Galien : à propos des plantes dénommées *korè*, *koris* et *korion* », *Revue de philologie* 50 [= 102] (1976), p. 32-40.

couches : dans les *Grenouilles*[56], Dionysos, tout dieu qu'il est, réclame un lit qui n'en comporte que « peu », ce qui montre certainement qu'il était vain, en tout cas dans la comédie attique, de réclamer un matelas sans punaises[57]. Apparemment, les morsures gênent plus que l'odeur, dont ne parlent jamais les sources grecques[58].

Crasse ou altérité ? Extranéité ?

Revenons à la toilette. Une pilosité trop abondante, surtout si son propriétaire est peu fortuné, est regardée de travers[59]. Une mesure radicale consiste à se raser le corps, le visage ou les cheveux une fois les poux détectés, comme Hérodote le raconte à propos des prêtres égyptiens :

> « Leurs prêtres se rasent le corps entier tous les deux jours, afin que ni pou ni aucune autre vermine (μήτε φθείρ μήτε ἄλλο μυσαρὸν) ne s'attache à leur personne pendant qu'ils servent les dieux »[60].

Pour éliminer les poux, il semble que l'on procède en les pressant généralement, comme les puces, entre les ongles. Les mordre relève d'une coutume étrangère, étrange aux yeux d'Hérodote et, disons-le, barbare :

> « Ils [les Adyrmachides] ont sur la plupart des points les coutumes égyptiennes, mais ils s'habillent comme le reste des Libyens. Leurs femmes portent à chaque jambe un anneau de cuivre, et laissent croître leurs cheveux : quand elles y prennent des poux, chacune, pour se venger, donne un coup de dent à ceux qu'elle a pris sur elle et le jette ensuite. Ces peuples sont les seuls Libyens qui agissent de la sorte »[61].

Les seules mentions de poux chez Hérodote caractérisent donc des populations non-grecques. À croire que ceux des Hellènes ne valent pas la mention — ou que leur présence, gênante, est rejetée comme non conforme à la bonne éducation et à l'hygiène grecques[62]. Il en est de même pour la « puce sur la toison », expression placée par Aristophane dans la bouche d'un archer scythe, chargé de la police à Athènes. Le garde scythe est détourné de son devoir par la légèreté de la danseuse qui capte son attention

---

[56] « Indique-moi tout : [...] les pensions où il y a le moins de punaises » (vers 114-115). La pièce a remporté le concours des Lénéennes, en janvier 405 *a.C.*

[57] La punaise (*cimex lectularius*), est pour Pline (*Naturales Historiae,* XXIX, 61), un *foedissimum animal.*

[58] Franz Freiherr von TUNKL, « Über die Wanzen bei den Römern und Griechen », *Entomologisches Jahrbuch* 43 (1934), p. 177-179, sans références précises.

[59] Aux yeux d'Aristophane, qui la portait lui-même — si l'on en croit les bustes présentés sous son nom —, mais taillée avec soin, selon la mode classique, toute barbe trop fournie devient suspecte...

[60] Hérodote II, 37 [tr. Ph.-E. Legrand, CUF, 1930].

[61] Hérodote IV, 168 [tr. Ph.-E. Legrand, CUF, 1945, modifiée].

[62] Sur l'histoire de l'hygiène, *cf.* Valerie A. CURTIS, « Dirt, Disgust and Disease: A Natural History of Hygiene », *Journal of the Epidemial Community of Health* 61 (2007), p. 660-664 ; *The Filthy Reality of Everyday Life : Dirt,* dir. Rosie COX, Rose GEORGE, R.H. HORNE, Robin NAGLE, Elizabeth PISANI, Brian RALPH, Virginia SMITH, Londres : Profile Books, 2011 (nombreuses illustrations) ; Nadeije LANEYRIE-DAGEN et Georges VIGARELLO, *La toilette. Naissance de l'intime,* Paris : Hazan, 2015 (catalogue de l'exposition du Musée Marmottan-Monet).

pour permettre à Euripide de libérer un parent placé sous la garde du Pandore barbare.

Apparemment les mentions de ces bestioles tentent, autant que faire se peut, de les éloigner de l'univers des Grecs : elles sont évoquées par des étrangers (ici le modèle septentrional), en relation avec des coutumes étrangères (les prêtres égyptiens chez Hérodote) ou chez des étrangers (la description des Acridophages par Diodore[63]), exprimant ainsi une distance volontaire avec la vie quotidienne dans laquelle leur présence, bien que permanente, n'était pas souhaitée[64].

Il semble que les ectoparasites des cheveux et du corps n'appartiennent pas à la bonne société des Grecs de la ville, ceux qui rédigent les textes : poux, puces et punaises évitent en effet l'eau tout autant que l'huile et les odeurs fortes. Peut-être un recours régulier aux bains, aux onctions d'huile d'olive et des matelas de foin bourrés d'herbes aromatiques expliquent-ils, pour les plus aisés d'entre les Grecs, l'absence de considération pour ces bestioles qui ne concernent que les campagnards ou les pauvres. Peut-être aussi le climat chaud et sec de l'Attique est-il une raison du mutisme des sources, indépendamment de leur nature qui, en dehors de la fable ou de la comédie, ne se prête que fort mal aux considérations d'hygiène personnelle.

Symbole de la fréquentation intéressée

Outre la saleté, ces bestioles incarnent aussi à la fois la dissimulation et la conduite intéressée puisqu'elles se nourrissent aux dépens des hommes, tant qu'ils sont vivants. Aristote, dans la *Rhétorique*, rappelle une anecdote mettant en scène Ésope qui plaide la cause d'un démagogue poursuivi à Samos[65] (au VIe s. *a.C.*). Le fabuliste décrit alors un renard qui refuse la proposition d'un hérisson de le débarrasser de ses tiques (κυνοραιστής), arguant que celles qu'il a sont déjà repues et causeront moins de tort que des nouvelles qui ne manqueraient pas de l'assaillir. De même, soutient Ésope, le démagogue accusé ne fait plus grand mal, car il s'est déjà enrichi, alors qu'un nouvel arrivant dévorerait à son tour la fortune publique[66].

---

[63] Diodore, III, 29, 5-7.

[64] Diogène Laërce, *Vie des Sophistes* VIII, 38 [tr. Robert Genaille, GF, 1965, modifiée] à propos de Pythagore, rappelle une citation d'Aristophon dans le *Pythagoristès* : « Poux, haillon et crasse (φθεῖρας δὲ καὶ τρίβωνα, τὴν τ᾽ ἀλουσίαν), quel jeune homme supporterait cela ? ».

[65] Aristote, *Rhétorique* II, 20 [1393 b 25-27].

[66] L'anecdote est répétée par Plutarque, *Si la politique est l'affaire des vieillards* (traité 51, ed. Marcel Cuvigny, CUF, 1984), 12 [790 c] le hérisson propose de délivrer le renard de ses tiques (τοὺς κρότωνας ἀφαιρεῖν). Le mot employé par Aristote désigne déjà les bestioles (κυνοραισταί) installées en nombre sur le poil d'Argos, chien d'Ulysse, qui le reconnaît à son retour, avant de mourir de joie et d'épuisement (*Odyssée* XVII, 300 : ἔνθα κύων κεῖτ᾽ Ἄργος ἐνίπλειος κυνοραιστέων). Notons que le composé κυνοραιστής, rare (32 occ. dans le *TLG*) n'est employé, en dehors des nombreux commentaires de l'*Odyssée*, que chez Aristote (*Rhétorique* (*supra*) et *Histoire des animaux* 5, 31 [557 a 18]) et Galien (*De simplicium medicamentorum temperamentis et facultatibus libri VII-XI* [K. XII, 262]) qui en fait un synonyme de κροτώνων. Le verbe ῥαίω, dont est tiré le second terme de ce mot, signifie

Il est important de noter qu'en grec, le mot *parasitos* (littéralement « qui mange auprès de, commensal ») s'applique toujours à un homme. À l'époque classique, c'est une fonction très honorable, une charge publique, comme l'explique Athénée[67]. Ce n'est que peu à peu, à partir de l'époque hellénistique, que le mot devient péjoratif[68], désignant le « pique-assiette » qui s'installe pour manger à la table des autres, en particulier des riches évidemment, en échange de flatteries, de bons mots ou de bouffonneries[69]. Lucien (120-175), dans le Περὶ παρασίτου, ὅτι τέχνη ἡ παρασιτική, *Le parasite*, en rédige l'éloge paradoxal et, quelques années plus tard, vers la fin du IIe s. *p.C.*, Alciphron compose quarante-deux *Lettres de parasites,* que complètent les *Lettres de pêcheurs, de paysans et d'hétaïres* ... mettant en avant des créatures en marge de la société des citoyens actifs et d'honorable réputation[70]. Ce n'est qu'à partir de la fin du XVIIIe siècle, en 1798 exactement, que le terme de « parasite » est appliqué à des animaux qui se nourrissent de l'homme[71].

Certes, au IIe siècle *p.C.*, Plutarque compare les flatteurs aux poux[72], qui s'installent chez les personnes aisées, pour les abandonner au premier revers contrairement, bien sûr, aux amis véritables... Mais s'il fait mention des insectes, images de la déloyauté qui, dit-il, quittent rapidement les cadavres, il se garde d'appliquer à ces bestioles le nom de *parasitoi,* réservé, on l'a vu, aux humains.

« briser, détruire », ce qui le rapproche de φθείρω, le premier terme signifiant « chien ». La tique est ainsi clairement identifiée comme provoquant la mort des chiens.

67 Polémon le Périégète (IIIe-IIe s. *a.C.*) explique que ce nom infâme (*adoxon*) était autrefois sacré, comme le rapporte Athénée, *Deipnosophistes*, VI, 26 [234c – 235e, ici 234e] : « Le nom de Parasite, qui est maintenant ignominieux, fut, chez les Anciens, comme nous le trouvons, une chose sacrée, et synonyme de convive. On voit au Cynosarge, dans le temple d'Héraclès, une colonne qui présente un décret d'Alcibiade, écrit par Stéphanos, fils de Thucydide. Or, voici ce qu'il y a sur cette dénomination : "Que le prêtre avec les Parasites fasse les sacrifices de chaque mois" ».

68 Voir, *e.g.*, Andreas HASSL, « Der klassische Parasit : vom würdigen Gesellschafter der Götter zum servilen Hofnarren », *Wiener klinische Wochenschrift* 117 suppl. 4 (2005), p. 2-5.

69 La littérature grecque en connaît bon nombre, tel le célèbre parasite dont le Syracusain Épicharme (frag. 103, ed. Olivieri) a évoqué avec délicatesse le sort doux-amer et qui a fourni un type apprécié par la comédie attique, moyenne et nouvelle.

70 *Cf.* la bonne traduction qu'en offre Anne-Marie Ozanam dans la collection 'La roue à livres' (Paris : Les Belles Lettres, 2004, ed. pr. 1999).

71 Le *Dictionnaire historique de la langue française* (dir. Alain REY, Paris : Le Robert, 1998, *s.u.*) date l'apparition de l'adjectif de 1721 pour désigner un végétal puis, en 1742, des mollusques et enfin, en 1798 seulement, des insectes. Le substantif parasite désigne un insecte à partir de 1803.

72 Plutarque, *Comment reconnaître le flatteur de l'ami* (traité 4, ed. R. Klaerr, A. Philippon, J. Sirinelli, CUF, 1989), 2 [49 c 12] : « Tel que ces poux qui abandonnent les mourants et délaissent les corps (Οἱ μὲν γὰρ φθεῖρες ἀπίασιν ἀπὸ τῶν τελευτώντων καὶ ἀπολείπουσιν τὰ σώματα) où se tarit le sang dont ils se nourrissaient (σβεννυμένου τοὺς αἵματος ἐξ οὗ τρέφονται), le flatteur (ὁ κόλαξ) s'établit, non chez les personnes dont les affaires sont en mauvais état, mais chez celles qu'il voit en crédit et en autorité ; là, il s'engraisse à leurs dépens et s'éloigne au premier revers. » (tr. CUF modifiée).

3. Conspiration et souillure

Punition du conspirateur

Pourtant, si une mauvaise réputation accompagne poux, puces et punaises, c'est, bien sûr, à cause des désagréments physiques qu'ils provoquent, mais c'est probablement aussi, de façon moins patente, à cause de leurs attaques dont il est difficile, voire impossible, de se prémunir. Dans la plupart des cas, ils dérangent le sommeil. À la lueur de la lampe à huile, les hommes tentent donc de les attraper, surtout les puces[73] et les punaises de lit, parfaitement visibles à la lumière[74]. Une petite lampe à huile[75] en terre cuite du Ier s. *p.C.* porte ainsi la mention, apparemment humoristique, *lucer(na) pulica(ris)* (lampe pour chercher les puces).

Leur action nocturne et collective ainsi que leur petite taille en font des ennemis sournois et rusés, bien loin des animaux nobles dont la prise constitue une source de fierté[76]. À leur encontre, au contraire, la chasse se déroule dans l'intimité[77] et ce n'est qu'exceptionnellement et non sans un certain sens de la provocation que certains les éliminent en public et en plein jour[78]. Ainsi le roi de Sparte Agésilas II (roi de 400 à 361), célèbre pour sa valeur militaire :

> « Se trouvant un jour à l'autel de la déesse Chalkioikos[79] en train de sacrifier, lorsqu'un pou le mordit[80] (φθεὶρ αὐτὸν ἔδακεν), il ne se laissa pas distraire ; l'ayant attrapé, il le tua tranquillement devant tout le monde en ajoutant : "Par les dieux, c'est un plaisir d'exécuter le conspirateur (τὸν ἐπίβουλον), même à l'autel" »[81].

---

[73] Huit cents espèces connues actuellement, d'une durée de vie de 516 jours en élevage et d'une capacité à jeûner de longs mois.

[74] *Anthologie palatine* IX, 113 : « Les punaises, jusqu'à satiété, se sont rassasiées de mon sang ; et moi, jusqu'à satiété, je me suis également rassasié de vengeance, en écrasant les punaises » ou *Anthologie palatine* XI, 432 : « Un niais, mordu par des milliers de puces, éteignit sa lampe en disant : "Vous ne me verrez plus" ».

[75] L'objet, romain, est conservé au Musée de Genève (inv. 11559), *cf.* Walter DEONNA, « Puces du temps jadis », *Revue des Etudes Anciennes* 4 (1925), p. 302-306.

[76] Sur la lutte des fermiers contre les animaux nuisibles, *cf.* Johannes NOLLÉ, « Boars, Bears, and Bugs. Farming in Asia Minor and the Protection of Men, Animals and Crops », dans *Patterns in the Economy of Roman Asia Minor,* ed. Stephen MITCHELL and Constantina KATSARI, Swansee : The Classical Press of Wales, 2005, p. 53-81.

[77] Pausanias, *Périègèse* X, 10, 7 [tr. Abbé Gédoyn, Paris, 1731] à propos de Phalanthos, de Sparte, époux de Taras qui l'accompagne dans son expédition : « Comme il était découragé, sa femme, qui l'avait suivi dans cette expédition, lui faisait toutes sortes de caresses ; ayant posé un jour la tête de son mari sur ses genoux, elle lui cherchait les poux (ἐξέλεγε τοὺς φθεῖρας) ».

[78] Le soldat fanfaron dans le *Gladiolus* de Livius Andronicus se vante de même d'en avoir tué cinq cents, ou mille en un seul jour (*Nam quingenti sunt vel mille quos occidi uno die*), à quoi son interlocuteur réplique aussitôt, sans être dupe : *Pulicesne ? an cimices ? an pedes ? responde mihi*, *cf.* Th. BIRT, « Laus und Entlausung : ein Beitrag zu Lucilius und Martial », *Rheinisches Museum für Philologie* NF 71 (1916), p. 570-577.

[79] Temple d'Athéna « à la maison d'airain », situé sur l'acropole de Sparte, *cf.* Pausanias III, 7, 2-3.

[80] F. Fuhrmann (CUF) traduit : « une puce le piqua », ce qui s'accorde mieux avec la scène. La confusion entre ces bestioles montre que le vocabulaire de la fable n'est pas, en ce domaine, d'une précision d'entomologiste.

[81] Plutarque, *Apophtegmes laconiens*, Agésilas, 8 [tr. François Fuhrmann, CUF 1988].

La vermine, pou ou puce, que l'on savait nuisible[82], devient ici une sorte d'ennemi public et le danger qu'elle incarne justifie même le sacrilège que constitue un meurtre dans un sanctuaire. Le message politique est net et la « petite phrase » renforce le geste, montrant que même les plus menus ou les mieux cachés des conspirateurs n'échapperont pas à la vigilance du roi, habile défenseur de la cité — et guerrier vainqueur !

On aurait pu penser que les noms de la vermine étaient, du coup, parfaitement adaptés pour servir d'injure à tout adversaire politique. Or il n'en est rien : aucun des orateurs ne « chante pouilles »[83]. Les bestioles restent dans l'ombre et les auteurs les écartent aussi soigneusement de leurs discours que de leur corps.

C'est probablement, *in fine*, que s'attache implicitement à ces insectes un crime plus grave encore, la souillure.

Indice d'une souillure

Tout mendiant qu'il est, Ulysse une fois débarqué à Ithaque, ne présente pas la moindre trace de vermine dans ses haillons[84]. À croire que son statut de protégé d'Athéna l'en exempte d'office[85]. Il ne peut, en effet, être porteur de ce « mal », *kakon*, que tous doivent combattre, comme le signale une fable attribuée à Ésope :

> « Il était une fois une puce qui ne laissait à un homme aucun répit. Il l'attrapa et lui demanda : "Qui es-tu, toi qui t'es gobergée de tous mes membres en me mordant à tort et à travers ?" "C'est ainsi que nous vivons", répondit la puce. "Epargne-moi, car je ne puis faire grand mal". L'homme éclata de rire : "Tu vas périr sur-le-champ", lui dit-il "et de ma main : qu'il soit petit ou grand, il faut absolument extirper le mal sous toutes ses formes".
>
> La fable montre qu'il ne faut pas avoir pitié de qui fait peu ou prou le mal »[86].

Se raser le crâne et même, comme les prêtres égyptiens, le corps tout entier éloigne les poux mais aussi, comme le dit Hérodote[87], la saleté,

---

[82] Diogène Laërce, *Vie des Sophistes* II, 81 [tr. Robert Genaille, GF, 1965], Aristippe : « La pituite (τὸ φλέγμα) et les poux (καὶ τοὺς φθεῖρας) sortent de nous et pourtant comme ils sont inutiles, nous nous hâtons de nous en débarrasser (ῥιπτοῦμεν) ».

[83] Sur cette expression, voir la communication de Susan Baddeley dans ce volume.

[84] L'auditeur de l'épopée croise surtout des mouches (notamment sur les plaies, ainsi que les asticots) et guêpes, *cf.* Malcolm DAVIES, Jeyaraney KATHIRITHAMBY, *Greek Insects*, Londres : Duckworth, 1986, p. 7. Sur les puces, p. 149, les poux, p. 168-176, les punaises, p. 46-47. Otto MEISSNER, « Die Insekten bei Homer », *Entomologische Rundschau* 1932, p.186-188 reste allusif.

[85] Certes, c'est une caractéristique de nombreux mendiants dans l'art : l'exposition — par ailleurs fort intéressante —présentée au Petit Palais (Musée des Beaux-Arts de la ville de Paris) de février à mai 2015, sur « Les Bas-Fonds de la Rome baroque » montre plusieurs mendiants dont les guenilles semblent d'une propreté irréprochable et j'ai cherché en vain le moindre pou, la plus petite puce, ou l'ombre d'une punaise dans l'ensemble des tableaux présentés !

[86] *Fable* 272 : *La puce et l'homme* [tr. Daniel Loayza, GF,1995].

[87] Hérodote II, 37 [tr. Ph.-E. Legrand, CUF, 1930].

comprise comme une souillure. Le recours à deux termes (μήτε φθεὶρ μήτε ἄλλο μυσαρόν) souligne la nécessité, ici religieuse, pour les prêtres d'être exempts de toute impureté, de tout miasme[88]. La juxtaposition des deux mots s'appuie pourtant aussi sur une proximité sémantique, l'idée de la pourriture[89]. Évidemment, l'aboutissement de cette idée est l'interprétation de la présence de la vermine comme une punition divine pour une conduite moralement condamnable[90]. Pourriture et souillure se mêlent pour faire de ces insectes des animaux sur lesquels plane un certain tabou religieux[91].

Le flot de destruction humide, l'implicite pourriture et le contexte religieux tacite attachés au terme φθείρ, ont dû contribuer à la rareté des mentions de ces animaux dans les textes grecs entre le VIe siècle *a.C.* et le IIe siècle *p.C.*

Conclusion

La politique, même au sens large, prend parfois ses distances avec la vie quotidienne... La vermine, susceptible d'être présente sur les corps, n'est mentionnée que si elle appartient aux Autres. Elle se trouve rejetée parmi les caractéristiques des non-Grecs ou des personnages douteux, des pauvres ou des prisonniers[92], bref des exclus de la bonne société dont le corps social —

---

88 Dans le cas des guérisons miraculeuses d'Épidaure (IVe s. *a.C.*), le dieu emploie une méthode radicale, illustrée bien plus tard par une gravure de l'*Hortus sanitatis*, de Johannes de Cuba publié à Mayence en 1491, il recourt à un balai : « Kleinatas de Thèbes, celui qui avait de la vermine (ὁ τοὺς φθεῖρας). Celui-ci arriva avec le corps complétement couvert de vermine et alors qu'il s'était endormi, il eut une vision : il lui sembla que le dieu, après l'avoir dévêtu et placé nu debout devant lui, lui enlevait la vermine du corps avec un balai (σάυρωι τινί). Le jour venu, il sortit en bonne santé de l'*abaton* » [Max FRÄNKEL, *IG* IV, 1, 952 et Friedrich HILLER von GÄRTRINGEN, *IG* IV^2, 1, 122 n°28].

89 Ainsi le *DELG* suggère-t-il pour l'étymologie de μύσος un lien avec μυδάω, « être humide », qui, dans d'autres langues, évolue vers « baveux » (en russe), « sale » (en germanique) ou « puant » (en gallois). L'idée de saleté, de pourriture et de puanteur (*LSJ :* foul, dirty: hence, loathsome, abominable ; of persons, defiled, polluted) est omniprésente. Références *LSJ :* Euripide (13 réf. en tout dont *Electre*, 1350 ; *Médée*, 1393 ; *Oreste*, 1624) ; *Lévitique*, 18, 23 et Aristophane, *Lysistrata*, 340. Par la suite, les emplois, peu nombreux, sont plutôt religieux ou magiques (Théocrite, *Magiciennes* 19).

90 Flavius Josèphe, *Antiquités Judaïques*, 2, 14, 3 (= 300) [tr. J.A.C. Buchon, Paris : Desrez, 1838] : « Alors la divinité envoie un autre fléau pour punir cette déloyauté. Une multitude infinie de vermine (φθειρῶν ἄπειρόν τι πλ ῆθος) vint à se développer sur le corps des Égyptiens et fit périr misérablement ces misérables ; ni les baumes, ni les onguents ne pouvaient détruire ces bêtes » *Cf. Exode*, 8, 12.

91 Il faut sans doute rapprocher la formation de l'allemand *Ungeziefer* qui nomme les nuisibles en général (insectes, rats...) à partir du mot (haut-allemand) *Zepar*, « animal du sacrifice » (*cf.* vieil-anglais *tiber* « sacrifice »), avec le sens de « tout ce qui ne convient pas pour le sacrifice ».

92 A propos d'un magicien qui s'était proclamé roi, Diodore de Sicile (XXXIV/XXXV, 2, 23 [tr. Ferdinand Hofer, Hachette, 1865]) précise : « Jeté en prison, il fut rongé par la vermine (τοῦ σώματος αὐτοῦ διαλυθέντος εἰς φθειρῶν πλῆθος), et mourut dans la ville de Morgantine, d'une manière digne de ses impostures ». L'histoire est reprise par Florus (2, 7, 4). Une mort semblable en prison pour Callisthène (Plutarque, *Vie d'Alexandre* 55, 9 et *Vie de Sylla* 36), *cf.* Julius ZIEHEN, « Sullas *Phtiriasis* », *Philologus* 57 (1898), p.189-191 ; Thomas Francis CARNEY, « The Death of Sulla », *Acta classica* 4 (1961), p. 64-79 ; Wolf Hartmut FRIEDRICH, « Der Tod des Tyrannen. Die poetische Gerechtigkeit der alten Geschichtsschreiber-und

et en tout cas orateurs et historiens — se méfie, quand elle n'est pas explicitement désignée comme punition divine[93].

Il est temps, sans doute, de préciser que le lien avec les épidémies n'est jamais établi[94] et que, dans le monde grec, il n'est pas envisagé que l'on meure de la vermine[95] – hors phtiriase.

Poux, puces, punaises sont des compagnons indésirables, à la fois sur les corps et dans les textes. Ils n'entrent pas dans les débats de l'assemblée, pas plus qu'ils n'apparaissent dans l'épopée, un genre noble qui n'a que faire des parasites et des tracas de la vie quotidienne des pauvres. Mais au-delà de cette explication liée à la nature même des documents, il semble que tous, poètes et prosateurs, aient chassé de la société ces animaux, dont la présence ne semblait n'avoir d'autre fonction que celle de nuire. Leur taille négligeable, leur aspect repoussant et leur mode de vie à la fois désagréable pour l'homme et individualiste, contrairement à d'autres insectes comme les fourmis ou les abeilles, les placent au ban des créatures sociables et donc de toute communauté organisée[96]. La puce est présente,

---

Herodot », *Antike und Abendland* 18, 2 (1973), p. 97-129 ; Thomas AFRICA, « Worms and the Death of Kings: A Cautionary Note on Disease and History », *Classical Antiquity* 1 (1982), p. 1-17 ; Arthur KEAVENEY & John MADDEN, « Phtiriasis and its victims », *Symbolae Osloenses* 57 (1982), p. 87-99 ; Louise CILLIERS & François P. RETIEF, « The Sulla Syndrome », *Acta Classica* 43 (2000), p. 33-43 ; Jörg-Dieter GAUGER, « Der Tod des Verfolgers : Überlegungen zur Historizität eines Topos », *Journal for the Study of Judaism* 33, 1 (2002), p. 42-64.

[93] Ainsi tous les morts de *phtheiriasis* dont il sera question dans les communications d'Alessia Guardasole et d'Antoine Pietrobelli, notamment comme « punition » des tyrans ou des impies.

[94] Parmi toutes les identifications (nombreuses), il est possible que l'épidémie qui frappe Athènes en 431-429 *a.C.* ait été le typhus, transmis par les poux, liés à la présence des si nombreux réfugiés venus de la campagne pour chercher la protection des remparts de la ville. Sur le rôle des parasites dans les épidémies, *cf.* James CANTLIE, « The Part Played by Vermin in the Spread of Disease », *Journal of the Royal Society of Arts* 57 (1909), p. 202-204. Le livre de Hans ZINSSER (1878-1940), *Rats, Lice and History, Being a Study in Biography, which, after Twelve Preliminary Chapters Indispensable for the Preparation of the Lay Reader, Deals With the Life History of Typhus Fever, Also known, at various stages of its Adventurous Career, as* Morbus pulicaris *(Cardanus, 1545)...*, New York : Black Dog & Leventhal Publ., 1963 (ed. pr. Boston : Little Brown, 1935), repr. 2008, est à compléter par de nombreux articles comme Harry KEIL, « The Louse in Greek Antiquity, with Comments on the Diagnosis of the Athenian Plague as Recorded by Thucydides », *Bulletin of the History of Medicine* 25 (1951), p. 305-323 ; Margaret HUMPHREYS, « On Rats, Lice, and History », *Environmental History* 10, 4 (Oct. 2005), p. 708-709.

[95] Pendant la première guerre mondiale paraît l'ouvrage de Arthur Everett SHIPLEY, *The Minor Horrors of War*, Londres : Smith, Elder & Co, 1915 qui souligne le danger des poux, alors patent. Voir aussi Günther E. THÜRY, « Zur Infektkette der Pest in hellenistisch-römischer Zeit », dans Peter SCHRÖTER, *Anthropologische Staatssammlung, Festschrift zum 75. Geburtstag d. Gründung am 2. August 1902*, München, 1977, p. 275-283 ; Michael J. WORLD, « Pestilence,War and Lice », *The Lancet* 342, 13 nov. 1993, p. 1192 et Linda HOHAMDI, *Le pou humain comme vecteur de maladies infectieuses*, thèse pharmacie Aix-Marseille, dir. Didier Raoult, 2004 (232 p.).

[96] Plus tard, dans la poésie hellénistique, par exemple chez Théocrite, apparaissent cigales, abeilles, fourmis ou sauterelles. Ces mentions dénuées de sous-entendus montrent ces bestioles dans le cadre de la vie à la campagne dont rêvent les Alexandrins, peut-être en réaction contre la poésie « noble » des époques précédentes. Il en est de même dans les épigrammes de l'*Anthologie palatine*, mais on n'y rencontre que bien peu de puces et de poux.

dans les *Fables* et la comédie, en tant que minuscule[97] professionnelle du saut en longueur tout autant que de l'esquive. Le pou[98] paie sa mauvaise réputation de destructeur pernicieux né de la pourriture. Il n'y a guère que la punaise qui connaîtra une sorte d'heure de gloire, à partir du premier siècle *p.C.*, dans les recettes de médicaments, sa mauvaise odeur la faisant passer pour efficace[99]. Mais ceci est une autre histoire.

---

[97] *Anthologie palatine* XI, 265 : « Recrute-t-on une armée pour combattre des escarbots, des cousins ou des mouches, la cavalerie des puces ou des grenouilles ? » et XI, 432.

[98] *Anthologie palatine* XI, 117 (de Straton à propos d'un médecin) : « Le médecin Capiton a lavé les yeux de Chrysès avec son élixir. Il voyait une tour à huit stades de distance, à la distance d'un stade il voyait un homme, à douze coudées une caille ; un pou, il l'eût aperçu à deux palmes. Et maintenant il ne voit pas une ville à un stade, à deux plèthres il ne distingue pas les feux d'un phare, il voit à peine un cheval à une palme, et au lieu de la caille qu'il voyait naguère, il ne peut plus voir même une autruche. S'il continue son remède, il n'apercevra plus même un éléphant debout devant lui ») et XI, 156 (d'un certain Ammien) ainsi que l'épigramme 128 qui rappelle le texte de Diogène Laërce sur Phérécyde.

[99] Asa CHANDLER, *Introduction* ... (*supra* note 55), p. 442 ou Heinrich HEIMERZHEIM, *Insekten, Ungeziefer, Würmer in ihrer hygienischen Bedeutung bei Plinius*, Diss. Univ. Köln, 1939, Cologne : J. Borowsky, 1940. *Cf.* les pages de Patricia Gaillard-Seux dans ce volume.

Puces et poux dans quelques proverbiers de la péninsule ibérique et leurs postérités : miroir comparé des sociétés péninsulaires

Marie-Christine BORNES-VAROL[1]
et Marie-Sol ORTOLA[2]

Contrairement à notre attente, la production écrite des époques prises en compte (XIIIe-XVe siècles) est peu prolixe en matière de poux, de puces et autre vermine. La production orale du XXe siècle recensée dans de grandes collections comme celle de Kleiser[3] est beaucoup plus loquace en la matière, ce qui laisse supposer que les énoncés de ces compilations écrites des siècles passés ne sont que le reflet d'une réalité beaucoup plus vaste, particulièrement au vu des collections judéo-espagnoles contemporaines.

Pour cette étude, nous avons réuni un corpus non exhaustif d'œuvres sapientielles représentatives du XIIIe au XVe siècle englobant des aires géographiques et culturelles différentes[4] et un ensemble postérieur de proverbiers de la péninsule ibérique dans sa diversité (deux du début et de la première moitié du XVIe siècle[5] et un proverbier morisque du XVIIe siècle[6]) et de la diaspora juive. Les deux proverbiers castillans ont été composés à deux moments distincts de la Renaissance espagnole, respectivement en 1509 et entre 1527 et 1547, ce qui permet d'évaluer les variations, le cas échéant. Le proverbier morisque, mémoire vivante du proverbier andalou, met en contact avec une production emblématique de la multi-culturalité

---

[1] Professeur des universités, INALCO.
[2] Professeur des universités, Université de Lorraine.
[3] Luis Martinez KLEISER, *Refranero general : ideologico español*, Madrid : Hernando, 1978.
[4] Le corpus considéré est : Ibn 'Âsim al-Garnâtî, *El refranero andalusí* (*Le proverbier andalou du XIVe siècle*), ed. Marina Marugán Güémez, Madrid : Libros Hisperion, 1994 ; Le *Refranero andalusí de Abû Yahyà Azzajâlî* (XIIIe siècle), ed. Ahmed-Salem Ould Mohamed Baba, Zaragoza : Universidad de Zaragoza, 1999 ; le *Libro de miseria de omne* (XIVe siècle, texte chrétien permettant la comparaison), ed. Jaime Cuesta Serrano, Madrid : Cátedra, 2012 ; *Tractado de Viçios e Virtudes* (traité des vices et vertus, chrétien du XIVe siècle), ed. Cleveland Johnson, Potomac : Maryland [Scripta Humanistica], 1993 ; *Libro del caballero et del escudero* de don Juan Manuel (XIVe siècle), *Obras de don Juan Manuel, tomo 1*, Barcelone : Consejo Superior de investigaciones cientificas, 1955 ; *El caballero Zifar* (tout début du XIVe siècle), ed. Cristina González, Madrid : Cátedra, 1983 ; Íñigo López de Mendoza, Marqués de Santillana, *Refranes que dizen las viejas tras el fuego* (XVe s.), ed. Hugo Oscar Bizzarri, Kassel : Edition Reichenberger, 1995 ; Diego García Castro, *Seniloquium* (XVe s.), ed. et tr. F. Cantalapiedra Erostarbe y J. Moreno Uclés, Anexos de la Revista Lemir, 2004 (*http://parnaseo.uv.es/Editorial/Seniloquium/Texto.pdf*).
[5] Les *Refranes famosísimos y provechosos glosados* (1509), ed. Fermin de los Reyes Gómez, León : Fundación Instituto castellano y leonés de la lengua, 2005 ; Francisco de Espinosa, *Refranero (1527-1547)*, ed. Eleanor O'Kane, Madrid, 1968.
[6] Alonso del Castillo, *Recopilación de refranes andalusíes*, ed. F. Corriente & H. Bouzineb, Zaragoza : Universidad de Zaragoza, Área de estudios islámicos, 3, 1994.

toujours activement présente dans la péninsule du XVIIe siècle. Quant aux compilations de la diaspora juive séfarade, nous avons pris en considération un proverbier directement issu des proverbiers médiévaux de la péninsule ibérique, le proverbier judéo-espagnol d'Orient, en examinant trois proverbiers glosés et un dictionnaire[7]. En bref, notre corpus se compose de trois types de textes : des proverbiers de la péninsule (trois andalous, quatre castillans), trois judéo-espagnols (contemporains), et deux traités chrétiens du XIVe siècle écrits en castillan.

Cet ensemble de textes permet d'établir un rapport de fréquences à travers les siècles et d'évaluer le poids des adaptations d'une culture donnée à une autre et des redéfinitions lorsqu'elles se produisent.

Nous avons choisi une temporalité étendue qui a permis de constater que, bien que la vermine soit finalement peu présente dans les ensembles étudiés, elle est cependant toujours mentionnée dans des textes à valeur symbolique, allégorique ou métaphorique, pour rendre compte de rapports sociaux et d'attitudes humaines plutôt négatives. Ces petits textes renvoient en miroir une image concentrée de certaines tares morales ou sociales qui concernent un groupe ou un individu.

Nous avons relevé les énoncés qui contenaient tous types de vermines provoquant maladies, allergies ou gêne : poux, puces, lentes, gale, punaises, vers de l'intestin (*verme*). Nous avons retenu également quelques énoncés contenant des termes dérivés comme : *espulgar / se despiojar* (épucer, épouiller). Au cours du dépouillement d'un grand nombre de proverbiers anciens, nous avons constaté que les proverbes les plus nombreux ne se rapportaient pas à la vermine mais plutôt à la teigne avec ses termes dérivés. Mais nous n'en tiendrons pas compte ici, dans la mesure où la teigne n'est pas considérée comme une vermine même si, dans le proverbier judéo-espagnol, la teigne est considérée comme propice à l'expansion des poux : *Se 'spandio komo el piojo en la tinya*, « il a prospéré comme le pou sur la teigne ».

Dans les textes du corpus, la vermine sert à dénoncer certains comportements humains, à mettre en garde contre certains groupes de personnes dangereux tant pour l'individu que pour la société, et elle est mise en relation avec d'autres aspects de la réalité humaine pour rappeler le caractère éphémère et corruptible de notre condition. Les proverbes peuvent être empreints d'ironie, comme c'est le cas des proverbes de la tradition andalouse. Nous les avons classés selon leur fonction : renseignements sur la condition humaine, dénonciation de certains vices, conseils.

---

[7] Joseph NEHAMA, *Dictionnaire du judéo-espagnol*, Madrid : CSIC, 1977 ; Klara PERAHYA (*et al.*), *Erensya Sefaradi*, Istanbul : Gözlem, 1994 ; Marie-Christine BORNES VAROL (ed. crit.), *Le proverbier glosé de Madame Flore Gueron Yeschua - Judéo-espagnol (Bulgarie)*, Paris : Geuthner, 2011 ; Hayim ben Moshe Bejarano, *Proverbier glosé*, ms. inédit, Andrinople, *circa* 1913.

1. **Condition humaine**

Deux occurrences, chacune dans des textes culturellement éloignés, sont relativement proches par la temporalité :

> « Quand il est vivant l'homme élève de grandes quantités de poux et de larves, car telle est sa nature ; / mort, il élève des vers avec son pourrissement, qui le rongent et le dévorent dans sa sépulture »[8].
>
> *Quando es bivo el omne cría mota sin mesura / de pïojos e lombrizes, ca tal es la su natura ; / muerto, cría los gujanos con su mala podredura, / que lo roen e lo comen dentro en su sepultura.*

« Comme la puce, repas et linceul »[9] (*Como la pulga, comida y mortaja*), proverbe ainsi commenté par M. Marugán Güemes : « parce que, quand elles piquent, on les tue » (*porque cuando pican las matan*) ; elle recense une variante de ce proverbe d'un autre manuscrit : « comme la puce, se frotter et mourir » (*como la pulga, frotarse y morir*)[10].

Dans le premier texte appartenant au troisième livre intitulé *De la podredumbre de las carnes* (du pourrissement des chairs), le commentaire met en évidence la nature périssable de l'homme à travers l'évocation des poux et des larves qui portent atteinte à son intégrité physique, de l'intérieur de ses entrailles à sa couverture charnelle, et se nourrissent de sa chair. Le quatrain écrit en vers alexandrins (14 syllabes) de *mester de clerecía*, exprime une vision chrétienne qui s'inspire entre autre du *Livre de Job*. La vie sur terre est non seulement avilissante mais elle ne vaut pas plus qu'une « figue »[11] explique l'auteur une page plus tôt ; l'homme est un être insignifiant. La larve / le ver dans cette partie consacrée à la nature pourrissante de la condition humaine depuis sa naissance est appelé « frère » de l'homme. L'auteur veut ainsi faire ressortir la nature vile de ce dernier. Le texte dénote un pessimisme propre au christianisme : la vie dans le monde est méprisable par rapport à ce qui attend l'âme du pur dans l'au-delà. L'enveloppe charnelle et les sens sont répudiés par cette image d'un corps assiégé par la vermine, qui en est partie intégrante : le verbe *criar* et le syntagme *sin mesura* soulignent le rôle actif de l'homme dans cette propagation d'insectes nuisibles sur lui-même.

Le deuxième exemple, « Comme la puce, repas et linceul », est un proverbe andalou qui utilise l'insecte pour évoquer à la fois la nature mortelle de l'homme et le châtiment qui peut lui être infligé s'il commet une action répréhensible. Ce proverbe est beaucoup moins morbide que le quatrain précédent et n'émet aucun jugement de valeur, se limitant à une constatation. Le constat sert aussi à mettre en garde contre une action erronée (valeur métaphorique). La perspective n'est plus spirituelle mais bien humaine.

---

[8] *Libro de miseria de omne* (XIIIe-XIVe siècle), p. 184, str. 435 (voir *supra* note 4). Le passage se trouve dans le chapitre « De la podredumbre de las carnes », p. 183-184.

[9] Ibn 'Âsim al-Garnâtî, *El refranero andalusí* (XIV-XVe siècle), n° 295.

[10] *Ibid.* p. 107 (voir *supra* note 4).

[11] *Libro de miseria de omne,* « Todo non vale un figo », p. 183.

2. Relations humaines

Dans le livre du *Caballero Zifar,* écrit au tout début du XIVe siècle, figure un proverbe qui traverse les frontières et les siècles jusqu'à nos jours : « Qui se couche avec des chiens, se lève avec des puces » (*quien con perros se echa, con pulgas se leuanta*)[12]. On le retrouve dans les *Refranes famosísimos y provechosos glosados* ainsi que dans le proverbier de Francisco de Espinosa (XVIe siècle) sous une forme légèrement différente[13] : « Qui se met au lit avec un chien se retrouve avec des puces le matin » (*Quien con perro se echa en la cama con pulgas se halla a la mañana*). La glose qui accompagne le proverbe se compose d'un autre proverbe, suivi du commentaire qui en explicite la leçon et permet d'en saisir le sens allégorique : *Mas vale a ome andar señero que con mal conpañero, ca con la conpañia de mal conpañero non se puede ome bien fallar; e porende dizen, que quien con perros se echa, con pulgas se leuanta* (« Mieux vaut être seul qu'avec un mauvais compagnon ; car la compagnie du méchant ne peut que causer des problèmes ; c'est pour cela que l'on dit… »). Le chien symbolise le mauvais compagnon. Sa mauvaise influence sur l'homme qui ne sait pas choisir ses relations est matérialisée par la puce. La mauvaise fréquentation (le chien) a ainsi des effets néfastes (symbolisés par la puce) pour l'homme.

Le proverbe judéo-espagnol qui a le même énoncé *Ken se echa kon perros se alevanta con pulgas* prend aussi la forme *Ken se echa kon pulgas se alevanta kon piojos,* ou *Ken se echa kon pulgas se alevanta kon yagas,* « Qui se couche avec des puces se lève avec des poux », « Qui se couche avec des puces se lève avec des plaies ». Le sens en est également que, si l'on fréquente les méchants, on en prend les vices / ou si l'on fréquente les parasites, la vermine, on en subit les conséquences ou les dommages dans la variante « Qui se couche avec des puces, se lève avec des poux », exprimant l'idée que la vermine attire la vermine.

La collection anonyme des *Proverbes glosés* de 1509 met en relation ce proverbe avec un commentaire, qui serait une amplification du sens : *Pues cierra tu puerta y loa tus vecinos ; esto es que no les tengas abierta la puerta de la comunicación y amicicia tuya* ». Celui-ci se trouve dans le chapitre VI consacré à *Como te deues guardar de contender ni pleitear en especial con mayor que tú,* « Comment tu dois te garder de te disputer et de récriminer en particulier avec plus puissant que toi », sous la rubrique des relations avec les voisins : une proximité trop grande peut être nuisible, surtout si le voisin n'est pas digne de l'amitié qu'on lui manifeste[14]. Pour éviter de se frotter à celui d'où le mal peut venir, mieux vaut fermer sa porte. Fermer son monde intime et faire l'éloge du voisin permet d'éviter les conflits qui mettraient en péril la tranquillité. Il convient de noter la divergence sémantique et d'usage en judéo-espagnol. En effet, le proverbe correspondant *Aserra tu puerta i alava a tu vizino* n'est pas mis en relation avec le dicton sur la vermine mais

---

[12] Chapitre « Los castigos del rey de Mentón ».

[13] Francisco de Espinosa, *Refranero* (*supra* note 5), p. 188.

[14] A noter que ce proverbe est précédé d'un autre sur la relation positive avec son voisin : *Quien tiene buen vezino : tiene buen amigo.*

avec un autre : *La puerta avyerta i el djusto peka*, « la porte ouverte, même le juste pèche », c'est-à-dire que la responsabilité morale du vol incombe à celui qui a fourni l'occasion du vol ; en tentant le voleur il en a fait un pécheur et la faute doit lui être imputée. Ces exemples mettent en évidence comment se construisent et s'associent des univers sémantiques en apparence disjoints. Le proverbier anonyme établit des correspondances que le proverbier judéo-espagnol ignore.

La fausse amitié s'exprime dans le proverbe « De compère à compère, punaise dans l'œil »[15]. On le retrouve chez Francisco de Espinosa, *De amigo a amigo, la chinche en el ojo*, et dans *Don Quichotte* où l'auteur oppose l'amitié réelle qui lie Rossinante, le cheval de don Quichotte, et l'âne de Sancho Pança, à celle des hommes, avec ce commentaire : « Pour la confusion des hommes qui savent si mal conserver l'amitié les uns envers les autres »[16]. Dans ce cas encore la vermine est l'expression métaphorique du manque de constance des hommes en amitié.

L'ingratitude est le thème de ce proverbe andalou : « L'ennemi de l'orphelin c'est celui qui l'élève, et l'ennemi du chat c'est celui qui l'épouille »[17]. Elle est exprimée par la correspondance établie sur le plan des signifiés entre *despiojar* et *criar* : faire le bien en élevant un orphelin et apporter du bien-être à un animal, ici, un chat, animal protégé et respecté chez les musulmans. Le sens est marqué également par la répétition du terme « ennemi » et la mise en parallèle de deux situations jointes par la nature des statuts de dépendance : l'orphelin placé ne remercie pas sa famille d'accueil pas plus que le chat ne répond positivement au soulagement apporté. Le proverbe exprime un comportement condamnable qui consiste à retirer son amitié à celui qui fait du bien. Indirectement le proverbe dénonce le manque de reconnaissance et de respect envers les protecteurs. Dans la société musulmane l'orphelin occupe une place privilégiée et le *Coran* lui accorde une importance toute particulière. Dans son livre sur l'Occident musulman, Vincent Lagardère résume les paroles d'Abû Muhammad 'Abd al-Hâdi, selon lequel « trois choses : la mosquée, l'orphelin et l'animal domestique en garantissent trois autres ; un pays se perd en perdant sa mosquée et se garde en la gardant ; la famille d'un homme qui accueille en son sein un orphelin se garde en le gardant et se perd en le perdant ; quand les maîtres d'un animal le perdent, ils perdent toute cohésion et quand ils le soignent, ils sont gardés »[18].

Le proverbe met aussi en concurrence les liens culturels (l'enfant adopté, l'animal domestique) et les liens naturels, ceux du sang qui seuls

---

[15] *De conpadre a conpadre chinche en el ojo* de la collection *Refranes que dizen las viejas tras el fuego* d'Íñigo López de Mendoza, marquis de Santillane (n° 222).

[16] *Para confusión de los hombres, que tan mal saben guardarse amistad los unos a los otros*, Miguel de Cervantes, *Don Quijote de la Mancha*, ed. Francisco Rico, Barcelone : Prisa Ediciones, 2014, p. 633.

[17] *El enemigo del huérfano es aquél que lo cría, y el enemigo del gato es aquél que le despioja*, *Refranero andalusí de Abû Yahyà Azzajâlî*, *op. cit. supra* note 5.

[18] Mohamed MÉOUAK, *Histoire et société en Occident musulman au Moyen Âge. Analyse de Mi'yâr d'al-Wanšarîsî*, Madrid : Casa de Velázquez, 1995, p. 211.

sont incontestables et indubitables, rappelant ainsi une réalité sociologique pré-islamique.

3. Les défauts et vices

Le pou traduit parfaitement le caractère parasitaire de certains individus. Ainsi, dans *Refranes que dizen las viejas tras el fuego* (n° 42), le proverbe *Assí se mete como piojo en costura* (« Ainsi se met-il comme un pou dans une couture ») évoque-t-il l'importun, celui qui se mêle de ce qui ne le regarde pas, qui s'immisce dans les affaires de son prochain et dont le manque d'à-propos agace. Selon Yakov Malkiel[19], ce proverbe existe en portugais, *Meter-se como polho por costura,* et se rapporte aussi à un importun omniprésent[20]. On le retrouve dans la plupart des collections de la péninsule ibérique des XVIe et XVIIe siècles, ce qui témoigne de sa popularité et de sa survivance à travers les siècles. Le proverbe judéo-espagnol correspondant : *Meterse komo pyojo en la yaká,* « se mettre comme le pou dans le col de la veste ou de la chemise », désigne un individu pénible dont on n'arrive pas à se débarrasser, un parasite, et on fait mine de secouer le col de sa chemise ou de sa veste pour le signifier sans le dire. Hayim Bejarano, dans son proverbier glosé inédit commente la forme *piojo y costura,* « pou et couture », en disant qu'elle désigne un type d'avare négligé sale et tout à fait repoussant. L'avarice est liée aux expressions adjacentes *No da ni sus piojos,* ou *No da ni sus pulgas, ni sus chinchas* ou encore *Ni el sarampyón* ; l'individu en question est tellement avare qu'il ne donne même pas ses puces ou ses poux, ni ses punaises ou la rougeole, le comique venant du fait que les poux, les puces et la rougeole sont considérés comme très contagieux et qu'il est impossible d'éviter la contamination. Il est possible aussi que l'on considère les parasites comme transmetteurs des maladies épidémiques. Comme dans le cas cité, des glissements de sens qui peuvent être culturels, sociaux ou encore situationnels sont fréquents.

La difficulté à se débarrasser des mauvaises habitudes est exprimée dans le proverbe n° 204 de la collection *Seniloquium* (dont les manuscrits connus sont du XVe siècle) : *Home vjejo de castigar y pellón prieto de espulgar, malo es,* « un homme trop âgé pour être conseillé ou guidé et une pelisse noire à épucer, c'est difficile », en d'autres termes : « Il est difficile de mettre dans le droit chemin un homme âgé et d'épucer une pelisse brune ». Par glissement ou par jeu de mots dû à la proximité des termes *pulga,* « puce » et *purga* « purge », mais aussi par la référence à l'impureté physique *versus* l'impureté morale, le terme judéo-espagnol *espulgar* « épucer » signifie également « débarrasser soigneusement la viande de toute partie impure » (nerfs, tendons, interdits à la consommation) après un examen minutieux, « expurger » en quelque sorte. Par conséquent, la vermine et ce dont elle est le symbole moral se trouvent ici assimilés à

---

[19] Yakov MALKIEL, « A Cluster of Four Homophones in Ibero-Romance », *Hispanic Review* 21 (1953), p. 120-134, part. p. 122, note 39 : *Estar como piojço entre costura* est l'équivalent de *Estar muy apretado.*

[20] Un « intrusive or ubiquous chap », *ibid.*, note 49, p. 121.

l'impur et à l'illicite par le biais de la loi religieuse (*halakha*) sur la consommation des aliments.

Le proverbe andalou ci-après évoque la capacité d'un individu à se saisir d'une situation propice, d'une bonne occasion pour agir : *Cuando se calienta, el piojo echa a andar,* « Quand il se réchauffe, le pou se met en marche »[21]. Le pou est remplacé par la punaise dans le proverbier morisque : *Cuando se calienta el baño, salen las cucarachas,* « Quand on chauffe le bain, les cafards sortent »[22]. Nous ignorons s'il y a un lien implicite teinté d'une certaine ironie entre ce proverbe et la situation difficile qui était celle des minorités pendant tout le XVIe et le XVIIe siècle, car nous n'avons trouvé cet énoncé que chez cet auteur.

Le ver « rongeur et mordant » sert à évoquer l'homme envieux ; celui qui veut du mal à son prochain dans la tradition chrétienne du *Libro de miseria de omne* : « Tout homme envieux et tout homme haineux est comme le ver qui ronge et qui mord méchamment : / à cause du bien être de son voisin il est triste et malheureux ; / avec raison tu souffriras des vers et des serpents ». Ces vers mettent l'accent sur le châtiment divin[23].

Dans les expressions et proverbes judéo-espagnols comme dans les *segulot* (remèdes domestiques), la vermine et la décomposition *versus* le vice sont symboliquement représentés par les vers *guzanos* et insectes rampants ou *syerpes* qui s'immiscent dans les orifices, les oreilles principalement, dont il est très difficile de les extraire. D'ailleurs, un grand nombre de remèdes est consacré aux puces, vers et insectes rentrant dans les oreilles et y laissant des larves. Du sens de personne répugnante par sa saleté, *Guzanos le kaminan por enriva,* « les vers lui courent dessus » on passe au sens figuré de passion malsaine et indéracinable, *le entró guzano,* « il est pris d'une habitude vicieuse », et au proverbe *Guzano ke entra no sale mas,* « Le ver qui entre ne ressort plus », pour signifier que « le vice est incurable ». Comme dans le texte espagnol précédent, l'association du ver et du serpent connote aussi dans les textes juifs la mort de l'homme et la fin de ses vaines ambitions.

Le proverbe suivant tiré du *Seniloquium* exprime la négligence en matière de commerce ou de dettes que l'on oublie de payer à temps et les conséquences induites : *Echad vos a dormir et espulgar vos ha el gato,* « Couchez-vous et le chat vous épucera ». Le commentaire qui accompagne le proverbe se compose de sept parties relatives à sept situations différentes qui mettent en évidence les dangers de la négligence. L'un des exemples évoqués concerne ainsi la situation où un voleur peut agir en toute liberté[24],

---

[21] *Refranero andalusí de Abû Yahyà Azzajâlî,* n° 26, *op. cit. supra* note 4, p. 43.

[22] Alonso del Castillo, n° 331, *op. cit. supra* note 6, p. 47.

[23] *Todo omne embidioso e todo omne malqueriente/ atal es como gusano roedor e malmordiente : / por el bien de su vesino anda triste e doliente ; / por derecho avrá penas de vermen e de serpientes !* [*Quod in inferno IX spiciales pene esse leguntur,* p. 191-195] *Op. cit.*, p. 194, str. 486.

[24] *Esto se puede decir de quienes son negligentes al pedir sus deudas, y cuando llegan a pagarlas, son ya bienes de sus deudores, vendidos en justo precio a otros acreedores y solventadas las deudas por ellos en su momento, ya que las leyes son cuidadas por quienes*

qui semble condenser l'*exemplum* de l'homme qui s'endort pendant qu'agit le voleur (*Calila e Dimna*[25]). L'indécision est également reliée à la négligence dans le commentaire du *Seniloquium*. La glose signale une application ample, pour servir de mise en garde contre l'inattention et l'imprudence.

Le manque d'hygiène de certains métiers transparaît aussi comme dans cet autre énoncé du recueil andalou de *Abû Yahyà Azzajâlî* : *Más sucio que el hijo de N., el cocinero, que mataba el piojo sobre el cucharón y lo limpiaba en la espalda del perro,* « Plus sale que le fils de N. le cuisinier, qui tuait le pou sur la louche et l'essuyait sur le dos du chien »[26]. Le chien est un animal sale et impur pour les Musulmans. La juxtaposition d'actions négatives renforce l'effet de l'adverbe *más* sur l'adjectif. La réparation (essuyer la louche sur le dos du chien) est pire que la faute elle-même (tuer le pou sur la louche). Le proverbe établit aussi un lien tacite entre le pou de l'homme et la puce du chien.

Le proverbier hispanique utilise la lente et ses dérivés adjectivaux pour décrire un individu ou un objet : *No es tamaño como una liendre*, « il n'est pas plus gros qu'une lente » ; *Es un lendroso*, « C'est un pouilleux », littéralement quelqu'un couvert de lentes, c'est-à-dire un individu sale et négligé. La puce est employée pour décrire le caractère : *Es unas malas pulgas,* « C'est un colérique » littéralement un « mâle-puce », ou encore *Traes pulgas en el seso*, « Tu as des puces dans l'esprit ». L'effet dévastateur d'une maladie ou d'une guerre est symbolisé par la punaise qu'on extermine : *Mueren como chinches* « Ils meurent comme des punaises ».

Enfin le proverbe judéo-espagnol K*emar la kolcha para matar una pulga / una chincha*, « Brûler la courtepointe pour tuer une puce / ou une punaise » fonctionne comme un *exemplum* à lui tout seul. Il raille une réponse exagérée à un problème minime, par un manque de discernement provoqué par la colère qui répond à une agression (la brûlure de la piqûre) et à l'exaspération (la difficulté de se débarrasser de parasites comme la puce ou la punaise). Il évoque aussi le fait que l'on avait recours, pour les éliminer, à des fumigations qui pouvaient provoquer un incendie, mais aussi que le seul moyen de se débarrasser des puces et surtout des punaises est de brûler les vêtements, les literies ou les sols infestés ; une variante dit en effet

---

están atentos y no por quienes duermen (1). Puede también aplicarse a quien ha sido indultado por la sede apostólica, para que cuide de una prebenda, cuya notificación ha recibido para aceptarla en el plazo de un mes; y pasado el mes lo reclama diciendo que nunca antes se le ha notificado sobre su nombramiento (2). Igualmente sobre quien es ma tado, cuando duerme, por otro que estaba durmiendo con él (3). Y sobre el que no mata a un ladrón, que le ataca (4). E incluso sobre un marido a quien la esposa mata dentro de la alcoba, cuando se acostaba con él; o sobre la esposa a la que mata el marido (5). Y sobre unos niños que son encontrados muertos, cuando dormían con sus propios padre y madre (6). Hace referencia a quien no quiere pelear en época de cuaresma, cuando se le presenta una situación inevitable para la defensa tanto suya como de su patria, y pone a prueba a Dios, pudiendo hacer algo para su salvación y la de otros, y no se decide (7), *Op. cit.*, p. 143-144.

[25] www.biblioteca.org.ar/libros/89433.pdf, p. 6.

[26] *Op. cit.*, n° 514, p. 75.

Kemar la kaza para eskapar de las chinchas, « Brûler la maison pour se débarrasser des punaises », solution disproportionnée mais radicale.

4. Sentiments, états, situations

Dans le proverbier andalou du XIVe siècle, le sentiment d'inquiétude ou d'instabilité est exprimé par la punaise : *Más ligero que chinches en una tela,* « plus léger que punaises sur une toile »[27], alors que dans le proverbier morisque ce même sentiment est exprimé par l'image de la lente : *Como ladilla en pubis de enfermo,* « comme lente sur le pubis d'un malade »[28]. Peut-être est-ce là le sens à donner à la forme : *Traes pulgas en el seso,* « tu as des poux dans l'esprit » (pour signaler une agitation surprenante).

Répondre au plus vite à une situation urgente, à une gêne, est plus important que chercher à la résoudre patiemment. C'est ce qu'explicitent ces trois proverbes andalous : *Rascarse es más urgente que despiojarse,* « Se gratter est plus urgent que s'épouiller »[29] ; *Arrascarse es más urgente que espulgarse,* « Se gratter est plus urgent que s'épucer »[30], et *Arrascarse urge más que despiojarse y vender, más que comprar,* « Se gratter urge plus que s'épouiller et vendre qu'acheter »[31]. Par l'amplification – « et vendre plus qu'acheter », *y vender más que comprar* –, le dernier proverbe met l'accent sur l'urgence économique, la situation précaire ou difficile, dont il faut se sortir au plus vite. Ces énoncés soulignent le soulagement que procure, à cause des démangeaisons provoquées par les poux et les puces, le fait de se gratter. En judéo-espagnol, c'est exprimé sous la forme *El komer i el araskar es al empesar,* « Manger et gratter, il suffit de commencer », et on ne peut plus s'arrêter tant cela procure de soulagement.

Le proverbe suivant met l'accent sur le plaisir qu'apportent certaines actions liées à la nature animale de l'homme. Il dégage l'aspect sensuel des actes : *Tres cosas deleitan y agradan : rascar la sarna, defecar en los corrales e insultar al innoble,* « Trois choses sont délicieuses et agréables, gratter la gale, déféquer dans la cour, et insulter celui qui n'est pas noble »[32].

5. Dangers provoqués par la vermine

Le livre du chevalier et de l'écuyer écrit par don Juan Manuel au début du XIVe siècle s'inscrit dans la tradition des livres de sagesse consacrés à l'acquisition du savoir. Un jeune chevalier devient le disciple d'un sage à qui il pose des questions de connaissance générale et de morale. Dans le chapitre consacré aux animaux, le sage cite les puces et les poux qui sont particulièrement déplaisants pour les chevaliers, surtout lorsqu'ils portent leurs armures pour faire la guerre (p. 50). Un manque d'attention à

[27] Ibn 'Âsim al-Garnâtî, *El refranero andalusí,* n° 21, *op. cit. supra* note 4.
[28] Alonso del Castillo, *op. cit. supra* note 6, n° 671, p. 63.
[29] Ibn 'Âsim al-Garnâtî, *El refranero andalusí, op. cit.*, n° 187, *op. cit. supra* note 4.
[30] Alonso del Castillo, *Recopilación de refranes andalusíes, op. cit. supra* note 4, n° 139.
[31] *Ibid.*, n° 303, p. 45.
[32] *Refranero andalusí de Abû Yahyà Azzajâlî, op. cit. supra* note 4, n° 751, p. 89.

un moment crucial peut en effet occasionner la perte de la vie sans avoir eu le temps de se confesser.

Dans le même sens de nuisance et gêne, on retrouve les poux et les puces dans le *Libro de miseria de omne*[33] : « Il a d'autres ennemis qu'il ne peut éviter ; / qui se nourrissent de sa chair en dépit de lui : / lentes, puces et poux qui l'obligent à se bien gratter / et lentes et tiques qu'il a du mal à arracher ». Ces bestioles sont les ennemis de l'homme et leur présence sur son corps risque de le détourner de son devoir.

Landra, en judéo-espagnol, évoque la peste ou les ulcères, la sixième plaie d'Égypte, alors que les *pyojos* (poux) sont la troisième : *Ke se lo yeve la landra,* « Que la peste l'emporte », et en même temps se met au pluriel *landras* avec un sens peu défini : *Echar landras de la boka*, « Proférer des imprécations et des injures (pestilencielles ?) ». *Landras kon pintas* signifie souffrance et tourments[34], exprimant ce qu'on a récolté à la place d'une récompense ou du résultat attendu ; une des traductions en est fièvre typhoïde sans doute parce que *landra*, « landres » a gardé un rapport avec les lentes des poux.

El ke fue por las landras i atornó kon las pintas désigne — inexplicablement à nos yeux— quelqu'un de sagace, d'impossible à berner et qui déjoue toutes les manigances ; contraire ou parodie comique de *Ir por lana i atornar sin pelo ?* En tout cas, *landras* met plutôt sur la voie de lentes ou larves.

Conclusion

Cet échantillon représentatif de l'utilisation de ces bestioles dans la littérature hispanique montre bien que la vermine sert à expliciter une réalité humaine trop fragile, à moquer certains travers moraux, à en relativiser d'autres ou à les amplifier. Même lorsqu'ils sont considérés comme des ennemis, l'homme n'a d'autre solution que d'accepter leur présence. Ils font partie de sa vie. Cet aspect des choses apparaît clairement dans l'*exemplum* que nous avons cité. Ce qui est surprenant c'est le nombre limité de proverbes dont ces animaux sont les protagonistes, malgré le fait que, pour reprendre la citation d'Y. Malkiel, ils sont « abundantly documented since the beginnings of medieval literature in the vernacular »[35].

Les proverbes dans les collections étudiées se présentent sous la forme de listes organisées alphabétiquement. Certains proverbes ont des gloses explicatives, mais elles sont peu fréquentes. Par conséquent, le sens est déterminé par l'usage. La présence de ces petits textes métaphoriques dans une narration ou un récit a l'avantage de nous orienter vers la manière dont ils étaient utilisés. Ils éclairent sur la philosophie de vie des sociétés qui

---

[33] *Op. cit.*, p. 131, str. 197, dans *Quod caro sit hostis hominis*, p. 130-132 : *Ave otros enemigos que non puede escusar ; / que se çevan de su carne si-l ploguier o si-l pesar : / liendres, pulgas e pïojos que le fazen bien rascar / e ladiellas e cabartas que las non pued bien rancar.*

[34] Le deuxième signifiant « chiures de mouches ».

[35] *Op. cit. supra* note 19, p. 123.

ont eu recours à eux. Les proverbes du proverbier andalou sont tournés vers la vie en ce monde, alors que les textes chrétiens utilisent les images de corruption construites à partir de la vermine pour détourner l'homme du monde des sens. Grâce à la mise en correspondance des proverbiers castillan et judéo-espagnol, nous pouvons évaluer les glissements de sens et les adaptations à des situations propres, conduisant parfois à s'écarter du proverbe castillan. Les proverbes andalous, quant à eux, n'ont pas de correspondances directes avec les proverbes castillans contenant des poux, des puces et autre vermine. Ce qui fait, en fin de compte, la singularité d'une culture, apparaît dans ses proverbes et dans sa manière de s'approprier et d'adapter l'héritage reçu.

Chanter ou dire pouilles : poux, puces et punaises dans les dictionnaires et lexiques de l'époque moderne

Susan BADDELEY[1]

Plus d'un siècle et demi séparent la gravure grossière représentant des punaises aussi grosses que des oreillers de l'*Hortus sanitatis*[2] et les gravures minutieuses de la puce et du pou réalisées par Robert Hooke dans sa *Micrographia* de 1665[3]. Si ces images illustrent bien le « saut qualitatif » accompli dans la connaissance de ces petits parasites au cours de cette période, qu'en est-il d'autres sources d'information, et notamment des dictionnaires, qui dans leur dimension encyclopédique intègrent et diffusent des connaissances diverses ?

Nous avons dépouillé un corpus constitué de dictionnaires de langue, dictionnaires encyclopédiques et autres lexiques, datant de l'apparition de l'imprimerie jusqu'à la publication de la première édition du *Dictionnaire de l'Académie française*, en 1694. Il s'agit de dictionnaires soit monolingues, soit, le plus fréquemment, bilingues (français-latin, latin-français, français-anglais, latin-anglais). Certains de ces dictionnaires se reprennent les uns les autres, ce qui est le propre des dictionnaires ; cependant, ils viennent dans l'ensemble d'horizons suffisamment divers pour qu'on puisse être sûr de ne pas se trouver en face d'un discours unique, propagé d'édition en édition.

La question pour nous est de savoir si les dictionnaires ont joué un rôle quelconque dans la propagation de ces savoirs nouveaux, ou s'ils continuent au contraire (les dictionnaires étant connus pour leur conservatisme) à véhiculer des croyances ou des connaissances ancestrales, notamment au moyen d'expressions figées et de proverbes qui font partie du fonds commun de la langue.

Parmi les types d'informations que les dictionnaires peuvent fournir, nous avons privilégié les suivants :

- les **définitions** : comment qualifie-t-on ces « petites bêtes » ? Quels termes étaient disponibles, et y a-t-il des traitements différenciés selon l'animal en question, et des évolutions dans le temps ?
- les **étymologies**, réelles ou supposées, qui sont données pour les noms de ces parasites ;

---

[1] Maître de conférences HDR, Université de Versailles-Saint-Quentin-en-Yvelines, laboratoire DyPaC (Dynamiques Patrimoniales et Culturelles, EA 2449).

[2] *Hortus sanitatis*, Mainz, Jacob Meydenbach, 1491. L'ouvrage a été traduit en anglais par Laurence Andrew, et publié à Anvers (par Jan van Doesborch) en 1521 sous le titre *The noble lyfe & nature of man, of bestes, serpentys, fowles & fisshes*. Voir les figures en fin d'article.

[3] Robert HOOKE, *Micrographia : or some physiological descriptions of minute bodies made by magnifying glasses, with observations and inquiries thereupon*, Londres : Jo. Martyn et Ja. Allestry, 1665.

-des **informations concrètes** fournies par les dictionnaires, concernant l'état des savoirs ou des croyances de l'époque au sujet de ces animaux. Ce type d'information se trouve surtout dans les dictionnaires encyclopédiques ou semi-encyclopédiques, comme ceux de Cotgrave (1611) et de Furetière (1690) ;

-les **exemples**, authentiques ou fabriqués, qui sont donnés pour illustrer l'usage du terme et ses connotations. Lorsque ces exemples sont inventés par les auteurs des lexiques, ils sont loin d'être anodins ;

-les **proverbes et façons de parler** associés à ces animaux.

1. Présence des poux, puces et punaises dans les dictionnaires de langue

Les dictionnaires du français (ou qui ont le français comme langue d'entrée) de l'époque moderne sont, à l'origine, des dictionnaires latin-français, qui ont ensuite été « retournés ». C'est le cas du *Dictionnaire francoislatin* de Robert Estienne (1539, 2e édition 1549), obtenu par le « retournement » du *Dictionarium latinogallicum* (1538) du même auteur. Ce dernier est issu à son tour du *Thesaurus de la langue latine* (*Dictionarium, seu Latinæ linguæ Thesaurus*, 1531) réalisé par Robert Estienne à partir d'un corpus d'auteurs latins. Pour figurer dans un dictionnaire de langue française à l'époque, il fallait donc d'abord que le mot soit présent chez les « bons auteurs » latins et, s'agissant des poux, puces et punaises, c'est effectivement le cas. Le *Thesaurus* de 1531 contient en effet les trois : *cimex* 'punaise', *pes* 'pou' (et *lens* 'lente'), et *pulex* 'puce'.

Sous l'entrée *cimex,* Robert Estienne livre un bel exemple tiré de la pièce *Curculio* (*Le Charançon*) de Plaute, qui rassemble, sous une seule entrée, plusieurs attestations :

> *CIMEX, cimicis,* m.g. Vne punaise. [...] Plaut. in *Curc.* 10. 14, *Item genus est lenonum inter homines, meo quidem animo, vt muscæ, culices, pedesque, pulicesque, cimices, odio & malo & molestiæ, bono vsui estis nulli*[4].

Ce pédigrée suffit pour que les puces, poux et punaises soient présents dans les premiers dictionnaires latin-français et français-latin imprimés[5], ce qui leur garantit une certaine postérité, d'édition en édition. Cependant, dans les dictionnaires et lexiques bilingues ayant l'anglais pour

[4] « La race des proxénètes chez les humains est comparable, à mon sens, aux mouches, moustiques, poux, puces et punaises : odieux, malfaisants, nuisibles : vous ne servez à rien ».

[5] D'autres dictionnaires bilingues ayant pour l'une des langues en présence le français existaient antérieurement à ceux de Robert Estienne : on peut citer parmi eux le *Catholicon abbreviatum* latin-français qui date de la fin du XVe siècle (1re ed. en 1482) ; un dictionnaire manuscrit latin-français compilé par le religieux cartusien Firmin Le Ver, *Firmini Verris Dictionarius* datant de 1440 ; ou encore un autre ouvrage signé Guillaume Le Talleur, intitulé *Vocabularius familiaris et compendiosus,* imprimé à Rouen en 1487, puis en 1500. Cependant, ces dictionnaires n'indiquent, pour la partie en français, que des équivalents et non des traductions.

l'une des langues en présence (Galfridus Anglicus 1516, Palsgrave 1530, Sainliens 1580), la *punaise* est le plus souvent absente. Est-ce à dire que ces petites bêtes ne sévissaient pas en Angleterre ? Cela nous semble peu probable, et leur absence doit être mise plutôt sur le compte de la manière dont les dictionnaires étaient fabriqués : à partir d'un corpus d'attestations, et non à partir d'un relevé d'éléments de la « vie réelle ». C'est notamment le cas du lexique de Palsgrave, constitué à partir d'attestations glanées dans des ouvrages en français, et dont les lacunes reflètent les aléas de ce corpus.

2. Définitions

Très souvent, à cette époque, lorsqu'un terme est retenu dans un dictionnaire en tant que mot-vedette, l'entrée est suivie immédiatement d'une définition succincte, appelée « expansion post-lemmatique », permettant de situer d'emblée l'objet de l'article. Et on voit déjà s'esquisser un traitement différencié[6].

Le mot « insecte », terme qui viendrait spontanément à l'esprit d'un locuteur moderne à qui l'on demanderait de qualifier ces « petites bêtes », n'était pas disponible dans les premiers dictionnaires : le mot est attesté pour la première fois chez Pierre Belon, *Les Obseruations de plusieurs singularitez & choses memorables*, 1553 (à propos du caméléon et de sa langue gluante, par quoi « ils attachent les *insectes*, sçauoir est, Sauterelles, Chenilles, & Mouches »). Le mot ne fera son entrée dans les dictionnaires de langue qu'à partir de 1611, avec le dictionnaire de Cotgrave. Le corpus de textes FRANTEXT, essentiellement littéraire, n'offre aucune occurrence du mot *insecte* au XVIe siècle ; la première attestation du terme, chez Charles Sorel, date de 1627.

La **puce** fait rarement l'objet d'une première définition (dans cinq cas seulement), comme si elle n'avait pas besoin d'être présentée. Le lexique de Palsgrave (« Table des substantifs »), de 1530, la qualifie simplement de « petite bête » (« *a lytell beest* ») ; par la suite, il faudra attendre le dictionnaire de Richelet de 1680, qui sera le premier à donner une définition sommaire pour les trois bêtes, et qui qualifie la puce simplement de « petit insecte ».

La **punaise** reçoit un traitement semblable, mais les dictionnaires d'avant Richelet, qui sont surtout des dictionnaires latin/anglais ou français/anglais, la qualifient à cinq reprises de « ver » (dont quatre occurrences assorties de l'adjectif « puant »). *Ver* doit être compris ici dans le sens d'un terme générique, regroupant toutes sortes de « petites bêtes », faute d'autre terme, les rapprochant également de la notion de *vermine*. La punaise est qualifiée trois fois de « vermine » (ce que n'est jamais la puce), mais vers la fin du XVIIe siècle on s'oriente vers des définitions plus neutres : on caractérise l'animal par son aspect visuel (« insecte plat ») à partir de Richelet 1680) plutôt que par son odeur. De même, il est à supposer

[6] Voir le tableau en annexe.

que les loupes grossissantes ont déjà permis un certain progrès dans les connaissances, puisque la punaise était qualifiée de « ver » jusqu'en 1627.

C'est le **pou** qui fait le plus souvent l'objet d'une première caractérisation : qualifié à six reprises de « vermine » (y compris dans les dictionnaires de la fin du XVIIe siècle, qui ont renoncé à cette qualification pour la punaise), à deux reprises de « ver » (au XVIe siècle), le pou n'aura droit à l'honneur du terme savant « insecte » qu'une seule fois, et tardivement, dans la première édition du *Dictionnaire de l'Académie française* de 1694 : cependant, ce qualificatif vient en seconde place dans la définition, après « vermine » : « *Pou,* s.m. Sorte de **vermine**, d'insecte qui s'attache ordinairement aux cheveux, à la teste des enfants, & des gens mal propres ». Le pou a aussi l'honneur douteux d'être le seul des trois parasites à bénéficier (si l'on peut dire) d'un adjectif qui reflète un jugement de valeur : Robert Estienne, dans son *Thesaurus* de 1531, qualifie le pou d'« animal repoussant » (*foedus capitis animal*).

3. Étymologies

Certains dictionnaires précisent l'étymologie ou l'origine supposée du nom de ces bêtes, cette étymologie étant censée justifier certaines caractéristiques et par là renseigner sur leur « vraie nature ». La plupart de ces étymologies remontent à Pline l'Ancien, et avaient été véhiculées d'abord par les *Étymologies* d'Isidore de Séville, puis par les encyclopédies du Moyen Âge, dont l'un des principaux représentants au début de l'époque de l'imprimerie est l'ouvrage de Barthélemy l'Anglais (*Bartholomeus Anglicus*), *De proprietatibus rerum*, « Des propriétés des choses », qui est édité dans sa version française par Pierre Farget à Lyon dès 1482 (il s'agit du premier ouvrage de type encyclopédique imprimé en français). Le pou et la puce y sont présentés (la punaise est absente), et on apprend que le pou est « un ver qui est ainsi appelé pource que il a moult de piedz » : d'ailleurs, ajoute l'auteur, « le ver blece plus du mouvement de ses piedz en courant dessus la cher [chair] de la personne [...] que il ne fait de son mors » (= ses morsures). Quant à la puce, qualifiée elle aussi de « petit ver », on nous apprend qu'elle est « dicte *puce* pource qu'elle se nourrist en la *pouldre* » (le latin *pulex* 'puce' étant rapproché phonétiquement de *pulver* 'poudre'). Ces deux étymologies viennent tout droit d'Isidore de Séville, qui ajoute, à propos de la punaise, que son nom latin *(cimex)* vient du fait que son odeur rappelle celle d'une certaine plante nommée *cimicia*, connue d'ailleurs sous le nom d'« herbe à punaises »[7]. Cependant, sous l'entrée *cimicia,* est dit l'inverse : c'est la plante qui tient son nom de l'insecte, ce qui aboutit à une sorte d'étymologie circulaire.

Robert Estienne, dans son très sérieux *Thesaurus de la langue latine* de 1531, reprend à son compte ces étymologies, en même temps que la forme erronée *pes* pour le pou (le terme vient de *pedis,* qui n'a *a priori* rien à

[7]Isidore de Séville, *Etymologies, s.u. cimex : Cimex de similitudine cuiuisdam herbae vocatus, cuius fetorem habet,* « La punaise est ainsi appelée par rapprochement avec une plante du même nom, qui a une mauvaise odeur ».

voir avec *pes* ni avec les pieds), et puisque son dictionnaire est organisé par racines, il range le pou dans la famille de *pes* « pied », justifiant cette démarche par l'étymologie supposée : *Pes etiam dicitur foedum capitis animal, à multitudine pedum,* « L'animal repoussant de la tête est appelé *pes,* parce qu'il a de nombreux pieds ». Cette fausse étymologie est reprise par d'autres ouvrages, jusqu'à Furetière 1690 : « Il y a aussi une herbe aux *pous* qu'on appelle *pediculaire ;* ce qui vient de *pediculi.* C'est ainsi qu'on nomme en Latin les *pous,* à cause qu'ils ont un tres-grand nombre de pieds ».

Quant à la puce, sous l'entrée *pulex* Estienne se trompe, en donnant comme équivalent français « une punaise », mais il répète l'étymologie d'Isidore : *Dictus, quod ex puluere generetur*[8]. Mais il tente aussi un rapprochement avec *pullus,* « brun foncé, noir » pour l'adjectif *pulicosus* « plein de puces » (« *Pulicosus, pulicosa, pulicosum, vide in* PULLUS »). Thomas Corneille (1694) tente, quant à lui, une synthèse des deux : « En latin *Pulex,* ou de *Pulvis,* Poussiere, ou de *Pullus,* qui veut dire, Noir, à cause de la couleur noire de cet insecte ».

R. Estienne ajoute également une étymologie qui semble être de son cru pour la *lente,* l'œuf du pou : « *Lens, lendis,* A *laedo, capitis animal, lende* » : le verbe *laedo* signifie « blesser, offenser ». Estienne ne propose pas d'étymologie pour *cimex,* la punaise, et dans son dictionnaire français-latin de 1539 ne semble même pas faire le lien entre la punaise et l'adjectif *punais,* « puant », puisqu'il range les deux termes sous deux entrées séparées :

Punaise, *Putor huius putoris, Graueolentia.*
Punaise, *Cimex.*

On voit que l'étymologie, cet *etymos logos,* qui était, à l'époque, censé constituer le discours le plus fondé et le plus autorisé sur ces objets (et sur les choses de manière générale), est plutôt tirée de formes latines, expliquées par d'autres formes latines, et se trouve confirmée par des « autorités » telles que Pline et Isidore. Ces étymologies seront reprises par d'autres dictionnaires, comme le dictionnaire anglais-latin de Rider (1606) :

> *Pŭlex, ĭcis,* epicœn. g. Plin. *Ψυλλα* : *dict. quod ex pulvere generetur,* a flea.
> *Pĕdīcŭlus, li,* masc. gen. Plin. *parvus pes,* a little foote : also the stalke of a leafe, or anie fruite : also a louse : *quod multos habet parvos pedes*[9].

Gilles Ménage, dans son *Dictionnaire étymologique* de 1650, ne donne pas d'autre explication pour le pou et la puce ; en revanche il en

[8] « Ainsi appelée car elle est engendrée par la poussière » plutôt que « elle se nourrit de ... ».
[9] *Pulex,* « une puce, qu'on appelle ainsi parce qu'elle est générée de la poudre. *Pediculus,* petit pied, la tige d'une feuille ou d'un fruit quelconque. Aussi, un pou, parce qu'il a de nombreux petits pieds ».

fournit une nouvelle, très fantaisiste, pour le *morpion,* qui donne un aperçu de sa façon de travailler :

> « Les Latins ont appelé un pou, *pedis.* De *pedis* on a fait *pedius.* De *pedius* on a fait *pedicus* : d'où *pediculus.* De *pedius,* on a fait aussi *pedio, pedionis* : d'où le François Pion. *Pedione, peone, pione,* Pion : comme de *pedes pedis, pedius, pedione, peone, pione,* Pion : Cestadire *fantassin.* De *mordens pedio,* on a dit *mordpedio* : d'où Morpion. Et on a appelé *mordens pedis* un morpion, parcequ'il mord plus qu'aucun autre pou. [...] Bourdelot a parlé de l'étymologie de ce mot, en ces termes : quasi *mort à pigeons* : pourceque cette espéce de poux les fait mourir : ainsi que l'a remarqué Felix Platerus ».

On trouve également chez Ménage (1650) une étymologie pour la *punaise,* qui sera relayée par Furetière (1690) : « Ce mot vient de *punicea,* qu'on a dit premierement des *punaises rouges,* et ensuite de toutes les autres. Menage ». Thomas Corneille en 1694 reprendra aussi cette étymologie à son compte. Cependant, Furetière en suggère aussi une autre (« Il y en a qui le font venir de *Putere,* Sentir mauvais »), et dans l'édition de 1694 de son dictionnaire étymologique, Ménage se rallie à cette explication : « Lat. *cimex.* Je le dérivois autrefois de *punicea.* Et je croyois qu'on avoit ainsi premiérement appelé les punaises rouges, et ensuite, toutes les autres punaises. Je croy présantement qu'il vient de *putere.* Voyez *punais, et putoir ».* C'est une étymologie qui semblerait aujourd'hui « aller de soi », mais qui à l'époque n'était pas prise en considération, parce qu'elle n'était validée par aucune autorité.

Qu'en est-il à l'époque contemporaine ? Les lois de la phonétique historique ont établi au-delà du doute que *puce* vient de *pulex, pou* de *pediculus (pediculus > peduculus > peouil > pouil* puis *pou,* sous l'influence du pluriel *poux),* et la *punaise* de l'adjectif *punais,* lat. *putinasius* « qui sent mauvais ». Pour l'origine latine de ces mots, tournons-nous vers le *Dictionnaire étymologique de la langue latine*[10]. Sous *pedis* « pou », il y est dit que « le nom de cet insecte diffère d'une langue à l'autre » ; sous l'entrée *pulex* « puce », on apprend que « les langues offrent pour « puce » des mots semblables, non réductibles à un original commun ». Les auteurs proposent ensuite de comparer, pour le suffixe *-ex, cimex* (« punaise ») et *culex* (« cousin », « moucheron ») ; *cimex* est présenté comme un mot populaire, ayant le même suffixe que *culex* et *pulex,* et qui est « sans étymologie, comme la plupart des mots de ce genre ». Enfin pour confirmer cette origine peu glorieuse, cette absence d'étymologie, sous *lens, lendis* « lente » est signalée aux lecteurs la forme *lendix* ou *lendex,* dont le suffixe rappelle à son tour *cimex* et *pulex* : il s'agirait d'un « terme populaire, qui a été déformé de manières diverses ». Il est frappant de voir que ces deux éminents étymologistes rapprochent la série des « petites

[10] Alfred ERNOUT et Alfred MEILLET, *Dictionnaire étymologique de la langue latine. Histoire des mots,* Paris, Klincksieck, 2001 [1932].

bêtes » en raison d'un suffixe commun, *-ex*, alors qu'ailleurs dans ce dictionnaire, d'autres termes partageant le même suffixe, comme *cortex* ou *silex*, ne sont pas rapprochés de ces mots « populaires », et sont montrés du doigt comme étant « sans étymologie ». La conclusion qu'on peut en tirer est que les mots « nobles » évoluent, alors que les termes désignant des choses aussi basses que des parasites « se déforment », et n'ont pas d'étymologie...

4. Autres informations fournies par les dictionnaires

Nous trouvons ensuite dans certains dictionnaires des informations se rapportant à la manière de se reproduire de ces animaux, leur alimentation, et leur habitat naturel.

Mode de reproduction

Plusieurs dictionnaires du XVIe siècle et du début du XVIIe indiquent que la *vermine* « s'engendre de pourriture » (Sainliens 1580, après Robert Estienne 1539 et 1549, et Nicot 1606). Nicot 1606 *Pou* : « Est cette vermine qui s'engendre d'humeurs chaudes, lesquelles sont suyuies de grande desmangeson, et sont les poulx engendrez en l'interieur, et non en la superficie de la peau, *Pediculus*, Qui est l'endroit dont il vient »[11]. De même Cotgrave 1611, sous l'entrée *Vermine* : *Little beasts ingendred of corruption and filth, as Lice, Fleas, Ticks, Mice, Rats, and (most particularly) Wormes* [petites bêtes engendrées de la corruption et de la crasse, comme les poux, les puces, les tiques, les rats, et (surtout) les vers], commentaire inspiré sans doute par l'origine du mot *vermine* : *vermis, verminis*, « ver ».

Richelet 1680, sous *Pou*, souscrit encore à la notion de la génération spontanée : « Vermine qui pique et qui s'engendre de la chair principalement dans la tête et quelquefois dans les chemises et dans les habits de laine et sur tout l'été, à cause de la crasse et de la süeur ». Furetière 1690, sous *Pou*, voit les conditions de reproduction un peu différemment : « Vermine qui s'engendre sur les animaux, qui les pique, les mord, et leur succe le sang ». Le *Dictionnaire de l'Académie* de 1694, sous *Pou*, établit un parallèle explicite entre la présence de poux et l'absence de propreté : « Sorte de vermine, d'insecte qui s'attache ordinairement aux cheveux, à la teste des enfants, et des gens mal propres ». Dans le *Dictionnaire des arts et des sciences* de Thomas Corneille, c'est encore la théorie de la génération spontanée qui prévaut : « *Pou*. Vermine qui pique, et qui s'engendre de la chair, sur tout dans la teste. La crasse et la sueur les engendrent quelquefois dans les chemises et dans les habits de laine, principalement pendant l'Esté » (on remarquera, en passant, la dette de Thomas Corneille à l'égard du dictionnaire de Richelet).

S'agissant de la puce, les mêmes modalités de reproduction sont envisagées, mais pas dans le même milieu. Richelet 1680, *Puce* : « L'urine et la poussiere engendrent les puces », remarque qui rapproche encore la puce de son étymologie supposée, *pulver*. Les puces sont, en outre, rattachées à un

[11] Ce commentaire de Nicot n'est pas très clair. Fait-il référence aux *pieds*, ou à la *peau* ?

environnement chaud : « On dit qu'il n'y a point de puce en Laponie parce qu'il n'y a presque point d'été en Laponie, et que c'est au fort de l'été que naissent les puces ». L'explication de Richelet est, encore une fois, reprise presque intégralement par Thomas Corneille.

Quant à la *punaise,* différentes caractéristiques lui sont attribuées par les dictionnaires de langue : elle est plate (Richelet, Furetière, Académie 1694, Corneille 1694), elle ne vole pas (Richelet), elle sent mauvais et elle « s'engendre ordinairement dans les bois de lit », de noyer et de sapin.

Aspect, anatomie

Furetière 1690 est le seul auteur de dictionnaire de cette époque à avoir profité des avancées de la science — notamment de la loupe grossissante — ce qui lui donne un regard neuf et non dépourvu d'émerveillement sur l'aspect physique du pou et de la puce. « Il y a une belle figure du *pou* dans la Micrographie de Mr. Hoock », dit-il sous *Pou* :

> « Elle est longue d'un pied, telle qu'il l'a veuë avec son excellent microscope. Le *pou* a un grouin fait comme celuy d'un pourceau. Ses yeux sont derriere ses cornes. Il a plusieurs pieds, et des griffes garnies d'escailles qui entrent les unes dans les autres, comme celles des escrevisses. Il a un tres-grand nombre de veines thoraciques qui paroissent à travers la peau, qui est diaphane et deliée comme de la corne. Il a sur le ventre une peau marquetée avec un point, ou une tache blanche agitée d'un continuel mouvement de haut en bas, et de bas en haut, qu'on pourroit prendre pour le cœur. On remarque à travers l'escaille plusieurs vaisseaux qui s'enflent par le sang qu'il succe avec son bec, dont la digestion se fait si promptement, qu'on le voit bientost changer de couleur. Il coule par ondes dans son estomach avec tant de violence, qu'il oblige les excrements des intestins à luy ceder la place. Borelli dit qu'il y a observé la circulation du sang par le microscope. Swammerdam dit que le *pou* a la peau luisante; que ses yeux et ses cornes sont environnés de poil. À l'extremité de son bec on voit une petite eminence qui peut bien servir d'estuy à son aiguillon, à cause qu'il n'a point de bouche qui s'ouvre. Au dessous de la poitrine on voit sortir six jambes, qui se divisent chacune en six parties fort distinctes, dont la peau ressemble assez à du cuir de chagrin. Leur derniere partie est armée de deux ongles ou pinces d'inégale grandeur. Sur le dos on voit des incisions en forme d'anneaux, des poils et des marques comme celles des verges sur le corps de ceux qu'on a foüettez ».

Thomas Corneille, malgré le contentieux qui opposait alors les Académiciens à Furetière, pille sans vergogne certains éléments de cette description, mais revient dans le reste de son article aux savoirs populaires, aux « on dit » : « Il s'engendre aussi des poux dans la pluspart des bestes, mais jamais les Asnes n'en ont. On dit qu'ils mettent le lyon en rage tant ils le tourmentent ».

Furetière fait preuve de la même admiration face à l'image de la puce vue au microscope :

« La *puce* a six jambes, qui ont chacune trois jointures diversement articulées. Quand elle veut sauter, elle étend toutes ses jambes en même temps, et ces differens articles venant à se debander ensemble comme autant de ressorts, sont cause de ce saut, que quelques-uns ont attribué à des aîles imaginaires. C'est une chose curieuse de voir la figure de la *puce* dans le livre de la Micrographie de Mr. Hook, où l'on découvre un petit ressort tres-delié si merveilleux, qu'il luy fait sauter 200 fois la hauteur de son corps par sa vertu elastique ».

Furetière est tellement émerveillé par le dispositif naturel assurant à cet animal la réussite de ces exploits qu'il évoque, à plusieurs autres reprises dans son dictionnaire, le « ressort » qui permet à la puce de bondir : sous les entrées *Élastique*, *Incompréhensible*, *Insecte*, *Ressort*, et *Sauter.*

La manière de traiter ces parasites

Les dictionnaires offrent plusieurs remèdes pour lutter contre ces animaux indésirables. Richelet 1680 :

« On chasse les puces avec de la décoction d'arsenic et de sublimé, On les chasse aussi avec de la chaux vive mêlée dans de l'hellebore blanc. Les fleurs du pouliot, de la ruë, et de la coloquinte, la semence de rave et de cumin sont aussi contraires aux puces ».

Thomas Corneille reprend ces conseils pratiquement mot pour mot dans son dictionnaire de 1694. Il omet cependant un conseil de Richelet qui semble tenir davantage de la superstition que d'autre chose : « *Jonston* conte que si l'on atache autour d'un lit les piez d'un lievre cela fait fuïr les punaises ».

Corneille, à la différence de ses confrères, propose cependant des applications médicales surprenantes et quelque peu troublantes de la punaise :

« Dioscoride dit que sept punaises de lit sont un grand remede pour les fievres quartes, si on les avale avant l'accez en gousses de feves. Plusieurs Modernes les mettent vives dans la verge ou dans les lieux naturels des femmes pour les faire uriner, ce qu'approuve Matthiole, disant que les Punaises en marchant par les membres naturels, provoquent les conduits de l'urine à s'ouvrir. Les Punaises des champs se nourrissant d'herbe, n'ont aucune proprieté en Medecine ».

5. Façons de parler, proverbes : associations, connotations

La plupart des dictionnaires de langue, qu'ils soient encyclopédiques ou non, fournissent également de nombreuses « façons de parler » mettant en scène les poux, puces et punaises, en référence à l'inconscient collectif plus qu'au discours scientifique.

Poux

Des trois types d'animaux en question, les poux sont, de nouveau, ceux qui font l'objet du plus grand nombre d'expressions idiomatiques. Ils sont constamment associés, dans les façons de parler (locutions courantes ou exemples forgés) enregistrées dans les dictionnaires et censées illustrer l'usage courant, à la saleté et à la pauvreté, ce qui les distingue des autres « petites bêtes ».

Richelet (1680), d'abord, souligne l'association entre les poux et la pauvreté en relayant l'anecdote suivante, qui illustre la locution *gagner des poux*, « ne rien gagner », ou « gagner très peu » :

> « Le Roi Louïs treiziéme aiant pris *un pou* sur l'habit du Maréchal de Bassompiere le vouloit montrer à tout le monde : n'en faites rien, Sire, reprit le Maréchal, cela vous feroit tort, chacun diroit qu'on ne *gagne que des poux* à votre service ».

Furetière (1690), faisant écho à cette anecdote, rappelle l'ancien mot *guenaut,* qu'il dit avoir trouvé chez Rabelais : « Vieux mot qui signifioit autrefois *gueux,* dont il est fait mention dans Rabelais. *Les guenauts de St. Innocent.* Le peuple appelle aussi *guenaut,* un gros pou ». Le glissement de *pou* 'chose de peu de valeur' à *gueux* se constate également dans la locution largement attestée, *un pou affamé.* Richelet (1680) : « *C'est un pou afamé* †. C'est à dire, c'est un pauvre diable qui tâche d'en attraper ». Furetière 1690 : « *Pou,* se dit proverbialement en ces phrases. Un *pou* affamé, se dit d'un homme gueux et ardent au gain qui entre dans un employ lucratif ». *Dictionnaire de l'Académie* (1694) : « On dit populairement d'un homme gueux et et fort avide de gain, qui entre dans quelque employ lucratif, que *C'est un pou affamé ».*

Comme de la pauvreté à la saleté il n'y a qu'un pas, Nicot, en 1606, explique :

> « *Pouilleux,* m. acut. Est celuy qui a des poulx, *Pediculosus,* Et par ce que les poures en abondent, on appelle par catachrese *pouilleux,* ceux qui sont belistres et poures de biens, *Inlocupletes,* Ainsi on dit d'vn qui n'a rien de beau et de bon en sa cheuance, *ce n'est que toute pouillerie* ».

Chez le même auteur on relève *Pouillerie* : « Abondance et foison de poulx, et par catachrese, orde et sale poureté ». Le *Dictionnaire de l'Académie* (1694) retient une acception plus restreinte, mais toujours dans le même registre, pour *Pouillerie* : « Vilaine et pauvre habitation. *Ce n'est rien moins qu'un Chasteau, c'est une poüillerie, une vilaine poüillerie* ». L'association entre les poux et les auberges bon marché survit encore dans le terme *Pouillier* : « Terme de mespris qui se dit d'une meschante hostellerie. *Ce n'est qu'un meschant poüillier ».*

En dehors de la pauvreté, les poux sont régulièrement associés à un état de mauvaise hygiène, de saleté. Furetière (1690) : « On dit aussi d'un malpropre, qu'il *se laisse manger aux pous ».* Selon le *Dictionnaire de l'Académie* (1694), le pou « s'attache ordinairement aux cheveux, à la teste des enfants, et des gens mal propres ».

De la notion de « saleté », on passe très vite à celle d' « injures », de « grossièretés », avec les exemples suivants, tirés du *Dictionnaire de l'Académie,* 1694 : « *Pouille.* Injure grossiere. Il ne se dit qu'au pluriel. *Il luy a chanté poüilles. Il luy a dit mille poüilles. Il luy a dit toutes les poüilles imaginables* »[12]. D'où le verbe *Pouiller* : « Dire des poüilles à quelqu'un. *Il l'a estrangement poüillé. Ils se sont poüillez* ».

Outre la saleté et la pauvreté, les poux sont également associés, dans les exemples des dictionnaires, aux enfants : sans doute parce que considérés comme « humides », ils constituent un terrain propice aux poux. Le *Dictionnaire de l'Académie* (1694), qui ne donne pas des citations d'auteurs mais forge ses propres exemples, fournit ainsi sous *Pou* les citations suivantes : « *Un enfant plein de poux, qui est mangé de poux* » ; sous *Pouilleux* : « Qui a des poux, qui est sujet aux poux. *Un enfant poüilleux* » ; enfin, sous *Espouiller* : « Oster des poux. *Une mere qui espoüille son enfant. Un gueux qui s'espoüille* ».

Puces

La puce, pourtant beaucoup plus présente que le pou dans la littérature[13], et dont l'apparition dans les dictionnaires donne lieu à moins de qualificatifs négatifs, ne semble pas avoir suscité autant de locutions. Richelet, 1680, donne bien sûr *Avoir la puce à l'oreille* : « Sorte de proverbe qui veut dire avoir quelque chose dans l'esprit qui nous donne de l'inquiétude. *Je sai ce qui vous met la puce à l'oreille.*

> Toute la nuit j'ai la puce à l'oreille,
> Mon mari dort, cependant que je veille ».

Richelet enregistre également *On lui a remüé ses puces.* C'est à dire, on l'a batu, et étrillé comme il faut. *Avoir des puces de meunier.* C'est avoir des pous ». Cotgrave (1611) enregistrait également l'expression *pulces meusnieres de l'Hostel Dieu* au sens de 'poux'.

Enfin, la *Micrographia* de Hooke semble avoir eu une telle influence que l'expression *lunette à puce* pour 'microscope' entre dans l'usage courant, ainsi chez Corneille (1694) : « On appelle *Lunette à puce,* un petit microscope qui augmente les especes des objets, estant appliqué à l'œil ».

Punaises

La punaise, peu présente dans les dictionnaires comme nous l'avons vu, ne se caractérise que par deux choses : le fait d'être plate, et sa mauvaise odeur. Ainsi Furetière (1690) : « On dit proverbialement pour se moquer de quelque chose de bas, *Cela est plat comme une punaise* » et le *Dictionnaire de l'Académie* (1694) : « On dit prov[erbialement] *Avoir le ventre plat comme une punaise,* pour dire Avoir le ventre vide ; et cela se dit d'Un homme qui a esté longtemps sans manger ».

---

[12] Pour Cotgrave (1611), *pouille* serait la forme bourguignonne de *pou.*

[13] On pense bien sûr à *La Puce* de Catherine Des Roches (1581) et à sa suite, *Plusieurs vers sur la pulce de madame des Roches de Poiciters* de Nicolas Rapin (1582), mais aussi à certains petits ouvrages moins connus, recensés par l'*Universal Short-Title Catalogue : Le proces des femmes et des puces* (sans lieu ni date, du XVIe siècle), ou encore *La ruine et defaicte de la Bourre des Chausses au grand prejudice et interest des Puces* (Toulouse, Jacques Colomiès, 1567).

Conclusion

Les dictionnaires de l'époque moderne relayent des savoirs très divers, et (pour certains d'entre eux) parfois de manière simultanée. Dans certains cas, il s'agit d'une accumulation d'éléments qui étaient présents séparément dans les différentes sources dont s'inspirent ces dictionnaires, et qui se trouvent de ce fait rassemblés, au risque, parfois, de se contredire : c'est le cas notamment de Furetière, qui fait remarquer que le pou n'a que six pieds (l'observation au microscope permet de le dire de manière formelle), mais qui continue néanmoins à attribuer au nom de l'animal une étymologie fondée sur ses « nombreux pieds ». Certains éléments inclus dans les articles de dictionnaire viennent de très loin (*Etymologies*, d'Isidore de Séville ou d'avant) et ne sont pas remis en question. D'autres sont récents, voire très récents, comme les commentaires enthousiastes de Furetière à propos des merveilleux « ressorts » de la puce, illustrant aussi une certaine admiration devant des caractéristiques du pou, animal mal aimé s'il en est. L'exemple du traitement de ces animaux dans les dictionnaires renseigne sans doute aussi autant sur les dictionnaires et sur la méthode de travail de leurs auteurs que sur les animaux eux-mêmes.

Cependant, ce sont surtout les « façons de parler » proverbes et autres dictons, venues elles aussi de très loin et transmises par la langue « commune » qui ont la vie dure et en disent le plus sur le véritable rapport entre ces animaux et l'homme. Ce rapport, nous l'avons vu, change très peu au cours des siècles, malgré les grandes avancées de l'observation scientifique, rendues possibles par la fameuse « lunette à puce ».

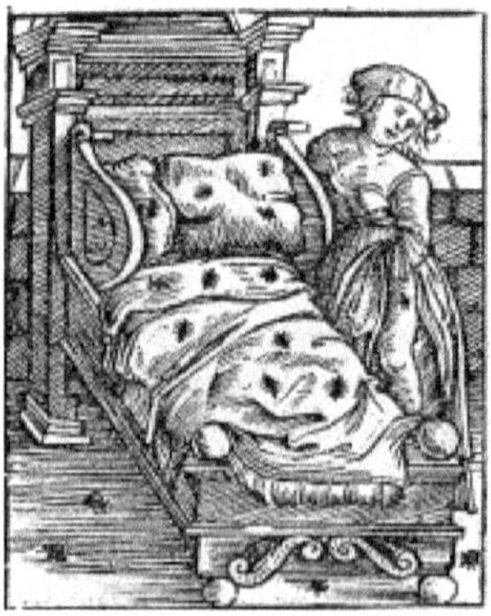

Johann Prüss, *Hortus Sanitatis*, Strasbourg, 1491

Tableau :

Qualificatifs (expansions post-lemmatiques) donnés par les principaux dictionnaires et lexiques (XVIe – XVIIe siècles)

	Puce	Pou	Punaise	Vermine
1516 Galfridus Anglicus, *Promptuarium parvulorum*		ver		vers
1530 John Palsgrave, *Lesclarcissement de la langue francoyse*	petite bête	bête		
1531 Robert Estienne, *Thesaurus de la langue latine*		animal repoussant *foedum capitis animal*		
1539 et **1549** Robert Estienne, *Dictionaire francoislatin*				toutes sortes de petites bêtes…
1580 Claudius Holyband, *Treasurie of the French Tong*			sorte de ver puant	petites bêtes
1575 John Veron, *A Dictionary in Latine and English*		petit ver	ver puant	
1606 Jean Nicot, *Thresor de la langue françoise*		vermine		petites bêtes
1606 John Rider, *Riders Dictionarie* (latin-anglais)			sorte de mouche ou de ver	
1611 Randle Cotgrave, *Dictionarie of the French and English Tongues*			ver puant, vermine	petites bêtes (surtout des vers)
1627 Francis Holyoake, *Dictionarium etymologicum*			ver puant	
1677 Guy Miège, *A New Dictionary French and English*		sorte de vermine	sorte de vermine	poux, vers
1680 César-Pierre Richelet, *Dictionnaire François*	petit insecte	vermine	insecte plat	poux
1690 Antoine Furetière, *Dictionnaire Universel*	petit insecte	vermine	petit insecte fort plat	petites bêtes ou insectes
1694 Académie française, *Le Dictionnaire de l'Académie Françoise*	sorte d'insecte	vermine, insecte	sorte d'insecte et de vermine à figure plate	insectes nuisibles
1694 Thomas Corneille, *Dictionnaire des Arts et des Sciences*	petit insecte qui mord	vermine qui pique	sorte d'insecte plat	

Ouvrages cités

Académie française, *Le Dictionnaire de l'Académie Françoise,* Paris : Veuve Jean-Baptiste Coignard et Jean-Baptiste Coignard, 1692-1694 (2 vol.)

Andrew, Laurence, *The noble lyfe & natures of man, of bestes, serpentys, fowles & fisshes that be moste knowen,* Anvers : Jan van Doesborch, 1521 (2e edition 1527)

Barthélémy l'Anglais [Bartholomaeus Anglicus], *Cy commence vng tresexcellent liure nomme le proprietaire des choses translate de latin en francoys a la requeste de trescrestien et trespuissant roy Charles Quint de ce nom adonc regnant en France,* Lyon : Mathias Hus, 1482

Belon, Pierre, *Les observations de plusieurs singularitez et choses memorables, trouvées en Grece, Asie, Judée, Égypte, Arabie et autres pays estranges,* Paris : Benoist Prevost pour Gilles Corrozet et Guillaume Cavellat, 1553

[Corneille, Thomas], *Dictionnaire des Arts et des Sciences,* Paris : Veuve Jean-Baptiste Coignard et Jean-Baptiste Coignard, 1694 (2 vol.)

Cotgrave, Randle, *A Dictionarie of the French and English Tongues,* Londres : Adam Islip, 1611 (rééditions en 1632, 1650, 1660 et 1673)

Estienne, Robert, *Dictionarium, seu Latinae linguae thesaurus,* Paris : Robert Estienne, 1531 (2e édition 1536, 2 vol.)

Estienne, Robert, *Dictionarium latinogallicum,* Paris : Robert Estienne, 1538

Estienne, Robert, *Dictionaire Francoislatin,* Paris : Robert Estienne, 1539 (2e édition Paris, Robert Estienne, 1549)

Furetière, Antoine, *Dictionnaire Universel, Contenant generalement tous les Mots François, tant vieux que modernes, & les Termes de toutes les Sciences et Arts,* La Haye & Rotterdam : A. & R. Leers, 1690 (3 vol.)

Geoffroy le Grammairien [Galfridus Anglicus], *Liber qui dicitur Promptorium paruulorum siue clericorum,* Londres : Richard Pynson, 1499

Isidore de Séville, *The Etymologies of Isidore of Seville,* by Stephen A. Barney, W. J. Lewis, J. A. Beach and Oliver Berghof, Cambridge : University Press, 2010

Ménage, Gilles, *Dictionnaire Étymologique de la Langue Françoise, Par M. Ménage,* Paris : Chez Briasson, 1650

Ménage, Gilles, *Dictionnaire étymologique, ou Origines de la langue françoise,* Paris : Anisson, 1694

Nicot, Jean, *Thresor de la Langue Francoyse, tant Ancienne que Moderne,* Paris : David Douceur, 1606

Palsgrave, John, *Lesclarcissement de la langue francoyse,* Londres : [Richard Pynson] / John Haukyns, 1530

Richelet, César-Pierre, *Dictionnaire François, contenant les mots et les choses, plusieurs nouvelles remarques sur la langue Françoise, ses Expressions propres, Figurées et Burlesques, la Prononciation des Mots les plus difficiles, le Genre des Noms, le Regime des Verbes : Avec les Termes les plus connus des Arts & des Sciences,* Genève : Jean Herman Widerhold, 1680 (2 vol.)

Rider, John, *Riders Dictionarie, Corrected and augmented,* Londres : Adam Islip, 1606

Sainliens, Claude de (dit Holyband), *The Treasurie of the French tong : Teaching the waye to varie all sortes of Verbes : |Enriched so plentifully with Wordes and Phrases (for the benefit of the studious in that language) as the like hath not before bin published,* Londres : Henry Bynneman, 1580

Thierry, Jean, *Dictionaire Francoislatin,* Paris : Iacques du Puys pour Iehan Macé, 1564

DEUXIÈME PARTIE

CONNAÎTRE ET COMBATTRE LA VERMINE

Puces et punaises, poux et phtiriase dans les textes médicaux et agronomiques latins de l'Antiquité : le lien entre étiologie et traitement

Patricia GAILLARD-SEUX[1]

Sur la lutte contre les puces, punaises et poux à l'époque romaine, les textes latins ne nous donnent souvent que des indications très éparses. Ce sont les sources agronomiques et médicales qui semblent les plus susceptibles de nous fournir des informations, étant donné la place de ces insectes alors dans les fermes, principaux lieux d'habitation, et leur influence sur le corps humain. Mais même dans ces textes, la récolte des données est inégale ; par ailleurs, les actions menées paraissent différenciées selon qu'on ait affaire aux punaises ou aux puces d'un côté, ou bien aux poux et à la phtiriase de l'autre. Nous verrons dans quelle mesure ces particularités sont liées aux mécanismes étiologiques qu'on imaginait à l'œuvre derrière l'apparition et le comportement de ces parasites.

Première constatation : il y a beaucoup plus de recettes concernant les poux que les puces de l'homme ou les punaises[2]. Pourtant, les textes agronomiques laissent de côté les soucis causés par les poux de l'espèce humaine. La présence d'esclaves sur les domaines agricoles aurait pu conduire à parler de ces insectes, mais ces travailleurs relevaient avant tout de la médecine des hommes. Or nous verrons que le traitement des poux se rattache à cette spécialité, ce qui explique en partie le silence des agronomes.

Les médecins en revanche fournissent des données assez abondantes sur les poux ; mais puces et punaises ne suscitaient aucun intérêt chez eux. Au premier siècle, Celse, qui avait une expérience de l'exercice de l'art médical, ou Scribonius Largus n'en parlent pas, pas plus qu'au Ve siècle, Théodore Priscien, Caelius Aurelianus ou Cassius Felix : chez eux, aucune indication pour éviter ou soigner leurs piqûres[3]. Parmi les sources médicales, c'est surtout un profane, Pline l'Ancien, qui donne quelques recettes sur les puces et punaises. Mais Pline est un encyclopédiste qui note aussi des recettes non médicales dans ses livres de pharmacopée. Des compilations tardives d'auteurs inconnus, plus ou moins marquées par la magie, l'*Herbarius* du pseudo Apulée et les *Additamenta* du pseudo Théodore Priscien, apportent aussi quelques indications.

---

[1] Maître de conférences en Histoire romaine, Université d'Angers (CERHIO, UMR 6258).

[2] Puce de l'homme : *Pulex irritans* L. ; punaise de lit : *Cimex lectularius* L. ; pour les poux, voir notes 35 et 36.

[3] Celse se contente d'indiquer ce qu'il faut faire si une puce entre dans l'oreille (Celse, *De medicina* VI, 7, 9 [ed. et tr. angl. W.G. Spencer, LCL, 1938], désormais abrégé *Med.*).

Mais sur les puces de l'homme et les punaises, les agronomes latins sont encore moins prolixes que ces auteurs et ne semblent guère s'en préoccuper plus que des poux. Ils ne disent rien des puces humaines. Quant aux punaises, Varron écarte la lutte contre elles du domaine de l'agriculture, ici entendue *stricto sensu* comme la culture des champs ; en exemple de ce qu'il ne faut pas faire dans cette activité, il donne deux recettes contre les punaises des Saserna père et fils, agronomes de la 2e moitié du IIe siècle et du début du Ier siècle avant J.-C., dont l'œuvre est perdue[4]. Varron semble considérer ces recettes comme peu sérieuses, car il les indique avec deux autres très superstitieuses des mêmes auteurs — l'une étant la célèbre incantation pour guérir la goutte — dont il se moque aussi. De plus, même dans les passages où il n'est pas question de culture, mais d'organisation du travail ou d'élevage, Varron n'évoque jamais la lutte contre les punaises ou les puces de l'homme. Même silence, avant lui, chez Caton et, après lui, chez Columelle, qui abordent pourtant des sujets plus variés dans leurs ouvrages. Pline l'Ancien, de son côté, évoque ces points dans ses livres de pharmacopée, mais non dans ceux sur la culture des champs. C'est le plus tardif de nos agronomes, Palladius, qui mentionne trois recettes contre les punaises[5].

Or l'exemple des Saserna et de Palladius montre que certains agronomes latins devaient s'intéresser au moins à la lutte contre les punaises et que seuls ceux qui s'attachaient à une définition assez stricte de la science agronomique l'écartaient de leur œuvre. Tout ce qui nous reste des agronomes grecs, les *Géoponiques*, publiées à Byzance au XIe siècle, mais en grande partie compilées au VIe siècle, dénotent un net intérêt pour la lutte contre les parasites. Un livre y est consacré aux recettes contre divers insectes ou nuisibles présents dans une ferme ; les puces de l'homme et les punaises y ont droit à un paragraphe détaillé pour chacune de ces espèces. Pas moins d'une vingtaine de recettes vise les puces et à peu près autant, les punaises, pour lesquelles on trouve notamment la plupart des ingrédients des recettes des Saserna et des autres auteurs latins[6].

Ces sources latines, comme les *Géoponiques*, ont fait place dans l'ensemble de leur contenu à des pratiques magiques ou étranges, souvent par l'intermédiaire de la doctrine des sympathies et des antipathies et du

---

[4] Varron, *De re rustica*, I, 2, 25 [ed. et tr. J. Heurgon, CUF, 1978, désormais abrégé *RR*] : *Scribit cimices quem ad modum interfici oporteat his uerbis : " cucumerem anguinum condito in aquam eamque infundito quo uoles, nulli accedent ; uel fel bubulum cum aceto mixtum, unguito lectum* ", « Sur les punaises et sur la manière de les tuer, il s'exprime en ces termes : " prenez un concombre serpentaire, faites-le confire dans l'eau, versez l'eau où vous le désirez ; aucune n'approchera. Ou bien mélangez du fiel de bœuf avec du vinaigre, et frottez-en le lit " ». Le livre des Saserna aurait été écrit pour l'essentiel par le père et le fils l'aurait mis en forme et publié. On garde une quinzaine de fragments de l'œuvre qui semble avoir comporté des recettes superstitieuses aussi bien que des indications très raisonnées sur la gestion d'un grand domaine, voir Jerzy KOLENDO, *Le traité d'agronomie des Saserna*, Varsovie, 1973.

[5] Palladius, I, 35, 4 [ed. et tr. R. Martin, CUF, 1976].

[6] *Geoponica*, XIII, 14-15 [ed. H. Beckh, Teubner, 1895, désormais abrégé *Geop.*]. Voir dans ce volume la contribution de Georges Sidéris.

pseudo-Démocrite Bolos de Mendès[7]. Or, les *Cyranides*, qui se rattachent à ce courant, fournissent aussi quelques recettes contre les punaises et surtout les puces[8]. De même, les papyrus grecs magiques indiquent une recette contre les punaises et une contre les puces[9].

Le mépris de la plupart des agronomes latins, le silence des médecins, leur place dans des sources flirtant parfois avec la magie laissent assez entendre que les puces et punaises étaient à classer chez les Romains parmi les maux bénins du quotidien. Ces derniers relevaient de la gestion de la maison et non d'arts nobles comme l'agronomie ou la médecine ; ils étaient donc combattus par des recettes domestiques, lesquelles ont plus facilement des aspects superstitieux. L'ignorance de la transmission de maladies graves par les puces explique largement cette situation alors que les piqûres de puces et de punaises apparaissaient comme des bobos et ne sont jamais mentionnées comme devant être soignées.

Les sources agronomiques et médicales latines ne donnent en effet que des recettes pour tuer ou éloigner les puces et les punaises, en nombre restreint : onze pour les puces, huit pour les punaises.

Les méthodes les plus fréquentes pour se débarrasser de ces insectes sont la fumigation et l'aspersion de la maison, généralement avec l'eau où une plante ou une de ses parties a été broyée, macérée ou bouillie. Dans le cas des puces, la plus attestée est l'aspersion. Pline indique ainsi une aspersion avec l'eau où ont macéré de jeunes pousses de sureau[10], quatre autres végétaux étant utilisés[11]. On peut aussi se contenter d'eau de mer ou

---

[7] Sur la doctrine des sympathies et antipathies et sur Bolos de Mendès, voir notamment Patricia GAILLARD-SEUX, « Sympathie et antipathie dans l'*Histoire Naturelle* de Pline l'Ancien », *Rationnel et irrationnel dans la médecine antique et médiévale, aspects historiques, scientifiques et culturels, actes du colloque de Saint-Etienne, 14-15 novembre 2002*, ed. Nicoletta PALMIERI, Saint-Etienne : Publications de l'université, Mémoires XXVII du Centre Jean Palerne, 2003, p. 113-128 ; et Patricia GAILLARD-SEUX, « Un pseudo-Démocrite énigmatique : Bolos de Mendès », *Transmettre les savoirs dans le monde hellénistique et romain, actes du colloque international de Nantes, 22-24 mars 2007*, ed. Frédéric LE BLAY, Rennes : Presses universitaires, 2009, p. 223-243.

[8] *Cyranides*, IV, 8 (punaises) ; I, 23 ; II, 1 ; 45 ; III, 26 ; IV, 76 (puces). Les *Cyranides* [ed. D. Kaimakis, Maisenhaim-am-Glan : A. Hain, 1976, désormais abrégé *Cyr.*] sont une compilation médico-magique qui se réclame de l'hermétisme et dont une partie au moins date du Ier siècle après J.-C., avec remaniement sans doute au IVe siècle (voir Robert HALLEUX, *Les lapidaires grecs de l'Antiquité*, Paris : Belles Lettres, CUF, 1985, p. XXVII-XXVIII).

[9] Karl PREISENDANZ, *Papyri magicae graecae. Die griechischen Zauberpapyri*, 2 vol., Leipzig : Teubner, 1928-1931 (2e ed. par Albert Henrichs, Stuttgart : Teubner, 1973-1974), VII, 150-154. Voir également une recette probable dans un papyrus magique récemment publié : David JORDAN, « Phallus or fleas at *PBerol.* inv. 17202.31 ? », *Zeitschrift für Papyrologie und Epigraphik* 141 (2002), p. 139-141.

[10] Pline, *Naturalis Historia* [désormais abrégé *NH*], XXIV, 53 [ed. et tr. J. André, CUF, 1972]. Il s'agit du sureau noir (*Sambucus nigra* L.) et de l'hièble (*Sambucus ebulus* L.).

[11] Pline, *NH*, XX, 172 [ed. et tr. J. André, CUF, 1965] : eau dans laquelle on a broyé de la *cunila mollis* (inule odorante, *Dittrichia graveolens*, autrefois *Inula graveolens* Desf.) ou de la *cunila libanotis* (inule visqueuse, *Dittrichia viscosa* (L.) Greuter, autrefois *Inula viscosa* Aiton) ; XXII, 27 [ed. et tr. J. André, CUF, 1970] : eau où l'on a broyé de la graine de tribule (tribule ou croix de Malte, *Tribulus terrestris* L., et peut-être aussi la mâcre ou châtaigne d'eau, *Trapa natans* L.) ; ps. Apulée, *Herbarius*, CIII, 4 [ed. E. Howald et H.E. Sigerist,

saupoudrer les lieux de cendre de lessive mêlée de sang de chèvre[12]. Le but dans tous les cas est de tuer les puces. Une recette magique de Pline vise à les empêcher de venir : il suffirait de répandre la terre prélevée sous le pied à l'endroit où l'on a entendu pour la première fois le coucou[13]. La fumigation n'est indiquée qu'une fois pour tuer les puces[14]. Pour les punaises, au contraire, l'aspersion est attestée une seule fois, pour les empêcher d'approcher[15] ; la fumigation est plus fréquente, afin de tuer ou faire fuir les animaux[16] ; il est aussi conseillé de joncher le sol de feuilles de fougères pour les tuer[17].

Un procédé plus rare, indiqué par le pseudo Priscien, consiste à attirer les insectes vers un récipient ou un trou rempli d'un produit qui leur est fatal : en enterrant à fleur de sol un bassin plein de sang de bouc, on y attirera les punaises et les puces ou encore un trou creusé sous le lit et empli de sang de chèvre y fait converger les puces du lieu[18]. Un moyen ne concernant que les punaises, dans trois recettes, consiste à frotter avec le produit utilisé le lit ou la chambre, repaires favoris de ces bestioles[19].

Les substances utilisées sont donc censées être insecticides avant toute chose. Le plus frappant au premier abord est le grand rôle contre les puces des plantes odorantes – menthe pouliot, coriandre, sarriette, inules, racine d'orcanette, cette dernière (rouge) très colorée de plus –, les substances végétales étant, en revanche, rares contre les punaises. Le fiel de bœuf sert à frotter les lits contre les punaises, le sang de chèvre est aspergé contre les puces et la graisse de bouc attire et détruit les deux en un point. Le

---

Teubner, 1927] : asperger la maison avec l'eau de l'herbe coriandre (*Coriandrum sativum* L.). Il est probablement aussi question d'aspersion en *NH*, XXII, 49, où, dit Pline, la racine d'orcanette (*Alkanna tinctoria* Tausch) bouillie dans l'eau est réputée tuer les puces.

[12] Ps. Théodore Priscien, *Additamenta ad Euporista* I, 5 (12) [ed. V. Rose, Teubner, 1916].

[13] Pline, *NH*, XXX, 85 [ed. et tr. A. Ernout, CUF, 1963]. Cela fait écho à huit ou dix recettes magiques présentes dans les *Cyranides*, les papyrus grecs magiques (*cf.* notes 8 et 9) et les *Géoponiques*.

[14] Pline, *NH*, XX, 155 : *flos recentis incensus pulices necat odore* ; il s'agit de la menthe pouliot (*Mentha pulegium* L.).

[15] Saserna *ap.* Varron, *RR*, I, 2, 25 : voir note 4. Il s'agit du concombre sauvage (*Ecbalium elaterium* Rich.).

[16] Feuilles de fougères brûlées pour les faire fuir : Pline, *NH*, XXVII, 80 [ed. et tr. A. Ernout, CUF, 1959] ; la scolopendre tue les punaises en fumigation : Pline, *NH*, XXIX, 64 [ed. et tr. A. Ernout, CUF, 1962] ; la fumigation de sangsues tue les punaises : Pline, *NH*, XXXII, 124 [ed. et tr. E. de Saint-Denis, CUF, 1966] ; Palladius, I, 35 ; ps. Théodore Priscien, *Add. ad* I, 5 (12).

[17] Pline, *NH*, XXVII, 80.

[18] Ps. Théodore Priscien, *Add. ad* I, 5 (12).

[19] Saserna *ap.* Varron, *RR*, I, 2, 15 : voir *supra* note 4 ; Palladius, I, 35 : frotter les lits ou les chambres de marc d'huile et de fiel de bœuf pour détruire les punaises ; il faut sans doute faire de même avec les feuilles de lierre broyées dans l'huile. Il n'y a pas trace d'une méthode évoquée par les *Geoponiques* (XIII, 15, 7) consistant à asperger le lieu à traiter, sauf un petit bassin où se réfugient les puces fuyant le produit aspergé et où elles seront tuées. Les *Géoponiques* conseillent par ailleurs surtout des aspersions pour les puces et le traitement du lit pour les punaises. Pour une liste des substances utilisées contre puces et punaises dans les sources grecques et latines, voir Ian C. BEAVIS, *Insects and Others Invertebrates in Classical Antiquity*, Exeter : University Press, 1988, p. 105-106 et p. 241-242.

plus remarquable dans le cas des punaises est le succès de l'exploitation d'une antipathie naturelle, telle qu'on en mit en valeur à partir de l'époque hellénistique : les sangsues et les punaises sont réputées ennemies. C'est pourquoi il est conseillé d'en brûler en fumigation pour détruire les punaises, recette figurant aussi dans diverses sources grecques[20]. La fumigation de scolopendre pour tuer les punaises repose sur le même principe[21].

Si l'on peut douter des vertus de ces dernières pratiques, il semble que beaucoup de ces produits aient quelque efficacité. Ainsi, le nom de la menthe pouliot, *Mentha pulegium* L., dont un nom français est « herbe aux puces », lui vient de son pouvoir de chasser les puces, pouliot et *pulegium* dérivant de *pulex*. Elle contient à 70 à 80 % de la pulégone, cétone mal étudiée, mais probablement à l'origine de la toxicité de son huile essentielle[22]. Le concombre sauvage renferme des cucurbitacines, cytotoxiques et vénéneuses pour certains organismes animaux, aux potentialités insecticides, très amères et violemment purgatives pour l'homme[23]. L'orcanette contient des quinones, composés dus à l'oxydation de dérivés aromatiques (phénols), certains d'entre eux étant bactéricides et fongicides et donnant aux plantes en contenant une résistance aux insectes[24]. Dans bien des cas, leur composition était susceptible de donner aux plantes l'odeur que nous avons relevée et qui attirait l'attention sur elles dans l'Antiquité.

Cependant, quelles que soient les variantes ou les substances, on traite les lieux où se trouvent les insectes, mais on n'utilise jamais un produit sur le corps humain. C'est assez logique puisque les puces et punaises, s'étant nourris du sang de l'homme, ne demeurent pas sur lui ensuite ; après son repas, la puce reste au sol tandis que les punaises se tiennent dans les fentes des bois de lit, des murs ou du sol. Mais cette manière de faire a paru sans doute d'autant plus justifiée que dans l'Antiquité, ces bestioles ne sont

---

20 *Cyr.*, IV, 8 ; Julius Africanus, *Cesti*, III, 22, 1 [ed. et tr. J.-R. Vieillefond, 1970] ; *Geop.*, XIII, 14, 7.

21 Voir Pline, *NH*, XXIX, 64 : il emploie dans la recette le verbe *aduersatur*, qui signale souvent chez lui une antipathie.

22 Jean BRUNETON, *Pharmacognosie, phtytochimie, plantes médicinales*, Paris-Cachan : Tec et Doc / Ed. médicales internationales, 2009, p. 649.

23 *Ibid.*, p. 800.

24 *Ibid.*, p. 495. On pourrait donner encore d'autres exemples. Les inules renferment du camphre, de l'eucalyptol et du thymol, à l'origine de l'odeur et qui peuvent avoir une action insecticide ; de plus l'inule visqueuse abrite un parasite, une larve de mouche, elle-même parasitée par une petite guêpe qui tue la larve de la mouche de l'olive, ce qui a pu aussi en faire inférer une action insecticide, voir Jean LECOMTE, *Lutter naturellement contre la mouche de l'olivier*, Saint-Rémy-de-Provence : Edisud, 2015. L'action des inules contres les puces était connue : un ancien nom scientifique de l'inule odorante est *Pulicaria graveolens.* D'autre part, les fougères, notamment la fougère mâle (*Driopteris filix mas* L. [Schott]) et la fougère aigle (*Pteridium aquilinum* (L.) Kuhn), sont traditionnellement considérées comme insecticides. Elles contiennent de la thiaminase dont on pense qu'elle protège contre les insectes, voir Janos VETTER, « Toxological and Medicinal Aspects of the Most Frequent Fern Species, *Pteridium aquilinum* (L.) Kuhn », *Working with Ferns*, ed. Helena FERNANDEZ, Ashwani KUMAR, Angeles REVILLA, Berlin : Springer, 2010, p. 361-375. Par ailleurs, la graisse et le fiel engluent et étouffent les insectes et le sel de l'eau de mer leur est nocif.

pas réputées naître à l'intérieur du corps de l'homme, dans ses chairs mêmes, à la différence des poux. C'est Aristote qui indique comment elles se forment :

> « Les puces naissent de la moindre trace de putréfaction (car partout où se trouve de la fiente desséchée, il se forme des puces) ; les punaises viennent de l'humidité qui sort des animaux et se condense à l'extérieur ; quant aux poux, ils naissent des chairs »[25].

Comme puces et punaises ne naissent pas dans l'homme, il ne devait donc pas paraître illogique qu'elles ne demeurent pas sur lui (le raisonnement ayant été inverse en réalité). Il n'est donc pas étonnant que les traitements utilisés contre elles se rapprochent de ceux des insectes non parasites ou des nuisibles contre lesquels on recourt souvent aux mêmes méthodes, voire parfois aux mêmes substances. Ainsi les fumigations de substances odorantes sont-elles aussi utilisées pour tuer ou éloigner des insectes ou écarter les serpents ou scorpions[26].

Alors que la lutte contre les puces humaines et les punaises relèvent dans nos sources de l'action insecticide ou de celle contre les nuisibles en général, l'inspiration des traitements contre les poux est différente dans le principe.

Les textes médicaux sont donc nos sources essentielles concernant la lutte contre ces parasites. Celse et surtout Caelius Aurelianus donnent des renseignements développés, Pline l'Ancien et Cassius Felix fournissant quelques données. Presque tous les autres auteurs latins indiquent des remèdes[27]. La lutte contre les poux relève en effet du médecin, en raison de la façon dont étaient réputées naître ces bestioles dans l'Antiquité. Comme nous l'avons vu, elles naissent dans les chairs, dit Aristote, qui poursuit ainsi :

> « Il se forme, quand ils sont sur le point d'apparaître, des espèces de petits boutons sans pus. Si on les perce, il en sort des poux. Chez certaines personnes, c'est là une maladie qui survient lorsque l'humidité est abondante dans le corps. On a déjà vu des gens en

---

[25] Aristote, *Historia animalium* (*Histoire des animaux*), 5, 31, 556 b [ed. et tr. P. Louis, CUF, 1968, désormais abrégé *HA*] : Αὐτῶν δὲ γίνονται τούτων αἱ μὲν ψύλλαι ἐξ ἐλαχίστης σηπεδόνος (ὅπου γὰρ ἂν κόπρος ξηρὰ γένηται, ἐνταῦθα συνίστανται), αἱ δὲ κόρεις ἐκ τῆς ἰκμάδος τῆς ἀπὸ τῶν ζῴων συνισταμένης ἐκτός, οἱ δὲ φθεῖρες ἐκ τῶν σαρκῶν. Saint Augustin, lui, affirme que les puces et punaises ne naissent pas du corps de l'homme, à la différence des poux (*De moribus ecclesiae catholicae et manicheaorum*, II, 17, 63 ; *Patrologia Latina* t. 32, p. 1372).

[26] Par exemple, on éloigne les moustiques en aspergeant la maison d'eau trempée de rue (*Geop.*, XIII, 11, 3), Dioscoride [ed. M. Wellmann, 1906-1914] conseillant des fumigations d'inule (III, 121, 2). Des fumigations d'hièble ou de calament font fuir les serpents (Pline, XX, 158 ; XXV, 119 [ed. et tr. J. André, CUF, 1974]), celles de serpolet, les serpents, les scolopendres et les scorpions (Pline, XX, 245). Pline ne donne pas moins de 22 exemples de fumigation pour faire fuir les serpents.

[27] C'est le cas de Gargilius Martialis, Quintus Serenus, Sextus Placitus, Théodore Priscien, Marcellus et du pseudo Théodore Priscien.

mourir, par exemple, à ce qu'on dit, le poète Alcman et Phérécyde de Syros. Il y a des maladies où les poux se forment en masse »[28].

Le fait d'avoir des poux est donc une maladie, due à un excès d'humidité du corps. Aristote ne lui donne pas de nom particulier et signale qu'il y a des maladies entraînant une abondante formation de poux.

Plus tardivement apparaît à propos des poux et de leur prolifération le terme φθειρίασις, translittéré *phtheiriasis* en latin[29]. La première attestation, d'après le *TLG*, remonterait à Néanthès[30], source d'un passage de la *Vie de Pythagore* de Porphyre, où celui-ci évoque la phtiriase touchant Phérécyde de Syros, le maître de Pythagore[31]. Mais le nom de Néanthès est mentionné seulement dans la phrase suivant celle où figure le terme ; de plus, si Porphyre s'inspire de Néanthès, il ne le reprend certainement pas mot à mot et emploie le vocabulaire de son époque. Le premier auteur grec connu qui utilise φθειρίασις de manière certaine est Dioscoride[32], mais nous voyons pour la première fois le mot sous sa forme grecque chez un écrivain latin, Celse[33]. Pline l'Ancien est le premier auteur connu à employer *phthiriasis*[34].

Les auteurs latins utilisant ce terme le définissent rarement. De Pline aux auteurs du Ve siècle, le mot semble désigner aussi bien ce que nous appelons pédiculose[35] et phtiriase[36], qu'une maladie impliquant l'envahissement de tout le corps par les insectes. Cassius Felix surtout montre que *phtiriasis* est synonyme d'avoir des poux et s'applique notamment à leur localisation la plus courante. Dans une section de son livre intitulée *ad pediculos*, il commence ainsi : « C'est dans les corps cachectiques, c'est-à-dire affligés d'un mauvais état général, qu'apparaît la

---

[28] Aristote, *HA*, 5, 31, 556b-557a : Γίνονται δ' ὅταν μέλλωσιν, οἷον ἴονθοι μικροί, οὐκ ἔχοντες πύον τούτους ἄν τις κεντήσῃ, ἐξέρχονται φθεῖρες. Ἐνίοις δὲ τοῦτο συμβαίνει τῶν ἀνθρώπων νόσημα, ὅταν ὑγρασία πολλὴ ἐν τῷ σώματι ᾖ· καὶ διεφθάρησάν τινες ἤδη τοῦτον τὸν τρόπον, ὥσπερ Ἀλκμᾶνά τέ φασι τὸν ποιητὴν καὶ Φερεκύδην τὸν Σύριον. Καὶ ἐν νόσοις δέ τισι γίνεται πλῆθος φθειρῶν.

[29] De φθείρ, pou. La double aspiration du mot grec a disparu en bas-latin (d'où « phtiriase »).

[30] Sur Néanthès de Cyzique, polygraphe des IVe-IIIe siècles, dont les écrits ne sont connus que par des citations d'auteurs postérieurs, voir Michael WEISENBERGER, *Der Neue Pauly*, VIII, 2000, *s.v.* Neanthes, col. 772.

[31] Porphyre, *Vita Pyth.*, 55 [= Fr. 18 Neanthes in *Fragmenta historicorum Graecorum*, III, 2, ed. C. Müller, 1849].

[32] Dioscoride, IV, 152, 2 ; V, 105, 1 ; *Euporista*, I, 48, 1 ; 101, 1 [ed. M. Wellmann, Teubner, 1914, désormais abrégé *Eup.*].

[33] Celse, *Med.*, VI, 6, 15.

[34] Pline, *NH*, XIX, 86 [ed. et tr. J. André, CUF, 1964] ; XX, 8 ; 24 ; 53 ; XXIII, 18 ; 154 [ed. et tr. J. André, CUF, 1971] *et passim*. Très peu d'auteurs emploient un synonyme latin : *morbus pedicularis* (Servius, *ad Georgica*, III, 564 [ed. G. Thilo, H. Hagen, 1887]) ; *passio pedicularis* (Cassius Felix ; voir note 37).

[35] Parasitose localisée au cuir chevelu, causée par le pou de tête (*Pediculus humanus capitis* L.), ou bien sur le corps, due au pou de corps (*Pediculus humanus corporis* L.), qui se tient sur les vêtements ou la literie de sa victime, quand il ne pique pas. Les Anciens parlent parfois de poux sur les vêtements, ce qui doit se référer aux poux de corps.

[36] La phtiriase (ou pédiculose du pubis) est de nos jours l'infestation du pubis par le pou de pubis ou morpion (*Phtirius pubis* ou *inguinalis* L.) qui peut aussi s'attacher aux aisselles, à la barbe et aux cils. Les Anciens semblent distinguer les poux de pubis (*cf. infra*).

maladie pédiculaire appelée par les Grecs 'phtiriase' »[37]. Or le reste de la section consiste uniquement en l'indication d'un remède à appliquer sur la tête[38].

De son côté, Sextus Placitus précise : *ad peduclosos, quod Graeci ftiriasin dicunt* (*sic*), ce qui reprend un autre passage de la version β : *Ad ptirias, id est ad peduclosos*[39]. Pline, quant à lui, spécifie qu'un remède est à utiliser en cas de phtiriase de la tête et du reste du corps, distinguant peut-être implicitement une phtiriase qui s'attaque à la tête et une autre au corps[40]. Pour sa part, le premier utilisateur du mot, Celse, définit la phtiriase comme une maladie où des poux naissent entre les poils des paupières[41]. Il se réfère ainsi à une localisation des poux bien attestée de nos jours, où les poux de pubis se fixent sur les cils[42].

D'autres textes évoquent la phtiriase comme envahissement du corps par les poux. Cette maladie a suscité beaucoup de perplexité chez les commentateurs depuis le XIXe siècle, car la médecine moderne n'a jamais observé un tel phénomène. Mais de nombreux auteurs grecs et latins sont très affirmatifs sur la question ; sans entrer dans ce débat, nous nous attacherons ici à préciser le point de vue des sources médicales latines[43].

Chez la plupart de nos auteurs, certains remèdes devant être appliqués sur tout le corps, une large extension des parasites semble ainsi sous-entendue[44]. Cependant, Caelius Aurelianus, adaptateur en latin du traité

---

[37] Cassius Felix, *De med.*, 3 [ed. et tr. A. Fraisse, CUF, 2002] : *In cachecticis corporibus id est mala habitudine affectis pediculosa passio generatur quam Graeci pthiriasin uocant.*

[38] Voir également Galien, *De compositione medicamentorum secundum locos* (désormais abrégé *Comp. loc.*), 7 [Kühn XII, 463, 6-8].

[39] Sextus Placitus, XXIII, 9 ; V, 21 β [ed. E. Howald et H.E. Sigerist, 1927].

[40] Pline, *NH*, XXIII, 18 (*Phtiriasi caput et reliquum corpus liberant*).

[41] Celse, *Med.*, VI, 6, 15. Pour cette localisation, voir aussi Marcellus, VIII, 128 [ed. M. Niedermann, Teubner, 1916] ; aussi Dioscoride, *Eup.*, I, 48 ; ps. Galien, *Parabilia*, II, 17 [Kühn, XIV, 415, 13] ; *Introductio siue medicus*, XVI, 1 et 5 [ed. C. Petit, CUF, 2009] ; Oribase, *Euporista* IV, 32 [ed. J. Raeder, 1928-1931, tr. U.C. Bussemaker et Ch. Daremberg, 1851-1876].

[42] Ian C. BEAVIS, *Insects... (op. cit. supra* note 19), p. 115. Le mal se transmet surtout par contact sexuel ou, pour le nourrisson, par l'infestation de la mère qui transmet les poux lors de l'accouchement ; Jean-Marie DOBY, *Des compagnons de toujours : puces, pou, morpion et autres parasites de notre peau dans l'histoire, l'art, la littérature, la chanson, le langage, les traditions populaires*, t. 2, *Pou et morpion*, Bayeux : L'Hermitage, 1996, p. 152.

[43] Sur la phtiriase envisagée comme maladie généralisée où il y a envahissement du corps entier par les poux, voir en particulier, A. C. OUDEMANS, « Über Phtiriasis und über ihren Erzeuger, *Harpyrynchus tabescentium* (Berhols 1845) », *Zeitschrift für Parasitenkunde* 11 (1939), p. 145-198 ; Thomas AFRICA, « Worms and the Death of Kings : a Cautionary Note on Disease and History », *Classical Antiquity* 1 (1982), p. 1-17 ; Jan BONDESON, « Phtiriasis : the riddle of the lousy disease », *Journal of the Royal Society of Medicine* 91 (1998), p. 328-334 ; Roland STEINACHER, « Von Würmern bei lebendigem Leib zerfressen... und die Läusesucht *Phtheiriasis*. Ein antikes Strafmotiv und seine Rezeptionsgeschichte », *Tyche* 18 (2003), p. 145-166 ainsi que l'article d'Antoine Pietrobelli dans ce volume, les solutions proposées allant de l'infestation par des mites à une maladie imaginée comme châtiment des pécheurs.

[44] Pline, *NH*, XXIII, 18 ; aussi XXIX, 121 ; XXX, 144 ; Quintus Serenus, 65-68 [ed. et tr. R. Pépin, CUF, 1950] ; Marcellus, IV, 66 ; Théodore Priscien, *Euporista*, I, 5 (12) [ed. V. Rose,

de Soranos d'Éphèse sur les maladies aiguës et chroniques, nous a laissé le document médical le plus long sur la phtiriase touchant le corps. Il indique que se développe alors une grande quantité de poux tantôt sur tout le corps, tantôt sur les parties couvertes de poils[45]. Il précise que le nom se réfère non à la sorte de poux, mais à leur multitude et que tantôt ils sont d'une forme ordinaire et courante, tantôt plus grands, plus durs et plus cruels dans leurs morsures. Il signale : « certains les appellent féroces, en effet on en trouve même souvent qui ont pénétré dans le corps sous les poils »[46]. Ces derniers correspondent à ceux que décrit Aristote dans la suite du passage déjà cité, des poux appelés ἄγριοι, plus durs que les poux habituels et plus difficiles à arracher de la peau[47]. Selon les commentateurs actuels, ces insectes correspondraient aux poux de pubis, que les Anciens auraient ainsi distingués des poux de tête[48] ; bien que les bestioles soient ici plus grosses que les poux ordinaires (poux de tête probablement) alors que c'est l'inverse pour les poux de pubis, il s'agit sans doute de ces derniers car ils ont tendance à s'incruster dans la peau de leur hôte et ce sont eux qui infestent les parties poilues[49]. Quoi qu'il en soit, la différence importe peu pour les Anciens, puisque la phtiriase pourrait impliquer l'une ou l'autre sorte de pou selon Caelius[50]. Ce dernier ne présente pas la maladie comme mortelle, mais c'est le cas de profanes, Pline et Quintus Serenus, qui se réfèrent à Phérécyde et Sylla, exemples de victimes célèbres de la phtiriase dans les textes antiques[51]. Selon Pline, la phtiriase s'attaque au cœur, connaissance qui aurait été acquise en Égypte, au IIIe siècle, à l'époque des dissections d'Hérophile et d'Érasistrate[52].

Teubner, 1894] ; ps. Théodore Priscien, *Add. ad* I, 5 (12) dont les remèdes enduisent soit tout le corps, soit la tête, soit la tête ou le corps.

[45] Caelius Aurelianus ou Célius Aurélien, *Maladies chroniques* (désormais abrégé *Chron.*), IV, 2, 14 [ed. I.E. Drabkin, 1950] : *nunc per totum corpus, nunc per eas partes quae capillatura contectae sunt.* Voir aussi *Glossaria Latina*, I *Glossarium Ansileubi*, *s.v.* ft-1, p. 36 [ed. W.M. Lindsay et *alii*, 1926] : *est peduculorum quantitas aliquando in capillis, aliquando in toto corpore emergentium.* Si *capillos* renvoie ici aux poils, la glose confirmerait Caelius ; si le sens est « cheveux », il s'agit de la phtiriase atteignant soit les cheveux, soit tout le corps.

[46] Caelius Aurelianus, *Chron.*, IV, 2, 14 : *quos quidam ferales appellant, nam saepe etiam sub capillis inueniuntur corpora penetrasse.*

[47] *HA*, V, 31, 557 a, ἄγριοι chez Aristote et *ferales* chez Caelius Aurelianus sont habituellement traduits par « sauvages », mais le contexte indique qu'un autre sens de ces mots, « féroce », est préférable.

[48] Voir notamment I. C. BEAVIS, *Insects ...* (*op. cit. supra* note 19), p. 113-114.

[49] Le pou de tête mesure de 1 à 2,5 mm et le morpion, de 2 à 3 mm. En revanche, le pou de corps fait 2 à 4 mm de long. Très semblable au pou de tête, il conviendrait mieux à la description, mais en dehors des piqûres, il ne reste pas sur le corps ; il y a peut-être eu confusion entre les deux.

[50] L'infestation uniquement des parties poilues fait penser à l'association d'une pédiculose des cheveux et d'une phtiriase au sens actuel ; seule l'infestation du corps entier paraît étrange.

[51] Pline insiste sur Sylla : *NH*, VII, 138 [ed. et tr. R. Schilling, CUF, 1977] ; XI, 114 [ed. et tr. A. Ernout et R. Pépin, CUF, 1947] ; XXVI, 138 [ed. et tr. A. Ernout et R. Pépin, CUF, 1958] ; Quintus Serenus, 60-63. Voir la bibliographie à la note 43.

[52] Pline, XIX, 85 [ed. et tr. J. André, CUF, 1964], sur le raifort : *tradunt (medici ?) et praecordiis necessarium hunc sucum, quando phthiriasin cordi intus inhaerentem non alio*

Sur les causes de la formation des poux et de la phtiriase, quelques auteurs d'époque impériale incriminent certaines humeurs, prolongeant la perspective d'Aristote. Selon Celse, le début de la phtiriase est souvent suivi par un écoulement de pituite entraînant des ulcérations aux yeux et compromettant la vue, ce qui semble établir un lien entre pituite et poux. Pline, parlant de la phtiriase, dit que les animaux viennent du sang même de la personne atteinte[53]. Caelius Aurelianus indique qu'il y a dans ce mal émission de bile rouge entraînant la naissance des poux[54]. D'un point de vue antique, avoir des poux est donc bien un état maladif puisque c'est un problème d'humeur.

Mais pour les plus détaillés de nos auteurs, les poux apparaissent dans des corps en mauvais état, voire déjà affligés d'une autre maladie, ce que soulignait déjà Aristote. Celse dit que des poux naissent entre les poils des paupières, en liaison avec le mauvais état du corps[55]. Pour Caelius Aurelianus, la phtiriase est engendrée par une cachexie antérieure, laquelle est déjà considérée comme une maladie en soi ; tout cela entraîne insomnies, démangeaisons sur le corps, pâleur, dégoût de la nourriture, faiblesse de l'estomac et calvitie ; c'est une maladie de dissolution du corps avec émission de la bile rouge à l'origine des poux[56]. Pline parle de phtiriases contractées à la suite d'une longue maladie[57].

La phtiriase, dans un sens large ou restreint, est donc le reflet de l'état du corps. C'est même beaucoup plus un symptôme qu'une maladie véritable en soi, puisqu'elle est la conséquence d'un délabrement antérieur souvent liée à une maladie déjà existante. Caelius Aurelianus parle même à son sujet de *symptoma* – « ce qui arrive » *accidens*, définit-il – naissant d'une cachexie antérieure[58].

La phtiriase étant une maladie ou découlant d'une autre maladie et l'état général du patient étant en cause, on peut donc s'attendre à l'indication d'un traitement recourant au régime et aux médicaments, les deux moyens les plus habituellement mobilisés par la médecine antique face à la maladie. Cependant le traitement dans toute sa complexité n'apparaît que chez deux auteurs, car la majorité des sources est constituée de recueils de pharmacopée qui n'indiquent donc que des médicaments. Seuls Celse, Caelius Aurelianus et Cassius Felix écrivent des traités médicaux. Mais Cassius Felix, auteur d'un abrégé, ne semble pas considérer la phtiriase comme méritant qu'on s'y attarde puisqu'il se contente de mentionner une

---

potuisse depelli compertum sit in Aegypto, regibus corpora mortuorum ad scrutandos morbos insecantibus (les médecins (?) rapportent aussi que ce suc est nécessaire aux viscères alors que l'on a découvert en Egypte, quand les rois disséquaient les corps des morts pour étudier les maladies, que rien d'autre ne pouvait chasser la phtiriase s'attachant au cœur, à l'intérieur ; trad. pers.) ; repris par Gargilius Martialis, 1 [ed. et tr. B. Maire, CUF, 2002].

[53] Pline, *NH*, XXVI, 138.

[54] Caelius Aurelianus, *Chron.*, IV, 2, 15 ; *cf.* Galien, *Comp. loc.*, 7 [Kühn XII, 462, 8-13].

[55] Celse, *Med.*, VI, 6, 15.

[56] Caelius Aurelianus, *Chron.*, IV, 2, 15.

[57] Pline, *NH*, XXIII, 94.

[58] Caelius Aurelianus, *Chron.*, IV, 2, 14.

composition à appliquer sur la tête, donc pour les cas les plus courants. Ce sont Celse, en cas de phtiriase des cils, et surtout Caelius Aurelianus, en cas de phtiriase plus ou moins généralisée, qui indiquent un traitement détaillé.

Celse donne les prescriptions suivantes :

> « Il faut leur faire relâcher les excréments, raser la tête jusqu'à la peau, et, chaque jour à jeun la frictionner longtemps ; leur faire faire activement usage des promenades et autres exercices ; se gargariser avec du vin miellé où ont bien cuit du calament et des figues grasses ; au bain, fomenter souvent la tête avec beaucoup d'eau chaude ; éviter les aliments âcres ; faire usage de lait et de vin épais, et boire plus généreusement que manger. Mais à l'intérieur, on doit donner des médicaments particulièrement doux pour qu'ils n'excitent pas quelque pituite plus âcre. Mais sur les poux eux-mêmes, <on doit> en <donner> d'autres qui puissent les tuer et empêcher que de semblables ne naissent »[59].

Il indique ensuite la composition la plus courante sur laquelle nous reviendrons. Il associe donc des mesures d'ordre général relevant globalement du régime à une action locale insecticide, les lavements et boissons ayant le rôle d'évacuants des humeurs. La tête est rasée non pour éliminer les poux puisqu'ils sont localisés aux cils, mais sans doute parce que la tête est le lieu par excellence de la pituite, ici génératrice des poux.

Le texte de Caelius Aurelianus est plus détaillé et complexe :

> « Quand a lieu une attaque, il convient d'étendre le malade dans un endroit modérément froid et de le nourrir avec des aliments resserrants et à des moments souvent indiqués auparavant. Il faudra utiliser sur les parties du corps (*membratim*) des fomentations, des onctions et des cataplasmes comme en prescrivait Thémison en soignant l'*elephantiasis*[60]. Mais les endroits recouverts de poils devront en outre être rasés.
>
> Dans les intervalles de rémission, il faudra utiliser les traitements restaurateurs et reconstituants, comme nous en avons prescrits pour la cachexie et l'*elephantiasis*. Mais il faudra utiliser des *iugia segmata* – que nous appelons poudres irritantes et purifiantes – de même des onctions surtout quand les poils ont été juste rasés, après lavage des parties à l'eau de mer ou au vinaigre salé. Ensuite on pose plusieurs remèdes[61] [...] De même, on doit utiliser des bains de soleil, que les Grecs appellent *helioses*, des onguents épilatoires, le vomissement

---

[59] Celse, *De Medicina*, VI, 6, 15 : *His aluus ducenda est ; caput ad cutem tondendum, diuque quotidie ieiunis perfricandum : his ambulationibus aliisque exercitationibus diligenter utendum ; gargarizandum ex mulso, in quo nepeta et pinguis ficus decocta sit ; saepe in balneo multa calida aqua fouendum caput ; uitandi acres cibi ; lacte uinoque pingui utendum ; bibendumque liberalius, quam edendum est. Medicamenta uero intus quidem lenia danda sunt, ne quid acrioris pituitae concitent ; super ipsos uero pediculos alia, quae necare eos et prohibere, ne similes nascantur, possint* (trad. pers.).

[60] L'*elephantiasis* correspond essentiellement à la lèpre, le mot *lepra* désignant des dermatoses écailleuses beaucoup plus bénignes. Ce dernier terme commence à se répandre aux IVe-Ve siècles pour nommer la lèpre. Voir Mirko D. Grmek, *Les maladies à l'aube de la civilisation occidentale*, Paris : Payot, 1983, p. 227-260, notamment p. 249-252.

[61] Il indique ici des recettes comportant pour la plupart de la staphisaigre, à but insecticide, que nous verrons (note 71) à propos des applications.

grâce à des racines, et ce que nous avons déjà souvent rappelé en écrivant sur les autres maladies et qui est efficace pour fortifier le corps par sa vertu reconstituante et le transformer pour un meilleur état. Ainsi en effet, la cachexie du corps — ce que nous pourrons appeler *mala habitudo* (« mauvais état ») – ayant disparu, ce qui l'accompagne sera aussi chassé »[62].

Certaines mesures se rattachent donc plus spécialement au régime, les traitements restaurateurs et reconstituants y tenant la première place pour faire disparaître la cachexie, cause de l'apparition des poux. Des mesures externes sont également indiquées, avec une importance certaine du lavage des parties concernées, et des poudres aussi utilisées pour l'*elephantiasis*[63]. Le rasage et l'épilation sont aussi requis. Les applications locales sont soit à but insecticide, soit non spécifiques, puisqu'identiques aux onctions et applications requises pour l'*elephantiasis*, pour restaurer la peau.

Caelius Aurelianus invite en effet à se reporter aux chapitres où il a traité de l'*elephantiasis* et de la cachexie pour le détail d'une partie du traitement. Les fomentations, onctions et cataplasmes employés par Thémison[64] contre l'*elephantiasis*, dont Caelius Aurelianus a parlé dans le chapitre sur cette maladie, sont des onguents astringents ou des emplâtres émollients et astringents ou des cataplasmes, dont surtout ceux aux sucs de plantain ou de pariétaire. Peu sont détaillés, l'un surtout comportant de la noix de ben (*myrobalan*) avec du vinaigre et un peu d'huile de rose ou de myrte, de la gomme arabique et de l'alun[65].

Quant aux traitements restaurateurs et reconstituants prescrits auparavant par l'auteur contre l'*elephantiasis*, ils comportent des bains de soleil, des emplâtres à la poix, des aspersions de cendre de lessive chaude, des bains froids et douches. Il faut nager dans la mer ou dans des sources minérales, surtout ferrugineuses ou à vapeur d'alun. On emploiera des poudres lavantes, comme la terre de Cimole avec de la farine d'orge et du nitre ou des substances plus ou moins irritantes, comme une composition de soufre vif ou des os de seiche brûlés, de l'éponge, du nitre, de la terre de Cimole brûlée, de la gomme et de la galle. La peau doit recevoir des onguents restaurateurs et des emplâtres émollients peu irritants, comme de la noix de benjoin avec du vinaigre et de l'huile ou du vin avec de la gomme ammoniaque et de l'alun. La navigation et les voyages dans des régions à l'air meilleur sont conseillés. Les mesures reconstituantes doivent inclure un traitement vomitif à base de radis et autres remèdes non mentionnés. Quand les forces sont plus restaurées, il faut employer l'ellébore comme vomitif à intervalles réguliers[66].

Les mesures reconstituantes en cas de cachexie comportent le repos au lit au réveil, des onctions d'huile et des frictions plus ou moins fortes. Le

---

[62] Caelius Aurelianus, *Chron.*, IV, 2, 15-18 (trad. pers.).
[63] Caelius Aurelianus, *Chron.*, IV, 1, 1.
[64] Thémison, fondateur au Ier siècle avant J.-C. de l'école méthodique dont se réclament Soranos d'Éphèse et Caelius Aurelianus.
[65] Caelius Aurelianus, *Chron.*, IV, 1, 7-8.
[66] Caelius Aurelianus, *Chron.*, IV, 1, 1-3.

malade doit se livrer à un exercice passif (*gestatio*), c'est-à-dire se promener en voiture ou se faire porter sur un siège, ou, si ses forces lui permettent, jouer à la balle ou utiliser un instrument de gymnastique. Il fera aussi une petite promenade ou un exercice vocal. Sa nourriture sera sèche, grillée et peu assaisonnée et il pourra boire du vin blanc sec léger. Sont recommandés les bains de soleil, les emplâtres de poix, les frictions de nitre en poudre et les sinapismes. Il est bon aussi de nager dans la mer[67], de faire usage des sources minérales, de changer d'air et de lieux en navigant et voyageant. Il faut aussi, à intervalles variables, dessécher le malade en l'enrobant de sable marin chauffé au soleil.

Le traitement selon Caelius Aurelianus est donc tout à fait équivalent à ce que peuvent conseiller les médecins contre des maladies impliquant l'élimination des humeurs mauvaises à l'origine d'une grave maladie : l'importance du changement d'air, de la navigation, de l'hygiène, de l'exercice, de l'évacuation par le vomissement ; le contrôle de la nourriture et de la boisson ; le bain de soleil et l'enveloppement de sable chaud, réputés assécher les humeurs, également employés contre l'hydropisie. Les mesures diététiques et l'exercice sont censés fortifier le corps et lui redonner de l'embonpoint. Poudres lavantes, substance irritantes ou astringentes, onguents restaurateurs et emplâtres émollients, comme dans l'*elephantiasis*, visent sans doute la reconstitution de la peau, mais peut-être aussi les humeurs sous-jacentes. La phtiriase est donc bien une maladie chez Caelius Aurelianus, au moins quand elle est étendue. Le rapprochement avec la lèpre dans divers aspects du traitement paraît évident à l'époque : dans les deux cas, c'est un mal qui se manifeste au niveau de la peau, naissant sous elle d'un engorgement d'humeur, une bile mauvaise[68], et il va falloir à la fois restaurer la peau et l'état général du patient[69]. Certaines mesures sont proches de celles qu'évoque Celse à propos de la phtiriase des cils.

Cependant, le traitement implique également le recours à d'autres remèdes, qu'évoquent aussi Celse et Caelius et sur lesquels nous informent abondamment les sources pharmacologiques, notamment Pline. La majorité est à usage externe, sur le point du corps où prolifèrent les poux ; quelques-uns sont à prendre par voie buccale.

Les applications, onctions ou aspersions visent à se débarrasser des poux, y compris lorsque le remède est donné contre la phtiriase. Les mêmes recettes apparaissent contre la phtiriase ou pour tuer les poux ou les lentes,

---

[67] Sur le recours médical à la mer et à l'eau de mer, voir Anna Maria URSO, « Terapie dal mare nell'antichità classica : l'esempio del metodismo », *Conserver la santé ou la rétablir : le rôle de l'environnement dans la médecine antique et médiévale*, Saint-Étienne : Publications de l'université, 2012, p. 135-159.

[68] Caelius parle de bile rouge, on l'a vu, comme origine des poux de la phtiriase ; on pensait que l'*elephantiasis* était due à la bile noire (Oribase, *Coll.*, XLV, 27, 1 ; Cassius Felix, LXXIII, 1).

[69] Il y a aussi cachexie dans l'*elephantiasis* (Cassius Felix, LXXIII, 1 et Caelius Aurelianus, *Chron.* V, 6, 83-89).

beaucoup de remèdes étant à appliquer sur la tête. La part de la magie y est très faible[70].

Cependant une première mesure locale est peu mentionnée : le rasage des cheveux et des poils. Seul Théodore Priscien recommande clairement le rasage des *capilli* avant application d'un remède. Caelius Aurelianus indique aussi que dans la phtiriase, avant toute chose, il faut raser les endroits recouverts de poils, ce qui peut être une mesure de lutte radicale contre la présence des poux. Mais nous avons aussi noté que Celse conseille le rasage de la tête alors que les poux sont aux cils. Le rasage des poils et cheveux n'est donc peut-être pas une mesure strictement locale, mais aussi liée à une stratégie anti-humorale.

Les remèdes à usage local sont souvent des substances simples, utilisées éventuellement avec un excipient : beaucoup sont des plantes ou produits d'origine végétale (une vingtaine) tandis qu'une douzaine de substances animales est employée, quelques minéraux intervenant surtout en composition. Cette répartition correspond à peu près à la proportion habituelle de ces substances dans la pharmacopée antique. Il y a aussi vingt-deux à vingt-cinq médicaments composés qui marient souvent les substances les plus prisées. Ils comprennent majoritairement de la staphisaigre et assez souvent de la sandaraque (réalgar), du nitre, du soufre, du sel. L'huile et le vinaigre servent souvent d'excipient ou liant. La composition qui semble la plus utilisée, présente de Celse à Caelius Aurelianus et Cassius Felix, est faite de staphisaigre, de réalgar et de nitre, en proportion variable selon l'auteur, à quoi on ajoute du vinaigre et de l'huile jusqu'à consistance du miel ; c'est le seul remède à la phtiriase qu'indique Cassius Felix, sur la tête[71].

---

[70] On relève seulement l'indication de porter un raifort en amulette contre la phtiriase (Pline, *NH*, XX, 24). Quelques ingrédients sont simplement suspects : ceux tirés des serpents, sur lesquels nous reviendrons ; de l'urine de cloporte dont oindre les paupières affligées de phtiriase (Marcellus, VIII, 128) ; voir aussi de la moelle de vautour prise à l'animal vivant à ingérer (Sextus Placitus, XXIII, 9).

[71] Celse, *Med.*, VI, 6, 15 (une partie de staphisaigre, une de réalgar, une de nitre) ; Cassius Felix, III (deux parties pour staphisaigre) ; Caelius Aurelianus, *Chron.*, IV, 2, 17 (deux parties pour staphisaigre et réalgar, une pour le nitre). Galien et Oribase l'indiquent également. Autres compositions à la staphisaigre avec d'autres produits appréciés : staphisaigre et racine d'ellébore avec huile (Marcellus, IV, 66 ; ps. Théodore Priscien, *Add. ad* I, 5 [12]) ; staphisaigre, nitre d'Alexandrie, afronitre, soufre (Marcellus, IV, 67) ; staphisaigre, vieille graisse de truie, poix et indéterminé (Marcellus, IV, 32) ; staphisaigre dans l'huile et le vinaigre et pilée avec de la fleur de sel (Caelius Aurelianus, *Chron.*, IV, 2, 17) ; staphisaigre, soufre vif et vinaigre (Caelius Aurelianus, *Chron.*, IV, 2, 17 ; ps. Théodore Priscien, *Add. ad* I, 5 [12]) ; staphisaigre, rue, huile et vinaigre (ps. Théodore Priscien, *Add. ad* I, 5 [12]) ; staphisaigre, habrotonum et chaux (Caelius Aurelianus, *Chron.*, IV, 2, 17). Compositions au nitre, outre celles déjà vues : nitre avec de la terre de Samos et de l'huile (Pline, *NH*, XXXI, 117 [ed. et tr. G. Serbat, CUF, 1972]) ; soufre, nitre et vinaigre (Pline, *NH*, XXXV, 177 [ed. et tr. M. Croisille, CUF, 1985]) ; soufre, nitre, vinaigre et réalgar (Pline, *NH*, XXXV, 177) ; nitre, sel, vinaigre et ail (Quintus Serenus, 65-66) ; oignons pilés, nitre et huile (Caelius Aurelianus, *Chron.*, IV, 2, 17). Compositions au soufre, outre celles déjà vues : oignons, soufre vif et vin (Marcellus, IV, 1). Autres compositions : crotte de truie, vin et suc de rose (Marcellus, IV, 22) ; pierre ponce, castoreum, écume d'argent, cyprès, myrrhe, myrobalan,

Beaucoup de ces ingrédients semblent avoir des vertus réellement insecticides. C'est d'abord le cas de la fameuse staphisaigre (*Delphinium staphisagria* L.), qui est largement utilisée, seule ou dans de nombreuses compositions. Cette plante sauvage méditerranéenne des prairies arides est par excellence la plante tueuse de poux : l'un de ses noms en latin est *pedicularis* ou *pedicularia herba*[72], comme dans de nombreuses langues européennes, par exemple en français, « herbe aux poux », puisqu'elle a été utilisée quasi continument jusqu'à nos jours. C'est une plante très toxique contenant divers alcaloïdes, certains de ses composants pouvant avoir une action insecticide[73]. Un autre insecticide encore bien connu est le pyrèthre[74]. D'autres produits paraissent également toxiques. Parmi les végétaux, c'est le cas par exemple du lierre[75], de l'ellébore blanc (*Veratrum album* L.)[76], du cyclamen[77] ou du troène (*Ligustrum vulgare* L.)[78]. La plupart des minéraux

---

soufre vif (Marcellus, IV, 31) ; poudre de pyrèthre et de galbanum (Théodore Priscien, I, 5 [12]). Caelius Aurelianus mentionne d'autre part des poudres à base d'encens, de nitre et de soufre ainsi que des collyres pour les paupières des gens atteints de phtiriase, comportant du cuivre brûlé, de l'anis grillé, de la limonite, du poivre et de la staphisaigre ; il ne donne pas leur composition précise.

[72] Scribonius Largus, 166 ; Marcellus, I, 27 ; XII, 6 ; 14 ; 15 *et passim.*

[73] Jean BRUNETON, *op. cit. supra* note 22, p. 772 et p. 1200. Outre les compositions (cf. *supra*, note 71), voir aussi l'emploi comme simple : Pline, *NH*, XXIII, 18 (avec huile et vinaigre) ; Théodore Priscien, I, 5 [12] ; également Pline, *NH*, XXVI, 138, où elle est mentionnée sous le nom d'*uua taminia.*

[74] Celui utilisé dans l'Antiquité était le pyrèthre du Caucase (*C. coccineum* Willd. et *C. marshalii* Aschers). Les pyréthrines qu'il contient ont des propriétés paralysantes sur les animaux à sang-froid, comme les insectes, qu'elles font également fuir (J. BRUNETON, *op. cit. supra* note 22, p. 731-733).

[75] Pline, *NH*, XXIV, 79 (les larmes de lierre guérissent la phtiriase) ; Quintus Serenus, 67 (en onction sur le corps, elles tuent les poux). Cet emploi du lierre devait avoir un certain succès car une recette équivalente se trouve chez Dioscoride (II, 179, 3), Galien (*Simpl.*, VII, 29 [Kühn XII, 30, 13]) et Oribase (*Eup.*, II, 1, κ, 54 ; IV, 11, 2). Diverses sortes de lierre étaient sans doute utilisées car Pline commence sa notice médicale sur la plante en rappelant qu'il en a énuméré vingt espèces dans un livre précédent. Les baies de lierre sont toxiques, mais la composition chimique du bois est quasi inconnue (J. BRUNETON, *op. cit.* note 22, p. 843).

[76] Pline, *NH*, XXV, 61. L'ellébore blanc était utilisé surtout comme émétique pour traiter diverses maladies (Pline, *NH*, XXV, 60) et une dose trop élevée était mortelle. Il avait la réputation de consumer la viande avec laquelle on le cuisait (Dioscoride, IV, 148, 2 ; Pline, *NH*, XXV, 57). Les Gaulois l'auraient utilisé comme poison de flèche ; il tuait aussi les rats et les mouches (*NH*, XXV, 61). Ses alcaloïdes sont très toxiques pour les animaux à sang-froid, d'où son emploi traditionnel contre les parasites (J. BRUNETON, *op. cit.* note 22, p. 1205).

[77] Marcellus, IV, 19 (suc). Il pouvait s'agir de divers cyclamens, notamment *Cyclamen europaeum* L. et *C. hederifolium* Willd. Le cyclamen pourrait induire convulsions et paralysie ; la composition des feuilles et fleurs est mal connue (Jean BRUNETON, *Plantes toxiques. Végétaux dangereux pour l'homme et les animaux*, Paris-Cachan : Tec et Doc / Ed. médicales internationales, 3e ed., 2005, p. 462). Dans l'Antiquité, sa racine était réputée enivrer et aurait été utilisée dans des philtres (Pline, *NH*, XXV, 115).

[78] Pline, *NH*, XXIV, 74 (baies). L'ingestion des fruits, toxiques, entraîne des troubles neurologiques, cardiaques et respiratoires chez l'homme (J. BRUNETON, *op. cit.* note 77, p. 426). Voir aussi Pline, *NH*, XXIV, 73 où les graines du *siler* s'utilisent aussi contre la phtiriase, ce qui renforce plutôt l'identification de la plante à un troène, refusée par Holt PARKER, « Vergil's Mysterious *siler*: a possible identification from a lousy clue », *Classical Quarterly*, NS 56, 2 (2006), p. 623-639, qui voit là l'indice d'une identification à la

sont également plus ou moins toxiques : la sandaraque, c'est-à-dire le réalgar, qui est un sulfure rouge d'arsenic[79] ; le soufre vif ; l'alun, qui est un sulfate double hydraté d'aluminium combiné à du potassium ou du fer[80]. Le nitre lui-même pouvait sans doute réellement tuer les poux[81]. Le sel entrant en composition ou l'eau de mer, souvent conseillée, étaient certainement toxiques pour des insectes[82].

Comme pour les puces et punaises, d'autres produits tuaient les poux en les engluant et obstruaient leurs voies respiratoires : des matières grasses comme la graisse[83], peut-être le lait[84], l'huile souvent utilisée en excipient ou en composition[85] ; le fiel ; le miel[86]. Une partie de l'action de la résine et de l'huile de « cèdre » et de la *cedria* venait de là[87]. Ces substances étaient en réalité tirées du grand genévrier (*Juniperus excelsa* Bieb), arbre au cœur rouge répandu au Liban (d'où confusion avec le cèdre), la *cedria* étant chez les auteurs latins et Dioscoride, la poix tirée de la résine, et pour Galien, l'huile obtenue lors de la confection de la poix[88]. D'autre part, une partie des

---

staphisaigre. Sont aussi employés comme simples le laurier (Pline, *NH*, XXIII, 154), le tamaris (Pline, *NH*, XXIV, 72), l'hysope (Pline, *NH*, XXV, 136 ; Marcellus, IV, 4), la bette (ps. Priscien, I, 5 [12]), les lupins amers (Théodore Priscien, I, 5 [12]). L'hysope (*Hysopus officinalis* L.) contient des dérivés de camphre et son huile est neurotoxique (J. BRUNETON, *op. cit. supra* note 22, p. 623). Les lupins (genre *Lupinus*) contiennent de nombreux alcaloïdes et sont toxiques (*Ibid.*, p. 1003).

[79] Outre la composition (cf. note 71), voir Caelius Aurelianus, *Chron.*, IV, 2, 17 (avec de l'huile).

[80] Pline, *NH*, XXXV, 189.

[81] Outre les compositions (*supra* note 71), voir aussi Pline, *HN*, XXXI, 117. Le nitre des Anciens est généralement du carbonate de soude (vendu de nos jours sous le nom de soude). Mais jusqu'au XVIIIe siècle, il semble qu'on l'ait peu distingué du carbonate de potasse (vulgairement « potasse ») et de l'azotate de potasse (vulgairement « salpêtre »), voire du natron. Voir la note de Guy Serbat, à son édition *HN* XXXI, CUF, 1972, p. 172, note 1 *ad NH*, XXXI, 106. Proche de l'emploi de soude : avec de l'huile, la poudre de cendre du foyer, employée autrefois pour la lessive à cause de sa forte teneur en soude (Marcellus, IV, 65).

[82] Sel : Marcellus, IV, 9 ; Caelius Aurelianus, *Chron.*, IV, 2, 16 ; eau de mer : Pline, XXXI, 65 ; Quintus Serenus, 69-70 ; Cassius Felix, *De med.*, III ; Caelius Aurelianus, *Chron.*, IV, 2, 17.

[83] Graisse de chien (Pline, *NH*, XXIX, 111) ; de veau avec du sel (Marcellus, IV, 9).

[84] Pline, *NH*, XXV, 61 ; XXVIII, 164 ; Sextus Placitus, V, α, 11 ; β, 21 [ed. et tr. A. Ernout, CUF, 1962].

[85] Voir les exemples des notes précédentes et suivantes. Egalement ps. Théodore Priscien, *Add. ad* I, 5 [12] : huile et vinaigre.

[86] Fiel de veau (Pline, *NH*, XXVIII, 164 ; Marcellus, IV, 23) ; fiel de taureau : ps. Théodore Priscien, *Add. ad* I, 5 [12]) ; miel : Pline, *NH*, XXII, 108 ; Théodore Priscien, *Eup.*, I, 5 (12).

[87] Résine : Pline, *NH*, XXIV, 18 ; Marcellus, IV, 2 ; Quintus Serenus, 67 ; *cedria* : Théodore Priscien, I, 5 [12].

[88] Elle possédait de très nombreuses indications médicales, était réputée très astringente et détruisait aussi les vers intestinaux et les vers des oreilles. Sa particularité la plus remarquable serait d'attaquer les corps vivants alors qu'elle conserverait les cadavres à l'abri de la corruption, ce qui lui valait d'être employée dans les opérations de momification en Egypte ; elle est réputée détruire les vêtements et les cuirs en les desséchant fortement, voir P. GAILLARD-SEUX, « Le *sang de basilic* chez Pline l'Ancien (*N.H.*, XXIX, 66) : résine de genévrier ou hématite ? », *L'Antiquité classique* 68 (1999), p. 227-238.

substances pouvait agir aussi par leur astringence, néfaste aux insectes : par exemple le vinaigre[89], ou aussi l'alun ou la *cedria.*

Par ailleurs, quelques remèdes sont à prendre par voie buccale. Contre la phtiriase, il faut ainsi boire du suc de raifort (*Armoriaca rustica* G. Gaerth *et al.*) ou une décoction de ses feuilles[90], le suc de concombre sauvage (*Ecbalium elaterium* Rich)[91], la moutarde[92] ou l'ail[93]. Quelques substances animales sont aussi à prendre en boisson. Le petit-lait, avec du sel ou du vinaigre, est ainsi censé détruire la phtiriase en trois jours, même si elle a envahi tout le corps[94]. La cendre ou la sciure de corne de cerf dans du vin empêchent les poux d'envahir les cheveux ou les tue et empêchent les lentes de revenir[95]. Selon Pline, l'absorption de serpent, de dépouille de serpent ou de substances venant de la vipère est très efficace pour chasser les poux ou la phtiriase ou détruire les lentes[96].

Une grande partie de ces remèdes végétaux ou animaux sont employés par ailleurs comme purgatifs ou vermifuges et semblent dotés de vertus expulsives variées. Le suc de raifort, présenté par Pline comme le meilleur remède contre la phtiriase s'attachant au cœur[97], purge l'estomac, atténue la pituite, provoque l'urine, entraîne la bile et expulse les calculs comme les vers intestinaux ; il fait aussi vomir[98]. L'élaterium, suc du concombre sauvage, est un purgatif drastique, aussi emménagogue et abortif[99]. La moutarde, l'ail et la corne de cerf brûlée présentent des qualités

---

[89] Voir les exemples des notes précédentes.

[90] Pline, *NH*, XX, 24 ; Gargilius Martialis (I, 7, suc).

[91] Pline, *NH*, XX, 8.

[92] Quintus Serenus, 64 [ed. R. Pépin, 1950] indique qu'il faut la prendre très fréquemment en boisson contre la phtiriase ; Pline dit qu'on l'emploie contre cette maladie, sans autre précision (*NH*, XX, 239). La moutarde utilisée en médecine est *Bassica nigra* Koch.

[93] Pline, *NH*, XX, 53. Dioscoride (II, 152, 2) le prescrit avec une décoction d'origan pour tuer poux et lentes.

[94] Pline, *NH*, XXX, 144 ; le pseudo Théodore Priscien donne la même recette, sans indication de délai, pour extirper les poux. Marcellus, IV, 68 : avec du vinaigre pour être libéré des poux.

[95] Pline, *NH*, XXVIII, 163 ; Marcellus IV, 21 ; 69 ; ps. Théodore Priscien, *Add. ad* I, 5 [12].

[96] Pline, *NH*, XXIX, 111 : *lendes tolluntur… anguibus in cibo sumptis anguillarum modo aut eorum uernatione quam exu<o>nt pota.* Sur le mode de préparation des serpents, voir P. GAILLARD-SEUX, « Le serpent, source de santé : le corps des serpents dans la thérapeutique gréco-romaine », *OPHIAKA. Diffusion et réception des savoirs antiques sur les ophidiens. Table ronde de Paris (ENS), 3 février 2010,* numéro spécial de la revue *Anthropozoologica*, 47 (1), ed. Jean TRINQUIER et Sébastien BARBARA, 2012, p. 263-289, part. p. 277. Comme le petit-lait, la dépouille de serpent en boisson détruit la phtiriase en trois jours (Pline, *NH*, XXX, 144). Le bouillon de vipère chasse les poux de tout le corps et calme les démangeaisons de toute la peau ; il semblerait que la cendre de tête de vipère et la graisse de l'animal aient le même effet, le texte étant un peu ambigu et n'indiquant pas s'il faut les prendre aussi par voie buccale (*Ius… pediculos e toto corpore expellit pruritusque etiam summae cutis ; effectus ostendit et per se capitis uiperini cinis – utilissime <eo> oculos inungunt – itemque adips uiperinus*). Voir aussi *NH*, VII, 27 ; *NH*, XXIX, 121. Sextus Placitus XXIII, 9 mentionne l'absorption de moelle de vautour dans du vin contre la phtiriase.

[97] Pline, *NH*, XIX, 86.

[98] Pline, *NH*, XX, 23 ; 26 ; 28.

[99] Pline, *NH*, XX, 8 ; 9. Voir *supra* note 23, sur la toxicité du concombre sauvage.

analogues[100]. Tous ces produits ont en commun une odeur et un goût marqués, qui ont peut-être contribué à leur donner ce rôle « purificateur ». Leur prise par voie buccale vise vraisemblablement à éliminer les poux par action sur la cause supposée de leur apparition, la présence d'humeurs en excédent qu'il convient de chasser.

L'emploi des serpents, surtout de la vipère, mis en valeur par Pline, semble s'inscrire dans la même démarche, même s'il paraît paradoxal au premier abord. En effet, la consommation de vipères était réputée faire naître des poux[101]. Mais le raisonnement de Galien à propos de l'emploi de chair de vipère contre l'*elephantiasis* permettait peut-être de donner une explication « rationnelle » de celui des serpents contre les poux. Selon Galien, la chair de vipère réchauffe et dessèche ; elle a le pouvoir d'évacuer par la peau les excrétions du corps ; en conséquence, sa consommation fait se former une quantité considérable de poux chez ceux qui ont abondance de mauvaises humeurs dans le corps et il se détacherait de la peau une espèce d'écorce sous laquelle sont retenues les humeurs épaisses et terreuses, qui se portent sous la peau et sont à l'origine de l'*elephantiasis*. La formation de poux serait alors la façon dont s'évacueraient les humeurs mauvaises et une fois celles-ci bien expulsées, les poux cesseraient d'apparaître ; l'idée qu'une petite quantité de poux est bénéfique et tire les humeurs mauvaises a d'ailleurs subsisté jusqu'au début du XXe siècle[102].

Cependant, la justification de l'emploi de ces remèdes internes prenant le mal à la racine grâce à l'évacuation des humeurs, n'est qu'une rationalisation sans rapport avec l'effet réel. Il est possible que certains aient eu une action répulsive sur les poux par l'odeur prise par le corps de leur victime ou même les tuent grâce aux principes actifs passés dans le sang du patient[103]. On peut noter aussi que la plupart de ces substances, dotées d'une puissante senteur, sont employées pour chasser les serpents et autres bêtes par leur odeur ou soigner leurs piqûres ou morsures[104].

Les prescriptions des auteurs latins contre puces et punaises, poux et phtiriase montrent donc un traitement différencié de ces deux groupes. Si les puces et punaises, naissant hors du corps humain et vivant loin de lui, sont traitées comme la plupart des insectes, la phtiriase, qu'elle soit localisée ou

---

[100] La moutarde combat la pituite, relâche le ventre ; elle est diurétique et emménagogue (Pline, *NH*, XX, 236 ; 237). L'ail, qui lutte contre l'hydropisie en relâchant le ventre, est un remède à l'occlusion et à certains problèmes intestinaux ; il expulse les ténias et autres vers intestinaux (Pline, *NH*, XX, 52 ; 54). La cendre de corne de cerf, est emménagogue, combat divers problèmes intestinaux et expulse les vers des intestins (Pline, *NH*, XXVIII, 204 ; 205 ; 211 ; 246).

[101] Voir notamment Dioscoride (II, 16) qui affirme que c'est faux.

[102] Jean-Marie DOBY, *Des compagnons...* (*op. cit. supra* note 42) p. 132-133. Voir aussi Aristote, *HA*, 5, 31, 557a.

[103] Ainsi, l'élaterium, aux vertus insecticides, devait faire effet de cette manière ou encore l'ail qui a des propriétés antifongiques, antibactériennes et anticoagulantes ainsi qu'une forte teneur en composés soufrés (J. BRUNETON, *op. cit. supra* note 22, p. 239 et p. 241).

[104] Par exemple le raifort (Pline, *NH*, XX, 23 et 25) ; l'ail (*ibid.*, 50) ; la moutarde (*ibid.*, 236) ; la corne de cerf (Pline, *NH*, XXVIII, 149).

conçue comme affectant tout le corps, est passible d'un traitement médical complet chez nos auteurs les plus détaillés. Des points incontestables dans l'Antiquité, la naissance des poux dans le corps et de ses humeurs comme le délabrement physique impliqué par leur prolifération, rendent indispensable l'intervention médicale. Certains aspects de son traitement rapprochent le mal de maladies sérieuses, la cachexie, mais surtout l'*elephantiasis* par le régime suivi, mais aussi par certains traitements locaux, ou internes destinés à chasser les humeurs mauvaises. Caelius Aurelianus, en particulier, semble s'attarder sur cette maladie beaucoup plus que ne l'ont fait les médecins grecs dont les textes sont conservés[105], sans qu'on puisse déterminer si ce point lui est propre ou provient de son modèle grec, Soranos d'Éphèse. Que l'on ait affaire à une pédiculose ou une phtiriase au sens actuel, ou bien à une atteinte généralisée de l'organisme, les mesures à prévoir sont, dans leur principe, fort proches si l'on compare Celse et Caelius Aurelianus. La différence de traitement par rapport aux puces et punaises paraissait donc pleinement justifiée aux Anciens.

---

[105] Voir dans ce volume l'article d'Alessia Guardasole.

La *phtheiriasis* chez Galien et les pharmacologues grecs

Alessia GUARDASOLE[1]

La pédiculose ou maladie pédiculaire, *phtheiriasis*[2], dans toutes ses manifestations et localisations, ne pouvait manquer d'attirer l'attention des médecins grecs et la littérature médicale grecque, telle que nous pouvons la lire dans l'œuvre de Galien de Pergame (129 - *ca.* 216 de notre ère) ne manque pas d'intérêt dans ce domaine. Pour plus de clarté, nous limiterons notre propos en circonscrivant le discours à la thérapeutique médicamenteuse. La démarche de commencer par le IIe siècle de notre ère avec la production médicale de Galien n'est pas abusive, comme j'essaierai de le montrer dans quelques lignes d'introduction.

Dans sa production, d'une ampleur bien connue, Galien nous a laissé un groupe de traités de pharmacologie, *Sur les facultés des médicaments simples*, *Sur les antidotes* et les deux traités sur les médicaments « synthétiques », *Sur la composition des médicaments selon les lieux* et *Sur la composition des médicaments selon les genres*[3].

L'ouvrage qui constitue notre source majeure au sujet de la *phtheiriasis* est celui qui traite des médicaments composés, présentés suivant les parties du corps affectées (par la suite *Selon les lieux*), que Galien composa, en 10 livres, vers la fin de sa vie, sous le règne de Septime Sévère (193-211)[4].

---

[1] Chargée de recherches, CNRS (UMR 8167, équipe Médecine grecque).

[2] Je préfère garder la version translittérée du terme, étant donné que le mot français phthiriase (ou, dans l'orthographe la plus répandue, phtiriase) est employé plus couramment dans le domaine médical pour indiquer en particulier la pédiculose inguinale ou ciliaire. Les références à la littérature médicale grecque dans la bibliographie consacrée à la *phtheiriasis* dans l'antiquité sont éparses et ponctuelles : voir, par exemple, Thomas AFRICA, « Worms and the Death of Kings : A Cautionary Note on Disease and History », *Classical Antiquity* 1/1 (1982), p. 1-17 (ici p. 2 et note 5) ; Jacques SCHAMP, « La mort en fleurs: considérations sur la maladie "pédiculaire" de Sylla », *L'Antiquité Classique* 60 (1991), p. 139-170 (ici p. 147-148) ; Jan BONDESON, « Phthiriasis: the Riddle of the Lousy Disease », *Journal of the Royal Society of Medicine* 91 (1998), p. 328-334 (ici p. 328) = J. B., *A Cabinet of Medical Curiosities*, Londres : I.B. Tauris, 1997, p. 51-71 (ici p. 53) ; Katharina LUCHNER, « Der kranke Philosoph in der Antiken Biographik: Sokrates, Platon, Heraklit, Plotin », dans Wilhelm GEERLINGS, Andreas MÜGGE (ed.), *Gesundheit – Geisteswissenschaftliche und Medizinische Aspekte*, Berlin : LIT Verlag, 2009, p. 25-56 (ici p. 36). Les articles d'Antoine Pietrobelli et de Patricia Gaillard-Seux, dans ce même volume, complètent les données sur la *phtheiriasis*.

[3] Pour un aperçu sur la nature et l'importance de ces traités dans l'histoire de la pharmacologie antique, voir l'étude pionnière de Cajus FABRICIUS, *Galens Exzerpte aus älteren Pharmakologen*, Berlin-New York : Walter de Gruyter, 1972.

[4] *Cf.* Johannes ILBERG, « Über die Schriftstellerei des Klaudios Galenos. I », *Rheinisches Museum* XLIV (1889), p. 226-228 ; Id., « Über die Schriftstellerei des Klaudios Galenos. III », *Rheinisches Museum* LI (1896), p. 189 *sq.* ; Véronique BOUDON-MILLOT, *Galien. Tome*

Galien, en suivant la règle propre à la plupart des manuels de pathologie et thérapeutique de l'Antiquité, donne à sa matière un ordre *de capite ad calcem*, de la tête au talon, et, dans son livre 1, consacré en entier aux maladies du cuir chevelu, entre les chapitres traitant du pityriasis et de la teigne[5], il transmet un bref chapitre sur la φθειρίασις.

La structure de l'œuvre est récurrente : chaque chapitre s'ouvre avec une introduction plus ou moins longue, résumant d'habitude la doctrine sur chaque affection ; après cette introduction, se succèdent des listes de recettes, à première vue assez arides, avec l'énumération de noms de plantes, minéraux, métaux, toutes sortes de matières organiques qui constituent les ingrédients du remède, de chiffres indiquant le dosage des simples, d'abréviations d'unités de poids et de mesures.

Cependant, pour l'historien, et notamment pour l'historien de la médecine, ces listes sont exceptionnelles, étant donné qu'elles constituent ce que Galien appelle, dans le texte qui sera le point de départ de notre analyse, ἡ πεπειραμένη ὕλη[6], « la matière approuvée par l'expérience », à savoir tout ce qu'il a pu trouver d'efficace pour les diverses pathologies dans les ouvrages de pharmacologie de ses devanciers, dont il tire d'abondantes citations littérales (κατὰ λέξιν, κατὰ τὴν αὐτοῦ λέξιν, « à la lettre, d'après les (ses/leurs) mots », sont généralement les expressions qui introduisent les citations). Ainsi, Galien « écrit en extraits » l'histoire de la pharmacologie qui le précède, pour laquelle les traités originaux sont tous perdus, dans la forte conviction que la composition des remèdes est le produit d'une lente élaboration, le résultat de multiples expériences : la consultation des différentes versions et expériences peut permettre au lecteur / utilisateur de l'ouvrage de composer par lui-même des médicaments efficaces, de les utiliser « comme il faut » (c'est-à-dire comme plusieurs siècles d'expérimentation ont prouvé qu'il faut faire), d'appliquer les thérapies suivant un jugement critique et non par simple soumission à l'autorité de devanciers plus ou moins célèbres[7].

Rentrons donc dans le vif du sujet en considérant les informations que livre le chapitre I, 7 du traité *Selon les lieux*. Premièrement : quelle

---

I. Introduction générale, Sur l'ordre de ses propres livres, Sur ses propres livres, Que l'excellent médecin est aussi philosophe, Paris : Les Belles Lettres, CUF, 2007, p. LIII ; *Ead.*, *Galien de Pergame. Un médecin grec à Rome*, Paris : Les Belles Lettres, 2012, p. 363. Je prépare l'édition critique du *De compositione medicamentorum secundum locos* pour la CUF.

[5] Voir, sur la teigne (ἀχώρ) dans les traités médicaux grecs, Françoise SKODA, *Médecine ancienne et métaphore. Le vocabulaire de l'anatomie et de la pathologie en grec ancien*, Paris : Peeters / Selaf, 1988, p. 236.

[6] Voir Cajus FABRICIUS, *op. cit. supra* note 3, p. 36-37.

[7] Voir l'excellent article de Jean-Marie JACQUES, « La méthode de Galien pharmacologue dans les deux traités sur les médicaments composés (Περὶ συνθέσεως φαρμάκων) », dans Armelle DEBRU (dir.), *Galen on Pharmacology. Philosophy, History and Medicine*, Proceedings of the Vth International Galen Colloquium (Lille, 16-18 March 1995), Leyde-New York : Brill, 1997, p. 103-129, ainsi qu'A. GUARDASOLE, « Les traités de pharmacologie de Galien et les extraits des médecins antérieurs : un témoignage important sur la formation du langage scientifique spécialisé », dans Sébastien MORLET (ed.), *Lire en extraits. Lecture et production des textes, de l'Antiquité à la fin du Moyen Âge*, Paris : PUPS, 2015, p. 73-89.

pédiculose ? Assez curieusement, dans l'œuvre de Galien tout entière, nous gardons trace uniquement de la pédiculose capillaire, alors que le livre 4 du même traité sur les médicaments composés est consacré uniquement aux remèdes pour les pathologies oculaires les plus disparates et que fort nombreuses sont les recettes de savons / détergents pour différentes dermatites tout au long de son œuvre. Pour trouver des attestations de médicaments contre la pédiculose ciliaire ou corporelle dans la littérature médicale en langue grecque il faudra sortir de la production galénique ou attendre l'époque byzantine, comme on le verra dans la suite.

Une autre spécificité du témoignage galénique est la place assez réduite que le médecin fait à cette pathologie, en particulier si l'on compare premièrement les listes richissimes de médicaments, par exemple, contre l'alopécie ou les pellicules qu'il relate[8] et deuxièmement la tradition littéraire au ton apocalyptique que Galien n'ignorait certainement pas[9]. Ce silence est si fracassant que déjà l'érudit Saxon Janus Cornarius écrivait dans les années 1530 :

> « La thérapie de cette maladie est de loin moins importante par rapport à celle qui traite la pathologie qui provoque une éruption de poux dans tout le corps, tels les cas de Sylla et d'Alcman [...] Galien n'aborde même pas ici le sujet de cette *phtheiriasis* du corps tout entier »[10].

Voici donc le texte, que je couperai en paragraphes pour une meilleure compréhension :

> « Sur la *phtheiriasis*. La génération des poux sur la tête survient chez certains individus en masse. Manifestement à cause d'humeurs humides très abondantes, chaudes, mais qui n'atteignent pas le même degré de chaleur auquel arrivent les sérosités piquantes, au point qu'il est clair que la disposition de la *phtheiriasis* se produit en profondeur de la peau, où il est possible aussi que ces animaux naissent, non pas à

[8] Kühn XII 381-426.

[9] Elle fait l'objet d'une autre contribution sur la phtiriase dans ce volume, par A. Pietrobelli.

[10] J. Cornarius, *Opus medicum practicum, uarium, uere aureum, et postremae lectionis. Claudii Galeni Pergameni, medici longe omnium clarissimi De compositione pharmacorum localium, sive secundum locos, Libri decem ...*, Bâle, Froben-Episcopius, 1537, p. 408 : *Videtur* [...] *longe levior huius mali curatio esse quam eius quo ex toto corpore pediculi erumpunt,* [...] *qualibus Syllam* [...] *Alcmanem* [...] *De hac phthiriasi totius corporis Galenus hic nihil agit.* Sur cet érudit allemand de Zwickau, dont le nom de naissance était Johann Haynpol, *cf.* principalement – avec les bibliographies citées – Brigitte MONDRAIN, « Éditer et traduire les médecins grecs au XVIe siècle. L'exemple de Janus Cornarius », dans Danielle JACQUART (ed.), *Les voies de la science grecque. Études sur la transmission des textes de l'Antiquité au dix-neuvième siècle*, Geneve : Droz, 1997, p. 391-417 ; Marie-Laure MONFORT, *L'apport de Janus Cornarius (ca. 1500-1558) à l'édition et à la traduction de la "Collection hippocratique"*, Thèse de Doctorat, Paris 4-Sorbonne, Paris, 1998. Sur l'*Opus medicum practicum, cf.* Alessia GUARDASOLE, « Janus Cornarius éditeur et commentateur du traité de Galien *Sur la composition des médicaments selon les lieux* », *Renaissance and Reformation / Renaissance et Réforme*, XXXIII/3, n° hors série ed. Florence BOURBON et Roberto LO PRESTI, *De Fabrica Artis Medicinae : les redéfinitions de la médecine à la Renaissance*, Toronto : Canadian Society for Renaissance Studies, 2011, p. 85-97.

la surface de la peau, sur laquelle nous disions que se produit le *pityriasis* »[11].

Je ne reviendrai pas ici sur la reprise galénique de la tradition aristotélicienne au sujet de la génération spontanée des poux[12].

Pour ce qui concerne les autres informations du témoignage de Galien, la *phtheiriasis*, comme la plupart des dermatites, est expliquée avec un déséquilibre humoral. En particulier Galien établit une échelle d'intensité entre les résidus humides caractérisant cette pathologie et ceux qui provoquent le *pityriasis*, identifiable à peu près en une sorte de dartre farineuse, qui occupe le chapitre immédiatement précédent.

Voici ce que Galien écrit à ce sujet[13] :

> « Sur le *pityriasis*[14]. Des particules semblables à du son de blé (πιτύροις) tombent du cuir chevelu souvent à des patients qui ont des démangeaisons et pour cela les médecins appellent πιτυρίασις ce symptôme ; il est provoqué par les mauvaises sérosités qu'il faut à tout prix épuiser si l'on se propose de soigner cette pathologie. Il est donc bien clair qu'il faut appliquer des médicaments diaphorétiques (*i.e.* qui facilitent la transpiration) et purifiants, en ayant préparé d'avance le corps tout entier s'il apparaît plein de mauvais sucs ».

Il présente ensuite, dans un long paragraphe les principes diététiques préconisés par Archigène d'Apamée, médecin de la secte pneumatique d'époque néronienne[15], avant de transmettre des recettes de médicaments topiques.

Par analogie nous pouvons supposer que la médecine impériale préconisait aussi pour la *phtheiriasis* un traitement préalable et complémentaire à la thérapie médicamenteuse topique, afin de préparer le corps à l'évacuation des mauvais sucs, comme il semble l'indiquer le passage du traité pseudo-galénique *Thériaque à Pison* qui conseille

---

[11] Galien, *Sur la composition des médicaments selon les lieux* I 7, Kühn XII 462, 8-15 : Περὶ φθειριάσεως. Φθειρῶν γένεσις ἐν τῇ κεφαλῇ συμβαίνει τισὶν ἀθρόως. παμπόλλων ἐξ ὑγρῶν δηλονότι θερμῶν μέν, οὐ μὴν εἰς τοσοῦτον ἡκόντων θερμότητος εἰς ὅσον ἥκουσιν οἱ δριμεῖς ἰχῶρες, ὥστε δῆλόν ἐστιν ἐν τῷ βάθει τοῦ δέρματος γίγνεσθαι τὴν διάθεσιν τῆς φθειριάσεως, ἔνθα καὶ γεννᾶσθαι τὰ ζῶα ταῦτα δυνατόν ἐστιν, οὐκ ἐπιπολῆς τοῦ δέρματος, ἐν ᾧ τὴν πιτυρίασιν ἐλέγομεν συνίστασθαι [tr. A. Guardasole].

[12] Le lecteur se reportera au texte d'A. Pietrobelli, dans ce volume, avec la bibliographie citée.

[13] Gal., *De comp. med. sec. loc.* I 6 [Kühn XII 459, 6-13] : Περὶ πιτυριάσεως. Πιτύροις ὅμοια ἀπὸ τοῦ τῆς κεφαλῆς δέρματος ἀποπίπτει πολλάκις ἐνίοις κνωμένοις καὶ διὰ τοῦτο πιτυρίασιν ὀνομάζουσιν οἱ ἰατροὶ τὸ σύμπτωμα τοῦτο, γιγνόμενον ὑπὸ μοχθηρῶν ἰχώρων οὓς ἐκδαπανῆσαι σκοπός ἐστι τοῖς ἰωμένοις αὐτό. πρόδηλον οὖν ὅτι διαφορητικὰ καὶ ῥυπτικὰ προσακτέον ἐστὶ φάρμακα, προπαρασκευάσαντας τὸ σύμπαν σῶμα εἰ φαίνοιτο κακοχυμίας μεστόν [tr. A. Guardasole].

[14] La « dartre farineuse » ; le terme πιτυρίασις est issu de πίτυρον « son, partie la plus grossière du blé moulu ». Voir Françoise SKODA, *op. cit. supra* note 5, p. 237-238.

[15] Kühn XII 460, 10-462, 7. Voir, sur ce médecin et l'école pneumatique, Max WELLMANN, *Die pneumatische Schule bis auf Archigenes* [Philologische Untersuchungen, XIV], Berlin 1895 ; Α.Δ. ΜΑΥΡΟΥΔΗΣ [A.D. MAVROUDIS], *Αρχιγενης Φιλιππου Απαμευς. Ὁ βιος καὶ τὰ ἐργα τενος Ἑλληνα γιατρου στην Αὐτοκρατορικη Ρωμη* [*Πονηματα* 3], Αθῆναι : Ακαδημία Αθηνῶν, 2000. Sur les extraits d'Archigène dans les traités de pharmacologie de Galien, *cf.* Cajus FABRICIUS, *op. cit. supra* note 3, p. 198-199.

l'utilisation des sels thériaques, diaphorétiques au plus haut degré, pour évacuer les poux :

> « En mangeant donc les sels thériaques (θηριακοὶ ἅλες), la plupart des individus transpirent beaucoup plus facilement et évacuent la substance corrompue (διεφθαρμένην), au point que certains expulsent aussi ce qu'on appelle les poux (φθεῖρας), qui doivent leur naissance à une corruption (διαφθορᾶς), et pour cela, je crois, sont appelés poux (φθεῖρας) »[16].

La suite du passage de Galien qui a servi de point de départ à notre enquête est consacrée aux remèdes :

> « Il est donc nécessaire que les médicaments pour ces cas soient desséchants et capables autant d'attirer depuis la profondeur que d'évacuer plus que les médicaments adaptés aux *pityriasis.* Telle est donc la méthode de leur composition. En revanche, pour ce qui concerne la matière approuvée par l'expérience (car, comme je l'ai dit, il faut dans tous les domaines se fier et avoir confiance au plus haut degré en tous ceux qui ont laissé leur témoignage à partir de leur expérience), il y a des recettes transmises dans le troisième livre du traité *Sur la cosmétique* de Criton »[17].

Après avoir souligné que les médicaments topiques doivent être plus drastiques dans le cas de la *phtheiriasis* que les remèdes employés contre le *pytiriasis*, Galien fait appel à la πεπειραμένη ὕλη, la matière approuvée par l'expérience, en renvoyant pour cela au traité *Sur la cosmétique* de Criton.

Criton était un médecin actif sous Trajan (98-117), dont le traité en 4 livres intitulé Κοσμητικά (*Livres sur la cosmétique*) constitue une source majeure pour l'œuvre pharmacologique de Galien[18], au point que, dans ce premier livre de son traité sur les médicaments composés, il en donne l'index entier[19], pour que le lecteur / utilisateur sache quels remèdes il pourra y trouver et pour quelles pathologies. Ponctuellement, donc, nous trouvons

---

[16] Ps.-Galien, *Thériaque à Pison* 18 [Kühn XIV, 290, 6-10] ἐσθίοντες γοῦν αὐτοὺς (scil. οἱ πλεῖστοι ἱδρωτικώτεροι γίγνονται καὶ τὴν διεφθαρμένην κενοῦσιν οὐσίαν, ὡς καὶ τοὺς καλουμένους φθεῖρας ἐκβάλλειν τινάς, ἐκ διαφθορᾶς ἰδίαν γένεσιν ἐχούσας, καὶ διὰ τοῦθ', ὡς οἶμαι, φθεῖρας καλουμένας [tr. A. Guardasole].

[17] Gal., *De comp. med. sec. loc.* I 7 [Kühn XII 462, 15 - 463, 4] φάρμακα τοίνυν αὐτῶν ἀναγκαῖον εἶναι ξηραντικὰ καὶ μᾶλλον ἐκ τοῦ βάθους ἕλκειν τε καὶ κενοῦν δυνάμενα τῶν πρὸς τὰς πιτυριάσεις ἁρμοττόντων. αὕτη μὲν ἡ μέθοδος αὐτῶν τῆς συνθέσεως. τὸ δὲ τῆς πεπειραμένης ὕλης, δεῖ γὰρ ἐν ἅπασιν, ὡς ἔφην, μάλιστα προσέχειν καὶ θαρρεῖν τοῖς ὑπὸ τῆς πείρας μαρτυρηθεῖσιν, ἐν μὲν τῷ τρίτῳ τῶν Κρίτωνος κοσμητικῶν γ έγραπται [tr. A. Guardasole].

[18] Sur le médecin Criton, voir Cajus FABRICIUS, *op. cit. supra* note 3, p. 190-192 ; John SCARBOROUGH, « Criton, Physician to Trajan. Historian and Pharmacist », dans John William EADIE & Josuah OBER (dir.), *The Craft of the Ancient Historian: Essays in Honor of Chester G. Starr*, Lanham : University Press of America, 1985, p. 387-405. Sur les traités anciens de cosmétique connus grâce au témoignage de Galien, voir Véronique BOUDON-MILLOT, « Fards et teintures capillaires : la médecine galénique entre cosmétique et commôtique », Muriel PARDON-LABONNELIE (dir.), *La coupe d'Hygie. Médecine et chimie dans l'Antiquité*, Dijon : Éditions Universitaires, 2013, p. 17-31.

[19] *De comp. med. sec. loc.*, I, 3, [Kühn XII 446, 14 - 449, 7].

dans cet index, parmi les chapitres tirés du livre III, un chapitre πρὸς φθεῖρας καὶ κόνιδας, « contre les poux et les lentes »[20].

Le renvoi du lecteur à l'ouvrage de Criton prouve que celui-ci était encore bien disponible à l'époque de Galien ; reste cependant à se demander pourquoi Galien se contente d'un renvoi pour la *phtheiriasis*, alors qu'il recopie abondamment tout au long de son œuvre des centaines de recettes du même traité pour d'autres pathologies.

La suite du chapitre I, 7 reproduit les recettes, puisées cette fois de l'œuvre du même Archigène[21], dont l'autorité avait été soulignée pour les principes diététiques contre le *pityriasis* :

> « J'en reporterai maintenant moi aussi, tirées d'Archigène, à peu près littéralement. Remèdes contre la *phtheiriasis*. Pour ceux qui ont des poux : deux parts de staphisaigre, d'arsenic rouge et de nitre une part de chaque. Frotte la tête avec du vinaigre et de l'huile. Ou bien du sumac qu'on utilise pour les assaisonnements, après l'avoir broyé avec de l'huile, frotte de la même manière. Ou de la racine de patience de la même manière avec de l'huile, ou de l'hellébore blanc et de la staphisaigre et du nitre, en quantités égales utilise-les dans le bain avec de l'huile. Ou bien fais des lotions dans de l'eau de mer ou de la saumure pure avec du vinaigre. Si le patient s'est rasé, applique des cataplasmes de staphisaigre avec un mélange d'huile et de vinaigre. Ou bien enduis-le d'alun bien lisse (broyé) avec de l'huile »[22].

Les ingrédients, comme on le verra dans la suite de l'étude, sont toujours les mêmes :

- la staphisaigre[23], familièrement dénommée « herbe aux poux », encore aujourd'hui utilisée contre les poux et d'autres parasites externes ;
- le réalgar (ou arsenic rouge), le nitrate de potassium (nitre), la variété de sumac[24] qu'on utilisait en cuisine, l'alun, tous des simples aux propriétés astringentes et diaphorétiques, caustiques dans certains cas ;

---

[20] Galien, *De comp. med. sec. loc.* I 3 [Kühn XII, 448, 8-9] : Τοῦ τρίτου κεφάλαια. πρὸς πίτυρα παντοῖα […] πρὸς φθεῖρας καὶ κόνιδας, « les chapitres du livre III : contre tout type de *pityriasis* ... contre les poux et les lentes ».

[21] Voir, sur ces extraits, Α.Δ. ΜΑΥΡΟΥΔΗΣ, *op. cit. supra* note 15, p. 313.

[22] Kühn XII, 463, 4-14 : παραθήσομαι δὲ καὶ νῦν ἐγὼ τὰ τοῦ Ἀρχιγένους ὡδί πως ἔχοντα κατὰ λέξιν. βοηθήματα φθειριάσεως. ἐπὶ δὲ φθειριώντων. σταφίδος ἀγρίας μέρη δύο, σανδαράχης καὶ νίτρου ἀνὰ μέρος α΄. σὺν ὄξει καὶ ἐλαίῳ ἄλειφε τὴν κεφαλήν. ἢ ῥοῦν τὸν ἐπὶ τὰ ὄψα, σὺν ἐλαίῳ λεάνας ἄλειφε ὁμοίως. ἢ ὀξυλαπάθου ῥίζαν μετ᾽ ἐλαίου ὁμοίως, ἢ ἐλλέβορον λευκὸν καὶ σταφίδα ἀγρίαν καὶ νίτρον, ἴσα μετ᾽ ἐλαίου ἐν βαλανείῳ χρῶ. ἢ ἐν θαλάσσῃ ἢ ἐν ἅλμῃ ἀκράτῳ μετ᾽ ὄξους κατάντλει. εἰ δὲ ἐψίλωται, τῇ ἀγρίᾳ σταφίδι μετ᾽ ὀξελαίου κατάπλασσε. ἢ στυπτηρίαν λείαν μετ᾽ ἐλαίου κατάχριε [tr. A. Guardasole].

[23] Les graines de la staphisaigre (*Delphinium Stafisagria* L.) ont des propriétés insecticides et parasiticides qui étaient connues dès l'Antiquité. Elles servent à préparer des pommades ou des décoctions contre les poux et d'autres parasites externes, *cf.* Dioscoride, *Materia medica* [désormais abrégé *Mat. med.*] IV 152, 2 [ed. Max Wellmann, II 297, 8-9] ; Pline, *Naturalis historia* [désormais abrgé *NH*] XXIII 13, 18 [ed. et tr. J. André, CUF, p. 26].

[24] Ainsi dénommé pour le distinguer des espèces vénéneuses (ex. *Rhous radicans*). La *Rhus coriaria*, βυρσοδεψική, sumac des tanneurs (pour l'action astringente sur les peaux), produit des petites drupes brun-pourpre, utilisées comme condiment en cuisine depuis l'Antiquité : *cf.* Dioscoride, *Mat. med.* I 108 [ed. M. Wellmann, I 101, 5-8] ῥοῦς ὁ ἐπὶ τὰ ὄψα, ὃν ἔνιοι ἐρυθρὸν καλοῦσι, καρπός ἐστι τῆς καλουμένης βυρσοδεψικῆς ῥοός, ἥτις ὠνομάσθη ἐκ τοῦ

- l'huile et le vinaigre, dont l'efficacité contre les poux et les lentes est aujourd'hui remise en cause, mais dont l'utilisation dans les cas de pédiculose s'est perpétuée pendant des siècles ;

- l'eau de mer.

D'autres simples, dont Galien enregistre de façon ponctuelle l'emploi dans les cas de pédiculoses, dans d'autres passages de son œuvre, sont l'huile de cade (κεδρέα)[25], utilisée prioritairement pour l'embaumement, mais aussi contre poux et lentes, et la gomme-résine de lierre (κισσοῦ δάκρυον)[26], qui tue les poux, vraisemblablement par asphyxie, grâce à sa texture résineuse.

Au sein du corpus galénique, dans des traités reconnus comme apocryphes et qui se situent dans une chronologie très proche de l'activité du médecin de Pergame, la situation est quelque peu différente.

Un premier texte est extrait d'un traité apocryphe fort probablement d'époque impériale, rentré à une époque très ancienne dans le corpus galénique, les *Définitions médicales*[27]. La définition qu'on y trouve de la *phtheiriasis* est la suivante : « la *phtheiriasis* est une gale (ψώρα)[28] qui concerne les racines des cils et provoque la chute de pellicules farineuses »[29].

Ici non seulement aucune mention n'est faite des parasites, la maladie étant présentée comme analogue en tout au *pityriasis* (λεπίδας πιτυρώδεις), mais sa localisation est limitée exclusivement aux cils.

La même situation se dégage d'un autre traité apocryphe de Galien, le Pseudo-Galien, *Introduction ou Le médecin* 16, 5[30], lui aussi d'époque impériale, dans lequel est mentionnée uniquement la pédiculose ciliaire,

---

τοὺς βυρσοδέψας αὐτῇ χρῆσθαι εἰς τὴν στύψιν τῶν δερμάτων, « le sumac pour les assaisonnements, que certains appellent 'rouge', est le fruit du dénommé sumac des tanneurs, qui dérive son nom du fait que les tanneurs l'utilisent pour l'action astringente sur les peaux » [tr. A. Guardasole].

[25] Le genévrier cade (*Juniperus oxycedrus*) produit une huile utilisée dès l'antiquité pour ses vertus cicatrisantes et très appréciée comme antiseptique et désinfectant ; voir Suzanne AMIGUES, « Quelques aspects de la forêt dans la littérature grecque antique », *Revue Forestière Française* XXXII/2 (1980), p. 212 (repris dans S. AMIGUES, *Études de botanique antique*, Paris : de Boccard, 2002, p. 227). Nos sources anciennes sur les propriétés de cette huile sont prioritairement Dioscoride (*Mat. med.* I 77 [ed. M. Wellmann I, p. 76-77]) et Galien (*De simpl. med. facult.* VII 10, 16 [Kühn XII 17, 11-18, 1]).

[26] *Cf.* Galien, *De simpl. med. facult.* VII 10, 29 [Kühn XII 30, 12-15] : τὸ δὲ δάκρυον αὐτοῦ (*scil.* τοῦ κισσοῦ) φθεῖρας κτείνει καὶ τρίχας ψιλοῖ, « sa sève tue les poux et fait tomber les poils ». Voir François-Joseph CAZIN, *Traité pratique et raisonné des plantes médicinales indigènes. Avec un atlas de 200 planches lithographiées*, Paris : P. Asselin, 1868^3, p. 583-585.

[27] Voir, sur ce traité, les nombreux travaux de Jutta KOLLESCH, notamment *Untersuchungen zu den pseudogalenischen Definitiones medicae* [Schriften zur Geschichte und Kultur der Antike, 7], Berlin : Akademie Verlag, 1973, notamment p. 58-74.

[28] Voir, sur cette maladie, Mirko D. GRMEK, *Les maladies à l'aube de la civilisation occidentale*, Paris : Payot, 1983, p. 246-247.

[29] Pseudo-Galien, *Definitions médicales, s.v.* φθειρίασις [Kühn XIX 437, 5-6] : Φθειρίασίς ἐστι περὶ τὰς ῥίζας τῶν βλεφαρίδων ψώρα λεπίδας πιτυρώδεις ἀποβάλλουσα.

[30] [C. Petit, CUF, p. 81, 8-10 = Kühn XIV 771] : φθειριᾶν δέ φαμεν τὰ βλέφαρα, ὅταν περὶ τὰ τετριχωμένα πλατέες (Léon [voir *infra* note 32] : πλατέα USR Petit) πολλοὶ φθεῖρες σμικροὶ γίνωνται.

dans les termes suivants : « On dit que les paupières souffrent de phtiriase lorsque sur les cils survient une quantité de petits poux larges et plats ».

Ce passage a été repris[31] dans le *Manuel de médecine* (*Conspectus medicinae*) de Léon, médecin probablement du IXe siècle de notre ère[32], avec un ajout de thérapeutique :

> « Sur la *phtheiriasis*. Certains auteurs ont enregistré la naissance de poux larges et plats dans les cils, manifestement à cause d'une putréfaction. Il faut, dans ces cas-là, utiliser les mêmes collyres, en en ajoutant même d'autres actifs, tel que le collyre appelé de Constantin »[33].

Le passage de l'époque impériale à l'époque byzantine marque à la fois continuité et innovation. Comme Galien l'avait fait avec ses devanciers, les médecins postérieurs, notamment les encyclopédistes d'époque byzantine, opèrent une vraie récupération et une conservation du savoir médical. Vu l'ampleur de son œuvre, Galien demeure la source principale, parfois unique, du travail de condensation du savoir ; cependant, comme nous l'avons signalé, dans le cas de la *phtheiriasis*, un décalage essentiel se fait jour entre les remèdes transmis par le médecin de Pergame et les médecins postérieurs : à côté des reprises des recettes galéniques déjà analysées, une série de remèdes « originaux » est reportée, qui plus est pour des indications (notamment la pédiculose ciliaire) tout à fait absentes de l'œuvre de Galien.

Quelques exemples intéressants sont livrés par Oribase, le premier grand médecin « encyclopédiste », et médecin personnel de l'empereur Julien (IVe siècle de notre ère), dont la production constitue une somme du savoir médical précédent, essentiellement galénique, mais aussi de provenance d'autres sources mineures[34].

---

[31] Le passage parallèle, important pour l'établissement du texte ps.-galénique, n'est pas répertorié dans la récente édition du traité dans la CUF.

[32] Sur Léon et la question débattue de sa datation, voir Anna Maria IERACI BIO, « Leone medico », dans Antonio GARZYA ed., *Medici bizantini*, Torino : UTET, 2006, p. 787-789. L'apport de Léon à l'histoire de l'ophtalmologie (et de la pédiculose ciliaire) est résumé par Julius HIRSCHBERG, *Geschichte der Augenheilkunde*, « Handbuch der gesamten Augenheilkunde », 14, Berlin : J. Springer, 1918, p. 365-366, et ensuite par John LASCARATOS, Spyros MARKETOS, « A historical outline of Greek ophthalmology from the Hellenistic period up to the establishment of the first universities », in Harold E. HENKES, Claudia ZRENNER ed., *History of Ophthalmology 1*, Dordrecht : Kluwer Academic Publishers, 1988, p. 164.

[33] Leon Med., *Consp. med.* 3, 13 [ed. F.Z. Ermerins, *Anecdota medica Graeca*, 1840, p. 135] Περὶ φθειριάσεως. Τινὲς ἱστόρησαν φθεῖρας πλατεῖς γινομένους περὶ τὰς τρίχας τοῦ ὀφθαλμοῦ, ἐκ σήψεως δηλονότι. καὶ δεῖ ἐπὶ τῶν τοιούτων τοῖς αὐτοῖς κεχρῆσθαι κολλουρίοις, μιγνύναι δὲ καὶ δραστικὰ, οἶόν ἐστι τὸ Κωνσταντίνου λεγόμενον κολλούριον [tr. A. Guardasole]. Il s'agit de la seule attestation que nous avons de ce collyre.

[34] Voir, pour une présentation générale, l'article « Oribase de Pergame » (O 40) de Véronique BOUDON-MILLOT et Richard GOULET, dans *Dictionnaire des Philosophes antiques* IV (2005), p. 800-804 ; Roberto DE LUCIA, « Oribasio di Pergamo », dans Antonio GARZYA ed., *Medici bizantini*, Torino : UTET, 2006, p. 21-37. Son traité majeur, *Les collections médicales*, en 70 livres, est en grande partie perdu, mais nous en avons deux résumés, qu'Oribase en avait

Or, dans les *Collections médicales,* un chapitre, extrait d'Antyllus (médecin du IIe siècle de notre ère), traite de détergents efficaces, entre autres, contre la *phtheiriasis* en général[35], alors que la *Synopsis* et les *Livres à Eunape* contiennent deux passages, de sources indépendantes, qui traitent exclusivement de la pédiculose ciliaire : « sur la *phtheiriasis*[36]. Il faut traiter ces patients d'abord en enlevant les poux, ensuite en lavant avec de l'eau de mer tiède, puis en appliquant sur le bord de la paupière le médicament suivant : 2 parts d'alun fissile, 1 part de staphisaigre. Utilise-les bien broyés »[37] ; et ensuite, « contre les *phtheiriaseis* sur les paupières et les cils. L'arsenic rouge, la staphisaigre en onctions avec du miel ou du vin soignent les *phtheiriaseis* dans les paupières et les cils »[38].

Dans les *Eclogae,* traité apocryphe, la pédiculose capillaire réapparait, ainsi que celle qui concerne le corps tout entier :

> « Contre les poux sur la tête. De l'arsenic rouge avec de l'huile ou du suc de lierre avec du miel ou de la terre de Sinope avec du vinaigre. Ou bien (utilise) de la résine de cèdre ou de la poix humide avec de l'alun ou avec du suc de baies de laurier ou de l'huile de raifort. Pour le corps tout entier de la staphisaigre en onctions avec de l'huile »[39].

---

rédigés, la *Synopsis* pour son fils Eustathe (en 9 livres), et les *Livres à Eunape* (le biographe Eunape de Sardes, en 4 livres). À ces traités il faut ajouter les *Eclogae medicamentorum*, un recueil de 149 recettes (antérieur au VIe siècle), avec du matériel provenant d'Oribase interpolé avec des recettes d'autres sources. La première édition complète de l'œuvre d'Oribase en grec, par U. C. Bussemaker et Ch. Daremberg, est accompagnée d'une précieuse traduction française, qui comprend en six volumes les livres et les fragments des *Collections médicales* (vol. 1 [1851]-4 [1862]), la *Synopsis ad Eustathium* et les *Livres à Eunape* (vol. 5 [1873]), ainsi qu'un bon nombre d'extraits des traductions latines anciennes de ces deux derniers traités (vol. 6 [1876]). L'édition critique complète dans le *Corpus Medicorum Graecorum* compte cinq tomes et a été publiée par Ioannes Raeder entre 1926 et 1933 (*Oribasii Synopsis ad Eustathium. Libri ad Eunapium* [*CMG* VI 3], Leipzig et Berlin, 1926 ; *Oribasii Collectionum medicarum reliquiae* [CMG VI 1, 1.2 - 2, 1.2], Leipzig et Berlin, 1928-1933 [réimpr. Amsterdam 1964]).

35 Oribase, *Coll. med.* X 21, 3 [Raeder, *CMG* VI 1, 2, p. 63, 17-21] πιτύροις δὲ καὶ τοῖς ψωρώδεσιν, ἔτι δὲ φθειριάσεως σμήγματα κατάλληλα τεύτλου χυλός, πτισάνης χυλός, θεῖον ἄπυρον, ἐλλέβορος, σταφὶς ἀγρία, σηπίας ὄστρακα κατακεκαυμένα. πάντα δὲ τὰ σμήγματα ἀνήλειπτον προσφέρειν τῷ σώματι, σινδονίῳ ξηρῷ προξηροτριβηθέντι καὶ προϊδρώσαντι, « dans le *pityriasis* et la *psore*, et aussi dans le phtiriasis, il convient de frictionner la peau avec du suc de bette, de la crème de ptisane, du soufre brut, de l'ellébore, de la staphisaigre, des os de sèche brûlés. Il faut employer tous ces médicaments sans faire des onctions, après avoir préalablement frotté le corps à sec avec un linge fin et produit des sueurs » [tr. Bussemaker-Daremberg].

36 Même si le titre du chapitre est « neutre », la suite du passage ne prête pas à confusion et indique bien qu'il s'agit de pédiculose ciliaire.

37 Oribase, *Synopsis* VIII 57 [Raeder, *CMG* VI 3, p. 269, 8-12] : Περὶ φθειριάσεως. Θεραπεύειν χρὴ τούτους πρότερον ἐκκαθαίροντας τοὺς φθεῖρας, ε ἶτα θαλάσσῃ προσκλύζοντας χλιαρᾷ, ε ἶτα προσαπτομένους το ῦ ταρσοῦ τῷ ὑπογεγραμμένῳ φαρμάκῳ· στυπτηρίας σχιστῆς μέρη β', σταφίδος ἀγρίας μέρος α'· λείοις χρῶ [tr. A. Guardasole].

38 Oribase, *Livres à Eunape,* IV 32 [Raeder, *CMG* VI 3, p. 449, 12-14] : Πρὸς τὰς ἐν τοῖς βλεφάροις καὶ ὀφρύσι φθειριάσεις. Τὰς δὲ φθειριάσεις τὰς ἐν τοῖς βλεφάροις καὶ ὀφρύσι θεραπεύει σὺν μέλιτι ἢ οἴνῳ καταχριόμενα σανδαράχη, σταφὶς ἀγρία [tr. A. Guardasole].

39 Pseudo-Oribase, *Eclogae* 6 [Raeder, *CMG* VI 2, 2, p. 187, 22-26] Πρὸς φθεῖρας τὰς ἐν τῇ κεφαλῇ. Σανδαράχην μετ' ἐλαίου ἢ κισσοῦ χυλὸν σὺν μέλιτι ἢ σινωπίδα μετ' ὄξους. ἢ κεδρίᾳ

Les simples dont on avait trouvé trace chez Galien réapparaissent eux aussi, avec des compléments (terre de Sinope, poix humide, laurier ou raifort).

Du VIe siècle de notre ère date l'œuvre encyclopédique *Tetrabibloi* (en seize livres) d'Aetius d'Amida[40], dont le livre VI contient un chapitre entier consacré à la *phtheiriasis*, composé d'une reprise du chapitre de Galien qui était le point de départ de cette étude, avec des ajouts concernant essentiellement la thérapeutique.

> « Sur la *phtheiriasis*. La génération des poux sur la tête survient chez certains individus en masse. Manifestement à cause d'humeurs humides très abondantes, modérément chaudes, rassemblées dans la profondeur de la peau, où il arrive aussi que les poux s'engendrent, non pas à la surface de la peau, sur laquelle se produit le *pityriasis*. Il est donc nécessaire que les médicaments contre eux soient desséchants et capables autant d'attirer depuis la profondeur que d'évacuer. Donc, après avoir cuit des lupins dans de l'eau, ordonne de frotter avec leur décoction ou avec de la décoction de tamaris ou bien fais des lotions avec de l'eau de mer ou de la saumure pure avec du vinaigre ou après avoir mélangé du suc de lierre avec du miel, utilise-le en onctions ou applique en onction du suc de pariétaire au patient au moment du coucher. Un autre remède pour les poux de la tête et de tout le corps. Après avoir broyé de la fleur de cyprus avec du vin, frictionne la tête et le corps tout entier, au moment du coucher. Un autre : deux parts de staphisaigre, d'arsenic rouge et de nitre une part de chaque. Utilise avec du vinaigre. Un autre : après avoir broyé avec de l'huile du sumac qu'on utilise pour les assaisonnements, fais des onctions. Un autre : utilise de l'alun fissile broyé finement avec de l'huile. Un autre : de l'hellébore blanc et de la staphisaigre et du nitre, en quantités égales utilise-les dans le bain avec de l'huile. Un autre : utilise de la racine de patience sauvage avec de l'huile ou un peu de poivre avec une très grande quantité d'huile. Un autre : utilise de l'huile de laurier ou de raifort ; si les cheveux ont été rasés, utiliser la staphisaigre avec du vinaigre e de l'huile ou de l'alun liquide avec de l'huile. Les patients ont bénéfice s'ils boivent 2 drachmes d'ail broyé avec 1 drachme d'origan broyé avec de l'hydromel »[41].

ἢ ὑγρᾷ πίσσῃ μετὰ στυπτηρίας ἢ δαφνίδων πιέσματι ἢ ἐλαίῳ ῥαφανίνῳ. εἰς δὲ τὸ ὅλον σῶμα σταφὶς ἀγρία σὺν ἐλαίῳ ἐπιχριομένη [tr. A. Guardasole].

[40] L'édition critique réalisée par Alessandro Olivieri entre 1935 et 1950 dans le *Corpus Medicorum Graecorum* (volumes VIII 1-2) concerne uniquement les huit premiers livres. Voir, au sujet de la tradition et du travail d'édition des deux dernières τετράβιβλοι (livres 9-16), Antonio GARZYA, « Problèmes relatifs à l'édition des livres IX-XVI du *Tétrabiblon* d'Aétios d'Amida », *Revue des Etudes Anciennes* 86 (1984), p. 245-257.

[41] Aetius, VI 67 (les phrases soulignées indiquent les originalités d'Aetius par rapport à Galien), Olivieri, *CMG* VIII 2, p. 215, 24 - 216, 16 : Περὶ φθειριάσεως. φθειρῶν γένεσις ἐν τῇ κεφαλῇ συμβαίνει τισίν, ἀθρόως παμπόλλων ὑγρῶν μετρίως θερμῶν ἐν τῷ βάθει τοῦ δέρματος συστάντων, ἔνθα καὶ γεννᾶσθαι τοὺς φθεῖρας συμβαίνει, οὐκ ἐπιπολῆς τοῦ δέρματος, ἐν ᾧ ἡ πιτυρίασις συνίσταται. φάρμακα τοίνυν αὐτῶν ἀναγκαῖον εἶναι ξηραντικὰ καὶ μᾶλλον ἐκ τοῦ βάθους ἕλκειν τε καὶ κενοῦν δυνάμενα. θέρμους τοίνυν ἑψήσας σὺν ὕδατι, τῷ ἀφεψήματι αὐτῶν σμᾶσθαι κέλευε ἢ μυρίκης ἀφεψήματι ἢ θαλάττῃ ἢ ἅλμῃ ἀκράτῳ μετ'

Dans un autre passage de son œuvre, Aetius récapitule les simples adaptés à la thérapie de la pédiculose affectant tout le corps[42] : « substances qui évacuent et détruisent les poux de tout genre sur la surface du corps : arsenic rouge, aristoloche, staphisaigre, soufre naturel, cinnamome, roseau odorant, casse, pyrèthre[43], cendre de chêne, racine de concombre sauvage ».

Environ un siècle plus tard (début du VIIe siècle), Paul d'Égine reprend dans sa *Πραγματεία* (*Manuel*, en sept livres)[44] la thérapeutique du témoignage d'Aetius, en ajoutant, comme il en a l'habitude, à la fin du chapitre une remarque renvoyant à son expérience personnelle :

> « Contre les poux sur la tête. Ordonne de frotter avec de l'infusion de lupins bien cuits dans de l'eau ou de la staphisaigre ou de l'arsenic rouge et, après avoir réduit en poudre fine les deux, applique avec de l'huile vieille ou du vinaigre ou du poivre en petite quantité, pour ne pas provoquer d'ulcérations, avec de l'huile ou du suc de lierre avec du miel ou de la terre de Sinope avec du vinaigre ou de la résine de cèdre ou de la poix humide avec de l'alun ou du suc de baies de laurier ou de l'huile de raifort. Quant à moi, j'ai toujours réussi à soigner avec de la staphisaigre bien broyée et appliquée en onction avec du vinaigre et de l'huile »[45].

En revanche, pour la pédiculose ciliaire[46], c'est la thérapie transmise dans la *Synopsis* d'Oribase qu'il choisit de reproduire :

ὄξους κατάντλα, ἢ κισσοῦ χυλὸν μέλιτι μίξας κατάχριε ἢ περδικίου χυλὸν μέλλοντι καθεύδειν κατάχριε. Ἄλλο πρὸς φθεῖρας κεφαλῆς καὶ ὅλου τοῦ σώματος. κύπρου ἄνθος λεάνας μετ' οἴνου, ἀνάτριβε τὴν κεφαλὴν καὶ ὅλον τὸ σῶμα, ὅταν μέλλῃς καθεύδειν. Ἄλλο. σταφίδος ἀγρίας μέρη δύο σανδαράκης καὶ νίτρου ἀνὰ μέρος ἕν· χρῶ μετ' ὄξους. Ἄλλο. ῥοῦν μαγειρικὸν σὺν ἐλαίῳ λεάνας ἄλειφε. Ἄλλο. στυπτηρίαν σχιστὴν μετ' ἐλαίου λεάνας χρῶ. Ἄλλο. ἐλλέβορον λευκὸν καὶ σταφίδας ἀγρίας καὶ νίτρον ἴσα μετ' ἐλαίου ἐν βαλανείῳ χρῶ. Ἄλλο. ἀγρίου λαπάθου ῥίζαν σὺν ἐλαίῳ χρῶ ἢ πεπέρεως βραχὺ μετὰ πλείστου ἐλαίου χρῶ. Ἄλλο. ἐλαίῳ δαφνίνῳ ἢ ῥαφανίνῳ χρῶ· εἰ δὲ ψιλοῦνται αἱ τρίχες, τῇ ἀγρίᾳ σταφίδι μετ' ὄξους καὶ ἐλαίου χρῶ ἢ στυπτηρίᾳ ὑγρᾷ μετ' ἐλαίου. ὠφελοῦνται δὲ πίνοντες σκορόδου λείου < β' μετὰ ὀριγάνου λείου < α' μετὰ μελικράτου [tr. A. Guardasole].

[42] Aetius, III 158 [ed. Olivieri, *CMG* VIII 1, p. 326, 25-28] : Κενωτικὰ καὶ φθαρτικὰ τῶν περὶ τὴν ἐπιφάνειαν τοῦ σώματος φθειρῶν παντοίων· Σανδαράκη ἀριστολοχία σταφὶς ἀγρία θεῖον ἄπυρον κιννάμωμον κάλαμος ἀρωματικὸς κασσία πύρεθρον τέφρα δρυίνη σικύου ἀγρίου ῥίζα [tr. A. Guardasole].

[43] De nos jours les pyréthrines sont encore à la base de nombreux insecticides et parasiticides.

[44] L'édition de référence de Paul est celle de Johan Ludvig Heiberg dans le *Corpus Medicorum Graecorum*, en deux volumes, IX, 1 et IX, 2, 1921-1924. Une traduction française a été réalisée, avec commentaire, uniquement du livre VI, consacré à la chirurgie, par René BRIAU : *Chirurgie de Paul d'Égine*, Paris : Masson, 1855.

[45] Paul d'Égine, III 3, 8 [ed. Heiberg, *CMG* IX 1, p. 137, 8-14] : Πρὸς φθεῖρας τοὺς ἐν τῇ κεφαλῇ. Θέρμων ἀποβρέγματι καθηψημένων ἐν ὕδατι σμᾶσθαι κέλευε ἢ σταφίδα ἀγρίαν ἢ σανδαράχην καὶ ἄμφω λειώσας μετὰ ἐλαίου παλαιοῦ ἢ ὄξους ἐπίχριε ἢ πεπέρεως ὀλίγου, ὥστε μὴ ἑλκῶσαι, σὺν ἐλαίῳ ἢ κισσοῦ χυλῷ σὺν μέλιτι ἢ Σινωπίδι μετ' ὄξους ἢ κεδρίᾳ ἢ ὑγρᾷ πίσσῃ μετὰ στυπτηρίας ἢ δαφνίδων πιέσματι ἢ ἐλαίῳ ῥαφανίνῳ. ἐγὼ δὲ τὴν ἀγρίαν σταφίδα σὺν ὄξει καὶ ἐλαίῳ λειώσας καὶ χρίσας ἀεὶ ἐπέτυχον [tr. A. Guardasole].

[46] Un autre témoignage qui concerne uniquement la pédiculose ciliaire se trouve dans un traité apocryphe attribué à Alexandre de Tralles (VIe siècle) : Pseudo-Alexandre de Tralles, *De oculis* 25 [ed. Puschmann, p. 146, 21 = Zipser, p. 10, 1-2] : Περὶ φθειριάσεως. Ἡ δὲ φθειρίασις γίνεται περὶ τῶν ταρσῶν τῶν βλεφάρων ἐπὶ μοχθηραῖς διαίταις, οἷον ἀδηφαγίαις

> « Contre les poux sur les paupières. Après avoir tout d'abord enlevé soigneusement les poux, il faut laver avec de l'eau de mer tiède ; ensuite appliquer sur le bord de la paupière le médicament suivant : 2 parts d'alun fissile, 1 part de staphisaigre. Utilise-les bien broyés »[47].

Si, en conclusion, nous essayons de dégager un cadre général à partir de tous ces exemples, nous pouvons remarquer le témoignage assez limité de Galien au sujet de la *phtheiriasis*, qui avait pourtant occupé des pages entières de littérature « non médicale ». Cette constatation n'est pas surprenante : le seul statut que la littérature médicale pouvait accorder à la *phtheiriasis* était celui d'une parasitose bénigne, sans aucune composante ni magique ni religieuse, en dépit du reste de la tradition littéraire. Le renvoi de Galien à l'œuvre de Criton, malheureusement pour nous perdue, peut expliquer la portée assez limitée du témoignage sur la thérapeutique.

La perte des *Kosmétika* de Criton est d'autant plus regrettable que nous ne pourrons jamais identifier les sources « non galéniques » pour les médecins byzantins. Plutôt qu'une connaissance directe du texte de Criton par Oribase ou Aetius (que ne conforte nulle preuve certaine), il est plus probable de supposer que la pratique médicale a enrichi le savoir écrit, comme il était souhaité et souhaitable dans des textes médicaux d'usage pratique tels que les encyclopédies ou manuels byzantins.

καὶ ἀλουσίαις καὶ ἀργίαις, « Sur la phtheiriase. La phtheiriase se produit sur les bords des paupières dans les cas de mauvais régimes, tels que voracité, manque d'hygiène et paresse » [tr. A. Guardasole]. Sur ce traité, voir la thèse de Barbara ZIPSER, *Pseudo-Alexander Trallianus* De oculis, *Einleitung, Text, Übersetzung und Kommentar*, I-II, Diss. Heidelberg, 2003, notamment I, p. XXXIX-XLIV ; pour le commentaire de ce chapitre, II p. 68-69.

[47] Paul d'Égine, III 22, 15 [ed. Heiberg, *CMG* IX 1, p. 177, 5-8] : Πρὸς φθεῖρας τοὺς ἐν τοῖς βλεφάροις. Ἐκκαθάραντας πρότερον τοὺς φθεῖρας δεῖ θαλάσσῃ προσκλύζειν χλιαρᾷ, εἶτα προσάπτεσθαι τοῦ ταρσοῦ τῷ ὑπογεγραμμένῳ φαρμάκῳ· στυπτηρίας σχιστῆς με. β′, σταφίδος ἀγρίας με. α′· λείοις χρῶ [tr. A. Guardasole].

La vermine de l'homme dans les *Libri medicinales* d'Aetius d'Amida

Irene CALÀ[1]

La vermine de l'homme est un thème très développé dans les œuvres médicales de l'Antiquité tardive. Après Galien, le sujet est repris dans les encyclopédies médicales d'Oribase de Pergame, d'Aetius d'Amida, d'Alexandre de Tralles et de Paul d'Égine. Dans cette contribution j'analyserai la vermine dans l'œuvre médicale d'Aetius d'Amida.

Aetius, né à Amida (aujourd'hui Diyarbakir), une ville fondée près de la vallée du Tigre dans le sud-est de la Turquie, exerça la médecine durant la première partie du VIe siècle et écrivit les *Livres médicaux* en 16 volumes. Il s'agit d'une œuvre exceptionnelle pour la médecine comme en témoigne le célèbre patriarche de Constantinople Photius (IXe siècle) qui écrit dans la *Bibliothèque* à propos de l'ouvrage d'Aetius :

> « Et pour autant que j'en puisse juger, le présent ouvrage de cet auteur l'emporte en tout point de vue sur les sommaires d'Oribase, aussi bien sur celui s'adressant à Eustathe que sur celui écrit pour Eunape. En effet il les surclasse par les exposés sur les causes des maladies, sur les diagnostics, sur les pronostics, les définitions et par leur ampleur sur les traitements.
>
> Et il va même au-delà, en dominant aussi le résumé des œuvres de Galien effectué par Oribase, car avec moins de volumes il offre un enseignement plus clair et il traite beaucoup plus que lui de nombreuses maladies différentes. [...] En effet, ceux qui ont choisi de démontrer par la pratique que les soins chassent les maladies doivent utiliser avec attention cette oeuvre et l'étudier constamment. Celui qui suivra ce conseil en tirera un bénéfice pour son expérience »[2].

Je présenterai un cadre général des puces et des punaises dans l'œuvre d'Aetius et j'examinerai surtout les vers intestinaux appelés « ascarides »[3].

Les poux (φθεῖρες) sont traités dans les chapitres 158 du livre III[4], le chapitre 67 du livre VI et le chapitre 67 du livre VII dans l'édition des livres I-VIII publiée dans le *CMG*. Aetius écrit sur les puces (ψύλλαι / ψύλλοι) et les punaises (κόρεις) dans les chapitres 43 (πρός ψύλλας) et 44 (πρὸς κόρεις) du livre XIII consacré aux antidotes et aux médicaments contre les animaux

---

[1] Chercheur, rattachée à l'UMR 8167.

[2] Photius, *Bibliothèque. Tome III : Codices 186-222*, ed. R. Henry, Paris : Les Belles Lettres, CUF, 1962, p. 151-152.

[3] J'ai choisi ce thème parce que le texte d'Aetius sur les vers, comme je le montrerai, est très original et plus complet que les autres textes médicaux.

[4] Les références sont données d'après Alessandro OLIVIERI, *Aetius Amidenus, Libri I-VIII*, Leipzig-Berlin : Teubner, 1935-1950, respectivement I [ed. Olivieri, p. 326, lignes 25-28] ; II [ed. Olivieri, p. 215, l. 24 à 216, l. 16] et II [ed. Olivieri, p. 317, l. 22 à 318, l. 4].

venimeux[5].

Aetius[6] écrit sur les vers dans le livre IX, et le sujet du livre est résumé par Photius :

> « Dans son neuvième livre, il commence par les cardiaques, il traite ensuite des patients qui ont l'estomac dérangé par la bile noire et, en conclusion, des affections qui se manifestent à l'entrée de l'intestin, en énumérant des cataplasmes et des remèdes pour ceux dont l'estomac est atteint de différentes maladies. C'est là qu'il traite de patients ayant des spasmes à l'estomac tels que les épileptiques et aussi de la perte de l'appétit, de la faim canine, de l'indigestion et des moyens de soigner ces maux. Il expose aussi comment soulager ceux que l'ivresse rend malades et il prescrit un traitement pour l'obstruction intestinale. Il traite du ballonnement, de l'occlusion et, en somme, des malades souffrant de l'intestin, de diarrhée, de l'affection qu'on appelle colique, de consomption, des vers intestinaux qu'on appelle ronds et plats et de ceux qu'on appelle ascarides. Il traite des affections intestinales qui apparaissent également chez ceux qui ont avalé de l'or ou du bronze ou toute autre matière du même genre ; il décrit les remèdes qu'il faut leur prescrire et, pour les malades atteints de dysenterie, il dresse la liste des médicaments à prendre par voie supérieure et par voie inférieure : pilules, suppositoires, onguents, pansements. Ensuite il termine son livre en traitant du flux d'entrailles »[7].

Les vers intestinaux sont étudiés au livre IX, dans les chapitre 37, « Sur les vers tirés d'Hérodote » (περὶ ἑλμίνθων Ἡροδότου)[8] et 38 « Sur les

---

[5] Les textes sont encore inédits en grec ; le livre XIII a été édité en partie par Skevos Zervos (1905) en 20 chapitres environ (voir note suivante).

[6] L'ouvrage d'Aetius a été publié en grec pendant la Renaissance par la typographie aldine à Venise (1534), mais l'édition aldine se termine avec le livre VIII. Le livre IX n'a fait l'objet, jusqu'au XIXe siècle, que de deux traductions latines ainsi que de l'édition grecque de certains chapitres. Deux traductions sont attribuées à Janus Cornarius, celle publiée à Bâle en 1533 (traduction utilisée par Giovanbattista da Monte dans le deuxième volume de sa traduction d'Aetius, 1534 Venise) et, toujours à Bâle, en 1542. Pendant la Renaissance est aussi écrit un commentaire sur l'œuvre d'Aetius, publié par Cristobal de Horozco (Bâle, 1540), *cf.* Irene CALÀ, « La fortuna dei *Libri medicinales* di Aezio Amideno nell'Europa rinascimentale. Le *Annotationes* di Cristobal de Horozco », *Les Etudes classiques* 80 (2012), p. 187-205. Les chapitres 1-10 ont été publiés dans l'édition grecque de Mustoxydes et Skynas (Venise 1816) et le chapitre 38 a été publié par J. M. af Tengström (Aboae 1817) avec la traduction latine et un commentaire. Le livre IX a été publié intégralement, en 1911, par le médecin Sk. Zervos (Skevos ZERVOS, « Αετιου Αμιδηνου λογος ενατος », *Athena* 23 (1911), p. 265-392). Mais il ne s'agit pas d'une édition scientifique ; Sk. Zervos n'étant pas un philologue, il n'a utilisé que trois manuscrits: *Par. gr.* 2191 (XIVe siècle), *Vind. med. gr.* 6 (XIVe siècle) et *Berol. Phillipps* 1534 (XVe siècle ?). Dans le cadre du projet sur les encyclopédies de l'Antiquité tardive une nouvelle édition du livre IX est en cours et sera publiée dans le *Corpus Medicorum Graecorum*, un projet sous la direction de Philip van der Eijk. Je commenterai donc une nouvelle version du texte, pour laquelle je me suis référée aux manuscrits suivants plus anciens: le manuscrit *Par. gr.* 2196 (Xe siècle), le manuscrit le plus ancien d'Aetius et le manuscrit *Laur. Plut.* 75.18 (XIIe siècle), copié par Ioannikios.

[7] Photius, *Bibliothèque* (ed. cit. note 2), p. 146-147.

[8] Ed. Zervos 366, 1 - 370, 16.

ascarides » (περὶ ἀσκαρίδων)[9]. Le texte d'Aetius est composé de trois parties : Symptômes, Causes et Thérapie.

Selon Archigène d'Apamée[10], médecin du IIe siècle de notre ère et l'une des sources d'Aetius, il existe donc trois types de vers intestinaux : ronds, plats et ascarides[11]. Les ascarides sont un type de vers intestinaux qui s'installent entre la dernière partie de l'intestin et la première du sphincter ; ils sont très courants chez les enfants et provoquent des démangeaisons ainsi qu'une prostration. Selon Aetius les causes de la présence des vers sont au nombre de trois : mauvaise nourriture, froid et aliments avariés.

Aetius fournit beaucoup d'informations sur la thérapie, distinguant celle pour les enfants de celle pour les adultes. Dans la thérapie pour les enfants, la première chose à faire est de purger avec de l'eau de mer ou avec une infusion d'absinthe à base d'huile et la poire à lavement doit être très chaude. Après l'évacuation, il est nécessaire de prendre deux types de remèdes, simples ou composés : des médicaments simples, à base de plantes comme l'acacia, l'hypociste, le jus de grenade, ainsi que l'alun liquide, un minéral astringent ; des médicaments composés, à base de trochisque d'Andronius ainsi que du médicament sous forme de cachet, appelé *sphragis* de Polyeidès[12]. Ces traitements, simples et composés, renforcent les tissus de la peau grâce à leur propriété astringente, bloquent la prolifération des vers et les tuent.

Pour les adultes, il est nécessaire de purger avec de la saumure ou avec une infusion de centaurée très âcre et très chaude. Injecter ensuite (instiller, c'est-à-dire procéder par ἔγχυμα)[13] de l'huile de cèdre[14]. Pour bien injecter l'huile de cèdre et pour faire le lavement il faudra préparer un instrument tubulaire comme une corne avec des trous, plat à la base et d'une taille appropriée. Cet instrument sera introduit par le sphincter et il est conseillé de répéter plusieurs fois la thérapie. Il s'agit évidemment d'une méthode très invasive et, pour cette raison, Aetius recommande au patient de demeurer calme et tranquille.

---

9 Ed. Zervos 370, 17 - 371, 25.

10 Aimilios Demetrios MAVROUDIS, *Archigenes Philippou Apameus*, Athènes : Academia Athenon, 2000 [en grec].

11 Cesare BRESCIA, *Frammenti medicinali di Archigene*, Naples : Libreria scientifica, 1995, p. 14-15.

12 Pour la préparation du trochisque d'Andronius voir Galien, *De compositione medicamentorum per genera* V 12 (XIII 834 Kühn) et Oribase, *Synopsis* III 93 (*CMG* VI 3, p. 93, 16-19 Raeder). Pour la *sphragis* de Polyeidès, voir Archigène (cité note précédente), ed. Brescia, p. 21 et 30-33.

13 Le texte dit : ἐγχυματιστέον, à partir du verbe ἐγυματίζω.

14 Pour l'identification de la κεδρέα, généralement traduit par « huile de cèdre », avec l'huile de genévrier cade, voir Suzanne AMIGUES, « Quelques aspects de la forêt dans la littérature grecque antique », dans *Études de botanique antique* [Mémoires de l'Académie des Inscriptions et Belles-Lettres, 25], Paris : de Boccard, 2002, p. 227. L'usage de l'huile de cèdre est bien sûr recommandé pour sa propriété très chaude ; en effet, dans l'ouvrage sur les simples, Galien écrit que l'huile de cèdre est chaude au quatrième degré, c'est-à-dire le degré le plus chaud (*De simplicium medicamentorum temperamentis ac facultatibus*, VII 10. 16 = Kühn XII 16, 18-19).

Le témoignage de l'historien Hérodote à propos de l'usage de l'huile de cèdre pour la technique de l'embaumement dans l'Égypte ancienne est très intéressant :

> « Pour ceux qui désirent appliquer le traitement moins envahissant et veulent se faciliter la tâche, voici comment ils s'y prennent. Ils remplissent des seringues de liquide gras provenant du cèdre et ils l'injectent dans le ventre du mort sans l'ouvrir ni en retirer les entrailles, en injectant par le fondement et en empêchant le lavement de retourner par où il est entré ; ensuite ils le mettent dans du sel pendant le nombre de jours prescrit. Le dernier jour, ils font sortir du ventre l'huile de cèdre qu'ils y avaient introduit ; son débit est tel qu'il entraîne les intestins et les viscères dissous ; quant aux tissus, ils sont dissous par le natron ; et il ne reste du mort que la peau et les os. Une fois le travail terminé, les embaumeurs restituent le corps, sans avoir plus de peine »[15].

L'huile de cèdre[16] a donc un pouvoir assez fort pour dissoudre les viscères et c'est grâce à cette faculté de dissolution qu'elle peut détruire les vers.

Il existe un autre remède utile, plus indiqué et plus énergique, autant pour les enfants que pour les adultes. Après avoir enlevé la graisse, prendre de la viande affinée et préparer des boulettes allongées adaptées à l'anus. Ensuite, instiller de l'huile à plusieurs reprises par le sphincter. Aetius recommande aussi de manger de la nourriture succulente à base de blé et facilitant la digestion[17].

Une brève comparaison entre le texte d'Aetius et les passages sur le même sujet d'Oribase est assez intéressante. Oribase, médecin du IVe siècle, écrit sur les vers dans les *Collectiones medicae* chapitre 33, 2-5 du livre VIII :

> « Sur les ascarides.
>
> On observe encore à l'extrémité des intestins une autre maladie à travers laquelle se forment certains petits animaux semblables aux vers de la chair en putréfaction et qu'on nomme ascarides ; le traitement de cette maladie consiste en des lavements âcres, dans lesquels se trouvent différentes substances, dont l'huile de cèdre. Dans ce cas, la canule ne doit pas être percée en ligne droite, mais doit présenter sur sa circonférence plusieurs petits trous latéraux. Le liquide injecté ne doit pas être non plus en grande quantité ; de cette facon, le lavement ne dépassera pas les parties qui réclament son action. L'eau de cendres, préparée avec autant de soin que possible, convient aussi dans ce cas ; on l'injectera à l'aide du même instrument »[18].

---

[15] Hérodote, *Histoires,* II, 87 [ed. et tr. Ph.-E. Legrand, Paris : Les Belles Lettres, 1930], tr. modifiée.

[16] Aetius consacre à l'huile de cèdre un chapitre du livre I comme je le préciserai par la suite.

[17] Aetius, IX, 37.

[18] *Oribasii Collectionum medicarum reliquiae*, libri I-VIII, ed. Joannes Raeder, Leipzig-Berlin : Teubner, 1928, p. 286, lignes 11-19. *Œuvres d'Oribase*, tr. Charles Daremberg, Paris : Imprimerie nationale, 1854, vol. 2, p. 244-245.

Le chapitre est très court par rapport au texte d'Aetius. Les éléments communs utilisés sont des lavements âcres et de l'huile de cèdre ; Oribase fournit des informations sur l'instrument servant à injecter l'huile de cèdre. En revanche, il omet les symptômes et les autres remèdes mentionnés par Aetius. Le texte « Sur les ascarides », dans les *Eclogae* attribuées à Oribase, résume les pages d'Aetius[19].

Aetius note d'autres remèdes pour tuer les ascarides. Dans le chapitre 113 du livre I « Sur l'huile de rose »[20], il recommande de boire de l'huile de rose avec de l'eau froide ou chaude ; le remède est aussi utile contre les ascarides et contre les vers appelés « helminthes ». Dans le chapitre 175 du livre I « Sur la calamente »[21], il signale que le jus de cette plante est utilisé pour sa substance âcre non seulement contre les vers ascarides, mais aussi contre les « helminthes » et les *scolekas*. En relation avec le témoignage d'Hérodote déjà mentionné, le chapitre 189 du livre I, « Sur le cèdre »[22], est également très important, car il fournit des remèdes efficaces contre les vers mais aussi contre les poux. Dans chapitre 156 du livre III, « Pour évacuer les vers »[23], le remède est une boisson qui purge les vers ronds et plats, ainsi que les ascarides. Et dans le livre III chapitre 160 nous trouvons encore des remèdes contre les ascarides[24].

Les pages d'Aetius sur les ascarides, dans le livre IX, sont donc plus complètes que le chapitre d'Oribase, et aussi que ceux du petit traité sur les vers d'Alexandre de Tralles ou ceux que du *Manuel médical* de Paul d'Égine. Dans l'*Epistola de lumbricis,* publiée sous le nom d'Alexandre de Tralles figurent, pour soigner les vers ascarides[25], les mêmes remèdes que ceux mentionnés par Aetius[26].

Le sujet des vers intestinaux, dans la production médicale de l'Antiquité tardive à l'époque byzantine, est donc très riche et développé, et, outre les ouvrages d'Oribase, d'Aetius, d'Alexandre de Tralles et de Paul d'Égine, cités précédemment, existent aussi de petits traités, tels que celui d'un auteur par ailleurs inconnu, un certain Achille Archiatre[27] ; il est très

---

19 *Eclogae* 57.7 = *CMG* VI 2, 2 [ed. Raeder p. 222, lignes 5-20].
20 I [ed. Olivieri p. 58, 1 - 59, 9].
21 I [ed. Olivieri p. 79, 16 - 80, 15].
22 I [ed. Olivieri p. 84, 14 - 85, 10].
23 I [ed. Olivieri p. 326, 3 – 8].
24 I [ed. Olivieri p. 330, 6 - 331, 5].
25 Theodor Puschmann, *Alexander von Tralles. Original-Text und Übersetzung nebst einer einleitenden Abhandlung*, Vienne : Wilhelm Braumüller, 1873-1878, II p. 597-599.
26 Le texte d'Alexandre de Tralles est différent de celui d'Aetius. En revanche, celui de Paul d'Égine est plus proche, *cf.* Johan Ludwig Heiberg, *Paulus Aegineta, Libri I-IV*, Leipzig et Berlin : Teubner, 1921, p. 381, 25-382, 11.
27 Roberto De Lucia, « Un opuscolo ΠΕΡΙ ΕΛΜΙΝΘΩΝ e Achille Archiatra », dans *I testi medici greci. Tradizione e ecdotica.* Atti del III Convegno Internazionale (Napoli 15-18 ottobre 1997), ed. A. Garzya, J. Jouanna, Naples : D'Auria, 1999, p. 79-89 ; Roberto De Lucia, « Una redazione inedita del ΠΕΡΙ ΕΛΜΙΝΘΩΝ di Alessandro di Tralle », dans *Trasmissione e ecdotica dei testi medici greci.* Atti del IV Convegno Internazionale (Parigi 17-19 maggio 2001), Naples : D'Auria, 2003, p. 53-63.

remarquable que ce petit traité soit publié dans un unique manuscrit[28], que mentionnent aussi les *Livres médicaux* d'Aetius[29].

[28] Le traité d'Achille se trouve dans les feuilles en parchemin du manuscrit de la BnF, *suppl. gr.* 631.

[29] La nouvelle édition du texte qui en sera publiée dans le *CMG* offrira une version améliorée par rapport à celle publiée par Zervos. Le texte correct sur les ascarides, établi à partir des manuscrits les plus anciens, a déjà montré l'importance d'un nouveau travail pour l'établissement d'un texte plus approprié. Cette contribution n'est que la première étape d'une étude plus vaste sur ce thème.

Recommandations des médecins et agronomes « arabes » pour lutter contre la vermine

Joëlle RICORDEL[1]

Aborder le problème des parasites de l'homme et plus précisément de la vermine dont il est l'hôte, n'est pas aisé car le sujet reste confidentiel sans doute à cause de l'aspect dépréciatif qu'il recèle. Pour en trouver les traces, il faut s'interroger sur le type d'écrits susceptibles de s'intéresser à cette question : satiriques dans certaines peintures sociales, naturalistes pour une description des insectes ou arachnides, médicaux et hygiénistes lorsque l'homme est atteint dans sa santé. Ce sont ces derniers textes qui constituent la matière essentielle de cette étude dans laquelle j'ai essayé de soulever quelques questions, voire d'y répondre : les poux, puces et punaises font-ils partie des préoccupations des médecins de langue arabe ? Comment abordent-ils le sujet dans les traités de médecine écrits entre le VIIIe et le XIIIe siècle ? Que disent-ils de l'origine de la vermine et se conforment-ils aux opinions des Anciens ? Que proposent-ils pour lutter contre l'infestation ?

Je me suis, cependant, d'abord posé une autre question. Pourquoi lors de mes lectures n'avais-je rien retenu sur le sujet ? Désintérêt de ma part ? Pour en avoir le cœur net, j'ai commencé par relire quelques grands textes de la littérature classique pour y chercher la petite bête. J'ai choisi des récits mettant en scène des populations diverses, caravaniers, voyageurs, marchands, vagabonds, pauvres hères de toutes sortes. Je me suis tournée vers les *maqāmāt* (les séances), brèves histoires en prose rimée, dont le personnage central cherche à gagner sa vie par son éloquence. Les modèles du genre ont pour auteurs al-Hamaḏānī [2] et al-Ḥarīrī [3] qui mettent en scène un narrateur souvent un peu naïf et un faux mendiant astucieux et souvent sans scrupules. J'avais espéré que ces vagabonds de *génie* seraient en proie aux poux, aux puces et autres parasites mais rien ne l'évoque dans les récits car ces *malins* sont davantage célébrés pour leur esprit et leurs dons de beaux parleurs que pour leur aspect physique qui semble être un travestissement destiné seulement à surprendre l'auditoire.

Les *riḥla,* relations de voyages, d'Ibn Faḍlān [4], d'Ibn Ǧubayr[5] et d'Ibn Baṭṭūṭa [6], pourtant riches en aléas qui émaillent leurs itinéraires au sein

[1] Chercheur, associée à l'UMR 7219 (CNRS).

[2] Badī` al-Zamān al-Hamaḏānī (969/1008), *Maqāmāt*, Beyrouth : Dār al-Kutub al-`ilmiyya, 2006.

[3]Abū al-Qāsim al-Ḥarīrī, *Le livre des malins. Séances d'un vagabond de génie*, Paris : Phébus, 1992.

[4] Xe siècle.

[5] Né en 1145.

des caravanes, dans le monde islamique et hors de ses limites, n'abordent pas non plus ce sujet. Seul, Ibn Faḍlān, parti en ambassade[7] auprès du roi des Bulgares, sur les bords de la Volga, rencontre sur sa route des tribus turques, les Bashgird, dont la saleté est repoussante. Il écrit :

> « Ce sont les Turcs les plus méchants, les plus sales et les plus hardis à tuer... Ils se rasent la barbe et mangent les poux. On peut en voir examiner la couture de leur tunique et manger les poux avec les dents. Nous avions avec nous un Bashgird qui s'était converti à l'islam et qui était à notre service. Je le vis un jour, trouver un pou dans son vêtement, l'écraser avec l'ongle qu'il lécha »[8].

L'étonnement et le dégoût semblent animer Ibn Faḍlān face à ces Turcs généralement non encore islamisés.

Alors, les ablutions précédant les cinq prières légales, la multiplication des hammams, les règles d'hygiène et de soins de beauté établies ont-elles un effet limitatif sur la prolifération de cette vermine qui envahit les humains et nuit à leur santé et à leur tranquillité ? Ou bien au contraire, ces parasites sont-ils tellement habituels dans le quotidien de l'homme qu'on ne pense même plus à mentionner les gênes et les tracasseries dont ils sont la cause ?

Ils sont là, pourtant, et bien présents au détour d'une page. La trente-septième[9] des *Mille et une nuits* en donne un exemple lorsque le calife rencontre un pêcheur qui porte une « robe de grosse laine rapiécée en cent endroits, avec des théories de poux ». Voulant se promener incognito, le prince échange ses vêtements contre la robe et le turban du pauvre homme. À peine s'en est-il vêtu que « déjà les poux couraient sur la peau du calife. De la main droite, de la gauche, il les saisissait sur sa nuque pour s'en débarrasser ». Aux récriminations du calife : « La peste soit de toi, pêcheur, ta robe n'est qu'un boisseau de poux », l'homme interpellé, dans la résignation de sa vie quotidienne, répond sans perdre contenance : « "Seigneur, c'est un mauvais moment à passer mais tu verras : dans une semaine, tu ne sentiras plus rien et tu n'y penseras même plus" ».

La vermine apparaît encore dans deux récits truculents et satiriques du *Livre des avares* d'al-Ǧaḥiẓ (776-868). On y rencontre un certain Asad ibn Ġānī qui en hiver, « couchait sur un lit de roseaux écorcés car les puces glissent sur leur surface lisse et polie » et un second personnage, Abû Qutba, qui disait : « "Gardez-vous de vesser dans vos vêtements de jour et dans les couvertures dans lesquelles vous dormez car les vesses engendrent les poux ! Vous pouvez me croire, je parle en connaissance de cause" »[10].

---

[6] Né en 1304.

[7] Ibn Faḍlān est parti en 921, sous le règne du calife abbasside al-Muqtadir (908-932).

[8] Ibn Faḍlān, « Récit de voyage, Au pays des Turcs » dans *Voyageurs arabes Ibn Faḍlān, Ibn Ǧubayr, Ibn Baṭṭūṭa et un auteur anonymę*, tr. Paule Charles-Dominique, Paris : Gallimard, *nrf*, 1995, p. 42.

[9] *Les mille et une nuits, Contes choisis*, ed. et tr. Eddine Bencheikh et André Miquel, 3 vol., Paris : Gallimard, 1991, 37e nuit, vol I, p. 160.

[10] Al-Ǧaḥiẓ, *Le livre des avares*, tr. Charles Pellat, Paris : Maisonneuve et Larose, 1997, p. 147 et p. 164.

Ces évocations littéraires, pour discrètes qu'elles soient, m'ont convaincue que lutter contre la vermine était un problème réel, que certaines classes de la population étaient plus touchées que d'autres, riches voyageurs, personnages de haut rang semblant protégés du fléau. L'importance donnée, dans les traités médicaux, aux mesures de protection des lieux de vie, aux conseils d'hygiène et aux traitements des personnes infestées a permis d'en savoir plus.

Pour bien interpréter les textes médicaux lors de leur traduction, il convient d'abord de se pencher sur le vocabulaire employé pour désigner poux, puces et punaises. Or, la terminologie arabe est source de difficultés. En effet, le lexique distingue souvent mal les différents types d'animaux nuisibles. Il existe bien sûr des termes spécifiques pour désigner les parasites. Ainsi, *al-burġūṯ*, pluriel *barāġīṯ*, est la puce ; *al-qamla wa al-ṣu'āba,* le pou et la lente, appelés de façon plus imagée *banāt al-durūz*, les filles des habits ; *al-qummal*, la teigne ou la vermine ; *al-fusayfisā',* les punaises de lits encore nommées *banāt al-ḥaḍīr*, les filles du pus. Au sujet des punaises de lit, déjà une certaine imprécision est manifeste puisqu'on les appelle également *baqq,* nom qu'elles partagent avec le cousin. À côté de ce vocabulaire, plus ou moins spécifique de chaque espèce, les médecins-pharmacologues emploient les mots *ḏabāb* et *hawām.* Or, ces termes, s'ils désignent plus exactement les mouches pour les premiers et les animaux qui rampent comme les serpents ou le scorpion pour le second, c'est-à-dire des nuisibles en général, peuvent s'appliquer également, en particulier, à certains parasites de l'homme et de l'animal, le pou ou la puce, comme l'attestent les dictionnaires de la langue classique. L'imprécision de ce vocabulaire fait que, souvent, seul le contexte permet de distinguer le nuisible dont il est question. Pour l'heure, je m'en tiendrai aux quelques parasites de l'homme et de l'animal cités ci-dessus, en essayant, grâce aux livres de médecine et d'agronomie, de dégager les causes de leur développement et les recommandations pour les éradiquer.

Les médecins ont d'abord cherché à déterminer les causes de l'apparition des parasites chez l'homme et étudient l'un des facteurs qui leur semble capital : le climat.

Ils soulignent que celui-ci joue un rôle important dans leur développement, surtout s'il est humide et chaud. En effet, l'humidité de l'air engendre la putréfaction, comme l'indique, au XIIIe siècle, `Abd al-Laṭīf al-Baġdādī dans sa *Relation de l'Égypte.* Il écrit à propos des régions orientales : « Aussi remarque-t-on que les cantons d'Égypte qui sont découverts et exposés au souffle du vent d'Est, ont une plus belle apparence que les autres ». Celles qui sont à l'ouest et proches des rives du Nil sont plus malsaines :

> « La grande humidité de l'air est cause que la putréfaction se développe promptement dans ce pays ; que les rats, engendrés par le limon y sont en grande quantité ; que l'on y trouve en abondance, à

Kous[11], des scorpions dont la piqûre est souvent mortelle ; et que les punaises, les mouches et les puces, y durent une grande partie de l'année »[12].

À l'inverse, un climat sec et froid en hiver protège d'une telle plaie et, comparé au climat égyptien, celui de Bagdad est beaucoup plus sain. Les médecins y constatent le faible nombre des maladies de peau. Ibn Buṭlān, par exemple, indique que :

> « Bagdad est un pays du Nord dont l'eau n'est pas trouble et qui n'a pas différentes sortes d'air. Pendant l'hiver elle reçoit des pluies et parfois il y tombe de la neige qui, à cause du froid hivernal, gèle sur les rives du Tigre... On ne voit pratiquement pas chez les Bagdadiens des galeux ou des croûteux et il n'y a chez eux ni asthmatiques ni exémateux »[13].

Ainsi, le climat influence-t-il directement l'organisme humain, car comme le précise Ibn Sīnā (Avicenne), « L'air humide relâche la peau et humidifie le corps »[14].

Ces considérations à propos du rôle du climat dans la prolifération des nuisibles et de son influence sur la santé de l'homme conduit à examiner quelle place occupe la peau, premier organe affecté par les poux et les puces, dans les traités médicaux. Du fait de l'organisation interne des livres de médecine qui traitent, dans des parties indépendantes, l'anatomie du corps humain en décrivant de la tête aux pieds tous les organes, la physiologie, la pathologie et la thérapeutique capable de soulager leurs affections, les données sont disséminées au fil des chapitres. La peau ne fait pas partie des organes vitaux ; c'est plutôt une enveloppe qui contient les organes et les protège. De ce fait elle n'est pas traitée à l'égal d'un organe essentiel comme le foie, le cerveau le cœur... Cependant, elle est un indicateur de bonne ou de mauvaise santé par sa couleur et sa texture. C'est par elle que l'organisme rejette ses déchets comme, par exemple, la sueur. Ses atteintes graves ou légères signent les maladies. C'est pourquoi, si la peau en elle-même, ne présente qu'un intérêt relatif, les manifestations à sa surface, bubons, abcès, pustules, irritations, desquamations, rougeurs, tâches diverses... sont les manifestations des maladies de la peste à la rougeole en passant par le vitiligo, l'érythème, la pyodermite, la gale, le kyste, l'eczéma... Dans ce contexte, les démangeaisons, boutons et désagréments causés par les piqûres de poux, puces et autres petits parasites de l'homme n'occupent qu'une infime partie du discours médical. Ces questions sont souvent évoquées dans

[11] Qūs est une ville de Haute-Egypte située dans une boucle du Nil, sur la rive droite. C'est un pont de passage vers la mer Rouge et au XIIIe siècle, elle est considérée comme la troisième ville d'Égypte.

[12] `Abd al-Laṭīf al-Baġdādī, *Relation de l'Égypte*, tr. Antoine Sylvestre de Sacy, Paris, 1810, p. 6.

[13] Joseph SCHACHT, Max MEYERHOF, *The Medico-Philosophical Controversy Between Ibn Butlan of Baghdad and Ibn Ridwan of Cairo, A Contribution to the History of Greek Learning among the Arabs*, Le Caire : The Egyptian University : The faculty of arts n° 13, 1937 (Ibn Buṭlān : description de Bagdad, texte arabe : p. 55-56, trad. anglaise : p. 89).

[14] Ibn Sīnā, *Al-Qanūn fī al-ṭibb*, Beyrouth : Dār al-kutub al-`ilmiyya, 1999, 3 vol., vol. I, p. 119.

les chapitres sur l'embellissement, *al-zīna*. Cette partie du discours médical s'intéresse aux soins à apporter au cheveu et au cuir chevelu, aux extrémités (jambes, ongles) et à leurs maladies, à la façon de conserver un beau teint...

Sur l'origine des poux et puces chez l'homme, les théories des médecins arabes ne sont pas nouvelles et sont à rattacher aux conceptions énoncées notamment par Galien. Si le climat peut prédisposer la nature de l'homme à l'apparition des parasites, son alimentation peut également y contribuer et l'une des recommandations est d'éviter la consommation de figues et de favoriser la consommation d'ail. Il s'agit d'éviter ce qui peut entraîner la complexion vers l'humidité porteuse d'une certaine chaleur qui favorise la naissance des poux et des puces.

Au IXe siècle, Ibn al-Ǧazzār indique :

> « À propos de la vermine qui apparaît à la tête : La vermine et les poux abondent sur la tête et le reste du corps, cela provient d'une humeur putride que la nature dirige vers la peau et la chair »[15].

Cette même idée d'une origine interne des poux et des lentes, est présente chez Ibn Sīnā qui affirme, au chapitre 7 (*De l'embellissement*), Livre IV du *Canon*, qu'« une matière humide porteuse de chaleur ou en contact avec la chaleur est repoussée vers la peau ». Il explique ensuite que, parfois, cette matière humide atteint les couches supérieures de l'épiderme sous l'effet de la sueur, de la crasse et que selon sa malignité, elle engendre ou non des maladies graves. Si cette matière n'est pas sous l'effet d'une force qui la corrompt et si elle ne se putréfie pas rapidement, elle peut favoriser l'apparition de la vie et c'est alors que naît et s'agite le pou[16]. Si la nature humide s'inclinant vers le chaud est la première cause de la survenue des parasites, l'alimentation est la seconde comme indiqué ci-dessus. Sont à déconseiller les « aliments qui produisent un bon chyme léger qui se déplace vers l'extérieur comme la figue ». Le poulet et le pigeon conservés dans du vinaigre de raisin ou de verjus ou du vinaigre de limes[17] ainsi que la consommation d'ail, sont au contraire recommandés[18]. D'autres facteurs ou activités humaines, comme le manque d'hygiène ou le coït, sont aggravants.

Sur la théorie de l'origine interne de la vermine, une interrogation se fait jour au XIIe siècle mais reste sans prolongement. Le médecin d'Al-Andalus, Abū Marwān Ibn Zuhr (Avenzoar) écrit : « Il arrive que les cheveux aient des lentes et les gens sont en désaccord sur la cause de leur formation ». Et, à propos de l'« Affection qui fait apparaître le pou sur la tête », il explique :

> « Sur ce qui engendre le pou sur la tête, Galien est d'avis qu'il sort de l'épiderme humain lui-même, d'autres pensent qu'il naît de la crasse qui colle à la peau et de toutes façons il naît d'une humeur très

---

[15] Ibn al-Ǧazzār, *Zād al-musāfir*, Tunis : Bayt al-Ḥikma, 2000, p. 82.

[16] Ibn Sīnā, *Al-Qanūn fī al-ṭibb,* vol. III, p. 381.

[17] *Citrus latifolia - Citrus aurentiifolia.*

[18] Ibn Zuhr, *Kitāb al-taysīr fī al-mudāwāt wa al-tadbīr*, Rabat : Akādīmiyya al-mamlaka al-maġribiyya, 1991, p. 59.

humide évoluant vers la chaleur et qu'alors elle est atteinte de putréfaction, et je ne dis pas de putréfaction totale mais plutôt d'un début d'état de putréfaction »[19].

Le discours médical comprend plusieurs aspects. Il consiste d'abord à protéger l'environnement et les lieux de vie contre l'invasion des nuisibles de toute sorte puis à traiter les animaux infestés qui vivent au plus près de l'homme et dans ce cas, les conseils proviennent essentiellement des agronomes qui incluent dans leurs ouvrages des chapitres traitant de médecine vétérinaire. Enfin, il propose aux individus des traitements préventifs et curatifs. Pour débarrasser l'entourage de l'homme de tous les *hawām*, Avicenne invite en premier lieu à s'entourer de certains animaux censés s'en nourrir. On se trouve là dans le cas de l'imprécision du vocabulaire, car les cigognes, paons, hérissons, mustélidés cités par le médecin dans le paragraphe qu'il consacre à ce sujet[20] absorbent bien des insectes, criquets ou autres petits animaux (lézards, petits serpents, vipères…) mais sont eux-mêmes les hôtes d'acariens, de petits poux, puces ou tiques. Ils ne seront pas utiles pour assainir l'environnement de l'homme et peuvent au contraire le contaminer. Dans ce chapitre général, le but d'Avicenne est sans doute de détruire principalement les serpents, vipères et scorpions mais on voit bien, à travers cet exemple, les difficultés de compréhension que peut entraîner une terminologie, *hawām,* qui englobe à la fois le général et le particulier.

Les agronomes s'intéressent également à la protection des lieux de vie et proposent des traitements antiparasitaires pour les animaux vivant au contact de l'homme. Ce ne sont pas des animaux domestiques, chat ou chiens, mais des pigeons et des poules destinés à la consommation alimentaire, ainsi que des abeilles. Ibn al-`awwām de Séville (XIIe siècle) préconise de « supprimer la vermine des plumes des pigeons (qui vivent dans les maisons) en enduisant leurs plumes avec du mercure mélangé à de l'huile de violette et en répétant cela plusieurs fois ». Alors, dit-il : « la vermine tombe de leurs ailes »[21]. Quant aux poules, elles sont infestées par les poux rouges (*Dermanyssus gallinae*) qui, par les démangeaisons qu'ils occasionnent, entraînent une baisse de la ponte et qui peuvent avoir l'homme comme hôte. Selon l'agronome andalou, les poules atteintes par la vermine seront traitées par une préparation à base « de myrte et de cumin dans du *nabīḏ* »[22] avec laquelle on lavera les poules[23]. C'est aussi dans les traités d'agronomie que l'on décrit les maladies dues aux parasites et qui touchent les abeilles. Ibn al-`awwām écrit à ce sujet : « On les enfume avec le cœur

---

[19] *Ibid.*

[20] Ibn Sīnā, *Al-Qanūn fī al-ṭibb,* vol.III, p. 308.

[21] Ibn al-`awwâm, *Kitāb al-filaḥa :* Ibn al-`awwâm, *Libro de agricultura*, Banqueri J.A. (ed. trad.), ed. facsimil : Madrid, 1988. vol. II, p. 700.

[22] Toute boisson alcoolisée (ou vin) et préparée à partir d'ingrédients divers, fruits dattes, raisins secs ou grains.

[23] Ibn al-`awwâm, II, p. 714.

du *al-sāğ* [24]ou, si on n'en dispose pas, avec des branches de pommier en les faisant macérer dans du vin ou du sirop parfumé ou du rob et si les poux entrent en contact avec le mélange, ils s'en vont »[25]. Quels sont ces poux qui parasitent les abeilles ? Ibn al-`awwām les décrit comme provenant des fleurs pendant un printemps sec et chaud. On pourrait donc supposer qu'il s'agit de parasites comme la cochenille mais la question du pou de l'abeille est également évoquée, en 1758, par un Français, spécialiste des abeilles, M. J. Simon, avocat en Parlement et Censeur royal. Dans son livre *Le gouvernement admirable ou la république des abeilles,* Simon assimile les poux des abeilles aux poux rouges des poules :

> « Les poux des abeilles sont une vermine qu'attrapent celles qui se posent autour des fumiers pour y trouver l'urine, car ce sont les poux des poules qui, s'étant attachés à une abeille, en produisent d'autres et les communiquent à d'autres abeilles ; ils sont rouges... ils s'attachent au duvet des abeilles à la racine de leurs petites pattes en dessous de leur petite poitrine ou corselet »[26].

En l'occurrence, la description, peu précise, d'Ibn al-`awwān ne permet pas de reconnaître les parasites dont souffrent les abeilles et de trancher sur leur nature.

Ces précautions dans le traitement des animaux familiers, ou de ceux avec lesquels l'homme est en contact, s'accompagnent de mesures d'assainissement des maisons elles-mêmes. Il s'agit d'en traiter toutes les parties, murs, fenêtres, toitures ainsi que les meubles, nattes et tapis. Sans spécifier, encore une fois, quels nuisibles sont concernés, Avicenne écrit que l'on fera des fumigations de bois de grenadier et que l'on répandra de la cendre de bois de pin avec du galbanum[27] dans les maisons et spécialement autour des lits et des sièges.

De façon beaucoup plus précise, il donne des recettes pour chasser les puces. Un premier procédé consiste à asperger la maison d'eau dans laquelle on a fait macérer de la coloquinte ou de décoction de caroubier ou de ronce. Une seconde pratique est de diffuser des vapeurs de soufre et de feuilles de laurier, ce qui les éloigne également. La literie peut être assainie grâce à une herbe appelée *kaykwāna,* l'herbe aux puces, qui enivre, engourdit et tue le parasite. Cette plante, dont le nom est sans doute déformé du persan *kaykrāša,* correspond au psyllium ou pucière (*Plantago psyllium* L.). Plus étrange est la recette qu'Avicenne a la sagesse de considérer comme un on-dit, et qui consiste à déposer « du sang de bouc dans des trous des maisons » pour que les puces s'y rassemblent et que l'on puisse les y détruire, un procédé identique étant de les rassembler « sur du bois imbibé de sang de hérisson »[28].

---

[24] Arbre qui pourrait être le teck, *Tectona grandis L.*
[25] Ibn al-`awwâm, II, p. 727.
[26] Jean Baptiste SIMON, *Le gouvernement admirable ou la république des abeilles,* Paris : Nyon (éd), 3e ed., 1758, p. 165-166.
[27] Ibn Sīnā, *Al-Qanūn fī al-ṭibb,* vol. III, p. 308.
[28] Ibn Sīnā, *Al-Qanūn fī al-ṭibb,* vol. III, p. 309.

La destruction des punaises de lits se fait également par des fumigations « de sciure de bois de pin ou avec du vitriol ou avec de la nigelle, le meilleur étant un mélange des trois ». La literie est enfumée et bassinée par un mélange de myrte sec, soufre et bdellium auxquels sont ajoutées une épine à l'odeur infecte appelée *qūnūrā*[29], de la bouse de vache et de la rue sauvage[30]. *Al-kaykwāna, al-qūnūrā* et le daucus portent tous le nom commun d' « herbe aux puces » qui signe leur principale propriété. Parmi les préparations composées employées en fumigations, Avicenne préconise pour chasser les vipères et les nuisibles des lits d'enfumer par un mélange d'opium, de nigelle, de galbanum, de corne de bouquetin, de soufre et d'ongle de chèvre ou, dans d'autres recettes, il recommande[31] d'employer l'encens, la staphisaigre, l'arsenic, le soufre et particulièrement le *sukk,* médicament composé dans lequel entre du musc ou des préparations des vésicules l'ayant contenu.

On note donc que deux procédés de désinfection sont principalement recommandés pour les lieux d'habitation. Le premier est l'aspersion avec des décoctions de plantes. Le second, qui semble le plus répandu, est la fumigation, c'est-à-dire le fait d'utiliser la vapeur, la fumée ou les produits d'oxydation de certaines substances brûlées ou chauffées. Dans ces fumigations entrent aussi bien des substances végétales comme le bois brûlé des pins ou grenadiers, que des substances animales (sabots, cornes ou poils) et des minéraux (soufre, arsenic ...). Sans doute les principes actifs de la substance, dégagés lors de la combustion, ne sont-ils pas les seuls effets recherchés car les nuisibles, dont les puces, sont réputés avoir une aversion pour la fumée et fuir certaines odeurs. Celles dégagées par les substances préconisées sont fortes et souvent désagréables comme les odeurs que peuvent répandre l'ambre (parfum tenace, musqué et complexe), l'opium (odeur entêtante vireuse et très forte), la nigelle (âcre, épicée et piquante), le soufre (suffocante), la coriandre (à forte odeur de punaise), la scabieuse (musquée), le bdellium (odeur de myrrhe, un peu acide, nauséeuse), le galbanum (forte et désagréable pour la gomme)... le myrte, le storax, l'encens, les fientes... Ainsi, les fumigations permettent d'éloigner les puces, en répandant dans la maison de puissantes odeurs qui agissent comme des répulsifs. Le but recherché est d'établir une barrière odorante protectrice contre la vermine, et les exhalaisons sont un moyen d'y parvenir.

---

[29] Cette herbe aussi appelée *qūnīzā* ou *qūnūzā*, serait l'herbe aux puces, *Inula pulicaria*, distinguée par la fétidité de son odeur du *Coniza-inula.* Voir : Ibn al-Bayṭār, *Al-ǧāmi' li-mufradāt al-adwiya wa al-aġḏiya,* Dār al-Madīna [s.d] ; L. Leclerc, *Ebn al-Beïthâr : Traité des Simples. Notices et extraits des manuscrits de la Bibliothèque Nationale,* Paris : Imprimerie Nationale, 1877-1883. Nouvelle ed. : *Ibn al-Baytâr, Traité des simples : Traduction de L. Leclerc.* Paris : Institut du Monde arabe. 1987, II, n° 1448.

[30] Ibn Sīnā, *Al-Qanūn fī al-ṭibb,* vol. III, p. 309.

[31] *Ibid.*, p. 308.

L'emploi de ces décoctions et fumigations est conjugué à celui de certains végétaux, secs ou frais, placés directement dans le lit ou sur un linge ou sur des écorces au pied des sièges.

Le *Canon* d'Avicenne, dont un chapitre du Livre IV est consacré à la prévention et au traitement, a servi de base à cette partie de l'étude. Les données ont été renforcées par d'autres écrits : *Al-Hārūniyya*[32] de Masīḥ al-Dimašqī, médecin du calife Harūn al-Rašid (786-809), *Zād al-musāfir*[33] d'Ibn al-Ğazzār (IXe siècle) et par les traités de matière médicale *Al-Musta'īnī*[34] d'Ibn Biklāriš (fin XIe siècle) et *Traité des simples*[35] d'Ibn al-Bayṭār (XIIe-XIIIe siècles).

L'hygiène corporelle est l'une des bases de la prévention. Son absence, comme l'indique Ibn Sīnā, entraîne toutes sortes de dysfonctionnements et facilite l'invasion du corps par les maladies et les parasites. Il écrit que : « Ce qui facilite l'apparition du pou c'est de cesser d'entretenir le corps et de se laver ».

Dans le premier livre du *Canon*, Ibn Sīnā décrit avec beaucoup de soin les bienfaits du *ḥammān* et de ses eaux. L'heure et la durée du bain, la chaleur et le froid qu'il peut procurer doivent être adaptés à chacun selon sa nature et son âge. Les eaux soufrées sont les meilleures pour les affections cutanées ; « elles nettoient la surface du corps des boutons et ulcères chroniques et mauvais »[36]. Les bains spécialement efficaces contre les poux et les lentes sont ceux d'eau salée suivis de bains d'eau douce[37].

Ibn al-Ğazzār recommande spécialement les shampoings et les frictions d'eau de mer à laquelle on substituera, en cas de manque, de l'eau additionnée de sel[38].

Pendant les bains, il convient d'employer des produits détersifs (*ġasūlāt*) préparés à base d'eau de cuisson de plantes douées de vertus antiparasitaires tels le lupin dont les qualités sont soulignées ou le sumac, mais aussi antiseptiques ou sudorifiques comme le tamaris, l'origan, les feuilles de cyprès et les aiguilles de pin. Les boues (*madarāt*) sont associées aux produits lavants et réputées efficaces[39].

Le bain est suivi de frictions à effet répulsif, à pratiquer sur le corps entier, précédées de pulvérisations, par exemple, d'un mélange en quantités

---

[32] *Al- Ḥārūniyya*, ms. 16442, Bibliothèque Nationale, Tunis ; Suzanne GIGANDET, *La Risāla al-Hārūniyya de Masīḥ b. Ḥakam al-Dimašqī (*ed., trad.), Damas : Institut français d'Études Arabes de Damas, 2001.

[33] Ibn al-Ğazzār, *Zād al-musāfir,* Rhadi Jazi, Faruq Asli (ed.), Tunis : Académie des sciences, des lettres et des arts Bayt al- Ḥikma, 1999, 2 vol.

[34] Joëlle RICORDEL, *« Al-Musta'īnī » : Les « Tables des médicaments simples » d'Isḥāq Ibn Biklārish – Edition, traduction et analyse (des lettres alif à zāy).* Thèse de doctorat en épistémologie et histoire des sciences, Université Paris 7-Denis Diderot, 25 novembre 2004.

[35] Ibn al- Bayṭār, *Al-ğāmi' li-mufradāt al-adwiya.*

[36] Ibn Sīnā, *Al-Qanūn fī al-ṭibb,* vol. I, p. 142.

[37] *Ibid.,* vol. III, p. 381.

[38] Ibn al-Ğazzār, *Zâd al-musâfir,* p. 82.

[39] Ibn Sīnā, *Al-Qanūn fī al-ṭibb,* vol. III, p. 382.

égales de *kundus*[40] et de staphisaigre. L'une des recettes données par Avicenne comprend pour une part de jus de chélidoine à fleurs rouges, une part de costus et une demi-part de borax, deux parts et demie d'amidon. L'ensemble doit être cuit au four et mélangé à du vinaigre[41].

Les huiles de macération de plantes odorantes sont utilisées pour les massages. Parmi les composants mentionnés le plus régulièrement, figurent les aiguilles de pin, les fleurs de cyprès, les graines de genévrier, la racine de mandragore, la feuille de vitex, l'asa-fœtida, les fleurs de malabathrum frais, les graines de jusquiame, les graines de baumier et le raifort.

Bains, lavages détersifs, pulvérisations et frictions constituent des mesures préventives. En cas d'infestation, il faut recourir à un traitement médical plus complexe dont Avicenne fixe le mode opératoire suivant :

> « Pour les puces dont on n'a pas arrêté la prolifération, il faut d'abord appliquer comme traitement un nettoyage du corps particulièrement par la saignée et un régime adapté, supprimer ce qui provoque le mouvement des matières vers l'extérieur comme nous l'avons dit puis employer des médicaments locaux. Continuer les bains et l'entretien (du corps) est bénéfique. On continue les bains à l'eau salée puis à l'eau douce, c'est excellent ; il faut continuer à changer de vêtements et porter de la soie et du lin. Il faut prendre des médicaments qui éliminent les puces comme l'ail dans une préparation de pouliot. Quant aux médicaments locaux, il faut qu'ils soient asséchants, résolutifs et doués d'une force attractive vers l'extérieur et si le problème est important, il convient d'y mélanger des forces toxiques »[42].

On voit que la méthode consiste d'abord à traiter l'hôte des poux et des puces comme s'il était atteint de maladie. On pratique en premier lieu une saignée, ce qui va bien dans le sens de la théorie de l'origine humorale de la prolifération des parasites. Le traitement diffère d'ailleurs, selon que la personne infestée est de tempérament chaud ou de tempérament froid. Ibn al-Ǧazzār fait cette distinction appliquant aux premiers une préparation à base de mercure, substance froide et humide au 4ᵉ degré, ou éventuellement de litharge, froide et sèche au 3ᵉ degré auxquels sont ajoutés de l'huile et du vinaigre. Pour les seconds, il faudra choisir des substances chaudes plutôt au 3ᵉ et 4ᵉ degrés comme la staphisaigre, le natron, l'arsenic, l'hellébore des Anciens, l'excipient étant la graisse mélangée à du vinaigre. Ainsi, on refroidira ou réchauffera les tempéraments pour les incliner vers l'équilibre. Un régime alimentaire est associé au traitement, il rejoint les conseils du régime préventif consistant à rejeter les aliments produisant un chyme légèrement échauffant et à consommer de l'ail. Les méthodes d'hygiène corporelle comprenant bains, lavages détersifs, frictions et pulvérisations sont prescrites dans le traitement comme dans la prévention. Les substances utiles en applications locales restent également les mêmes. On peut signaler cependant que deux huiles sont particulièrement recommandées pour leur

---

[40] D'identification douteuse, le *kundus* peut être le saponaire d'Égypte.
[41] Ibn Sīnā, *Al-Qanūn fī al-ṭibb*, vol. III, p. 382.
[42] Ibn Sīnā, *Al-Qanūn fī al-ṭibb*, vol. III, p. 381.

efficacité : l'huile de carthame et l'huile de raifort qualifiée d'extraordinaire. Sans reprendre la liste fastidieuse des substances énumérées par Avicenne, il semble cependant intéressant de mentionner quelques exemples de remèdes composés dans lesquels apparaissent les associations de simples d'origine végétale et minérale et parfois le mode de préparation :

1) Staphisaigre, arsenic rouge et natron ; on triture avec du vinaigre et de l'huile, en frictions sur la tête ;

2) Hellébore des Anciens et natron ou feuilles de laurier rose dans l'huile ;

3) Aussi, prendre de la moutarde et du *kundus* (saponaire d'Égypte ?), les triturer ensemble et verser dessus doucement du vinaigre, avec du mercure trituré ; remède très puissant ;

4) De la même façon prendre du soufre, de l'arsenic, de l'aristoloche et des cendres de chêne, du costus et de la myrrhe ;

5) Aussi : du *kundus*, de l'arsenic rouge, de l'aristoloche longue, du goudron, du fiel de bovin en quantité nécessaire pour malaxer le remède, ce qui donne une pommade très bonne ;

6) Et aussi : du goudron, de la gentiane, de l'arsenic et de l'huile essentielle de lys ;

7) Et aussi : la staphisaigre, des feuilles de laurier rose, de l'alun yéménite »[43].

Enfin, le traitement comprend le conseil de bon sens du rejet des vêtements contaminés et le choix de matières textiles, coton ou soie, moins susceptibles d'entretenir la transpiration et d'entraîner une macération de la peau.

Les livres de matière médicale confirment, mais sans systématisation, les vertus des simples cités par les médecins dans les traitements antiparasitaires[44].

Après avoir énoncé toutes les recettes et tous les moyens préconisés pour éradiquer poux, puces et punaises du voisinage de l'homme et pour protéger son épiderme de leurs attaques, il reste à leur rendre justice puisque ces parasites ont, selon Ibn al-Bayṭār, leur place dans la pharmacopée. Cet auteur rapporte, en effet, un fait d'expérience selon lequel le pou, mis dans une fève et donné à un malade atteint de fièvre quarte, permet de le guérir. Il dit également que les punaises de lits, placées au nombre de sept dans une fève, auront la même efficacité, si elles sont avalées avant l'accès de fièvre. Ainsi, la résignation placide du mendiant-philosophe des *Mille et une nuits* trouve-elle là une justification, car il pourrait penser alors qu'« à quelque chose malheur est bon » ou, comme on le fait dire à Socrate, qu'« entre deux maux, il faut choisir le moindre ».

[43] Ibn Sīnā, *Al-Qanūn fī al-ṭibb,* vol. III, p. 382.
[44] Voir le tableau en annexe.

Tableau des recettes et traitements proposés contre les poux, puces ou punaises

d'après les traités de Masīḥ al-Dimašqī, Ibn Biklāriš et Ibn al-Bayṭār

Ail	**Ibn Biklāriš** : si, de façon habituelle, on en fait manger puis, après, si on fait absorber du vin, l'une de ses plus importantes propriétés est d'être utile contre les piqûres de bêtes nuisibles, les morsures de vipères et de serpents car l'ail est, pareil à la thériaque, un antidote des piqûres et morsures de bêtes nuisibles et de toutes les douleurs froides. Si on le fait cuire avec de l'origan, cela tue les poux et les lentes qui sont à la surface du corps. **Ibn al-Bayṭār** : si on fait des frictions avec cet ail ou avec son huile sur les ulcères fétides de la tête, il les dessèche.
Arsenic	**Ibn Biklāriš** citant Dioscoride : l'arsenic rouge, avec de l'huile, convient contre les poux et avec de l'huile essentielle de rose. Si on écrase de l'arsenic jaune et qu'on en mette dans du lait, tout type de bestioles qui puisse s'y trouver sera tué. **Ibn al-Bayṭār** : caustique, entre dans les huiles détersives.
Borax	**Ibn al-Bayṭār** : en lotions, il est utile contre les teignes.
Carotte sauvage	**Ibn Biklāriš** : atténuante, échauffante, détersive et ne fait absolument pas gonfler. Elle est utile contre la lèpre achromique, les piqûres et les morsures de bêtes nuisibles.
Caroubier	**Ibn Biklāriš** : selon Isḥâḳ, il détruit les bêtes nuisibles et les cousins et si on arrose une maison avec son eau, il tue les puces.
Cinnamome	**Ibn al-Bayṭār** : aromatique, contre les agents septiques et altérants.
Coloquinte	**Ibn al-Bayṭār** : attractive sur les parties profondes et sur les extrémités du corps, employée contre l'alopécie. La décoction de coloquinte répandue dans un logement tue les puces
Eau de mer	**Ibn Biklāriš** : si on se lave abondamment avec de l'eau de mer, elle pénètre profondément les pores du corps, résout les superfluités et les attire vers la surface et à l'extérieur du corps.
Encens	**Ibn al-Bayṭār** : l'eau dans laquelle il a macéré convient pour laver la tête. On y ajoute parfois du nitre et alors il enlève les furfures.
Excréments brûlés	**Masîḥ** : appliqués sur la tête d'un teigneux, préalablement rasé, en massage et aussi lavée avec de l'urine humaine, ils le guériront.
Goudron	**Ibn Biklāriš** : il détruit les poux et les lentes et il est utile pour les piqûres de serpents et il tue les vers et les cucurbitins.
Graine d'ortie	**Ibn al-Bayṭār** : très détersive, très résolutive, on la fait entrer dans les préparations caustiques.
Grenadier	**Ibn al-Bayṭār** : la grenade acide est détersive et astringente. Le sirop et rob de grenade empêchent les humeurs du corps de passer à la putréfaction.
Laurier rose	**Masîh** : contre les poux de la tête : prendre du laurier rose, de l'alun du Yémen et faire bouillir dans du vinaigre fort, filtrer et mélanger avec de l'huile essentielle de lys ; enduire la tête de cette huile après l'avoir lavée avec du vinaigre ou de l'eau salée. **Ibn al-Bayṭār** : le suc des feuilles en frictions contre le prurit et la gale est très résolutif. Les aspersions faites dans un logement avec sa décoction tuent les puces et les mites ; entre dans les préparations contre la teigne.
Lin	**Ibn Biklāriš** : le lin est le plus frais des vêtements et celui qui colle le moins à la peau, aussi est-ce le tissu qui prend le moins la vermine

Litharge	**Ibn al-Bayṭār** : les frictions sur la tête avec la litharge, du vinaigre et de l'huile détruisent les poux **Ibn Biklāriš** : en frictions, mélangée à du vinaigre et à de l'huile d'olive, elle est bonne contre la prolifération des poux.
Lupin	**Ibn al-Bayṭār** : l'eau dans laquelle il a macéré employée en lotions tue les punaises qui s'engendrent dans les murs et les lits. **Ibn Zuhr** : si on fait des lotions avec la décoction de lupin ayant conservé son amertume, à une bête couverte de tiques, on les fait tomber.
Mercure	**Masîh** : il a la propriété particulière de tuer les poux, les tiques et les teignes qui se fixent sur le bétail. **Ibn Biklāriš** : sa particularité est de tuer les poux et les lentes et de détruire la teigne qui se met sur les animaux. Si on le mélange à la litharge, à du vinaigre et à de l'huile d'olive puis qu'on en enduise la gale, il sera efficace. **Ibn al-Bayṭār** : âcre astringent, guérit la gale et le prurit, en frictions excorie la peau. Éteint, il devient dessicatif et convient contre la gale et les poux. Il a la propriété de tuer les poux et les ricins (tiques) qui s'attachent aux animaux.
Moelle des os	**Ibn Biklāriš** : si on s'en enduit, elle chasse les bêtes nuisibles.
Myrte	**Ibn al-Bayṭār** : il déterge les furfures de la tête, les ulcères humides et les pustules.
Pouliot.	**Ibn Biklāriš** : si on répand le pouliot [sur le sol] ou si on l'utilise pour enfumer [un lieu], il chasse les bêtes nuisibles.
Raifort	**Ibn al-Bayṭār** : l'huile déterge la peau de la face, elle résout avec puissance, employée en frictions.
Sel	**Ibn Biklāriš** : mélangé à de l'huile rosat et du vinaigre ou à de l'huile d'olive et du vinaigre, en frictions sur le corps, près du feu ou au hammam, et en persévérant jusqu'à ce que l'on transpire, il calme le prurit de la surface du corps causé par des humidités putrides et réussit contre les dartres et la gale ulcérée ou non.
Soufre	**Ibn al-Bayṭār** : mélangé avec de l'argile et dissous dans du vinaigre ou de la pulpe d'orange, il est efficace contre la teigne invétérée ; il la cicatrise si on en prolonge l'usage.
Staphisaigre	**Ibn Biklāriš** citant Masîh : elle est caustique, déterge, est résolutive, bonne pour les dartres et elle tue les poux. Citant « un autre auteur » : si on la mâche et qu'on la prenne en gargarismes, elle expulse en abondance la pituite de la tête et réussit dans les maladies qui font desquamer la peau. Triturée et mélangée avec de l'arsenic rouge et de l'huile, elle convient contre les démangeaisons et les poux.
Tribule terrestre	**Masîh** : si on asperge une maison avec l'eau de sa décoction, il tue les puces.

Pluralité des regards face aux « nuisibles ». Textes médiévaux arabes et persans

Mehrnaz KATOUZIAN-SAFADI[1]
et Kouthar CHEBBI-LAMOUCHI[2]

À l'époque médiévale, entre le IXe et le XVIe siècle dans le monde musulman arabo-persan[3], les échanges commerciaux, les voyages de savants, le transfert des livres et des bibliothèques, étaient très fréquents ; les remèdes, les animaux, petits et grands, voyageaient à travers une vaste zone allant de l'Andalousie et de l'Afrique du Nord à l'Indus[4]. Il faut rappeler ici que nous parlons bien d'un empire culturel[5] et d'une civilisation commune[6] avec des notions et des concepts scientifiques partagés[7]. Les auteurs des traités connaissent et débattent des mêmes notions et concepts en matière de science et d'art quelle que soit leur origine linguistique, ethnique ou religieuse. Les artisans échangeaient également leur savoir-faire avec ou sans texte écrit[8]. Ainsi, les petits nuisibles et les craintes qu'ils provoquent, traversaient-ils les frontières, comme le montrent les migrations de diverses légendes à leur sujet autant que des thérapies. Au cours de ces voyages, les recommandations et les remèdes subissaient souvent des changements pour s'adapter à leur nouveau territoire humain et géographique.

Dans ce travail, nous présenterons certaines œuvres appartenant aux divers domaines du savoir et traitant des animaux nuisibles ; selon la classification actuelle, ces textes correspondent aux branches suivantes : la médecine générale, la pharmacie, l'hygiène de vie savante et populaire et également le commerce des esclaves. Nous analyserons ensuite les diverses représentations des insectes (pris dans un sens plus large qu'aujourd'hui). Enfin, divers remèdes prophylactiques ou thérapeutiques seront présentés et confrontés aux théories médicales médiévales et contemporaines.

---

1 Chargée de recherche, laboratoire SPHERE- CHSPAM (UMR 7219 CNRS / Université Paris VII - Denis Diderot).
2 Doctorante, SPHERE- CHSPAM / Université Paris VII) et enseignante à l'Université de la Manouba (Tunis).
3 Voir en fin de l'article les translittérations de l'alphabet arabe et persan en caractères latins.
4 André MIQUEL, en coll. Henry LAURENS, *L'islam et sa civilisation,* Paris : Armand Colin, 1990 [7e ed. 2004], chapitre 4, p. 154-178.
5 Dimitri GUTAS, *Pensée grecque, culture arabe, Le mouvement de traduction gréco-arabe à Bagdad et la société abbasside primitive (IIe-IVe/VIIIe-Xe siècles),* trad. fr. Abdesselam Cheddadi, Paris : Aubier, Flammarion, 2005.
6 A. MIQUEL, *op. cit.* (*supra* note 4), chapitre 3, p. 127-153.
7 Rushdi RASHED, « Greek into Arabic : Transmission and Translation », dans *Arabic Theology, Arabic Philosophy. From the Many to the One : Essays in Celebration of Richard M. Frank,* ed. J.E. MONTGOMERY, Louvain : Peeters, 2006, p. 157-196.
8 M. KATOUZIAN-SAFADI, « Les pratiques médiévales aux frontières de l'alchimie et de la médecine », *Ethnopharmacologia* 52, 2014, p. 9-21.

Présentation des auteurs et des œuvres sur les petits animaux hostiles

Les petits animaux désignés aujourd'hui comme « insectes » cohabitent avec l'espèce humaine depuis fort longtemps et occupent à eux seuls un vaste champ de la littérature écrite médiévale en langue arabe et persane[9].

Le *Kitāb al-Ḥaywān*[10] ou *Livre des Animaux* est un immense livre de zoologie[11], écrit par le savant al-Ǧāhīẓ[12] qui a vécu entre 776 et 869 entre Bagdad et Bassorah, en Iraq d'aujourd'hui. Les petites bêtes ou *ḥašarāt*[13] qui peuplent un univers bien plus large que les insectes[14], selon notre définition actuelle, y occupent une grande place dans la classification zoologique. Les observations personnelles[15] de Ǧāḥīẓ ont abouti à de nombreuses découvertes sur le mode de vie des animaux[16], particulièrement sur celui des insectes, et ont été une des sources des propositions pour les traitements.

Kitāb al-Manṣūrī[17] ou *Livre d'al-Manṣūr* est un célèbre livre de médecine avec une partie théorique et une partie pratique très importante. L'auteur Rāzī, le Rhazès des Latins, est un médecin alchimiste et un maître de l'enseignement. Pour lui le bon médecin doit lire les livres des Anciens,

---

[9] Certains termes, qui les désignent et qui font l'objet de cette étude, sont réunis dans le tableau n°1. Les auteurs et les œuvres examinés sont présentés par ordre chronologique dans le tableau n°2. Chaque chroniqueur ou écrivain se situe dans une lignée de savants partageant des intérêts et des formes d'expressions similaires. Les œuvres indiquées ne sont donc pas des cas isolés mais chacune appartient à un vaste corpus à caractères communs. Au cours de ce travail nous serons amenées à présenter des auteurs antérieurs et postérieurs à ceux mentionnés dans le tableau.

[10] Ǧāḥiẓ (al.), 'Amr b. Bahr, Kitāb al- Ḥayawān, ed. ʿAbd al-Salām Muḥammad al-Hārūn, Le Caire : Maktabat M. al-Bābī al-Ḥalabī, 1945 [réed., Beyrouth : Dar al jil, 1992].

[11] Ahmed AARAB, *Etude analytique comparative de la zoologie médiévale, cas du Kitâb al-Haywân de al-Jâhiz,* Thèse de Doctorat, Tétouan, Univ. Abdelmalek Essaâdî, Faculté des Sciences, 2001 et Ahmed AARAB, « The mode of action of venom, according to Al-Jâhiz », *Arabic Science and Philosophy* 11 (2001), p. 79-89.

[12] Meyssa BEN SAAD, M. KATOUZIAN-SAFADI, « Le monde vivant selon al-Djâhiz », *Pour la Science* 403 (2011), p. 84-87 et Meyssa BEN SAAD, *La connaissance du monde vivant chez le savant al-Djâhiz (776 – 868),* thèse de doctorat, Univ. Paris VII, 2010.

[13] Cet article reflète une partie des recherches de K. Chebbi-Lamouchi pour sa thèse de doctorat, préparée à l'université de Paris VII.

[14] Meyssa BEN SAAD, M. KATOUZIAN-SAFADI, « Les insectes dans la classification des animaux chez le savant Al-Jâhiz (776-868) : entre mythe et raison », dans *Insects and Texts : Spinning Webs of Wonder - Explora International Conference,* Laurence TALAIRACH-VIELMAS et Marie BOUCHET (dir.), Toulouse : Muséum d'Histoire Naturelle, 2010, p. 228-250. Dans cet article, le terme « insecte » est utilisé au sens large employé par les savants médiévaux et ne se limite pas aux invertébrés arthropodes.

[15] K. LAMOUCHI-CHEBBI, « L'étude des oiseaux dans *Kitab al Hayawan* de Jâhiz », *Al Mukhatabat* 7 (2013), p. 100-118.

[16] Meyssa BEN SAAD, M. KATOUZIAN-SAFADI, « Raconter une Histoire Naturelle : lorsque le verbe du conteur trace les observations du naturaliste », *Arabic Biology & Medicine* 1 (2013), accessible par http://www.arabicbiomed.org/#!volume1grd/c23ke.

[17] Râzî, *al-Manṣūrī fī al-ṭibb* (*Le livre de Manṣūrī*), ed. et comm. H. B. al-Ṣiddīqī, Koweit : Manshûrât ma'had al-makhtûtât al-'arabîyya, 1987.

pratiquer la médecine au chevet des malades et collecter les informations thérapeutiques auprès de la population. Ses observations ont abouti à de nombreuses critiques des Anciens[18], à des découvertes en diagnostic différentiel[19] et à la conservation livresque des thérapies locales. Le *Livre d'al-Manṣūr* a été traduit en latin[20] et diffusé largement dans sa totalité ou par fragment[21] comme le chapitre IX concernant la thérapie. La partie thérapie médicamenteuse du livre recense des médicaments venant de ses prédécesseurs grecs ou arabes, des remèdes récoltés dans diverses régions parcourues et des traitements venant de ses pratiques personnelles en matière d'alchimie.

Trois livres de pharmacopée ont été examinés pour leurs recettes contre les insectes de toutes sortes. L'ouvrage *Al-'abnīya ʿan haqayiq al-'adwīya*[22] ou *Les bases sur les vérités des remèdes,* écrit par Heravī, est parmi les premières pharmacopées en langue persane ; un dictionnaire complémentaire permet d'en éclaircir les termes difficiles[23]. L'Andalou Ibn Bayṭār (m. 1248) est l'auteur d'un célèbre livre de pharmacopée qui a été une référence pour les médecins postérieurs : *Kitāb al-ǧāmiʿ al-mufradāt*[24] ou *Livre complet des simples,* ouvrage traduit en français par L. Leclerc[25]. Cet ouvrage recense l'ensemble des plantes décrites par les auteurs grecs ou arabes et par d'autres traditions. Le livre *Al-muʿtamid fī al-adwiya al-mufrada* ou *Référence des remèdes simples* d'al-Malik al-Muẓaffar[26] (m. 1294) réunit un ensemble de simples sélectionnés dans plusieurs livres de pharmacopée écrits principalement par des savants de l'Occident musulman.

---

[18] M. Katouzian-Safadi, « La cornue et l'alambic, instrument d'analyse et de preuve dans *Les doutes sur Galien* de Rāzī », dans *De Zénon d'Élée à Poincaré, Recueil d'études en hommage à Roshdi Rashed,* ed. Régis Morelon et Ahmad Hasnawi, Louvain : Peeters, 2004, p. 377-390.

[19] M. Katouzian-Safadi et Jean-Marc Bonmatin, « Du diagnostic différentiel aux thérapies prudentes : Le traité de la rougeole et de la variole de Râzî », chapitre de *Medicine and Healing in the Ancient Mediterranean World,* dir. D. Michaelides, Oxford : Oxbow Books, 2014, p. 334-349.

[20] Danielle Jacquart, « Les manuscrits des traductions de Gérard de Crémone : quelques caractéristiques formelles », dans *Les traducteurs au travail, leurs manuscrits et leur méthode (Moyen Âge – Renaissance),* dir. J. Hamesse, Turnhout : Brepols, 2003, p. 207-220.

[21] Anne-Sylvie Guénon, « Le médicament chez Gérard de Solo, médecin montpelliérain du XIVe siècle », *Revue d'Histoire de la Pharmacie* 4 (1999), p. 465-474.

[22] Abū Mansūr Movaffaq Alī al-Heravī, *Ketāb al-Abniyeh ʿan al-ḥaqāyeq al-adviyeh,* ed. Hossein Mahbūbī Ardakanī, corr. Ahmad Bahmanyār, Université de Téhéran, 2e ed., 1966.

[23] Manūtchehr Amīrī, *Farhang-e dārūhā va vajehhāy-e došvār, Ketāb al-Abniyeh ʿan Haqāyeq al-Adviyeh (Dictionnaire des médicaments et des termes difficiles du livre al-Abniyeh de Heravī)* n° 171, Téhéran : Boniyad-e farhang-e Iran, 1973.

[24] Ibn al-Bayṭār, *Al-ǧāmiʿ li-mufradāt al-adwiya wa al-aġḏiya,* Le Caire : Bulaq, 1291 / 1874 [2e ed. offset, Bagdad : al-Rağab, 1964 ; 3e ed., Beyrouth : Dar al-kutub Al-ʿilmiyah, 2001].

[25] L. Leclerc, *Traité des Simples,* 3 vol., Paris : Académie des inscriptions et belles lettres, 1877 [réimpression Beyrouth, 1992].

[26] Al-Malek al-Muẓaffar, *Al-muʿtamid fī al-adwiya al-mufrada,* ed. Mustafa al-Saqā, Beyrouth : Dār la-ma'rifa, 1982.

Ibn al-Quff[27], célèbre chirurgien, a rédigé de nombreux livres de médecine et de pharmacie. Nous avons analysé son traité sur l'hygiène[28] *Ǧāmiʿ al-ġaraḍ fī ḥifẓ al-ṣiḥḥa wa dafʿ al-maraḍ* ou *Livre complet sur la conservation de la santé et lutte contre les maladies*. Cet ouvrage diffère totalement des livres de médecine et de pharmacie car il décrit l'évolution de l'homme de sa conception et sa naissance jusqu'à sa mort, pour apporter des conseils d'hygiène adaptés à chacune des étapes de la vie.

Le livre d'al-Suyūṭī[29], *Al-Raḥma fī al-ṭbb wa al-ḥikma* ou *Don de la médecine et de la sagesse* accompagne également l'homme tout au long de sa vie, mais diffère des textes précédents. Cet écrivain prolifique, auteur de presque cent quarante traités, est un théologien fort intéressé par les sciences et par la vie quotidienne des humains dans toutes ses dimensions[30]. Il s'agit d'un manuel populaire pour résoudre tous les problèmes courants qui surviennent au cours de l'existence. Les sujets de santé et d'hygiène, mais aussi des problèmes liés aux souffrances des séparations, à l'amour perdu, à la perte de chance et à l'exigence du retour du bonheur sont traités. L'auteur a rassemblé les dires et pratiques populaires ainsi que des passages de textes savants, les exposant côte à côte, sans établir de hiérarchie, sans critique, sans appréciation négative sur les pratiques qui sortent du domaine de la médecine savante. Il offre ainsi un éclairage sur un éventail d'actions prophylactiques, thérapeutiques et courantes dans la société à son époque. C'est sous le nom de *mūḏiyāt*[31] littéralement « les nuisibles » qu'il désigne les petits animaux comme les poux, les puces et les punaises[32].

Enfin nous avons examiné le livre *Risāla fī širāʿ al-raqīq wa taqlīb al-ʿabīd* ou *Épître sur l'achat et le commerce des esclaves* du médecin Ibn

---

[27] Sami Khalaf HAMARNEH, « The Physician, Therapist and Surgeon Ibn al-Quff. An Introductory Survey of his Time, Life and Works », *Pharmacy in History* 17 (1975), p. 77-78.

[28] Ibn al-Quff al-Karakī, *Ǧāmiʿ al-ġaraḍ fī ḥifẓ al-ṣiḥḥa wa dafʿ al-maraḍ*, ed. Samī Ḥamārnih, Amman, 1989.

[29] Ǧalāl al-Dīn ʿAbd al-Raḥmān al-Suyūṭī, *Al-Raḥma fī al-ṭibb wa al-ḥikma*, Beyrouth : Al-maktaba al-ṯaqāfa, 1970.

[30] Ce traité ne peut pas être classé dans le corpus nommé « médecine prophétique » par les historiens.

[31] Cet adjectif substantivé (nuisible, sournois) porte le suffixe *–āt* marque du pluriel arabe pour les objets ou animaux, *cf.* al-Suyūṭī (*supra* note 29), chapitre 167, p. 214-216.

[32] Ce livre contient des conseils pratiques allant des remèdes de pharmacopées médicales savantes à des récitations ou des inscriptions protectrices. Pour ces dernières, nous nous gardons d'employer le terme de « magie » (qui correspond à nos divisions actuelles des courants de la recherche) et nous conservons le terme d'« interventions pratiques ». De telles interventions contre les animaux nuisibles, comme les moustiques, les punaises, les souris etc., existaient bien avant l'arrivée de l'Islam. Leur histoire ne fait pas partie de ce travail mais nous les évoquerons. Elles ont été rapportées en partie par des contes et des récits de vies extraordinaires. P. Kraus donne l'exemple du roman de Philostrate sur la vie légendaire d'Apollonius de Tyane ; ce dernier conçoit des talismans contre les animaux nuisibles (Paul KRAUS, *Jābir Ibn Hayyān, Contribution à l'histoire des idées scientifiques dans l'islam, Jābir et la science grecque*, Paris : Les Belles Lettres, 1986, p. 291-296). D'autres traditions attribuent de telles pratiques à Balinus (contre les punaises, voir p. 295, note 1 et 2) ; P. Kraus estime que ces deux personnages ne sont probablement pas identiques (p. 292, § 2).

Buṭlan, traduit en français par F. Sanagustin[33]. La situation des esclaves variait beaucoup selon leur activité et certains étaient des compagnons de vie pour leur maître. Le commerce des esclaves était une activité légale et surveillée ; il exigeait de nombreuses précautions lors de l'achat. Ibn Buṭlān a écrit le *Taqwīm al-Ṣiḥḥa, La préservation de la santé*[34], traduit en latin au XIIIe siècle sous le titre de *Tacuinum Sanitatis,* qui connut une grande fortune en Orient et en Occident. Son attention et sa perspicacité face à la vie quotidienne et à l'hygiène se manifestent dans ces deux ouvrages.

Observations minutieuses, sources d'hypothèses raisonnées et divergentes

Les auteurs médiévaux notent que ces petites bêtes nuisibles vivent souvent dans un environnement confiné, sous les vêtements[35], entourées de sueur et de saleté[36] ou cachées dans la chevelure[37] en adaptant leur couleur. Elles se développent surtout lorsque les soins corporels et les bains sont peu accessibles et on les rencontre souvent chez les voyageurs ou sur les cheveux des prisonniers[38].

Leur petite taille et leur lieu de vie rendent difficile leur observation et cela pourrait influer sur les théories concernant leur mode de reproduction. Deux théories opposées coexistent sans s'exclure. Aristote défendait l'idée de la reproduction spontanée des poux[39]. Sans se référer aux textes anciens, dans son livre, *Ferdows al-Ḥikma*[40] ou *Le paradis de la sagesse*, le médecin al-Ṭabarī (m. *ca.* 870) expose les divers modes de reproduction des animaux. Selon lui, certains viennent au monde en passant par l'utérus (*'arḥamī*) comme les humains, d'autres par les œufs (*'biyḏī*) comme les oiseaux, d'autres naissent des plantes (*nabatī*)[41] comme les cantharides, d'autres de la

[33] Ibn Buṭlān, *Risāla fī širā' al-raqīq wa taqlīb al-'abīd, Epître sur l'achat et le commerce des esclaves*, tr. fr. Floréal Sanagustin, *Médecine et société en islam médiéval - Ibn Buṭlān ou la connaissance médicale au service de la communauté. Le cas de l'esclavage,* Paris : Geuthner, 2010.

[34] *Le Taqwīm al-ṣiḥḥa (Tacuini Sanitatis) d'Ibn Butlan : un traité médical du XIe siècle*, tr. H. Elkhadem, Louvain : Peeters, 1990.

[35] Ǧāḥīẓ (voir *supra* note 10), vol. 5, p. 371.

[36] *Ibid.*, vol. 5, p. 369-370.

[37] *Ibid.*, les poux et les tiques, vol. 5 p. 439 ; la couleur de la chevelure, vol. 5, p. 369-370 ; Ibn al Quff (voir *supra* note 28), p. 450.

[38] Ǧāḥīẓ (voir *supra* note 10), vol. 5, p. 377.

[39] Aristote, *Histoire des animaux* ed. et tr. Pierre Louis, Paris : Belles Lettres, CUF, 1964. Voir dans ce volume l'article d'A. Pietrobelli.

[40] Abū Ḥasan 'Alī Ibn Sahl Rabbān Ṭabarī, *Firdows al-Ḥikma fī al-ṭibb*, ed. M. Z. Ṣiddīqī, Berlin, 1928, p. 560–561. Ṭabarī n'utilise aucun terme pour parler de ce que nous nommons aujourd'hui « génération spontanée ». Ǧāḥīẓ le fera plus tard (*cf. infra* note 43).

[41] Certains noms de plantes ou proverbes font écho à cette théorie. Le bois sec de l'orme (*Ulmus campestris*) peut devenir un foyer de punaises et son fruit celui des moustiques. Cet arbre est nommé *šağar al-baq* ou « arbre à punaise » en arabe et *deraḫt-e paše* ou *dar dār*, « arbre à moustique », en persan. Un proverbe palestinien ou syrien affirme *al-dūd min al-'ūd* « le vers provient de son bois », et son équivalent persan est *kerm az deraḫt ast* « le vers

terre (*'arḍī*) comme les vers et enfin d'autres des saletés corporelles (*awsaḫ*) comme le pou et la lente.

Sur la base de cette théorie, dans son *al-Qanūn fī al-ṭibb* (*Canon de la médecine*), Ibn Sīnā, Avicenne, prolonge l'hypothèse et explique la production des poux à partir de la sueur et de la saleté. Il développe cette idée en rapport avec la physiologie du corps humain et en tire des conclusions sur l'alimentation et les soins corporels favorisant ou non la prolifération des poux[42].

Le zoologiste Ǧāḥīẓ évoque une hypothèse similaire à propos des tiques et des poux sur les corps des animaux et des humains[43] :

> " قال والقردان يتخلق من عرق البعير ومن الوسخ والتلطخ بالثلوط والأبوال
> كما يتخلق القمل من عرق الإنسان ووسخه إذا انطبق عليه ثوب أو شعر أو ريش"
>
> « …et les tiques sont générées de la sueur du chameau, de la saleté et sa maculation par les excréments et les urines comme le pou est généré de la sueur de l'homme et de ses saletés, si elles sont couvertes par un vêtement, du poil ou des plumes ».

Cependant, Ǧāḥīẓ distingue également des poux mâles (nommés les *ṣi'bān*) et femelles[44] et mentionne des étapes intermédiaires de la formation de pou sous forme, d'œufs et de vers (*dūd*). Il reconnaît également diverses étapes dans l'évolution de la tique qui passe du stade non visible *qamqāma*, au stade visible *hamnāna*, pour devenir ensuite une tique ou *qirād* qui évoluera et sera nommée *halama*. Quant aux puces, Ǧāḥīẓ dit qu'elles copulent longtemps[45] et pondent des œufs et que la forme finale rappelle celle d'un éléphant.

Pour mieux saisir cette ambivalence, entre la génération à partir de la matière inerte et la présence de deux sexes et de l'existence des œufs, il est intéressant de rappeler quelques études récentes sur les travaux de Louis Pasteur en histoires des sciences[46]. Certaines observations objectives[47] ont pu conduire à des hypothèses explicatives contradictoires. Inversement, certaines mauvaises conditions expérimentales ont abouti à la formulation de théories proches des « bonnes conclusions ». Un autre prisme consiste à observer l'étiologie de certaines maladies. Ainsi, les hésitations sur la détermination de l'agent de la gale constituent également un exemple qui

---

provient de l'arbre », en français « le ver est dans le fruit ». Dans les trois langues et cultures, les formules sont employées dans un sens métaphorique ou réel.

42 Abū 'Alī al-Husayn Ibn 'Abdallāh Ibn Sīnā, *al-Qānūn fī al-ṭibb*, 3 vol., Beyrouth : Dār Ṣādir [repr. de l'édition Būlāq de 1877], vol. 3, p. 298.

43 Ǧāḥīẓ (voir *supra* note 10), vol. 5, p. 439. Ǧāḥīẓ emploie le terme *taḫalluq* (تخلق).

44 *Ibid.*, vol. 5, p. 36.

45 *Ibid.*, vol. 5, p. 392.

46 André PICHOT, *Louis Pasteur. Ecrits scientifiques et médicaux ; choix, présentation et notes*, Paris : Flammarion, 1994.

47 Gerald. L. GEISON, *The Private Science of Louis Pasteur*, Princeton : University Press, p. 130-131.

ramène aux débats entre les causes externes ou internes des maladies[48] et les nombreuses difficultés rencontrées lors des expériences et des observations.

Proximité : corps à corps insecte et homme

Suyūṭī, qui s'intéresse au confort de la vie quotidienne de ses lecteurs, mentionne tous les animaux nuisibles fréquents autour de l'homme et propose des solutions pour s'en débarrasser[49]. La taille n'étant pas proportionnelle aux nuisances causées, des chapitres contigus sont consacrés à écarter des rats, des scorpions, des serpents, des poux et des puces. Ces derniers envahissent l'habitat de l'homme et se logent dans les accessoires ou les ornements tels que les tapis et les rideaux. Ils sont également présents sur le corps de nombreux animaux familiers et proches de l'homme ; les plumes des pigeons et des poules[50], le corps des singes les dissimulent[51]. Ǧāḥīẓ remarque que l'arrivée des tiques (*al-qirād*) coïncide avec celle des caravanes de chameaux s'approchant des puits des oasis[52]. Leur spécificité est de rester attachées aux corps en enfonçant leurs pattes et elles prennent ainsi l'aspect extérieur d'une verrue. Elles ont un sens de l'ouïe très développé. L'essentiel n'est pas, pour nous, la véracité ou non de ces remarques par rapport aux connaissances actuelles, mais l'intérêt porté à l'observation et à la collecte des informations sur ces petites bêtes nuisibles.

Ces envahisseurs atteignent également le corps de l'homme et la vigilance s'impose pour détecter leur présence malencontreuse tout au long de la vie humaine. Selon le médecin Ibn al Quff, lorsqu'un nourrisson

---

[48] Danièle GHESQUIER-POURCIN, *Itinéraire des idées, l'affaire de la gale*, Paris : Hermann 2011. Le propos du livre est bien résumé dans la préface de Gayon (p. 9-11) : « Depuis l'Antiquité la théorie médicale a oscillé entre deux conceptions générales des maladies. La première, dite « ontologique », fait de chaque maladie un type logique intemporel. Le plus souvent, une maladie donnée est identifiée à partir d'un être distinct de l'organisme (par exemple un parasite, ou un poison ingéré), qui cause le dérèglement subi par celui-ci. La seconde conception est dite "dynamique", ou (dans un vocabulaire caractéristique du XIXe siècle) "physiologique". D'origine hippocratiquo-galénique, cette conception voit en toute maladie une modification de l'équilibre humoral par l'effet conjugué de causes variées, exogènes ou endogènes, telles que le climat, l'air, le régime alimentaire, l'exercice, et les dispositions particulières du patient. A la différence de la conception "ontologique", qui disperse le concept de maladie en une myriade de types morbides, la conception dynamique fait de la maladie une notion générale [...]. Au XIXe siècle [...] la conception "dynamique" a trouvé dans la physiologie expérimentale bernardienne son expression la plus accomplie. La maladie est alors interprétée en référence à des lois biologiques générales, sans qu'il soit besoin d'en appeler à des lois spéciales de la pathologie, la condition malade étant présentée comme un écart par rapport à des régularités physiologiques, dans un contexte corporel et environnemental particulier. La conception ontologique a trouvé dans la notion de microbe (Pasteur, Koch) son plus puissant argument ».

[49] Al-Suyūṭī (voir *supra* note 29), chapitre 167, p. 214-216.

[50] Ǧāḥīẓ (voir *supra* note 10), vol. 5, p. 377 pour la présence des poux chez les poules, les pigeons, les singes ; p. 439 pour les chameaux, les poils et les plumes.

[51] Priyanka DE SILVA, « Evolution of blood sucking insects », dernière mise à jour en fév. 2013, accessible sur http://www.eoearth.org/view/article/152702, retrace une histoire rapide de la présence du pou dans le corps des vertébrés.

[52] Ǧāḥīẓ (voir *supra* note 10), vol. 2, p. 15.

pleure[53], il faut bien vérifier s'il n'est pas piqué par un moustique (*dabbāban*), une punaise (*al-baq*), un pou (*al-qamal*) ou des puces (*al-barāġīṯ*). Le corps adulte est également agressé par ces créatures. Selon Ibn Buṭlān, les connaissances en physiognomonie ne suffisent pas à la détection de ces minuscules prédateurs[54]. Un acquéreur d'esclave doit observer de près corps et cheveux, car la présence de ces animaux peut échapper au plus scrupuleux.

Les atteintes et les traitements

Pour exprimer la présence des poux sur le corps ou les cheveux, les termes *ya'tarī* ou *ya'raḍ* « être atteint de » sont employés[55]. Ainsi, le pou est désigné comme une maladie qui frappe, gagne du terrain et altère le corps. Une forme verbale dérivée du substantif *al-qamal* ou « le pou » existe ; le verbe *qamala* signifie « attraper des poux[56] ».

Les traitements prophylactiques

Les choses non naturelles

Dans la médecine médiévale, il est important de prévenir les atteintes du corps par le jeûne et la nourriture (l'alimentation et les boissons), le repos et l'activité, l'éveil et le sommeil, les bains, l'entretien de l'habitat et toute autre condition de vie dépendante de l'homme. Même lorsque la thérapie médicamenteuse s'impose, ces précautions, dans leur ensemble, font partie des soins pour aider chacun à conserver son équilibre et éliminer la maladie. Dans les différentes traductions de l'arabe en latin, puis en français, ces précautions ont été nommées « les choses non naturelles »[57]. Cette terminologie étonnante s'explique par l'idée que « le naturel » désigne le tempérament inné et que l'on ne peut pas transformer totalement ; et « les choses non naturelles », représentent tous les facteurs sur lesquels nous pouvons agir. Pour éloigner les insectes nuisibles du corps humain, toutes les circonstances, naturelles et non naturelles, sont prises en compte.

Le tempérament et l'alimentation

S'il est admis que la saleté favorise la présence de la vermine en général, certains corps, même propres, peuvent attirer les poux, car la présence des poux est reliée au tempérament corporel. Certains corps sont ainsi vulnérables malgré leur propreté.

> « و ربما كان الإنسان قمل الطباع و إن تنظف و تعطر و بدل الثياب ».
> « … et l'homme peut être de nature à attraper des poux même s'il se lave, se parfume et change de vêtements[58] ».

---

[53] Ibn al-Quff (voir *supra* note 28), chap. 5, p. 151-154.
[54] *Ibid.*, chapitre 56, sur l'achat des esclaves, p. 450-546.
[55] Ǧāḥīẓ (voir *supra* note 10), vol. 5, p. 371-372.
[56] *La yaqlamūn*, forme verbale négative, au pluriel et au présent, signifie « ils n'attrapent pas de poux », Ǧāḥīẓ (voir *supra* note 10), vol. 5, p. 371.
[57] Danielle JACQUART, *Histoire des sciences au Moyen Âge*, Paris : École pratique des hautes études. 4e section, sciences historiques et philologiques, Livret 12 (1996-1997), 1998, p. 113-115.
[58] Ǧāḥīẓ (voir *supra* note 10), vol. 5, p. 372.

Les poux ne sont pas attirés par les lépreux :

« و القمل يعرض لثياب كل الناس اذا عرض لها الوسخ و الخموم إلا ثياب المجذمين فإنهم لا يقملون»

> « ….et les poux se trouvent dans les vêtements de tout le monde, s'ils sont objets de saleté, de sueur et de puanteur, excepté les vêtements des lépreux, ceux-là n'attrapent pas de poux[59] ».

Le pou se nourrit du sang humain et la lèpre est associée à une dyscrasie de la bile noire[60]. La qualité du sang lépreux et la mauvaise bile pourraient intervenir dans la formation de cette présomption[61]. Toute la physiologie du corps est alors investie dans ce processus. Les problèmes de digestion, les flatulences, les productions de flatuosité peccante et la mauvaise odeur qui s'en dégage attirent les poux selon Ǧāḥīẓ[62]. Manger des figues est déconseillé par de nombreux auteurs comme Ǧāḥīẓ[63] et Avicenne.

Soins du corps et des vêtements

Il faut éviter toute forme de saleté. Il est recommandé de peigner les cheveux et de les couper pour se débarrasser des poux. Ibn al-Quff réserve un chapitre aux vêtements et indique que la fourrure de la queue de renard n'attire pas ces insectes. Pour éviter les piqûres de puce pendant le sommeil, Ǧāḥīẓ recommande de porter des vêtements en soie de Chine et à manches longues[64]. Ces conseils vestimentaires associés à la coupe des cheveux[65] sont repris par Ibn al-Qayyim, auteur d'un ouvrage de conseils de santé et de soins dans une tonalité plus religieuse que les textes précédents. Cet auteur recommande aussi la soie si cela s'avère nécessaire[66].

Les thérapies médicamenteuses

Dans les ouvrages sur l'hygiène, comme celui d'Ibn al-Quff, adressé aux médecins ou celui d'al-Suyūṭī, destiné à tous, pour résoudre les problèmes quotidiens au sein de l'habitat, sur le corps humain ou celui des

---

[59] *Ibid.*, p. 371.

[60] M. Katouzian-Safadi, « La lèpre, la variole, la mélancolie : soigner les déséquilibres du corps », dans *La contamination : lieux symboliques et espaces imaginaires,* V. Adam, L. Revol-Marzouk (dir.), Paris : Garnier, 2012, p. 23-51.

[61] Il existe, en Turquie, une légende à propos de Rüstem Pacha, un architecte du XVIe siècle chez qui la présence de poux a servi à prouver qu'il était exempt de la lèpre, *cf. Le voyage de Monsieur d'Aramon : ambassadeur pour le Roy au Levant (1887)*, introduction p. XIX, texte accessible sur http://gallica.bnf.fr/ark:/12148/bpt6k4347s.

[62] Ǧāḥīẓ (voir *supra* note 10), vol. 5, p. 371.

[63] *Ibid.*, p. 371-372.

[64] *Ibid.*, p. 374. Les cheveux, la toile d'araignée, la soie sont des fibres protéiques avec une disposition des chaines en feuillets béta particulière à chacun. Ces chaines prennent des formes de repliements tridimensionnels différents selon leur origine et il est logique de penser que la fixation des insectes dépend de cette structure profonde moléculaire dans l'espace.

[65] Ibn al-Qayyim, *Al-Ṭibb al-nabawī*, tr. fr. Mohammah Cheykh Mahmoud, Liban : Dar al-Kutub al 'ilmiyya, 2009, p. 128.

[66] *Ibid.,* p. 62-63 et p. 316. Certains musulmans considèrent que le port de la soie est proscrit pour les hommes. L'auteur évoque la tolérance pour en porter en cas de maladie en se fondant sur des sources religieuses.

animaux, des chapitres spécifiques sont consacrés à la vermine et des informations précieuses y abondent. Un vaste éventail de médicaments composés est proposé par Suyūṭī, en deux chapitres[67]. Au chapitre 14, « Pour remédier aux poux, aux lentes de la tête, du corps et des tapis », l'auteur traite les poux, par des parfums, par diverses huiles, par le jus de raifort ou du radis, par le pyrèthre (*aqirqaḥā*), la chaux (*nura*), le henné, le mercure et bien d'autres produits. Au chapitre 167, « Pour écarter les puces, les punaises, les moustiques, les araignées, les corbeaux, les serpents et tous les nuisibles (*mu'ḏīyāt*) », deux catégories de traitements sont exposées côte à côte. Sur les sept traitements pour les punaises et sur les huit propositions contre les puces, quatre sont présentées en des formules rédigées, associées à un rituel et à de la pharmacopée, ayant des similitudes avec les remèdes proposés par Avicenne[68]. Suyūṭī a conservé dans son ouvrage les deux catégories de pratiques de soins ; cet ensemble révèle l'économie de ces deux approches pour la population, celle que nous qualifions de médicale et celle appelée plus souvent magique ou ésotérique.

Ibn Buṭlān réserve un chapitre à des traitements rapides, pour masquer les défauts corporels des esclaves et pour soigner leur apparence. On peut lire[69] :

> « Les poux et les lentes qui apparaissent sur les cheveux et le corps sont détruits grâce :
> au borax (*būraq*),
> à la staphigaire (*miūzağ*),
> à l'essence de bette (*salq*),
> à la lie de vin (*durdī*)[70] et
> au savon (*ṣābūn*) ».

D'après Ibn Bayṭār, la lie de vin[71] et le savon[72] sont des produits courants pour donner de l'éclat au visage. Heravī utilise dans sa pharmacopée le borax contre les démangeaisons en général et indique un autre produit non mentionné par Ibn Bayṭār, le *lubāb,* ou liseron, contre le pou. L'eau salée[73] est conseillée pour nettoyer les poux du corps[74]. Le miel

[67] Suyūṭī (voir *supra* note 29), p. 43-44 et p. 214-216.
[68] Ibn Sīnā (voir *supra* note 42), vol. 3, p. 299.
[69] Ibn Butlān (voir *supra* note 33), p. 241.
[70] La lie de vin faisait partie de la pharmacopée jusqu'au milieu du XIXe siècle. Sa richesse en potasse et en tanin, substance phénolique, en ferait un bon produit pour précipiter les protéines et combattre les nuisibles. Félix Séverin RATIER, *Pharmacopée française, ou Code des médicamens,* 1827 (version numérisée sur http://gallica.bnf.fr/ark:/12148/bpt6k5835511t) parle de la richesse de la potasse dans la lie de vin brûlée, p. 7-8.
[71] Ibn al-Bayṭār (voir *supra* note 24), vol. 2, n° 863.
[72] *Ibid.*, vol. 2, n° 1383.
[73] Ibn Sīnā (voir *supra* note 42), vol. 3, p. 298.
[74] Suyūṭī (voir *supra* note 29), p. 43.

est aussi proposé comme remède dans un traité d'apiculture de Maqrīzī[75], pour tuer les lentes et les poux. Tous ces produits sont facilement accessibles et sans effet secondaire dangereux.

Les ouvrages de médecine et de pharmacopée réservent peu d'espace à ce thème, traitant principalement des poux et des lentes, et pas des autres nuisibles. Dans son *Canon*, Ibn Sinā réserve deux passages au pou. Le premier, dans le chapitre des maladies de peau où il propose des simples, et l'autre dans le chapitre des poisons et des empoisonnements[76]. Ğurğānī (m. 1136), dans un de ses ouvrages sur la médecine, en persan, traite les problèmes des insectes au sein du chapitre consacré aux poisons[77]. Il propose des liquides à pulvériser dans la maison et des produits pour éloigner les moustiques (*pašeh*), les insectes (*hasharāt*) et les puces.

Rāzī dans al-Manṣūrī ne consacre pas de partie spécifique de son livre à ces nuisances. Au chapitre 3, sur la pharmacopée, il évoque quelques médicaments simples contre les poux dont deux proviennent du monde minéral, le *zībaq* ou mercure, le *zanrniḫ* ou arsenic, ainsi que la staphisaigre, *miyuzağ* en persan et *zabib al-ğabal* ou *habb ra's* en arabe. Ces mêmes produits sont suggérés dans la pharmacopée de Heravī, dans le livre de médecine de Ğurğānī, dans le *Canon* d'Avicenne et dans l'ouvrage d'al-Malek al-Muzaffar. Tous ces auteurs mentionnent la dangerosité extrême de ces produits.

Parmi les plantes utilisées communément contre les poux, la staphisaigre[78] était reconnue comme un poison par les médecins. Rāzī écrit[79] :

> « ميويزج : حار يابس محرق يقتل القمل ويقلع الجرب. وإن أخذ منه شيء قليل قيأ وسقيه خطر لأنه ربما قتل ».
>
> « La staphisaigre : chaud, sec, caustique, tue le pou et extirpe la gale ; en ne prenant qu'une petite quantité elle provoque des vomissements, elle est dangereuse et tue la personne ».

Il en va de même pour le mercure. Avicenne évoque le danger de ses vapeurs qui peuvent rendre sourd et aveugle[80]. Il écrit que Galien[81] n'utilisait

---

[75] Taqī al-Dīn 'Aḥmad ibn 'Alī al-Maqrīzī, *Naḥl 'bra al-naḥl* (*Abeille par l'abeille*), ed. Ğamāl al-Din al-Šayyal, Le Caire : Maktaba al-ṯaqafa al-dīnīyya al-Zahir, 2000, p. 59- 69.
[76] Ibn Sīnā (voir *supra* note 42), vol. 1 p. 303 et vol. 3, p. 298-299.
[77] Esmail Ğūrğānī, *Al-a'arād al-ṭibbiya wa al-mabāhiṯ al-'alā'iyya*, ed. Hasan Tağbaḫš, Téhéran: Presses univ., 2005, vol. 2, p. 853-855.
[78] La staphisaigre (*Delphinium staphisagria*) est une plante herbacée dont le jus frais contient une quantité importante de lysozyme, une substance protéique capable de dissoudre la membrane microbienne. Elle est très toxique et contient plusieurs alcaloïdes diterpéniques tels que la delphinine et la chasmanine. Ses graines ont des propriétés insecticides et parasiticides. Elles servent à préparer des pommades ou des décoctions contre les poux et autres parasites externes. On se reportera aux sites suivants : http://leslegumes.ntroi.info/raifort/proprietes_curatives_de_raifort.html et http://www.ars-grin.gov/cgi-bin/npgs/html/ taxon.pl?13475.
[79] Rāzī (voir *supra* note 17), chap. 3, p. 109-201.

pas le mercure et n'en connaissait pas toutes les qualités. Durant la période médiévale, au Proche-Orient, les méthodes chimiques de fabrication du mercure et des métaux ont été améliorées à partir du IXe siècle[82]. Un autre produit dangereux employé contre les nuisibles a comme source la cantharide, dénommée *zararīḥ* en arabe. Il est intéressant de noter que Ǧurǧānī[83] mentionne ce produit uniquement parmi les poisons dangereux qu'il faut traiter rapidement et non dans les traitements contre les poux. Souvent ce sont des médicaments composés qui interviennent dans la lutte contre les insectes. Ces médicaments possèdent comme liant diverses graisses ou huiles[84]. Les traitements contre les insectes sont souvent identiques à ceux employés contre le *ǧarab* ou la gale.

Les thérapies rencontrées sont internes, pour améliorer la digestion et la physiologie du corps, ou externes, pour éliminer les petits insectes envahisseurs. En comparant les traitements chez divers auteurs, nous remarquons qu'il y a un noyau commun de traitements qui peuvent être des produits inoffensifs (eau de mer, miel, huile, savon) ou, à l'inverse, des produits toxiques pour les insectes mais aussi fort dangereux pour l'homme (mercure, staphisaigre, cantharide etc.). Le dosage et la concentration des produits ne sont pas déterminés dans les textes mais les médecins et les pharmaciens étaient conscients de leur dangerosité ; ils devaient en user prudemment pour ne pas mettre en danger leurs patients.

Chaque auteur garde une autonomie dans sa pratique, selon le genre de son ouvrage, de son public, peut-être de sa région et de ses propres usages. Des solutions spécifiques sont proposées dans la lutte contre les insectes nuisibles. Très souvent les traitements sont à base de médicaments composés, incorporant des huiles. Cette étude devra donc être poursuivie, en recensant et en comparant les traitements pour mieux cibler l'originalité de chaque auteur, de chaque époque et de chaque région.

Des contes populaires pour enfants[85] rapportent l'histoire d'un couple mixte composé d'un pou et d'une puce (version arabe) ou d'une

---

80 Ibn Sīnā (voir *supra* note 42), vol. 3, p. 298-299.

81 Le mercure était pourtant connu par les savants grecs, d'après les travaux de Robert Halleux, voir http://books.openedition.org/pulg/975?lang=fr.

82 Ahmad Y. al-ḤASSAN, « Alchemy, Chemistry and Chemical Technology», chapitre 4.2 de *The Different Aspects of Islamic Culture*, vol. IV, *Science and Technology in Islam*, dir. A. Y. al-HASSAN, M. AHMED, A. Z. ISKANDAR, Publ. de l'UNESCO, 2002, p. 41-84, pour les pratiques artisanales, voir p. 85-164.

83 Ǧūrǧānī (voir *supra* note 77), vol. 2, p. 853.

84 Ces huiles interviennent souvent pour apaiser la peau du patient ; elles pourraient aussi éliminer les nuisibles en empêchant leur respiration. C'est le cas par exemple de l'huile de coco, d'anis ou de diméthicone, « ils noient ou étouffent les poux en pénétrant dans leurs orifices respiratoires », selon le Dr. Arezki Izri, chef du service de parasitologie et mycologie de l'hôpital Avicenne (Bobigny), propos recueillis par la *République du Centre*, 27/9/ 2013.

85 Ibrahim MUHAWI et Sharif KANAANA, *Il était plusieurs fois, contes populaires palestiniens*, tr. fr. de l'anglais par Leïla al-Masri, Paris : Arcantères - UNESCO, 1997. Le conte persan *kak tū tanūr* est accessible sur le site : http://www.ghanoononline.ir/News/Item/66839/98/%DA%A9%DA%A9-%D8%A8%D9%87%D8%AA%D9%86%D9%88%D8%B1.html.

punaise et d'une fourmi (version persane). Lorsque la punaise meurt accidentellement, sa mort perturbe d'abord la fourmi, puis les autres animaux, puis la rivière et les plantes, et enfin les humains. Cette histoire évoque peut-être les bouleversements qu'une petite bête peut créer dans une ville ; elle évoque la proximité inconfortable de l'homme avec ces animaux, peut-être le souhait de les apprivoiser et le rêve de les humaniser dans la vie quotidienne, afin de ne pas en être attaqué.

Tableau 1. Translittération adoptée pour l'arabe et le persan dans cet article

Caractères communs à l'alphabet arabe et persan	Translittération internationale arabe	Persan caractère supplémentaires	Translittération persane dans cet article
أ	ʿ	*idem*	*idem*
ا	ā		
ة	a		
ث	ṯ		
ج	ǧ		
ح	ḥ		
خ	ḫ		
ذ	ḏ		
ش	š		
ص	ṣ		
ض	ḍ		
ط	ṭ		
ظ	ẓ		
ع	ʿ		
غ	ġ		
ق	q		
و	ū/w		
ي	ī		
		پ	p
		چ	tch
		ژ	j
		گ	g
		Voyelle courte ◌ِ	e

Tableau 2. Le lexique des nuisibles ou *al-ḫanfas* ou *al-mūḏiyāt*

Français	Anglais	Arabe	Persan
Pou Lente (a)	Louse (Lice)	*al-qamal* القمل *al-ṣiʿābān* Suyūtī	**šepeš** شپش رشک
Puce (b)	Flea	*al-barġūṯ* البرغوث	*kak* کک
Punaise	True (Typical) bugs	*al-baq* – البق	**sās** ساس
Moustique (c)	Mosquito	*al-baʿūḍāt* البعوضات	*pashesh* پشه
Tique (d)	Tick	*al-qirād* ا لقراد	**kaneh** کنه

(a) *al-ṣiʿābān,* pl.*su'āban* (Suyūṭī)
(b) *al-barghûṯ*, pl. *barāġiṯ* au (Ibn al-Quff)
(c) *al- dabbabān* équivaut aussi à un moustique (Ibn al-Quff, p.153)
(d) Quatre étapes au cours de l'évolution de la vie (Ǧāḥīẓ), première étape invisible : *al-qamqāma* ; 2e étape : *al-hamnāna ;* 3e étape : *al-qirād*, étape qui porte le nom d'adulte ; 4e étape : *al-halama*, forme non définie par Ǧāḥīẓ.

Tableau 3. Auteurs et œuvres analysées

nom	zone d'activité	date	œuvre	titre abrégé et *langue	discipline
Ǧāḥīẓ ou al-Djâhiz ou Jahiz	Entre Basora et Bagdad. Bonne circulation de l'œuvre	776-869	*Kitāb al-Ḥaywān Livre des Animaux*	*L Ax* *en arabe	Zoologie
Rāzī	Entre Ray et Bagdad. Œuvre très connue	865 - 925	*Kitāb al-Manṣūrī Livre d'al-Mansūrī*	*K Mansuri* *en arabe	Médecine savante
Heravī	Plateau iranien Œuvre étudiée	après 1055	*al-ʿAbniya ʿan ḥaqāyeq al-'adwīya Livre sur les vérités des remèdes*	*Remèdes* *en persan	Pharma-copée savante
Ibn al-Buṭlān	Iraq, Égypte, Syrie	m. 1066	*Risāla fī širāʾ al-raqīq wa taqlīb al-ʿabīd Epître sur le rachat et le commerce des esclaves*	*Ep Esclaves* *en arabe	Commerce Médecine pour choix des esclaves
Ibn Bayṭār	Andalousie et Orient. Œuvre très étudiée	m. 1248	*Kitāb al-ǧāmiʿ al-mufradāt, Livre complet des simples*	*Les simples* *en arabe	Pharma-copée savante
Ibn Quff ou Ibn al-Quff al-Karakī	Jordanie actuelle et grande Syrie. Œuvre très étudiée	1233 - 1286	*Ǧāmiʿ al-ġaraḍ fī ḥifẓ al-ṣiḥḥa wa dafʿ al-maraḍ, Livre complet sur la conservation de la santé et lutte contre les maladies*	*Conserver santé* *en arabe	Hygiène de vie, œuvre savante
Al-Malik al-Muẓaffar	Iraq et Syrie	m. 1294	*Al-muʿtamid fī al-adwiya al-mufrada Référence des remèdes simples*	*Remèdes Simples* *en arabe	Pharma-copée courante
Al-Suyūṭī	Egypte, Le Caire	1445 - 1505	*Al-Raḥma fī al-ṭibb wa al-ḥikma, Don de la médecine et de la sagesse*	*Don médecine* *en arabe	Hygiène, très populaire

Médecins et chirurgiens salernitains face aux maladies parasitaires (XIe-XIIe siècles)

Mireille AUSÉCACHE[1]

Si les médecins de Salerne sont réputés depuis les Xe-XIe siècles pour leurs compétences, c'est véritablement au XIIe siècle que ce qu'on appelle traditionnellement « l'École de Salerne » installe sa renommée sur le plan de la pratique médicale mais aussi dans le domaine plus théorique d'une médecine rattachée à la philosophie naturelle, période où l'*Ars medica* tend à devenir une *physica*[2]. Ce tournant concerne tous les secteurs d'activité du praticien promu au rang de *physicus* et la question des maladies parasitaires en termes de démarche étiologique et thérapeutique n'échappe pas à cette évolution.

Différentes interventions ont souligné, durant ce colloque, les difficultés que pose le lexique de nos sources et la question de l'identification des maladies affectant la peau telles que la *scabies,* le *prurigo* ou les *pediculi, les sirones...* S'ajoute à ces questions, si l'on veut éviter l'écueil de l'anachronisme, le problème de la conception que pouvaient avoir les médecins médiévaux des maladies que nous qualifions de parasitaires. Selon une définition contemporaine, le parasite est un « être vivant en association durable avec un autre dont il se nourrit, sans le détruire ni lui apporter aucun avantage »[3].

La perception médiévale, liée aux limites du perceptible dans l'observation des manifestations de la maladie, n'identifie pas toujours l'origine parasitaire d'une pathologie. C'est pendant longtemps le cas de la *scabies,* dont le *Pantegni*[4] décrit ainsi les symptômes :

---

[1] Chercheur, diplômée de l'ÉPHE.

[2] Sur l'histoire de l' « École de Salerne », voir les ouvrages de Paul Oskar KRISTELLER, « The school of Salerno : its Development and its Contribution to the History of Learning », dans P.O. KRISTELLER. *Studies in Renaissance Thought and Letters*, I, Rome, 1956, p. 495-551 ; P.O. KRISTELLER, *Studi sulla Scuola medica salernitana,* Naples : Istituto Italiano per gli Studi Filosofici, 1986.

[3] Dictionnaire *Le Robert.*

[4] Cette encyclopédie médicale du médecin persan du Xe siècle 'Alī Ibn Al-'Abbās Al-Mağūsī, est constituée de vingt livres, dix consacrés à la théorie et dix à la pratique. L'ouvrage traduit en latin par Constantin l'Africain dans la deuxième moitié du XIe siècle joua un rôle primordial dans le développement d'une médecine savante à Salerne. Édition dans *Isaac opera omnia*, Lyon, 1515. *Cf.* Danielle JACQUART, Françoise MICHEAU, *La médecine arabe et l'Occident médiéval,* Paris : Maisonneuve et Larose, 1990, p. 69-74 et 103-107 ; Charles S. F. BURNETT, Danielle JACQUART, *Constantine the African and 'Alī Ibn Al-'Abbās Al-Mağūsī: The Pantegni and Related Texts,* Leyde : Brill, 1994.

« Les signes de la *scabies* sont d'abord de petites pustules rouges qui ensuite enflent, la démangeaison est très forte, surtout sur les mains et entre les doigts, aux coudes, autour de l'anus et parfois sur tout le corps »[5].

Les manifestations de la maladie que nous qualifions de « gale » sont bien décrites dans ce passage du *Pantegni* mais rien dans le commentaire ne laisse penser qu'il s'agit d'une invasion parasitaire, de la présence d'hôtes indésirables[6].

Il semble donc prudent de s'en tenir aux maladies clairement identifiées par les Salernitains comme impliquant la présence d'animaux parasites dont il faut débarrasser le malade par un traitement destiné à les éradiquer, les termes employés étant alors *occidere, necare, deicere, interficere*... Ce critère conduit à considérer deux catégories de parasites humains, les poux et les vers[7].

Les médecins, s'intéressant d'abord à la question de l'origine de ces animaux, sont tributaires des considérations de Pline, elles-mêmes inspirées de la notion aristotélicienne de génération spontanée :

« Il y a un caractère qu'en fait les animaux possèdent en commun avec les plantes. Certaines plantes, en effet, proviennent de la semence d'autres plantes, tandis que certaines autres naissent spontanément, à la suite de la formation de quelque principe de même nature qu'une semence ; et parmi ces dernières plantes, les unes tirent leur nourriture du sol, d'autres croissent à l'intérieur d'autres plantes, ainsi que nous l'avons indiqué dans notre traité *Des plantes*. Il en est ainsi pour les animaux : les uns naissent d'animaux qui leur sont parents par la forme, tandis que d'autres sont produits spontanément et ne proviennent pas d'animaux de même espèce ; et au nombre de ces derniers, il y en a qui naissent de terre en putréfaction, ou de végétaux, comme c'est le cas d'une multitude d'insectes, et d'autres, au contraire, prennent naissance à l'intérieur des animaux eux-mêmes à partir des déchets qui s'accumulent dans les organes »[8].

---

5 *Significationes scabiei dunt pustule parue incipientes rubee et postea inflatiue nimiam habentes pruriginem et plurimum etiam in manibus et inter digitos, in cubitis et super anum et circumdat ipsum, aliquando est in toto corpore* (*Theorica*, Ch. 18, *De prurigine*, Lyon 1515, f. XXXIXr a-b).

6 Marilyn NICOUD consacre un passage à 'la gale au Moyen Âge' dans son article « *Che manza fichi, semina rogna :* problèmes d'identification d'une dermatose au Moyen Âge », *Médiévales* 26 (1994), p. 85-101, p. 91-97.

7 Remarquons que les médecins et chirurgiens salernitains ne mentionnent pas les piqûres provoquées par les puces ou les punaises, cela s'expliquant peut-être par le fait que ces animaux ne « s'installent » pas sur ou dans le corps humain. Ils sont sans doute considérés comme des désagréments bénins ne relevant pas de la médecine.

8 Aristote, *Histoire des animaux* 5, 1, 539 a 15 [ed. et tr. Jules Tricot, Paris : Vrin, 1957, 2 tomes, I, p. 280-282].

Plus loin, un passage est consacré aux « insectes à génération spontanée : poux, puces, punaises, tiques » :

« Certains insectes, tout en n'étant pas carnivores, vivent sur les sérosités de chairs vivantes : tels sont par exemple les poux, les puces, les punaises [...] pour que les puces prennent naissance il suffit de la plus insignifiante quantité de matière en putréfaction (car partout où se rencontre quelque excrément desséché, il s'y forme des puces) ; les punaises proviennent de l'humeur qui sort des animaux et qui se fige à l'air libre. Les poux, eux, naissent des chairs. Quand ils sont sur le point de faire leur apparition, il se forme comme de petits boutons sur la peau, sans accompagnement de pus ; si on les perce, il en sort des poux. Chez certains hommes, l'apparition des poux est, en fait, une maladie, qui a pour origine une grande abondance d'humidité dans le corps »[9].

Selon Pline, l'origine des vers intestinaux est également imputable à l'humidité, à l'instar de la génération de certains insectes :

« De la même façon quelques insectes naissent de la pluie dans la terre ; d'autres naissent dans le bois, et non seulement les artisons (*cossons*), mais encore les taons, qui naissent aussi d'une autre manière, partout où il y a excès d'humidité, de même, que dans l'intérieur de l'homme, naissent des ténias de trente pieds de long, et quelquefois plus »[10].

Il considère en outre que les parasites infestant les cheveux des hommes sont également des vers :

« Il naît aussi des vers dans la chair morte, mais également dans celle des hommes vivants, et dans leur chevelure : c'est de cette affreuse maladie que moururent le dictateur Sulla, et Alcman, poète grec des plus illustres »[11].

Les médecins salernitains inscrivent naturellement leur réflexion sur l'origine des maladies parasitaires dans ce cadre hérité de l'Antiquité. Cependant, ils eurent accès au XIIe siècle à de nouveaux textes qui permirent à la *Civitas hippocratica* de connaître un véritable tournant scientifique fondé sur une articulation plus exigeante entre théorie et pratique. *L'Ars medica* qui faisait déjà la renommée des Salernitains se trouva enrichie par des éléments de réflexion théorique fournis notamment grâce aux traductions de Constantin l'Africain[12]. Parmi celles-ci, citons surtout l'*Isagoge Iohannitii*[13]

---

[9] *Ibid.*, 5, 31, ed. cit. p. 358-360.

[10] Pline l'Ancien, *Histoire naturelle*, XI, 38 [ed. et tr. A. Ernout et R. Pépin, Paris : Les Belles Lettres, CUF, 1947, p. 64] : *Sic quaedam ex imbri generantur in terra, quaedam et in ligno. Nec enim cossi tantum in eo, sed etiam tabani ex eo nascuntur et alias, ubicumque umor est nimius, sicut intra hominem taeniae tricenum pedum, aliquando et plurium longitudine.*

[11] *Ibid.* : *Iam in carne exanima et uiuentium quoque hominum et capillo, qua foeditate et Sulla dictator et Alcman ex clarissimis Graeciae poetis obiere.*

[12] Moine au Mont Cassin et sans doute originaire d'Afrique du Nord, il traduisit et adapta en latin de nombrex ouvrages arabes, dans la seconde moitié du XIe siècle, transmettant ainsi à l'Occident des textes fondamentaux. Citons entre autres les ouvrages d'Isaac Israeli (*De*

et le *Pantegni*[14] qui jouèrent un rôle primordial dans l'élaboration d'une nouvelle approche de la médecine en lui fournissant un cadre théorique hérité du galénisme alexandrin. Le *Pantegni* en particulier alimenta les commentaires des maîtres salernitains aux ouvrages constituant le recueil connu sous le nom d'*Ars medicine*[15], mais il enrichit également la pratique médicale et chirurgicale et fut l'une des sources majeures d'ouvrages tels que le *De egritudinum curatione tractatus*[16], la *Chirurgie de Bamberg*, ou la *Rogerii Chirurgia*[17].

La question de l'étiologie des maladies est donc examinée à la lumière de ces nouveaux apports théoriques. C'est ainsi que le *Pantegni* donne le cadre de la réflexion sur l'origine de certaines maladies de peau, au rang desquelles figurent les poux :

> « Les maladies qui naissent dans les parties externes du corps sont pour certaines dues à une cause interne dite antécédente, d'autres ont une cause externe dite première. Nous commençons par les maladies externes provoquées par une cause interne et d'abord par celles qui

---

dietis, De febribus, De urinis), d'Ibn al Jazzar (*Viaticum, De gradibus*). *Cf.* Danielle JACQUART et Françoise MICHEAU, *op. cit. supra* note 4, p. 96-118.

13 Cet ouvrage du médecin syriaque Hunain ibn Ishaq (IXe siècle) est conçu comme une introduction à l'*Ars medica* de Galien. Y sont notamment définis les humeurs, les vertus, les *spiritus* (*pneuma* de Galien). Édition : Gregor MAURACH, « Johannicius, Isagoge ad Techne Galieni », Sudhoffs Archiv 62 (1978), p. 148-174. *Cf.* Danielle JACQUART, « À l'aube de la Renaissance médicale des XIe-XIIe siècles : l'*Isagoge Johannitii* et son traducteur », *Bibliothèque de l'École des chartes* 144 (1986), p. 209-240 (repr. dans *Ead.*, *La science médicale occidentale entre deux renaissances (XIIe-XVe siècle)*, Aldershot, 1997, I).

14 *Cf. supra* note 4.

15 Cette collection de textes, rapidement devenue canonique pour l'enseignement de la médecine, fut d'abord composée de cinq textes : *Aphorismes* et *Pronostic* d'Hippocrate, *Isagoge Iohanniti*, deux traités d'origine byzantine, le *De urinis* de Théophile et le *De pulsibus* de Philarète. Le corpus s'accrut ensuite de la *Tegni* ou *Ars medica* de Galien et du *Régime des maladies aigües* d'Hippocrate. À partir du XIIIe siècle, les manuscrits présentent le plus souvent les textes hippocratiques accompagnés des commentaires de Galien et la *Tegni* avec le *Commentum Haly* ('Alî ibn Ridwân), dans le cadre d'une collection désignée comme *Ars commentata* puis *d'Articella* à la Renaissance. *Cf.* P.O. KRISTELLER, « Bartholomaeus, Musandinus and Maurus of Salerno and other early commentators of the 'Articella', with a tentative list of texts and manuscripts », *Italia Medioevale e Umanistica* 19, 1976, p. 57-87, repr. dans P.O. KRISTELLER, *Studies in Renaissance Thought and Letters*, III, Rome, 1993, p. 403-429. Tiziana PESENTI, « Arti e Medicina : la formazione del curriculum medico », dans Luciano GARGAN - Oronzo LIMONE (ed.), *Luoghi e Metodi di insegnamento nell'Italia Medioevale (sec. XII-XIV), Atti del Convegno Internazionale di Studi, Lecce-Otranto, 6-8 ott. 1986*, Galatina, 1989, p. 153-177. Cornelius O'BOYLE, « Thirteenth-and Fourteenth-Century Copies of the *Ars Medicine*. A Checklist and Contents Descriptions of the Manuscripts », *Texts and Interpretations in Medieval and Renaissance Medical Teaching* 1, 1998, p. i-xvi.

16 Ed. Salvatore de Renzi, *Collectio Salernitana*, II, Naples, 1853, p. 81-385.

17 Karl SUDHOFF, « Die Bamberger Chirurgie aus Salerno », *Beiträge zur Geschichte der Chirurgie im Mittelalter*, II, Leipzig, 1918, p. 103-147 ; George W. CORNER, « On Early Salernitan Surgery and especially the 'Bamberg Surgery' », *Bulletin of the Institute of the History of Medicine*, 5 (1937), p. 1-32 ; *Rogerii chirurgia, Collectio Salernitana*, ed. cit., II, p. 425-496.

affectent tous les membres comme *lepra, variola, morphea, impetigo, uiriditas, serpigo, scabies, prurigo, pediculi, pustule parue....* »[18].

« Les poux naissent d'une surabondance humide, épaisse et corrompue que la nature rejette vers l'extérieur de la peau et qui ne peut sortir des pores du fait de son épaisseur ; elle se mélange au limon du corps et ainsi naissent les poux et pour cette raison ont beaucoup de poux ceux qui ne se baignent pas et dont la peau n'est pas nettoyée comme cela arrive aux voyageurs : en effet la sueur sort du corps, reste dans les pores, se putréfie et engendre des poux. Parfois les poux naissent d'une grande consommation de figues sèches »[19].

Ces extraits suscitent différents commentaires. L'origine interne de ces affections est clairement affirmée, ce qui explique sans doute la faible place qui leur est consacrée dans les traités de chirurgie[20]. Ainsi, « c'est de 'l'intérieur' que sont secrétés animalcules et démangeaisons, génération spontanée issue d'un invisible mélange de matières ». Mais, si « leur présence indique un dérèglement intérieur, une dégradation de substances obscures »[21], un facteur aggravant réside dans la malpropreté du corps qui provoque accumulation et putréfaction de la sueur responsable de la génération des poux.

La mention concernant la consommation excessive de figues sèches semble relever d'un « savoir commun » à différents auteurs[22]. Galien soulignait le lien entre un sang de mauvaise qualité produit par une grande consommation de figues et la génération des poux. Isaac Israeli, connu par les traductions de Constantin, ajoute que si les figues rencontrent dans

---

[18] *Pantegni, Theorica,* VIII, 13, *De passionibus quas patitur exterior pars corporis s. cutis : Passiones nascentes in corporis exterioribus quedam de interiori causa nascuntur que et antecedens vocatur, quedam de exteriori et hec primitiua uocatur [...]. Nos autem incipiamus a passionibus exterioribus que de causa interiori causantur et de his incipiatur quibus omnia membra circumdantur utpote lepra, variola, morphea, impetigo, uiriditas, serpigo, scabies, prurigo, pediculi, pustule parue* (Lyon 1515, f. XXXVIIIvb). Il a paru prudent de ne pas hasarder de traduction pour chacun de ces termes qui peuvent désigner des pathologies mal définies.

[19] *Pantegni, Theorica,* VIII, 19, *De pediculis : Pediculi sunt de superfluitate humida et grossa atque corrupta quam expellit natura ad cutis exteriora neque exit poros ex grossitudine sua et ita miscetur cum luto corporis unde pediculi generantur ideoque semper abundant pediculis non balneati et quorum non mundificatur cutis sicut contingit uiatoribus : sudor enim corpus exit et permanet in poris et putrescit quod subtile fuit et pediculos facit. Aliquando etiam pediculi fiunt ex multa comestione ficuum siccarum* (*ibid.* f. XXXIXrb).

[20] Ainsi le livre IX de la *Practica* du *Pantegni,* consacré à la chirurgie, ignore-t-il ces maladies et nous relevons peu de mentions dans la version ancienne de la *Chirurgie* de Roger de Parme largement dérivée du *Pantegni.* Deux siècles plus tard, Guy de Chauliac consacre dans sa *Chirurgia magna* un chapitre aux maladies de peau, *Capitulum tercium de morphea, serpigine, scabie, pruritu, syronibus, pediculis et aliis infeccionibus cutis. Cf.* GUY DE CHAULIAC, *Inventarium sive Chirurgia magna,* ed. Marguerite S. Ogden et Michael McVaugh, Leyde : Brill, 1997, p. 290-297.

[21] Georges VIGARELLO, *Le propre et le sale. L'hygiène du corps depuis le Moyen Âge,* Paris : Seuil, 1985, p. 51.

[22] *Cf.* Marilyn NICOUD, « *Che manza fichi...* », *op. cit. supra* note 6, p. 88-89.

l'estomac des « humeurs superflues », elles se corrompent et génèrent « une dilatation, des ventosités et un très mauvais sang et, sur la superficie externe du corps, des poux »[23].

Les humeurs corrompues sont également responsables de la génération des vers présents dans les oreilles ou les dents ainsi que l'explique la *Practica* de Platearius[24] :

> « Les vers dans les oreilles proviennent d'humeurs visqueuses épaissies et vivifiées par le *spiritus*. Les signes en sont des démangeaisons, des chatouillements... »[25].
>
> « Les vers naissent d'humeurs putréfiées dans un creux des dents et des mâchoires. On les repère du fait des démangeaisons et chatouillements mais aussi à l'œil nu car si l'on se lave les dents à l'eau tiède on les voit qui nagent dans l'eau »[26].

Mais c'est surtout la réflexion sur l'origine, la diversité et à la localisation des vers intestinaux qui donne lieu à des explications théoriques complexes d'abord dans le *Pantegni* puis chez les maîtres salernitains du XIIe siècle :

> « Les lombrics sont issus d'humeurs phlegmatiques putréfiées dans l'intestin où naît la chaleur extérieure et ainsi ces animaux sont générés car il est impossible qu'ils le soient à partir du sang ou de la bile. La bile en effet avec son amertume, son acuité et sa sécheresse tue ces animaux et le sang ne sort pas des veines ou des artères ou bien il provoque un abcès et d'autres maladies. Les enfants sont touchés par cette maladie et ceux qui ont une humidité phlegmatique et épaisse, une alimentation trop riche et qui négligent les purgations. Cette maladie naît surtout en automne de la consommation de fruits.
>
> Cette maladie prend trois formes. Une est le fait d'une espèce de lombrics qui sont comme des branches de pourpier : ils naissent dans l'intestin grêle à cause d'une grande abondance de nourriture humide s'amassant dans l'intestin. D'autres sont larges comme des graines de courge naissant surtout dans le gros intestin et surtout dans le cæcum. D'autres sont très petits comme ceux du vinaigre, vermicules naissant surtout dans le rectum.
>
> Particularités : les vers qui sont comme ceux du vinaigre et ceux qui ressemblent à des graines de courge sortent facilement avec les selles grâce à la largeur de l'intestin dans lequel ils se trouvent.

---

[23] *Ibid.* p. 90.

[24] Plusieurs auteurs salernitains portent ce patronyme ; la *Practica* est traditionnellement attribuée à Iohannes Platearius mais la prosopographie de la famille Platearius reste à établir. *Cf.* Maria GALANTE, « Le *Curae magistri Platearii* in un codicetto ora a Salerno », dans *La Scuola Medica Salernitana. Gli autori e i testi*, a cura di Danielle JACQUART e Agostino PARAVICINI BAGLIANI, Florence : Sismel, 2007, p. 165-182, p. 178.

[25] *De egritudinum curatione tractatus* (Platearius, *Practica*, *De passionibus aurium*): *vermes in auribus fiunt ex viscosis humoribus inspissatis per interceptionem spiritus vivificantis, quorum signa sunt pruritus, titillatio...*, *Collectio Salernitana*, ed. cit., II, p. 161.

[26] *Ibid.*, p. 176 : *Vermes in dentibus : vermes in dentibus maxillaribus procreantur ex humoribus in concavite eorum putrefactis et cognoscitur ex pruritu et titillatione et etiam ex visu quia dentibus aqua tepida lavatis, vermes in ipsa aqua in aliquo vase recepta quandoquidem videntur natantes.*

Parfois ceux qui ont des petits vers ont des démangeaisons du nez et sont purgés lorsqu'ils vont à la selle. Les lombrics ne sortent pas avec les excréments à cause de la longueur et de l'étroitesse de l'intestin grêle auquel ils sont collés, c'est pourquoi ils ne sortent pas si ce n'est avec les humeurs expulsées par la nature comme cela se produit le jour critique.

Il est nécessaire de reconnaître leur présence, les signes en sont la douleur, les nausées, surtout lorsque les intestins sont diminués du fait d'un estomac à jeun. En effet les lombrics sont friands de nourriture et s'ils ne la trouvent pas dans les intestins ils absorbent leur humidité et s'ils prolifèrent dans les intestins la force du malade faiblit car l'humeur nourrissant les intestins nourrit les lombrics, donc elle faiblit et l'extrémité du corps se refroidit : les dents grincent, les lèvres sont prises de démangeaisons, nausées et vomissements se produisent. Parfois ils montent jusqu'à la bouche de l'estomac et sortent avec le vomissement. La douleur des intestins est due aux humeurs aigües et agressives qui descendent vers les intestins et l'estomac ou bien à la ventosité dilatant les intestins ou bien du fait des humeurs phlegmatiques épaisses, visqueuses qui se collent aux intestins ou bien encore aux matières sèches bloquées dans l'intestin »[27].

Ces explications complexes se fondent d'abord sur les qualités premières des humeurs telles qu'elles sont présentées dans l'*Isagoge Iohannitii* : « Le sang est chaud et humide, le phlegme froid et humide, la

[27] *Pantegni, Theorica,* IX, 31 : *De lumbricis aut aliis verminibus. Lumbrici ex humoribus sunt phlegmaticis putrescentibus in intestinis ubi nascitur calor extraneus unde hec animalia generantur que impossibile est de sanguine nasci vel de cholera rubea. Cholera enim rubea cum amaritudine et acuitate siccitateque sua huiusmodi occidit animalia et sanguis non exit de venis vel arteriis et si exit apostema gignit cum passionibus aliis unde hanc passionem habent pueri et habentes humiditatem phlegmaticam et grossam cum dieta grossa et purgandi negligentia. Maxime hec passio nascitur in automno ex fructuum comestione. Cuius passionis tres sunt species. Una est lumbricorum species qui quasi rami portulacte sunt et in intestino subtili nascuntur propter plurimam cibi humidi abundantiam in hoc intestino se coadunantem. Sunt alii lati sicut semina cucurbite plurimum in grosso intestino nascentes et maxime in orbo. Sunt et alii minuti sicut qui fiunt in aceto vermiculi plurimum in recto intestino nascentes. Significationes eorum : que vermes qui similes sunt his qui in aceto fiunt et qui semini assimilantur cucurbitino facile exeunt cum egestione ex intestini ubi sunt largitate. Aliquando parvos vermes habentes pruriunt inter nares et purgantur cum ad egestionem sunt voluntarii. Lumbrici non exeunt cum egestione quod est ex subtilis intestini a magno longinquitate et strictione ipsius vie et eorum cum subtili intestino inviscatione quapropter non egrediuntur nisi cum in expulsis humoribus a natura expelluntur sicut in cretica die videtur unde ex eorum accidentibus necesse est intelligantur in tortura abominatione punctura, maxime cum intestina propter inanitionem stomachi sunt subtiliata. Lumbrici enim cum cibum sunt appetitiui neque inuenerint in intestinis de eorum humectatione trahunt qui si crescant in intestinis virtus deficit quia chimus nutriens intestina ad lumbricos nutriendos vadit unde deficit et refrigeratur extremitas corporis : strident dentes, pruriunt labra, abominationem et vomitum habent, aliquando ascendunt usque ad os stomachi et cum vomitu exeunt. Tortura intestinorum est ex humoribus acutis et pungitiuis qui ad intestina descendunt et stomachum aut ex ventositate intestina extendente aut ex grossis humoribus phlegmaticis et viscosis et inuiscantibus se in intestinis aut ex sicco stercore in intestinis se claudente* (Lyon, 1515, f. XLVIIv b-XLVIIIr a).

bile chaude et sèche, la bile noire froide et sèche »[28]. En fonction de ces données, la génération des vers est imputable uniquement au phlegme, plus précisément aux « humeurs phlegmatiques putréfiées dans l'intestin ». La diversité des parasites intestinaux est expliquée par l'anatomie des intestins qui influe sur la forme et la taille des vers. Trois sortes de vers intestinaux sont ainsi distinguées : lombrics, vers larges, vermicules, les uns et les autres se caractérisant également par une expulsion plus ou moins aisée. L'examen clinique du malade insiste sur les signes à observer et le commentaire introduit clairement la notion de parasite puisque « l'humeur nourrissant les intestins nourrit les lombrics » ce qui provoque un affaiblissement du malade.

Ce passage de la *Theorica* du *Pantegni* influence considérablement les maîtres salernitains commentant le *Pronostic* d'Hippocrate : « Il est avantageux aussi que des vers ronds soient expulsés avec les déjections, quand la maladie approche de la crise »[29]. Les médecins salernitains du XIIe siècle disposent de la traduction latine de Constantin qui présente le texte seul, sans le commentaire de Galien[30]. Le lemme commenté est : *Bonum est etiam si lumbricos admixtos habuerit.* Plusieurs maîtres salernitains ont commenté le *Pronostic*, nous nous attacherons à deux d'entre eux. Selon Archimatthaeus[31] :

---

[28] Ch. 5, *De compositionibus : Compositiones IV sunt : sanguis, flegma, colera rubea, colera nigra. Sanguis calidus est et humidus, flegma frigidum et humidum, colera rubea calida et sicca, colera nigra frigida et sicca* [ed. G. Maurach, p. 152].

[29] HIPPOCRATE, *Pronostic* XI a. 4 [ed. et tr. Jacques JOUANNA, Paris : Les Belles Lettres, 2013, p. 29].

[30] Gérard de Crémone fournit une autre traduction accompagnée du commentaire de Galien : *Et ex eo quod laudatur etiam est ut egrediantur cum egestione lumbrici quando appropinquat infirmus versus crisim.* Commentaire de Galien : *Non laudatur egestio lumbricorum nisi quandoque nam ipsa expellit eos inferius cum reliquis superfluitatibus que sunt in corpore, non quando egrediuntur per causam aliam secundum viam accidentis et ego quidem iam locutus fui sermonem longum in rebus que procedunt secundum semitam crisis in libro pericriseos* (Venise 1483, f. 59). Sur la tradition des traductions latines et des commentaires de ce texte primordial *cf.* les pages CLIV-CLXXXIV de l'édition, ainsi que Jacques JOUANNA et Caroline MAGDELAINE « La tradition latine du *Pronostic* et son commentaire par Galien », dans les Actes du Séminaire de Sirolo, *Le traduzioni latine di Galeno : dalle fonti alla ricezione* (juin 2012), publiés par Stefania FORTUNA, *Medicina nei Secoli* 25 (2013), p. 765-796.

[31] Salvatore DE RENZI a édité un *De instructione Medici secundum Archimathaeum* et une *Practica Archimathaei*, dans la *Collectio Salernitana*, V, Naples, 1859, p. 333-349 et p. 350-376, avec un commentaire sur l'œuvre de ce maître p. 377-384. Hermann GRENSEMANN, « Die Schrift, '*De adventu medici ad aegrotum*' nach dem Salernitaner Arzt Archimatheus. Hrsg., übers. und eingeleitet », *Würzburger medizinhistorische Mitteilungen* 14 (1996), p. 233-251 ; « Archimatheus : *De visitatione medici / De instructione medici* » dans H. GRENSEMANN, *Natura sit nobis semper Magistra*, Hambourg, 2001, p. 69-107 ; Archimatheus Salernitanus, *Glossae in Isagogas Johannitii*, Hambourg, 2004 ; Archimatheus Salernitanus, *Erklärungen zu den hippokratischen Aphorismen*, Hambourg, 2005 ; Archimatheus Salernitanus, *Erklärungen zum hippokratischen Prognostikon*, Hambourg, 2002 / 11 (ces trois dernières éditions sont en ligne).

« Le lombric est un animal qui provient du flegme et non des autres humeurs, comme certains le prétendent, et voilà l'explication. En effet, ils ne peuvent être générés par la bile qui a des qualités amères. Nous voyons en effet que les lombrics sont tués par des substances amères bien plus que par d'autres. Ils ne peuvent non plus provenir du sang car le creux des intestins n'est pas la place du sang. En effet, si le sang se trouvait dans le ventre, il s'écoulerait immédiatement ou serait corrompu ainsi que le dit Hippocrate[32]. Ces animaux ne peuvent pas non plus être générés par la bile noire puisqu'elle possède des qualités destructrices et que c'est une humeur épaisse et compacte, et s'ils étaient générés, ils seraient alors durs et non pas mous comme le sont les lombrics.

Ainsi générés par le phlegme salé, ils sont longs et ronds : longs du fait de la chaleur, ronds à cause de la sécheresse ; nés du phlegme doux, ils sont longs et larges, longs à cause de la chaleur, larges à cause de l'humidité ; venus du phlegme aigre, ils sont courts et ronds : courts du fait du froid, ronds à cause de la sécheresse ; ils sont courts et larges s'ils proviennent du phlegme naturel, courts à cause du froid, larges à cause de l'humidité.

Voici comment ils sont générés : lorsque le phlegme est en abondance dans les intestins, il est cuit par la chaleur, sa partie extérieure devient une peau et le *spiritus naturalis* qui demeure à l'intérieur vivifie l'ensemble et ainsi naît l'animal.

Mais il faut noter que les lombrics longs et ronds sont générés dans les intestins supérieurs, qui sont plus longs et très ronds. Les lombrics courts et ronds naissent dans le gros intestin mais aussi parfois dans d'autres parties et surtout dans le cæcum.

Leur présence dans les déjections est favorable pour deux raisons : tantôt cela montre la force de la vertu capable de convertir cette matière nocive en animaux, tantôt cela indique que la matière était extrêmement putréfiée ou brûlée »[33].

---

[32] *Aphorisme* VI, 20 : *Si in ventriculum sanguis infusus fuerit extra naturam, necesse est in saniem converti.* Hippocrate, Aphorismes, ed. Inge MÜLLER-ROHLFSEN, *Die lateinische ravennatische Übersetzung der hippokratischen Aphorismen aus dem 5./6. Jahrhundert n. Chr.*, Hambourg, 1980, p. 90.

[33] *Bonum est si lum(bricos) ammi(xtos) habuerit. Lumbricus enim est quoddam animal, quod fit ex flegmate tantum et non ex aliis humoribus, ut quidam volunt, et quare, hec est causa. Ex colera enim, cum habeat amaras qualitates, generari non possunt. Videmus namque lumbricos magis ex amaris interfici quam ex aliis. Ex sanguine non, quia intestinorum vacuitas non est locus sanguinis. Nam si sanguis in ventrem daretur, aut cito emitteretur aut in saniem converteretur, Ypocrate attestante : Quibuscumque in ventrem sanguis effunditur preter naturam, his necesse est in saniem converti. Ex melancolia vero, cum habeat mortificatorias qualitates et sit humor spissus et compactus, ex ipso nequeunt animalia generari, et si generarentur, potius essent dura et non mollia, ut sunt lumbrici. Generantur itaque ex flegmate salso longi et rotundi, longi ex calore, rotundi ex siccitate, ex flegmate dulci longi et lati, longi ex calore, lati ex humiditate. Ex acetoso breves et rotundi, breves ex frigiditate, rotundi ex siccitate. Breves et lati ex flegmate naturali, breves per frigiditatem, lati per humiditatem. Generantur enim hoc modo: Flegma cum habundet in intestinis, calore excoquitur et exterior eius pars in cuticulam transit et spiritus naturalis remanens intus vivificat et ita fit animal. Sed notandum, quia longi et rotundi generantur in superioribus intestinis, que sunt longiora et magis rotunda. Breves et rotundi in longaone, aliquando vero in aliis crossis et precipue in orbo. Sed quod bonum sit in egestione, duplex est causa: Tum quia significatur fortitudo*

Si l'auteur reprend le thème de l'origine des vers dans le phlegme (évoquant au passage un débat autour de cette question), il explique également plus précisément pourquoi les autres humeurs ne peuvent pas être à l'origine de ces parasites. Mais il apporte des précisions en mentionnant plusieurs « qualités » de phlegme qui ont des répercussions sur la forme et la longueur des vers : il en distingue quatre types, associés à quatre nuances de l'humeur phlegmatique[34]. La génération des vers provient de la cuisson du phlegme présent dans les intestins sous l'effet de la chaleur, le produit de cette coction étant vivifié par le *spiritus naturalis*[35]. L'expulsion des vers est le signe d'une coction complète et est, de ce fait, un signe favorable.

Maurus[36] reprend et développe l'explication de la transformation du phlegme par la chaleur et suit ensuite de près le commentaire d'Archimatheus[37] en introduisant cependant les notions plus théoriques de chaleur en puissance et chaleur accidentelle qui, en étant associées, parviennent à dissoudre les humeurs permettant ainsi la génération du *spiritus naturalis* puis des vers.

> « C'est une chaleur naturelle forte qui peut transformer les humeurs en animaux. En effet, une chaleur très intense agissant sur les humeurs les enveloppe d'une croûte comme le pain dans le four. La

---

virtutis valens convertere illam materiam nocivam in animalia, tum significatur, quod materia fuisset nimis putrefacta vel adusta (H. Grensemann, Archimatheus Salernitanus, *Erklärungen zum hippokratischen Prognostikon, op. cit. supra* note 31, p. 41-42).

[34] Notons que *l'Isagoge* décrit cinq types de phlegme : « Il y a cinq sortes de phlegme : le phlegme salé plus chaud et plus sec que les autres du fait de son imprégnation par la bile. Le phlegme doux qui tend vers la chaleur et l'humidité car imprégné de sang. Le phlegme âpre qui tend vers le froid et la sécheresse car imprégné de bile noire. Le phlegme vitreux résultant d'un excès de froid et de coagulation comme chez les vieux privés de chaleur naturelle. Le phlegme [naturel] froid et humide n'a pas de goût et se caractérise par le froid et l'humidité ». *Isagoge*, Ch. 6. *De flegmate : Flegmatis vero V sunt modi, est enim flegma salsum, calidius et siccius ceteris infectum colerico. Et est dulce pertinens ad caliditatem et humectationem infectum sanguine. Est et acre pertinens ad frigiditatem et siccitatem infectum melancolico. Est et vitreum, quod nascitur ex nimia frigiditate et coagulatione sicut in senibus naturali calore destitutis. Et est frigidum et humidum, illud vero saporem non habet, sed propriam retinet frigiditatem et humectationem* [ed. Gregor Maurach, p. 152].

[35] L'*Isagoge* distingue trois types de *spiritus*, Ch. 17, *De spiritu : Spiritus igitur tres sunt : primus, naturalis, sumit principium ab epate ; secundus, vitalis, a corde ; tertius, animalis, a cerebro. Horum primus in venas, quae non habent pulsum, in totum corpus diffunditur, secundus in arterias, tertius vero in nervos dirigitur, quae in septima naturalium rerum parte, in spiritu, cognoscuntur* [ed. G. Maurach, p. 155]. Ils correspondent aux *pneumata* de Galien, *cf.* Danielle GOUREVITCH, « La médecine dans le monde romain » in Mirko D. GRMEK (dir.), *Histoire de la pensée médicale en Occident*, Paris : Seuil, 1995, p. 95-122, ici p. 116.

[36] La mort de cet illustre maître salernitain, qualifié d'*optimus phisicus*, est enregistrée dans le nécrologe de Saint Matthieu de Salerne en 1214. Il est notamment l'auteur d'un commentaire à *l'Ars medicine* de six textes. *Cf.* Morris H. SAFFRON, « Maurus of Salerno, Twelfth-century *Optimus Physicus*, With his Commentary on the Prognostics of Hippocrates », *Transactions of the American Philosophical Society*, ns, vol. 62, part 1, 1972. Mark D. JORDAN, « Medicine as science in the Early Commentaries on *Johannitius* », *Traditio* 43 (1987), p. 121-45.

[37] Mark D. Jordan remarque que le commentaire de Maurus à l'*Isagoge* suit également de très près celui d'Archimatheus, *op. cit.*, p. 132.

chaleur en puissance cachée à l'intérieur avec la chaleur accidentelle [les] dissout en fumées parce que désagrégées de façon plus complète elles parviennent à une plus grande subtilité et [ainsi] se fait la génération du *spiritus naturalis.* Ce *spiritus* réclame une sortie, il ne peut sortir du fait de la croûte et ainsi naissent les lombrics.

La génération des lombrics provient des différentes sortes de flegme, non de la bile car les substances amères tuent les lombrics ; pas non plus de la bile noire qui a des qualités destructrices ; pas du sang car, comme le dit Hippocrate, si le sang s'écoule dans le ventre, ce qui est contre nature, il se transforme en pus. La génération se fait soit à partir du flegme salé et ils sont longs et ronds à cause de la chaleur qui allonge, ronds à cause de la sécheresse qui arrondit ; soit à partir du flegme doux et ils sont alors longs et larges, longs à cause de la chaleur qui allonge, larges à cause de l'humidité qui accroît la largeur ; et ce sont les pires, ceux qui en souffrent pensent avoir des serpents dans le ventre. Ou bien ils proviennent du flegme aigre et sont alors courts et ronds, courts à cause du froid qui raccourcit, ronds à cause de la sécheresse qui arrondit ; provenant du flegme naturel ils sont courts et larges : courts du fait du froid qui raccourcit, larges du fait de l'humidité qui élargit. Ils prennent différentes formes selon l'endroit de l'intestin, certains sont générés dans l'intestin grêle, certains dans les intestins grêles et d'autres s'insinuent ailleurs »[38].

L'allusion de Maurus à la chaleur en puissance et à la chaleur accidentelle semble être un écho des théories d'Aristote. Accessibles par des traductions du XIIe siècle, elles jouèrent un rôle important dans le développement de la pensée salernitaine[39]. Leur influence se fait sentir jusque dans des textes de la pratique : dans la *Practica* attribuée à Platearius l'auteur complète le commentaire classique sur la forme des vers intestinaux par des considérations sur les mouvements de la chaleur et du froid :

« Du flegme salé viennent les lombrics longs et ronds, le flegme salé est chaud et sec, la chaleur a un mouvement qui part du centre,

---

[38] *Bonum est si lumbricos admixtos habuerit : fortis enim calor naturalis qui potest humores in animalia transmutare. Calor enim agens in humores superficietenus eos obvolvit crustula ut panis in clibano. Caliditas potentialis cum calore accidentali latens interius dissolvit in fumositates, quia plenius dissolute maiorem suspiciunt subtilitatem et fit generatio spiritus naturalis. Ipse spiritus querit exitum, non potest exire suppositione crustule et fit generatio lumbrici. Lumbrici generatio fit ex speciebus flegmatis ; ex colera non fit quia amara necant lumbricos ; ex melancolia non quia habet qualitates mortificatorias ; ex sanguine non quia ut dicit auctor si sanguis in ventrem effunditur praeter naturam in saniem convertitur. Generatio autem aut fit ex flegmate salso et sunt longi et rotundi per caliditatem elongantem, rotundi per siccitatem rotundantem ; ex flegmate dulci sunt longi et lati, longi per caliditatem elongantem, lati per humiditatem diffusionem latitudinis operantem ; et isti pessimi sunt, habentes istos in utero putant habere serpentes. Aut fuerit ex flegmate acerbo et sunt breves et rotundi : breves per frigiditatem incurtantem, rotundi per siccitatem rotundantem ; ex flegmate naturali breves et lati : breves per frigiditatem incurtantem, lati per humiditatem diffundentem. Sumunt plerumque formas a loco secundum dispositionem intestinorum, quidam generantur in ieiuno, quidam in gracilibus intestinis, et hoc alibi insinuatur* [ed. Morris H. SAFFRON, p. 36-37].

[39] *Cf.* Danielle JACQUART, « Aristotelian Thought in Salerno », dans *A History of Twelfth-Century Western Philosophy*, ed. Peter DRONKE, Cambridge : University Press, 1988, p. 407-428.

donc elle allonge, mais avec la sécheresse opposant une résistance, elle ne peut dilater, en effet la sécheresse a un mouvement vers le centre, donc elle contient, resserre et arrondit, ce qui fait que les lombrics sont longs et ronds. À partir du flegme doux qui est chaud et humide sont faits les lombrics longs et larges, la chaleur en effet allonge et l'humidité dilate. Du flegme aigre qui est froid et sec, ils sont courts et ronds parce que chacune de ses deux qualités a un mouvement vers le centre. Du flegme naturel, ils sont courts et larges, en effet le flegme naturel est froid et humide, à cause du froid ils sont courts, à cause de l'humidité ils sont larges et on les appelle ascarides ou *cucurbitini* car ils ressemblent à des graines de citrouille. À partir du flegme vitreux, qui est très froid, il ne peut y avoir de vivification »[40].

Les indications thérapeutiques se fondent aussi sur l'arrière-plan théorique de la médecine des contraires, héritée de l'Antiquité, selon laquelle : « les médicaments devaient agir à l'inverse des processus pathologiques identifiés »[41]. Cependant, cette doctrine ancienne se vit également complétée et précisée à Salerne dans le cadre d'un effort de quantification des vertus des substances employées comme remèdes. Le *Liber de gradibus* adapté et traduit d'Ibn al-Jazzar par Constantin au XIe siècle est une des sources principales du célèbre *Liber de simplici medicina* plus connu sous le nom de *Circa instans*[42]. Cet ouvrage, qui connut un grand succès et fut rapidement traduit en langues vernaculaires[43], présente les qualités premières (chaud, froid, sec, humide) de chaque simple considéré accompagnées d'un degré de un à quatre en fonction de l'intensité de cette qualité. Cette mesure permet alors de mieux adapter le remède en fonction de l'origine de la maladie.

L'importance accordée par les auteurs au rôle de l'humidité dans la génération des parasites tels que poux ou vers explique l'usage de remèdes

---

40 *Ex fleumate salso fiunt lumbrici longi et rotundi, fleuma salsum est calidum et siccum, caliditas motum habet a centro, unde prolongat, cum repugnante siccitate non possit dilatare, siccitas vero facit motum ad centrum, unde constringit, coartat et rotundat, unde lumbrici longi fiunt et rotundi. Ex fleumate dulci quod calidum est et humidum fiunt lumbrici longi et lati, calor enim prolongat humor dilatat. Ex fleumate acetoso quod frigidum est et siccum, curti et rotundi, quia utraque eius qualitas habet motum ad centrum, ex fleumate naturali breves et lati, fleuma enim naturale frigidum est et humidum, ex frigiditate sunt breves, ex humiditate lati et hi dicuntur ascarides, vel cucurbitini, quia seminibus cucurbite assimilantur. Ex fleumate vitreo cum frigidissimum sit non potest fieri vivificatio. De egritudinum curatione tractatus* (Platearius, *Practica, De lumbricis), Collectio Salernitana*, ed. cit., II, p. 266.

41 Alain TOUWAIDE, « Stratégies thérapeutiques : les médicaments », dans Mirko D. GRMEK, *op. cit. supra* note 35, p. 227-237, ici p. 228.

42 *Cf.* Iolanda VENTURA, « Un manuale di farmacologia medievale ed i suoi lettori. Il *Circa instans*, la sua diffusione, la sua ricezione dal XIII al XV secolo », dans *La Scuola Medica Salernitana. Gli autori e i testi, op. cit.*, p. 465-533. D. JACQUART, Fr. MICHEAU, *op. cit. supra* note 4, p. 124.

43 Bel exemplaire d'une traduction française illustrée, *Le livre des simples médecines, d'après le manuscrit français 12322 de la Bibliothèque nationale de Paris*, ed. Ghislaine Malandin, François Avril, Pierre Lieutaghi, Paris, 1986 (rééd. 1990).

« chauds et secs » destinés à les éradiquer. Le *Pantegni* conseille même l'emploi de substances à l'action « violente » pour lutter contre les vers intestinaux :

> « Je dis qu'il faut les soigner avec des remèdes opposés pour les tuer et les faire sortir avec les déjections, ce que font les substances chaudes, sèches et violentes ; en effet cette maladie est toujours due à une matière froide et humide. Les substances très amères dont la vertu est laxative ont le même effet car l'amertume est pénétrante, elle tue les vers et les fait sortir »[44].

Ces conseils sont mis en œuvre dans la *Practica* de Platearius qui précise également les différentes étapes du traitement et les moyens de « tromper » les vers pour mieux les anéantir :

> « Les substances amères tuent les lombrics. L'aloès donné en pilules ou bien en poudre diluée dans du vin tue les lombrics. Le jus d'absinthe, de persicaire, feuilles de pêcher, de centaurée, poudre de lupins amers, poudre de santoline, poudre de corne de cerf brûlée, tous ces simples tuent les lombrics mais il faut noter que chacun d'eux doit être administré avec du miel, tandis que les lombrics absorbent le miel dont ils sont friands, ils avalent en même temps les produits amers qui les tuent et ainsi ils sont trompés par le remède approprié [...]. Lorsque nous voulons tuer des lombrics, nous devons administrer pendant trois jours du lait de chèvre qu'ils recherchent grandement à cause de sa douceur, ensuite il faut donner les produits amers pour que, l'estomac restant vide, les lombrics appâtés par la douceur du lait avalent gloutonnement les simples amers et ne puissent discerner l'amertume des produits du fait de leur avidité. Le jus de menthe romaine (*costus*) tue également les lombrics. Qu'on donne cet électuaire : poudre de lupins amers, poudre de santoline qui est également appelée *babilonica*, corne de cerf brûlée, 2 drachmes de chaque et 3 drachmes de graines de radis et de chiendent, mélanger à du miel ; confectionner également un emplâtre à poser sur le ventre et surtout pour les enfants qui ne peuvent avaler des choses amères, avec de la poudre de lupins amers et d'aloès, du jus de persicaire et d'absinthe. Les lombrics morts peuvent être rejetés grâce à de l'eau de cuisson d'agaric et de graines de coloquinte ou bien avec *benedicta*, *catarticum*, *ieralogodion*[45] ou toutes autres pilules laxatives et purgatives du flegme »[46].

---

[44] *Pantegni, Practica*, VII, 32 : *De lumbricis : Hos curandos esse dico cum rebus contrariis eos occidentibus et cum egestione eos expellentibus hec autem faciunt calida et sicca et acuta : nam hec passio non fit nisi de materia frigida et humida. Amarissima quoque quibus virtus est laxatiua hoc idem operantur, nam amaritudo horum confusa est et vermica, occidit enim et expellit eos ; hec enim medicina est absintha, lupinus, epithimus, costus amarus et similia ; siue simplicia, siue composita sint data cum melle et aqua calida* [Lyon, 1515, f. CXI].

[45] Il s'agit de remèdes composés figurant notamment dans l'*Antidotarium Nicolai. Cf.* Dietlinde GOLTZ, *Mittelalterliche Pharmazie und Medizin, dargestellt an Geschichte und Inhalt des* Antidotarium Nicolai, *mit einem Nachdruck der Druckfassung von 1471*, Stuttgart, 1976.

[46] *Cura. Amara necant lumbricos. Aloe per se datum in pilulis vel pulvis ejus datus in vino lumbricos occidit. Succus absinthii, persiccarie, folia persici, centauree, pulvis lupinorum*

La *Chirurgie de Bamberg* donne des indications plus rapides, privilégiant les traitements externes :

> « Si un ver est entré dans l'oreille, après une instillation de jus de feuilles de câprier et de calament, cela fait sortir le ver et calme la douleur. Et si les vers naissent dans un autre membre, l'ellébore blanc écrasé et mélangé à du vin les tue. Autre recette : nous écrasons les tiges ou les graines de persicaire et en couvrons le lieu affecté, aussi longtemps que nécessaire pour s'en débarrasser. La graine de genêt avalée ou posée sur la plaie a le même effet »[47].

Les traitements contre les poux font également appel à des substances à l'action violente, notamment du mercure et de l'orpiment[48] :

> « Si les poux se trouvent sur un corps chaud, l'onguent suivant est à appliquer : mélange vif-argent, cendres de fougères avec du vinaigre et de l'huile ou bien alors mélange litharge, vif-argent avec du vinaigre et de l'huile et applique. Si le corps est froid, utilise cet onguent : staphisaigre, nitre, orpiment mélangés avec de l'huile et du vinaigre et applique sur la tête. Également utilise de l'orpiment rouge avec de l'huile pour enduire la tête. De la même façon le vinaigre mélangé à de l'eau de mer tue les poux et, si tu ne disposes pas d'eau de mer, du sel et de l'eau avec un peu de vinaigre agiront de même »[49].

---

amarorum, pulvis centonice, pulvis cornu cervi exusti, omnia hec omnia lumbricos necant, sed nota quod cum melle quodlibet predictorum est exhibendum, dum nimirum lumbrici mel in quo valide delectantur attrahunt incorporant simul et amara que eos necant, et sic specie recti decipiuntur [...] quum lumbricos volumos (sic) occidere, lac caprinum triduo debemus exhibere, quod valde affectant propter ipsius dulcedinem, post danda sunt amara, ut stomaco existente vacuo, ut lumbrici lactis dulcedine inescati, amara gulose recipiant, nec ex nimia aviditate saporem amarum possint decernere. Preterea succus mente romane lumbricos interfecit, detur electuarium quod : recipe pulveris lupinorum amarorum, pulveris centonice que alio nomine babilonica vocatur, cornu cervini usti, ana drachme ii, radicis graminis drachme iii, conficiatur cum melle, fiat etiam emplastrum super ventrem et maxime pueris, qui amara nequeant recipere, ex pulvere lupinorum amarorum et aloe confectum cum succo persicarie et absinthii. Lumbrici interfecti expellendi sunt precipue cum acqua decocta agarici, et interiorum coloquintide, vel cum benedicta, vel cum catartico, vel cum ieralogodion, vel cum aliquibus pillulis laxativis et fleumaticis purgativis [*De egritudinum curatione tractatus*, ed. Salvatore de Renzi, *op. cit.*, p. 267].

[47] *Si uermis in aurem ingressus fuerit, oleo et suco foliorum caparis et calamente instillato, uermem eicit et dolorem amputat. Et si in alio membro fuerint nati, elleborus albus tritus et cum uino mixtus eos occidit. Item ad idem : persicariam herbam uel persica grana terimus et uulneri imponimus. Tam diu facies, donec expelles. Ad idem : semen geneste comestum uel plage superpositum idem facit* [« Die Bamberger Chirurgie », ed. Karl Sudhoff, p. 115].

[48] « Le vif-argent est chaud et humide au quatrième degré » tandis que l'orpiment (sulfure rouge ou jaune d'arsenic naturel) est « chaud et sec au quatrième degré » d'après le *Livre des simples médecines*, *op. cit.*, p. 249 et p. 142.

[49] *Pantegni, Practica*, IV, 9, *De pediculis : Pediculi si sint in corpore calido hoc unguento ungito : argentum uiuum, cineres filicis cum aceto tempera et oleo, vel litargirum et argentum uiuum cum aceto et oleo tempera et unge. In frigido corpore hoc unguento utere : staphisagriam, nitrum, auripigmentum cum oleo et aceto tempera et caput ungito. Item auripigmentum rubeum capiti inunge cum oleo. Similiter acetum cum aqua marina occidit*

La *Rogerii chirurgia* donne quelques précisions et conseils pratiques complémentaires : « Si [le patient] a beaucoup de poux, on appliquera du vif-argent mélangé et éteint avec de la salive »[50].

La façon dont les maîtres salernitains abordent la question des maladies parasitaires constitue une illustration de l'évolution qu'a connue la médecine à Salerne au XIIe siècle. Médecins et chirurgiens ont disposé, à partir des traductions des XIe et XIIe siècles, d'un nouveau corpus de textes qui leur permirent d'effectuer le passage du *medicus* au *physicus*, d'une médecine pratique fondée sur l'expérience à une médecine plus savante étayée par des ouvrages théoriques.

L'intérêt accru pour l'étiologie des maladies a trouvé un cadre de réflexion dans des ouvrages tels que *l'Isagoge* et le *Pantegni.* Ces ouvrages fondamentaux ont alimenté, avec les traités d'Aristote alors disponibles, les commentaires qui sont la marque de Salerne. Ils ont fourni nombre de données théoriques et pratiques, mises en œuvre par les médecins dans leur exercice de la médecine, permettant d'affiner leur pratique dans le cadre d'un effort de rationalisation basé sur les doctrines galéniques.

pediculos et si non habes aquam marinam sal et aqua cum modico aceto idem facit (f. XCIIIIr b - v a).

[50] *Cap.* XVIII, *De tineis : Si vero habuerit multos pediculos, apponatur argentum vivum mistum et extinctum cum saliva* [ed. Salvatore de Renzi, *Collectio Salernitana*, II, *op. cit.*, p. 425-496, ici p. 439].

Poux, puces et punaises chez les naturalistes du XIIIe siècle : de simples *vermes* ou des parasites nuisibles ?

Isabelle DRAELANTS[1]

Une discrète vermine ? *A priori*, le sujet des insectes, et plus particulièrement des parasites, paraissait ne pas pouvoir offrir une matière prolifique, dans la matière naturaliste du tiers central du XIIIe siècle. En effet, pour le savant médiéval dépourvu de technologie d'observation et peu enclin à se fier à ses yeux plutôt qu'à la littérature savante des *auctoritates*, les *minima* étaient difficilement observables. À cette époque, les textes d'autorité étaient d'ailleurs peu bavards ou indisponibles sur le sujet, avant la récente diffusion du livre XI de l'*Historia naturalis* de Pline et la fraîche traduction arabo-latine de la zoologie d'Aristote. La circulation de ces deux textes à partir de 1220 environ change complètement le regard et la réflexion sur le monde des animaux désignés par le nom générique de *vermes.*

Contrairement à l'appréhension de départ, l'investigation dans les textes naturalistes entre 1225 et 1265 s'est révélée passionnante, et l'enquête a donné lieu à une récolte abondante et diversifiée d'informations d'ordre exégétique, philosophique, médical, domestique – même si ce dernier aspect s'avère le moins représenté. Le dossier rassemblé – près de trente-cinq pages d'extraits pour quatre ou cinq auteurs – est caractéristique d'un état des connaissances encyclopédiques qui témoigne de la première assimilation des textes philosophiques et médicaux en traduction arabo- et gréco-latine, mais aussi d'une transition par rapport à la prééminence antérieure de la littérature exégétique.

Plutôt que d'aborder globalement la catégorie des *vermes* ou des « rampants »[2], la présente contribution focalise le regard sur ces *animalia* que nous appelons « nuisibles », « parasites » ou encore « ectoparasites », dans la mesure où ils restent en surface ou à l'extérieur de l'être vivant dont ils sont en quelque sorte les satellites ; la présence d'un parasite suppose en effet le « support » d'un animal. Cette notion-même était-elle présente au milieu du XIIIe siècle ? Certainement pas d'une manière explicite. Dans le cadre choisi pour ce volume, il importe pourtant de chercher à la cerner à travers ses expressions privilégiées dans les encyclopédies et commentaires naturalistes : la « nature des animaux », la « physique », et, dans une

---

[1] Directrice de recherches, CNRS (IRHT).

[2] Le présent article, nécessairement synthétique, n'aborde pas la question de la nourriture des *vermes* et leur caractère impropre à être mangés. Sur ce sujet : Isabelle DRAELANTS, « *De humore ciborum magis vivunt quam de ipsa ciborum substantia - Naturaliter esui hominum non erant apta.* La nourriture des insectes nuisibles chez quelques naturalistes autour de 1250 », dans Pietro LICAUSI, ed., *Eating Animals / Feeding Animals, Memoria scientiae* 2015, *Classico Contemporaneo*, revue en ligne de la Consulta Universitaria di Studi Latini, Palumbo Editore, en préparation.

moindre mesure, l'exégèse. Sous ces formes, les textes donnent accès à des informations entomologiques, grâce à une description de la *natura* des poux, puces et punaises, éventuellement dotée de correspondances symboliques, mais aussi à des mesures prophylactiques à travers la recommandation de remèdes hérités de la tradition antique et de la médecine arabe.

La documentation naturaliste

Le corpus naturaliste et encyclopédique présente une cohérence forte entre 1225 et 1265 : cette quarantaine d'années voit le développement d'œuvres naturalistes et encyclopédiques au carrefour entre la littérature didactique latine traditionnelle et la pénétration des œuvres philosophiques sur la nature d'Aristote[3]. Dans un monde de révérence pour l'écrit, ces œuvres cumulent tout le savoir disponible. L'importance et la filiation des sources ou *auctoritates* y est donc primordiale, car la richesse ou l'intérêt de l'information en dépendent directement.

Ces autorités peuvent être distinguées en quatre types, de contenus et d'abondance divers. Le premier, scripturaire, est peu abondant : trois passages bibliques seulement, tirés de l'Ancien Testament, ont trait au « ver » et sont tous trois présents discrètement dans les textes encyclopédiques. L'un se trouve dans le *Livre des Rois* (II Reg. 23, 8). Il dit *Ipse est quasi tenerrimus lignis vermiculus* : « (David est) comme le tendre vermisseau du bois ». Il est rapporté chez Barthélemy l'Anglais au termite[4], appelé *teredonus, terebella, terebucca, tebula* selon les auteurs (Pierre Comestor, Pierre le Chantre…) qui rapportent ce *locus* biblique. L'autre, tiré d'Isaïe, 41, 14, exploite aussi l'opposition entre la faiblesse et le courage, le caractère à la fois vil et noble, en exhortant l'humble Jacob, semblable à un ver méprisé, à ne pas craindre, car Dieu apporte la force du salut (*noli timere*). Le troisième lieu biblique – le seul dont je pourrai parler dans ce cadre restreint – est un passage du *Psaume* 22 rapporté au Christ disant *ego autem sum vermis et non homo,* que les encyclopédistes mettent en correspondance avec le mode de génération sans coït propre aux vers.

Le deuxième type d'autorité est peu diversifié concernant les insectes. Il s'agit de la tradition latine naturaliste antique et médiévale, représentée par le livre XI de l'*Histoire naturelle* de Pline l'Ancien (Ier siècle) dans un état fragmentaire et par le livre XII, 5 sur les *vermes* d'Isidore de Séville († 636), auxquels il faut ajouter des passages du c. 35, *De remediis horti vel agri* de l'*Opus agriculturae* de Palladius (Ve siècle) dans le contexte de l'économie domestique. Le troisième est constitué de la tradition philosophique grecque passée par l'arabe et le latin : le *De*

---

[3] Friedrich S. BODENHEIMER, *Materialien zur Geschichte der Entomologie bis Linné,* Berlin : W Junk, 1928, a consacré quelques pages aux encyclopédistes médiévaux, sans connaître leurs sources respectives. La contribution de B.W. OGILVIE est plus juste, quoique de deuxième main concernant les auteurs examinés ici : « Beasts, Birds, and Insects. Folkbiology and Early Modern Classification of Insects », dans K. von GREYERZ, S. FLUBACHER & Ph. SENN, ed., *Wissenschaftsgeschichte und Geschichte des Wissens im Dialog. Connecting Science and Knowledge,* Göttingen : C.H. Beck, 2013, p. 295-216.

[4] *DPR* XVIII, c. 114, édition de Frankfurt (cit. note 5 *infra*), p. 1230.

animalibus d'Aristote, récemment traduit en dix-neuf livres par Michel Scot et contenant encore de nombreuses translittérations de l'arabe sans équivalent latin. Enfin, le quatrième et dernier type de documentation est médical et arabo-latin, il est représenté par les œuvres ou adaptations par Constantin l'Africain († 1089) de traités médicaux arabes, et par le *Canon* d'Avicenne († 1037), traduit en latin par Gérard de Crémone vers 1175. Cette dernière œuvre pénètre chez les naturalistes européens à partir de 1230 environ ; ce sont les livres II et IV dont sont tirés quelques passages d'ordre prophylactique contre les poux, les puces et les punaises. Les auteurs que j'ai examinés ne connaissent pas encore l'*Abbreviatio de animalibus* d'Avicenne traduite par Michel Scot vers 1230.

Les naturalistes qui livrent de la matière ainsi documentée concernant la catégorie des *minuta*, appelés aussi *vermes, anulosa, rugosa* ou plus rarement *insecta,* sont donc de 20 à 50 ans postérieurs à Daniel de Morley (*Liber de naturis inferiorum et superiorum*) ou à Alexandre Nequam (*Liber de naturis rerum*), chez qui on chercherait en vain de l'intérêt pour la « vermine ». En revanche, le franciscain Barthélemy l'Anglais a rédigé son *De proprietatibus rerum*[5] entre 1230 et 1247 entre Paris et Magdebourg et traite des reptiles – dont les puces et les poux – dans le livre XVIII, sans compter quelques informations sur les vers dans les livres VII sur les maladies, XII (à propos des abeilles), XVII sur les plantes actives et XIX sur les *realia* comme la pourriture dont les vers sont issus. Thomas de Cantimpré, chanoine augustin devenu dominicain à Louvain en Brabant en 1230, rédige un *Liber de natura rerum*[6] entre 1230 et 1245 et consacre tout le livre IX aux « vers » ; il écrit en outre quelques lignes sur la vermine des oiseaux dans le livre V sur les volatiles. Cette matière sera reprise par le Brugeois Jacob van Maerlandt (1230-1296) dans *Der naturen Bloeme*, et un siècle plus tard par l'Allemand Conrad von Megenberg dans le *Buch der Natur* (1347-1350), qui emprunte aussi au *De proprietatibus rerum* de Barthélemy et au *De animalibus* d'Albert le Grand. Tout à fait contemporain de Thomas et de Barthélemy, Arnold de Saxe écrit un florilège encyclopédique (*De floribus rerum naturalium*) qui transmet de première main près de 200 courts extraits du *De animalibus* d'Aristote[7], parmi lesquels treize citations (composées de 27 passages) traitent des insectes.

---

[5] Bartholomaeus Anglicus, *De genuinis rerum coelestium, terrestrium et inferarum proprietatibus libri XVIII... procurante Georgio Bartholdo Pontano a Braitenberg,* Frankfurt, apud W. Richterum, 1601 (ed. anast. Frankfurt a. M. : Minerva, 1964) [ci-après « *DPR*, ed. Frankfurt »]. L'édition critique en cours dans la collection *De diversis artibus* chez Brepols ne couvre pour le moment que les livres I-IV (qui ne nous concernent pas ici) et XVII : *Bartholomaeus Anglicus De proprietatibus rerum,* vol. VI, *Liber XVII,* ed. I. Ventura, Turnhout : Brepols, 2007 (*De diversis artibus* 79, N.S. 42) [ci-après « *DPR* XVII, ed. Ventura »].

[6] Thomas Cantimpratensis, *Liber de natura rerum, Teil I : Texte,* ed. Helmut Boese, Berlin-New York : De Gruyter, 1973 [ci-après « LDNR »].

[7] *Cf.* Isabelle DRAELANTS, « La transmission du *De animalibus* d'Aristote dans le *De floribus rerum naturalium* d'Arnoldus Saxo », dans C. STEEL, G. GULDENTOPS & P. BEULLENS, ed., *Aristotle's Animals in the Middle Ages and Renaissance,* Leuven : University Press, 1999 (*Medievalia Lovaniensia,* Series I, Studia XXVII), p. 126-158.

Dans la même filiation s'inscrit, d'une manière beaucoup plus prolixe, le dominicain Vincent de Beauvais. Dans la deuxième version, tripartite, de son *Speculum maius,* terminée vers 1255 (répartie en *miroirs naturel, historial* et *doctrinal*)[8], il reprend aussi la matière fournie par Thomas de Cantimpré et Arnold de Saxe, et y joint de multiples sources médicales, philosophiques, théologiques et littéraires. Dans le *Speculum naturale* qui décrit les créatures selon le double plan de l'*Hexaemeron* et des quatre éléments, la matière consacrée aux vers est diffusée dans toute l'œuvre, au livre V (sur l'eau et le milieu aquatique), VII et VIII (terre et minéraux), aux livres IX-XIII (plantes et leurs vertus), et aux livres XVIII et XIX qui répertorient les « médecines » tirées des animaux. C'est dans le livre XX, consacré aux « vers », aux rampants (*de reptilibus*), aux « annelés » et aux petits animaux dotés d'aiguillons que les notices sont les plus abondantes et instructives pour notre propos. Le chapitre 69 est dédié à l'origine des vers, les chapitres 74 à 76 sont respectivement consacrés à la « vie des insectes, c'est-à-dire des annelés », à leur voix et leur sensibilité, à leur mode de génération et de reproduction, puis suivent en ordre alphabétique des notices dédiées à des animoncules particuliers, dont le pou et la puce. L'avant-dernier livre (XXIX) présente un chapitre 30 consacré à l'utilité de ces nuisibles pour la « correction » de l'homme, d'après saints Jérôme et Augustin. Une petite part de cette documentation sur les insectes est aussi présente dans le *Speculum doctrinale,* au livre V dévolu à l'économie domestique, et au le livre XV où figurent à nouveau des notices animalières individuelles. La matière du *Speculum naturale* sera presqu'entièrement intégrée à la fin du XVe siècle dans l'*Hortus sanitatis*[9]. Mais déjà dans la décennie 1270, les contenus exposés par Barthélemy, Thomas et Vincent de Beauvais sont empruntés massivement et littéralement par le franciscain Juan Gil de Zamora, dans son *Historia naturalis,* sorte de dictionnaire alphabétique de la nature et des *realia,* ainsi que dans son traité sur les poisons, *De venenis,* qui reprend la même matière[10].

---

[8] *Vincentii Burgundi Speculum quadruplex, naturale, doctrinale, morale, historiale.* [...] *Opera et studio Theologorum Benedictorum Collegii Vedastini in alma Academia Duacensi,* Duaci, Ex officina typographica Balthazaris Belleri sub Circino aureo, I-IV, 1624 (ed. anast. Graz, 1961/65) [ci-après « *SN* » pour le *Speculum naturale,* et « *SD* » pour le *Speculum doctrinale,* avec la référence au livre et au chapitre de l'édition].

[9] On verra à ce propos les différentes contributions du n° spécial 29 de *Kentron. Revue pluridisciplinaire du monde antique* (2013), qui présente un dossier thématique sur *L'Hortus sanitatis,* et la récente édition exemplaire du livre des poissons : *Hortus sanitatis,* Livre IV, *Les Poissons,* ed. Catherine Jacquemard, Brigitte Gauvin & Marie-Agnès Lucas-Avenel avec la coll. de C. Février & Fr. Lecocq, Caen : Presses universitaires – CRAHAM, 2013 (Fontes & Paginae).

[10] Johannis Aegidii Zamorensis, *Historia naturalis.* Introduction, edición crítica, traducción castellana e índices, Avelino Domínguez García & Luis García Ballester, 3 t., Salamanca : Junta de Castilla y León, 1994 (Estudios de historia de la ciencia y de la técnica, 11) [ci-après JGZ, *HN*] ; Cándida FERRERO HERNÁNDEZ, Liber contra venena et animalia venenosa *de Juan Gil de Zamora. Estudio prelimina, edición crítica y traducción,* Barcelona : Reial Acadèmia de Bones Lletres, 2009 [ci-après JGZ, *Ven.*]. Cándida Ferrero Hernández lui consacrant un article dans le présent volume, ma contribution n'insiste pas sur cet aspect.

Les textes naturalistes combinent deux perspectives d'ordre épistémologique, typiquement médiévales, sur les animaux en général et les insectes en particulier. L'une s'inscrit dans la tradition du *Physiologus* et consiste à compiler des notices animalières centrées sur l'identification d'une propriété principale et emblématique. Cette propriété peut être utilisée comme ressort symbolique pour l'exégèse ou la moralisation : la propriété de certains insectes de naître de la putréfaction humide et sans accouplement apparent sera ainsi le support de l'interprétation allégorique quand elle est présente. Or, l'observation du comportement (susceptible d'être moralisé) est difficilement possible sur de si petits animaux. L'autre perspective résulte de l'influence de la zoologie aristotélicienne, qui vise à rechercher les *causes*, c'est-à-dire les principes de la *génération* et la finalité de l'anatomie et du mouvement.

Les œuvres encyclopédiques étant par essence cumulatives, livresques et érudites, elles évitent la réflexion critique et ne recourent que marginalement à des observations personnelles, c'est pourquoi il importe d'examiner aussi l'œuvre zoologique et botanique du théologien et philosophe Albert le Grand, qui mène une réflexion philosophique sur la même matière et dans un même milieu intellectuel. Albert s'est efforcé, tout en empruntant la matière de son coreligionnaire Thomas de Cantimpré, dont il a fréquenté l'enseignement à Cologne, de faire un commentaire complet du *De animalibus* d'Aristote traduit par Michel Scot. Il a longuement rédigé son propre *De animalibus*[11] en vingt-six livres entre 1250 et 1264 ; le dernier livre est consacré aux insectes après le traitement des serpents, mais il est également question de *vermes* particuliers ailleurs[12]. Albert désigne les catégories animales par le mouvement : *gressibilia, volatilia, natatilia,* et *reptilia.* Il ajoute : « et à la fin nous compléterons toute cette science par la considération des vers et des annelés selon toutes leurs diversités qui nous sont connues »[13]. Comme Aristote, il classe ces animaux d'après le critère qu'ils sont dépourvus de sang.

De la qualité de transmission de leurs sources dépendent la qualité de l'information transmise et la précision du lexique des naturalistes. Dans l'ensemble de ce corpus, le terme *vermes* est un générique qui correspond *grosso modo* à la « vermine » et ne constitue pas une catégorie étanche. En revanche, l'utilisation de termes plus spécifiques, à savoir *anulosa, rugosa,* très rarement *insecta,* dépend d'une tradition antique latine parvenue dans un état assez mutilé dans les mains des naturalistes. Parmi les quatre types de sources mentionnées ci-dessus, seuls Aristote et Pline – qui relève de la

[11] *Albertus Magnus, De animalibus*, ed. Hermann Stadler, 2 vol., Münster : Aschendorff, 1916-1920 (Beiträge zur Geschichte der Philosophie und Theologie des Mittelalters, 15-16), rééd. 1968 [ci-après « AG, *Anim.* »].

[12] On trouvera un dossier doté de traductions, sur les insectes et sur la catégorie des *vermes* chez les naturalistes entre 1230 et 1270, dans Isabelle DRAELANTS, « *Anulosa, rugosa :* des insectes au milieu des 'vers' dans la philosophie naturelle entre 1230 et 1280 », en préparation.

[13] AG, *Anim.* I, tr. 1, c. 1, p. 4 : *et in fine complebimus scientiam totam in consideratione vermium et anulosorum secundum omnes suas quae nobis notae sunt diversitates.*

même tradition scientifique grecque – abordent l'entomologie comme l'examen d'une classe zoologique particulière, celle des petits animaux invertébrés et les arthropodes : Aristote dans l'*Histoire des animaux* et dans les *Parties des animaux* réunies dans le *De animalibus,* en particulier le livre VIII dans la division arabo-latine, et Pline, au livre XI de son *Historia naturalis.* Quant à Isidore de Séville, il est tributaire de ces deux autorités, mais le livre XII, ch. 5 des *Étymologies*, consacré aux *vermes*, est très sommaire et justement mutilé à l'endroit où il fait la liste des sortes de « vers ».

Avant le XIIIe siècle, Pline a surtout été transmis au Moyen Âge sous forme de mauvais *Compendia* partiels, comme la *Medicina Plinii.* Quant aux manuscrits médiévaux de l'*Historia naturalis*, ils ne commencent vraiment à circuler en Occident, avec une branche de la tradition très mutilée, qu'à la fin du XIIe siècle et en particulier dans le Nord de la France et dans la Belgique actuelle. Ceci explique que Thomas de Cantimpré et Vincent de Beauvais, actifs en Picardie et dans le Brabant, ont pu avoir accès à des manuscrits de Pline contenant le livre XI, ce qui n'a pas pu être le cas d'Albert le Grand (on ne connaît l'existence que de deux manuscrits de l'*Historia naturalis* en Allemagne au XIIe siècle) ; Barthélemy semble également avoir eu accès au livre XI à Paris, peut-être à travers un intermédiaire immédiat comme la compilation naturaliste de l'*Experimentator*[14]. Le *Speculum maius* de Vincent de Beauvais dans la version *trifaria* contient un très grand nombre de citations de l'*Histoire naturelle*, mais une proportion non négligeable de celles qui figurent dans les éditions incunables et modernes sont des ajouts de la Renaissance, sans parler de la manière dont les imprimeurs ont complété les citations qui étaient abrégées dans le *Speculum*[15]. Pour Pline, Albert dépend donc de son frère dominicain Thomas de Cantimpré ; il souligne à diverses reprises le peu de crédit qu'il accorde à cette source qu'il ne connaît que de deuxième main. Sur la diffusion de l'*Historia naturalis* pour cette époque, les travaux de D. Detlefsen à la fin du XIXe s. et d'Arno Borst sont déficients et ceux de Michael Reeve méritent d'être continués[16].

---

[14] Sur l'utilisation de cette compilation par Barthélemy l'Anglais, voir Isabelle DRAELANTS & Eduard FRUNZEANU, commentaire à l'édition critique du *De mundo et celestis corporibus* (= livre VIII du *DPR*), à paraître chez Brepols (*De diversis artibus*).

[15] Comme l'a montré Eduard FRUNZEANU dans sa thèse de doctorat (*Les configurations de la* natura *dans le* Speculum maius *de Vincent de Beauvais,* Faculté des études supérieures, soutenue à Montréal en octobre 2007).

[16] Detlef DETLEFSEN, *C. Plinii Secundi Naturalis Historia*, 6 vol., Berlin : Weidmann, 1866-1882, et ID., « Epilegomena zur Silligschen Ausgabe von Plinius *Naturalis Historia* », *Rheinisches Museum* 15 (1860), p. 265-288 ; p. 367-390 ; Arno BORST, « Das Buch der Naturgeschichte : Plinius und seine Leser im Zeitalter des Pergaments », *Abhandlungen der Heidelberger Akademie der Wissenschaften, Philos.-hist. Klasse* (1994/2). Michael D. REEVE, « The editing of Pliny's 'Natural History' », *Revue d'histoire des textes* N. S. 2 (2007), p. 107-179. Il est impossible d'en donner un aperçu ici, mais j'espère pouvoir consacrer dans l'avenir une étude à la réception multiple et compliquée de Pline chez les encyclopédistes médiévaux. Maria I. CAMPANALE, « L'auctoritas di Plinio nelle eciclopedie e nei trattati naturalistici dopo il XII secolo », dans Vanna MARAGLINO (a cura di), *La* Naturalis Historia *di*

La plupart des informations sur la forme de vie que représentent les insectes chez Pline proviennent d'Aristote. Dans la traduction arabo-latine du *De animalibus*, Michel Scot traduit *entomon* (insecte) comme *animal anulosi corporis* – animal annelé -, non comme *anulosum* ou *insectum*. Guillaume de Moerbeke, dont la traduction gréco-latine de 1230 n'était pas encore répandue, donne *entomon,* qu'aucun des compilateurs que j'ai examinés ne connaît encore. Comme l'a montré Brian Ogilvie, le mot « insecte » n'est redevenu une catégorie taxonomique qu'au XVIe siècle, en particulier grâce à la redécouverte et à l'assimilation du livre XI de Pline – et il serait, dit-il, absent chez les encyclopédistes médiévaux[17]. Le mot *vermis* ne couvre pas entièrement la même catégorie, certains insectes étant classés chez les auteurs antérieurs au XVIe siècle parmi les « bêtes » ou parfois les « oiseaux » (*aves* ou *volatilia*). Cette indétermination était déjà présente chez Aristote, qui désignait les insectes en général par ἔντομα (487a32) mais plaçait certains individus tantôt parmi les « animaux à ailes membraneuses », les πτιλωτά (490a9), tantôt parmi les bestioles, les ζωδαρία (551b20)[18]. La définition aristotélicienne des ἔντομα ou *in-sectes* se trouve en 487a32 : des « [...] animaux dont le corps présente des segments soit sur le dos, soit sur le dos et sur le dessous du corps ». Néanmoins, il les inclut dans le groupe plus large des non sanguins (ἄναιμα), subdivisé en quatre genres, dont les insectes, caractérisés en 523b12-21.

En réalité, le mot « insecte » n'est pas absent chez les naturalistes du XIIIe siècle, mais il est transmis presque « en passant » chez Thomas de Cantimpré et Vincent de Beauvais lorsqu'ils citent Pline. Ainsi, le premier chapitre de Thomas sur « les vers en général » au livre IX donne toutes les caractéristiques des insectes, reprises mot à mot par Vincent de Beauvais dans le *Speculum naturale*, XX, c. 68[19] ; mais l'on constate à la lecture que le mot « insecte » est rapidement remplacé par « vers » et même confondu avec une simple infestation de vermine :

> « On doit parler d'abord des vers d'une façon générale ; aucun insecte, c'est-à-dire ver, comme le dit PLINE, n'a de sang, si ce n'est en petite quantité. On appelle toute propagation de vers 'insecte' (*vermium propagatio*). Certains vers sont apodes, ils ont cependant des ossements intérieurs, comme les serpents ; ceux-ci rampent par terre. Il y en a d'autres qui n'ont ni os dans le corps, ni pieds, et ceux-ci se traînent plutôt par des sortes de plis (*rugis quibusdam*) très fins déployés sur la peau, par lesquels ils se meuvent et rampent. Il y en a d'autres qui ont deux ou quatre pieds, ceux-là courent et ont une petite quantité de sang. Et d'autres qui ont plus de quatre pieds courent

---

Plinio nelle tradizione medievale e umanistica, Cacucci Editore, Bari, 2012 (Biblioteca della tradizione classica, 5), p. 113-130, contient des affirmations erronées sur la transmission des sources dans les encyclopédies ; en outre, l'auteur ne s'est pas rendu compte que Pline n'est pas connu d'Albert le Grand autrement que via Thomas de Cantimpré.

17 *Cf.* B.W. OGILVIE, « Beasts, Birds, and Insects...", comme n. 3, p. 306 et p. 314-315.

18 Voir Arnaud ZUCKER, *Les classes zoologiques en Grèce ancienne d'Homère à Elien (VIIIe av.-IIIe ap. J.C.)*, Aix-en-Pr. : Presses Universitaires de Provence, 2005, p. 92-93.

19 *SN* XX, c. 68, *Item de eodem* (*De vermibus in generali*) : *Ex libro de natura rerum*. Correspond à *LDNR* IX, *De vermibus*, c. 1, *Generaliter*, traduit ci-après.

aussi, mais ils manquent totalement de sang, et ceci parce que le sang circule pour nourrir leurs nombreux pieds ou parce que le mouvement de leurs nombreux pieds réduit à rien le petit peu de sang qui existe chez les autres vers qui ont peu de pieds. Tout genre de vers a une humeur comme de la sanie en guise de sang. Il y a un autre genre de vers qui a des pieds et qui marche, et n'a pas du tout de plumes, mais plutôt des membranes, il s'élève dans les airs en volant. Ce genre de vers vit surtout dans les feuilles des arbres et ronge avec les dents. Certains vers du genre des volants ne sont pas rongeurs, mais vivent plutôt des matières humides »[20].

La catégorie médiévale des insectes ou de la vermine est donc hybride, large et mal définie : ce sont les *vermes*, à l'intérieur du groupe des *reptilia*. Certains motifs sont récurrents : les « vers » ou insectes rampent avec ou sans pieds, sont dépourvus de sang totalement ou en partie, la plupart du temps d'os, remplacés par des anneaux ou « plis » ; ceux qui volent ont des ailes membraneuses et se nourrissent de fluides. C'est ce que dit Thomas de Cantimpré à propos des poux et des puces au début du premier chapitre du livre IIII, *De quadrupedibus* : « Les vers comme les poux et les puces n'ont pas de sang dans les veines, donc ils sont exempts de veines »[21].

Un terme synonyme, moins courant qu'*annulosa*, est utilisé par Albert le Grand et par Vincent de Beauvais, qui cite Aristote : *rugosa* - « dotés de plis ». Ainsi dans ce passage du *Speculum naturale* qu'il prend à son propre compte :

> « L'ACTEUR. Parmi ceux-ci, certains sont dit annelés (*annulosa*), parce que leurs corps semblent être formés et divisés par des sortes d'anneaux, et parmi eux certains sont des volatiles comme les abeilles, d'autres marchent (*gradentia*) comme les fourmis, et ceux qu'on appelle à proprement parler vers. Les mêmes sortes sont appelées selon ARISTOTE « plissés » (*rugosa*), selon PLINE insectes (*insecta*) »[22].

Et, plus bas dans le même chapitre, on retrouve la définition d'Aristote :

> « ARISTOTE. Un animal est dit annelé et 'plissé', parce qu'il a des plis sur le corps, à l'avant et à l'arrière ; ce genre n'a pas de sang. Leur *annulosité* se trouve soit dans le ventre, soit dans le dos, tantôt dans les deux. Et dans les corps de cette sorte, il n'y a pas d'ossature distincte en soi, ni de chair, mais quelque chose d'autre, dont la nature (*creatio*) est entre chair et os, puisque les corps de cette sorte sont durs de la même façon à l'intérieur et à l'extérieur »[23].

---

[20] Pour des raisons de brièveté, sont proposées ici des traductions françaises, sans citer systématiquement le texte latin. Les traductions données ici sont le fruit d'un travail en commun, pour lequel je remercie amicalement Monique Paulmier-Foucart, Monique Hincker et Jean-Pierre Evrard.

[21] *LDNR* IIII, c. 1 : *Vermes vero sanguinem in venis non habent sicut pediculi et pulices : venis enim carent.*

[22] *SN* XX, c. 70, *De annulosis* : ACTOR. [...] *quedam dicuntur annulosa* [...] *Aristotelem* [...] *rugosa, secundum Plinium insecta.*

[23] *SN* XX, c. 70, d'après Aristote, *De animalibus*, I, 2 (487a28), IV, 1 (523b13), IV, 8 (531b26), VIII, 7 (623b5).

À l'intérieur de ce grand genre des *vermes, anulosa, rugosa,* peu d'animoncules sont distingués par leur nom[24] ; parmi eux, les poux, puces, punaises et tiques, auxquels une notice particulière est consacrée chez chacun des auteurs examinés, font partie de l'environnement courant de l'homme. Les noms spécifiques sont rares, en particulier pour les parasites : *pediculus* pour le pou, *pulex* pour la puce, *cimex* pour la punaise, très rarement *theca,* ou *tinea* pour la mite ou *engula* pour le termite, *ricinus* parfois pour la tique, très rarement *cirones* ou *tarmus* ou *emigraneus* – uniquement mentionnés d'après l'énumération d'Isidore (XII, c. 5, 12) et ne correspondant plus à une réalité connue.

C'est ainsi presque toujours le nom générique de « ver » qui est utilisé, avec un déterminant qui indique l'être vivant ou le support organique qu'il vient parasiter. Chez Isidore déjà, les vers étaient classés d'après leur habitat. Vincent de Beauvais reprend ces termes mot-à-mot dans le *SN* XX, c. 69, *De diversa vermium origine* :

> « ISIDORE. Les vers proviennent de la terre, de l'eau, de l'air, des chairs ou des feuillages, ou du bois, ou des vêtements, mais à proprement parler, le ver naît de la chair putride. La mite dans les vêtements, la chenille dans les légumes, le termite dans le bois, le *tarmus* (asticot) dans le lard »[25].

Dans la foulée, le même chapitre du *SN* mentionne le « ver du porc » – *usia ;* le « ver du chien » ou « ver des oreilles » – *ricinus* : le ver du chien est appelé *ricinus,* parce qu'il s'installe dans les oreilles des chiens (*vermis aurium*) ; le « ver de la migraine » – *emigraneus,* la « teigne / *tinea* des vêtements », c'est-à-dire la mite. Barthélemy évoque aussi le « petit ver très tendre du bois » dans *DPR* XVIII, c. 114, *De vermiculo.* De la même manière, on trouve le nom général de « pou » ou « puce » couplé avec un déterminant qui indique où naît et où se développe l'insecte particulier, dans la terre, les murs, le bois, la chair, le lard, les pores, sur tel animal… : la « puce de terre » (Albert, *De anim.* XXVI, c. 1 *de natura vermium* : *Est autem quoddam pulicum genus quod terrae pulex vocatur*) ; le « pou de bois » ou « pou silvestre », dit *engula* ou encore *theca,* le termite (*LDNR* IX, *De vermibus,* c. 20, *De engula* : *A quibusdam pediculus silvestris dicitur. Nonnulli vero thecam nominant*) ; le « pou du mur » pour la punaise : *cimex vermis/cimex parietis / a vulgo dicitur pediculus parietis,* ou encore le « pou du vautour », le « pou du cochon », le « pou du poisson », appelé d'après Aristote *astaros,* qui le pique au point de le faire sauter hors de l'eau[26].

---

[24] En comparaison, on estime aujourd'hui à 37 516 le nombre des espèces d'insectes en France métropolitaine, d'après le site de l'Inventaire National du Patrimoine National (INPN) : http://inpn.mnhn.fr/espece/indicateur/FR/ES/7/CL/PH/Arthropoda.

[25] *Cf. Etymologies,* XII, c. 5, 1 : […] *Sunt autem vermes aut terrae aut aquae aut aeris aut carnium aut frondium aut lignorum aut vestimentorum.* […] 18. *Proprie autem vermis in carne putrefacta nascitur, tinea in vestimentis, eruca in olere, teredo in ligno, tarmus in lardo.*

[26] AG, *Anim.* pour toutes ces appellations, et en VII, tr. 2, c. 1, p. 539-540, où il est aussi question des poux qui se placent sous les branchies du *kakati* et le tuent.

Une entomologie médiévale du parasite ? La *natura* du ver, morphologie et génération d'un petit animal incomplet

D'Aristote provient la tentative de dichotomie successive fondée sur les catégories, qui s'impose peu à peu. Elle se fonde bien sûr sur les différences morphologiques, mais c'est le critère central de la génération des vers selon divers modes qui domine. La morphologie caractérise les « vers » par le fait qu'ils rampent, sont très petits, dépourvus de sang – ce qui explique leur faiblesse –, ont des entailles (appelés dans nos textes *scissurae*) et d'innombrables pieds. Pour ce qui concerne la génération, l'humidité ou la putréfaction, et le caractère incomplet d'« animal imparfait » de leur progéniture en sont les traits distinctifs[27] :

> « Parmi les animaux à entailles, ceux qui ne sont pas mangeurs de chair, mais qui vivent pourtant des humeurs *d'une chair vivante*, comme les poux, les punaises, les puces, engendrent tous à la suite d'un accouplement ce que l'on appelle des lentes, mais de celles-ci, rien ne naît. Parmi ces animaux, les puces naissent d'une *infime pourriture* (car là où il y a un excrément sec, là elles se constituent), les punaises, d'une *exhalaison qui vient des animaux* et qui prend consistance à *l'extérieur*, et les poux, des *chairs*. [...] ; chez certains hommes, cela survient comme une maladie, lorsque l'humidité abonde dans le corps. [...] Et tous ces animaux sont pourvus de pieds nombreux et dépourvus de sang, comme des animaux à entailles ».

Comme Aristote dont il est tributaire peut-être via Pline, Isidore de Séville (*Etym.* XII, c. 5) a également été une source déterminante pour définir la propriété principale de la *natura* des insectes nuisibles : ils sont générés par l'humidité corrompue, par la putréfaction. Barthélemy le cite au XVIII, c. 113 *De verme* (ed. p. 1128-1129). Il faut relever au passage qu'il s'agit de la seule occurrence du mot « ciron », un parasite à l'origine de la maladie appelée *scabies* :

> « Et certains d'entre eux sont dans les plantes et les légumes, comme les chenilles et leurs semblables, d'autres dans les arbres, comme les poux de bois (*teredines*), et d'autres dans les vêtements comme les mites (*tinea*) ; et d'autres dans les chairs, comme les asticots, qui naissent dans les chairs putrides de l'humeur corrompue ; certains dans les animaux, comme les lombrics et les ascarides dans les viscères, les cirons dans les mains, les poux et les lentes dans les têtes, qui tous sont générés des humeurs corrompues à l'intérieur ou à l'extérieur des corps des animaux ».

Barthélemy l'Anglais dit aussi que les « vers », les *reptilia* ou les « annelés » respirent par des pores cachés[28]. Leur motion est caractérisée par des mouvements de contraction et d'extension du corps pour se propulser en avant. Les *vermiculi* (vermisseaux) se traînent par la bouche. Il manque aux tout petits animaux – les *minuta* – puissance et force. La nature en effet supplée en eux en sens et en ingéniosité ce qui leur manque en puissance et

---

[27] Aristote, *Histoire des animaux* V, 31 [556 b20-557 a35], tr. Janine Bertier, Paris : Gallimard (coll. Folio), 1994, p. 307-308.
[28] *DPR* XVIII, *Proemium*, ed. cit. note 5, p. 986.

en force, ajoute Barthélemy d'après Avicenne. Ces motifs d'ordre entomologique, présents aussi chez Thomas de Cantimpré et Vincent de Beauvais, se retrouvent de la manière la plus aboutie dans le *De animalibus* d'Albert le Grand, dont je dois me limiter à ne retenir ci-dessous que les principaux éléments relatifs aux quelques parasites qui nous intéressent.

Dans le *De animalibus,* après quelques généralités classificatrices sur les divers modes de génération au livre I, tr. 1, c. 6, où l'on apprend d'après Aristote que les poux et d'autres petits animaux génèrent des « vers incomplets », c'est-à-dire des lentes ou des larves, et au c. 7 sur leurs caractéristiques physiques comme leur trompe ou leur carapace, le livre V, tr. 1, c. 1, discute des types de génération. Est concernée ici la génération par la terre, parfois mêlée d'autres choses, et par la pourriture humide. Albert répète que certains de ces animaux génèrent des « animaux incomplets », c'est le cas des poux qui génèrent des lentes. Il ajoute que certains génèrent des petits d'espèces différentes, ce qui n'est pas le cas des « annelés ».

Le livre VIII, sur les mœurs animales, consacre le tr. 4 à l'astuce (*astutia*) des « annelés » ; le c. 1 § 139, compare les poux et les lentes, qui mordent ceux auxquels ils se collent, à la morsure des araignées, le c. 4 § 157 compare la naissance des larves des abeilles de la putréfaction de la cire des alvéoles à la naissance des poux de la pourriture.

Le livre XIV traite des membres externes des animaux, c'est-à-dire des *sections*, parties de leurs corps. Dès le c. 1 il est question des « annelés », dont Albert dit d'après Aristote qu'ils ont peu de sensibilité, et sont plus faibles que les animaux parfaits dotés de sang, c'est pourquoi ils ont moins de membres (parties) externes. On en déduit qu'il s'agit d'animaux imparfaits, c'est-à-dire inachevés, dépourvus de sang. Albert dit la même chose et la complète dans le *De vegetabilibus*[29] : « et il y en a certains, qui ne génèrent pas leurs semblables, mais sont imparfaits, nés de la putréfaction, et ceux-ci ne sont pas privés de sexe, alors qu'ils ne génèrent pas ».

Albert s'intéresse, en suivant le discours d'Aristote, aux insectes dotés d'un aiguillon. Ce dernier a deux fonctions : celle de l'armer et celle de le nourrir. Certains l'ont à l'avant, c'est le cas des insectes qui nous intéressent : « Mais la sorte d'animal doté d'un petit aiguillon à l'avant est bien plus importante en nombre et en espèce, comme les moustiques, les punaises, les puces et autres ». Le passage qui suit est obscur, écrit dans un latin bancal, il signifie que l'animal pourvu d'un tel aiguillon l'a à l'avant, dans la partie la plus vigoureuse de son faible corps, qui est ainsi tirée vers le bas, et même ainsi il doit déployer de grands efforts pour piquer[30]. La suite du premier chapitre sur les membres extérieurs des annelés porte sur les

---

[29] *De vegetabilibus,* I, tr. 1, *An vivat planta vel non,* c. 4, *De positionibus eorum, qui negant vitam inesse plantis,* Ed. E. Meyer & C. Jessen, *Alberti Magni ex ordine praedicatorum De vegetabilibus libri VII,* Berlin : Georg Reimer, 1867 (rééd. Frankfurt a. M., 1982), p. 15 [ci-après *Veget.*].

[30] AG, *Anim.* XIV, *De animalibus in quo agitur de membris exterioribus animalium,* tr. 1, *Cuius tractatus primus est de membris exterioribus anulosorum et ostreorum et malakye,* c. 1, *De membris exterioribus anulosorum,* p. 953. Le passage est inspiré d'Aristote, *Parties des animaux,* 683a 14-16.

pattes antérieures, qui sont plus longues et plus puissantes pour la préhension, pour compenser le fait que les yeux sont durs et ne lui permettent donc pas de bien voir. Les pattes arrières sont plus grandes pour marcher et sauter, trait plus caractéristique encore chez les sauterelles et les puces, autant d'*animalia* qui ont six pattes.

Le livre XV, tr. 1, c. 1, porte sur la génération de ces animaux, ses diverses causes, et la distinction entre mâle et femelle, dans la ligne du finalisme aristotélicien. Albert répète la *sententia* d'Aristote, qui dit que chez certains annelés, la distinction de sexe n'est pas achevée : ils génèrent, à partir de la putréfaction de leur propre corps ou d'autres corps, des animaux d'un genre et d'une forme différents, c'est-à-dire des larves, *gusanes*, animaux imparfaits comme les œufs qui se parfont avec le temps pour ressembler à leurs parents peu à peu. Dans le *De vegetabilibus*, Albert dit de même : « et de la même façon ils diffèrent par des accidents qui leur sont propres, parce qu'il y en a qui ne génèrent pas leurs semblables [...] ; et le pou (génère) une lente, et l'abeille des larves, et on (en) trouve beaucoup d'autres du même type »[31]. Albert continue en disant que chez certains, le sexe est différencié et il y a accouplement. On explique « rationnellement », dit-il, qu'il ne puisse y avoir de génération en génération des petits de la même espèce, chez des animaux *imparfaits* nés de la pourriture ou de liquides putrides, alors que la nature tend à la perfection. Albert explique encore que les *annelés* comme les petites abeilles, les poux et puces, ont peu de différenciation sexuelle, on trouve même des œufs chez l'un et l'autre sexe ; il en sort des vermisseaux appelés *gusanes*, larves, et pour les poux, *lentes*.

Le chapitre 2 du livre XXI, tr. 1, porte sur le degré de perfection, d'achèvement des animaux, quant à l'âme et au corps. Albert y développe l'idée originale que l'ouïe est le sens par excellence de l'apprentissage[32]. Il l'appelle aussi dans son commentaire à la *Métaphysique* le « sens disciplinable »[33], car c'est par lui que se fait l'accès aux arts libéraux, aux disciplines théoriques en permettant la « conception des noms signifiants des choses »[34], même chez les animaux, si du moins ils sont dotés d'une mémoire des sons semblables déjà entendus. Les abeilles ont de la mémoire, mais pas n'ont pas la capacité d'entendre les sons en tant que signifiants, on ne peut donc les éduquer. Albert ajoute dans le *De animalibus* : « La privation de ce genre de 'disciplinabilité' existe surtout chez les tout petits animaux (*in minutis animalibus*), comme chez les abeilles, les guêpes, les

---

[31] *Veget.* I, tr. 1, *An vivat planta vel non*, c. 4, *De positionibus eorum, qui negant vitam inesse plantis*, p. 15.

[32] *Anim.* XXI, *De perfectis et imperfectis animalibus et causa perfectionis et imperfectionis*, tr. 1, *De gradibus perfectorum et imperfectorum*, c. 2, *De modis perfectionum animalium in communi quot sint et qui sint secundum animam et qui secundum corpus*, p. 1327.

[33] *Cf.* I. DRAELANTS, « L'ouïe comme 'sens disciplinable' ou 'disciplinaire' des animaux : une conception originale de la faculté d'apprentissage chez Albert le Grand », *Archives d'histoire doctrinale et littéraire du Moyen Âge*, à paraître.

[34] Albert le Grand, *Commentaire à la Métaphysique*, I, tr. 1, c. 6, ed. Bernhard Geyer, Münster : Aschendorff, 1960, p. 9 : *auditus est nominum conceptus rerum significantium.*

moustiques et les poux et les autres vers de cette sorte »[35]. En effet, la *prudence* leur est accessible, c'est-à-dire la *sagacité* quant aux choses qui contribuent à leur vie et qu'ils peuvent percevoir et retenir en mémoire comme telles ; en revanche, la « discipline », qui concerne, dit Albert, la mémoire par les sons des mots, des intentions et des concepts relatifs à des choses touchant à un art, ils ne peuvent l'acquérir[36].

Enfin, le livre XXVI du *De animalibus* est tout entier consacré aux « vers », à partir d'une information d'origine aristotélicienne et encyclopédique. On peut en extraire les propriétés relatives à la nature de ce que nous appelons parasites. La punaise (*cimex vermis,* du même nom que la plante dont elle possède la mauvaise odeur, comme le disait déjà Isidore, *Étymologies,* XII, 5, 17) est répandue dans les fentes des murs près des lits, et prend des forces en piquant ; on l'appelle donc « pou du mur » (*pediculus parietis*)[37]. La tique (*engula*), a toujours la tête dans le sang qu'elle suce continuellement au point d'enfler et d'éclater en son milieu. Elle n'attaque que les chiens et les loups, pas le bétail[38]. Certains l'appellent le « pou sylvestre » (*pediculus silvae*) ou « tique » (*theca*), ajoute la source d'Albert, à savoir Thomas de Cantimpré, ayant lui-même tiré cette information de Pline, qui ne donnait aucun nom à l'animal avide de sang dans lequel on reconnaît d'abord la sangsue, puis la tique[39].

Les puces et le pou sont ensuite traités (n°30-31) ; Albert affirme d'abord d'après Thomas de Cantimpré qu'ils naissent de la poussière humide et réchauffée, en particulier si elle se mélange aux esprits qui s'exhalent des corps des animaux. Vincent de Beauvais a également emprunté, à propos de la puce, cette même affirmation que lui a ensuite reprise Juan Gil de Zamora : « On dit qu'elles sont engendrées de la poussière réchauffée et par suite d'une humeur corrompue »[40].

Albert donne ensuite, d'après l'*Historia animalium* d'Aristote (538 a 22), une description de la puce où la distinction de taille entre le mâle

---

[35] AG, *Anim.* XXI, tr. 1, c. 2 : *Privatio autem huiusmodi disciplinabilitatis est maxime in minutis valde animalibus sicut in apibus et vespis et achathys et pulicibus et aliis huiusmodi vermibus.*

[36] C'est ce qui ressort de la suite du *Commentaire à la Métaphysique* I, tr. 1, c. 6.

[37] AG, *Anim.* XXVI, *De vermibus,* n°15 [*Cimex*], p. 1585.

[38] AG, *Anim.* XXVI, n° 18 [*Engula*], p. 1586.

[39] *LDNR* IX, c. 20, *De engula :* [...] *animal est, quod caput semper in sanguine habet sugensque continue ita intumescit, quod crepat medius; non enim habet exitum superfluitatis. A quibusdam pediculus silvestris dicitur. Nonnulli vero thecam nominant,* inspiré de Pline, *HN* XI, § 116 : *Est animal eius temporis, infixo semper sanguini capite uiuens atque ita intumescens.* [...] *est uolucre canibus peculiare suum malum, aures maxime lancinans, quae defendi morsu non queunt.*

[40] AG, *Anim.* XXVI, c. 1, *De vermibus (*n°30, début), d'après *LDNR* IX, c. 33, *De pulicibus* : *De pulvere calefacto et postea humore corrupto procreari dicuntur.* Réutilisation dans *SD* XV, c. 120, *De his quorum nomina incipiunt per P : Pulices atro colore* [...], passage repris ensuite par JGZ, *Ven.* XIV, p. 145.

et la femelle, plus grande, se trouve aussi partiellement chez Vincent de Beauvais (*SN* XX, c. 1 et c. 30) et chez Arnold de Saxe[41] :

[*Pulex*] « C'est un animal noir, rond, [doté] d'une trompe très pointue qui perce les peaux des animaux et aspire le sang à travers le(s) pore(s) et tire un autre [sang] vers la surface, de sorte que le lieu où il a mordu rougit ; il a des hampes à l'arrière pour sauter et six autres pieds pour marcher, et il est d'une marche rapide en proportion de son corps, a une tête pointue et tire tellement de sang qu'il l'évacue continuellement par l'arrière, noirci et desséché. Ses œufs sont comme des lentes de poux et quelquefois on en trouve abondamment ; et lorsqu'ils sont rassemblés, on en trouve toujours un grand avec un petit, et le petit est mâle, le grand femelle ».

On peut comparer avec ce que dit Barthélemy l'Anglais :

« C'est aussi un petit ver d'une étonnante légèreté, fuyant les dangers et s'évadant, non par la course, mais par un saut rapide. Par temps froid, elle ralentit ou meurt, en été, elle reprend son insolence. Bien qu'elle ne fasse pas partie des êtres animés qui procèdent par une union évidente des sexes, elle multiplie cependant son espèce par la ponte, parce qu'elle génère en elle des œufs, par l'émission desquels une seule puce en produit de nombreux.

La puce certes naît blanche, mais quasi immédiatement elle devient noire. Elle a soif de sang, et pique et transperce la chair sur laquelle elle s'installe. Elle suce la partie la plus liquide de l'humeur intercutanée, et dans la partie du corps sur laquelle elle s'installe, en pompant le sang, elle laisse une trace rouge. Ceux qui veulent dormir, elle les attaque par sa morsure cruelle, et même les rois, si une petite puce atteint leurs chairs, elle n'a pas l'habitude de leur épargner son harcèlement »[42].

Quant au moment d'apparition, Barthélemy attribuait le lien étymologique entre le ver et le printemps (*ver, veris*) à Isidore de Séville[43]. Thomas de Cantimpré, copié ensuite par Vincent de Beauvais, dit que « Beaucoup de sortes de vers commencent avec l'été, et terminent avec l'été, parce qu'ils naissent plutôt de la corruption que de la semence »[44]. Quant à Albert le Grand, il ajoute (XXVI, c. 1, § 30) que le temps d'apparition des puces est le début du printemps (mars-avril), leur mort survenant en mai ; celles qui naissent en mai tiennent tout l'hiver, mais « infestent davantage en août ». Les « puces de terre » mangent les premières pousses vertes.

---

41 Arnoldus Saxo, *De naturis animalium,* ed. Emil Stange, Erfurt : Bartholomäus, 1906, c. 9, *De natura generationis reptilium : In eodem Aristoteles : In ouantibus uero et generantibus uermes femina est maior, ut in lacertis et ranis et serpentibus et araneis.*

42 *DPR* XVIII, c. 87, *De pulice*, ed. cit. note 5, p. 1106.

43 *DPR* XVIII, c. 113, ed. cit. note 5, p. 1128 : *In vere tamen de latebris vermes exeunt, et ideo forsan vermes a verno exitu nomen sumunt, ut dicit idem* [*Isidorus*]. La source de cette affirmation étymologique est probablement la compilation de l'*Experimentator,* qui attribue de nombreuses gloses de ce type à Isidore. Janine DEUS donne dans sa thèse en ligne (http://ediss.sub.uni-hamburg.de/volltexte/1998/90/pdf/Disse.pdf) une édition partielle de trois versions de ce texte naturaliste : *Der 'Experimentator': eine anonyme lateinische Naturenzyklopädie des frühen 13. Jahrhunderts,* Hambourg, 1998.

44 *LDNR* IX, c. 1, *Generaliter*, réutilisé en *SN* XX, c. 69.

Le début du paragraphe dédié aux poux par Albert porte sur leur mode d'apparition particulier, à savoir dans les pores-mêmes de la peau, où il est favorisé par la chaleur et l'humidité de l'animal ou de l'homme, mais aussi par… l'appétit de ce dernier. Le texte est emprunté en partie aux *Étymologies* d'Isidore (XII, 5, 14), dont le nom n'est pas cité[45] :

> « Le pou est un ver de la pourriture, qui est généré à l'extrémité des pores des hommes, ou qui se rassemble à partir de là et est favorisé par la chaleur de l'homme ou de l'animal dans les plis des vêtements. Ils naissent d'une manière similaire chez les autres animaux, surtout chez les oiseaux rapaces. Le signe (en) est que les petits, voraces, ont des poux en nombre et les hommes voraces (en ont) d'autres. De nombreux poux sont générés d'une nourriture (riche) en fruits et surtout en figues, à cause de l'épaisseur du chyme (du suc) ».

Albert détaille le caractère visqueux de la figue dans le *De vegetabilibus*[46] :

> « La figue est chaude et humide, mais elle possède une humidité visqueuse et épaisse, et c'est pourquoi, mangée, elle génère des poux, en ce qu'elle extrait les superfluités de la profondeur vers la surface, dans les pores de laquelle les poux naissent. De là il arrive même que la figue, abondamment mangée, provoque de la sueur, et détend les rides des vieux, en remplissant la peau de liquide (*superfluitate*) à l'extérieur. […] mangée, elle génère un mauvais suc dû à son épaisseur, et c'est pourquoi on préconise de la manger avec de la noix, pour que par celle-ci elle soit affinée. Ce qui, si ce n'est pas effectué, génère un mauvais sang, dont l'évaporation se transforme facilement et complétement en poux ».

La suite explicite : « Le fait que le fruit du même figuier soit (capable) d'une expulsion rapide et 'génératif' de poux, est dû à la corruption de son humidité. […]. Il est génératif de graisse, mais la graisse qui en est générée se dissout facilement ».

On retrouve, dans le type de génération exposé par Albert, l'écho d'un passage de Thomas de Cantimpré, repris aussi par Vincent de Beauvais, qui expliquait la génération des poux à partir de la peau, ou même de la sueur qui s'évapore des pores de la peau[47] : « [poux] Ce mal naît de la chair même de l'homme, et ceci paraît indubitable, quoique la création des poux soit invisible. Certains disent qu'ils naissent invisiblement de la sueur humaine, d'autres des pores par évaporation ».

Dans le *De animalibus* XXVI, c. 1, n°31, Albert continue : « Le pou (*pediculus*) est appelé ainsi du mot 'pied' (*pes, pedis*), qu'il a nombreux, à savoir au nombre de six. Ils se colorent selon la nature de l'humeur de la

---

[45] AG, *Anim.* XXVI, c. 1 (n°31), p. 1590.

[46] *Veget.* VI, tr. 1, c. 19, *De ficulnea et ficu fatua*, p. 386.

[47] *LNDR* IX, c. 34, *De pediculis.* Réutilisation par *SD* XV, c. 120 : *Pediculi,* UT DICIT LIBER RERUM, *a numerositate pedum dicuntur : innumeris enim constant pedibus. Hoc malum de ipsa hominis carne creatur, et licet hoc indubitabile sit, tamen invisibilis est pediculorum creatio. Hos* NONNULLI *de sudore hominis, alii de poris et evaporationibus invisibiliter gigni* DICUNT.

corruption de laquelle ils sont générés[48]. Mais les poux des oiseaux, que l'on nomme 'poux des vautours', sont foncés, longs, étroits et (dotés) de nombreux pieds. Ceux des hommes et des moutons sont larges et plus épais ». En évoquant ensuite Galien, Albert convoque en réalité Avicenne citant lui-même Galien (*Canon*, IV, fen 6, tr. 5, c. 14), dans un passage sur le « pou du vautour » qui n'est autre que le morpion :

> « Il existe un certain pou que Galien appelle 'pou du vautour', qu'on appelle *memluket* en grec, et qui naît dans l'aine de l'homme et dans les poils et sous les aisselles, dont on ne voit pas la morsure, sauf quand il en est né en abondance, et sa morsure est venimeuse ; la morsure fait en effet jaillir parfois le sang par la veine de l'anus et par les narines, et de l'estomac par le vomissement, et du cœur, du poumon, et de la racine des dents, et parfois la tumeur s'est tellement agrandie qu'elle ne reçoit pas de remède. Il vaut cependant mieux qu'on lave la morsure avec du suc de laitue ».

Localiser la naissance du pou (et de la puce) dans la corruption des humeurs dans les chairs est une notion généralisée chez les auteurs du XIIIe siècle examinés. En revanche, une explication physique et médicale approfondie est assez rare. On la trouve chez Barthélemy l'Anglais à la suite de l'affirmation suivante : « [le pou] est généré par des vapeurs humides et corrompues internes à la peau sourdant par les pores »[49] ; vient ensuite une différenciation morphologique des types et couleurs de poux d'après les humeurs et l'état du patient, dans une explication étiologique citant Constantin l'Africain et un commentateur :

> « CONSTANTIN DANS LE VIATIQUE : souvent, dit-il, les poux et les lentes naissent sur la tête ou sur la peau par des purgations que la nature fait disparaître en les éjectant entre la peau et la chair[50]. À propos de ce passage, *l'EXPOSITOR* dit : des poux naissent de l'humeur sanguine, et sont rouges et gros ; certains de l'humeur phlegmatique, et ils sont mous et blancs ; certains de l'humeur colérique, et ils sont jaunes, longs, rapides et fins ; certains naissent de l'humeur mélancolique, et ceux-là sont de couleur cendre, c'est-à-dire noirâtres et maigres, lents dans leur mouvement. Là où il y a une trop grande multitude de poux sur un corps pléthorique et corrompu, c'est le signe habituel d'une corruption générale, comme la morphée ou la lèpre, COMME LE DIT LE MÊME [commentateur] ».

Pourriture ou pureté ? Parasites ou utiles ? Valeurs opposées du « ver » dans la philosophie naturelle et l'exégèse

La diversité des types de génération des vers intrigue les savants médiévaux. Le très bref texte d'Isidore à ce propos ne suffit pas à

---

[48] A propos de la couleur des poux dépendant des humeurs dont ils sont issus, voir ci-dessous l'extrait du *Viatique* de Constantin repris dans *DPR* XVIII, c. 86.

[49] *DPR* XVIII, c. 86, *De pediculo* (ed. cit. note 5), p. 1105 : *Ex humidis et corruptis vaporibus intercutaneis per poros resudantibus generatur.*

[50] Constantin, *Viaticum* I, c. 9, *De pediculis et lendinibus,* dans *Opera omnia Ysaac,* Lyon : [Andreas Turinus, 1515], f. 145b : *Sepe pediculi et lendines pascuntur in capite vel in toto corpore ex purgationibus : quas natura ejiciens cum sudore facit inter cutem et carnem.*

l'expliquer. L'exposé scientifique d'Aristote, complexe et nouveau, nécessite une étude approfondie comme celle qu'a entreprise Albert le Grand, mais que les encyclopédistes naturalistes ne tentent pas, car la finalité de leur travail est d'offrir un instrument pour la rédaction d'autres œuvres, par exemple les sermons. Dans cette mesure, ils ont aussi vocation à demeurer les véhicules d'un message exégétique ou allégorique sur les « natures des animaux ».

Au livre XVIII, Barthélemy commençait le chapitre 113 consacré au vers par une énumération de leurs divers types d'habitat d'après ce même passage, transformé, des *Étymologies*[51], où la génération par putréfaction est un critère de distinction parmi les types de vers rampants :

> « Le ver est l'animal qui naît souvent des chairs et des plantes, mais souvent est produit par les légumes ; parfois, par la seule corruption des humeurs, parfois par l'union des sexes, et parfois par la ponte, comme il apparaît chez les tortues, les scorpions et les lézards, COMME LE DIT ISIDORE AU LIVRE XII ».

Le même passage isidorien est mentionné à la lettre cette fois par Vincent de Beauvais (SN XX, c. 68) :

> « Le ver est un animal qui naît de la chair ou du bois, ou de quelque élément terreux, ou sans accouplement terrestre, bien que parfois ils soient aussi issus d'œufs, tel le scorpion ».

On voit ainsi apparaître une génération sans accouplement préalable, vertu *positive* du ver qui sera le support de l'exégèse car elle suppose une naissance sans concupiscence, comme l'avait dit quelques lignes plus haut Vincent de Beauvais par sa propre voix d'*actor* :

> « L'ACTEUR. On appelle à proprement parler vers, ceux qui naissent de la pourriture, c'est-à-dire de la chair, ou de la terre, sans coït et sans concupiscence ».

Il continuait néanmoins en soulignant l'autre polarité, négative, de la *natura* du ver :

> « Leur nature [celle des 'annelés'] est de se mouvoir par des impulsions successives, ils rampent en silence, ils mordent et piquent, sont *vils et dénigrés*, on les écrase souvent avec les pieds. Le sel s'oppose à leur apparition, c'est pourquoi on sale les viandes et les autres aliments ».

L'allégorisation positive du motif de la naissance sans coït, donc sans concupiscence et sans tache, repose sur l'exploitation du *Psaume* 22 (numérotation grecque 21, 7) rapporté au Christ, qui dit *ego autem sum vermis et non homo* « Et moi, je ne suis qu'un ver et non un homme » ; le psaume continue *obprobrium hominum et dispectio plebis*, « l'opprobre des hommes et le mépris du peuple ». La première partie de ce passage fait du ver, pourtant né de la pourriture, un correspondant symbolique du Christ[52],

---

[51] Si le sens est conservé, la lettre est éloignée du texte des *Etym.* XII, c. 5 : *Vermis est animal quod plerumque de carne, vel de ligno, vel de quacumque re terrena sine ullo concubitu gignitur ; licet nonnumquam et de ovis nascuntur, sicut scorpio.*

[52] Maike VAN DER LUGT a traité le sujet d'abord dans « Christus en de wormen. Natuurhistorische 'feiten' in middeleeuwse geleerde discussies over de maagdelijke verwekking van Christus », *Tijdschrift voor geschiedenis* 109 (1996), p. 163-180, et l'a élargi

comme l'exprime une note marginale faisant face à cette citation biblique, que j'ai trouvée dans l'apparat allégorique de l'encyclopédie de Barthélemy l'Anglais : *Nota quomodo Christus natus est de virginis utero* : « note comment le Christ est né de l'utérus de Marie »[53]. La citation souligne aussi à la fois l'humilité et l'excellence du Dieu fait homme, parmi les pécheurs[54]. La naissance sans accouplement de certains insectes pousse aussi Thomas de Cantimpré à expliciter la notion de pureté rapportée au Christ et à sa mère la Vierge, dans un passage repris ensuite par Vincent de Beauvais[55] :

> « Bien que le nom de ver convienne à tous les vers, à proprement parler est appelé spécifiquement *ver*, celui qui est généré à partir de la terre pure et intacte, sans aucun mélange de semences. C'est avec ce ver qu'on amorce l'hameçon pour leurrer les poissons. C'est à celui-ci que le Seigneur se compare lui-même par la voix du prophète, lorsqu'il dit, 'je suis un ver et pas un homme', et à bon droit, lui qui est généré de la chair pure et intacte de sa mère sans la corruption de la semence. D'où on lit encore que la manne a généré la vermine dans le désert ».

L'exploitation, somme toute peu importante, de la matière biblique à propos du ver[56] présente des aspects paradoxaux liés à la manière dont est traduite la notion de « nuisible », dans ses implications sotériologiques, anthropologiques et prophylaxiques. Pour la cerner, il convient de repérer aussi comment les textes naturalistes du XIIIe siècle expriment l'idée de « parasite », une notion médicale née seulement au XVIIIe siècle.

Le passage marqué *actor* par Vincent de Beauvais (*SN* XX, c. 68) mentionné plus haut à propos de la naissance des annelés sans concupiscence, continuait en rappelant en contraste la *natura* vile de la vermine. Barthélemy l'Anglais le soulignait aussi : « il se traîne davantage par la bouche que par les pieds, il est vil, souple et dépourvu de sang »[57]. Un passage de Thomas de Cantimpré, repris entièrement par Vincent de Beauvais, disait la même chose à propos de la puce[58] : « Comme le dit le *Livre des choses,* les puces de couleur noire sautent plutôt qu'elles ne volent.

---

ensuite dans sa thèse publiée : *Le ver, le démon et la Vierge : les théories médiévales de la génération extraordinaire; une étude sur les rapports entre théologie, philosophie naturelle et médecine*, Paris : Les Belles Lettres, 2004.

[53] Par ex. en marge du manuscrit Montpellier, Bibliothèque de l'École de Médecine, H 189, f. 236r : *Nota quomodo christus natus est de virginis utero.*

[54] L'utilisation conjointe des thèmes de l'humilité du mortel et de la naissance sans coït apparaît chez Pierre Lombard, et probablement dans la littérature des collèges religieux et universitaires : *Commentarium in Psalmos*, Psal. XXI, *Patrologia latina*, t. 191, col. 229. Des attestations sont étudiées dans l'article annoncé *infra*, note 56.

[55] *LDNR* IX, c. 52, *De verme, qui proprie vermis dicitur.* Réutilisation dans *SN* XX, c. 68, *Item de eodem* [*De vermibus in generali*].

[56] Sur les trois lieux bibliques relatifs au vers, *cf.* Isabelle DRAELANTS, « *Ego sum vermis :* du ver né de la pourriture au Christ né sans accouplement chez quelques auteurs des XIIe et XIIIe siècles », en préparation pour la *Revue d'histoire ecclésiastique.*

[57] *DPR* XVIII, c. 114, *De vermiculo*, ed. cit. note 5, p. 1230 : *plus ore quam pedibus se trahit. Vilis est, flexibilis et exanguis.*

[58] *LDNR* IX, c. 33, *De pulicibus.* Réutilisation dans *SD* XV, c. 120.

Et l'homme est harcelé par elles, donné en souffrance à ces très petits et très *vils* animaux ».

Ceci ouvre la voie à une autre exploitation herméneutique et religieuse du vers, qui s'ajoute aux trois lieux bibliques dont il a été question d'entrée de jeu : le thème de l'*utilité* par le tourment et par la punition. L'*Historia scholastica* de Pierre Comestor, rédigée au milieu du XIIe siècle, s'avère être la source des *Otia imperialia* de Gervais de Tilbury (avant 1216) et de Vincent de Beauvais quand il est question de la raison d'être des animaux nuisibles, les *nociva*. Nés de la putréfaction à partir de choses corrompues, ont-ils été créés avant ou après le péché ? On peut trouver ici la caractérisation théologique du « parasite » ou du « nuisible » : pour Pierre Comestor, les vers nés de la putréfaction, comme les termites ou les poux, sont nés après le péché et la chute de l'homme, tandis que ceux qui sont nés des vapeurs ont été créés en même temps que les autres, c'est-à-dire le sixième jour :

> « Pour ceux-là, on répond que ceux qui naissent hors corruption – comme ceux qui naissent des exhalaisons – ont été créés à ce moment-là [le 6e jour]; ceux qui naissent de la corruption, sont apparus après le péché, à partir de choses corrompues »[59].

En-dehors de la naissance à partir de la pourriture et du caractère vil, la notion de « parasite » ou de nuisible n'existe pas comme un motif récurrent clairement identifiable dans la littérature naturaliste. Le mot *nocivus* est pour ainsi dire absent du corpus examiné, à une exception notable près : l'histoire de la Création dans un sens d'édification. Ainsi, dans la suite du texte évoqué, Pierre Comestor dit que ces *nociva* créés utilement pour « punir [l'homme], le corriger et l'instruire… mais par eux et en eux l'homme est instruit par l'exemple ; ils ont même été créés pour cela, comme d'autres le sont pour la nourriture »[60]. *Reptilia vero et bestie sunt ei in exercitium* – les rampants et les bêtes sont créés pour s'attaquer à l'homme,

[59] Pierre Comestor, *Historia scolastica, De opere sextae diei*, qu. 8, *Patrologia latina*, t. 198, Paris, 1855, col. 1045, repris dans *SN* XX, c. 69, *De diversa vermium origine* : [...] *PETRUS COMESTOR. Queritur autem de quibusdam huiusmodi minutis animantibus, que vel ex cadaveribus, vel ex humoribus nasci solent, utrum sexta die creata sint. Horum quidem sex genera sunt. Nam quedam ex exhalationibus esse habent, ut bibiones ex vino, papiliones ex aqua. Quedam ex corruptione humorum, ut vermes in cisternis. Quedam ex cadaveribus, ut apes ex iumentis, scarabei et cabrones ex equis. Quedam ex corruptione lignorum, ut teredines. Quedam ex corruptione fructuum, ut gurguliones ex fabis. De his ergo dicitur, quia que sine corruptione nascuntur, ut illa que ex exhalationibus tunc facta sunt ; que vero ex corruptionibus post peccatum ex rebus corruptis orta sunt.* Le passage est emprunté par Gervaise de Tilbury, *Otia Imperialia*, I, c. 8 : *De iumentis, reptilibus, et bestiis*, ed. S.E. Banks & J.W. Binns, *Gervaise of Tilbury Otia Imperialia. Recreation for an Emperor, Centre for Medieval Studies*, University of York, 2002, p. 54.

[60] *Queritur quoque de nocivis animantibus si creata sunt nociva, vel primo mitia, post facta sint homini nociva. Dicitur quod ante peccatum hominis fuerunt mitia, sed post peccatum facta sunt nociva homini tribus de causis; propter hominis punitionem, correptionem, instructionem ; punitur* […]. *Corrigitur* […] ; *instruitur* […] : *vel cum videt haec minima sibi posse nocere, recordatur fragilitatis sue, et humiliatur. Sed diceret quis quod quaedam animalia ledunt alia, quae nec inde puniuntur, vel corriguntur, vel instruuntur. Sed ex his et in his instruitur homo per exemplum. Etiam ad hoc creata sunt, ut aliis sint in esum.*

c'est-à-dire pour son tourment, c'est pourquoi ils piquent. Cette conviction est répétée mot-à-mot par Gervais de Tilbury et par Vincent de Beauvais, à la suite duquel elle se trouve choisie par Juan Gil de Zamora pour donner le ton du prologue de son traité *De venenis*[61]. Le même thème de l'*utilitas* et de la punition par les *bestioles* comme remède aux faiblesses humaines est présent aussi, via d'autres sources, chez Barthélemy l'Anglais dans le *Prooemium* au livre XVIII sur les animaux[62] :

> « Tous les genres d'animaux, que ce soient les bestiaux, les rampants et les bêtes sauvages, ont été créés pour la meilleure utilité de l'homme, comme le disent PLINE ET JEAN DAMASCÈNE ; mais certains l'ont été pour sa nourriture [...] ; d'autres ont été créés pour le service de l'homme [...] : d'autres pour l'agrément [...] ; d'autres ont été créés pour l'agression de l'homme afin qu'il connaisse sa faiblesse et craigne la puissance de Dieu ; ainsi ont été créés les puces et les poux [...] pour que l'homme, par l'intermédiaire des premiers devienne conscient de sa propre faiblesse, et terrifié et effrayé par les seconds, c'est-à-dire les reptiles et les bêtes sauvages, il trouve refuge dans l'invocation du nom de Dieu. Car les animaux sont surtout créés pour apporter un remède aux diverses faiblesses humaines ».

Vincent de Beauvais explique également, dans un chapitre qui est entièrement consacré à ce thème à la fin du *Miroir des créatures*[63], que moustiques, punaises et poux sont créés pour montrer à l'homme sa fragilité. La source de ce passage est saint Jérôme, qui souligne que *Singula habent utilitates suas,* chaque créature a son utilité :

> « 'Qu'elles sont magnifiques tes œuvres, Seigneur', dit-il. À cet endroit, Marcion et Manicheus éclatent en disant : 'Si Dieu a fait tout au bénéfice des hommes, en quoi était-il nécessaire de créer les moustiques, les punaises et les poux ? Moi je te réponds brièvement : pour te monter ta fragilité, toi qui places ta connaissance au ciel ; regarde, tu es piqué par un moustique et tu trembles. Pourquoi te dresserais-tu au ciel, toi qu'une piqûre de moustique blesse ? »[64].

À ces considérations sur l'utilité des nuisibles, on peut ajouter quelques exemples consacrés au tourment qu'ils infligent à un personnage en particulier, même s'il ne reste plus grand-chose du *topos* grec du tyran

---

[61] Avec cette phrase commence le c. 8 du livre I des *Otia imperialia* évoqué plus haut (ed. Banks & Binns, p. 54) : *Sexto die, cum creasset Deus iumenta, reptilia, et bestias, iumenta in iuuamen, reptilia et bestias in exercitium, ad ultimum formauit hominem.* Aussi dans *SN* XX, c. 1, *De reptilibus in generali* : PETRUS COMESTOR. *Reptilia cum bestiis, ut supra dictum est, homini sunt in exercitium sicut iumenta in adiutorium.* JGZ, *Ven.*, p. 71 : *Incipit meditatio prohemialis in librum Contra uenena et animalia uenenosa et etiam contra minuta et uilia et tediosa uite nostre animalia, ut sunt cimices, culices, bruci, lendes, pediculi et pulices et huismodi, que ad exercitium et uindictam hominis sunt creata.*

[62] *DPR* XVIII, *Proemium*, ed. cit. note 5, p. 986.

[63] *SN* XXIX, c. 30, *De consideratione ipsarum [creaturarum] ad vite correctionem.*

[64] *Tractatus de psalmo* 91, ed. G. Morin, B. Capelle & J. Fraipont, Hieronymus, *Tractatus sive homiliae in psalmos. In Marci evangelium. Alia varia argumenta*, Turnhout : Brepols, 1958 (Corpus Christianorum, Series Latina 74), p. 136.

affecté et puni par la *phtheiriasis*[65]. Ainsi, dans la *Somme théologique* d'Albert[66], l'exemple d'Hérode attaqué par la vermine pour son châtiment :

> « [...] Hérode dont on dit que l'ange de Dieu le frappa, et qu'il expira, épuisé par les vers (insectes). Et Eusèbe de Césarée, dans l'*Histoire ecclésiastique*, dit que ces vers étaient des poux, et qu'en un instant cela fourmillait de poux qui le consumèrent jusqu'aux os ».

Pour le reste, la notion de nuisance ou de « parasite » dans un sens naturaliste sans connotation spirituelle, est rare et rendue par des termes non spécifiques. Pour la puce, Barthélemy, dont Juan Gil de Zamora recopie les dires, dit qu'elle est *molestus* et *infestus* : « La puce est un petit ver pénible surtout pour les hommes et agressif »[67]. Le *De animalibus* d'Albert[68] affirme que « Le ver punaise est répandu dans les fissures des parois près des lits des hommes, elle prend des forces en piquant les hommes ». Il est intéressant que le mot utilisé ici soit *convalescens*, c'est-à-dire que la punaise prend sa force en grandissant sur un autre être vivant : elle est donc un parasite.

L'absence de terme spécifique n'est pas étonnante dans la mesure où, comme dans l'Antiquité, la connexion entre insectes et maladie ne faisait pas partie des faits reconnus[69]. Elle était représentée d'un point de vue sanitaire par la notion de plaie (*plaga*), les parasites et les insectes d'épidémies étant considérés dans les traités médicaux comme des causes directes ou indirectes de contagion. Le rôle « vectoriel » de porteur de maladie des arthropodes hématophages que sont les poux, puces et tiques, n'est cependant pas présent dans les sources naturalistes du XIIIe siècle examinées. L'explication de ce fait vient probablement de la frontière assez étanche qui sépare les mesures de médecine collective des finalités de la description encyclopédique des créatures, y compris les « opérations » physiques qu'on reconnaît à leurs propriétés.

Prophylaxie et pharmacopée médicale

Tourment et punition utile de l'homme, la vermine peut-elle néanmoins être évitée ? Les textes naturalistes encyclopédiques et philosophiques proposent des mesures prophylactiques et des remèdes assez nombreux contre les poux, les puces, rares pour éviter les tiques et les punaises. Ceux-ci ne diffèrent pas de ceux qui se trouvent chez les médecins grecs, arabes et salernitains, dans une constance de filiation textuelle

---

[65] A ce propos, voir dans ce volume l'article d'Antoine Pietrobelli.

[66] *Summa theologiae*, ed. Albert Borgnet, Paris : Vivès, 1894-1895, *Pars* I, tr. 17, qu. 67, m. 4, *art.* 5, p. 693b.

[67] *DPR* XVIII, c. 87, ed. cit. note 5, p. 1105 ; JGZ, *Ven.*, p. 145 : *Pulex vermis est modicus molestus hominibus maxime et infestus, a puluere dictus.*

[68] AG, *Anim.* XXVI, *De vermibus*, n° 15 [*Cimex*], p. 1585 : *Cimex vermis est latus in parietum rimis iuxta lectos hominum convalescens et homines mordens.*

[69] Liliane BODSON, « Ancient views on pests and parasites of livestock », *Argos, Bulletin van het veterinair historisch Genootschap* 10 (1994), p. 303-310, ici p. 305, col. 3, conteste l'affirmation selon laquelle les Anciens étaient totalement ignorants de cette liaison. Elle montre (p. 306, col. 2) que même s'ils n'utilisaient pas la notion de 'parasite', les Anciens, en tête desquels Aristote, reconnaissaient deux sortes d'endo- et exo-parasites.

remarquable mais néanmoins appauvrie. On les trouve dans deux contextes : un peu dans le discours général sur la classe des *vermes,* que ce soit dans le commentaire d'Albert ou dans les encyclopédies naturelles, et presque systématiquement dans la deuxième partie des notices portant sur des animaux spécifiques, dont certains « vers » ou « annelés ». Dans les catalogues zoologiques alphabétiques des encyclopédies, après en avoir exposé la *natura* et les *proprietates* dans une première partie, cette deuxième partie de notice porte le plus souvent sur les *operationes* (Vincent de Beauvais ajoute *in medicina*) propres à chacune des substances animales. La pharmacopée mentionnée dans les notices botaniques et minéralogiques contribue aussi à informer précisément sur les applications médicales contre tel ou tel parasite.

Parmi les substances préventives ou destructrices de la vermine, plusieurs partagent le point commun d'être amères comme l'absinthe persique, l'amande amère ou la myrrhe, mentionneés probablement d'après des sources arabes par Barthélemy l'Anglais[70], qui reconnaît à cette dernière substance la propriété de tuer poux et lentes par son amertume. La substance amère de l'alun, diluée dans de l'eau, est préconisée en particulier contre les lentes et les « animaux des cheveux » (*animalia capillorum*) par Pline et Avicenne, que relaie Vincent de Beauvais dans les chapitres botaniques des livres V et VII du *Speculum naturale*[71]. Barthélemy souligne au contraire que « [le ver terrestre] craint et fuit ce qui est salé, et ne touche pas ce qui a été assaisonné avec des aromates et (substances) amères » ; il ajoute d'après le livre XI de Pline que les vers ont le sens du toucher et du goût, et en outre qu'ils distinguent parmi les saveurs, « fuient les choses amères et salées et recherchent et sucent les douceurs »[72]. Au contraire, Albert dit à propos du moustique que les vers aiment davantage la saveur acide que ce qui est doux[73].

Ces saveurs amères, répulsives, justifient l'usage de l'eau salée ou de l'eau de mer. Cependant, se laver fréquemment, bien qu'étant identifié

[70] Par ex. *DPR* VII, c. 20, *De surditate,* ed. Frankfurt, p. 300 : *...et huiusmodi, si vermes ibi fuerunt, succi amari, sicut Persici absinthii, porri, infundantur. Similiter oleum amarum ex amygdalis amaris, auri patienti instilletur, talibus enim vermes occiduntur et putrefacti cum sanie educuntur.* Aussi *DPR* XVII, c. 103, *de mirra* (ed. Ventura, p. 150) : *Interficiuntur vermes ac pediculi eius amaritudine et prohibet, ne nascantur.*

[71] *SN* V, c. 95, *De virtute aluminis in medicina* : PLINIUS UBI SUPRA. [...] *Cum salis vero duabus partibus vitia que serpunt, lendes et alia capillorum animalia permixtum aque.* [= *HN* XXXV, § 180]. [...] AVICENNA UBI SUPRA [...] *Cum aqua interficit alcharad, id est, cimices et pediculos et fetorem oris tollit* [= *Canon* II, tr. 2, c. 70, *De alumine*]. Et aussi : *SN* VII, c. 74, *de ceteris mineralibus, que media sunt inter corpora et spiritus et primo de alumine.* [...] PLINIUS LIBRO XXXV°. *ulcera putrescentia cum adipe compescit et hydropicorum eruptiones siccat, contra lepras etiam ac lendes, ac animalia capillorum* [= *HN* XXXV, § 189].

[72] *DPR* XVIII, c. 114, *De vermiculo,* ed. cit. note 5, p. 1230. Pline, *HN* XI, § 10, dit : *habent autem oculos praeterque e sensibus et tactum atque gustatum, aliqua et odoratum, pauca et auditum.* Le reste doit provenir d'une glose dans un manuscrit de l'*Historia naturalis* ou dans un *Compendium.*

[73] AG, *Anim.* XXVI, *De vermibus,* n° 12 [*culex*], p. 1585 : *et acida libentius sugit quam dulcia.*

comme le « remède principal » n'est exprimé qu'une seule fois. Thomas de Cantimpré[74], copié ensuite par Vincent de Beauvais, met cette affirmation sous l'autorité du « philosophe », qui cette fois ne semble pas être Aristote mais plutôt une source d'origine arabe (Avicenne ?) :

> « Comme le dit le PHILOSOPHE, contre eux le principal remède est l'ablution fréquente du corps à l'aide de l'eau de mer – ou très salée – ou du vif-argent longuement bouilli dans de l'huile d'olive et une ceinture imbibée de cela, ou du blanc d'œuf et du vif-argent, délayé avec beaucoup de soin, et une ceinture de laine imbibée de cela et portée ; ou du beurre mêlé à du vif-argent, et de porter des vêtements teints de cela ».

Parmi les graisses, l'huile d'olive est « très contraire à ces animaux qui naissent de la putréfaction, comme les poux, les puces, les mouches, les guêpes et les abeilles ; ceux-ci meurent en effet quand ils y tombent », dit Albert dans le *De vegetabilibus*[75]. Au livre XXII, tr. 2, c. 1 du *De animalibus*, il est question des quadrupèdes en général, dont le chien ; les vers dans le ventre, et les poux qu'on peut chasser à l'aide d'huile d'olive, sont cités parmi les neuf maladies qui l'atteignent. Le marc d'huile, *amurca*, est aussi préconisé par Vincent de Beauvais via le Salernitain Platearius, contre les punaises[76] : « Les punaises sont exterminées par le marc d'huile et le fiel de bœuf, lorsque les lieux en ont été enduits ou avec des feuilles de lierre macérées dans l'huile, ou des cendres de sangsues [...] ».

Voici les autres substances actives, plantes, minéraux et graisses végétales ou animales, dont la connaissance est la plupart du temps tirée de Constantin l'Africain (*Viatique*) ou des livres II ou IV du *Canon* d'Avicenne. Vincent de Beauvais est de loin le plus riche de cette documentation dans les chapitres médicaux du *Speculum naturale*.

Parmi les plantes, l'absinthe tue les vers des oreilles (*DPR* et *LDNR*[77]). En frictionner tout le corps le soir, avec de l'huile, est le remède central contre les puces (*LDRN* d'après Ambroise de Milan, copié dans le *SN*, repris à son tour par JGZ[78]). L'odeur et la saveur de ses feuilles fait mourir les puces, elle est un poison pour elles comme l'est la feuille de

---

[74] *LNDR* IX, c. 34, *De pediculis*. Réutilisation dans *SD* XV, c. 120 : *Contra hos remedium precipuum est, UT DICIT PHILOSOPHUS, frequens ablutio corporis marinis aquis vel salsis* [...] *ex hoc infectas portare.*

[75] *Veget.* VI, tr. 1, c. 28, p. 420.

[76] *SN* X, c. 9, *De morbis ac remediis eorum* [*hortorum*] : *PLATEARIUS UBI SUPRA. [...]. Extinguuntur cimices amurca et felle bublo locis perunctis vel foliis hedere tritis ex oleo vel incensis sanguisugis.* Passage repris, sans référence à Palladius, dans le *SD* V, c. 34, *De nocumentis hortorum et remediis.*

[77] *DPR* XVII, c. 12, *De absinthio,* ed. Ventura, p. 43-44. *LDNR* IIII, *Liber primus de anatomia humani corporis*, c. 11, *De dentibus.*

[78] *LDNR* IX, c. 33 : *Contra pulices precipuum remedium est omne corpus vespere fricatum absinthio, velut Ambrosius dicit : Pulices non tangent te, si absinthii herbam cum oleo coquas et corpus tuum ungas.* Repris deux fois dans *SD* XV, c.120, et en *SN* XX, c. 152, *De pulice,* lui-même emprunté, avec son marqueur de source, par JGZ, *Ven.* XIV, *tractatus contra uenenosa et tediosa que incipiunt ab hac littera* [*P*], p. 146 *: Contra pulices, ut habetur ex Libro de natura rerum, optimum remedium est omni die uestem, corpus absinthio fricare. Et eadem herba cum oleo cocta corpus perungere.*

pêcher (*DPR* d'après Constantin, repris par JGZ)[79]. Son suc, comme l'eau où elle a bouilli, délivre le faucon de ses poux si l'on en enduit lorsqu'il est au soleil (*LDNR*, repris par Albert[80]). Une décoction d'absinthe fait fuir les moustiques et les punaises (*culices et cimices*, *SN* d'après le *Canon* d'Avicenne[81]).

La racine de bette est efficace contre les lentes d'après Dioscoride, cité par Vincent de Beauvais[82]. Ce dernier recommande aussi l'ail de montagne contre les lentes et les poux, d'après Avicenne[83].

La coloquinte est efficace contre les puces, broyée et mélangée avec de l'eau qu'on pulvérise sur les lieux où elles abondent (*DPR*-JGZ[84]). En asperger la maison fait sauter puis fuir les puces, comme la décoction de ronce. Le sang de bouc posé dans l'âtre les pousse à s'y rassembler pour mourir (*SN* d'après le *Canon* d'Avicenne, copié par JGZ). Albert ajoute, toujours d'après le même extrait d'Avicenne[85], qu'enduire un bâton de graisse de hérisson a le même effet et que les puces fuient la tige et les feuilles d'oléandre, qu'on appelle « plante à poux ».

La « plante à puces », *herba pulicum* par excellence, est en effet l'oléandre, qu'on peut identifier avec le laurier rose. Posée sur les lits, elle enivre les puces et les paralyse, dit Avicenne, dans un passage connu d'Albert et de Vincent de Beauvais : d'après la traduction du *Canon* par Gérard de Crémone, l'herbe à poux est le *iecum cimeu*, graphie que reprend approximativement Vincent de Beauvais (copié ensuite par JGZ)[86]. Dans le

---

[79] *DPR* XVIII, c. 87 : *Eis siquidem absinthium est venenum. Similiter et folia persicorum, ut dicit* CONSTANTINUS. *Colocynthis valet contra pulices si trita et mixta fuerit cum aqua, per loca, ubi abundant pulices, aspergatur. Similiter folia absinthii, quia ut dicitur eorum odore et sapore moriuntur.* Le passage est repris tel quel par JGZ, *Ven.* XIV, p. 145.

[80] *LDNR* V, *De natura avium*, c. 50, *De diversis generibus falconum sive accipitrum et de infirmitatibus et medicinis earum : si pediculos habet, accipe succum absinthii vel aquam coctam cum absinthio, et ad solem eo sedente infunde plumas eius et corpus per totum.* Repris par Albert, *De anim.* XXIII, c. 23, p. 1491.

[81] *SN* XX, c. 128, *De his quibus effugantur culices et necantur* : [...] *AVICENNA IN QUARTO CANONE. Ad effugandum culices et cimices* [...] *aut ex decoctione nigelle, aut absinthii, aut rute* (= *Canon* IV, Fen 6, tr. 3, c. 12, *Effugatio culicum, et cimicum*).

[82] *SN* X, c. 30, *De virtute ipsius* [*betae*] *in medicina.* DIOSCORIDES. *Bete due sunt alba et nigra.* [...] *Cum radicibus suis elixe lendes mundant fomento zernis prosunt.* [...]

[83] *SN* X, c. 16, *De speciebus eius* [*allii*] : *AVICENNA IN SECUNDO CANONE.* [...] *Allii montani decoctio bibita et superuncta lendes et pediculos interficit* (= *Canon* II, tr. 2, c. 74, *De allio*).

[84] *Cf.* note 79 ci-dessus.

[85] *SN* XX, c. 152, *De pulice* (d'après Avicenne, *Canon* IV, fen 6, tr. 3, c. 2), repris par JGZ, *HN* XIV, p. 193, l. 76-87. Même passage chez Albert, *Anim.* XXVI, c. 1, n° 30-31, p. 1589-1590 : *Effugatio autem pulicum ut dicit* AVICENNA *fit quando asspergitur domus cum infusione coloquintidae: tunc enim dissiliunt et fugiunt, et similiter ex decoctione rubi. Dixerunt etiam quidam quod quando sanguis hirci infunditur in fovea in camera, congregantur illuc pulices et moriuntur, et similiter aggregantur super lignum linitum adipe ericii. Fugiunt etiam odorem caulis et foliorum oleandri, et ideo vocatur herba pulicum.*

[86] AG, *De anim.* XXVI, c. 1, *De natura vermium*, n° 30, p. 1590, et *SN* XX, c. 152 : *Est etiam herba nota tecuntumen* [ms. Tournai, Grand Séminaire 4, *olim* Vellereille-lez-Brayeux, non coté, *iecumcimen*] scilicet *herba pulicum, que cum in lecto ponitur, inebriat eos et stupefacit. Ideoque non vivificantur* (= *Canon* IV, fen 6, tr. 3, c. 11, *De effugatione pulicum*). Repris ensuite par JGZ, *HN* XIV, p. 193 (avec la graphie *iecuncime*).

De vegetabilibus, Albert disait déjà de joncher les maisons de la décoction de cette plante « chaude et sèche », qui « par son opération, est complètement dissolutive », pour tuer puces et vermine terrestres (*pulices et vermes terrenos*) « et il est certain que cette plante et sa fleur est un venin tant pour les hommes que pour les bêtes, et cependant – ce qui est digne d'émerveillement – lorsqu'on la boit mélangée avec du vin et de la rue [plante âcre], elle libère des venins de la vermine (*vermium*) venimeuse »[87]. Vincent de Beauvais (copié par JGZ) préconise aussi, d'après Rhazès, sa décoction pour tuer les puces, à l'instar du canthar placé dans les lits, qui les paralyse et les empêche de sauter[88].

La staphysaigre (ou staphisaigre) est une autre « herbe à poux », ou *pédiculaire*, ainsi qu'on la trouve chez Vincent de Beauvais d'après Dioscoride ; sa semence broyée avec de l'huile tue poux et lentes. Vincent ajoute d'après le *Viatique* de Constantin qu'elle est chaude et sèche au 3e degré[89] et que, mêlée avec de l'orpiment, elle guérit de la maladie de peau qu'est la *scabies* (peut-être la gale)[90] ; Avicenne lui transmet dans le livre II du *Canon* que, mêlée à de l'arsenic, elle tue les poux comme le fait le vif-argent éteint (*SN*, repris par JGZ[91]). Réduite en poudre et en pansement dans un linge, elle fait venir tous les poux à elle de tout le corps, et ils meurent (*LDNR* d'après Platearius[92]). Pour Albert aussi, la staphysaigre, appelée aussi « raisin sec de montagne » (*uva passa montana*) ou « plante pédiculaire », tue les poux, surtout si elle est mêlée à de l'arsenic[93].

Moins spécifique, le genêt tue poux et lentes pour Barthélemy[94]. Vincent de Beauvais note que « PLINE compte pour deux arbres le genêt (*genistam)* et le *mirica*, nous cependant appelons *myrica* ce qu'on appelle couramment genêt » et cite ensuite Dioscoride pour la même propriété, après avoir évoqué le livre XXIV de Pline qui préconisait la décoction de myrte contre la phtiriase et les lentes[95]. Il s'agit apparemment de la seule attestation

---

[87] *Veget.* VI, tr. 1, c. 28, p. 423.

[88] *SN* XX, c. 152 et *SD* XII, c. 52, *De cautela contra pediculos ac pulices et muscas. Razi ubi supra*, passage repris par JGZ, *HN* XIV, p. 193.

[89] Sur l'origine et l'usage des degrés, voir la contribution de Mireille Ausécache dans ce volume.

[90] *SN* IX, c. 139, *De staphysagria.*

[91] *SN* XX, c. 151, *De pediculo.* Repris par JGZ, *Ven.* XIV, p. 143.

[92] *LDNR* XII, *De herbis aromaticis*, c. 25, *De staphisagria.*

[93] AG, *Veget.* VI, tr. 2, c. 17, *De* [...] *stafisagria* (....), p. 564.

[94] *DPR* XVII, c. 80, *De genesta,* ed. Ventura, p. 122.

[95] *SN* XII, c. 78, *de myrica* (après avoir cité Pline, *HN* XXIV, § 71). Sous le nom de *myrica* on désigne aujourd'hui un genre végétal regroupant des arbustes dont le plus connu est *myrica gale,* appelé « myrique baumier », « myrte des marais », ou encore au Canada « piment royal » et « bois-sent-bon ». Dans les notes du livre XXIV de la traduction de Pline par M. Ajasson de Grandsagne (dans *Bibliothèque latine-française*, par C.L.F. Panckoucke, t. 15, Paris, 1832), p. 175 (90. XLI, p. 56, l. 4), on remarque : « *Cf.*, sur le *myrice,* la note 146 du livre XIII. Nous avons cherché à établir que, sous ce nom, les Anciens entendaient parler des bruyères, *erica*, et des *tamarix,* tels que les botanistes modernes les ont établis, avec cette distinction pourtant que le mot *myrica*, dans Pline, paraissait devoir s'appliquer aux grandes bruyères et au *Tamarix gallica*, et que le mot de *myrica,* dans Lenaeus, était réservé aux petites espèces de bruyères, à l'exclusion des *Tamarix* ».

du mot « phthyriase » (*sic*) dans notre corpus pour désigner l'infection par les poux.

Vincent de Beauvais dit que la poix *cedria* est également efficace contre les poux, les lentes et la maladie de peau appelée *scabies*, d'après la *materia medica* de Dioscoride[96]. La *cedria*, souvent confondue avec le cèdre, est une substance résineuse très astringente, une poix tirée du grand genévrier du Liban, qui a un cœur rouge. Chez Galien, elle est considérée non comme une poix, mais une huile[97]. Le cèdre (*fraxinus*) est au contraire un arbre qui génère les punaises d'après Avicenne, aussi cité dans le SN[98].

D'après le traité botanique d'Albert, le suc et le bois d'aloès ont une vertu dessicative des humeurs contre la vermine, que ce soient les mites ou les poux :

> « L'un et l'autre, autant le bois d'aloès que le suc d'aloès, éloignent les vers ; (leur) fumigation protège beaucoup les vêtements, et en matière d'odeur, et pour éviter qu'ils ne soient abîmés par les mites. Il convient aussi, par la même cause, contre les poux, en ce qu'il assèche les humeurs putrides qui existent aux extrémités des pores, d'où sont générés les poux. Il a (la capacité) de diminuer, ou même de faire disparaître les superfluités d'humeurs, et en particulier celles qui existent près des parties intimes »[99].

Toujours parmi les plantes utiles contre les poux, Albert recommande l'humeur grasse de la feuille d'aulne récemment éclose, qui englue puis tue les puces[100]. De même, le tamaris appliqué goutte à goutte sur les vêtements ou la tête tue les poux[101], la grande volubilis (ipomée) fait de même[102]. Au contraire, le raifort multiplie les poux[103].

Certaines graisses animales agissent aussi contre les poux, comme la graisse de hérisson, ou de chien contre les lentes, dit Vincent de Beauvais d'après Pline dans un chapitre consacré aux vertus médicinales du chien. Déjà Albert empruntait à Thomas de Cantimpré[104] la même recette de bâton

---

[96] *SN* XIII, c. 89, *De cedria et colofonia* : [...] DIOSCORIDES. *Cedria pix cedri est.* [...] *Pediculos et lendes inuncta pernecat.* [...] *Multi oleum ex cedria, dum coquitur, desuper cum penna colligunt, et scabiei, ac pediculis animalium prodest, vulneribus etiam adhibetur.*

[97] Le « sang de basilic » chez Pline l'Ancien pourrait être ce *cedria* d'après M. GAILLARD-SEUX, « Le sang de basilic chez Pline l'Ancien : résine de genévrier ou hématique », *L'Antiquité Classique* 68 (1999), p. 227-238.

[98] *SN* XII, c. 65, *De medicinis ex fraxino.* [...] AVICENNA. [*Canon* II, tr. 2, c. 215, *De dirdar*] *Dirdar, idest fraxinus est arbor cimicum, ex qua scilicet capita egrediuntur inflata sicut granata, in quibus est humiditas, que generat cimices, et eius folia comeduntur viridia, sicut olera.*

[99] AG, *Veget.* VI, *De speciebus quarundam plantarum*, tr. 1, *De arboribus*, c. 2, *De ligno aloes et de liquore, qui aloe vocatur*, p. 345-346.

[100] AG, *Veget.* VI, tr. 1, c. 6, *De convenientibus alno*, p. 351.

[101] *Veget.* VI, tr. 1, c. 34, *De thamarisco, taxo, terebinto et tilia et thure*, p. 454.

[102] *Veget.* VI, tr. 2, c. 19, *De [...] volubili*, p. 576.

[103] *Veget.* VI, tr. 2, c. 16, *De radice, rapa, raphaho, rizo et ruta et rubea tinctorum*, p. 557.

[104] *SN* XIX, c. 21, *De medicinis ex cane.* [...] PLINIUS LIBRO XXIX. [...]. *Adipe canino lendes a capillis tolluntur* [= *HN* XXIX, § 111]. Voir aussi Albert, *De anim.* XXII, tr. 2, c. 1, p. 1402, d'après le *LDNR*. Compatriote « belge » de Thomas de Cantimpré, le capitaine Haddock est-il aussi son héritier spirituel ?

« à la graisse de hérisson » après cuisson de l'animal, pour attirer poux et puces dans une chambre ou un lit.

Autre substance animale à ajouter au fiel de bœuf déjà mentionné comme co-ingrédient, le fumier de taureau éloigne les vers venimeux et les punaises (*cimices*) d'après Avicenne, relayé par Vincent de Beauvais[105]. Par Albert, on apprend que la bouse d'éléphant étalée puis séchée sur une peau pouilleuse, la débarrasse des poux[106].

Parmi les substances minérales, le nitre, qui a des vertus desséchantes, dessèche les poux et la sanie de la tête, tue les vers des oreilles (*DPR*[107]) et les bestioles de la tête (*capitis animalia*), tout en réduisant les lentes (*SN*[108]). Le vif-argent, qui peut être mêlé à de la vieille graisse (*axiunga veteris*) et au crachat, « est froid et humide au second degré, et à cause de cela, il dissout les nerfs et il paralyse et tue les poux et les lentes et les autres sortes (de vers) générés de la putréfaction des pores », indique Albert dans la notice qu'il lui consacre dans son traité de minéralogie[109].

La préconisation la plus diversifiée contre les poux provient du *Viatique* de Constantin l'Africain, dans un extrait transmis par Barthélemy, où l'on voit aussi apparaître la litharge et l'orpiment :

> « Contre l'attaque des poux sont efficaces : une ablution fréquente de la tête, se peigner, et une purification médicinale ; en effet, COMME DIT CONSTANTIN, le vif-argent mélangé à de la cendre de saule les tue, et surtout s'ils sont nés d'une humeur chaude. De même, la litharge, c'est-à-dire le plomb brûlé avec de l'huile et du vinaigre. Mais s'ils naissent d'une humeur froide, ce qui est efficace est la staphysaigre, l'orpiment avec de l'huile et du vinaigre ; de même, l'eau de mer et l'eau salée avec du vinaigre »[110].

Dans le *De animalibus,* Albert a recueilli par ouï-dire comme dans les textes un arsenal également diversifié de recettes concrètes :

> « La staphysaigre broyée (et le vif-argent) avec de l'huile ou du beurre ou de la vieille graisse, appliqués sur une ceinture et portés entre les vêtements, tuent les poux efficacement, comme beaucoup en ont fait l'expérience[111]. Et encore, la poudre de vif-argent, mélangée à de la

---

[105] *SN* XVIII, c. 91, *De diversis ex tauro medicinis.* [...] *AVICENNA IN SECUNDO CANONE* [...] *Stercus tauri propere vermes effugat venenosos ac cimices, quando fit cum eo suffumigatio.* [= *Canon* II, tr. 2, c. 613, *De stercore*].

[106] La fumigation d'une bouse d'éléphant éloigne et tue aussi les moustiques, *De anim.* XXII, tr. 2, c. 1, n°37 [*Elephas*], p. 1377.

[107] *DPR* XVI, c. 69, *De nitro : pediculos et saniem capitis... extergit.*

[108] *SN* V, c. 91 : *De virtute ipsius* (*nitri*) *in medicina.*

[109] *De mineralibus,* tr. 1, c. 2, ed. A. Borgnet, *Opera Omnia,* IV, Paris : Vivès, 1890, p. 85b.

[110] *DPR* XVIII, c. 86, *De pediculo,* ed. cit. note 5, d'après Constantin, *Viaticum,* I, c. 9, *De pediculis et lendinibus,* ed. f. 145b : *Quod si fit in calido corpore hoc ungento inunge : argentum vivum et cinerem filtricus aceto et oleo tempera : vel litargirum et argentum vivum cum aceto et oleo tempera sicque inunge. In frigido corpore hoc unguento utere. Staphisagriam nitrum auripigmentum rubrum cum aceto et oleo tempera et caput inunge in balneo. Aliud* [...] *Similiter acetum cum aqua marina occidit pediculos : et si deest aqua marina : sal et aqua cum modico aceto mixta idem facit.*

[111] Comparer (ci-dessus) avec le passage du *LNDR* IX, c. 34, *De pediculis* (*zona ex hoc intincta*), réutilisé par *SD* XV, c. 120.

poudre de plomb, si on la répand sur des charbons et que les vêtements sont maintenus au-dessus, ou qu'un homme se tenant debout, reçoit sur lui la fumée à l'intérieur de ses vêtements, cela tue les poux »[112].

Au livre XXIII sur les oiseaux, Albert signale que l'épervier (*accipiter*, n°2) souffre des poux à cause de la corruption de ses humeurs. Au c. 18, les remèdes contre les poux du faucon[113], animal qui est à l'époque objet de tous les soins, sont similaires à ceux qu'on applique aux hommes, en plus raffinés : le vif-argent mêlé de salive et de cendre jusqu'à extinction du mercure[114], puis à de la vieille graisse dont on enduit les fils avec lesquels on entoure les membres du faucon. Le poivre mêlé à de la graine de sésame, pilés et cuits puis dilués dans de l'eau avec laquelle on lave le faucon, fonctionnent aussi, comme de le baigner dans l'eau où a cuit de la staphysaigre ; si l'on pose un tissu blanc sous le faucon, on voit ensuite les poux tomber[115]. Le c. 21 apprend que la menthe romaine guérit le faucon de ses poux si on l'en frotte après l'avoir délayée avec vinaigre et staphysaigre ou si on le baigne dans ce mélange. S'il fait froid, il faut avoir recours à la graisse de poule pour l'en oindre, puis l'enfumer tout une nuit. Le c. 23 préconise contre les poux le suc d'absinthe ou de l'eau bouillie avec la même plante, dont on enduit le corps du faucon lorsqu'il est au soleil.

Au registre des fables et des récits assimilables à de la magie sympathique, on inscrira les informations suivantes. Dans le *De animalibus,* Albert dit au livre VII, tr. 1, c. 5, que les peaux de moutons qui ont été mordus par le loup génèrent davantage de poux, ce qui est déjà chez Aristote[116] ; Albert le répète au livre XXI, tr. 2, c. 1 : la peau d'un animal mangé ou mordu par un loup, est toujours pouilleuse. La même information est attribuée par Barthélemy l'Anglais au livre VIII du *De animalibus* d'Aristote et au livre XI de Pline[117]. Vient ensuite chez Albert l'histoire de la ruse du renard, qui, pour se débarrasser des puces, prend un brin de paille dans sa gueule, puis s'immerge dans l'eau peu à peu par l'arrière, jusqu'à ce que les puces se dirigent progressivement vers son museau puis vers la paille pour fuir l'eau ; il lui suffit ensuite de cracher la paille où elles se trouvent. Albert attribue cette information à Iorach. Sous ce nom à consonance hébraïque se cache Juba, roi de Maurétanie (*c.* 50 *a.C.* - 23 *p.C.*) dont on ne conserve que de courts fragments grecs mais qui a été largement connu par

---

[112] AG, *Anim.* XXVI, c. 1, p. 1590.

[113] Sur ce sujet, voir An SMETS, « 'Poux, vers et vermine' : Étude sémantique sur les parasites des rapaces dans les traductions cynégétiques françaises », *Médiévales* 51 (2006), p. 97-118 [article en ligne sur le site http://medievales.revues.org/1465].

[114] Le mercure est absent des sources grecques, ce qui dénote ici l'influence des sources arabes, liées à l'histoire de l'alchimie.

[115] AG, *Anim.* XXIII, c. 18, *De curis infirmitatum falconum diversis secundum Guilelmum falconarium*, p. 1476 ; c. 21, *De regiminie asturum secundum experta Guilelmi*, § 97, p. 1486.

[116] Aristote, *Histoire des animaux,* 587b8.

[117] *DPR* XVIII, 114 : « il détruit et dévore le vêtement de laine et dévore surtout ces vêtements en laine [de mouton] dont la dent de loup a touché les chairs. En effet la laine de la brebis dévorée par les loups génère les mites et les poux, COMME LE DIT ARISTOTE AU LIVRE VIII ET PLINE AU LIVRE X ».

Pline et que certains encyclopédistes citent via une compilation médico-magique traduite probablement de l'arabe[118]. Cette anecdote sur le renard est perpétuée par Simon Maioli, évêque de Valtorre (1520-1597), dans son *Traité sur les jours caniculaires*, où les encyclopédies de Barthélemy l'Anglais et de Vincent de Beauvais sont largement exploitées[119].

On trouve encore une fable pour éliminer les puces, touchant cette fois le coucou, dans le livre XXIII sur les oiseaux. Albert reprend les dires de Thomas de Cantimpré qui rapporte ceux d'un « certain Pline »[120] où nous devons voir Bâlinus, c'est-à-dire Apollonius de Tyane, dont le nom a été transformé par le passage par l'arabe qui ignore le « p » : pour éliminer les puces dans les lits ou d'autres lieux, il faut utiliser la terre qu'on a trouvée sous la plante de son pied droit, après avoir creusé à l'endroit où l'on avait marché lorsqu'on a entendu chanter le coucou pour la première fois du printemps...

En somme, en matière de remèdes contre les poux, puces, punaises et tiques, les sources naturalistes examinées transmettent des recettes et recommandent des substances qui s'avèrent conformes à celles de Dioscoride, de Galien ou des médecins salernitains, auxquelles s'ajoute l'apport tout récent de la pharmacopée avicennienne tirée des livres II et IV du *Canon*. Les naturalistes du tiers central du XIIIe siècle restent cependant aussi dépendants des traités de médecine adaptés de sources arabes, un siècle et demi plus tôt par Constantin l'Africain, comme le *Viaticum* et le *Pantegni*. Or, comme Dioscoride, ceux-ci ne traitent spécifiquement des parasites que sous la forme d'un très bref chapitre consacré aux poux et puces, alors que la tique y est traitée de manière générique parmi les maladies de peau, de pair avec la « *scabies* ».

Une vermine omniprésente, *convalescens* et familière

Le discours entomologique était resté à un niveau très général pendant plusieurs siècles médiévaux, ou s'était focalisé sur la merveille de l'abeille industrieuse et vertueuse ou la beauté du papillon reflétant celle de la Création. La difficulté de l'observation des insectes et la rareté des sources de documentation savante sont les deux facteurs explicatifs principaux, auxquels s'ajoute, pour ce qui concerne les parasites humains et animaux, une très grande familiarité avec la vermine : celle-ci constitue une sorte d'extension naturelle du corps, puisqu'elle prend des forces et croît avec lui (*convalescens*).

---

[118] *Cf.* I. DRAELANTS, « Le dossier des livres sur les animaux et les plantes de Iorach : tradition occidentale et orientale », dans I. DRAELANTS, B. VAN DEN ABEELE & A. TIHON, ed., *Occident et Proche-Orient : contacts scientifiques au temps des croisades. Actes du colloque de Louvain-la-Neuve, 24-25 mars 1997*, Louvain-la-Neuve-Turnhout, 2000 (Réminiscences, 4), p. 191-276.

[119] Simon Maioli, *Les jours caniculaires* (Dies caniculares), 1597 (en latin), tr. fr. par Rosset, Paris, 1609. Sur puces et poux, Traité 5, « Des insectes ou animaux qui n'ont point de sang », p. 253.

[120] *Anim.* XXIII, p. 1450, n° 30 [Cugulus], d'après *LDNR* V, c. 34, *De cuculo*.

Pour un auteur médiéval, la nature, c'est aussi et surtout la Création. C'est pourquoi on trouve déclinés, avant le XIIIe siècle déjà, trois lieux bibliques sur la polarité à la fois pure et vile du « ver ». Les encyclopédies naturelles les véhiculent encore, les exploitent très peu comme matière à prédication – *materia predicabilis.* Ils concernent la fragilité et le caractère vil du ver comparé à ceux de l'homme (*Isaïe* 40, 41 à propos de Jacob), le paradoxe exemplaire du vermisseau très tendre du bois qui « durcit quand il touche » (II *Reg.* 23, 8, *Ipse est quasi tenerrimus lignis vermiculus*) et la correspondance entre la naissance virginale du Christ et la génération du ver sans coït, quand le *Psaume* 21, 7 dit *Ego sum vermis, non homo.* À cela s'ajoute la question, déjà présente chez Pierre le Chantre et Pierre Comestor, de la création tardive, après le sixième jour, de ces petits animaux créés pour le tourment (*ad exercitium*) et la correction de l'homme, qui ne monteront pas par couples dans l'arche, ce qui est lié à leur génération spontanée.

D'exclusivement exégétique, le discours devient néanmoins nettement philosophique dans le tiers central du XIIIe siècle, à la faveur de la rédaction de sommes du savoir qui collectent les ouvrages zoologiques et botaniques. Un regard désormais naturaliste se porte sur la vermine à la faveur de la redécouverte de ces *auctoritates* profanes que sont le livre XI de l'*Histoire naturelle* de Pline et le *De animalibus* d'Aristote traduit de la version arabe. Aristote en grec, et Pline en latin, ont consacré des chapitres entiers aux *insecta,* ces *minuta animalia* qui sont devenus *anulosa* ou *rugosa* chez les encyclopédistes et naturalistes. Isidore de Séville en avait également parlé dans un court chapitre des *Étymologies,* XII, c. 5, repris intégralement aux côtés de ces nouvelles *auctoritates* philosophiques. À cette documentation est également mêlé un apport pharmacologique et prophylactique tiré surtout du *Viatique* de Constantin l'Africain, du *Canon* d'Avicenne et marginalement d'un Dioscoride très simplifié. Ces contenus médicaux ne débouchent pas pour autant sur un lien causal explicite entre insectes parasites et maladie. On ne trouve qu'une seule attestation marginale de la phtiriase et de rares mentions de la maladie de peau *scabies.* L'étiologie de la saleté, bien reconnue et attestée dans les sources arabes, passe quasiment inaperçue dans les sources latines du XIIIe siècle, ce qui doit être mis sur le compte de l'absence de prise de conscience d'une telle cause. De même, le motif fréquent dans la médecine grecque du caractère humide des enfants, favorisant la croissance des poux, a pour ainsi dire disparu, même si l'humidité de la peau et des pores reste chez tous nos auteurs le milieu naturel reconnu de ces parasites.

Barthélemy l'Anglais et Thomas de Cantimpré — dont sont tributaires Albert le Grand et Vincent de Beauvais —, comme Vincent de Beauvais repris intégralement, de pair avec Barthélemy, par Juan Gil de Zamora après 1270 : tous ces auteurs-compilateurs construisent à partir de toutes les *auctoritates* disponibles un exposé naturaliste où l'entomologie apparaît sous la forme de la description de la *natura* et des propriétés emblématiques des insectes. Au sein de la *natura* de ces animaux « annelés » ou « plissés », les mots-clés essentiels sont « putréfaction » (*putredo, corruptio*) et « humidité » (*humor, superfluitas, euaporatio*), propriétés qui correspondent mieux à la cosmologie et à la physique médiévales traditionnelles que le nouveau critère aristotélicien qui s'impose peu à peu : les insectes sont dépourvus de sang. Des considérations sur l'anatomie – surtout le nombre important de pattes –, le mouvement par reptation grâce aux plis, l'accouplement, y sont adjointes. Les spécimens sont distingués sur le critère de l'endroit qu'ils infectent : les légumes, le bois, la chair, la peau, le lard, la terre. De rares parasites font dans ces catalogues zoologiques l'objet d'une notice distincte, à savoir principalement la puce, le pou, la punaise, aux côtés du moustique (*culex*), et plus rarement de la cantaride, la teigne (*tinea*), la mite (*teca* et *tinea*).

L'objectif des encyclopédistes est avant tout documentaire, mais il s'agit aussi d'isoler une propriété identifiable pour chaque créature terrestre. La documentation qu'ils rassemblent est d'une quantité assez considérable, puisque chaque naturaliste consacre un livre entier au « ver », en plus de passages dispersés dans les chapitres botaniques ou, chez Vincent de Beauvais, à propos de l'économie domestique d'après Palladius. À nos yeux cependant, elle n'apparaît ni spécialisée, ni technique, la plupart des taxons spécifiques s'étant perdus ou ayant été gommés par incapacité à les mettre en rapport avec une espèce observable dans l'environnement des compilateurs.

Le discours naturaliste médiéval sur les insectes, ces *minuta animalia*, est resté peu spécialisé et peu diversifié avant l'assimilation par Albert le Grand de la matière aristotélicienne à leur propos. S'il partage les mêmes sources que les encyclopédistes, Albert a quant à lui tiré le parti le plus scientifique de la matière compilée chez ses immédiats prédécesseurs. Il réussit même l'exploit de tenir un discours rationnel, doté d'un vocabulaire enrichi, sur l'anatomie, la génération, le mouvement, l'habitat, la nourriture de la plupart des insectes, grâce à une étude approfondie des traités zoologiques d'Aristote. Pourtant, il n'a pas eu accès de première main à la deuxième source essentielle, le livre XI de l'*Histoire naturelle* de Pline, qu'il ne connaît que via Thomas de Cantimpré.

Animalcules décrits comme incomplets-imparfaits par Aristote, les poux, puces, tiques et punaises connaissent un type de génération incertain, selon les cas double ou triple – avec le passage par la ponte et par l'état larvaire –, ou sans coït. Le parasite, non reconnu comme tel, constitue de fait à cette époque une forme de *prolongation du corps*, qui ne nécessite pas de nouvelle naissance spécifique.

Minuta atque taediosa : la vermine de l'homme dans le travail encyclopédique de Juan Gil de Zamora*

Cándida FERRERO HERNÁNDEZ[1]

Le franciscain Juan Gil de Zamora, Iohannes Aegidius Zamorensis, contemporain des rois Alphonse X le Sage et Sanche IV le Brave, est l'auteur d'une œuvre des plus abondantes, où sont perceptibles ses divers centres d'intérêt intellectuel[2]. L'œuvre de Juan Gil fait actuellement l'objet d'éditions critiques modernes[3] — sa dispersion lui ayant fait subir divers accidents —, et ainsi une partie de son héritage manuscrit est en cours de sauvetage. L'œuvre latine égidienne illustre une perception particulière de la circulation des savoirs et des mouvements culturels du XIIIe siècle en

* Le présent travail s'inscrit dans le cadre des activités des projets FFI2011-29696-C02-02 du Ministère de l'Économie et de la Compétitivité (Espagne) et 2014 SGR 53 de la Généralité de Catalogne. Je remercie les coordinateurs, Profs. Franck Collard et Évelyne Samama, de leur invitation à participer au présent ouvrage. Les éditeurs joignent leurs remerciements à ceux de l'auteur à l'égard d'Éric Echivard qui, supervisé par B. Grunberg, a traduit le texte en français.

[1] Professeur de Philologie latine, Universitat Autònoma de Barcelona, candida.ferrero@ uab.cat

[2] Sans doute, cette multiplicité d'intérêts se reflète dans son œuvre, plus que volumineuse, portant sur les *res naturae*, l'histoire, la biographie, l'hagiographie, les textes théologiques, grammaticaux et tant d'autres. Pour une mise en perspective générale de l'œuvre, je renvoie au « Dossier Juan Gil, franciscano de Zamora », publié dans les *Studia Zamorensia* XIII (2014) p. 23-183, coordonné par Cándida FERRERO HERNÁNDEZ, qui en donne aussi une présentation, p. 23-26, dans laquelle figure l'historiographie récente concernant l'œuvre égidienne. Le dossier bénéficie des contributions d'Isabelle DRAELANTS, « *Scala mundi, scala celi* de la A a la Z : claves para la comprension de la obra universal de Juan Gil de Zamora. Exegesis, *libri authentici* y mediadores » p. 27- 70 ; Adrienne HAMY, « Juan Gil de Zamora, *Apis Dei* : hallazgos homileticos y propuestas », p. 71- 93 ; Olga SOLEDAD BOHDZIEWICZ, « El *Liber Mariae* de Juan Gil de Zamora y el discurso compilatorio », p. 95- 107 ; Estrella PÉREZ RODRÍGUEZ, «*Cantus* in *Laudem Virginis* : el oficio poetico de Juan Gil de Zamora », p. 109-123 ; Eduardo OTERO PEREIRA, « La evolucion de la leyenda de san Frontón de Perigueux hasta Juan Gil de Zamora a propósito de la nueva edición de sus *Legende Sanctorum* », p. 125- 130 ; Óscar H. BIZARRI, « Fray Juan Gil de Zamora y una version del *Secretum secretorum* », p. 131- 137 ; Miguel PÉREZ ROSADO, « Leyendas cidianas en las *Alabanzas de España* (Ms.10172 BNE) », p. 139- 154 ; Ana-Isabel MAGALLÓN, « El *Prosodion* de Juan Gil de Zamora y la enseñanza de la gramatica en su tiempo », p. 155- 171 ; Martín PÁEZ MARTÍNEZ, « Influencia de San Isidoro en Gil de Zamora : los instrumentos musicales en el capítulo 17 del *Ars Musica* », p. 173- 183. Pour une vision d'ensemble sur l'auteur et son œuvre, antérieure à 2010, je renvoie à C. FERRERO HERNÁNDEZ, « Nuevas perspectivas sobre Juan Gil de Zamora » dans *Studia Zamorensia* IX (2010), p. 19- 33.

[3] Projet *IAZOO* (*Iohannes Aegidius Zamorensis Opera Omnia*) dirigé par C. Ferrero Hernández et parrainé par l'*Instituto de Estudios Zamoranos* (Zamora), qui a déjà édité deux volumes d'œuvres inédites : vol. 1, *Sermonario*, ed., tr. esp. et comm. Fernando Lillo (d'après le manuscrit 414 du fond ancien de la Bibliothèque communale d'Assise), Zamora, 2011 ; vol. 2, *Legende Sanctorum*, ed. et tr. José Carlos, Martín Iglesias, Eduardo Otero Pereira, Zamora, 2014 (à partir du manuscrit de Londres, British Library, *Add.* 41070).

territoire castillo-léonais, à un moment où naît une abondante production littéraire dans la langue qui émerge, le castillan[4]. Ainsi, dans ce contexte de réaffirmation culturelle en langue vernaculaire, Juan Gil élabore, en latin, à partir de textes en latin ou en castillan, une matière qui possède une intention didactique marquée et qu'il destine à divers correspondants (frères, princes, évêques)[5]. En ce qui concerne son œuvre naturaliste, le natif de Zamora est clairement lié à la tradition européenne de son temps car il puise, surtout, dans les œuvres auxquelles il a pu avoir accès durant son séjour parisien en tant qu'étudiant[6], quoique sans doute, aussi, se ressente une indubitable tradition hispanique, comme dans d'autres de ses œuvres, notamment celles relatives à la sagesse[7].

Médecine et symbolique des animaux chez Juan Gil

Parmi ses nombreuses œuvres, Juan Gil a rédigé une *Historia Naturalis*[8], dans le sillage d'autres encyclopédies notoires, telles que le *Speculum Maius* du dominicain Vincent de Beauvais et le *De proprietatibus rerum* du franciscain Barthélemy l'Anglais. Juan Gil est également l'auteur d'un *Liber de proprietatibus animalium*[9], connu comme appendice à l'*Historia naturalis* — bien qu'il s'agisse d'une œuvre différente — et d'un *Liber contra uenena et animalia uenenosa*[10].

---

[4] Sur cet aspect, voir C. Ferrero Hernández, « La obra latina de Juan Gil y su relación con la Literatura contemporánea peninsular » dans *Aires*, A. Nascimento-Paulo, F. Alberto ed., IV Congresso Internacional de Latim Medieval Hispânico, Lisboa, 2006, p. 471- 480.

[5] C. Ferrero Hernández, « El Liber illustrium personarum de Juan Gil de Zamora: Manuductio ad praedicatores atque ad piam meditationem » dans *Faire son salut, œuvrer pour le salut*, ed. Amélie de las Heras, Florian Gallon, Nicolas Pluchot, Madrid, Casa de Velázquez, 2016.

[6] Juan Gil, dont les dates de naissance et de mort les plus plausibles pourraient être 1241-1318 (voir Manuel de Castro, *De preconiis Hispanie*, Madrid : Universidad de Madrid. Facultad de Filosofía y Letras, 1955, p. lxiii y ss. ; C. Ferrero Hernández ed., *Liber contra uenena et animalia uenenosa de Juan Gil de Zamora*, Barcelona : Reial Acadèmia de Bones Lletres de Barcelona, 2009, p. 22-33) s'est rendu à París pour y étudier la théologie ; de même, il a séjourné à Tours et a participé à quelques chapitres de l'Ordre des frères mineurs, en Italie.

[7] Sur ce point, je renvoie aux articles d'Isabelle Draelants, Óscar H. Bizarri et Miguel Pérez Rosado publiés dans les *Studia Zamorensia* XIII (2014), voir *supra* note 2.

[8] L'œuvre a été transmise par les manuscrits de Berlin (Staatsbibliothek zu Berlin - Preußischer Kulturbesitz, lat. 2° 62, Rose 934) et de l'Escorial (Real Biblioteca de San Lorenzo de El Escorial, p.I.10), éditée dans *Iohannis Aegidius Zamorensis Historia Naturalis*, Avelino Domínguez García- Luis García Ballester (estudio, edición crítica y traducción) Salamanca, Junta de Castilla y León, Consejería de Cultura y Turismo, 1994, 3 vols.

[9] *Ibid.* Vol. 3. Ce traité sur les animaux est connu uniquement par le manuscrit de l'Escorial (Real Biblioteca de San Lorenzo de El Escorial, p.I.10).

[10] Le *Liber contra uenena et animalia uenenosa* nous est parvenu sous la forme de deux manuscrits, le codex *Urb. Lat.* 1404 (ff. 1r- 99r), s. XIV, Biblioteca Apostólica Vaticana (Cité du Vatican), et le codex MF 139 (ff. 1r- 109r), s. XV, Biblioteca de la Fundación Bartolomé March (Palma de Majorque). Ce second manuscrit offre un intérêt particulier pour deux motifs, le premier, parce qu'il s'agit d'un luxueux codex qui est parvenu à la Fondation March au milieu du XXe siècle, mais qui auparavant, avait été la propriété de Jean-Baptiste Huzard, qui possédait un richissime fond de manuscrits et d'incunables, qui traitaient des domaines vétérinaire et médical. La Bibliothèque de l'Institut de France garde 280 documents de ce fonds, dont il ne reste qu'une partie, bon nombre de documents ayant été dispersés après leur

Les trois œuvres, en principe indépendantes, offrent une approche différente, même si elles partagent la même organisation, en suivant l'ordre alphabétique. La première, visant à l'introspection et à la contemplation de la nature, prétend être un reflet de la splendeur de la Création, fruit de la sagesse et de la bonté divine ; y sont traités des thèmes qui vont de la géographie des lieux, des vents, jusqu'à l'âme ou la hiérarchie angélique. La seconde est une étude spécifique sur la nature des animaux, leurs propriétés, leur symbolique et leurs habitudes — pour ces deux œuvres ont été conservées seulement les entrées de la lettre A. La troisième, probablement postérieure, est un recueil de médicaments pour soigner les venins et poisons des animaux venimeux, adressé à Raymond Geoffroy, alors ministre général de l'ordre des Franciscains (avant 1289)[11]. Bien qu'elles partagent la même organisation alphabétique, un même ton apologétique et allégorique, les trois œuvres sont différentes, comme nous le constaterons ci-dessous.

Abordons pour commencer la *Naturalis Historia*, au début de laquelle, avec des échos évidents d'Augustin d'Hippone, Juan Gil envisage la création de la nature *Natura naturata* (*res naturales*) par une *Natura naturans* (*Deus, Creator*) qui, en tant que très sage ordonnateur *(sapientissimus ordinator*) de celle-ci et observateur clément, a caché les clés secrètes de son origine, utilisant l'image argumentative de l'énigme et de son déchiffrement, qui

---

vente, au milieu du XIXe siècle. Nous avons fait des recherches dans le catalogue de l'Institut, sans résultats, ce qui pourrait vouloir dire qu'il s'agit du manuscrit qui se trouve à Palma de Majorque et qui en plus coïncide avec la description ; le second, parce qu'une de ses caractéristiques est qu'il est orné de l'emblème de la maison d'Anjou. Ce blason, par ailleurs, a conduit à considérer qu'il s'agit d'une copie adressée à Louis II d'Anjou ; néanmoins, celui qui apparaît à la droite, les Armes de la Maison d'Aragon, a donné à penser qu'il s'agit d'une copie réalisée pour Violante de Bar, seconde épouse du roi Jean Ier d'Aragon, d'après Francesca ESPAÑOL BERTRÁN, « Artistas y obras entre la Corona de Aragón y el Reino de Francia » dans María C. COSMEN, María Victoria HERRÁEZ ORTEGA, María PELLÓN GÓMEZ-CALCERRADA (ed.), *El intercambio artístico entre los reinos hispanos y las cortes europeas en la Baja Edad Media*, León, Universidad de León, 2009, p. 253-294 (tout spécialement, p. 291-293). C'est une hypothèse suggestive, étant donné le caractère turbulent et intrigant de Violante, et le caractère maladif de son époux, Jean Ier d'Aragon, toujours à la recherche de remèdes pour ses indispositions. Cependant, nous croyons qu'il s'agit de la fille des deux, Yolande d'Aragon, mariée à Louis II d'Anjou ; sa chronologie (*ca.* 1385- 1442) permet de dater le manuscrit et, d'autre part, il faut ajouter que la confusion de Francesca Español est compréhensible étant donné que Yolande et Violante sont deux formes du même prénom. En définitive, la théorie la plus plausible est que le manuscrit de la Fondation March (*ca.* 1400) ait été adressé à Louis II d'Anjou et à son épouse Yolande (ou Violante) d'Aragon, dénommés Rois des quatre royaumes (Sicile, Jérusalem, Chypre et Aragon), d'où la richesse que représente le codex et la valeur qu'il a acquise, dans les diverses ventes et reventes, sur le marché de l'Art. Le codex du Vatican, en revanche, est de facture plus modeste. Le *Liber contra uenena et animalia uenenosa* a été édité en deux occasions, la première par Manuel de CASTRO, « El tratado Contra Venena de Juan Gil de Zamora » dans *Archivo Ibero Americano (AIA)* [Segunda época año 36] 141 (1976), p. 3- 116, pour l'édition du codex du Vatican ; la deuxième, plus récente, qui aborde les deux manuscrits (Vat. et Maj.) avec une traduction en castillan, par C. Ferrero Hernández (2009), voir *supra* note 6.

[11] Pour une perception de la possible finalité de l'œuvre, voir C. FERRERO HERNÁNDEZ, « *Regimen sanitatis zelantibus* ? Le *Contra Venena* de Juan Gil de Zamora », *Cahiers de recherches médiévales* 17 (2009), p. 7-21. Ce numéro contient un dossier consacré aux poisons, coordonné par Franck Collard, voir le site http://crm.revues.org/ index11489.html.

remonte à l'apôtre Paul. Le Franciscain montre comment l'homme doit chercher, dans la contemplation de ce qui a été créé, des clés pour se rapprocher du Créateur qui, par sa sagesse, a modelé le monde, pour que sa bonté infaillible puisse y resplendir, et son pouvoir est tel qu'Il peut contempler ce qu'Il a créé, le monde. En revanche, ce dernier et les créatures qui le peuplent ne peuvent pas voir leur créateur, de telle sorte que l'homme pourra entrevoir le pouvoir de celui qui l'a créé seulement à travers la contemplation de ce qui a été créé. Ceci, affirme Juan Gil, reflète la *sapiencia Dei* :

> *Natura naturans, Deus altissimus et eternus, naturarum omnium, potentificus creator, sapientissimus ordinator et clementissimus obseruator, ad hoc inter alias secretissimas sui causa condidit naturatas, ut in eisdem potencia eiusdem insuperabilis, sapiencia indeceptibilis et bonitas indeffectibilis reluceret. Verbum enim bonum et uita sapiens, que mundum fecit, contemplato mundo, conspicitur. Et uerbum ipsum uideri non potuit, et uisum est per id quod fecit*[12].

La sagesse de Dieu est, en outre, accompagnée par le pouvoir et la bienveillance (*potencia, sapiencia, benignitas*), grâce auxquels toutes les choses sont régies et qui sont la source de toute leur existence, puisque le pouvoir crée, la sagesse régit et la bienveillance veille au salut de ce qui a été créé. Par conséquent, les trois formes constituent une entité indivisible, car le pouvoir crée les choses par bienveillance, savamment, pendant que la sagesse gouverne par le pouvoir bienveillant, et que la bienveillance préserve avec force le salut de ce qui a été créé, grâce à la sagesse. Chacune de ces puissances divines offre une clé secrète de leur mise en œuvre puisqu'à travers les nombreuses créatures s'offre un indice du pouvoir divin, et la sagesse qui s'offre à nous par leur beauté et leur utilité est un reflet de la bienveillance du Créateur :

> *Tria quidam sunt inuisibilia Dei, potencia, scilicet, sapiencia et benignitas. Ab his tribus consistunt omnia et per hac tria reguntur omnia. Potencia creat, sapiencia gubernat, benignitas conseruat. Que tamen tria, sicut in Deo ineffabiliter unum sunt, ita in operacione omnino separari non possunt. Potencia per benignitatem sapienter creat. Sapiencia per potenciam benigne gubernat. Benignitas per sapienciam potenter conseruat. Potenciam manifestat creaturarum inmensitas, sapienciam decor, benignitatem utilitas*[13].

C'est précisément le nombre et la beauté (*multitudo ac formositas*) des créatures qui doivent émerveiller l'homme en contemplation devant la nature : qui peut donner la mesure de tant de merveilles qui se trouvent dans les montagnes, les cours d'eau, les champs, les cieux ou la profondeur terrestre et comment ? Le pouvoir du Créateur se manifeste dans de telles choses et sa propre sagesse peut être perçue dans la beauté et la grâce des choses créées, tout comme dans leur diversité, par espèce et par qualité :

---

[12] Les références liées à l'*Historia Naturalis*, dorénavant abrégée *HN*, sont celles de l'édition d'Avelino Domínguez García et Luis García Ballester, 1994 ; la citation dans ce cas se rapportant au vol. I, p. 104, lignes 6-10.

[13] *HN*, vol. I, p. 106, lignes 13-20.

Inmensitas creaturarum consistit in multitudine et magnitudine. Quis enim dinumerare potuit tantam multitudinem creaturarum ? Quis eciam potuit mensurare creaturarum inmensitatem? Metiri, si potes, moles moncium tractatus fluminum, spacia camporum, altitudinem celi, profunditatem abissi [...] *Sicut autem potenciam Dei manifestat creaturarum inmensitas, ita et ipsius potenciam manifestat creaturarum formositas siue decor, qui attenditur in situ et in motu, in specie et in qualitate*[14].

Mais à qui bénéficie la nature (*cui prodest natura*) ? L'auteur dit que la Création provoque l'admiration de celui qui la contemple, car par cette contemplation, il peut percevoir la sagesse divine dans sa beauté et son utilité, ce qui transmet l'image de la bienveillance et de la clémence du Créateur. Et tout, insiste l'auteur, du plus grand au plus petit, a été créé comme cadeau pour l'homme.

Qualitates quarum rerum in admiracionem substollunt animam contemplantis [...]. Sicut autem diuinam sapienciam manifestat creaturarum formositas, ita ipsius benignitatem et clemenciam manifestat creaturarum utilitas. In obsequium namque hominis sunt creata superiora, media et inferiora, scilicet angeli et celi et elementa et quecumque terre nascentia[15].

Telle est la clé de lecture de ces textes, qui appartiennent au préambule de l'œuvre, intégralement conçue comme une ample glose sur la *sapiencia Dei, sapiens, sapientissimus.* Par ce biais, l'auteur relie d'une manière cohérente l'*Historia Naturalis* avec le *Liber de proprietatibus animalium* et le *Liber contra uenena,* que nous allons commenter succinctement ci-après.

Le *Liber de proprietatibus animalium* revient sur le thème de l'utilité (*utilitas*) de la nature, dans ce cas, celle des animaux pour l'homme. Il traite à nouveau le *topos* par le biais de la question déjà mentionnée : *cui prodest ?*, à savoir, à qui bénéficie la création des animaux ? L'auteur ne se contredit pas par rapport à l'*Historia naturalis* et indique une nouvelle fois, comme bénéficiaire, l'homme qui peut et doit percevoir cette *utilitatem animalium*, car les bêtes sont une création de Dieu et, par conséquent, chaque animal a une place dans le plan divin, en relation avec l'homme, car certains servent à l'aider, comme les bêtes de somme (*iumenta*) ou à se nourrir, alors que d'autres, comme les reptiles ou les animaux sauvages, ont été créés pour punir l'homme, enclin au péché.

Produxit de terra Deus altissimus et eternus animalium tria genera, iumenta, scilicet, reptilia et bestias. Iumenta quasi adiuuamenta ad opus uel esum ; reptilia uero et bestias in exercicium homini peccaturo[16].

L'auteur commente cette idée plus loin et la développe, mentionnant, en outre, les multiples remèdes que peuvent apporter certains animaux contre diverses maladies car il signale que chaque animal a une fonction

[14] *HN*, vol. I, p. 106, lignes 21- 35 ; p. 108, ligne 1.
[15] *HN*, vol. I, p 112, lignes 11-23.
[16] *HN*, vol. III, p. 1558, lignes 15-18.

dans la Création de Dieu et que tous sont utiles, y compris les bêtes sauvages et les reptiles, mêmes s'ils semblent nuisibles. Ainsi, certains animaux servent à aider les hommes dans leurs travaux, les chevaux, les ânes, les boeufs et les chameaux ; d'autres servent en tant qu'aliments, les brebis ou les cerfs ; d'autres enfin sont utiles pour la distraction, le jeu, comme les singes, les merles ou les paons. En revanche quelques-uns ont été créés comme une épreuve pour l'homme, pour lui faire reconnaître sa faiblesse et son manque de ressources face au pouvoir de Dieu. Parmi eux, les puces, les poux mais aussi les lions, les tigres et les ours. Notons qu'à côté des animaux féroces, forts et grands, sont cités poux et puces, par une rhétorique efficace, peut-être pour qu'ils soient considérés aussi dangereux que les premiers et que, dans tous les cas, l'homme reconnaisse sa petitesse et soit obligé d'invoquer Dieu :

> *Animalia eciam ordinantur, non solum quoad corporis nutrituram, verum eciam, quoad morborum remedium, et multiplem medicinam. Omnium enim animalium, tum iumentorum quam reptilium et bestiarum quedam creata sunt propter obtimum hominis usum, ut dicit Plinius et Johannes Damascenus. Sed horum quedam propter esum, ut pecudes, cervi et huiusmodi ; quedam propter hominis ministerium, ut equi, asini, boves et camelli ; alia ad hominis iucunditatem, ut simie, meruli et pavi ; alia autem creata sunt ad hominis exercitationem, ut suam agnoscat homo infirmitatem et suam indignitatem et Dei potestatem. Et ideo creati sunt pulices, pediculi, sicut leones, tigrides atque ursi, ut imprimis recurrat homo ad proprie infirmitatis recognitionem et, territus a serpentibus, scilicet, reptilibus, et a feris refugium habeat ad Dei nominis invocacionem*[17].

Les maux peuvent trouver la guérison grâce aux médications diverses dont l'homme dispose à partir d'autres animaux (*multiplex medicina ex animalibus*) :

> *Sunt insuper creata animalia ad sublevandam multiplicis infirmitatis humane necessitatem, ut carnes vipere ad tiriacam et fel tauri et aliorum animalium [...]*[18].

Cette même ligne argumentative est répétée dans le *Liber contra uenena et animalia uenenosa* même si, dans ce cas, l'auteur va encore plus loin et précise que son œuvre vise non seulement à offrir des remèdes contre des poisons communs et des animaux venimeux reconnus, tels que les serpents ou les chiens enragés, mais qu'elle traite aussi de la manière de remédier aux nuisances des petits animaux, méprisables et déplaisants, pénibles et vils (*minuta taediosa atque uilia*), c'est-à-dire les punaises, les lentes, les poux, les puces et autres de la même espèce :

> *Mitto uobis libellum contra uenenosa communia et uenena mortifera [...] Intersero etiam remedia contra minuta uilia et tediosa uitae nostrae animalia, talia [...] ut sunt cimices, lendes, pediculi,*

[17] *HN*, vol. III, p. 1602, lignes 9-20.
[18] *HN*, vol. III, p. 1602, lignes 20-22.

pulices et huiusmodi, quae ad exercicium et uindictam hominis sunt creata[19].

L'auteur rappelle enfin que Dieu a aussi fourni aux hommes la bonne médecine (*medicina hominibus*) pour les soulager de leurs misères, c'est pourquoi l'homme sage ne doit pas la maudire :

Altissimus uero ad eius releuandas miserias [...] de terra creauit medicinam et uir sapiens non abhorrebit eam[20].

Il ressort de ces textes que la médecine est perçue par Juan Gil de manière symbolique[21], comme un artifice rhétorique dans lequel est tissée toute l'argumentation sur les poisons (maux de l'homme) et les contrepoisons (remèdes et salut). Un fort contenu allégorique est valorisé dans toute l'œuvre, bien que les sources, intercalées, soient de caractère scientifique[22].

Cette argumentation rhétorique est employée très rapidement, alors qu'elle est plus appuyée dans le *Liber contra uenena* : tout naît de la terre comme expression de la sagesse, de la magnificence de Dieu, et l'homme sage doit accepter cette *sapida scientia*, comme un signe de la rédemption de l'humanité qui n'est possible que par la volonté divine de ne pas laisser seul l'homme face aux calamités qui l'accablent. C'est pourquoi Juan Gil conclut sa dédicace au sage Raymond Geoffroy, par un jeu étymologique sur les mots *sapientem*, *sapientia* et *sapida* :

Vos autem mundus reputat sapientem, non solum diuina sapientia que est sapida scientia, sed etiam mundana sapientia qua entia sentiuntur[23].

La sagesse divine est une science rédemptrice, mais le recours à la médecine du monde, celle qui affecte les êtres vivants, est aussi nécessaire. Une attitude ouverte est requise de la part de l'homme, pour connaître et accepter les connaissances médicales des hommes pour les hommes, afin de les aider dans leurs misères, comme l'homme doit percevoir et accepter la médecine divine en tant que soutien de l'âme pour son salut.

---

[19] *Liber contra uenena et animalia uenenosa de Juan Gil de Zamora*, Ed. C. Ferrero Hernández, 2009, dorénavant *CV*, p. 71, lignes 12-19.

[20] *CV*, p. 72, lignes 31-33.

[21] Sur le thème de la symbolique et de la symbolisation de l'œuvre égidienne, les références les plus sûres sont les travaux de Martínez GÁZQUEZ, « Moralización de las piedras preciosas en la *Historia Naturalis* de Juan Gil de Zamora (1240-1320) », *Faventia* 20 (1998), p. 177-186 et *Idem*, « La moralización de los animales en Juan Gil de Zamora » *Micrologus*, VIII, *Il Mondo animale*, Firenze, 2000, p. 237-259. Voir aussi l'étude de Charles GARCÍA, « Miroir des Anciens et observations sur les animaux dans l'encyclopédisme castillan du Moyen Âge (XIIIe siècle) » dans *e-Spania*, numéro spécial « Au miroir des Anciens », disponible sur le site https://e-spania.revues.org/22461#ftn22.

[22] En relation avec la perception de l'œuvre de Juan Gil dans le cadre de la médecine, sur les conditions de la médecine en Castille, sources et autres parallèles de l'œuvre égidienne, voir Luis GARCÍA BALLESTER, Avelino DOMÍNGUEZ GARCÍA, « El mundo médico de la *Historia naturalis* (ca. 1275-1296) de Juan Gil de Zamora » dans *Acta Hispanica ad Medicinae Scientiarumque Historiam Illustrandam* 14 (1994), p. 249-267, qui met en relief la relation entre médecine et théologie, sans situer cependant l'œuvre égidienne dans le cadre allégorique de la pensée médiévale, qui lui est propre.

[23] *CV*, p. 72, lignes 33-35.

Animalia minuta atque taediosa* dans le *Contra uenena et animalia uenenosa

Ainsi, étant donné qu'il existe chez Juan Gil une herméneutique particulièrement intelligible à l'époque et du fait de son approche de la nature dans une perspective franciscaine, il est probable que sa vision des animaux petits et déplaisants, non mortels mais tellement agaçants, embarrassants, voire angoissants, fait qu'ils pourraient être également perçus comme une allégorie des péchés véniels qui, réitérés et accumulés, finissent par se transformer en péchés mortels, comme de véritables fléaux qui tourmentent le pécheur.

Mais, qui se concentre sur le contenu du corps du texte, remarque comment Juan Gil, dans le *Contra uenena*, décrit et énumère les nombreux types d'animaux *minuta atque taediosa*, vers, mouches, guêpes, abeilles, bourdons, araignées, fourmis et bien d'autres. Sur les animaux qui constituent l'objet de ce volume, les poux [*pediculi*], lentes [*lendes*], puces [*pulices*] et punaises [*cimices*], autrement dit, la vermine, si fréquente dans l'habitat humain méditerranéen, la tradition textuelle est fort longue car sans être mortels, ils provoquent de considérables nuisances aux hommes et aussi aux animaux domestiques.

L'œuvre naturaliste de Juan Gil est, on l'a vu, organisée selon l'ordre alphabétique, ce qui fait qu'aucun traité n'offre d'étude générique sur les plantes ou les animaux, d'une manière globale, sauf dans des entrées particulières. En guise d'exemple, l'organisation de la lettre *A* est la suivante :

> *Tituli uero uenenosorum communium et taediosorum ac minutorum animalium que ab hac uocali A incipiunt, sunt huiuscemodi qui sequntur :*
>
> *Agarici nigri remedium.*
> *Anakardorum remedium*
> *Anguium et aspidum remedium*
> *Appum et uesparum remedium*
> *Aranearum remedium*
> *Argenti uiui remedium*
> *Ascaridum et lumbricorum remedium*
>
> *Cum autem ad distinctionem uenerorum et uenenosorum in V littera deueneritis, contra uenena communia remedia uniuersalia inuenietis, est enim libellus iste ordinatus secundum ordinem alphabeti*[24].

Dans l'organisation des intitulés correspondants à la lettre *P*, l'auteur prévoit uniquement deux entrées, *Contra pediculi* y *Contra pulices*, qu'il présente de la manière suivante :

> *Incipit uero decimus quartus tractatus contra uenenosa et tediosa que incipiunt ab hac littera P*
>
> *De remediis contra uenenosa et tediosa que incipiunt ab hac littera P,*

[24] *CV*, p. 73, lignes 1-14.

decimus quartus tractatus[25].

À la suite, sans transition, commence le traité *Contra pediculos* et, à la fin, après le *Contra pulices*, est noté : *Explicit decimus quartus tractatus*[26].

Donc, les petits animaux, méprisables et déplaisants, apparaissent dans le texte séparément, mais l'organisation interne de l'œuvre, conçue comme un dictionnaire, est extrêmement méticuleuse et offre de nombreuses références croisées. Autrement dit, étant donné que les poux, les lentes, les puces et les punaises exigent des traitements similaires, l'auteur n'hésite pas à inclure des renvois d'une entrée à une autre, ainsi à l'entrée « Pou » : « sur ce thème, chercher plus d'informations au chapitre sur les lentes ». Il faut aussi signaler une claire intertextualité entre les entrées *Contra cimices, Contra ociones, Contra pulices* et *Contra syrones.* Nous nous trouvons là devant une encyclopédie électronique avant la lettre, avec des liens disposés très correctement, ce qui dénote un minutieux travail encyclopédique de compilation, de disposition et de mise en relation des diverses entrées. En raison de l'intérêt que présente le traité sur les poux, du fait des liens et des références qu'il suggère avec autres entrées, nous le citons *in extenso* ci-après, car y est indiquée la manière de procéder en ce qui concerne les références internes et aussi la méthode de traitement de l'information sur l'éthologie du pou, les remèdes et les sources :

> *Contra pediculos*
>
> *Pediculi sunt uermes cutis a pedibus dicti, secundum Hisidorum, uel a numerositate dicti, ut habetur ex Libro de natura rerum. Vnde subiungit quod hoc malum ex ipsa hominis carne creatur indubitanter et tamen inuisibiliter. Hos nonnulli de sudore hominis. Alii uero de poris et euaporationibus gigni dicunt. Vnde Constantinus, in I° Libro uiatici : pediculi nascuntur in capite uel in toto corpore ex purgationibus quas natura eiciens considere facit inter cutem et carnem. Fiunt autem de melencolia, magri et nigri ; de flegmatico, albi ; de sanguineo, rubei. Et in quibusdam lepram signant et cogitur per immetibilem quantitatein. Fiunt autem quibusdam ex sudore et sordibus uestium el capillorum.*
>
> *Aliquando ex crisi imperfecta : aliquando sunt de signis signantibus mortem. Fiunt mortem aliquando ex scabie, aliquando ex esu ficuum. Fiunt etiam aliquando in inguinibus et barba et asellis cancrosis. Fiunt autem lendes ex materia simili et subtiliori, unde eadem est cura. Contra hos precipuum remedium esse dicitur frequens ablutio corporis in marinis aquis aut uehementer salsis. Vel argentum uiuum in oleo oliue diutius bullitum et zonam ex eo intinctam portare.*
>
> *Item Haly, in Libro regalis dispositionis : accidit autem pugnanti copia pediculorum in corpore propter sudorem et puluerem ac balnei pauicitatem. Quia cum euenerit corpus eius cataplasmetur cum argento uiuo, occiso cum oleo, adiuncta aristologia longa et de falo. Mane quoque balneum ingrediatur et corpus eius fricatione ualida mundetur caputque cum archama, bibito et boraco lauetur.*

---

[25] *CV*, p. 143, lignes 1-4

[26] *CV*, p. 146, ligne 121.

Item Razi, in Almanzore : pediculorum generationem prohibent usus balnei et lauationis. Pannorum frequens mutatio proprieque ut pannus qui carni adheret lineus sit. Tarde namque pediculis repletur huiusmodi : pediculos autem generatos interficit argentum uiuum extinctum si oleo misceatur et ex oleo fila lanea inungantur que super se aliquis appendet uel eis se cingat. Item Auicenna, in II° Canonis : staphisagria cum arsenico pediculos interfecit. Et similiter argentum uiuum extinctum. Idem, in II° : pediculus uulturis, ut ait Galienus, paruus est a quo non cauetur et forte nec uidetur morsus eius. Facit autem erumpere sanguinem per urinam, et per nares, et in ano, et in stomacho per uomitum, et ex pectore, et pulmone, et ex radicibus dentium et quandoque non recipit medicinam. Huius modi morsui confert lac dulce, scilicet caprinum, et butirum crudum, et terra sigillata et portulaca, et reliqua extinguentia.

Alii uero in cura pediculorum et Constantinus dicunt quod si corpus est frigidum staphisagria et nitrum et auripigmentum cum aceto et oleo temperatur et locus inungatur. Item elleborum album et staphisagria et nitrum cum aceto albo temperetur et inungatur. Si uero corpus est calidum argentum uiuum et cinis fellis tiri cum aceto temperata necantur, uel cum oleo uel litargiro. Item argentum uiuum cum aceto et oleo temperata ipsos occidunt. Idem elloborus albus, staphisagria et nitrum cum aceto idem faciunt. Idem facit auripimentum cum oleo. Idem facit staphisagria cum aceto. Idem facit aqua salsa cum sulphure. Item costum et storax et sanguisuga similis incendantur et sanguini porcino admisceantur et caput illiniatur, uermes, pediculos, lendes et cimices, id est, pugneaosos et pulices non permitunt uiuere, secundum Gilibertum in II°. De hac materia requiratur in capitulo de lendibus.

Ad pediculos uero in pectine et asellis fiat unguentum de ole et cinere. Sed ad illos qui circa oculos sunt ad ruborem oculorum et mitigationem fiat hoc unguentum : recipe aloes dragmas 2 ; grana semis olibani, ana dragmam 1 ; lardi quantum sufficit ; lardum prius liquefiat, deinde reliquorum pulueres apponantur secundum Gilibertum in VII°[27].

Notons que ce fragment présente d'abondantes références textuelles à Isidore de Séville, Constantin l'Africain, Rhazès, Haly Abenragel, Avicenne, Galien, Gilbert l'Anglais, selon la façon de procéder de l'auteur. En effet, Juan Gil, on l'a vu, se sert de manière constante d'autres encyclopédies, qu'il n'indique pas ; en revanche, il fait de très nombreuses références à d'autres auteurs[28], qu'il utilise en général de manière indirecte. Dans l'exemple qui nous intéresse, en dehors de cette riche liste d'auteurs et d'œuvres sur la thématique des poux, la source directe utilisée est le *Speculum Naturale* de Vincent de Beauvais, en particulier les chapitres *De cautela contra pediculos et pulices et muscas*, *De sudore superfluo et*

---

[27] *CV*, p. 143-145, lignes 1-70.

[28] Nous l'avons montré dans des travaux antérieurs, particulièrement dans l'édition du *Contra uenena* (2009), voir *supra* note 6.

pediculis et *De pediculo*[29].

Le matériel de l'encyclopédie de Vincent, source fondamentale pour les traités naturalistes de Juan Gil, a pu être probablement à disposition de l'auteur durant son séjour à Paris. Malgré tout, il ne faut pas oublier que le *Speculum*, apparemment dans sa version tripartite, est arrivé à la cour castillo-léonaise[30] comme un cadeau à Alphonse X de la part de son cousin le roi Louis IX de France, à une date qui ne peut pas être déterminée mais son usage en tant que source dans l'*Estoria General* commence à être manifeste entre 1270-1274. Mais, de même, il faut noter qu'une partie du matériel du *Speculum doctrinale* a été utilisée de manière récurrente pour la rédaction de la seconde des *Partidas*[31] alphonsiennes. Ces éléments mettent en évidence une fois de plus les relations entre Juan Gil et le cercle alphonsien.

En conclusion, il convient à nouveau de souligner la valeur de l'œuvre naturaliste de Juan Gil, pour sa perception du monde naturel, à partir de sa vision franciscaine dans laquelle la nature est le reflet de la Création, reflet pour l'homme qui ne peut percevoir la grandeur de Dieu qu'à travers la contemplation de ce qui a été créé. De même, il faut souligner l'intérêt de l'œuvre du natif de Zamora, comme représentant et témoin de la réception du savoir encyclopédique en latin dans un milieu et à un moment propices aux langues vernaculaires.

---

29 *Speculum Naturale*, lib. XII°, *De cautela contra pediculos et pulices et muscas,* 1107 C, D, E : lib. XX°, *De pediculo*, 1543 E-1544 A, B ; voir aussi *Speculum Doctrinale*, lib. XIV°, *De sudore superfluo er pediculis*, 1305 B. Pour ces deux ouvrages, je suis l'édition de Douai, 1624.

30 Pour abonder en ce sens, voir César Domínguez, « Vincent of Beauvais and Alfonso the Learned », dans *Notes and Queries* June 1998, p. 172-173.

31 En relation à ce thème, voir le travail instructif d'Irina Nanu, Miguel Vicente Pedraz, « Aproximación al *regimen puerorum* en el *Speculum doctrinale* de Vicente de Beauvais y su posible relación con la Segunda Partida de Alfonso X el Sabio », dans *Memorabilia: boletín de literatura sapiencial* 9 (2006), disponible sur le site <http://parnaseo.uv.es/Memorabilia/Memorabilia9/Irina/index.html>.

An pediculi, pulices et cimices sunt venena ? L'approche des poux, puces et punaises dans la production « vénénologique »[1] de l'Occident chrétien, XIVe-XVe siècles

Franck COLLARD[2]

Dans l'Occident médiéval, la science des poisons a pris son essor à la fin du XIIIe siècle, lorsque des écrits spécialisés ont commencé d'être produits, essentiellement par des médecins, sur un sujet auparavant étudié dans le cadre plus large d'ouvrages de médecine ou de philosophie naturelle[3]. Le développement du genre au cours du XIVe siècle a permis la confection d'épais traités abordant la *materia venenorum* sous l'angle des *problemata.* Il s'est alors agi d'étudier les poisons à l'aide des concepts de la physique aristotélicienne et des méthodes de la scolastique : exposition de *questiones* et de *dubia* puis résolution dialectique éclairée par les autorités de la science antique et arabe[4]. L'auteur qui a poussé le plus loin cette démarche est Cristoforo degli Onesti, docteur bolonais qui rédigea une œuvre précisément intitulée *Problemata de venenis* vers 1390[5]. Si son propos examine surtout les problèmes que posent la nature du poison en général, ses propriétés, ses modes d'action ainsi que les moyens de s'en prémunir ou d'en réchapper, il s'intéresse aussi aux *venena* en particulier. Pose-t-il la question de l'appartenance des poux, puces et punaises à la catégorie des créatures venimeuses ?

Au premier abord, une telle interrogation paraît incongrue et relever de la scolastique sclérosée, problématisant à vide. Quoi de commun entre ces parasites de l'homme et les terrifiques scorpions, araignées, guêpes ou tarentules qui peuplent les textes de vénénologie ? Pourtant, le premier auteur qui en ait composé un, le frère mineur Juan Gil de Zamora, a bien muni son *Liber contra venena et animalia venenosa* rédigé un siècle exactement avant les *Problemata de venenis* de trois notices – ou quatre si

---

1 L'appellation est lexicalement hybride mais rend mieux compte que le mot « toxicologique » de la consistance de cette littérature attachée à l'étude conjointe des *venena* et de la *toxicatio.*

2 Professeur d'Histoire du Moyen Âge, Université de Paris-Ouest Nanterre La Défense (EA 1587, CHiSCO).

3 Franck COLLARD, « Ecrire sur le poison entre Moyen Âge et Renaissance. Introduction à une enquête en cours », *Mithridate. Bulletin d'histoire des poisons* 4 (décembre 2010), p. 22-29, http://www.toxipedia.org/display/toxipedia/MITHRIDATE+Bulletin+d'histoire+des+poisons, en attendant la parution chez Brepols de : *Les Ecrits sur les poisons. Naissance et essor d'un genre, XIIIe-XVe siècle*, Typologie des sources du Moyen Âge occidental, n° 88.

4 Frederick W. GIBBS, *Medical Understandings of Poison circa 1250-1600*, ProQuest, UMI Dissertation Publishing, 2011.

5 Cristoforo degli Onesti, *Problemata de venenis*, Londres, British Library, ms. Harley 3659, f. 16-68, entre autres manuscrits. Pour plus de brièveté, nous renvoyons, pour les références complètes, à la liste des ouvrages qui figure en fin de contribution.

l'on ajoute celle qu'il consacre aux lentes – dédiées aux punaises (*cimices*) qu'il tient pour les poux de tête, poux de corps (*pediculi*) et puces (*pulices*), les deux dernières formant à elles seules la 14e section du traité organisé selon l'ordre alphabétique[6].

Cette inclusion des trois créatures parasitaires dans un traité des poisons est-elle représentative ou fondatrice ? À partir des principales œuvres vénénologiques produites entre 1300 et 1500 seront examinées la fréquence, les raisons et les modalités de cette inclusion rien moins que problématique.

Fréquence ou rareté d'une inclusion

Sur la dizaine d'œuvres prises en compte par cette enquête[7], force est de constater que toutes ne suivent pas l'exemple de Juan Gil de Zamora. Il est vrai que la diffusion et donc l'influence de son *Liber* aux deux manuscrits subsistants ont été des plus limitées[8]. Il est vrai aussi que la démarche de certains auteurs ne se prête pas à la prise en compte des bêtes qui nous retiennent parce que la description des poisons particuliers n'est pas leur but. C'est le cas par exemple du *Consilium de universali praeservatione a venenis,* rédigé en 1437 par Pietro Tommasi pour le pape Eugène IV[9]. C'est avant tout vers les ouvrages à visée encyclopédique, ambitionnant une présentation sinon exhaustive du moins générale des *venena* de la Création, qu'il faut se tourner. Le plus fameux est celui qu'a écrit Pietro d'Abano, vers 1300 ou un peu après, pour un pape[10]. Une copie de son traité a beau s'intituler *Pulex de venenis*[11] et une autre voisiner avec des *remedia contra pulices, cimices et muscas*[12], l'absence de toute rubrique pédiculaire ou autres est à constater parmi la quinzaine de notices concernant des animaux venimeux, y compris des « vers », pour utiliser le vocabulaire des auteurs. Le *De venenis eorumque remediis* beaucoup copié et beaucoup lu[13] fonde-t-il une tradition d'exclusion ?

L'attitude des successeurs du docteur de Padoue s'aligne majoritairement sur la sienne. L'auteur mal identifié de l'ample *Sertum papale de venenis,* écrit en 1362 pour Urbain V, suit la voie de Pietro d'Abano[14]. Cristoforo degli Onesti traite bien des *problemata animalium*

---

[6] Johannes Aegidius Zamorensis, *Contra venena et animalia venenosa*, ed. C. Ferrero Hernandez, Barcelone, 2009, p. 113, 128, 143-146.

[7] Voir en annexe 1 la liste de ces ouvrages.

[8] Voir l'introduction de C. Ferrero Hernández à l'édition citée ci-dessus.

[9] Voir annexe 1.

[10] *Idem.*

[11] Cracovie, Bibl. Jagellonne, Cod. 2197 (BB v 3), f. 275-234 (XVe s.). C'est sans doute l'altération d'un titre revenant plusieurs fois dans la tradition manuscrite, *Polex de venenis.*

[12] Vienne, ÖNB, 5398, f. 197-204 (1423).

[13] On en compte plus de 70 copies manuscrites et de nombreuses éditions incunables, sans parler des traductions.

[14] Son nom est Guillaume de Marra ou Gaspard de Sarzana. Voir annexe 1.

venenosorum domesticorum[15] mais il ne considère pas les créatures qui nous intéressent comme en faisant partie. Pour lui qui problématise tant, il n'y a pas lieu de le faire à leur sujet. Ces animaux n'ont pas à prendre rang parmi les *venena*, contrairement aux vers intestinaux ou aux guêpes. En 1422, dans son double traité de peste et des poisons, Antonio Guaineri s'abstient pareillement[16], tout comme Gian Martino Ferrari de Parme dont l'ouvrage, écrit en 1455 pour le duc de Milan, aborde pourtant très largement les venins d'animaux qui piquent ou mordent[17]. Les traités certes moins détaillés de Battista Massa (Ferrare, 1472) ou de Girolamo della Torre (Padoue, vers 1490) partagent cette abstention[18]. Elle n'est pas pour autant générale.

En effet, sans très probablement avoir lu le *Liber contra venena* du franciscain de Zamora, quelques auteurs ont suivi la même voie que lui. Le premier est le médecin siennois Francesco Casini qui offre en 1375 au cardinal d'Auch Philippe d'Alençon un *Liber de venenis* prétendant embrasser l'ensemble des *venena* de la Création, au nombre de 142. Parmi ceux-ci, puces et poux font l'objet de deux chapitres spéciaux, certes assez brefs mais fort intéressants. Son « encyclopédie des poisons » ne saurait se passer des rubriques *pulex* et *apediculus* (*sic*)[19]. Il en va de même avec l'*Opus de venenis* rédigé 50 ans plus tard par Sante Ardoini de Pesaro, éventuellement inspiré par son devancier siennois qui ne figure toutefois pas dans la liste de ses sources. Dans le 8e et dernier traité de ce vaste ouvrage sans destinataire particulier sont insérés trois chapitres de bonne taille correspondant aux trois créatures qui ont servi à intituler ce colloque. Il s'arrête aussi sur le pou de vautour qui peut être très dangereux pour l'homme[20]. Un dernier cas d'inclusion est à signaler, dans une œuvre de moindre dimension et produite hors d'Italie, celle du médecin de Ratisbonne Conrad Vendl, qui l'a dédiée à l'empereur germanique Frédéric III en 1463. Il ne consacre toutefois que quelques lignes aux puces, ignore les punaises, et ne prend en considération que le pou de vautour[21].

Au total, si une nette majorité d'auteurs ne conçoit pas les poux, les puces et les punaises comme des *vermes* relevant d'un propos de type vénénologique, une minorité qualitativement non négligeable englobe dans celui-ci les bêtes sus-nommées. Non négligeable puisque figure, outre le pionnier du genre, un auteur, Sante Ardoini, dont l'ouvrage a eu les honneurs de l'imprimerie en 1492. Après ces constats, avançons quelques explications.

---

[15] Onesti (voir note 5), f. 22v.
[16] Voir annexe 1.
[17] *Idem.*
[18] *Idem.*
[19] Casini, II, ch. 78 et 129, f. 75-75v et 97-97v.
[20] Ardoini, VIII, 15, 19, 20 et 21, f. 100-101.
[21] Vendl, f. 36 et 39v.

Raisons d'exclusion, motifs d'inclusion

Pourquoi exclure les poux, puces et punaises de la *materia venenorum* ? Pourquoi au contraire les y inclure ? Il faut envisager à la fois les arguments explicites des auteurs et des explications plus générales qui sont autant de reconstitutions hypothétiques et, partant, parfaitement criticables.

À la première question, il faut bien dire que nul rédacteur de traité des poisons ne donne de réponse argumentée. Ceux qui ignorent les trois *animalia* n'éprouvent pas le besoin de s'en justifier. Tout juste peut-on reconstituer leur raisonnement et supposer que Pietro d'Abano et ses émules ne voient, à l'instar de Pline l'Ancien[22], Maïmonide[23], Gilbert l'Anglais[24], Bernard de Gordon[25] ou Henri de Mondeville[26], nul venin mortifère en elles, ni facteur d'épuisement de la force vitale de leur porteur, ni, enfin, vecteur de maladie, même après 1348 et l'irruption de la peste, certes volontiers assimilée à un poison, mais jamais reliée aux puces ni aux poux, comme le font certains chercheurs depuis quelque temps[27].

L'inclusion de nos créatures suscite en revanche un besoin de justification parce qu'il paraît nécessaire aux auteurs d'aller contre l'évidence ou du moins la tendance prédominante de leur exclusion. Quand il écrit, dans son prologue[28], vouloir l'insérer dans son ouvrage (*intersero*), Juan Gil de Zamora marque bien le fait que la matière des *minuta vilia et tediosa vite nostre animalia [...] ut sunt cimices, lendes, pediculi, pulices*, est un peu en marge de son propos. Il n'explicite toutefois pas sa démarche. On devine simplement que le motif de son choix est la nuisance de *vilia animalia* qui sont pour ainsi dire des poisons, au sens figuré (et d'usage rien moins que certain au Moyen Âge) de créatures pénibles en permanence. Mais ce motif trivial ne doit pas en cacher un autre, beaucoup plus profond. La vision globale du poison par le frère mineur est que, dans l'économie de

---

22 Pline l'Ancien, *Historia naturalis*, ed. Littré, Paris, 1848-1850, 2 vol., XI, 39 sur les poux. *Cf.* Patricia GAILLARD-SEUX, « Morsures, piqûres et empoisonnements dans l'*Histoire naturelle* de Pline l'Ancien », dans *Body, Disease and Treatment in a Changing World. Latin texts and contexts in ancient and medieval medicine*, ed. David LANGSLOW, Brigitte MAIRE, Lausanne : BHMS, 2010, p. 305-317.

23 Moïse Maïmonide, *On Poisons and the Protection against Lethal Drugs*, éd. hebraïque, arabe et latine, tr. angl. G. Bos, M. Mc Vaugh, Provo, 2009. Les trois créatures sont absentes de tous les index latins de l'éd. récente alors que guêpes et abeilles figurent bien.

24 Gilbert l'Anglais, *Compendium medicine*, Lyon, 1510, f. 348-356 pour la section sur les poisons vide de tout pou et de toute puce.

25 Bernard de Gordon, *Lilium medicine*, Lyon, 1550.

26 Henri de Mondeville, *Chirurgia*, ed. J. Pagel, Berlin, 1892, traité 2, doctrine 2, chapitre 2 : *De cura omnium morsuum et punctarum animalium gressibilium et reptilium et volatibilium tam venenatorum vel venenosorum quam non quae nobis quandoque morsus inferunt aut puncturas.*

27 Anne Karin HUFTHAMMER, Lars WALLØE, « Rats Cannot Have Been Intermediate Hosts for *Yersinia Pestis* During Medieval Plague Epidemics in Northern Europe », *Journal of Archaeological Science* 40 (2003), p. 1752-1759.

28 Zamora, p. 71.

la Création, il sert, sous ses diverses formes, à la punition de l'humanité coupable d'avoir offensé Dieu, ainsi que l'illustre l'image choisie pour figurer en première page de ce volume[29]. Aux créatures inoffensives du paradis terrestre ont succédé des plantes vénéneuses et des bêtes à venin. Juan Gil indique dans son prologue que, parmi ces dernières, la vermine a été créée *ad exercitium et vindictam hominis*[30]. Il s'inscrit dans toute une tradition théologique présente chez Hildegarde de Bingen, à ceci près que ce sont les reptiles et non les *vermes* qui illustrent la théorie de l'abbesse allemande[31]. Cette tradition est également visible dans certaines versions en français du *De proprietatibus rerum* de Barthélémy l'Anglais où le « venin des puces » est censé n'épargner personne appartenant à l'humaine condition, ni pape, ni roi[32]. Pour l'auteur du *Liber contra venena*, le poison des *pulices, cimices* et *pediculi* n'est pas pharmacologique mais métaphorique, ce qui n'étonnera pas de la part d'un religieux issu d'un milieu habitué à l'assimiler aussi au mal ou à l'hérésie[33].

Purs médecins quant à eux, donc moins enclins à ce genre de vision du *venenum*, les autres auteurs fondent-ils leur choix d'intégrer les poux, puces et punaises à leur texte de vénénologie sur d'autres critères? La rapide annexion de la *materia venenorum* à la pensée médicale éloigne effectivement les auteurs des horizons symboliques et les ramène au seul critère des nuisances occasionnées par les *vermes* qui nous retiennent, nuisances comparables dans une certaine mesure à celles que provoque le poison.

---

[29] *Exode*, 8, 16-17. L'image entière renvoie seulement, il est vrai, aux plaies envoyées par le Très-Haut aux Egyptiens, plaies épargnant le Peuple Elu. Nous remercions ici vivement Juliette Sibon qui a bien voulu traduire la légende en hébreu de cette miniature tirée du ms. Additional 27210 de la British Library, f. 12v.

[30] Zamora, p. 71.

[31] Hildegarde de Bingen, *Le livre des subtilités des créatures divines*, t. 1, *Plantes, pierres, métaux, éléments*, t. 2, *Arbres, poissons, oiseaux, animaux*, tr. P. Monat, Paris : Atopia, 1989, t. 2 p. 243. La notice sur les puces, p. 235, est dépourvue d'observation de ce genre. Voir Laurence MOULINIER, « Plantes toxiques et humeurs peccantes : la pensée du poison chez Hildegarde de Bingen », dans *Le corps à l'épreuve, Poisons, remèdes et chirurgie,* textes réunis par Fr. COLLARD et E. SAMAMA, Langres, 2002, p. 71-103. Sur la malédiction pédiculaire pesant sur les hommes, Jean DELUMEAU cite dans *Le péché et la peur*, Paris, 1984, p. 58, ces vers d'Eustache Deschamps, *Double lai de la fragilité humaine*, 1383 : « Condition indignée / Humayne qui toujours erre ! ... Tu es domptée / A poulz, vers et lentes querre ».

[32] Barthélemy l'Anglais, *Liber de proprietatibus rerum*, Lyon : Pierre Hongre, 1482, XVIII, 86-87. C'est dans le ch. 87 de la version en français due à Jean Corbechon que l'on trouve les deux éléments. Il est reproduit dans l'éd. partielle donnée par B. RIBÉMONT, Le livre des propriétés des choses : *une encyclopédie au XIVe siècle*, Paris : Stock, 1999.

[33] Voir Florence CHAVE-MAHIR, « *Venenum sub melle latent.* L'image du poison dans le discours anti-hérétique au Moyen Âge », dans *Le poison et ses usages au Moyen Âge*, dir. Fr. COLLARD, *Cahiers de Recherches Médiévales* 17 (2009), p. 161-172 ; M. A. VARGAS, *Taming a Brood of Vipers. Conflict and Change in Fourteenth-Century Dominican Convents*, Leiden / Boston : Brill, 2011. Il indique qu'Arnaud de Villeneuve a composé un *Antidotum contra venenum effusum per fratrem Martinum de Atheca, predicatorem*, inquisiteur de l'OFP.

Voici Francesco Casini[34]. Le Siennois ne cache pas qu'on puisse douter de la pertinence de sa notice sur les puces au sujet traité. Mais il estime que le poison étant ce qui nuit et pas seulement ce qui tue, il y a lieu de prendre en compte les *pulices*. Preuve que l'auteur n'est qu'à moitié convaincu par cet argument, il revient à la charge dans la notice sur les poux. Qui s'étonnera qu'ils soient mis au nombre des poisons cessera immédiatement de s'étonner s'il considère ce qu'Avicenne, s'appuyant sur Galien (Casini n'est pas plus précis), dit de ces créatures et des *accidentia* que provoque leur présence. La pathologie d'origine non pharmacologique prime sur la pharmacologie.

Sante Ardoini légitime son choix inclusif de manière assez proche[35]. En tête de sa rubrique sur les poux, il souligne que de très illustres auteurs traitant des poisons animaux ont pris en compte, avec ceux-ci, *cimices, pulices* et *pediculi* parce que, quoiqu'ils ne les aient pas tenues à proprement parler pour *venenosae*, ces créatures semblent participer de la *venenositas* en ce qu'elles infligent aussi par leurs morsures des gênes et des maux à la nature humaine. C'est donc à bon droit et à juste raison (*merito*, le mot est répété) que l'on peut traiter de ces créatures lorsqu'on traite des poisons. Signe d'une incertitude qu'il faut conjurer, comme chez Casini, par la répétition, Sante Ardoini juge nécessaire de le redire dans la section *cura* de sa notice sur les poux puis dans la section identique de sa notice sur les puces. Les nuisances des poux, puces et punaises justifient que les autorités en parlent. Dans leur sillage, le médecin vénitien veut signifier que ce n'est pas la nature des animaux qui importe – puisqu'elle ne recèle pas de *venenositas stricto sensu* – mais leurs désagréments. Dans la même logique extensive, il prend d'ailleurs en compte les *musce venenose et non venenose*[36].

Moins enclin à la justification que ses homologues italiens, parce que soucieux de davantage de brièveté et sans doute moins habile à disputer, Conrad Vendl s'abstient de montrer pourquoi il incorpore les puces à son propos. Ce choix ne va pourtant pas de soi car son « oubli » des punaises est sans doute une marque de son incertitude. Et s'il assure que le *pediculus vulturis* qui peut aussi s'attaquer à l'homme est fortement *venenosus*[37], il omet de parler des poux de l'homme.

Chez ceux qui estiment pertinents à la *materia venenorum* les trois *vermes* étudiés, l'argument pathologique et celui des autorités l'emportent donc. Une ancienne et prestigieuse tradition médicale reprise fin XIIIe-début XIVe pouvait justifier cette option inclusive. Ardoini mentionne Rhazès, au VIIIe livre d'*Almanzor*, chapitre *de his quae venenosa animalia fugant*, où il est question des punaises[38]. S'il traite des *pediculi* dans la fen VII du 4^e^

[34] Textes reproduits en annexes.
[35] Textes reproduits en annexes.
[36] Ardoini, VIII, 13.
[37] Vendl, f. 36.
[38] Ardoini, f. 101.

canon consacrée à la *decoratio* (traité 3 sur la peau, ch. 26 et 27), raison probable pour laquelle Conrad Vendl ignore les poux, Avicenne insère des passages sur les créatures parasitaires dans la fen VI du 4e canon consacrée au poison : traité 3, *De regimine morsionis universali et de effugatione venenosorum,* chapitres 11 *De effugatione pulicum* et 12 *De effugatione culicum et cimicum*[39], sans d'ailleurs que cela appelle la moindre discussion de la part de Gentile da Foligno vers 1340 dans son vaste commentaire du *Canon*, comme si la chose allait de soi[40]. D'autres auteurs invitent à la même inclusion. Dans la section vénénologique de sa *Practica* qui fut très lue et passa même pour un traité des poisons en tant que tel, Guillaume de Saliceto inclut les puces au chapitre exposant les moyens de chasser les *animalia venenosa*[41], tandis que, comme Avicenne, il a placé les poux dans la section *De decoratione.* Même inclusion par Guillaume de Varignana dans le chapitre *De fugandis animalibus venenosis in speciali* de sa *Practica.* Il vient clore la partie sur les poisons[42]. Ces deux auteurs comptent parmi les nombreuses sources de Sante Ardoini.

Modalités de traitement

Reste à voir comment les auteurs de traités des poisons qui y incorporent tout ou partie des poux, puces et punaises traitent le sujet.

Quand les trois catégories sont présentes, leur parenté de complexion est signalée, ce qui fait, écrit Ardoini, qu'elles sont traitées *insimul*[43]. La démarche suit la procédure classique des écrits savants : origine étymologique de la dénomination, origine physiologique, description spécialement détaillée par Zamora dans sa logique naturaliste (variété, taille, couleur, odeur, forme, complexion – chaude). Puis viennent les signes, les accidents et, surtout, les moyens préventifs ou curatifs, ce dernier point étant la première raison d'être des traités des poisons et le seul qui retienne vraiment Casini. Son chapitre s'intitule d'ailleurs significativement *de fuga pulicum.*

---

[39] Avicenne, *Liber canonis*, sl, 1486-7, sans pagination. Casini en suit l'ordre des chapitres car il insère, comme Avicenne, sa notice sur les puces entre celle qui traite des scorpions et celle qui traite des belettes. La différence est que le Siennois ignore la notice sur les punaises.

[40] *Avicenne medicorum principis Canonum liber una cum lucidissima Gentilis Fulgi expositione*, t. V, *Quartus Canon Avicenne*, Venise, 1520-1522, vol. 4, fol. 176v-177. Les ch. 11 et 12 ne font pas l'objet d'une discussion, comme, il est vrai, une bonne partie de ceux du traité 3 de la fen 6 du canon IV.

[41] Guillaume de Saliceto, *Summa conservationis et curationis magistri Gulielmi Placentini que Gulielmina dicitur*, Venise, 1502, III, 2, 3. Certaines versions du texte dédoublent la 3e partie *De decoratione et venenis* en consacrant une 4e partie spécifique à ces derniers. Voir Franck COLLARD, « Un traité des poisons factice rendu à son auteur, Guillaume de Saliceto. Notes sur deux manuscrits médicaux du XVe siècle, » *Archives d'histoire doctrinale et littéraire du Moyen Âge* 78 (2011), p. 247-257.

[42] Guillaume de Varignana, *Secreta sublimia ad varios curandos morbos*, IV, 7, Lyon, 1526, f. 79.

[43] Ardoini, II, 19, f. 100v et 21, f. 101v.

L'étymologie fondée sur Isidore de Séville fournit des indications sur l'aspect ou bien l'origine des *animalia*. Elle est surtout chère à Zamora. En résumé, *pediculus* vient de *pede sive numerositate pedum*, *pulex* de *pulvere*, tandis que *cimex* viendrait d'une herbe homonyme, malodorante comme les punaises, ou bien d'une graine poussant à la cime des frênes et dont l'humidité engendre l'animal[44]. La pluralité des pieds (six) est inscrite dans le nom même des *pediculi*, alias *sexcupedes*[45]. L'engendrement des animaux est soit interne au corps qui les fabrique par superfluité d'humeurs entre chair et peau[46] par la sueur et la crasse, soit externe comme pour les puces venant de la poussière humidifiée et chauffée par le corps[47], ou pour les punaises issues de la poussière des bois de lit[48]. Leur prolifération dépend de l'âge (les enfants en ont davantage), de la saison et du climat[49]. Elle varie selon les individus[50]. Elle se voit aussi chez les lépreux[51], mais quoique cette maladie ait pu être tenue pour une sorte de poison[52], Juan Gil de Zamora n'en tire pas argument pour rattacher les poux aux *venena*.

L'aspect et le comportement des *vermes* retiennent les auteurs — au premier chef Zamora[53] — qui insistent, après Galien, sur l'invisibilité due à leur petite taille et donc sur leur dangereuse dissimulation[54]. Ils affectent aux poux une couleur en rapport avec l'humeur qui les a engendrés[55]. Les endroits des maisons et ceux du corps où prolifèrent les *tediosa animalia* sont décrits, avec, pour ce qui est des foyers corporels (aisselles, aines, poils des parties honteuses[56]), une classification des *vermes* par régions externes du corps qu'ils colonisent[57].

Les *signa* se manifestent par les marques rouges parfois presque imperceptiblement laissées par les morsures de puces qui font affluer le sang[58] et causent une solution de continuité plus grande pour les poux que

---

44 Zamora, p. 113, 143 et 144 ; Ardoini, ch. 20 et 21 (rien sur l'étymologie de *cimex*) ; Casini, fidèle à l'orientation avant tout curative de son écrit, s'abstient de mentionner l'étymologie, connue de tous dit-il à propos des *pulices*, f. 75. Même silence de Vendl.

45 Ardoini, ch. 21. Barthélémy l'Anglais (XVIII, 86) indique que leur course sur la peau peut expliquer les démangeaisons mais ce n'est pas repris par nos auteurs.

46 Zamora, 113. Casini, f. 97, estime que les poux naissent de la peau ; Ardoini, f. 101v.

47 Ardoini, f. 100v.

48 *Ibid.*

49 Zamora, p. 144 : les puces aiment la chaleur humide.

50 Casini, f. 97. L'âge tendre favorise les poux parce que l'organisme a une moindre puissance résolutive des humeurs.

51 Zamora, p. 143.

52 Gilbert l'Anglais établit dès le XIIIe siècle l'équivalence *leprosus / venenosus* (*Compendium medicinae*, Lyon, 1510, f. 349v).

53 Zamora, p. 144, sur les puces sauteuses et insaisissables.

54 Casini, f. 97. Il est à noter que cette particularité des poux ne sert pas d'argument pour les apparenter au poison volontiers considéré comme invisible et occulte.

55 Zamora, p. 143 et Ardoini, ch. 21.

56 Casini, f. 97.

57 Zamora, p. 143.

58 *Id.*, p. 144.

pour les puces et les punaises[59]. Autre signe, le prurit est rattaché à la chaleur des créatures. La sensation de piqûre est signalée.

Les *saeva accidentia*[60] qu'ils provoquent peuvent priver de sommeil (puces[61]), angoisser, causer des fièvres[62], entraîner, comme diverses maladies, des hémorragies (poux)[63], donner la gale[64] et conduire parfois à la mort, mais essentiellement pour le pou de vautour à la complexion extrêmement sèche et chaude.[65] En revanche ne se trouve nulle part l'idée d'un parasitisme qui épuiserait la force vitale.

La *cura* occupe l'essentiel des notices. Pour Casini, en vertu des chapitres qu'il a lus dans le *Canon*, elle consiste avant tout en la *fuga* des viles créatures[66]. En réalité, les moyens de lutte préconisés ne se limitent pas à les chasser. Outre l'emploi de répulsifs à répandre sur les sols, placer dans les lits, utiliser en fumigations ou porter sur soi (absinthe notamment[67]), elles se rapportent à diverses mesures d'hygiène assez attendues : se laver, se peigner, se frictionner, changer de vêtements, aérer les demeures. L'usage de produits attirant les *vermes* comme le sang ou la graisse de hérisson placés sur un bâton ou dans un trou est aussi recommandé[68], de même que des purgations évacuant les surplus d'humeurs générateurs de vermine, l'abstinence de certains aliments comme les figues sèches[69], ou encore l'emploi de substances comme la feuille d'*asadarach* (asaret ?) qui, écrit Sante Ardoini[70], vaut contre les poux comme contre le *venenum bibitum*, ce qui peut conforter l'idée d'une parenté entre les animaux considérés et le poison entendu au sens étymologique du terme français. En outre, les propriétés qu'on dirait aujourd'hui anti-parasitaires de certaines substances toxiques sont mises en évidence : arsenic, vif-argent, litharge, orpiment valent grandement pour tous nos auteurs[71]. Ils ont lu dans le *Canon*, que quand la quantité de poux est énorme, il est nécessaire de faire agir des *virtutes venenose* pour les tuer[72]. Mais ce moyen d'agir n'est pas mis au compte du principe *venenum veneno curari potest* alors qu'il aurait pu

[59] Ardoini, f. 101.
[60] Casini, f. 75.
[61] Zamora, p. 144.
[62] Casini, f. 75.
[63] *Id.*, f. 97.
[64] Zamora, p. 143
[65] Ardoini, f. 100.
[66] Casini, f. 75.
[67] Vendl, f. 39v par exemple.
[68] Casini, f. 75v.
[69] Ardoini, f. 101.
[70] *Id.*, f. 101v.
[71] Par exemple Ardoini, f. 101v.
[72] *Canon*, Livre IV, fen 7, traité 3, ch. 27 : *si fuerit res magna, est necessarium ut misceant cum eis virtutes venenose.* Comme exemple concret, voir Gino FORNACIARI *et alii* « The Use of Mercury against Pediculosis in the Renaissance : The Case of Ferdinand II of Aragon, King of Naples, 1467-1496 », *Medical History* 55 (2011), p. 109-115.

légitimer leur choix d'agréger les poux, puces et punaises à la *materia venenorum.*

On ne peut pas dire que la façon de traiter de ces créatures dans les traités des poisons diffère de celle qu'adoptent d'autres types d'écrits, naturalistes ou médicaux. Une fois réglée la question de la pertinence du sujet avec le genre pratiqué et évacué, si l'on peut dire, le venin bien peu consistant des insectes en question, le propos expose des éléments tout aussi bien présents dans des ouvrages étrangers à la *scientia venenorum.*

En conclusion, quelles réponses apporter à la triple question : dans quelle mesure, pourquoi et comment les poux, puces et punaises ont-ils été intégrés à des *tractatus de venenis ?*

Le premier résultat est la prédominance de leur exclusion. La position fondatrice en la matière est celle de Pietro d'Abano, pas celle du premier auteur de vénénologie Juan Gil de Zamora, dont le *Liber contra venena* est bien à considérer à part dans la production spécialisée. La raison majeure de cette exclusion est l'absence de *venenositas* chez ces *vermes.* Absence si évidente qu'elle ne suscite pas le moindre *dubium* chez l'auteur des *Problemata de venenis.* Elle s'observe dans beaucoup des ouvrages de médecine ayant nourri le propos des auteurs, ainsi que dans nombre d'ouvrages d'histoire naturelle. Elle est même admise mezza voce par ceux qui font le choix inverse de Pietro et de ses émules : *non est proprie venenosa* concède Sante Ardoini à propos de la punaise[73].

Et pourtant, quelques ouvrages de vénénologie traitent des *cimices, pulices* et *pediculi.* Ce n'est pas pour des raisons qui tiendraient à la reprise de la voie philosophico-théologique suivie solitairement par Juan Gil de Zamora. En revanche, la tradition médicale a joué un rôle car elle n'exclut pas entièrement de mentionner les *vermes* concernés dans des passages consacrés aux *venena.* C'est bien moins leur raison d'être dans la Création — elle indiffère de plus en plus les médecins — que leurs nuisances à la santé et au bien-être qui rapprochent poux et consorts des *animalia venenosa.* Quitte à explorer exhaustivement l'univers du toxique, autant les y intégrer afin de donner aux lecteurs les moyens d'éviter les préjudices physiques du plus grand nombre de poisons possible. Les écrits vénénologiques s'éloignent alors de la pharmacologie pour se rapprocher des régimes de santé[74], la rigueur conceptuelle dût-elle en avoir souffert.

N'allons pas croire que l'hypothétique croissance de celle-ci au XVIe siècle ait conduit à une expulsion plus absolue des poux, des puces et des punaises hors des ouvrages sur les poisons. Vers 1535, Francesco Frigimellica intègre à la section animale de son *De venenatis affectibus et eorum curatione* de petites bêtes comme les poux, les puces et les vers

---

[73] Ardoini, f. 100v.

[74] Sur ce genre, voir le maître livre de Marilyn NICOUD, *Les régimes de santé au Moyen Âge*, Rome, EFR, 2 vol., 2007.

pourtant dépourvues d'une quelconque *venenositas*[75]. Le grand Jérôme Cardan, dans ses *Libri tres de venenis*, admet encore les poux au chapitre 18 de son dernier livre[76]. Intellectuellement comme matériellement, les *pediculi et pulices* sont donc des créatures dont il fut longtemps bien difficile de se débarrasser !

Annexe 1 : liste des sources vénénologiques consultées

Johannes Aegidius Zamorensis, *Liber contra venena et animalia venenosa*, ed. C. Ferrero Hernandez, Barcelone, 2009. [Vers 1290]

Pietro d'Abano, *De venenis eorumque remediis*, ed. partielle A. Benedicenti, Florence, 1949. [Vers 1300-1310]

Guillaume de Marra, *Sertum papale de venenis*, Metz, BM, ms. 282, f. 1-58v. [1362]

Francesco Casini de Sienne, *Liber de venenis*, Paris, BNF, ms. lat. 6979, f. 19v-100v. [1375]

Cristoforo degli Onesti, *Problemata de venenis*, Londres, British Library, ms. Harley 3659, f. 16-68. [Vers 1390]

Antonio Guaineri, *De veneno ac peste*, Paris, BNF, ms. lat. 6981, f. 174-198v. [1422]

Sante Ardoini de Pesaro, *Opus de venenis*, Venise, 1492, chez Bernardin Riccio de Novare. [Vers 1425]

Pietro Tommasi, *Consilium de universali praeservatione contra venena*, ed. E. D. Vitali, Rome, 1963 (avec traduction en italien). [1437]

Giovanni Martino Ferrari de Parme, *De vitandis venenis et eorum remediis libellus*, Paris, BNF, ms. lat. 6980. [1455]

Conrad Vendl, *De pestilentia et venenis resistendis*, Vienne, Österreichische Nationalbibliothek, cvp. 2304. [1463]

Battista Massa de Argenta, *Pro servanda salute de venenis et morsibus venenosis*, Ferrare, Bibl. communale, ms. 352. [1472]

Girolamo della Torre, *De venenis eorumque natura et remediis*, Vatican, BAV, ms. Barb. lat. 229. [Vers 1490]

---

75 Francesco Frigimellica, *De venenatis affectibus et eorum curatione*, Londres, Library of the Wellcome Institute for the History of Medicine, ms. 281, f. 49 et 71v.

76 Jérôme Cardan, *De venenis libri tres*, Padoue, 1653.

Annexe 2 : Extraits de notices consacrées aux punaises, puces et poux (traduction Fr. Collard)

1. Tiré de l'ouvrage de Francesco Casini, II, 78, *De fuga pulicum*, f. 75-75v

« Pour faire fuir les puces

Les Puces. Il ne s'agit d'en parler que pour autant qu'il soit question de les chasser, mais si quelqu'un s'interroge sur le fait de traiter des puces dans un traité des poisons, on répondra en renvoyant à notre premier chapitre après le prologue qui dit que le poison n'est pas seulement ce qui tue mais aussi ce qui porte des lésions sévères au corps. On constate que la surabondance de puces cause chez l'homme d'infinies angoisses, des fièvres et d'autres cruelles atteintes. Tout le monde connaît leur description, leur complexion, leur mode de nuisance, leurs manifestations et leur détection. Mais pour en venir à leur traitement, il consiste à les faire fuir, selon Avicenne, de la manière suivante : faire une décoction d'une certaine quantité de coloquinte jusqu'au poids d'une livre et en recueillir l'eau à répandre sur le sol de la maison. Alors les puces sautent et s'enfuient toutes en même temps. Même chose avec de l'eau de décoction de ronce. Avicenne indique aussi, mais d'après d'autres auteurs, que si un trou est fait dans une demeure abritant des puces, et qu'on l'emplit de sang de hérisson, toutes les puces y afflueront de sorte qu'elles pourront être tuées. De même les chasse l'odeur de la feuille d'oléandre et de choux. De même, on fait fuir puces et punaises avec des fumigations à base de sciures de bois de pin, avec de la nigelle, des feuilles de myrte sèche, du soufre, du palmier, du fumier de vache, des feuilles et des boules de cyprès. Et l'on peut asperger la maison d'une décoction de racines de lupin ou d'une décoction d'absinthe et de rue »[77].

Tiré de l'ouvrage de Francesco Casini, II, 129, *De nocumento morsus apediculorum*, f. 97-97v

« Des maux causés par la morsure des poux

Identification. Le nom est d'un genre qui désigne une espèce déplaisante et grouillante de petits animaux naissant sur la peau de l'homme, surtout dans la tête et avant tout chez les enfants. Mais il ne sera pas question ici d'en traiter en général, seulement de parler de ceux qui naissent sous les aisselles et autour de l'aine et des parties honteuses des humains, de l'abondance de sueur causée par les poils présents à ces endroits, de tels animaux étant engendrés en quantités diverses : il y en a beaucoup, peu voire pas du tout en fonction de l'humidité de chacun. Il paraîtra au premier abord étonnant de mettre ces animaux au nombre des poisons. Mais

---

[77] *Pulices. Adhuc de eis hic non agitur nisi quantum ad motum fuge ipsorum, set si dubitetur hic quare de pulicibus agitur in tractatu de venenis, respondebitur per dictam primo capitulo post prohemium, quare non solum est venenum id quod interficit sed quod fortiter ledit. Constat autem quod ex nimietate pulicum perducitur homo ad inextimabiles angustias et ad febres et ad alia accidentia seva. Eorumque notificatio et complexio et modus nocendi et signa et pronosticatio nota sunt omnibus. Curatio autem sumendo, cura pro fuga secundum Avicennam est, ut sumatur colloquintide certa quantitas usque ad libram unam decoquatur et de aqua decoctionis eius aspargatur domus, huc enim pulices saliunt et omnes simul fugunt et similiter si aspargatur domus ex aqua decoctionis rubi. Narrat autem Avicenna, quamvis aliorum auctoritate, quod si fiat fovea in domo in qua habitant pulices, et in ea ponatur de sanguine irci, omnes pulices confugient ad illam foveam, qua re poterunt omnes simul interfici. Item fugiunt ex odore foliorum oleandri et caulium. Item, pro fugando similiter pulices et cimices fiat subfumigatio cum seraturis ligni pini et cum nigella et cum foliis mirti sicci et cum sulfure et bdellio et cum stercore vaccino et foliis cipressi et nuce cipressi et adspargatur domus cum decoctione radicum lupinorum et cum decoctione absinthii et rute.*

l'étonnement prendra fin dès qu'on aura considéré qu'Avicenne en parle, sous l'autorité de Galien, disant : « Galien a dit que c'est un petit animal dont la taille même explique que l'homme ne le craigne ni ne le voie. La complexion n'est pas à traiter. Maux et détection découlent des manifestations de la présence de l'animal. Ils se montrent dans les maladies qu'Avicenne rattache à la médecine, sous l'autorité de Galien, disant : « cela ressortit aux maladies qui font saigner par les urines, les narines, l'anus, la bouche, en vomissant ou en crachant des choses qui sont dans l'estomac, la poitrine, les poumons ou encore les racines des dents. Jamais les poux ne sont plus merveilleusement à craindre que si l'on ne prend pas de remède. Traitement. Voici quoi faire. Prendre de l'*allegerach* et en cas de traitement particulier, il faut enduire la partie atteinte avec du *lethaar* et du suc de laitue et des blés rouges ; mettre sur la lésion consécutive à la morsure du lait de chèvre ou de tout autre animal, du beurre cru, de la terre sigillée, du pourpier, du suc de cette plante, et de la bryone avec sa mucosité et de l'eau d'endive, tout cela est très utile, comme le sont toutes les choses susceptibles d'éteindre l'inflammation »[78].

2. Tiré de l'ouvrage de Sante Ardoini de Pesaro, VIII, 19, f. 100v (extraits)

De cimicis quiditate et eius natura et accidentibus morsum ipsius consequentibus et eorum acidentium causis et morsus ipsius causis et preservatione et cura.

« De l'essence et de la nature de la punaise et des atteintes résultant de ses morsures et des causes de ces atteintes et des morsures, et des moyens de se préserver et de se soigner.

D'illustrissimes auteurs traitant des animaux venimeux ont traité en même temps et de la punaise, et de la puce, et du pou ou hexapode, non parce qu'ils tenaient les dits animaux pour venimeux, mais parce qu'ils causent tant de maux et de tourments à la nature humaine qu'ils semblent ressortir d'une certaine manière par leur morsure à l'univers du poison. Par conséquent, les auteurs ont estimé devoir en parler à bon droit avec les bêtes venimeuses. La punaise est un ver connu pour être large et nauséabond en particulier quand il est tué, elle naît dans les parois de lit et principalement dans leurs petites fissures et anfractuosités, de la poussière

---

[78] *Notificatio. Nomen est generis significans turpem multiplicemque speciem parvorum animalium que generantur super cutim hominis et maxime in capite et magis maxime in pueris sed hic non sumitur ita generaliter sed sumitur pro specie talium parvorum quae nascuntur sub ascellis et circa inguina et circa membra pudenda hominum ex multitudine sui sudoris propter pilos illarum partium licet generentur talia animalia in quibusdam magis, in aliquibus minus, in nonnullis aut nichil secundum diversitatem umiditiei hominum inter se, set videtur statim mirabile hec animalia venenorum numero aggregentur cujus statim restabit admiratio cum considerabitur quod de eisdem animalibus scribit avicenna, galieni auctoritate, unde dicit sic : dixit galienus est animal parvum de quo non cavetur homini et fortasse non videtur, quod dixit propter dictorum animalium parvitatem. Complexio. Non curatur. Modus nocendi et pronosticatio. Patent ex signis. Signa. Patent ex morbis que Avicenna in medicina subiungit etiam auctoritate Galieni dicens : et est ex eis qui faciunt erumpere sanguinem per urinam et per nares et in ano et per os ex stomaco per vomitum et ex pectore et pulmone et ex radicibus dentium et quin magnificatur timor in eo ita ut non recipiat medicinam. Curatio. Est sic cura. Allegerach de quo sumitur et si est aliqua cura propria, est ut ungatur locus lesus cum lethaar et cum suco lactuce et cum sandalis rubeis et conferunt eius lesioni in morsu lac caprinum ymo utiliter et lac cuiuscumque animalis et butirum crudum et terra sigillata et portulaca et sucus eius et psillium et mucillago sua et aqua endivie et utiliter omnia valent que possunt extinguere inflamationem.*

putréfiée. Sa nature est chaude et aiguë même si, comme dit plus haut, elle n'est pas à proprement parler celle d'un venin. Les marques des atteintes causées par sa morsure sont un prurit et une rougeur. La cause du premier est la chaleur et la piqûre laissées par la punaise à l'endroit mordu. La cause de la seconde est un afflux sanguin aigu, principalement au lieu atteint. [...] On se préserve des punaises en prenant garde de ne pas se trouver là où se trouve un tel animal pénible et en faisant en sorte que les parois de lit soient toujours bien propres et lisses, sans fissures ni anfractuosités, et en utilisant de quoi empêcher la génération des punaises ou de quoi les mettre en fuite ou à mort, ainsi qu'il est dit plus bas selon les auteurs »[79].

Tiré de l'ouvrage de Sante Ardoini de Pesaro, VIII, 20, f. 101 (extrait)

De pulicis quiditate et eius natura et accidentibus morsum ipsius consequentibus et eorum accidentium causis et morsus ipsius causis et preservatione et cura

« De l'essence et de la nature de la puce, et des atteintes résultant de ses morsures et des causes de ces atteintes et de ses morsures, et des moyens de se préserver et de se soigner.

La puce est un ver connu pour être petit, rapide, sautant tout le temps, naissant principalement de la poussière chauffée et humidifiée mêlée à la chaleur corporelle ; elle est noire et ronde. Sa nature est chaude, comme celle de la punaise. Rougeur et prurit sont consécutifs à sa morsure. La rougeur provient de ce que le sang afflue à l'endroit mordu ; le prurit de la chaleur piquante laissée par la punaise à cet endroit. On s'en préserve en évitant les lieux de leur présence et en empêchant leur génération, ce qui, bien entendu, s'obtient en dépoussiérant et purifiant les endroits des secrétions, à commencer par l'urine, et en arrosant fréquemment les sols à l'eau froide et avant tout salée, et en utilisant vermifuges et insecticides décrits ci-après selon les autorités »[80].

---

[79] *Auctores preclarissimi de venenosis animalibus pertractantes insimul et de cimice et de pulice et de pediculo seu sexcupede pertractarunt, non ideo quare prefata animalia fore venenosa putaverint sed quare adeo sunt nature hominis tediosa atque molesta ut venenositate quodam modo participare in eorum morsibus viderentur, unde merito cum de venenosis animalibus etiam et de eis censerunt merito pertractare. Est autem cimex vermis notus latus fetens precipue cum interficitur, nascens comuniter in lecti parietibus et presertim in eorum rimulis sive confractibus ex pulvere in ipsis putrefacto. Natura ipsius calida est et acuta, attamen ut predixi non est proprie venenosa. Accidentia morsum ipsius consequentia sunt pruritus et rubor. Causa pruritus est caliditas et acuitas a cimice derelicta in loco morsus. Causa ruboris est concursus sanguinis acuti presertim ad locum morsus... Preservatio vero fit precavendo sibi a conservando in locis ubi tale tediosum animal reperitur. Et faciendo quod lecti parietes stent continuo bene tersi atque politi absque rimulis et absque confractibus et utendo remediis cimicum generationem prohibentibus et ipsos effugantibus et interficientibus ex auctorum infra descriptis...* [suit la *cura*]

[80] *Pulex est vermis notus parvus velocis incessus saltando presertim nascens ex pulvere humefacto et calefacto precipue a calore cui admiscetur calor exalans a corporibus animalium et est niger et rotundus. Natura eius est calida similis satis nature cimicis. Accidentia morsum ipsius consequentia sunt rubor et pruritus. Causa ruboris est sanguis attractus ad locum morsus. Causa pruritus est caliditas et acuitas a pulice derelicta in loco morsus. Signa morsus ipsius sunt accidentia predicta et perceptio presentie ipsius pulicis. Preservatio fit evitando loca in quibus adest presentia pulicum et prohibendo generationem ipsarum, quod nempe fit tenendo loca a pulvere bene munda et generaliter ab omni superfluitate et precipue ab urina et rorando persepe cum aqua frigida et precipue salsa et effugando et interficiendo eas cum his que ex auctorum mentibus infra describam.*

Tiré de l'ouvrage de Sante Ardoini de Pesaro, VIII, 21, f. 101 (extrait)

De pediculi seu sexcupedis quiditate et eius natura et accidentibus morsum ipsius consequentibus et eorum accidentium causis et morsus ipsius causis et preservatione et cura

« De l'essence et de la nature du pou alias hexapode, et des atteintes résultant de ses morsures et des causes de ces atteintes et de ses morsures, et des moyens de se préserver et de se soigner.

Le pou ou hexapode est un ver engendré dans les porosités animales, en premier lieu chez l'homme, par la surabondance putride présente dans ces porosités et entretenue par la chaleur animale dans les plis des vêtements ou les poils. Cet animal pénible prolifère du fait que, chez les enfants voraces, une digestion de mauvaise qualité entraîne une accumulation de superfluités expulsées par les pores de la peau. Le pou ou petit pied est nommé ainsi parce qu'il compte plusieurs pieds, six en fait. Il est dit hexapode pour cela. Sa couleur varie en fonction de celle de l'humeur dont la corruption l'engendre. Sa nature est chaude comme je l'ai dit plus haut pour puce et punaise. Prurit et faible rougeur résultent de sa morsure. Le premier est dû à la chaleur laissée par celle-ci. La faible rougeur provient de la solution de continuité issue de la morsure, un peu plus marquée que pour les morsures de punaise et de puce. Les signes d'une morsure ont déjà été indiqués de même que les manifestations de la présence du ver. Je décrirai plus bas d'après les autorités comment se préserver de leur morsure. Il convient au préalable d'user de purgatifs suivant l'abondance excessive de l'humeur génératrice de poux, en prenant toujours l'âge en considération et d'autres choses nécessaires, et en évitant ce qui favorise la génération des poux comme notamment les figues sèches. Importe aussi la propreté des vêtements, chemises et étoles, à changer souvent, à nettoyer encore plus souvent et à mettre à l'air »[81].

---

[81] *Pediculus seu sexcupes est vermis in porositatibus animalis et precipue hominis generatus ex superfluitate putrida in ipsis porositatibus aggregata qui fovetur a calore ipsius animalis in plicis vestium vel in pilis eorum. Cuius signum est quod in pueris voracibus propter eorum deteriorem digestionem et consequenter superfluitatum coacervationem ad cutis porositates expulsarum prefatum animal non modicum tediosum copiosius generatur. Dicitur autem pediculus a pedibus quia plures habet, videlicet sex. Dicitur vero sexcupes quare sex pedes habet, variatur autem in colore secundum varietatem coloris humoris ex cuius corruptione generatur. Natura ipsius est calida ut de cimice et pulice supra dixi. Accidentia morsum ipsius consequentia sunt pruritus et modicus rubor. Causa pruritus est caliditas ibidem derelicta. Causa modici ruboris est quia solutio continui ex pediculi morsu facta est amplius paulative quam fiat ex cimicis vel pulicis morsu. Signa morsus ipsius sunt accidentia prenarrata et informatio habita de presentia prefati vermis. Preservatio vero ab ipsius morsu fit cum his que de auctorum mentibus statim infra describam, preutendo purgationibus necessariis iuxta humoris ex cuius superfluitate generatur abundantiam, considerata semper etate et ceteris necessariis et evitando ea que ad pediculorum generationem faciunt ut sunt precipue ficus sicce et tenendo hominem in vestibus et camisiis et scrabulis bene mundum, ipsas frequenter mutando et frequentius expurgando et eventando.*

Chiques, ravets, poux de bois et autres vermines : la plaie des Petites Antilles à l'époque coloniale (XVIIe siècle)

Bernard GRUNBERG[1]

Lorsque les Européens découvrent les Petites Antilles, ils sont frappés par la beauté du cadre naturel des îles, à l'instar de Christophe Colomb, qui décrit la découverte de la Guadeloupe, lors de son second voyage en 1494 :

> « C'est une île très haute, en forme de pointe de diamant, si haute que c'en est merveille et, de son sommet, jaillissait une très grande source qui s'écoulait partout dans la montagne [...]. C'était grand plaisir que de voir la verdure, les bons emplacements des maisons et les eaux abondantes de la source de la montagne avec la mer [...] »[2].

Le docteur Chanca, compagnon de voyage de Colomb, propose lui aussi une description émerveillée de Marie-Galante, avec ses merveilleuses futaies épaisses, sa très grande diversité d'arbres inconnus des Européens, qui portaient soit des fruits, soit des fleurs, donnant à ce paysage enchanteur un aspect tout verdoyant[3]. Un siècle et demi plus tard, le pasteur Charles de Rochefort précise encore que l'île de la Guadeloupe est « l'une des plus belles de toutes celles que les Français possèdent aux Antilles »[4]. Le jésuite Jacques Bouton, en parlant de la Martinique, peut écrire que cette île des Caraïbes a tout pour satisfaire les colons français qui pourraient s'y installer[5]. Et le jésuite Le Breton, parlant de Saint-Vincent, s'exclame :

> « Oh ! Quel spectacle elle offre à ce moment, on aurait peine à le croire, et de quels agréments et de quelles merveilles, pour ainsi dire par tableaux successifs, elle touche l'esprit ! C'est qu'elle est entièrement faite de collines ou de montagnes innombrables qui paraissent en quelque sorte se battre entre elles pour s'élever dans les airs plus haut les unes que les autres. [...] lorsque le navire commence à border le rivage au plus près, aussitôt on se prend à admirer que partout — l'expérience en témoigne — en n'importe quelle période de

---

[1] Professeur d'Histoire moderne, Université de Reims Champagne-Ardenne (EA 2076 HABITER) ; European Academy of Humanities, Letters and Sciences.

[2] Cristóbal Colón, *Textos y documentos completos,* ed. C. Varela et J. Gil, Madrid : Alianza, 1995, p. 235-240.

[3] « En esta isla había tanta espesura de arboledas, que era maravilla, é tanta diferencia de árboles no conocidos á nadie, que era para espantar, dellos con fruto, dellos con flor, ansí que todo era verde », Diego Alvarez Chanca, *Carta del doctor Diego Alvarez Chanca al Cabildo de Sevilla,* dans Juan GIL, Consuelo VARELA, *Cartas de particulares a Colon y relaciones coetaneas.* Madrid : Alianza, 1984, p. 157.

[4] Charles de Rochefort, *Histoire naturelle et morale des îles Antilles de l'Amérique,* ed. B. Grunberg, B. Roux, J. Grunberg, Paris : L'Harmattan, 2012, 2 vols. *Cf.* liv. I, ch. 3, p. 86.

[5] Jacques Bouton, *Relation de l'establissement des François depuis l'an 1635 en l'isle de la Martinique, l'une des antilles de l'Amérique. Des moeurs des sauvages, de la situation et des autres singularitez de l'île,* Paris : S. Cramoisy, 1640, ch. 4, p. 44-45.

l'année, l'île produise à profusion les feuilles, les fleurs et les fruits. Que pourrait-on imaginer de plus avantageux et de plus agréable ? Je l'ignore totalement »[6].

Ces îles merveilleuses et embaumées ressemblent à de véritables paradis terrestres. Mais bon nombre de chroniques de voyageurs contemporains nous montrent que ces terres connaissent cependant des désagréments, dont les ouragans et les populations caraïbes, qualifiées alors de « cannibales », qui menacent l'implantation des Français dans ces îles. En outre, une lecture plus attentive des sources fait apparaître qu'il existe d'autres désagréments pour les colons, notamment l'existence de chiques, de ravets, de poux de bois et d'autres vermines, qui constituent une véritable plaie des Petites Antilles à l'époque coloniale.

Il est utile de rappeler ici que pour les auteurs de nos sources, hommes du XVIIe siècle, le mot de « vermine » n'a pas la même acception qu'aujourd'hui et ne correspond pas tout à fait à la terminologie actuelle[7]. Ainsi, pour le carme Maurile de Saint-Michel, il s'agit « des poux, puces, punaises, sourds, orilettes et mouches »[8]. Le pasteur Charles de Rochefort englobe, outre les poux et les puces, les mouches, guêpes et les scorpions tout comme les ravets et les rats[9]. Quant au dominicain Jean-Baptiste Du Tertre, il ne parle que des poux, des puces et des chiques[10].

Les dictionnaires du XVIIe siècle montrent également la grande variété de définitions concernant la vermine. Pour Jean Nicot, la vermine, c'est « toute sorte de petites bestes qui s'engendrent de pourriture, comme poux, pulces, souris et rats »[11]. Dans son dictionnaire, Furetière donne la définition suivante :

> « Se dit de toutes sortes de petites bestes ou insectes qui nuisent à l'homme, aux animaux et aux fruits, comme les pous, puces, punaises, morpions ; à l'égard du bled les charençons ; des arbres et des fruits les fourmis, les mouches, les tigres, etc. ; vermine, se dit figurément du peuple et de la canaille qui pullule dans les villes, et qui incommode les honnestes gens »[12].

---

[6] Adrien Le Breton, *De insulis Karaybicis relationes manuscriptæ*, *ca* 1722 [tr. du latin par R. Lapierre, « Relation historique sur l'île caraïbe de Saint-Vincent en indien Youroumayn ». *Annales des Antilles : Bulletin de la Société d'Histoire de la Martinique* 25 (1982), p. 35-118], p. 36-37.

[7] La vermine est un ectoparasite vivant sur le corps d'un être vivant. Chez l'humain, ce sont les puces, les poux, la gale et les tiques.

[8] Maurile de Saint Michel, *Voyage des îles Camercanes, en l'Amérique, qui font partie des Indes occidentales, et une relation diversifiée de plusieurs pensées pieuses et d'agréables remarques tant de toute l'Amérique que des autres pays, avec l'établissement des RR. PP. carmes réformez de la province de Touraine esdites isles et un discours de leur ordre* [1652], dans *Pacifique de Provins et Maurile de St Michel. Missionnaires capucins et carmes aux Antilles*, ed. B. Grunberg, B. Roux, J. Grunberg, Paris : L'Harmattan, 2013, ch. 24, p. 211.

[9] Rochefort (*supra* note 4), ch. 24.

[10] Jean-Baptiste Du Tertre, *Histoire générale des Antilles*, Fort-de-France : E. Kolodziej, 1978, 4 vols., *cf.* vol. II, traité 5I, ch. 4.

[11] Jean Nicot, *Le Thresor de la langue francoyse, Paris,* 1606.

[12] Antoine Furetière, *Dictionnaire universel, contenant généralement tous les mots françois tant vieux que modernes* ..., Paris, 1690.

Et le *Dictionnaire de l'Académie française* :

« Nom collectif, signifiant toutes sortes d'insectes nuisibles et incommodes, comme sont les poux, les puces, les punaises, les chenilles etc.. Cet enfant est plein de vermine. Il se laisse manger à la vermine, il est tout grouillant de vermine. La vermine s'est mise sur cet arbre, et en a gasté les fruits. Il y a bien eu cette année de cette vermine-là »[13].

Pour connaître la perception par les colons français implantés dans les Petites Antilles de la vermine qu'ils y trouvent et les remèdes utilisés pour lutter contre ces insectes, nous dresserons le tableau tel que nous le livrent les divers chroniqueurs et voyageurs qui ont séjourné dans ces îles.

Les « particularités des Indes »[14].

En découvrant les Petites Antilles, Maurile de Saint Michel s'interroge :

« Pourquoi est-ce qu'on n'y voit point les vermines de France, comme poux, puces, punaises, sourds, orilettes, mouches comme les nôtres, non plus que certaines maladies, comme petite vérole, pneumonie et autres ? Pour ce que ces susdits animaux, aussi bien que ces susdites maladies, exigent certains degrés de corruption, lesquels se rencontrent en ce pays ici et ne se trouvent pas en celui-là. Par exemple, en Italie nous avons vu des scorpions, des tarentes et autres, qui ne sont pas en Anjou, au défaut de certains degrés de corruption, qui ne se rencontrent pas dans ledit pays d'Anjou. Nos îles ont donc leur corruption particulière, aussi bien que leur génération (car l'un suit l'autre) et, au lieu de ces susdites vermines, elles ont des vers, qui courent partout et entrent dans les coffres par bande et à la file. On les nomme poux de bois, pour ce qu'ils le mangent. Il y aussi des ravets, [...] des tiques, [...] des chiques, [...] des maringouins ou cousins, [...] des fourmis, [... et] force rats [...] »[15].

Ce qui étonne les colons et autres voyageurs, c'est le contraste entre la beauté des îles et l'existence de vermines qui assaillent l'homme. Ce qui frappe les habitants de ces îles, c'est que, comme le note bien l'Anonyme de Saint-Christophe :

« Cet air est tellement net et ami de l'homme qu'il n'y a aucune incommodité de vermine comme de poux, puces ni punaises mais, comme Dieu ne nous a point voulu laisser toutes nos aises, aussi a-t-il baillé à l'homme en ces lieux-là un petit ennemi pour l'exercer, qui sont chiques ou pucerons [...] et des maringouins ou cousins »[16].

Le jésuite Pierre Pelleprat, évoquant la Terre-Ferme voisine, souligne que hormis les désagréments des moustiques, des maringouins et

---

[13] *Dictionnaire de l'Académie française*, ed. pr., Paris, 1694.

[14] Maurile de Saint Michel (voir *supra* note 8), ch. 24, p. 207.

[15] *Ibid.*, p. 211-212.

[16] Anonyme de Saint-Christophe, *Relation des îles de Sainct Christofle, Gardelouppe et la Martinicque, gisantes par les quinze degrés au deçà de l'équateur* [*ca* 1640], dans *Voyageurs anonymes aux Antilles. L'Anonyme de Carpentras, L'Anonyme de Saint-Christophe, L'Anonyme de Grenade, La relation du gentilhomme écossais, L'Anonyme de Saint-Vincent*, ed. B. Grunberg, B. Roux, J. Grunberg, Paris : L'Harmattan, 2013, p. 123.

des chiques, « en échange de ces incommodités, on ne voit en ce climat ni puces, ni punaises, ni autre vermine semblable, dont la persécution est si fâcheuse en Europe »[17], ce que confirme Jean-Baptiste Du Tertre : « Les poux et les puces sont aussi rares dans toutes ces îles, comme ils sont communs dans les hôpitaux », précisant en plus qu'il existe des insectes, comme certaines mouches, qui n'existent pas en Europe[18]. Il en est de même sur l'île de Saint-Vincent, qui « est exempte notamment des deux puces de type différent, qu'on appelle en langue vulgaire des maringoins et des mousquites, et de toutes autres petites bêtes venimeuses, ailleurs si pénibles aux gens, de jour et de nuit »[19].

Ces récits peuvent sembler contradictoires mais, en fait, ils traduisent une réalité. La plupart de nos chroniqueurs appartiennent à un monde aisé, peu en contact avec les populations, dont ils ne connaissent pas les conditions de vie pauvres et misérables. Ils ignorent la promiscuité. Mais en arrivant dans les îles, où la colonisation commence, la vie est tout autre qu'en métropole. C'est donc souvent une vie difficile qu'ils sont obligés de mener aux côtés de populations qu'ils n'avaient pas l'habitude de côtoyer. Animaux et insectes sont certes différents, et perçus comme tels, même si beaucoup de ceux-ci sont semblables à leurs congénères d'Europe. Voyons ce qu'en disent nos voyageurs.

Les chiques

Un des tout premiers récits, celui de l'Anonyme de Carpentras, nous indique qu'à la Martinique il existe une sorte de puces qui se nomment « chicque ». Ce mot, d'origine caraïbe, semble désigner aussi une plaie pour les indigènes. Raymond Breton, dans son *Dictionnaire*, recense une grande diversité de phrases caraïbes évoquant ces insectes[20]. Ce mot a été adopté au début du XVIIe siècle par les Français[21]. L'Anonyme de Carpentras est un des premiers à en décrire les méfaits :

---

[17] Pierre Pelleprat, *Relation des missions des pères de la Compagnie de Jésus dans les Îles et dans la Terre Ferme de l'Amérique méridionale* [1655], texte établi par R. Ouellet, Québec : PUL, 2009, part. II, ch. 4, p. 149.

[18] Du Tertre (voir *supra* note 10), vol. II, traité 6, ch. 4, 10, p. 363 et traité 5, ch. 3, 6 p. 298-299 : « Il y a encore dans ces îles deux autres sortes de mouches, qui ne se rencontrent point dans l'Europe, dont les premières sont larges d'un bon pouce, et longues d'un pouce et demi, elles sont plates et assez semblables aux écargos : celles-ci ont les dents si dures, qu'elles rongent et perdent jusqu'au cœur, les bois les plus durs, pour y faire leur nid. Les autres sont certains moucherons, qui ne font que bourdonner le long de la terre, lorsqu'immédiatement après la pluie, le Soleil vient à l'échauffer un peu ardemment ».

[19] Le Breton (voir *supra* note 6), *Anonyme de Saint-Vincent*, p. 285.

[20] Raymond BRETON, *Dictionnaire caraïbe-français* [1665], Paris : IRD-Karthala, 1999, *cf.* p. 76, 88, 94, 151, 174, 192, 215, 219, 228, 229.

[21] *Dictionnaire caraïbe-français :* « chicke : une chique [...] c'est une espèce de petites puces affamées, sautillantes, qui à force de chercher, trouvent enfin les pieds ». Sur les chiques, *cf.* aussi P. Pelleprat (*supra* note 17), p. 149 ; Mathias Du Puis, *Relation de l'établissement d'une colonie française dans la Gardeloupe, île de l'Amérique, et des mœurs des sauvages ...* [1652], dans *Missionnaires dominicains aux Antilles. Philippe de Beaumont, André Chevillard, Mathias Du Puis, Pierre Pélican*, ed. B. Grunberg, B. Roux, J. Grunberg, Paris : L'Harmattan, 2015, vol. 1. ch. 8 ; *Anonyme de Saint-Christophe* (*supra* note 16), p. 123.

« Elles pénètrent la plante du pied si subtilement qu'on ne les y sent point entrer, et après elles y engendrent comme une perle qui est toute pleine de lentes, et la puce se tient au-dessus, attachée, et croît toujours jusqu'à la grosseur d'un gros pois, et puis se réduit en apostumes, et démange si fort qu'elle met une personne hors de patience jusqu'à ce qu'on l'ait tirée, et se fourrent toujours l'une sur l'autre, de sorte que quelquefois dans la largeur d'un teston il y en aura jusqu'à quatre ou cinq, qui, étant tirées, laissent un gros trou rond à fourrer le pouce »[22].

Ce chroniqueur note d'ailleurs, comme d'autres après lui, que cette vermine s'attaque essentiellement à ceux qui marchent pieds nus et sans souliers.

Les divers auteurs ne savent cependant pas vraiment comment qualifier ces petites bêtes. Pour l'Anonyme de Carpentras, ce sont des « puces tout à fait semblables aux nôtres, hormis qu'elles ne sautent point, mais trottent et se tiennent ordinairement dans le sable »[23]. Du Tertre rapporte qu'il ne sait

« Ce que la terre de toutes ces îles a de malin mais il s'y engendre et se lève, de la poussière la plus volage et la plus échauffée du soleil, certains petits atomes animés (s'il faut ainsi dire) que les habitants appellent chiques. Ces petites bêtes ne sont guère plus grosses que des cirons[24], et toutes semblables à de petites puces, et qui sautent comme elles, je crois même que c'en est une espèce »[25].

Rochefort parle de « petits cirons qui s'engendrent dans la poudre, dans les cendres du foyer et en d'autres immondices »[26]. Du Tertre énonce le déroulement de l'attaque de cette vermine :

« Ces bestioles se fichent dans la chair, avec une démangeaison si douloureuse qu'ils font perdre patience aux plus gens de bien. Ils s'attachent pour l'ordinaire au-dessous des ongles des pieds, qui est un endroit fort sensible, à l'entour des talons, et au côté de la plante des pieds, et se cachent entièrement dans la chair, et y grossissent deux ou trois jours, comme de petits pois : de sorte que, pour les tirer, il faut décerner avec beaucoup de douleur la chair tout autour avec des épingles, avec des aiguilles, ou avec un canif : si bien que la chique tirée, il reste un trou qui quelquefois s'apostume et se forme en ulcère malin très difficile à guérir ; particulièrement lors que l'on rompt ou déchire la chique, et qu'une partie de sa peau demeure dans le trou ».

Et le dominicain précise qu'il faut extraire la puce le plus rapidement possible, sous peine de voir le trou qui s'est formé se remplir d'autres chiques, s'agrandir de la taille d'une pièce de monnaie et endommager le pied au point d'obliger les malades infectés à rester au lit[27].

---

[22] Anonyme de Carpentras (voir *supra* note 16), p. 52.
[23] *Ibid.*
[24] Très petits acariens.
[25] Du Tertre (voir *supra* note 10), vol. II, traité 6, ch. 4, 11, p. 364-365.
[26] Rochefort (voir *supra* note 4), ch. 24, 6, p. 258.
[27] Du Tertre (*supra* note 10), vol. II, traité 6, ch. 4, 11, p. 364. *Idem,* Raymond Breton, *Relations de l'île de la Guadeloupe* [*ca* 1647], ed. J. Rennard, Basse-Terre : Société d'Histoire de la Guadeloupe, 1978, f. 10v.

Ces descriptions font référence à la puce-chique, appelée encore *tunga penetrans* ou *sarcopsylla penetrans*, un arthropode parasite des zones tropicales qui vit dans le sol et le sable et qui se nourrit régulièrement d'êtres à sang chaud. Du Tertre précise d'ailleurs que la puce-chique ne s'attaque pas seulement aux hommes, mais aussi aux chiens, aux chats, aux singes, voire aux ramiers, dont il nous dit qu'il en a vu un qui en était couvert[28].

Ces descriptions confirment bien ce que nous savons des attaques de cet insecte. La puce-chique femelle entre sous la peau de sa victime et, en une quinzaine de jours, pond près d'une centaine d'œufs qui vont ensuite éclore avant de se transformer en larves et devenir des adultes en près d'un mois. L'infection cutanée provoquée par la femelle de la puce-chique est appelée tungose ou sarcopsyllose et se manifeste par des lésions cutanées accompagnées de prurit provoquant des démangeaisons. Si la puce-chique n'est pas enlevée rapidement, cela peut provoquer des abcès, voire entraîner des complications qui peuvent conduire à la perte des orteils ou à une gangrène.

Poux, puces et tiques

D'après les chroniques, les poux et les puces seraient rares dans toutes les îles. Du Tertre, en se fondant sur Raymond Breton, qui explique le petit nombre de poux dans les Indes et dans tous les pays chauds, en disant que « c'est à cause que suant presque toujours, les sérosités, qui sortent de ces sueurs, sont plus pures et moins propres à engendrer des vermines »[29]. Cependant le *Dictionnaire* de Breton contient diverses phrases caraïbes attestant la présence des poux dans les îles, notamment par des références à l'épouillement, et précise aussi que les têtes des esclaves noirs sont infestées de poux[30]. Ce qui surprend le plus les Européens, c'est que les Caraïbes, et notamment les femmes, semblent apprécier les poux : « C'est un friand morceau pour les Sauvagesses qui les roulent et savourent un quart d'heure de temps entre leurs dents »[31].

Raymond Breton observe qu'il y a fort peu de puces dans les îles. Il s'explique cela par le fait qu'il n'y ait ni chien ni chat[32]. Les Caraïbes ont eux aussi des puces, appelées *cayaba*, mais elles ne semblent pas être très nombreuses. Les Indigènes ont cependant remarqué que les chiens amenés par les colons avaient des puces et ils les ont écartés de leurs habitations[33]. L'Anonyme de Carpentras confirme bien la présence des puces à la Martinique : « il y a aussi des puces, qu'ils nomment *cayaba*, qui sont comme les nôtres »[34].

---

28 Du Tertre (*supra* note 10), vol. II, traité 6, ch. 4, 11, p. 365.
29 Du Tertre (*supra* note 10), vol. II, traité 6, ch. 4, 10, p. 363, *Dictionnaire caraïbe-français* (*supra* note 20), p. 101.
30 *Ibid.*, p. 19 et 101.
31 *Ibid.*, p. 72.
32 *Ibid.*, p. 76.
33 *Ibid.*, p. 59.
34 *Anonyme de Carpentras* (*supra* note 16), p. 52.

Il est aussi fait mention de tiques « grosses comme des lentilles, et semblables en leur forme à celles qui se trouvent sur les vaches qui vont aux bois ; leurs morsures font élever des bubons douloureux, gros comme des pois, qui sont quelquefois quatre ou cinq jours à guérir ». Ces tiques, « petits animaux plats », sont présentes dans les bois, mais ne font pas grand mal, causant seulement quelques démangeaisons, ce que confirme Maurile de Saint-Michel[35].

Les ravets

« On les appelle ravets, parce qu'ils rongent comme les rats tout ce qu'ils peuvent attraper »[36]. Les ravets, appelés aujourd'hui cancrelats ou blattes, sont la cause d'allergie, surtout en cas d'infestation. La réaction allergique peut se manifester sur la peau ou par des problèmes respiratoires. La réaction peut être sévère et nécessiter des soins médicaux, qui, à cette époque, n'existent point. Ces petites bêtes se déplacent principalement pendant la nuit et se glissent dans les coffres, où elles mangent les draps, les étoffes de soie et de coton. Les témoignages montrent qu'il y en a beaucoup en Guadeloupe : ces insectes mangent la cassave, la patate douce, la viande cuite, crue et même salée et s'attaquent aussi aux bibliothèques, en rongeant les livres, et au linge. Ils dégagent une mauvaise odeur, semblable au musc. Ceux de la Martinique et de plusieurs autres îles sont larges de 2,5 cm et longs de 3,5 cm et volent comme des oiseaux[37].

Les maringouins et moustiques.

Les maringouins[38] et moustiques[39], qui se développent dans les eaux croupies, sont également une des plaies des îles, excepté l'île de Saint-Vincent[40]. Pour le jésuite Le Breton, il s'agit de « deux puces de type différent, qu'on appelle en langue vulgaire des maringoins et des mousquites, et de toutes autres petites bêtes venimeuses ailleurs si pénibles aux gens, de jour et de nuit »[41]. Mais on ne les trouve pas partout. Ils sont

---

[35] Du Tertre (*supra* note 10), vol. II, traité 6, ch. 4, 10, p. 363-364 ; Maurile de Saint Michel (*supra* note 8), ch. 24 « des tiques qui sucent le sang, sans faire grand mal » ; *idem*, Bouton (*supra* note 5), ch. 7, p. 92.

[36] Rochefort (*supra* note 4), livre I, ch. 24, 5, p. 257.

[37] *Dictionnaire caraïbe-français* (*supra* note 20), p. 76, Bouton (*supra* note 5), ch. 7, p. 92 : « Les petits animaux nommés ravers mangent et gâtent les draps, si on n'y regarde souvent, et on ne les met à l'air ». Du Tertre (*supra* note 10), vol. II, traité 6, ch. 4, 9, p. 362-363.

[38] Encore appelés cousins ou moustiques. « *Il y a aussi des maringouins ou cousins* ». Anonyme de Saint-Christophe (*supra* note 16), p. 123, Du Tertre (*supra* note 10), vol. II, traité 5, ch. 3, 5, p. 298.

[39] Il s'agit en réalité de petits moucherons. *Cf.* Rochefort (*supra* note 4), livre I, ch. 24, 1, p. 253 : « certains petits moucherons appelés moustiques » ; Du Tertre (*supra* note 10), vol. II, traité 5, ch. 3, 5, p. 298. Les noms caraïbes sont très variés : *cf. Dictionnaire caraïbe-français* (*supra* note 20), *aetera* : moustique, p. 10, 35 ; *calábana :* gros maringouin, cousin ; p. 54, *mábiche* ou *mábiri*, p. 172.

[40] Le Breton (*supra* note 6), p. 41.

[41] *Ibid.*, p. 41.

surtout présents près des rivages de la mer[42]. On en trouve peu à l'intérieur des îles et dans les forêts. Le jésuite Jacques Bouton note, lui aussi, qu'« il n'y a point dans les bois de maringouins, si ce n'est sur le bord de la mer, où on en voit et sent quelques-uns le soir et le matin »[43]. Raymond Breton note que les maringouins (*malii*) et les cousins (*calábana*) sont les variétés les plus grosses. Ce dominicain pense qu'avant la découverte des Antilles, les maringouins étaient plus nombreux car les îles étaient recouvertes de forêts, alors qu'au milieu du XVIIe siècle, avec les défrichements, ce n'est plus le cas. Il souligne cependant que, lorsqu'il s'apprête à pleuvoir, ces insectes deviennent plus agressifs, à tel point que les hommes ne peuvent dormir et se donnent de rudes tapes pour les écraser[44]. Du Tertre n'hésite pas à en dresser un joli tableau :

> « Sitôt qu'on est arrêté, ces petits tyrans viennent bourdonner autour des oreilles avec tant d'importunité qu'il n'y a point de patience qui n'échappe : et sitôt qu'on pense sommeiller, ils se ruent sur toutes les parties du corps qui sont découvertes, et chacun d'eux ajuste son petit bec (qui ne pouvant être presque vu des plus clairvoyants, se fait néanmoins cruellement sentir) dans un des pores de la peau, et sitôt qu'ils ont rencontré la veine, vous les voyez serrer les ailes, roidir les jarrets, et sucer le sang le plus pur, comme un enfant qui tire le lait du sein de sa nourrisse ; que si on les laisse faire, ils en tirent tant qu'à peine peuvent-ils voler »[45].

La forte présence de petits moucherons, pas plus gros qu'une petite pointe d'épingle, appelés moustiques, incommode ceux qui vivent près du bord de mer, et ils piquent autant que les maringouins[46]. Et ce n'est pas uniquement la piqûre de ces insectes qui exaspère les colons mais le fait qu'ils « cornent, bourdonnent autour des oreilles »[47].

Autres vermines

Les poux de bois (*commótiri*), ou fourmis blanches, sont des termites des Antilles, qui « rongent, minent, cavent et font pourrir le bois où elles s'attachent »[48]. Ils ont la forme d'une fourmi qui est de couleur blanche, d'où leur nom. Si les colons n'y prêtent pas attention, ils rongent le bois des maisons et peuvent faire tomber un bâtiment en ruine. Les dégâts causés par ces insectes ont tellement marqué les esprits que l'imagination fantaisiste gagne le pasteur Charles de Rochefort, qui n'hésite pas à affirmer « qu'ils respectent les lettres et qu'ils se contentent de ronger la marge des livres et

---

[42] *Anonyme de Saint-Christophe* (voir note 16), p. 123 ; *Anonyme de Saint-Vincent* (voir note 16), p. 285 ; Bouton (voir note 5), ch. 7, p. 92 ; Maurile de St Michel (voir note 8), ch. 24, 5.

[43] Bouton (voir note 5), ch. 7, p. 92.

[44] *Dictionnaire caraïbe-français* (voir note 20), p. 173.

[45] Du Tertre (voir note 10), vol. II, traité 5, ch. 3, 5, p. 297.

[46] *Dictionnaire caraïbe-français* (voir note 20), p. 172 ; Du Tertre (voir note 10), vol. II, traité 5, ch. 3, 5-6, p. 298-299.

[47] *Dictionnaire caraïbe-français* (voir note 20), p. 240-241, p. 168.

[48] *Dictionnaire caraïbe-français* (voir note 20), p. 90 ; Du Tertre (voir note 10), vol. II, traité 6, ch. 4, 5, p. 357 ; *idem* : Rochefort (voir note 4) livre I, ch. 24, 4, p. 256-257.

d'y faire des ciselures profondes », ce que dément clairement, bien évidemment, Jean-Baptiste Du Tertre[49].

Les mouches sont, elles aussi, une plaie des îles. Il s'agit notamment d'une sorte de

> « [...] mouches dotées d'un aiguillon, que l'on ne trouve pas en Europe [... Elles] sont larges d'un bon pouce et longues d'un pouce et demi, elles sont plates et assez semblables aux écargos : celles-ci ont les dents si dures qu'elles rongent et percent jusqu'au cœur les bois les plus durs, pour y faire leur nid »[50].

On trouve également une mention de punaises (*aláyaca*)[51].

La scolopendre de Guadeloupe, appelée encore « cent-pieds des Antilles »[52], appartient à la famille des mille-pattes. Cet insecte se faufile partout, aussi bien sous les pierres que dans les maisons, et il cherche avant tout à se mettre à l'abri ce qui rend difficile sa détection. Dès qu'il est touché, il se sert de ses crochets à venin (situés juste sous sa tête) ; sa piqûre est très douloureuse et peut provoquer des œdèmes, voire des nécroses, à l'endroit de la morsure[53].

Les chenilles causent de grands ravages sur les feuilles de manioc, de patates, de pétun. Pour s'en protéger, les colons entourent leurs plantations de cendre sur une largeur d'environ un mètre[54].

Il y a quatre ou cinq sortes de fourmis aux Antilles, « extrêmement importunes aux habitants ». Elles causent de nombreux ravages dans les cultures. Du Tertre témoigne qu'il a vu

> « de pauvres habitants quasi réduits au désespoir à ce sujet : et cela n'arrive pas seulement au pétun, mais à toute autre sorte de graine [...] J'en ai vu bien souvent nos tables si couvertes, que nous étions contraints de les abandonner à leur importunité. S'ils prennent une fois la route du lit, il faut faire état de le changer de lieu, ou de ne jamais dormir en repos [...] Une [autre] sorte de fourmis très dangereuses sont celles que les habitants appellent chiens, à cause de leurs morsures. Elles sont longues comme un grain d'avoine, mais deux fois aussi grosses : elles ont deux petites dents comme des aiguillons d'abeilles, desquelles les morsures sont plus douloureuses que celles des scorpions ; mais cela ne dure qu'une heure au plus. Il y en a par tous les endroits des îles, non toutefois en si grande quantité que des autres »[55].

Les guêpes et les scorpions sont communs en la plupart des Antilles. Ces « vermines » sont de même figure et aussi dangereuses que celles des

[49] Rochefort (voir note 4), livre I, ch. 24, p. 257 ; Du Tertre (voir note 10), vol. II, traité 6, ch. 4, 9, p. 362.
[50] Du Tertre (voir note 10), vol. II, traité 5, ch. 3, 6, p. 298-299.
[51] *Dictionnaire caraïbe-français* (voir note 20), p. 15.
[52] Du Tertre (voir note 10), vol. II, traité 6, ch. 4, 7, p. 360. Rochefort (voir note 4), livre I, ch. 14,4, p. 176 (l'auteur le nomme « millepieds »).
[53] Du Tertre (voir note 10), vol. II, traité 6, ch. 4, 7, p. 360 : « [leurs] morsures ne sont pas moins douloureuses que celles des scorpions de ces îles [...] et quand on les presse, elles mordent avec ces deux petites dents, qui font autant de douleur que les scorpions du pays ».
[54] *Ibid.*, vol. II, traité 6, ch. 4, 8, p. 361.
[55] *Ibid.*, vol. II, traité 6, ch. 4, 4, p. 355-357.

mêmes espèces que l'on voit en beaucoup d'endroits de l'Europe. Il y a aussi en Guadeloupe « un grand nombre de scorpions gris, et tous semblables à ceux qu'on trouve en France ; mais, grâce à Dieu, les piqûres n'en sont pas mortelles [...] Ils sont ordinairement dans du bois pourri, dans les livres, et bien souvent dans les coffres où il y a du linge ». On en trouve à Sainte-Lucie « dont les piqûres sont bien plus dangereuses que celles des premiers : c'est pourquoi ils sont autant appréhendés des habitants de cette île, que les couleuvres dangereuses »[56].

Les remèdes

La population des Antilles a recherché divers moyens afin de se prémunir contre la vermine. Bien souvent, ce sont les méthodes indigènes qui ont été employées, d'autant qu'elles paraissaient avoir de bons résultats, mais les colons français les ont complétées par les procédés connus en métropole.

Ainsi, contre les puces-chiques, les Caraïbes se servaient du rocou (*bixa orellana*), notamment de rocou détrempé dans l'huile de *couàheu*[57]. Cette teinture dont s'enduisaient les indigènes était à la fois utilisée comme peinture corporelle, comme crème solaire, comme aromate mais aussi comme un bon moyen d'éviter les piqûres d'insectes[58]. Qualifié de « peste aux chiques »[59], ce produit avait la propriété de chasser toutes les vermines. Les Caraïbes utilisaient aussi des feuilles de tabac broyées et des applications d'huile de palma-christi[60], avec lesquelles on devait se frotter les pieds[61]. L'huile de requin ou de marsouin avait la réputation de faire

[56] *Ibid.*, vol. II, traité 5, ch. 3, 4, p. 295, traité 6, ch. 4, 1, p. 352, traité 6, ch. 4, 1, p. 352-353.
[57] *Dictionnaire caraïbe-français* (voir note 20), p. 91.
[58] *Dictionnaire caraïbe-français*, p. 76 ; Du Tertre (voir note 10), vol. II, traité 3, ch. 3, 7, p. 165 ; Rochefort (voir note 4), livre I, ch. 7, 7, p. 126-127 et ch. 24, 6, p. 258 ; Moïse de Caillé de Castres, *De Wilde ou les sauvages caribes insulaires d'Amérique* [1694], Saint-Pierre : SHM, 2002, ch. 7, p. 84 : « l'artifice les revêt d'un rouge dont ils se frottent tellement, qu'on puit dire qu'ils sont tous rouges, ayant un soin tout particulier de s'oindre le corps tous les matins avec une onction composée d'huile d'un petit coco qui croît sur les palmistes épineux et d'une espèce de vermillon, qu'on tire de petits grains semblables à ceux d'une grenade et qu'ils nomment roucou. Ils ont aussi un grand soin d'en graisser leurs cheveux parce qu'ils croient que cette onction chasse la vermine et les garantit de l'ardeur du soleil et, la nuit, contre les petites fraîcheurs à quoi le pays est sujet » ; *idem*, ch. 9, p. 88 : « cette teinture de roucou qui les défend également de l'ardeur du soleil et des fraîcheurs de la nuit, de laquelle leurs femmes les oignent tous les matins depuis le sommet de la tête jusqu'à la plante des pieds ».
[59] Du Tertre (voir note 10), vol. II, traité 6, ch. 4, 11, p. 365.
[60] L'huile de ricin (*ricinus communis*), *cf.* Rochefort (voir note 4), livre I, ch. 9, 2, p. 138.
[61] Rochefort, *op. cit.* livre I, ch. 24, 4 et 6, p. 256-258 et ch. 9, 2, p. 138 : « Il y a dans les Antilles une infinité de ces arbrisseaux que l'on nomme *palma christi* ou *ricinus*. Et ils croissent si hauts et si gros en quelques lieux qu'on les prendrait pour une espèce différente de ceux que l'on voit en Europe. Les Nègres en amassent la graine et en expriment l'huile, de laquelle ils se servent pour frotter leurs cheveux et se garantir de la vermine. Les qualités que lui donnent Galien et Dioscoride répondent bien à l'usage qu'en tirent ces barbares. La feuille de cet arbrisseau est aussi souveraine pour la guérison de quelques ulcères, parce qu'elle est fort attractive ». Rochefort semble reprendre Bouton (voir note 5), ch. 7, p. 91-92 : « et ceux qui arrosent souvent leurs cases n'en ont point, à quoi l'eau de mer est meilleure que celle de

partir les chiques et ceux qui connaissaient les dangers de cet insecte recommandaient de ne point les tuer dans la plaie car cela créait des ulcères et la personne infectée voyait se multiplier les chiques[62]. Mieux valait prévenir le mal que le guérir, surtout en se faisant regarder les pieds dès que l'on sentait la moindre démangeaison. Pour se prémunir de ces « dangereuses petites bêtes », il fallait aussi prendre soin de la moindre blessure, notamment aux pieds ou aux jambes, pour éviter l'attaque des chiques, en s'enduisant de jus de citron et de vinaigre pour calmer les démangeaisons, ou d'y appliquer « un emplâtre qui attire le feu ». Et lorsqu'on était atteint, plutôt que de se gratter avec les ongles, il fallait bien retirer les chiques pour prévenir l'infection[63]. D'après l'Anonyme de Carpentras, les Indiens, après avoir retiré les chiques des pieds des Français, les enveloppaient avec du linge fourni par ces derniers et mettaient dans la blessure du jus de tabac ou du goudron, ce qui semble avoir eu de bons résultats[64]. Pour prévenir toute attaque, le remède le plus simple était d'arroser « souvent la chambre d'eau salée, de n'aller point nu-pieds, de porter des bas de chamois et de se tenir nettement. Car il n'y a d'ordinaire que ceux qui se négligent et qui se tiennent salement qui en soient sensiblement attaqués »[65]. De façon générale, il fallait se chausser, se laver souvent, tenir sa maison propre et l'arroser avec de l'eau de mer.

Quant à ceux qui avaient des ulcères causés par les chiques, ils devaient se faire couper la chair morte, et Rochefort note que, parmi les traitements pour guérir ces ulcères,

> « On use de vert de gris, de l'eau forte, de l'essence de vitriol et d'alun brûlé, qui mangent la chair morte de la plaie. On se sert aussi, pour le même effet, du jus du petit citron qui est extraordinairement aigre. Et lorsque la plaie est sale, il la rend belle et nette. Il est vrai qu'à cause de la grande douleur que l'on sent lorsque l'on en frotte la plaie, on a plutôt recours à d'autres remèdes mais aussi l'on ne guérit pas sitôt. On fait encore un onguent avec du miel commun, un peu de fort vinaigre et de poudre de vert de gris, qui est souverain pour guérir en peu de temps les ulcères »[66].

Contre les poux de bois, le bon remède était de mettre sur leur chemin de l'huile de vache de mer[67], et même d'en verser sur la termitière, ce qui avait pour effet de les faire partir[68]. Les Caraïbes faisaient brûler les

---

[la] rivière, combien que celle-ci soit bonne. Le petun vert sert aussi, à ce qu'on dit, de remède contre ces chiques ».

[62] *Dictionnaire caraïbe-français* (voir note 20), p. 76.

[63] Rochefort (voir note 4), livre I, ch. 24, 6, p. 258-259.

[64] *Anonyme de Carpentras* (voir note 16), p. 30.

[65] Rochefort (voir note 4), livre I, ch. 24, 6, p. 258-259.

[66] *Ibid.*, p. 259.

[67] Bouton (voir note 5), ch. 5, p. 75-76 : « Le lamantin, que quelques-uns appellent la vache de mer, est assez commun proche des îles. [...] on en tire de l'huile pour brûler. Il a dans la tête quelques pierres qui sont recherchées pour la gravelle. On dit aussi que les petites côtes sont bonnes pour ce mal, ou pour la colique. On met ces pierres et côtes en poudre et on en prend le poids d'un écu dans du vin blanc ».

[68] Du Tertre (voir note 10), vol. II, traité 6, ch. 4, 5, p. 358.

termitières[69]. De même, pour ne pas être envahi par les poux de bois, il ne fallait pas poser à terre du bois en bâtissant sa maison « car ils s'engendrent de bois corrompu et pourri » et si l'on remarquait que le bois était percé de trous, il fallait y projeter de l'eau chaude. Pour éviter ces insectes à l'intérieur des cases, il convient de suspendre « les coffres en l'air avec des cordes, comme on est obligé de faire en divers endroits de l'Inde orientale, afin qu'ils ne touchent point la terre, et si on a soin de nettoyer souvent les chambres et de ne rien laisser contre terre »[70]. Et, pour leur couper le chemin, il fallait enduire les lieux par où ils passaient avec de l'huile de palma-christi.

Contre les poux, il fallait se servir d'une huile, utilisée par les Noirs, que Rochefort et Caillé de Castres identifient, à juste titre, à l'huile extraite du palma-christi, alors que Du Tertre notait qu'il y avait peu d'huile de palma-christi et que l'on se servait surtout de l'huile de requin[71]. Peut-être les colons utilisaient-ils un peigne à poux dont se servaient les Caraïbes[72].

Enfin pour éviter la vermine, Breton souligne que les Caraïbes dormaient dans des hamacs et que pour chasser moustiques et autres insectes, ils faisaient un feu sous ce lit suspendu. Certains Français en faisaient autant mais ajoutaient un matelas[73]. Maurile de Saint-Michel précise, lui aussi, tout l'intérêt de se coucher dans des hamacs. Et que lors des voyages, il convenait de bien inspecter ses coffres « à cause des vers, ou poux de bois et des ravets et fourmis qui y pourraient faire dégât »[74]. Sur ce thème, Rochefort préconisait d'utiliser du bois d'acajou notamment :

> « Le bois rouge, léger, de bonne senteur et fort facile à être mis en œuvre. On a remarqué par expérience que le ver ne l'endommage point, qu'il ne se pourrit point dans l'eau, quand il a été coupé en bonne lune et que les coffres et les armoires qui sont faits de ces bois donnent une bonne odeur aux habits et qu'ils les contre-gardent de toutes les vermines qui s'engendrent ou se glissent aisément dans les coffres qui sont faits d'une autre matière ».

De même, cet auteur notait qu'il était souhaitable d'avoir des gobe-mouches (petits lézards), « qui sont si familiers qu'ils entrent hardiment dans les chambres, où ils ne font aucun mal mais au contraire les purgent de mouches et de pareille vermine ». Pour se débarrasser des moustiques et des maringouins,

> « on a de coutume de placer la maison en un lieu un peu haut élevé, de lui donner air de tous côtés et de couper tous les arbres qui

---

[69] *Dictionnaire caraïbe-français* (voir note 20), p. 90.

[70] Du Tertre (voir note 10), vol. II, traité 6, ch. 4, 5, p. 358.

[71] Rochefort (voir note 4), livre I, ch. 24, 4, p. 256-257, et Caillé de Castres (voir note 58), ch. 7, p. 84, Du Tertre, *op. cit.*, vol. II, traité ch. 4, 5, p. 358

[72] *Dictionnaire caraïbe-français*, p. 11.

[73] *Ibid.*, p. 98 : « J'ai vu des nôtres qui mettent des matelas dedans et s'y couchent à la Française, toujours en longueur à la différence des Caraïbes qui s'y couchent en travers et se servent de moitié de la largeur pour s'en faire une couverture ».

[74] Maurile de Saint Michel (voir note 8), ch. 21, p. 187 : « Ils portent leurs lits avec eux, à l'imitation des Brésiliens, afin de coucher dans les bois en l'air, sans crainte des vermines » ; ch. 29, p. 286.

empêchent le vent d'orient, qui souffle presque ordinairement en ces îles et qui chasse au loin ces malins et importuns ennemis. Ceux aussi qui ont des logis bien fermés et des lits bien clos n'en sont point tant incommodés. Mais si l'on en est travaillé, on n'a qu'à faire fumer du tabac en la chambre, ou de faire un feu, qui rende beaucoup de fumée car par ces moyens on met en fuite ces petits perturbateurs du repos des hommes. Que, s'ils ont piqué et qu'on désire de faire passer bientôt la démangeaison et attirer tout le venin qu'ils ont glissé, il faut seulement mouiller l'endroit de vinaigre ou de jus de petit citron »[75].

Cependant le meilleur moyen pour se protéger de cette vermine, c'était de faire des « pavillons de raiseaux de fil de coton », c'est-à-dire des moustiquaires, qui empêchaient les moustiques de piquer le dormeur. Cette invention a été introduite du Brésil, où les indigènes se servaient de ces « pavillons qu'ils pendent au-dessus de leurs lits »[76].

Pour soulager les piqûres de guêpes, on se servait du jus de la feuille de la rue et de l'orviétan, un remède dont on pensait alors qu'il était souverain contre toutes sortes de venins, comme le note Rochefort lui-même[77]. Les piqûres des scorpions se soignaient avec de l'huile de scorpion[78]. Pour guérir des piqûres des scolopendres, il fallait se servir des mêmes remèdes que l'on utilisait pour guérir les piqûres des scorpions, c'est-à-dire l'huile de scorpion[79]. Enfin, les Indigènes se servaient de l'*allíoiiali*, un petit arbrisseau dont la forte odeur faisait mourir les ravets, et ils étaient imités très vraisemblablement par certains colons[80].

Il existait encore d'autres remèdes que les textes ne mentionnent pas comme le bois cannelle, appelé encore « kannèl-à-pis », cannelle à puce (*canella winterana*[81]) ; en écrasant ses feuilles, qui émettent une très forte odeur de cassis, on faisait fuir les puces[82]. Les habitants des Antilles utilisaient l'écorce du gaïac (*guaiacum officinale*), entre autres, pour les maladies de la peau, notamment du fait de ses propriétés anti-inflammatoires et molluscicides. Quant au bois-noyer (*picrasma excelsa*), appelé encore « bois amer », « peste à poux », il était probablement utilisé contre les poux du fait de ses propriétés insecticides. Enfin le gommier blanc ou bois gommier ou bois d'encens (*protium attenuatum*), arbre endémique des

---

[75] Rochefort (voir note 4), livre I, ch. 7, 1, p. 123, ch. 13, 6, p. 169 et ch. 24, 1, p. 253-254 ; *Dictionnaire caraïbe-français*, p. 98.

[76] Du Tertre (voir note 10), vol. II, traité 5, ch. 3, 5, p. 298 et ch. 3, 6, p. 299 ; Rochefort, *op. cit.*, livre I, ch. 24, 4, p. 256.

[77] Rochefort, *Ibid.*, livre I, ch. 24, 7, p. 260.

[78] Maurile de Saint Michel (voir note 8), ch. 31, p. 308 : « La licorne et le scorpion portent avec soi le remède de guérir ceux qu'ils blessent ».

[79] Rochefort, *op. cit.*, livre I, ch. 24, 2, p. 254 ; Du Tertre (voir note 10), vol. II, traité 6, ch. 4, 7, p. 360.

[80] *Dictionnaire caraïbe-français*, p. 124.

[81] L'écorce de cette plante fut rapportée en Angleterre en 1579 par John Winter, capitaine de Francis Drake, qui séjourna aux Antilles, avant de franchir le détroit de Magellan.

[82] Henry TOURNEUX, Maurice BARBOTIN, *Dictionnaire pratique du créole de Guadeloupe*. Paris : Karthala, 1990.

Petites Antilles, contient une résine qui passait pour être vulnéraire et servait à éloigner les moustiques.

Les changements liés à la colonisation :

L'arrivée des colons aux Antilles a d'abord eu comme conséquence la propagation de la vermine :

> « Car la plus grande partie des passagers étant de pauvres engagés pour trois ans, qui n'ont pour l'ordinaire qu'une ou deux chemises, qu'ils ne sauraient laver qu'avec de l'eau de la mer, cette eau engendrant la vermine, dans fort peu de temps ils en sont tous couverts, et la communiquent aux autres, qui, quelque diligence qu'ils y apportent, ne s'en sauraient garantir : et il s'en trouve enfin une si prodigieuse quantité que les cordages mêmes en sont remplis, et on les y voit monter à milliers comme des matelots ».

Ce chroniqueur a bien observé ses contemporains dans les îles ; il peut ainsi affirmer, surtout en ce qui concerne les ravages de la puce-chique, que « surtout, c'est le fléau des paresseux : car si tôt qu'un homme se néglige, elles lui gagnent les genoux, les fesses, les coudes, les mains, et s'y entassent tellement les unes sur les autres, qu'après s'y être pourries, il s'y forme de vilains ulcères, qui sont quelquefois suivis de l'espian qui est la vérole du pays »[83], ce que confirme l'Anonyme de Saint-Christophe : chiques ou pucerons « volontiers ne se logent que chez des gens sales et malpropres et, où il y a des maisons nettes, ces petits animaux ne se rencontrent point »[84].

De même, alors que poux et puces étaient rares dans toutes les îles, avec des populations fragiles et pauvres qui n'éprouvaient pas toujours le besoin de se tenir propres, ni de changer de linge souvent, la vermine pullulait. Dans la première moitié du XVIe siècle, le chroniqueur espagnol Gonzalo Fernández de Oviedo y Valdès (1478-1557) écrivait qu'il n'y avait pas beaucoup de puces mais qu'avec l'arrivée des Castillans dans le Nouveau Monde, elles étaient devenues plus nombreuses car elles s'étaient développées sur les corps et les têtes des hommes qui traversaient l'Atlantique, surtout parce que ceux-ci ne lavaient pas leur linge[85].

Maurile de Saint-Michel en constate les effets dans les îles :

> « Et ce qui est importun, la quantité de personnes de diverses conditions, sexes, âges et religions dans un si petit espace et entre autres un ramas de petits pauvres qu'on avait pris aux portes pour mener cercler le pétun, lesquels pleins de vermine en faisaient part à leurs voisins, disons à tous, puisque nous étions tous voisins »[86].

---

[83] Du Tertre (voir note 10), vol. II, traité 2, ch. 1, 1, p. 65, traité 5, ch. 3, 6, p. 299 et traité 6, ch. 4, 11, p. 364-365.
[84] *Anonyme de Saint-Christophe* (voir note 16), p. 123.
[85] Gonzalo Fernández de Oviedo y Valdès, *Historia general y natural de las Indias*, ed. Juan Pérez de Tuleda y Buesco, Madrid : Atlas, 1959, vol. II, livre XV, ch. 3, p. 81 : « pulgas hay pero pocas e no en todos tiempos e son mucho menores por la mayor parte que las de Castilla ; pero pican mucho mas e son peores ».
[86] Maurile de Saint Michel (voir note 8), ch. 2, p. 83.

Et ce ne sont pas les seules conséquences du choc de la découverte du Nouveau Monde. Les rats en sont un autre exemple :

> « Je puis avec beaucoup de raison appeler les rats communs que nous avons dans nos îles, l'affliction commune de tous les habitants du pays : car cette vermine peuple au-delà de ce qu'on se peut imaginer, et a tellement prévalu depuis cent quatre-vingts ans que les navires de l'Europe les y ont apportés (et je n'avance pas une proposition en l'air, puisqu'auparavant qu'un grand galion d'Espagne se fût brisé à la côte de la Martinique, il ne s'y était point vu de rats communs) qu'il n'y a à présent dans toute l'Amérique pas un petit coin de terre, voire même une petite îlete dans la mer, ou un petit rocher stérile, dans lequel il ne s'en rencontre un grand nombre »[87].

Les changements dans les activités portent aussi d'autres conséquences néfastes :

> « Pour ce qui regarde les mouches communes, on a été longtemps dans ces îles sans en être beaucoup tourmenté : mais depuis que l'on a commencé à faire du sucre, et à couvrir les cases des feuilles de cannes, et que les cuisines sont devenues plus grasses qu'elles n'étaient au commencement, on en est incomparablement plus tourmenté que dans la France au cœur de l'été »[88].

Conclusion

Ces « vermines » et autres « petites bêtes » ont marqué les esprits et ont failli compromettre la colonisation française dans les Petites Antilles. C'est surtout la vermine inconnue en Europe qui a provoqué le désarroi des colons. Jean-Baptiste Du Tertre, témoin oculaire de cette plaie, rapporte que

> « [... Il] a vu mille fois maudire le pays à la plupart des habitants, à cause des chiques, et même faire dessein de l'abandonner. Moi-même, quoique j'aie toujours été très soigneux de m'en garantir, comme ayant très besoin de mes pieds, pour le service du pauvre peuple, j'avoue franchement que c'est ce qui m'a le plus déplu et le plus incommodé dans le pays »[89].

Ainsi, outre le choc microbien qui a suivi la découverte du Nouveau Monde, le développement de la vermine a, sans doute, eu un très fort impact dommageable aussi bien pour les populations indigènes que pour les Européens, notamment dans les Antilles.

---

[87] Du Tertre (voir note 10), vol. II, traité 6, ch. 4, 11, p. 364-365.
[88] *Ibid.*, vol. II, traité 6, ch. 1, 8, p. 316.
[89] *Ibid.*, vol. II, traité 6, ch. 1, 11, p. 364-365.

La vermine de Versailles : une histoire épidermique (XVIIe-XVIIIe siècles)

Stanis PEREZ[1]

Une image tenace colle à la réputation du château de Versailles : celle d'un lieu suffoquant, dépourvu d'hygiène et peuplé de courtisans rongés par la vermine. La légende noire et malodorante de ce haut-lieu de mémoire s'est bâtie, entre l'Ancien Régime et le XIXe siècle, à partir de clichés et de pages malveillantes signées par Saint-Simon, Sainte-Beuve, Michelet ou encore Octave Mirbeau. Ce dernier, avec un mépris presque poétique, a cru frapper juste en décrivant :

> « [...] ces grands seigneurs, vêtus de soies et de dentelles, brutaux et goujats, ignorants et voleurs, domestiques et proxénètes, dont l'élégance si vantée, si regrettée, consistait à se roter au visage l'un de l'autre, donner audience déculottés sur leurs chaises percées, se barbouiller de sauces comme les chiens qui fouillent du nez dans leur pâtée, cultiver, bactériologistes sans le savoir, d'immondes vermines sous leurs perruques : charniers ambulants, ambulantes ordures, qui laissaient de leur passage dans les couloirs de Versailles, de Meudon, du Petit-Luxembourg, une persistante odeur de musc et de merde... »[2].

Derrière la brutalité du propos, se cache peut-être une part de vérité alimentée, elle-aussi, par le diagnostic sans appel des hygiénistes en matière de propreté : hypocrites et dissimulateurs, ces gens-là ne se lavaient pas et cette négligence devenait, de fait, propice à tous les types de vermine. Mais l'historien peut-il prendre pour argent comptant ces raccourcis, la plupart dénués de tout fondement tangible ? Affirmer que la cour était un espace corrompu et malpropre revenait autant à diaboliser le régime monarchique qu'à débarrasser le courtisan de sa parure pour ne laisser de lui que l'image dégoûtante d'un corps infesté de vermine. Mais n'est-ce pas là une forme de règlement de compte politico-hygiénique ?

L'histoire matérielle et sanitaire du château peut-être reconstituée, au moins partiellement, au travers de multiples archives témoignant, parfois involontairement, des tracas provoqués par certains insectes pour le moins irritants. Puces, poux, tiques, punaises de lit et autres araignées admiraient avec les Grands, ou plus exactement sur les Grands, les ors d'un Versailles à

---

[1] Chercheur rattaché à la MSH Paris-Nord et au laboratoire Pléiade (EA 2356, Université de Paris-13-SPC).

[2] Octave MIRBEAU, *La 628-E8*, dans *Œuvres illustrées*, Paris : Editions nationales, 1936, p. 32. L'auteur aurait pu citer plus tard le nom de Villeroy, décrit par Primi Visconti comme un « cloaque vivant » et en présence duquel il fallait apparemment se boucher le nez : *Mémoires sur la cour de Louis XIV*, Paris : Calmann-Lévy, 1908, p. 173. Ce manuscrit était inédit à la date de rédaction du texte de Mirbeau, il n'a donc pas pu le connaître.

la fois trop idéalisé et trop critiqué pour être vrai. D'ailleurs, était-il exceptionnel, à l'époque, de coexister avec des insectes tellement communs, quel que soit le milieu considéré, qu'ils n'ont guère laissé de traces dans les archives du for privé ? Qui se serait vanté, en effet, de transporter par devers soi, la partie la plus sordide du règne animal ? Le duc du Maine, bâtard de Louis XIV, le disait bien, lui qui se considérait, face aux enfants légitimes du roi et aux pairs de France « comme un pou entre deux ongles [...] dont il ne pouvait manquer d'être écrasé, s'il n'y prenait garde »[3].

Le terme « vermine » désigne, au XVIIe siècle, tout animal réputé immonde, que ce soit un pou[4], une puce, une mouche, un renard ou un serpent[5]. La définition, très large, renvoie à une forme de nuisance et de saleté qui, néanmoins, n'est pas associée à un risque sanitaire quand bien même l'animal s'avérerait dégoûtant. La distance séparant le malpropre du pathologique est alors considérable, même s'il ne faut pas généraliser. Question de normes sociales soit, mais également question de discours scientifique puisque les maladies épidermiques sont associées, à l'époque, aux humeurs ou aux vers, et non à ces insectes qui ne font que passer en se nourrissant innocemment du sang de leur victime. En théorie, la morsure du pou ou de la puce est toujours gênante sans être jamais mortelle ; à la rigueur, si elle ne constitue pas un exercice de piété[6], elle fait figure de micro-saignée salutaire quoique urticante. *Idem* pour ce quasi-inconnu qu'est le moustique. On ignore le mode de transmission du paludisme, de la typhoïde et évidemment de la peste, véhiculée par la puce du rat. On a beau lutter contre la teigne, la gale, les dartres ou la grattelle, une fois de plus ce sont des humeurs remuantes, les mauvais aliments, des vêtements jamais changés, la poussière ou encore des cirons invisibles qui sont incriminés et non la saleté ambiante, qu'elle soit de Versailles ou d'ailleurs.

Identifier la vermine

L'anecdote a souvent retenu l'attention : un matin d'août 1709, Fagon, le premier médecin de Louis XIV, note que Sa Majesté a « passé la nuit avec un peu d'inquiétude causée en partie par quelques punaises qui l'avaient réveillée [...] »[7]. La scène se situe à Marly, refuge habituel d'un souverain lassé par l'étiquette et la surpopulation du château. Voilà le Roi-Soleil importuné l'été par des punaises de lit, un problème récurrent dans tous les milieux et dont témoignent nombre de correspondances peu avares en reproches à l'égard d'auberges immanquablement infestées de puces. La

---

[3] Saint-Simon, *Mémoires*, ed. Delloye, Paris, 1840, XXI, p. 161.

[4] Définition exclusive que donne Pierre Richelet, *Dictionnaire françois contenant les mots et les choses*, Genève : J. H. Widerhold, 1680, p. 520. Il sous-entend que la vermine se trouve surtout dans la chevelure.

[5] *Dictionnaire de l'Académie françoise*, Paris : J.-B. Coignard, 1694, II, p. 630a.

[6] Car en plus d'être le signe de la misère et de la corruption humaine, la démangeaison occasionnée par la vermine permet au saint de dompter sa sensibilité comme en témoignait le grouillant cilice de Thomas de Canterbury : Thomas Le Blanc, *Le Sainct travail des mains*, Lyon : G. Barbier, 1661, p. 715.

[7] *Journal de santé de Louis XIV*, ed. S. Perez, Grenoble : Millon, 2004, p. 383.

princesse Palatine, quoique logée au château, a rapporté les mêmes désagréments tout en constatant que la situation était partout la même :

« Je n'ai pas dormi de toute la nuit à cause de la chaleur et des maudites punaises. À propos de ces bêtes-là, la princesse de Galles m'écrit qu'on s'en plaint dans toute la ville de Londres, et la reine de Sicile écrit qu'on a trouvé son lit tout plein de punaises »[8]. Les aristocrates n'étaient donc pas épargnés par ces insectes et Versailles, *a priori*, n'apparaissait pas comme un lieu forcément plus sale ou moins bien tenu que les autres. On peut toutefois considérer que l'impuissance des Grands face à des organismes aussi frêles et minuscules était encore plus humiliante sinon urticante. S'inspirant d'Ésope mais également des bruits de la cour, La Fontaine a dû y songer lorsqu'il a composé la fable intitulée « L'Homme et la puce », peut-être un pendant à celle du « Lion et du moucheron » :

> « Par des vœux importuns nous fatiguons les dieux,
> Souvent pour des sujets même indignes des hommes.
> Il semble que le Ciel, sur tous tant que nous sommes,
> Soit obligé d'avoir incessamment les yeux,
> [...] Un Sot par une Puce eut l'épaule mordue.
> Dans les plis de ses draps, elle alla se loger.
> Hercule, se dit-il, tu devrais bien purger
> La terre de cette Hydre au printemps revenue.
> Que fais-tu, Jupiter, que du haut de la nue
> Tu n'en perdes la race afin de me venger ?
> Pour tuer une Puce, il voulait obliger
> Ces Dieux à lui prêter leur foudre et leur massue »[9].

Il faut dire que le château se prêtait à ce type de bataille nocturne : diversement fréquenté, entouré de marécages aussi célèbres que le fameux « étang puant » — élégamment rebaptisé « pièce d'eau des Suisses » —, égayé par de nombreux animaux de compagnie (chiens, chats, singes et perroquets)[10], l'espace palatial ne pouvait qu'abriter un nombre important d'insectes gratuitement logés, et pour cause, dans les lits (on en dénombre quatre-cent treize sous le règne de Louis XIV, sans compter les canapés qui en faisaient office)[11], les fauteuils, les tapis et les tapisseries des appartements. Une description anglaise datant du règne de Louis XV, donc

---

[8] *Correspondance complète de Madame, duchesse d'Orléans*, Paris : Charpentier, sd, II, p. 148, lettre du 27 août 1719. A comparer aux déboires estivaux de Madame de Graffigny dont les lettres relatent aussi les effets indésirables des punaises nocturnes : *Correspondance de Madame de Graffigny*, ed. E. Showalter *et alii*, Oxford : Voltaire Foundation, 2007, XI, p. 55.

[9] La Fontaine, *Fables choisies*, Paris : M. David, 1715, p. 254-255.

[10] Nicolas MILOVANOVIC, *La princesse Palatine, protectrice des animaux*, Paris : Perrin, 2012.

[11] Jules HAVARD, *Dictionnaire de l'ameublement et de la décoration*, Paris : Quantin, 1894, III, p. 417b « Lit ». Il faut ajouter que l'inventaire évoque « Vingt-quatre toillettes parfumées pour servir aux lits de Leurs Majestés » (*Inventaire général du Mobilier de la Couronne sous Louis XIV, 1663-1715,* ed. J. J. Guiffrey, Paris : siège de la Société, 1886, II, p. 104, n° 35, peut-être destinées, entre autres, à repousser les punaises.

susceptible d'exprimer un parti-pris anti-Français, résume en une phrase le chef d'œuvre de Le Vau :

> « Je me souviens d'y avoir vu en 1768 quantités de statues brisées ou prêtes à tomber en pièces, les eaux [les fontaines] hors d'état de jouer, l'herbe croissant à travers les crevasses du grand escalier de marbre ; dans le château, un grand nombre de tableaux qui se détruisent manque de soins, des glaces brisées, et des araignées filant tranquillement leurs toiles dans divers appartemens de ce palais si vanté »[12].

Mais la géopolitique n'explique peut-être pas à elle-seule cette description sordide du palais et d'autres sources ajoutent à ce constat une impression de laisser-aller des occupants les plus modestes de Versailles. On s'en convainc à la lecture du règlement destiné aux enfants de chœur de la chapelle royale, puisqu'on impose à ces garçons à la propreté douteuse de « ne pas se négliger jusqu'au point d'avoir de la vermine »[13]. Preuve qu'il y en avait parfois. En outre, il semble que les porteurs de chaise, et les chaises elles-mêmes, aient présenté de nombreux désagréments pour leurs clients versaillais. Une déclaration du grand-prévôt en charge de la police de la cour, au mois de février 1736, fustige la vulgarité des porteurs mais également leur manque d'hygiène. L'auteur de cette injonction déplore que :

> « les uns se reposent et passent la nuit et le jour dans leurs chaises, et les autres souffrent que d'autres personnes y entrent et dorment, ce qui les remplit de vermine et de mauvaises odeurs, dont les personnes qui se servent desdites chaises sont infectées, et que d'ailleurs la plupart desdits porteurs sont personnellement malpropres [...] »[14].

En somme, par ricochet, la vermine du peuple remonte jusqu'à celle des courtisans pour s'y mêler et démultiplier, au quotidien, les occasions de se gratter et de se plaindre. Par ailleurs, on s'en doute, l'étiquette interdisait de soulager ses démangeaisons en public ou de signaler, au revers d'une belle dentelle, une punaise ayant atterri là par hasard. Au siècle précédent, le prudent Antonio de Guevara écrivait déjà :

> « Si d'adventure sur les habits du Prince il se trouve quelque poil, quelque puce, ou punaise, ou quelque ordure, et que ce ne soit quelque beste venimeuse, que son Chambellan, et non autre ne s'ingere de luy

---

12 Richard Twiss, *Voyage en Portugal et en Espagne fait en 1772 et 1773*, Berne : Société typographique, 1776, p. 166.

13 « Ils auront grand soin de se tenir toujours bien propres, surtout les fêtes et dimanches, auxquels jours et le jeudi de chaque semaine ils prendront des collets et des manchettes blanches, de tenir leurs habits et leurs souliers bien nets, d'avoir leur visage et leurs mains bien propres – et pour cela ils les laveront tous les matins – et leur tête bien peignée ; et ne se pas négliger jusqu'au point d'avoir de la vermine, ce qu'on examinera de temps à autre – et s'il se trouve quelque paresseux qui en ait, il en sera puni très sévèrement, aussi bien que ceux qui seront malpropres et salopes (*sic*) », cité par Alexandre MARAL, *La Chapelle royale de Versailles sous Louis XIV, Cérémonial, liturgie et musique*, rééd., Wavre : Mardaga, 2010, p. 320.

14 Pierre Narbonne, *Journal des règnes de Louis XIV et Louis XV*, Paris : Durand et Pedone Lauriel, 1866, p. 389.

oster : d'autant que personne ne doibt estre si osé que de le toucher, sinon pour le défendre »[15].

L'art de plaire à la cour imposait donc de ne jamais remarquer la vermine sur plus puissant que soi, même si elle était bien visible.

Un silence médical relatif

On le sait, les médecins ne considéraient pas les puces ou les punaises comme des animaux dangereux, tout au plus gênants tant qu'ils n'étaient pas trop nombreux. Certains affirment encore au XVIIIe siècle que, de toute façon, leurs petits œufs sont déjà présents dans les pores de la peau : et s'ils éclosent facilement sur les enfants c'est que leur épiderme est beaucoup plus mou que celui des adultes[16]. Par ailleurs, la seule compétence des médecins en la matière tient à l'administration de potions censées faire mourir les puces et les poux. Moyse Charas, apothicaire au Jardin royal et académicien des Sciences[17] — donc une référence pour la cour de Louis XIV —, recommandait la solution suivante. L'extrait est tiré de sa *Pharmacopée royale, galénique et chymique* :

> « On employe aussi avec heureux succez une decoction de Lupins, de Staphysagre, d'Absinthe et de petite Centaurée faite dans du bon Vinaigre, ou dans de l'Urine, dont on lave la teste et mesme tout le corps, s'il en est besoin, pour faire mourir les poux et les autres vermines »[18].

Nicolas Lémery, à peu près à la même époque, recommande une substance beaucoup plus radicale : « Le vif argent tuë les poux, les puces et les autres petits insectes du corps ; on en suspend au cou des enfans, après l'avoir enfermé dans des chalumeaux de plumes, pour résister au mauvais air [...] »[19]. On ignore si ces apothicaires royaux ont été écoutés, d'autant plus que, pour le précédent, la vermine n'avait pas que des inconvénients :

> « Les poux contiennent beaucoup de sel volatil et d'huile. Ils sont apéritifs et fébrifuges, on s'en sert pour lever les obstructions, pour la fièvre quarte ; on en fait avaler cinq ou six, ou plus ou moins suivant leur grosseur, à l'entrée de l'accès. La répugnance ou la difficulté qu'on se fait à avaler ces vilaines bêtes contribuë peut-être à chasser la fièvre »[20].

Théophile de Bordeu, qui a travaillé à l'infirmerie royale de Versailles, a même reconnu les bienfaits d'une attaque de vermine en cas

---

[15] Antonio de Guevara, *Le Reveille-matin des courtisans*, trad. fr., Paris : R. Estienne, 1622, p. 169.

[16] Daniel Tauvry, *Traité des médicamens*, Paris : B. Girin, 1717, II, p. 533.

[17] L'une des meilleures études biographiques sur ce personnage aux talents multiples est due à F. W. FÉLIX, « Moyse Charas, maître apothicaire et docteur en médecine (Uzès 1619 – Paris 1698) », *Revue d'histoire de la pharmacie* 90 (2002), p. 63-80.

[18] Moyse Charas, *Pharmacopée royale, galénique et chymique*, Paris : chez l'auteur, 1676, p. 592.

[19] Nicolas Lémery, *Dictionnaire universel des drogues simples*, rééd., Paris : D'Houry, 1760, p. 376.

[20] *Ibid.*, p. 573. Lémery admet tout de même qu'il s'agit de « vilaines bêtes » !

d'écrouelles sur des enfants, les morsures permettant de faire dégonfler les tissus atteints… en remplacement du toucher royal[21].

La rareté des allusions aux insectes dans les traités de médecine rappelle qu'à l'époque la notion de contagion est très différente de celle que l'on connaît. Malgré la récurrence des fièvres paludéennes parmi les ouvriers travaillant dans le château (Madame de Sévigné se lamente, en 1678, de leur « mortalité prodigieuse »[22]), et même au sein de la famille royale, personne n'a fait le rapprochement entre essaims de moustiques et fièvres tierces estivales.

Il faut attendre le début du XVIIIe siècle pour qu'une publication, en langue française, fasse sauter le verrou séparant les insectes des hommes sur le plan épidémiologique. Parfois attribuées à un certain Boile ou Boyle (à ne pas confondre avec le grand physicien anglais)[23], les lignes qui suivent témoignent d'une intuition assez remarquable, microscope à l'appui :

> « Un homme couche avec une personne qui a des Puces, ou des Poux, ou des Cirons, ou des Morpions, ou des animaux Veneriens, il se communique en cet homme quelques-uns de ces animaux, ils vont, ils viennent, jusqu'à ce qu'ils ayent trouvé en lui un lieu qui leur soit agréable, pour leur séjour & pour leur nourriture. Les Puces indifferemment par tout le corps, les Poux dans quelques froncissures de chemise, les Cirons sous l'épiderme, les Morpions au pénil (*sic*) & sous les aisselles, les Chancrisiques sur le prépuce, les Gonorrhiques aux prostates, les Bubonistes aux glandes des aînes, & les Veroliques dans toute la masse du Sang. En ces lieux chaque espece y établit sa demeure, ils y mangent, ils s'y nourrissent, ils s'y generent, ils s'y multiplient ; il s'y fait une démangeaison, un ulcere ou un abcès qui subsiste, tant que par quelque drogue, qui sont pour de tels animaux un poison, l'on trouve le moyen de les tuer »[24].

Le médecin anglais (?) associe certaines pathologies à la présence, sur le corps, d'une vermine qui ne se contente pas d'occasionner des démangeaisons. Chacun a son organe de prédilection, à la fois terrain de chasse et zone de contamination. L'auteur esquisse, plus loin dans le texte, leur rôle de vecteur dans des maladies qui dépassent d'ailleurs, en gravité, le stade des affections cutanées :

> « Une Province, un Païs ou une Ville est affligée de quelque Maladie épidemique, comme petite Verole, Rougeole, Pourpre, Peste, Flux, Fièvre putride, Fièvre maligne, etc. c'est que quelque degré de chaleur convenable a fait éclore les œufs de quelque espece d'animaux

---

[21] Théophile de Bordeu, « Dissertation sur les écrouelles » (1753), *Œuvres complètes*, Paris : Caille et Ravier, 1818, I, p. 466.

[22] *Lettres de Mme de Sévigné*, Paris : Didot, 1851, lettre du 12 octobre 1678, p. 413. Voir également S. PEREZ, *La santé de Louis XIV*, Seyssel : Champ Vallon, 2007, p. 220.

[23] Sur l'attribution du texte, voir H. F. A. PEYPERS, « Un ancien pseudo-précurseur de Pasteur ou le *Système d'un médecin anglois sur la cause de toutes les maladies* (1726) », *Janus*, 1897, p. 251-262.

[24] *Systême d'un Medecin anglois sur la cause de toutes les especes de maladies*, Paris : A.-X.-R. Mesnier, 1726, p. 27-28. Compte rendu dans le *Journal des sçavans*, février 1727, p. 116-117.

épidemiques, ou que quelque vent en a chassé dans cette Province, dans ce Païs ou dans cette Ville, lesquels étant configurez comme des Moucherons ou Escarbots volent dans l'air & l'infectent : de sorte que lorsqu'il en entre quelqu'un dans une personne, soit par la respiration, soit avec le manger, & qu'il échappe aux digestifs de l'estomac, pour parvenir en quelque lieu qui lui soit agréable pour son séjour & pour sa nourriture, il y mange, il s'y nourrit, il s'y genere, & il s'y multiplie tellement, que bientôt après il se manifeste au grand préjudice de la santé, & même de la vie de cette personne, si par l'examen de ses Urines ou de son Sang quelque Medecin de ce nouveau Système ne s'en apperçoit & ne prévient cette Maladie, en faisant prendre à cette personne qui en est menacée, l'eau de quelque simple ou drogue, qui soit un poison pour telle espeçe d'Insectes »[25].

Certes, ce praticien anonyme ignorait tout des bactéries et du pouvoir de contagion qui les caractérise. Mais il a certainement contribué, avec d'autres auteurs, à la mise en relation des insectes séjournant sur le corps avec l'apparition de maladies graves[26]. Tout au moins, il a dramatisé la présence de cette vermine, figurée par une série de gravures explicites et inquiétantes, afin de mieux la combattre. La mise en évidence d'un danger a retenu l'attention et, l'année suivante, l'éditeur du mémoire évoque la foule des curieux et des courtisans venus chez lui pour observer de très près la faune microscopique qui les incommodait[27].

À partir du milieu du siècle, les médecins et les naturalistes s'intéressent aux insectes de façon croissante. Lémery et ses pairs mentionnent dans leurs traités ou dans leurs dictionnaires « oeconomiques » des dizaines de « secrets » pour se débarrasser des punaises ou des puces. En 1781, paraît la fameuse *Histoire des insectes nuisibles à l'homme, aux bestiaux, à l'agriculture et au jardinage* de Buchoz, lui-même médecin botaniste du frère du roi[28]. Ce volume contient un violent réquisitoire scientifique contre le manque d'hygiène des pauvres et la pullulation de la vermine. Soulignons que la publication de ces textes correspond à ce que les historiens ont considéré comme un tournant majeur dans l'histoire de la santé, à savoir l'avènement d'un souci de propreté corporelle ne se limitant pas au visage, à la chevelure et aux mains.

---

[25] *Ibid.*, p. 28-29.

[26] Jean Astruc a toutefois ridiculisé un charlatan dénommé Boile (on a cru tout de suite qu'il s'agissait de l'auteur de ce texte, mais sans preuve incontestable) qui prétendait, microscope à l'appui, que les maladies proviennent de minuscules animaux circulant dans le sang : *Traité des maladies vénériennes*, 3e ed., Paris : Veuve Cavelier, 1755, II, p. 32 *sq.*

[27] « J'avoue, que pendant plusieurs jours, j'étois charmé de me voir visité avec applaudissement par des Sçavans, par des Curieux, & par des Seigneurs de la Cour, & j'aurois eu de la peine à quitter cet agréable passe-tems si toute cette illustre Compagnie n'avoit été que des Curieux ; mais malheureusement la plus grande partie étoient des Malades, qui vouloient absolument me faire Medecin malgré moi », *Suite du systême d'un médecin anglois*, Paris : A.-X.-R. Mesnier, 1727, p. 5-6.

[28] Pierre-Joseph Buchoz, *Histoire des insectes nuisibles à l'homme, aux bestiaux, à l'agriculture et au jardinage ; avec les moyens qu'on peut employer pour les détruire, ou s'en garantir, ou remédier aux maux qu'ils ont pu occasionner*, Paris : Laporte, 1781.

L'exigence de netteté de la peau, des cheveux et de la pilosité en général, donc la traque de tout ce qui *n'est pas* notre corps (crasse, sueur, vermine, mauvaises odeurs, etc.), se diffuse à partir de la haute-bourgeoisie mais également de la société curiale. Le modèle versaillais semble avoir joué un rôle significatif dans la lutte contre la saleté corporelle, les taffetas et les brillants ne suffisant plus à distinguer socialement ceux qui les arboraient fièrement. D'ailleurs, ce souci de soi, de la santé et de l'apparence a fait naître un véritable marché, au plus tard dès la fin du règne de Louis XV, mais que l'on pourrait également situer bien avant si l'on en juge par le curieux privilège accordé, en 1677, au duc de Bouillon. Ce dernier, nanti du titre prestigieux de grand-chambellan de France (autrement dit, de superintendant de la vie quotidienne du roi), obtient le monopole de la fabrication et de la vente « d'un petit sachet de la grandeur d'une pièce de 15 sols pour garantir toutes sortes de personnes de la vermine, et en retirer ceux qui en sont incommodés, sans mercure »[29]. On ignore les retombées commerciales et prophylactiques de ce produit à la composition secrète, mais qui a marqué John Locke lors de son séjour parisien. La préparation avait au moins l'avantage de ne pas contenir de mercure, contrairement à quantité d'autres mélanges hautement toxiques et qui rapprochaient la lutte contre les morpions des traitements antisyphilitiques.

En surface, porter des habits nets et parfumés constituait la première étape vers la propreté, une exigence dont témoignent les premières publicités concluant les gazettes. Ainsi, à Versailles, rue de Conti, le sieur Dupleix débite-t-il, dès 1776, une célèbre « essence vestimentale » dotée de vertus remarquables. Le produit, un mélange d'essence de térébenthine parfumé à la lavande et au citron, permet d'ôter les tâches sur les étoffes, même les plus précieuses ; elle ravive également les couleurs et « détruit les punaises et leurs œufs sans craindre de tacher les lits, quelque précieux qu'ils soient, et fait mourir les papillons et les insectes qui mangent les étoffes de laine et fourrures »[30]. Un examen détaillé des comptes du château permettrait sans doute de retrouver ce marchand-droguiste parmi les fournisseurs attitrés de la cour en produits « ménagers ».

Conclusion : Marie-Antoinette, les puces et la Révolution

On sait peu de choses, finalement, sur les mesures prises à l'intérieur du château pour enrayer la prolifération de la vermine. Les orangers de la galerie des Glaces suffisaient-ils à parfumer l'air ambiant et à dissuader les insectes d'y demeurer ? Les odeurs fortes d'ambre ou de civette que portaient les hommes et les femmes faisaient-elles toujours fuir les puces et

---

[29] Cité dans « Voyage de Locke en France, de 1675 à 1679 », *Revue de Paris* 14 (1830), p. 75. Marc Bloch avait déjà remarqué que cette initiative entamait un peu le principe de dérogeance nobiliaire pesant sur toutes les activités commerciales. Voir Jacqueline HECHT, « Un problème de population active au XVIIIe siècle en France. La querelle de la noblesse commerçante », *Population* 19 (1964), p. 247, note 1.

[30] *Almanach parisien, en faveur des étrangers (1776)*, rééd., Saint-Etienne : Presses universitaires de Saint-Etienne, 2001, p. 169a.

les poux ? Comment et à quel rythme étaient lessivés les appartements, changés les draps, les oreillers ou les sommiers ? On sait que certains meubles étaient renvoyés au Mobilier royal pour être débarrassés de leurs puces. Mais avec quel résultat ? Ces questions renvoient immanquablement au fonctionnement quotidien d'une résidence dont l'intendance exigeait à elle-seule un véritable ministère. Mais les sources manquent pour reconstituer les modalités exactes de la lutte contre la vermine ambiante. D'ailleurs, incombait-elle vraiment au roi, à son chambellan, au grand-prévôt ou à l'armada de ces domestiques qui eux-mêmes se soulageaient en se grattant entre deux portes ? Les courtisans étaient censés changer de perruque et les entretenir régulièrement au risque de se retrouver avec une « tignasse » sur la tête[31]. Question de bienséance et de respect de soi. Mais qui aurait pris la liberté d'épucer Brillant, le chat angora de Louis XV ?

En l'occurrence, même dans les appartements royaux du règne de Louis XVI, l'hygiène semble avoir laissé à désirer. Notamment en matière de literie. C'est ce que l'on peut déduire d'une requête formulée par Marie-Antoinette en 1784 : la reine exigea quatre lits en fer pour ses enfants. La commande est passée, non pas à un ébéniste, mais à un serrurier parisien devenu l'un des spécialistes des lits en acier poli, Jacques-Antoine Courbin. De ces lits à colonnes, brillants comme l'argent massif et ornés de laiton rutilant, il subsiste plusieurs exemplaires qui sont d'un grand dépouillement esthétique. Ils s'inscrivent dans une tendance méconnue de la fin du XVIIIe siècle qu'a bien étudiée Alain Renner dans son ouvrage *Mobilier de métal, de l'Ancien régime à la Restauration*[32]. Ces lits rendaient plus difficile, dit-on, l'ascension des fâcheux insectes. Un inventaire royal de 1792 décrit ce qui reste de la literie métallique comme suit : « pour les garçons de la chambre [...] deux lits de fer à quatre colonnes à châssis plats de six pieds de long, 6 pieds 6 po[uces] de haut et 3 pieds 8 po[uces] de large [...] preisés à 2.422 livres »[33]. Autrement dit, cette innovation technique, préindustrielle ou pré-hygiéniste — comme on voudra —, avait coûté une petite fortune au Mobilier royal et valait toujours fort cher en pleine Révolution. D'ailleurs, Courbin fit faillite en mars 1793...

Ainsi, après avoir mis le « brun puce » et ses dégradés à la mode, Marie-Antoinette a favorisé l'utilisation de cette nouvelle literie prophylactique, déjà présente dans certains hôpitaux[34], mais forcément réservée à une élite fortunée déjà adepte d'une toilette minutieuse. On connaît la suite pour ce qui concerne la reine, et tous les tableaux pathétiques qui ont relaté son enfermement à la prison de la Conciergerie ont longuement insisté sur la vermine qui tapissait sa cellule voire son propre

---

31 Le terme « tignasse » provient de « teigne ». C'est, dit Richelet, une « méchante perruque mal propre, mal frisée et mal peignée », *Dictionnaire françois*, Amsterdam : J. Elzevier, 1706, p. 815, « Tignasse ».

32 Alain RENNER, *Mobilier de métal, de l'Ancien régime à la Restauration*, Saint-Rémy-en-l'Eau : Monelle Hayot, 2009.

33 *Ibid.*, p. 80. Voir un modèle comparable vendu chez Christie's, le 9 décembre 2009 (Londres, vente n° 7822, lot 364).

34 P.-J. Buchoz (voir *supra* note 28), p. 15.

corps[35]. Avec ses enfants, Marie-Antoinette aurait donc été livrée aux punaises qu'elle avait toujours voulu éradiquer dans ses appartements versaillais. Allusion anecdotique, forcément exagérée mais devenue épouvantable et contre-révolutionnaire, pour les défenseurs du nouveau règne : celui d'une hygiène salutairement républicaine.

---

[35] « La fièvre creusait ses joues, la crasse s'invétérait sur sa peau, des plaies purulentes couvraient sa tête, la vermine s'entassait dans ses cheveux, dans ses habits, dans ses draps qu'on ne changeait jamais, envahis par les punaises, couverts de grosses araignées, et assaillis par les rats, qui se disputaient les débris de ses aliments [...] », James de CHAMBRIER, *Marie-Antoinette, reine de France*, Paris : Hachette, 1868, II, p. 460. Alexandre Dumas reprendra l'image des lits de la cellule pleins de vermine dans les *Mémoires d'un médecin, la Comtesse de Charny*, Paris : Dufour *et alii*, 1856, II, p. 541.

TROISIÈME PARTIE

DU CORPS À L'ESPRIT

Les mystères de la phtiriase

Antoine PIETROBELLI[1]

Acaste, Alcman, Phérécyde, Sylla, Callisthène, Mucius Scaevola, Eunous : longue est la liste de personnes connues dans l'Antiquité pour avoir été frappées par une maladie répugnante, douloureuse et mortelle, causée par les poux et dénommée *phtheiriasis*. Comme bien souvent dans le cas de la dénomination des maladies, il existe un écart considérable entre ce que les Anciens dénommaient *phtheiriasis* et ce qu'on appelle aujourd'hui phtiriase, c'est-à-dire une maladie infectieuse de la peau causée par le morpion ou pou du pubis (*phtirus pubis*). Il semble bien avéré aujourd'hui que personne ne meurt plus de ses poux ou morpions. Faut-il y voir un progrès de la science, une évolution des maladies, une erreur de diagnostic rétrospectif ?

De nombreuses études[2] se sont intéressées à cette curieuse maladie pédiculaire ancienne, dont les rapports de médecins recensaient encore quelques rares cas au XIXe siècle. Si certains restent persuadés qu'il faut établir un diagnostic rétrospectif pour découvrir la maladie dont fut atteint un Sylla[3] et si le doute plane toujours sur l'existence réelle d'une telle maladie mortelle[4], d'autres ont voulu montrer que ce type de mort réservé à des tyrans ou à des impies appartenait au domaine de la fiction et s'inscrivait dans la veine de la littérature polémique[5]. Ce colloque me donne l'occasion

---

[1] Maître de conférences de langue et littérature grecques, Université de Reims Champagne-Ardenne / IUF.

[2] Voir, par exemple, Edwin MÜLLER-GRAUPA, « Die φθειρίασις », *Glotta* 19 (1930-1931), p. 60-62 ; James BUSVINE, *Insects and Hygiene*, Londres : Methuen and Co, 1951, p. 242-257 ; Arthur KEAVENEY & John A. MADDEN, « Phtiriasis and its victims », *Symbolae Osloenses* 57 (1982), p. 87-99 ; Malcolm DAVIES & Jeyaraney KATHIRITHAMBY, *Greek Insects*, Londres : Duckworth, 1986, p. 168-176 ; Jan BONDESON, « Phtiriasis : the Riddle of the Lousy Disease », *Journal of the Royal Society of Medicine* 91 (1998), p. 328-334 ; Jacques SCHAMP, « La mort en fleurs. Considérations sur la maladie "pédiculaire" de Sylla », *L'Antiquité classique* 60 (1991), p. 139-170 et Roland STEINACHER, « Von Würmern bei lebendigem Leib zerfressen ... und die Läusesucht *Phtheiriasis*. Ein antikes Strafmotiv und seine Rezeptionsgeschichte », *Tyche* 18 (2003), p. 145-166.

[3] Thomas F. CARNEY, « The Death of Sylla », *Acta classica* 4 (1961), p. 64-79 et Louise CILLIERS & François P. RETIEF, « The Sylla Syndrome », *Acta Classica* 43 (2000), p. 33-43, ont voulu percer cette devinette médicale de la mort de Sylla. Th. Carney (p. 65-66) y voit un troisième stade de syphilis. Il propose ainsi de traduire *phtheir* par « irritation, lésion due à un pou » (*ibid.* p. 69). Carney poursuit son analyse en étudiant le cas des quatre épouses de Sylla ; sur les différents diagnostics rétrospectifs proposés pour la maladie de Sylla, voir J. SCHAMP (*op. cit. supra* note 2, p. 149) ; pour le cas d'Hérode le Grand, voir Thomas AFRICA, « Worms and the Death of Kings: A Cautionary Note on Disease and History », *Classical Antiquity* n. s. 1 (1982), p. 1-17, part. note 86 p. 15.

[4] Voir par exemple Reinhard Hoeppli cité par Th. AFRICA (*op. cit. supra* note 3, p. 1- 2).

[5] Voir Wilhelm NESTLE, « Legenden vom Tod der Gottesverächter », *Archiv für Religionswissenschaft* 33 (1936), p. 246-269 ; Th. AFRICA (*op. cit.* note 3) ; J. BONDESON, *op. cit.* note 2 ; J. SCHAMP, *op. cit.* note 3, et R. STEINACHER, *op. cit.* note 2.

de reprendre le dossier amplement discuté de la phtiriase des Anciens. Les médecins et les entomologistes modernes ont prouvé que l'explication physiologique de la maladie proposée par Aristote et reprise par Galien n'était pas scientifiquement tenable : les poux ne se forment pas sous la peau. Les historiens de l'Antiquité semblent eux aussi avoir tenté de mettre fin au mythe de la *phtheiriasis* en l'expliquant comme un motif purement littéraire. Il reste toutefois un champ qui n'a pas été exploré pour bien comprendre comment la description littéraire de ces maladies, appuyée sur l'autorité médicale d'un Aristote ou d'un Galien, a pu s'ancrer durablement dans les conceptions des médecins jusqu'au XIXe siècle. Et il faudra revenir sur un imaginaire physiologique disparu avec les progrès de l'observation microscopique, celui de la génération spontanée.

Historiae morbi

Nous n'avons à vrai dire aucune trace clinique de la phtiriase des Anciens, puisque ni Hippocrate, ni Galien, ni les autres médecins n'ont véritablement décrit de patient spécifiquement atteint de phtiriase dans leurs fiches de malades[6]. Les seules descriptions de la maladie chez des individus précis se trouvent chez des auteurs qui n'étaient pas eux-mêmes médecins. C'est dans le récit de la mort de certains personnages historiques qu'intervient la description morbide de la phtiriase.

Je choisis de juxtaposer ci-après trois de ces récits de cas, parmi les plus spectaculaires et détaillés, afin de mettre en lumière leur caractère commun et parce qu'ils doivent se penser dans une même tradition édifiante. Le premier cas de phtiriase est celui du philosophe Phérécyde de Syros, qui fut, dit-on, le maître de Pythagore. Le deuxième est celui du tyran Sylla qui se proclama dictateur à Rome en 82 avant notre ère. Le troisième est beaucoup plus tardif, puisqu'il décrit la mort de l'empereur Galère en 311, un persécuteur des chrétiens :

> Phérécyde :
>
> Φερεκύδης ὁ Σύριος τὸν βίον ἀλγεινότατα ἀνθρώπων κατέστρεψε, τοῦ παντὸς αὐτῷ σώματος ὑπὸ φθειρῶν ἀναλωθέντος· καὶ γενομένης αὐτῷ αἰσχρᾶς τῆς ὄψεως τὴν ἐκ τῶν συνήθων ἐξέκλινε συνουσίαν. Ὁπότε δέ τις προσελθὼν ἐπυνθάνετο ὅπως διάγοι, διὰ τῆς ὀπῆς τῆς κατὰ τὴν θύραν διείρας τὸν δάκτυλον ψιλὸν γεγονότα τῆς σαρκὸς ἐπέλεγεν οὕτω διακεῖσθαι καὶ τὸ πᾶν αὐτοῦ σῶμα. Λέγουσι δὲ Δηλίων παῖδες τὸν θεὸν τὸν ἐν Δήλῳ μηνίσαντα αὐτῷ τοῦτο ποιῆσαι. Καθήμενον γὰρ ἐν Δήλῳ μετὰ τῶν μαθητῶν ἄλλα τε πολλά φασι περὶ τῆς ἑαυτοῦ σοφίας εἰπεῖν καὶ δὴ καὶ τοῦτο, μηδενὶ τῶν θεῶν θῦσαι, καὶ ὅμως οὐδὲν ἧττον ἡδέως βεβιωκέναι καὶ ἀλύπως, οὐ μεῖον τῶν ἑκατόμβας καταθυόντων. Ὑπὲρ ταύτης οὖν τῆς κουφολογίας βαρυτάτην ζημίαν ἐξέτισεν.
>
> « Phérécyde de Syros acheva sa vie de la manière la plus douloureuse qui soit, car tout son corps fut consumé par les poux. Et

[6] On trouve de telles fiches de malades dans les *Épidémies* hippocratiques ou encore dans *La Méthode thérapeutique* de Galien.

quand son apparence devint répugnante, il évita la fréquentation de ses proches. Lorsque quelqu'un venait s'informer de son état, en faisant passer son doigt décharné à travers l'entrebâillement de la porte, il répondait que tout son corps était dans le même état. Les enfants des Déliens disent que le dieu de Délos avait fait cela par vengeance contre lui. En effet, alors qu'il était assis à Délos avec ses disciples, on dit qu'il professa bien des choses au sujet de sa sagesse et notamment qu'il n'avait jamais fait de sacrifice à aucun dieu et qu'il n'en avait pas moins vécu agréablement et sans chagrin, tout aussi bien que ceux qui offrent des hécatombes. Ainsi, pour la légèreté de ses mots, il paya en échange une lourde peine »[7].

Sylla :

Ὅθεν καὶ τὴν νόσον ἀπ' αἰτίας ἐλαφρᾶς ἀρξαμένην ἐξέθρεψε, καὶ πολὺν χρόνον ἠγνόει περὶ τὰ σπλάγχνα γεγονὼς ἔμπυος, ὑφ' ἧς καὶ τὴν σάρκα **διαφθαρεῖσαν ε ἰς φθεῖρας** μετέβαλε π ᾶσαν, ὥστε πολλῶν δι' ἡμέρας ἅμα καὶ νυκτὸς ἀφαιρούντων μηδὲν ε ἶναι μέρος τοῦ ἐπιγινομένου τὸ ἀποκρινόμενον, ἀλλὰ πᾶσαν ἐσθῆτα καὶ λουτρὸν καὶ ἀπόνιμμα καὶ σιτίον ἀναπίμπλασθαι τοῦ ῥεύματος ἐκείνου καὶ τῆς φθορᾶς· τοσοῦτον ἐξήνθει. Διὸ πολλάκις τ ῆς ἡμέρας ε ἰς ὕδωρ ἐνέβαινεν ἐκκλύζων τ ὸ σῶμα καὶ ἀπορρυπτόμενος. Ἦν δ ὲ οὐδὲν ὄφελος· ἐκράτει γ ὰρ ἡ μεταβολὴ τῷ τάχει, καὶ περιεγίνετο παντὸς καθαρμοῦ τὸ πλῆθος.

Λέγεται δ ὲ τῶν μὲν πάνυ παλαιῶν Ἄκαστον φθειριάσαντα τ ὸν Πελίου τελευτῆσαι, τ ῶν δ ὲ ὑστέρων Ἀλκμᾶνα τ ὸν μελοποιὸν καὶ Φερεκύδην τ ὸν θεολόγον καὶ Καλλισθένη τ ὸν Ὀλύνθιον ἐν ε ἱρκτῇ φρουρούμενον, ἔτι δ ὲ Μούκιον τ ὸν νομικόν. Εἰ δὲ δεῖ καὶ τῶν ἀπ' οὐδενὸς μὲν χρηστοῦ γνωρίμων δ ὲ ἄλλως ἐπιμνησθῆναι, λέγεται τὸν ἄρξαντα τοῦ δουλικοῦ πολέμου περὶ Σικελίαν δραπέτην, Ε ὔνουν ὄνομα, μετὰ τὴν ἅλωσιν ε ἰς Ῥώμην ἀγόμενον ὑπὸ φθειριάσεως ἀποθανεῖν.

« Ainsi, sa maladie, qui avait commencé par des débuts bénins, s'aggrava et il resta longtemps sans s'apercevoir que ses entrailles étaient remplies de pus. Suite à cette infection, toute sa chair se décomposa et se transforma en poux. Jour et nuit, nombreux étaient ceux qui lui ôtaient cette vermine, mais la partie qu'ils enlevaient n'était rien auprès de l'invasion nouvelle : chaque vêtement, l'eau de son bain ou sa nourriture étaient remplis de ce flux de pourriture, tant les poux éclosaient ! C'est pourquoi il entrait dans l'eau plusieurs fois par jour pour laver et nettoyer son corps, mais rien n'y faisait. Rapidement, la métamorphose se faisait en lui et la prolifération résistait à tout nettoyage.

On dit que, dans les temps très anciens, Acaste, fils de Pélias, mourut atteint de phtiriase et pour les époques suivantes, on cite Alcman, le poète mélique, Phérécyde, le théologien, Callisthène d'Olynthe, confiné dans sa prison et aussi le jurisconsulte Mucius. Et s'il faut mentionner aussi des gens qui ne sont autrement connus par aucun bienfait, on dit qu'Eunous, le fugitif qui fut l'instigateur de la guerre des esclaves en Sicile, fut, après sa capture, conduit à Rome où

[7] Élien, *Histoires variées*, IV, 28 [ed. Hercher, p. 74 ; tr. Pietrobelli].

il mourut de phtiriase »[8].

Galère :

Vndique medici nobiles trahuntur : nihil humanae manus promouent. Confugitur ad idola : Apollo et Asclepius orantur, remedium flagitatur. Dat Apollo curam : malum multo peius augetur. Iam non longe pernicies aberat et inferiora omnia corripuerat. Conputrescunt forinsecus uiscera et in tabem sedes tota dilabitur. Non desinunt tamen infelices medici uel sine spe uincendi mali fouere curare. Repercussum medullis malum recidit introrsus et interna comprehendit, uermes intus creantur. Odor it autem non modo per palatium, sed totam ciuitatem peruadit. Nec mirum, cum iam confusi essent exitus stercoris et urinae. Comestur a uermibus et in putredinem corpus cum intolerandis doloribus soluitur.

Clamores simul horrendos ad sidera tollit :
qualis mugitus, fugit <cum> saucius <aram>
taurus[9].

Adponebantur ad sedem fluentem cocta et calida animalia, ut uermiculos eliceret calor. Quis resolutis inaestimabile scatebat examen et tamen multo maiorem copiam tabescendorum uiscerum pernicies fecunda generauerat. Iam diuerso malo partes corporis amiserant speciem. Superior usque ad uulnus aruerat et miserabili macie cutis lurida longe inter ossa consederat, inferior sine ulla pedum forma in utrium modum inflata discreuerat. Et haec facta sunt per annum perpetem, cum tandem malis domitus deum coactus est confiteri.

« De partout, on fait venir des médecins en renom, mais la main des praticiens n'apporte aucune amélioration. On a recours aux idoles : on prie Apollon et Esculape, on leur demande un remède. Apollon en indique un : le mal ne fait que s'étendre et empirer. La mort désormais n'était plus loin : elle avait déjà saisi tout le bas du corps. L'intérieur des entrailles se corrompt, et tout le siège tombe en pourriture. Malgré leur insuccès, les médecins continuent leurs soins et leurs remèdes, bien qu'ils n'aient plus d'espoir de vaincre le mal. Repoussé par leurs médications, celui-ci pénètre à l'intérieur du corps, le ronge et y engendre des vers. La puanteur ne se répand pas seulement dans le palais : elle envahit la ville. Quoi d'étonnant, puisque les conduits des excréments et de l'urine sont désormais mêlés l'un à l'autre ? Dévoré par les vers, son corps se dissout en pourriture, avec d'intolérables souffrances. “Il pousse vers le ciel d'horribles clameurs, semblables aux mugissements du taureau blessé quand il s'échappe de l'autel”.

On tente d'appliquer sur le siège en décomposition des viandes cuites et toutes chaudes, dans l'espoir que la chaleur attirera les vers à l'extérieur. Mais quand on dégage les plaies, on voit se produire une innombrable pullulation de ces bêtes, accrue encore par la malsaine fécondité des entrailles pourrissantes. Déjà, les progrès de la maladie avaient fait perdre toute forme aux diverses parties du corps ; le haut,

---

[8] Plutarque, *Vie de Sylla*, 36, 3-5 [ed. Flacelière-Chambry, CUF, p. 282-283 ; tr. Pietrobelli].

[9] Ces vers célèbres sont tirés de Virgile, *Enéide*, II, 222-224, qui décrit les souffrances de Laocoon subissant la vengeance de Neptune.

jusqu'à l'ulcère, s'était complétement desséché : sous l'effet de l'amaigrissement, la peau blême s'était profondément affaissée dans l'intervalle des os. Le bas, enflé comme une outre, avait pris des proportions hideuses : la forme des jambes était méconnaissable. Et cela dura une année entière. Enfin, dompté par les maux qu'il endurait, l'empereur fut forcé de confesser le Seigneur »[10].

Ces trois récits ont en commun de mettre en scène la mort d'un personnage, dont la maladie est une punition divine, liée à son inconduite morale[11]. Phérécyde est puni pour son offense à Apollon. Sylla l'est pour ses excès de boisson et sa luxure. Mais Pausanias dit aussi que sa maladie fut causée par la vengeance de Zeus Suppliant[12]. Quant à Galère, il est puni pour son idolâtrie et son rôle dans la persécution des chrétiens. Ces récits crus et réalistes appartiendraient aujourd'hui au genre cinématographique du film d'horreur ou du film gore. Chacun de ces personnages change d'état et se métamorphose[13] en quelque chose d'horrible et de dégoûtant. Il y a notamment dans les deux dernières descriptions une surenchère dans la violence, comme si les auteurs se délectaient de cette monstruosité[14]. Ces textes se donnent pourtant comme des descriptions médicales et cliniques : le doigt de Phérécyde est à lire comme un indice diagnostic, Plutarque et Lactance décrivent les différentes étapes d'une maladie que les traitements des médecins ne peuvent endiguer.

Il y a toutefois une différence entre les deux premiers et le troisième : Phérécyde et Sylla sont dévorés par les poux, tandis que Galère l'est par des vers. Et il faut ici expliquer pourquoi on peut juxtaposer ces trois récits. Les études ont montré que ces types de mort, dus à des parasites qui se développeraient à l'intérieur du corps n'étaient pas nettement distingués par les Anciens. Du reste, dans la description de la maladie de Phérécyde chez Apulée[15] ce sont les vers qui le dévorent. Ceci tient à un malentendu étymologique autant qu'optique. Pour les locuteurs de la langue

---

[10] Lactance, *De la mort des persécuteurs*, 33 [ed. et tr. Moreau, p. 115-116].

[11] Sur cet aspect, voir W. NESTLE, *op. cit. supra*, note 5 ; A. KEAVENEY & J. A. MADDEN, *op. cit. supra* note 2 et R. STEINACHER, *op. cit.* note 2.

[12] Pausanias, *Périégèse*, I, 20, 7.

[13] On trouve chez Plutarque, la forme verbale μετέβαλε et le substantif μεταβολή (*Vie de Sylla*, 36, 3 et 36, 4).

[14] Sur le goût du gore dans le monde gréco-romain, voir Maud W. GLEASON, « Shock and awe : the performance dimension of Galen's anatomy demonstrations », dans Christopher GILL, Tim WHITMARSH & John WILKINS (ed.), *Galen and the World of Knowledge*, Cambridge : Univ. Press, 2009, p. 85-114.

[15] Apulée, *Florides* 15, 19 : *Quin etiam Pherecydes Syro ex insula oriundus, qui primus uersuum nexu repudiato conscribere ausus est passis verbis, soluto locutu, libera oratione ; eum quoque Pythagoras magistrum coluit et infandi morbi putredine in serpentium scabiem solutum religiose humavit.* « En effet, Phérécyde, originaire de l'île de Syros qui fut le premier à rejeter les entraves du vers pour oser écrire en prose, en déployant les mots et en libérant la composition et que Pythagore révéra comme son maître puis enterra avec piété, alors qu'il se décomposait en un fourmillement de vers dans la putréfaction d'une indicible maladie » [ed. Helm, p. 22, l. 8-12 ; tr. Pietrobelli]. Voir Hermann S. SCHIBLI, *Pherekydes of Syros*, Oxford : Univ. Press, 1990.

grecque ancienne, le mot *phtheir*[16] qui désigne le pou, évoque immanquablement le verbe *phtheirô*, qui signifie « détruire », « corrompre ». Comme nous le verrons en abordant les textes physiologiques sur la phtiriase, le pou est pour les Anciens un être microscopique associé à l'idée de pourriture et de putréfaction. Le terme *tabes* employé par Lactance dans le récit de la mort de Galère connote aussi l'idée de consomption et de corruption[17]. Il y a dans ces descriptions de maladie un même fantasme du corps qui se décompose en un fourmillement d'animaux microscopiques jusqu'à la mort.

Il faut aussi noter que l'évocation de la phtiriase de Sylla par Plutarque est immédiatement suivie d'une liste de noms de personnages célèbres, comme pour fournir la caution d'une tradition. Dès la première mention de la phtiriase, chez Aristote[18], la description de la maladie est assortie du nom de deux morts célèbres : le poète Alcman et Phérécyde. Pline[19] cite Alcman et Sylla, tandis qu'Antigone de Caryste[20] donne les exemples d'Alcman et de Phérécyde. Helladios[21] (IVe siècle), dans sa *Chrestomathie*, cite un

---

[16] Voir Pierre CHANTRAINE, *Dictionnaire étymologique de la langue grecque [DELG]*, Paris : Klincksieck, 1968, p. 1198.

[17] Sur ce mot latin, voir Armelle DEBRU, « Consomption et corruption : l'origine et le sens de *tabes* », dans Guy SABBAH (ed.), *Études de médecine romaine*, Saint-Etienne : Mémoires VIII du Centre Jean Palerne, 1998, p. 19-31.

[18] Aristote, *Histoire des animaux*, V, 31, 557 a 2-4 [ed. et tr. P. Louis, CUF, 1968, p. 56] : καὶ διεφθάρησάν τινες ἤδη τοῦτον τὸν τρόπον, ὥσπερ Ἀλκμᾶνά τέ φασι τὸν ποιητὴν καὶ Φερεκύδην τὸν Σύριον. Καὶ ἐν νόσοις δέ τισι γίνεται πλῆθος φθειρῶν (« On a déjà vu des gens en mourir, par exemple à ce qu'on raconte, le poète Alcman et Phérécyde de Syros. Il y a des maladies où les poux se forment en masse »).

[19] Pline, *Histoire naturelle*, XI, 38-39 [ed. Rackham, p. 502 ; tr. Pietrobelli] : *Sic quaedam ex imbre generantur in terra, quaedam et in ligno. Nec enim cossi tantum in eo, sed etiam tabani ex eo nascuntur et alia ubicumque umor est nimius, sicut intra homines taeniae tricenum pedum, aliquando et plurium, longitudine. Iam in carne exanima et viventium quoque hominum capillo, qua foeditate et Sulla dictator et Alcman ex clarissimis Graeciae poetis obiere* (« Ainsi certains insectes sont engendrés par la pluie dans la terre et certains le sont aussi dans le bois. En effet, non seulement des vers naissent dans le bois, mais aussi les taons et d'autres créatures qui naissent partout où l'humidité est excessive, tout comme à l'intérieur de l'homme naissent des vers longs de trente pieds et parfois plus. Des vers naissent aussi de la chair morte et de la chevelure des hommes vivants et c'est cette vermine qui causa la mort du dictateur Sylla et d'Alcman, poète grec des plus illustres »).

[20] Antigone de Caryste, *Histoires merveilleuses*, 88 [ed. Keller, p. 23 ; tr. Pietrobelli] :᾿Εν δὲ τῷ σώματι τῶν ἀνθρώπων γίνεσθαι οἷον ἰόνθους μικρούς· τούτους δὲ ἐάν τις κεντήσῃ, ἐξέρχονται φθεῖρας, καὶ ἐάν τις ὑγράσῃ, νόσημα τούτῳ ἐμπίπτειν· ὥσπερ Ἀλκμᾶνι τῷ ποιητῃ καὶ Φερεκύδῃ τῷ Συρίῳ. (« Dans le corps humain se forment comme des petits boutons. Si on les perce, il en sort des poux et chez quelqu'un d'humide, cela lui cause une maladie, comme Alcman le poète ou Phérécyde de Syros »). Il y a toutefois un problème textuel, puisque dans le manuscrit, il n'est pas fait mention d'Alcman, mais d'Alcméon de Crotone, qui vécut au VIe siècle *a.C.* ; l'édition d'Olimpio Musso, *Antigonus Carystus Rerum mirabilium collectio*, Naples : Bibliopolis, 1985, p. 47, l. 504-48, 507 édite « Alcméon », contrairement à Keller.

[21] Helladios, *Chréstomathie* [transmis par Photius, *Bibliothèque*, 279 ; ed. et tr. R. Henry, CUF, 1977, p. 179] : Ὅτι τρεῖς ἱστοροῦνται φθειριάσει τεθνάναι· ἔστι δὲ τὸ νόσημα μὲν τῶν σπανίων, γίνεται δὲ ὅταν εἰς φθεῖρας ἀναλυθῇ ἅπαν τὸ σῶμα. Ἀλλὰ τῶν ἐκ τῆς νόσου ταύτης τεθνεώτων τῶν μὲν ἡρώων Ἄκαστός ἐστιν ὁ Πελίου, δεύτερος ὁ Σύρος Φερεκύδης, ὁ τὴν γενεαλογίαν συγγράψας, ὃν καὶ λέγουσι γενικῶς τὴν συμφορὰν ἐνεγκεῖν· τρίτος ὁ Ῥωμαίων πολλάκις ὑπατεύσας Σύλλας, ἤδη σφόδρα γηραιὸς ὤν, ὃς καὶ Ἐπαφρόδιτος διὰ τὴν τύχην

personnage mythologique, Acaste, le fils de Pélias, puis Phérécyde et Sylla, la liste la plus développée étant celle de Plutarque. Il semble donc que Plutarque emprunte à une tradition doxographique qui oscille entre le registre médical des cas avérés de phtiriase et le recueil moraliste de contre *exempla*, punis pour leur impiété et / ou leur tyrannie.

La phtiriase : un motif de la littérature polémique

Les philologues, depuis l'étude de Nestle[22], en 1936, ont eux aussi, par leurs recherches, étendu la liste de morts de phtiriase. Ils ont mis en parallèle les types de morts par phtiriase (poux) ou par scolécose (vers) pour montrer qu'elles étaient interchangeables et appartenaient à une même catégorie, réservée à des ennemis de la religion ou à des tyrans. L'apport des sciences humaines a été de montrer que ces récits qui se donnaient comme des rapports médicaux empruntaient en réalité à un lieu commun de la littérature moralisante. Ils ne décrivent pas une maladie, mais une punition divine sanctionnant une vie déréglée et impie[23]. Et on peut faire remonter ce motif littéraire à Hérodote. Au livre IV (§ 205) de son *Enquête*, il raconte comment Phérétime, la reine de Cyrène, se mit encore vivante à grouiller de vers, les dieux châtiant son extraordinaire cruauté.

Pour montrer que ces récits macabres relevaient du pamphlet plutôt que de la véracité clinique, les historiens de l'Antiquité ont rappelé que pour les cas de Phérécyde et de Sylla, plusieurs versions de la mort entraient en concurrence. Le récit d'Élien sur la phtiriase de Phérécyde peut être mis en doute par d'autres sources qui ne la mentionnent pas, ou proposent une autre version. Plutarque[24] rapporte qu'il fut tué par les Lacédémoniens et que les rois de Sparte conservèrent sa peau. Diogène Laërce rapporte plusieurs traditions : Phérécyde mourut enterré en grand honneur après la victoire des Éphésiens contre les Magnésiens qu'il avait prophétisée ; ou bien il se précipita du mont Korykios sur la route de Delphes ; Aristoxène dit enfin qu'il mourut à Délos enterré par Pythagore[25]. Pour Sylla aussi, il y a différentes thèses en présence. Les historiens[26] ont relevé les incohérences relatives à la mort de Sylla au sein même de la biographie de Plutarque : comment celui-ci aurait-il pu dans un tel état arbitrer une querelle politique à Pouzzoles dix jours avant sa mort ? Ou encore, mettre fin à ses *Mémoires*

ἐπωνομάζετο (« Trois personnages, raconte-t-on, sont morts de maladie pédiculaire ; c'est une maladie rare ; elle se produit quand tout le corps se décompose en poux. Au nombre de ceux qui en sont morts, il y a, parmi les héros, Acaste, le fils de Pélias, puis le Syrien Phérécyde qui a composé une *Généalogie* et qui, dit-on, supporta noblement son malheur ; le troisième est Sylla qui avait été plusieurs fois consul à Rome ; il était déjà vieux alors ; c'est lui qu'on surnommait « Épaphrodite » à cause de sa chance »).

[22] Voir notamment les listes données par W. NESTLE, *op. cit. supra* note 5 ; J. SCHAMP, *op. cit. supra* note 2 et R. STEINACHER, *op. cit. supra* note 2.

[23] W. NESTLE (*supra* note 5) retrace, depuis les origines, les différentes figures du θεομάχος.

[24] Plutarque, *Vie de Pélopidas*, 21, 3.

[25] Voir Diogène Laërce, *Vie des philosophes*, I, 117-118.

[26] Voir W. NESTLE, *op. cit. supra* note 5, p. 256 ; Th. AFRICA, *op. cit. supra* note 3, p. 7 et J. SCHAMP *op. cit. supra* note 2, p. 142-151.

deux jours avant sa mort et vaquer aux activités qui lui sont attribuées durant son dernier jour ? Plutarque rapporte encore une autre mort de Sylla par hémorragie[27]. Il juxtapose ainsi plusieurs sources incompatibles et il faut voir dans le récit de la mort par phtiriase une tradition anti-syllanienne, telle que celle qui fut mise en circulation par le parti adverse des *Populares* pour discréditer la figure du dictateur[28].

C'est comme un ressort de cette littérature de propagande qu'il faut interpréter la phtiriase des philosophes, tels Socrate, Démocrite, Platon ou Speusippe[29] ou la scolécose de Judas Ischariote, Antiochos IV, Hérode Ier le Grand ou l'empereur Galère. Il faut y voir un jeu lettré qui consiste à réparer par une inflation rhétorique des actes de violence restés impunis, à donner à voir une putréfaction du corps égale à la corruption de l'âme[30], à exposer le corps vivant des tyrans, des impies et des persécuteurs à la pourriture que connaît ensuite leur cadavre, ou encore à infliger une punition emblématique : à un orgueil surdimensionné répond la dévoration d'un animal microscopique. Autant de jeux littéraires et paradoxographiques. On peut ainsi rappeler que la mort de Sylla fait écho à une anecdote biographique rapportée par Appien[31]. Sylla avait menacé ses adversaires en ayant recours à la fable d'un laboureur assailli par des poux et en les comparant à ces êtres microscopiques. Et il y a lieu de penser que la version tendancieuse de la phtiriase de Sylla se soit inspirée de cet épisode fameux[32]. Si les philologues ont pu ainsi mettre fin au mythe de la phtiriase de Sylla en explicitant le sens de la mise en liste des morts de phtiriase, leurs résultats ont pu se déployer à une époque où le texte de Plutarque n'était plus lu comme le dépôt d'une observation médicale empirique, puisque son assise physiologique n'opérait plus.

Les errances de la médecine moderne

J. Bondeson[33] a retracé le long processus scientifique qui a conduit à démentir la véracité de la description de Plutarque. Après Aristote et Plutarque, la phtiriase fut considérée comme une maladie pédiculaire mortelle dont chaque siècle répertoria ses cas, depuis le roi vandale Hunéric en 484 jusqu'à Philippe IV d'Espagne, Jean Calvin ou Ivan le Terrible. En 1834, Henri Christian Alt présenta une dissertation doctorale en allemand

---

[27] On trouve encore d'autres versions chez Valère Maxime, 9, 3, 8 ou chez Appien, *Guerres civiles*, 1, 105.

[28] Sur ce point, voir Th. AFRICA (*supra* note 3), p. 6-7 et J. BONDESON (*supra* note 2), p. 329.

[29] Sur ces cas de philosophes atteints de phtiriase, voir Harry KEIL, « The Louse in Greek Antiquity, with Comments on the Diagnosis of the Athenian Plague as recorded by Thucydides », *Bulletin of the History of Medicine* 25 (1951), p. 305-323, part. p. 309 ; A. KEAVENEY & J. A. MADDEN (*supra* note 2), p. 92-93 et J. SCHAMP (*supra* note 2), p. 155-156.

[30] Sur ce thème de la corruption qui a glissé du physique au moral, voir Thierry MÉNISSIER, « La corruption, un concept philosophique et politique chez les Anciens et les Modernes », *Anabases* 6 (2007), p. 11-16.

[31] Voir Appien, *Guerres civiles*, 1, 101.

[32] Sur ce point, voir Julius ZIEHEN, « Sullas Phtiriasis », *Philologus* 57 (1898), p. 189-191 ; Th. AFRICA (*supra* note 3), p. 6 note 36 ; J. SCHAMP (*supra* note 2), p. 169.

[33] J. BONDESON, *op. cit. supra* note 2.

sur la phtiriase[34]. Pour expliquer la maladie ancienne, il supposa l'existence d'une variété de poux inconnue et disparue qu'il dénomma *pediculus tabescentium* !

En 1871, le médecin français Évariste Bertulus[35] considérait la phtiriase comme une maladie rare, dont il avait examiné lui-même deux cas : un capitaine de vaisseau à Toulon et une vieille dame de Paris. Dans son article de la *Gazette médicale*, il écrit : « à toutes les époques, des crises par les *pediculi* se sont montrées fréquentes chez les hypochondriaques, les hystériques, les goutteux et autres sujets travaillés par le nervosisme »[36]. Contre les entomologistes et les médecins modernes qui laissent dormir « ces pauvres bouquins » d'Hippocrate et Galien dans la poussière de nos bibliothèques, Bertulus veut s'en tenir à la tradition : des poux peuvent se former à l'intérieur du corps et causer la mort. Il cite encore M. Lefèvre de l'Académie royale des sciences qui traitait en 1728-1729 « un malade qui rendait tous les jours par les yeux, les oreilles, le fondement et l'urètre, des poux, des puces, des perce-oreilles, de petites araignées, des vers et jusqu'à des escarbots dont il a montré les figures ».

Pourtant dès 1865, le professeur Ferdinand von Hebra avait publié à Vienne un article[37] qui reléguait la vieille légende de la naissance des poux sous la peau au rang de superstition. Dans un débat qui l'opposait à des confrères allemands, Hebra obtint la victoire et la phtiriase des Anciens fut progressivement rayée de la liste des pathologies médicales mortelles. Depuis 1870, la *phtheiriasis* semble avoir bel et bien disparu des annales de la médecine. Mais pour comprendre comment une idée a pu être si tenace, il nous faut à présent revenir aux textes d'Aristote et de Galien qui ont fait autorité pour décrire cet étrange processus de formation de poux sous la peau.

Le discours scientifique des Anciens

La première description de la maladie pédiculaire est due à Aristote dans son *Histoire des animaux*. L'exposé sur cette maladie mortelle accompagne un développement sur la naissance des poux :

> Τῶν δ' ἐντόμων ὅσα σαρκοφάγα μὲν μή ἐστι, ζῇ δὲ χυμοῖς σαρκὸς ζώσης, οἷον οἵ τε φθεῖρες καὶ αἱ ψύλλαι καὶ κόρεις, ἐκ μὲν τῆς ὀχείας πάντα γεννᾷ τὰς καλουμένας κόνιδας, ἐκ δ ὲ τούτων ἕτερον ο ὐδὲν γίνεται πάλιν. Αὐτῶν δὲ γίνονται τούτων αἱ μὲν ψύλλαι ἐξ ἐλαχίστης σηπεδόνος (ὅπου γὰρ ἂν κόπρος ξηρὰ γένηται, ἐνταῦθα συνίστανται), αἱ δὲ κόρεις ἐκ τῆς ἰκμάδος τῆς ἀπὸ τῶν ζῴων συνισταμένης ἐκτός, οἱ δὲ φθεῖρες ἐκ τ ῶν σαρκῶν. Γίνονται δ' ὅταν μέλλωσιν, ο ἷον ἴονθοι μικροί, οὐκ ἔχοντες πύον· τούτους ἄν τις κεντήσῃ, ἐξέρχονται φθεῖρες. Ἐνίοις δ ὲ τοῦτο συμβαίνει τ ῶν ἀνθρώπων νόσημα, ὅταν ὑγρασία

[34] Henri Christian ALT, *Dissertatio de Phtiriasi*, Bonn, 1824.

[35] Evariste BERTULUS, « L'école moderne et le phtiriasis ou maladie pédiculaire spontanée », *Gazette médicale de Paris* 26 (1871), p. 352-354, 367-369, 396-398.

[36] E. BERTULUS, *Ibid.*, p. 367.

[37] Ferdinand VON HEBRA, « Über die sogennante *Phtiriasis* (Läusesucht) », *Wiener Medizinische Presse* 6 (1865), p. 745-748, 777-780, 801-805, 849-853, 876-877.

πολλὴ ἐν τῷ σώματι ᾖ· καὶ διεφθάρησάν τινες ἤδη τοῦτον τὸν τρόπον, ὥσπερ Ἀλκμᾶνά τέ φασι τὸν ποιητὴν καὶ Φερεκύδην τὸν Σύριον. Καὶ ἐν νόσοις δέ τισι γίνεται πλῆθος φθειρῶν.

« Les insectes qui, sans être carnivores, vivent des sérosités d'une chair vivante, comme les poux, les puces et les punaises, produisent tous par copulation ce qu'on appelle des lentes, mais de ces lentes ne naît rien d'autre. Parmi ces insectes, les puces naissent de la moindre trace de putréfaction (car partout où se trouve de la fiente desséchée, il se forme des puces) ; les punaises viennent de l'humidité qui sort des animaux et se condense à l'extérieur ; quant aux poux, ils naissent des chairs. Il se forme, quand ils sont sur le point d'apparaître, des espèces de petits boutons sans pus. Si on les perce, il en sort des poux. Chez certaines personnes, c'est là une maladie qui survient lorsque l'humidité est abondante dans le corps. On a déjà vu des gens en mourir, par exemple à ce qu'on raconte, le poète Alcman et Phérécyde de Syros. Il y a des maladies où les poux se forment en masse »[38].

Selon Aristote, les poux naissent de la chair, sous la peau, et ils se nourrissent des humeurs produites par la chair. Les lentes qu'ils engendrent ne sont pas des œufs, puisque c'est de la chair qu'ils naissent. Après la formation des poux, est indiqué le processus de la maladie de la *phtheiriasis*. Quand les sujets ont beaucoup d'humidité dans le corps, des poux se forment en masse sous la peau. Quand on perce ces boutons, les insectes s'en échappent. Certains meurent de ce pullulement d'insectes se repaissant de la sérosité de leur chair.

Dans son traité pharmacologique *Sur les médicaments composés selon les lieux*, Galien reprend les éléments des théories aristotéliciennes sur la formation des poux et l'étiologie de la *phtheiriasis* :

Φθειρῶν γένεσις ἐν τῇ κεφαλῇ συμβαίνει τισὶν ἀθρόως. παμπόλλων ἐξ ὑγρῶν δηλονότι θερμῶν μὲν, οὐ μὴν εἰς τοσοῦτον ἡκόντων θερμότητος εἰς ὅσον ἥκουσιν οἱ δριμεῖς ἰχῶρες, ὥστε δῆλόν ἐστιν ἐν τῷ βάθει τοῦ δέρματος γίγνεσθαι τὴν διάθεσιν τῆς φθειριάσεως, ἔνθα καὶ γεννᾶσθαι τὰ ζῶα ταῦτα δυνατόν ἐστιν, οὐκ ἐπιπολῆς τοῦ δέρματος, ἐν ᾧ τὴν πιτυρίασιν ἐλέγομεν συνίστασθαι.

« Les poux se forment dans la tête, massivement chez certains, bien évidemment à partir d'humeurs chaudes, toutefois pas aussi chaudes que les sérosités aigres, si bien qu'il est clair que la disposition de la *phtheiriasis* se forme dans les profondeurs de la peau. C'est là également qu'il est possible que ces êtres vivants soient engendrés et non à la surface de la peau, où nous disons que se constituent les pellicules »[39].

Pour Aristote et Galien, les poux naissent dans la chair sous la peau et ils sont carnivores, tandis que la phtiriase est causée par une surabondance

---

[38] Aristote, *Histoire des animaux*, V, 31 [ed. et tr. P. Louis, CUF, 1968, p. 55-56].
[39] Galien, *Sur la composition des médicaments selon les lieux* I, 7 [ed. Kühn XII, 462 ; tr. Pietrobelli].

des humeurs et de la chaleur qui crée la multiplication des poux[40]. On peut noter que dans le texte d'Aristote, les puces naissent de la putréfaction et les punaises de l'humidité qui se dégage des animaux. La formation de ces insectes met donc en jeu une théorie qui resta en vogue jusqu'au XIXe siècle : ces insectes naissent directement de la matière par génération spontanée. Dans la *Génération des animaux*, Aristote oppose en effet les êtres vivants qui sont engendrés par l'accouplement d'un mâle et d'une femelle, et des êtres vivants qui naissent « comme si la nature les produisait par génération spontanée »[41] :

> Τῶν δ' ἀναίμων τὰ μὲν ἔχει τὸ θῆλυ καὶ τὸ ἄρρεν ὥστε τὰ ὁμογενῆ γεννᾶν, τὰ δὲ γεννᾷ μέν, οὐ μέντοι τά γε ὁμογενῆ· τοιαῦτα δ' ἐστὶν ὅσα γίγνεται μὴ ἐκ ζῴων συνδυαζομένων ἀλλ' ἐκ γῆς σηπομένης καὶ περιττωμάτων.
>
> Ἔστι δὲ καὶ ἐπὶ τῶν φυτῶν τὸν αὐτὸν τρόπον· τὰ μὲν γὰρ ἐκ σπέρματος γίγνεται τὰ δ' ὥσπερ αὐτοματιζούσης τῆς φύσεως. γίγνεται γὰρ ἢ τῆς γῆς σηπομένης ἢ μορίων τινῶν ἐν τοῖς φυτοῖς· ἔνια γὰρ αὐτὰ μὲν οὐ συνίσταται καθ' αὑτὰ χωρίς, ἐν ἑτέροις δ' ἐγγίγνεται δένδρεσιν οἷον ὁ ἰξός.
>
> « Mais parmi les non-sanguins, à quelques exceptions près, il y a mâle et femelle et le produit engendré ressemble aux parents, tantôt il y a génération, mais pas de ressemblance. Tels sont les êtres qui naissent non de l'accouplement d'animaux, mais de la terre en putréfaction et des résidus.
>
> Il en va de même aussi pour les plantes : les unes se développent à partir d'une semence, les autres comme si la nature les produisait par génération spontanée. Elles naissent soit de la terre en putréfaction, soit de parties qui pourrissent sur les plantes : car il y en a qui ne peuvent se former d'elles-mêmes, séparément, mais poussent sur d'autres arbres, par exemple le gui »[42].

---

[40] Sur l'humidité excessive comme facteur de la multiplication des poux, voir pseudo-Aristote, *Problèmes,* I, 16 [ed. et tr. P. Louis, CUF, 1991, p. 15] : Διὰ τί ἡ τῶν ὑδάτων μεταβολὴ τοῖς ἔχουσι φθεῖρας ποιεῖ πολλοὺς ἔχειν ; Ἢ ὅτι ἀπεψία γινομένη τοῦ ὑγροῦ διὰ τὴν ταραχήν, ἣ γίνεται διὰ τὴν ποικιλίαν τοῦ ὕδατος πυκνὰ μεταβάλλουσιν, ὑγρότητα ἐμποιεῖ, καὶ μάλιστα ἐν τῷ ἐπιτηδείως ὑπάρχοντι τόπῳ ; Ὁ δὲ ἐγκέφαλος ὑγρός· διὸ καὶ ἡ κεφαλὴ ἀεὶ μάλιστα. Δηλοῖ δέ, ὅτι αἱ τρίχες ἔνεισι μάλιστα ἐν αὐτῇ. Ἡ δὲ τοῦ τόπου τούτου ὑγρότης φθειρῶν ποιητική. Δηλοῖ δὲ ἐπὶ τῶν παίδων· ὑγροκέφαλοί τε γάρ εἰσι, καὶ πολλάκις ἢ κορυζῶσιν ἢ αἷμα ποιεῖ ῥεῖν, καὶ φθεῖρας πλείους οἱ ἐν ταύτῃ τῇ ἡλικίᾳ ἔχουσιν (« Pourquoi le changement d'eau fait-il que ceux qui ont des poux, en ont davantage ? Est-ce parce que l'absence de coction de l'humide, qui résulte du trouble que cause l'eau chez ceux qui en changent souvent, produit de l'humidité, et cela surtout dans la région qui s'y prête le mieux ? Or le cerveau est humide. C'est pourquoi la tête l'est aussi toujours plus que le reste. Ce qui le montre c'est que c'est surtout sur elle que sont les poils. L'humidité de cet endroit produit les poux. On le voit d'après les enfants : ils ont, en effet, la tête humide et ils ont souvent des coryzas ou des saignements de nez, et c'est à cet âge qu'on a le plus de poux »).

[41] Sur le concept de génération spontanée (γένεσις αὐτόματος / αὐτομάτη) chez Aristote, voir Pierre LOUIS, « La génération spontanée chez Aristote », *Revue de synthèse* 89 (1968), p. 291-305 ; Geoffrey E. R. LLOYD, *The Revolution of Wisdom. Studies in the Claims and Practice of Ancient Greek Science*, Berkeley-Los Angeles : Univ. of California Press, 1987, p. 151-154 et G.E.R. LLOYD, *Aristotelian Explorations*, Cambridge : Univ. Press, 1996, p. 104-125.

[42] Aristote, *Génération des animaux* I, 1, 715 a-b [ed. et tr. P. Louis, CUF, 1961, p. 2].

Dans ce même traité, Aristote expose sa définition de la génération spontanée :

> Ὅσα δὲ μήτε παραβλαστάνει μήτε κηριάζει, τούτων δὲ πάντων ἡ γένεσις α ὐτόματός ἐστιν. Πάντα δ ὲ τὰ συνιστάμενα τ ὸν τρόπον τοῦτον καὶ ἐν γῇ καὶ ἐν ὕδατι φαίνεται γιγνόμενα μετὰ σήψεως καὶ μιγνυμένου τοῦ ὀμβρίου ὕδατος· ἀποκρινομένου γὰρ τοῦ γλυκέος εἰς τὴν συνισταμένην ἀρχὴν τ ὸ περιττεῦον τοιαύτην λα μβάνει μορφήν. Γίγνεται δ ' οὐθὲν σηπόμενον ἀλλὰ πεττόμενον· ἡ δὲ σῆψις καὶ τὸ σαπρὸν περίττωμα τοῦ πεφθέντος ἐστίν.
>
> « Dans les cas où il n'y a ni bourgeonnement ni formation de cire, la génération est toujours spontanée. Les êtres qui se forment de cette façon, aussi bien dans la terre que dans l'eau, naissent tous manifestement au milieu d'une putréfaction avec mélange d'eau de pluie. En effet, alors que la partie douce se sépare et constitue le principe en formation, le résidu prend cette forme particulière. Rien ne naît d'une putréfaction, mais d'une coction. La putréfaction et les matières pourries sont le résidu de ce qui a subi la coction »[43].

Ce sont, pour Aristote, les animaux inférieurs et les insectes qui naissent selon ce procédé : poux, puces, punaises, mais aussi mouches, taons, mites, teignes, moustiques, vers, chenilles, etc. Pour expliquer des phénomènes invisibles à l'œil nu tels que la reproduction du pou ou l'évolution de la lente à la nymphe et de la nymphe au pou, Aristote a donc invoqué le concept d'une formation *ex nihilo* à partir de la matière. Il explique cette formation spontanée sur le modèle de son schéma de la génération : de même que la femelle fournit la matière ou le substrat de son sang menstruel et que le mâle donne la forme par le sperme, de même pour ces insectes, la matière est fournie par la terre, l'eau ou les résidus et c'est la chaleur ou le souffle chaud qui leur donne forme[44]. Ce qui frappe dans ces explications, c'est le recours à l'imaginaire physiologique de la putréfaction et de la coction. La génération spontanée est *generatio ex putri.* Elle fait appel au même paradigme de la coction et de la putréfaction des humeurs qui intervient autant dans le processus de la digestion que dans celui de l'explication des maladies.

Du mot grec désignant le pou *phtheir* (φθείρ), au verbe *phtheirô* (φθείρω) connotant la destruction ou la corruption, il n'y a pas seulement qu'une étymologie douteuse ou fantaisiste. J. Schamp a voulu montrer que les nombreux jeux de mots que l'on trouvait dans la description de la phtiriase des Anciens étaient purs artifices littéraires destinés au plaisir des lecteurs[45]. Il est vrai que ni Aristote ni Plutarque ne se privent de cette figure

---

[43] *Ibid.*, III, 11, 762b [ed. et tr. P. Louis, CUF, p. 130].

[44] *Ibid.*, III, 11, 762b [ed. et tr. P. Louis, CUF, p. 131-132].

[45] Il relève par exemple chez Hérodote dans le récit de la reine Phérétime le jeu de mots « vive » ζώουσα / « fourmilla » ἐξέζεσε. J. Schamp pointe l'idée que les imitateurs d'Hérodote ont eux aussi fait des jeux de mots dans les cas de phtiriase ou de scolécose qu'ils racontaient ; voir J. SCHAMP, *op. cit. supra*, note 2, p. 162-168. Il conclut : « les Anciens ont été les victimes de leur faconde et de leur goût pour l'imitation. En outre, le langage y a été affecté par ses propres virtualités » (p. 169).

de style : à propos des faisans, le Stagirite écrit διαφθείρονται ὑπὸ τῶν φθειρῶν[46] et Plutarque décrit la chair de Sylla comme διαφθαρεῖσαν εἰς φθεῖρας. Toutefois, pour les Anciens, il semble que cette étymologie n'avait rien de suspect. Il s'agissait d'une donnée bien établie : le pou s'appelle *phtheir*, parce qu'il naît de la chair pourrie et de la corruption du corps. Les livres savants donnent cette étymologie comme allant de soi :

> [...] τοὺς καλουμένους φθεῖρας [...] ἐκ διαφθορᾶς ἰδίαν γένεσιν ἐχούσας καὶ διὰ τοῦθ', ὡς οἶμαι, φθεῖρας καλουμένας.
>
> « [...] ceux qu'on dénomme *phtheiras* (« poux ») [...] qui tiennent leur propre génération de la *diaphthoras* (« corruption ») et c'est pour cela, je pense qu'on les appelle *phtheiras* (« poux ») »[47].

> **Φθείρ** : Παρὰ τὸ **φθείρω,** ἡ ἀπὸ **φθορᾶς** σωματικῆς γινομένη.
>
> « *Phtheir* (« pou ») : vient de *phtheirô* (« corrompre »), il naît de la *phthoras* (« corruption ») du corps »[48].

L'idée de la génération spontanée de ces êtres microscopiques à partir d'une matière en décomposition remonte bien avant Aristote : on en trouve des traces dans les livres sacrés de l'Inde ou dans les inscriptions cunéiformes babyloniennes[49]. Pour expliquer l'extrêmement petit, la formation du pou et la description de la phtiriase, deux théories anciennes entrent en jeu : la génération spontanée d'une part et la théorie de la coction des humeurs d'autre part. Les humeurs doivent subir la coction pour être utiles à l'organisme et les résidus de cette coction doivent être évacués. Quand ces résidus ne sont pas évacués, cette *materia peccans* provoque des inflammations, des tumeurs et toutes sortes de maladies ; elle génère aussi des poux, des puces ou des vers en l'occurrence. Les deux théories ont en commun d'expliquer ce qui n'est pas observable à l'œil nu : la naissance d'êtres microscopiques, mais aussi les transformations qui sont à l'œuvre à l'intérieur de l'organisme. Elles ont pour but de donner une explication rationnelle à ce qui reste caché et invisible dans la boîte noire du corps humain. La question du pou semble donc être au cœur d'un nœud épistémologique, elle est prise dans un maillage de systèmes physiologiques et biologiques qui ont formaté la pensée scientifique ancienne et perduré plus de 2000 ans après leur formulation par Aristote. Ce que je dis n'a rien de rhétorique. Pour illustrer le principe de la génération spontanée, le meilleur exemple, et le plus souvent cité par Aristote, est bien celui du pou[50]. Le fait que le pou soit devenu l'exemple canonique pour illustrer la *generatio spontanea* n'est pas anodin si l'on a en tête le rapport entre le mot *phtheir* (φθείρ) et le verbe *phtheirô* (φθείρω), comme je viens de le rappeler.

---

[46] Aristote, *Histoire des animaux* V, 31, 557a [ed. et tr. P. Louis, CUF, 1968, p. 57, 1-2].
[47] Ps.-Galien, *Thériaque à Pison* [ed. Kühn XIV, 290 ; tr. Pietrobelli].
[48] *Etymologicum Magnum, s. v.* φθείρ [ed. Kallierges 792, 40 ; tr. Pietrobelli].
[49] Voir Alexander I. OPARIN, *Genesis and Evolutionary. Development of Life*, New York-Londres : Academic Press, 1968 (pour la traduction anglaise), p. 9.
[50] Voir P. LOUIS, *art. cit. supra* note 41.

La fin de la génération spontanée (hétérogénie)

Cette importance du pou et de la phtiriase comme clef de voûte d'un système explique peut-être la lenteur du processus scientifique qui a conduit à éliminer la phtiriase de la liste des pathologies mortelles, ainsi que les nombreuses réticences qui ont perduré bien après que certaines vérités ont été établies. Déjà Théophraste[51], le disciple d'Aristote, avait émis des réserves sur la théorie de la génération spontanée. En précurseur, il émettait l'hypothèse que l'air est porteur de germes, ou encore que les cours d'eau et rivières véhiculent des graines et des semences et que certains développements de graines échappent à notre perception :

> Αἱ δ' ἐπομβρίαι καὶ σήψεις τινὰς ποιοῦσι καὶ ἀλλοιώσεις, ἐπὶ πολὺ διϊκνουμένου τοῦ ὑγροῦ, καὶ τρέφειν καὶ ἐπαύξειν δύνανται τ ὰ συνιστάμενα, θερμαίνοντος τοῦ ἡλίου κα ὶ καταξηραίνοντος, ὥσπερ καὶ τὴν τ ῶν ζώων γένεσιν ο ἱ πολλοὶ ποιοῦσιν· ε ἰ δὲ δὴ καὶ ὁ ἀὴρ σπέρματα δίδωσι συγκαταφέρων ὥσπερ φησὶν Ἀναξαγόρας καὶ πολλῷ μᾶλλον· ἄλλας γ ὰρ ἂν ποιοῖεν ἀρχὰς καὶ τροφάς. ἔτι δ ' οἱ ποταμοὶ καὶ αἱ συρρόαι καὶ ἐκρήγματα τ ῶν ὑδάτων πολλαχόθεν ἐπάγουσι σπέρματα κα ὶ δένδρων κα ὶ ὑλημάτων, δι ὃ καὶ αἱ μεταστάσεις τ ῶν ποταμῶν π ολλοὺς τόπους ποιοῦσιν ὑλώδεις τοὺς πρότερον ἀνύλους. Ἀλλ' αὗται μὲν ο ὐκ α ὐτόματοι δόξαιεν ἄν, ἀλλ' ὥσπερ σπειρόμεναί τινες ἢ φυτευόμεναι. τὸ δὲ τῶν ἀκάρπων ο ἰηθείη τις ἂν μᾶλλον αὐτομάτους ἢ φυτευόμεναι. τὸ δὲ τῶν ἀκάρπων οἰηθείη τις ἂν μᾶλλον α ὐτομάτους εἶναι, μήτε φυτευομένων μήτε ἀπὸ σπέρματος γινομένων, ὅπερ ἀναγκαῖον [εἰ] μηδ' ἕτερον τούτων. Ἀλλὰ μή ποτ' οὐκ ᾖ τοῦτ' ἀληθὲς ἐπί γε τ ῶν μειζόνων, ἀλλὰ μᾶλλον λανθάνουσιν α ἱ πᾶσαι τ ῶν σπερμάτων φύσεις· ὅπερ κα ὶ ἐν ταῖς ἱστορίαις ἐλέχθη περί τε τ ῆς ἰτέας καὶ τῆς πτελέας. Ἐπεὶ καὶ τῶν ἐλαττόνων πολλα ὶ διαλανθάνουσι τ ῶν ποιωδῶν, ὥσπερ καὶ περὶ τοῦ θύμου καὶ ἑτέρων ὧν εἴπομεν ὡς κατὰ μὲν τὴν ὄψιν οὐ φανερά, κατὰ δὲ τὴν δύναμιν φανερά· σπειρομένων γὰρ τῶν ἀνθῶν γεννᾶται.
>
> « En outre, les fleuves, les eaux confluentes et jaillissantes apportent de divers endroits des graines d'arbres et de végétaux ligneux (c'est pourquoi les déplacements des cours d'eau font pousser des bois en plusieurs lieux auparavant non boisés). Il semblerait alors que ces cas ne relèvent pas de la génération spontanée, mais sont comparables à des sortes d'ensemencement ou de plantation.
>
> En ce qui concerne les espèces stériles, on penserait plus volontiers à la génération spontanée, puisqu'elles ne viennent ni de plant ni de graine, ce qui est évidemment nécessaire si elles ne produisent ni l'un ni l'autre. Mais il y a des chances que ce ne soit pas vrai, au moins pour les végétaux de grande taille ; c'est plutôt la totalité des aptitudes naturelles des semences qui nous échappe, comme il a été dit dans les *Recherches* au sujet du saule ou de l'orme. De fait, parmi les espèces plus petites, dans plusieurs cas le mode de reproduction des herbacées nous échappe complétement, comme nous l'avons dit du thym et d'autres espèces dont les semences ne se manifestent pas à la vue, mais se manifestent par leur dynamisme, puisqu'un semis de leurs

---

[51] Sur les réserves de Théophraste, voir G. E. R. LLOYD, *op. cit. supra* note 41, p. 151-154.

fleurs leur donne naissance »[52].

Mais il est clair que l'autorité d'Aristote eut plus d'impact que les quelques pistes lancées par son disciple, puisqu'il fallut attendre l'époque moderne pour résoudre l'énigme de la phtiriase[53]. La victoire contre la théorie de la génération spontanée a été menée sur deux fronts : celui de l'observation microscopique et celui de la recherche des causes de la fermentation ou putréfaction. Des progrès décisifs dans l'observation de l'infiniment petit furent effectués par le Hollandais Antonie van Leeuwenhoek (1632-1723). Ce drapier de Delft avait développé de nouvelles techniques microscopiques en fabriquant des lentilles d'une qualité et d'une puissance jamais égalées (grossissant de 160 à 200 fois), afin d'observer au départ la qualité des étoffes, puis les fibres de plantes et enfin les cellules animales. C'est grâce à l'invention de cette nouvelle technologie qu'il découvrit les protozoaires, les spermatozoïdes ou les bactéries, micro-organismes qui reçurent le nom d' « animalcules ». Au début des années 1670, Leeuwenhoek fait œuvre de pionnier dans l'exploration de l'anatomie miniature : il dissèque des poux et observe des petits poux dans des œufs logés dans le corps des femelles[54]. Mais ce n'est que bien des années plus tard qu'il devint un adversaire des thèses sur la génération spontanée.

L'autre versant qui permit de mettre fin à cette représentation imaginaire est constitué par les recherches sur la putréfaction. Le premier à réfuter l'existence de la *generatio ex putri* fut le médecin italien Francesco Redi (1626-1657), dans *Esperienze intorno alla generazione degl'insetti*, il prouva que l'apparition de vers dans les cadavres n'était pas un phénomène de génération spontanée, mais qu'il était lié aux œufs pondus par les mouches. Dans la lignée de Redi, on peut citer entre autres les recherches de Spallanzani qui montra que, si on stérilise les matières organiques par la chaleur et qu'on les tient à l'abri de l'air, aucun microorganisme ne s'y développe. Mais ce sont les travaux de Pasteur (1822-1895) qui mirent définitivement fin à la théorie aristotélicienne de l'hétérogénie ou génération spontanée, déjà remise en cause depuis deux siècles. Pasteur put établir que la fermentation est due à des microorganismes vivants, les microbes qui sont portés par l'air et que l'on peut détruire par un chauffage rapide à 55° ou pasteurisation. Les résultats de Pasteur parurent en 1862, mais il fallut

---

[52] Théophraste, *Les causes des phénomènes végétaux,* I, 5, 2-3 [ed. et tr. S. Amigues, CUF, 1988]. Théophraste attribue la théorie que la semence de toutes choses est contenue dans le vent et dans l'eau des pluies à Anaxagore, voir *Recherches sur les plantes,* III, 1, 4 [ed. S. Amigues, CUF, 1989, t. II, p. 4, l. 3-5].

[53] Sur le déclin de la théorie de la génération spontanée, voir John FARLEY, *Spontaneous Generation Controversy from Descartes to Oparin*, Baltimore-Londres : Johns Hopkins University Press, 1977 ; Pietro OMODEO, « Génération spontanée. Spontaneous generation », dans Patrick TORT (ed.), *Dictionnaire du darwinisme et de l'évolution*, tome F-N, Paris : PUF, 1996, p. 1821-1824 et Henry HARRIS, *Things Come to Life. Spontaneous Generation Revisited*, Oxford : Univ. Press, 2002.

[54] Voir Edward G. RUESTOW « Leeuwenhoek and the Campaign Against Spontaneous Generation », *Journal of the History of Biology* 17 (1984), p. 225-248.

encore quelques années pour que ses découvertes se répandent, convainquent les plus attachés à la tradition et que prenne fin, avec la théorie de l'hétérogénie qui la sous-tendait, la maladie de la *phtheiriasis*.

Rétrospectivement, il est impressionnant de constater à quel point la description de Plutarque et le texte biologique d'Aristote ont pu influencer si durablement les conceptions scientifiques et médicales. Dans cet exposé, j'ai voulu d'abord mettre en lumière, comment les philologues d'une part et les médecins d'autre part avaient pu démystifier le cas de la phtiriase de Sylla dépeint par Plutarque. Une telle conception de la maladie se fondait sur l'autorité d'Aristote et il a été nécessaire d'expliquer les assises physiologiques de cette description, puis retracer les différentes étapes de sa déconstruction afin d'expliquer la disparition définitive de cette maladie après 1871. La lecture des textes biologiques d'Aristote et de Galien nous a montré comment un être microscopique tel que le pou pouvait être pris au sein d'un maillage épistémologique complexe alliant l'imaginaire de la génération spontanée et celui de la putréfaction. Si le pou fut une arme littéraire pour attaquer la grandeur et l'orgueil des philosophes et des tyrans, il a permis aux philosophes de l'Antiquité de penser l'invisible et d'échafauder de grands schèmes explicatifs. Bien des siècles plus tard, notamment avec les travaux du Néerlandais Leeuwenhoek, cet insecte microscopique fut aussi le grain de sable qui vint enrayer tout un dispositif scientifique et fit s'effondrer un régime épistémologique.

Poux, puces et punaises à Byzance (IVe-XIe siècles) : entre nature et surnaturel

Georges SIDÉRIS[1]

Dans cette étude nous nous intéresserons à la question du rapport qu'entretiennent poux, puces et punaises, avec la nature et la manifestation du surnaturel, par quelques exemples à Byzance. Il ne s'agit donc pas ici de passer en revue les différents témoignages sur les poux, les puces et les punaises dans les sources byzantines, ni de faire une étude embrassant les différents textes médicaux byzantins sur la question, ce qui outrepasserait largement les limites de ce travail. Nous nous proposons plutôt de voir comment poux, puces et punaises sont traités, mis en scène dans des discours où nature et surnaturel se côtoient, entrent en interaction, et où les frontières peuvent se brouiller entre ces deux dimensions[2]. Pour ce faire, nous commencerons par un ouvrage qui a pour horizon le monde rural et les pratiques agricoles, ce qui à première vue pourrait laisser penser que nous nous mouvons dans une approche purement naturaliste, d'approche parasitologique.

Les *Géoponiques* sont un manuel qui se présente comme une anthologie en vingt livres de textes relatifs aux divers aspects des travaux de la campagne, qui ont été sélectionnés comme étant jugés utiles et nécessaires quant au sujet traité. L'ouvrage est dédicacé à l'empereur Constantin VII Porphyrogénète (913-959), qui en a passé commande à un compilateur[3]. Ce recueil participe du goût du souverain pour les ouvrages à caractère encyclopédique, qui rassemblent sur un sujet donné, un choix (*éklogè*) de textes qui sont les passages les plus utiles extraits de la masse des œuvres disponibles.

---

[1] Université Paris-Sorbonne, UMR 8167 (Orient et Méditerranée), Monde byzantin.

[2] Sur le rapport des Byzantins à la thérapeutique, aux talismans et aux rapports entre nature et sacré, voir en particulier Gilbert DAGRON, « L'ombre d'un doute : l'hagiographie en question, VIe-XIe siècles », *Dumbarton Oaks Papers* 46 (1992), p. 59-68 et *Id.*, *Constantinople imaginaire. Études sur le recueil des « Patria »*, Paris : PUF, 1984, p. 99-159. Sur démonologie, sorcellerie, possessions, punition divine à Byzance voir Aurélie GOUDAL, *Possessions et exorcismes dans l'hagiographie byzantine primitive (IVe-VIIe siècle)*, Thèse de doctorat Université de Montréal et Université Paris IV-Sorbonne, 2007, p. 130-268. Nous ne traiterons pas des différents témoignages sur la présence de la vermine, ce qui n'est pas le sujet de cet article. Citons par exemple le cas des prisons byzantines où les prisonniers étaient infestés par la vermine, voir Rodolphe GUILLAND et Phédon KOUKOULÈS, « Études sur la vie privée des Byzantins. I. Voleurs et prisons à Byzance », *Revue des Études grecques* 61 (1948), p. 118-136, ici p. 130.

[3] *Géoponiques*, Préambule et I, introduction, dans Henricus Beckh (ed.), *Geoponica sive Cassiani Bassi Scholastici De re rustica eclogae*, Stuttgart et Leipzig : Teubner, 1895, réimpression 1994, p. 1-3, traduction française dans Jean-Pierre Grélois et Jacques Lefort, *Géoponiques*, Paris : ACHCByz, 2012, p. 11-14.

En fait, le compilateur constantinien a repris une anthologie en grec, dont nous allons retracer rapidement l'historique. Au Ve ou au VIe siècle, une compilation organisée en douze livres, les *Eclogues*, est réalisée par un autre auteur byzantin, Kassianos Bassos, originaire peut-être de Syrie. Cet ouvrage eut un grand succès et fut traduit en pehlvi et en arabe. Kassianos Bassos avait lui-même utilisé, comme ouvrage de base, la *Synagogè Géôrgikôn Épitèdeumatôn*, écrite en grec au IVe siècle par Vindanius Anatolius de Béryte (traité comme trois auteurs distincts dans les *Géoponiques*, Ouindaniônios, Anatolios, Bèrytios), dont subsistent des versions en syriaque, arménien et arabe. Puis peu après la parution des *Eclogues*, un éditeur reprend l'ouvrage en l'augmentant notamment d'extraits d'Anatolius et en l'organisant en vingt livres. Beaucoup plus tard, peu avant la publication sous Constantin VII, un autre éditeur pré-Constantinien réédite l'ouvrage, en lui donnant un aspect beaucoup plus mésobyzantin avec l'attribution des noms d'auteur, attribuant de façon arbitraire tel auteur à tel chapitre, en introduisant un exposé sur les saisons et semis dans la région de Constantinople, ainsi que des anecdotes mythologiques concernant certaines plantes. Par ses ajouts cet auteur a donné à l'œuvre un style typique de la culture du « premier humanisme byzantin » des IXe-Xe siècles. Enfin vers 950, à la demande de Constantin VII, l'ouvrage est repris sous le nom de Kassianos Bassos, avec le titre de *Géoponiques*. L'éditeur constantinien dispose d'un travail déjà formellement adapté à son époque. Il introduit un préambule dédié à l'empereur Constantin VII. Ce préambule n'a pas qu'une fonction laudative vis-à-vis de cet empereur ; d'emblée, il inscrit les *Géoponiques* dans l'ensemble des encyclopédies constantiniennes. Cet ouvrage protobyzantin, repris, mis formellement au goût du jour fut diffusé à l'époque mésobyzantine. De fait, les *Géoponiques* ont connu un vrai succès à Byzance comme en témoigne le grand nombre de manuscrits grecs qui nous sont parvenus[4].

D'abord une question de vocabulaire. Le mot vermine existe en grec à Byzance et notamment dans les *Géoponiques* : *thèria* est un terme générique qui englobe un ensemble de petits animaux, comme les pucerons, les larves, un ensemble de bestioles qui s'attaquent aux plantes potagères. *Psulla* sert à qualifier puces et pucerons. L'emploi de produits communs comme l'amurque pour les combattre indique une proximité des puces et punaises avec la vermine[5]. On utilise aussi le concombre sauvage, pour détruire la vermine, punaises, puces et poux[6].

---

[4] Nous suivons la reconstitution faite par Christophe GUIGNARD, « Sources et constitution des *Géoponiques* à la lumière des versions orientales d'Anatolius de Béryte et de Cassianus Bassus », dans Martin WALLRAFF, Laura MECELLA (ed.), *Die* Kestoi *des Julius Africanus und ihre Überlieferung*, Berlin et New-York : Walter de Gruyter, 2009, p. 243-344, ici p. 245-257. Voir aussi Paul LEMERLE, *Le premier humanisme byzantin. Notes et remarques sur enseignement et culture à Byzance des origines au Xe siècle*, Paris : PUF, 1971, p. 288-342. Je tiens à remercier M. Jean-Pierre Grélois pour ses indications sur les *Géoponiques*, les propos tenus ici n'engageant que leur auteur.

[5] *Géoponiques*, II, 27, 7, XII, 4, 1, XIII, 14, 4, et 15, 5, ed. H. Beckh, p. 68, p. 351, p. 399 et p. 401, trad. J.-P. Grélois et J. Lefort, p. 44, p. 196, p. 222. Jean Théodoridès signale

Les punaises et les puces font l'objet de deux chapitres dans les *Géoponiques.* Il est intéressant de constater que punaises et puces sont traitées successivement, car elles concernent la maison ; des notices substantielles leur sont consacrées, signe, d'une part, que les compilateurs successifs avaient trouvé chez les auteurs antiques largement de quoi alimenter leur sujet, mais aussi, d'autre part, que les recettes pour combattre les puces et punaises suscitaient, à Byzance, l'intérêt des lecteurs. Les poux qui infestent la tête de l'homme ne font pas l'objet d'une notice spécifique. Ils sont mentionnés dans la notice sur les bettes qui sont un produit curatif contre eux. Les poux infestant les animaux sont aussi mentionnés, ce qui est logique dans un ouvrage concernant la vie rurale; sont abordés les poux des poules, des abeilles ; les poux du bœuf et les poux des animaux, causes de la phtiriase font l'objet de deux notices spécifiques, vraisemblablement du fait que les bœufs présentaient un intérêt économique majeur et que la phtiriase était un problème important pour la santé des animaux domestiques[7].

Abordons d'abord les recettes naturelles. Pour détruire les punaises (*koris* en grec) les *Géoponiques* proposent plusieurs méthodes. D'abord par frottage du lit ; on peut employer une éponge. Plusieurs produits composés de deux éléments sont indiqués : de la scille broyée avec du vinaigre, du soufre broyé dans du vinaigre, des feuilles de lierre ou de câprier avec de l'huile, dont on peut asperger aussi les murs pour détruire les punaises. Pour un remède un peu plus complexe, on frotte un mélange à parts égales de bile de chèvre ou de veau et de vin doux avec du vinaigre[8]. De même on mélange une part de *kédria* à quatre part de vin doux. Le terme *kédria* pose problème. Il peut désigner de la résine de cèdre comme indiqué dans la traduction des *Géoponiques* par Jean-Pierre Grélois et Jacques Lefort. Mais ce peut être aussi de la résine de genévrier. En effet, le terme *kédros* est utilisé pour désigner aussi bien le cèdre qu'une espèce du genre genévrier[9].

---

simplement en quelques lignes le traitement des puces et punaises dans les *Géoponiques* dans son article, « La parasitologie chez les Byzantins. Essai de comparaison avec les Arabes », *Actes du 15e Congrès International d'Histoire Médicale (Madrid-Alcalà)*, 1956, t. 1, Madrid, 1958, p. 207-221, ici p. 213.

[6] *Idem*, II, 27, 4, XIII, 14, 1 et 15, 1, XVII, 29, 2, ed. H. Beckh, p. 68, p. 399, p. 401, p. 483, trad. J.-P. Grélois et J. Lefort, p. 44, p. 222, p. 269. Le concombre sauvage est l'*Ecballium elaterium.* C'est une plante qui était utilisée notamment comme vomitif ou purgatif violent et qui était réputée toxique pour certains animaux, voir Nicolas ADELON *et alii*, *Dictionnaire des sciences médicales*, t. 11, Paris : Charles-Louis-Fleury Panckoucke, 1815 [désormais abrégé *DSM*], p. 256-260 (*Elaterium*). Les notices du *DSM* citent et commentent les produits mentionnés dans les sources antiques.

[7] *Géoponiques*, XII, 15, 3 (poux sur la tête humaine), XIII, 14 (punaises) et 15 (puces), XIV, 17, 3 (poux des poules), XV, 1, 5 (poux des moutons) et 2, 13 (poux des abeilles), XVII, 29 (poux du bœuf), XVIII, 16 (phtiriase), ed. H. Beckh, p. 360, p. 399-402, p. 421, p. 432, p. 439, p. 483, p. 495. trad. J.-P. Grélois et J. Lefort, p. 201, p. 222-223, p. 233, p. 239, p. 243, p. 269, p. 277.

[8] *Idem*, XIII, 14, 1-4, ed. H. Beckh, p. 399-400, trad. J.-P. Grélois et J. Lefort, p. 222.

[9] *Idem*, XIII, 14, 6, ed. H. Beckh, p. 400, trad. J.-P. Grélois et J. Lefort, p. 222. Galien, *De simplicium medicamentorum temperamentis ac facultatibus liber VII*, X, 16 [*De cedro*], dans Karl Gottlob Kühn (ed.), *Claudii Galeni opera omnia*, t. XII, Leipzig, 1826, p. 16-19. Oribase, *Collection Médicale*, VIII, 13, dans *Œuvres d'Oribase*, t. 2, ed. et tr. Ulco Cats Bussemaker et

On peut aussi employer des produits simples et faciles à utiliser. Il suffit de faire cuire de la colle de poisson et d'en frotter le lit. Ce produit était aisément accessible dans un grand empire maritime comme l'était Byzance, riche en cours d'eau, avec non seulement une pêche maritime mais aussi des pêcheries, où les pauvres consommaient du poisson de mer ou de rivière, sans compter tous les bateaux liés à l'activité maritime commerciale[10]. On peut simplement mettre dans le lit de la poix liquide avec du suc de concombre sauvage. Autre méthode, oindre avec un produit composé. On fait cuire des feuilles de cédratier avec de l'huile et on enduit les assemblages des lits, ou alors on mélange de la bile de taureau ou de bouc à du vinaigre piquant et on enduit le lit et les murs[11].

Autre méthode : l'aspersion. On mélange de l'amurque, issue du marc d'olives pressurées, cuite avec de la bile de bœuf et de l'huile et l'on asperge les lits. Tous ces produits sont communs, faciles à se procurer et pas onéreux. Mais le produit présenté comme efficace est un composé qui se présente comme une recette de poison qui nécessite une véritable préparation : « On broie ensemble un bol de staphisaigre, une part égale de scille hachée menu, une cuillerée de vinaigre piquant, puis on fait chauffer et l'on en frotte ainsi l'endroit ». La staphisaigre ou *Delphinium staphisagria* est effectivement une plante toxique qui était utilisée contre la vermine d'où son nom « d'herbe aux poux » et la scille (*scilla maritima*) est aussi une plante vénéneuse qui était infusée dans du vinaigre (vinaigre scillitique)[12].

On utilise aussi la fumigation. Celle de produits nocifs est une méthode utilisée pour détruire ou chasser la vermine en général : fumigation de scolopendre séchée, de sangsues pour détruire les punaises, les punaises en fumigation détruisant les sangsues. La sangsue est perçue comme un poison pour les punaises puisque dix sangsues et des feuilles de lierre broyées détruisent aussi les punaises[13]. Sangsues et punaises sont antipathiques. Peu après les remarques sur les sangsues dans la notice sur les punaises, les *Géoponiques* consacrent une petite notice aux sangsues où il est

---

Charles Daremberg, Paris : Imprimerie Impériale, 1854, p. 187-188 ; voir le long commentaire explicatif sur la *kédria* dans le même t. 2, p. 814-817. Voir aussi P. GAILLARD-SEUX, « Le "sang de basilic" chez Pline l'Ancien (*N.H.*, XXIX, 66): résine de genévrier ou hématite? », *L'antiquité classique* 68 (1999), p. 227-238, ici p. 232-234. Nous remercions P. Gaillard-Seux de nous avoir signalé le problème que soulevait l'interprétation du terme *kédria*.

[10] *Géoponiques*, XIII, 14, 3, ed. H. Beckh, p. 399, trad. J.-P. Grélois et J. Lefort, p. 222. Sur Byzance empire maritime, les flottes et les chantiers navals voir Hélène AHRWEILER, *Byzance et la mer*, Paris : PUF, 1966, p. 32-48 et p. 102-103. Sur la pêche, la consommation de poissons à Byzance, l'activité maritime et les bateaux de commerce voir Michel KAPLAN, *Les hommes et la terre à Byzance du VIe au XIe siècle*, Paris : Publications de la Sorbonne, 1992, p. 38-39, p. 305 et p. 339 ainsi que Paul MAGDALINO, *Constantinople médiévale. Études sur l'évolution des structures urbaines*, Paris : De Boccard, 1996, p. 78-88.

[11] *Géoponiques*, XIII, 14, 1-2, ed. H. Beckh, p. 399, trad. J.-P. Grélois et J. Lefort, p. 222.

[12] *Idem*, XIII, 14, 4 et 5 (citation), ed. H. Beckh, p. 399-400, trad. J.-P. Grélois et J. Lefort, p. 222 (citation en français). Voir *DSM* (voir note 6), t. 42, Paris, 1820, p. 413-414 (staphisaigre) et t. 50, p. 198-207 (scille).

[13] *Géoponiques*, XIII, 14, 7-8, XIV, 9, 3 (fumigation contre la vermine), ed. H. Beckh, p. 400, p. 416, trad. J.-P. Grélois et J. Lefort, p. 222, p. 230.

indiqué que si un bœuf avale une sangsue en buvant, il faut broyer des punaises, et, en les sentant, le bœuf vomira aussitôt la sangsue[14]. Et puis des méthodes très simples, vraisemblablement perçues comme commodes, mais peu efficaces puisque ces recettes sont placées en toute fin de notice. On apprend que répandre de l'eau chaude est une pratique courante, qui détruit les punaises existantes mais le résultat est provisoire car il en nait de nouvelles. De même on conseille en voyage de placer un vase d'eau froide sous le lit[15].

Contre les puces, l'aspersion avec un produit qui leur est toxique est la méthode la plus fréquente. Sont utilisées l'absinthe ou la racine de concombre sauvage mouillée d'eau de mer, de la nielle trempée dans de l'eau, de la décoction de conyze (plante de la famille des astéracées), de la graine de moutarde et de laurier rose cuites, de la racine de camélée (un arbrisseau méditerranéen), des feuilles de peuplier noir hachées et trempées dans de l'eau, ou de la macre cuite dans de l'eau. L'eau de mer ou le sel sont souvent présents dans les produits employés parce qu'ils ont la réputation de détruire les punaises. Les produits composés employés en aspersion sont présentés comme particulièrement efficaces pour faire se débarrasser des puces : on asperge le sol avec de l'amurque, et la maison avec un produit que l'on obtient en broyant du cumin sauvage et des graines de concombre sauvage, le tout mêlé d'eau[16]. On emploie aussi simplement de la chaux vive que l'on saupoudre pour les tuer[17]. Autres procédés, on creuse une fosse où l'on jette des lauriers-roses ou du sang de chèvre, ce qui les attire. Comme la toxicité du laurier-rose est bien connue, on peut penser qu'une fois attirées dans la fosse, les puces seront détruites[18]. Le sang de chèvre versé dans un coffre ou une jarre permet d'attirer les puces des tapis. Un vase enterré jusqu'à son extrémité supérieure et enduit de suif de taureau attire toutes les puces[19].

Pour les poux (en grec ici *ta herpéta*) sur la tête humaine, on utilise du suc de bettes crues. Le caractère succinct de la notice peut surprendre, car

---

[14] Tout un chapitre est consacré à l'antipathie et la sympathie comme principes physiques dans les *Géoponiques* voir XIV, 1 et XIII, 17 (sangsues), ed. H. Beckh, p. 432-436 et p. 403, trad. J.-P. Grélois et J. Lefort, p. 239-242 et p. 223. Ces deux principes expliquent que, dans la nature, animaux ou objets entretiennent entre eux des relations d'entente ou d'opposition, *cf.* P. GAILLARD-SEUX, « Un pseudo-Démocrite énigmatique : Bolos de Mendès », dans Frédéric LE BLAY (ed.), *Transmettre les savoirs dans les mondes hellénistique et romain*, Rennes : Presses Universitaires, 2009, p. 223-243, ici p. 229-232 et *Id.*, « Sympathie et antipathie dans l'*Histoire naturelle* de Pline l'Ancien », dans Nicoletta PALMIERI (ed.), *Rationnel et irrationnel dans la médecine ancienne et médiévale. Aspects historiques, scientifiques et culturels*, Saint-Étienne : Publications de l'Université, 2003, p. 113-128.

[15] *Idem*, XIII, 14, 10-11, ed. H. Beckh, p. 400, trad. J.-P. Grélois et J. Lefort, p. 222.

[16] *Idem*, XIII, 15, 1-3 et 5-7, ed. H. Beckh, p. 401-402, trad. J.-P. Grélois et J. Lefort, p. 222-223. Le cumin sauvage est le *carum carvi*, communément appelé cumin des prés voir *DSM* (voir note 6), t. 4, Paris, 1812, p. 133-134.

[17] *Géoponiques*, XIII, 15, 4, ed. H. Beckh, p. 401, trad. J.-P. Grélois et J. Lefort, p. 222.

[18] *Idem*, XIII, 15, 1 et 10, ed. H. BECKH, p. 401-402, trad. J.-P. Grélois et J. Lefort, p. 222-223. Sur la toxicité du laurier-rose considéré comme un poison très dangereux pour les hommes et les animaux voir *DSM* (voir note 6), t. 27, Paris, 1818, p. 336-346.

[19] *Géoponiques*, XIII, 15, 8 et, 11 ed. H. BECKH, p. 402, trad. J.-P. Grélois et J. Lefort, p. 223.

on s'attendrait à de plus amples développements étant donné que, d'une part, les poux étaient fort répandus dans la population[20] et, d'autre part, Oribase indique que, pour combattre les poux de la tête, il faut des onctions d'un mélange de staphisaigre, sandaraque et de soude brute avec du vinaigre et de l'huile. Oribase signale aussi que la sandaraque et la staphisaigre employées en onction avec du miel ou du vin détruisent les poux des paupières et des cils[21]. Ces remarques sont importantes : la staphisaigre est en effet utilisée contre les puces et les punaises. On voit donc ici que puces, punaises et poux peuvent être associées dans un même ensemble ce qui n'est pas le cas dans les *Géoponiques*. Ceci pourrait indiquer que les compilateurs successifs n'ont pas cherché à approfondir la question des poux de tête humaine car ceux-ci n'entraient pas dans le cadre de la vie rurale proprement dite.

De fait, les poux des animaux sont le sujet principal du traité, notamment la phtiriase, maladie provoquée par les poux[22]. Contre les poux des poules on mélange du cumin torréfié et de la staphisaigre dans du vin et on en frotte les volailles puis on les lave avec une décoction de lupins sauvages dans de l'eau. Contre les poux des abeilles on procède à une fumigation en brûlant des rameaux de pommier et de figuier sauvage. Pour soigner les bœufs atteints de phtiriase, on cautérise les pustules sur la langue avec des fers chauffés au rouge et on frotte les plaies avec un mélange de feuilles d'olivier sauvage et de sel ou de sel fin et d'huile ou de beurre et de sel. Le sel apparaît comme le produit fondamental. Faute de sel, on hache de la racine de concombre sauvage séché et des figues ou encore de la farine d'orge avec de la farine de blé torréfié, mouillées de vin, et on fait manger au bœuf ce mélange. De façon générale, les animaux atteints de phtiriase doivent être aspergés entièrement avec de la racine d'érable hachée ou de la racine de mandragore, produit toxique dangereux pour l'animal s'il vient à en absorber, ou de la décoction de racine de souchet. L'auteur mentionne la *kerdéa*, produit que Jean-Pierre Grélois et Jacques Lefort ont traduit par résine de cèdre mais qui peut être aussi de l'huile de genévrier[23].

On voit que pour combattre punaises, puces et poux sont sollicitées beaucoup de substances végétales, dont certaines sont toxiques : scille, staphisaigre, marc d'olives pressées, racine de concombre sauvage, concombre, farine de blé, suc de bettes, laurier-rose, vin, vinaigre, feuilles de

[20] Voir l'étude d'une archéologue sur les poux de tête humaine en Palestine romaine et byzantine qui en montre une forte présence, Claudine DAUPHIN, « Leprosy, Lust and Lice: Health and Hygiene in Byzantine Palestine », *Bulletin of the Anglo-Israel Archaeological Society* 15 (1996-97), p. 55-80, ici p. 65-66.

[21] Oribase, *Synopsis*, VIII, 27 (poux de la tête) et *Euporistes*, IV, 32 (poux des paupières et des cils), dans *Œuvres d'Oribase*, t. 5, ed. trad. Ulco Cats Bussemaker et Charles Daremberg, Paris : Imprimerie Nationale, 1873, p. 435 et p. 717. La sandaraque (ou réalgar) est un sulfure d'arsenic voir le *DSM* (voir *supra* note 6), t. 38, 1819, p. 285-286.

[22] Le lecteur se reportera aux articles d'Antoine Pietrobelli, d'Alessia Guardasole et de Patricia Gaillard-Seux, dans ce volume.

[23] *Géoponiques*, XII, 15, 3 (poux sur la tête humaine), XIV, 17, 3 (poux des poules), XV, 2, 13 (poux des abeilles), XVII, 29 (poux du bœuf), XVIII, 16 (phtiriase, XVIII, 16, 2, *kerdéa*), ed. H. Beckh, p. 360, p. 399-402, p. 421, p. 439, p. 483, p. 495, trad. J.-P. Grélois et J. Lefort, p. 201, p. 233, p. 243, p. 269, p. 277. Sur la *kedria*, P. GAILLARD-SEUX (cité note 9), p. 233.

cédratier, de lierre ou de câprier, d'olivier sauvage, absinthe, nielle, genévrier, conyze, moutarde, camélée, érable, peuplier noir, cumin torréfié, mandragore, souchet, rameaux de pommiers et de figuiers, figues. On emploie aussi des substances d'origine animale, bile de taureau ou de bouc, de chèvre ou de veau, de bœuf, suif de taureau, colle de poisson, sang de chèvre, sangsues, scolopendre séchée, beurre, mais cet usage est moins fréquent. En revanche on recourt à peu de produits minéraux, sel, soufre et chaux vive. Des fers chauffés au rouge traitent les pustules sur la langue chez les bœufs — on reviendra sur le fer —, et l'eau, tout simplement chaude ou froide, sert de traitement. On remarquera la grande diversité des produits employés qui se trouvent facilement dans l'espace géographique byzantin centré sur la Méditerranée orientale et, pour beaucoup, ne sont pas onéreux. La toxicité de plusieurs de ces produits était censée apporter une certaine efficacité à leur emploi. Ces recettes devaient plaire à un public de propriétaires terriens comme l'étaient beaucoup des fonctionnaires de l'empire, chefs militaires, ainsi que les magnats et aristocrates.

Mais au sein même du discours sur les produits et moyens naturels pour combattre poux, puces et punaises, on trouve, contre les punaises et davantage encore contre les puces, des procédés à la limite de l'action naturelle voire relevant du surnaturel, de la magie. Ainsi, après avoir longuement décrit les différents produits naturels pour combattre les punaises, il est indiqué que ces dernières n'apparaissent pas dans un lit, si l'on a attaché à ses pieds et à son dos des pattes de lièvre ou de cerf. Il peut s'agir ici simplement de principe d'antipathie mais on est aussi très près de l'emploi d'amulettes. De fait, le traitement des puces révèle l'introduction de procédés dont le caractère surnaturel ne laisse aucun doute. Ainsi le recours à une formule apotropaïque, dire « ôch, ôch », lorsqu'on entre dans un endroit permet d'éviter d'être attaqué par les puces qui s'y trouvent. Une recette magique préconisait d'écrire sur la porte d'entrée, avant les ides de mai. La formule est manquante : il s'agit ici d'un rituel inscrit dans un rapport magique au temps, par la mention des ides de mai et d'un écrit[24].

Une autre recette magique est décrite précisément et les *Géoponiques* cette fois en transmettent l'intégralité.

> « Si l'on dépose au milieu de la maison un bassin, que l'on trace autour un cercle avec un couteau tout en fer - et il vaudrait mieux qu'il ait servi à un meurtre - que l'on asperge le reste de la maison, en

[24] *Géoponiques*, XIII, 14, 9 et XV, 8-9 [ed. H. Beckh, p. 400 et p. 402, tr. J.-P. Grélois et J. Lefort, p. 222-223]. Les pratiques magiques, qui ont recours au surnaturel (amulettes, gemmes, eulogies, anneaux et médaillons avec images, caractères et symboles magiques, recettes magiques, croix votives et autres), pour obtenir la guérison, sont courantes à Byzance. Parmi la bibliographie fournie en ce domaine, voir Gary VIKAN, « Art, Medicine, and Magic in Early Byzantium », *Dumbarton Oaks Papers* 38 (1984), p. 65-86 ; Jean-Michel SPIESER, « Christianisme et magie du IIIe au VIIe siècle », dans Véronique DASEN et Jean-Michel SPIESER (ed.), *Les savoirs magiques et leur transmission de l'Antiquité à la Renaissance*, Florence : SISMEL, 2014, p. 333-351 ; James RUSSEL, « The Archaeological Context of Magic in the Early Byzantine Period », dans Henry MAGUIRE (ed.), *Byzantine Magic*, Washington D. C. : Dumbarton Oaks Research Library & Collection, 1995, p. 35-50.

> dehors de l'endroit circonscrit, avec une infusion de staphisaigre ou de feuilles de laurier hachées et cuites dans de la saumure ou dans de l'eau de mer, toutes les puces se rassembleront dans le bassin ».

L'aspersion use de produits naturels rencontrés précédemment, staphisaigre, feuilles de laurier, saumure et eau de mer qui sont réputés détruire ou repousser les puces. Le bassin entouré d'un cercle évoque immédiatement un procédé magique, car le cercle, en magie, a des vertus cathartiques et apotropaïques confirmées par l'emploi d'un couteau en fer ayant servi pour un meurtre. En médecine les procédés magiques sont employés depuis l'antiquité à côté des médicaments. Les procédés magiques suivent le principe des sympathies et antipathies présents dans la nature d'où le terme de *physica* qui peut qualifier ces traitements magiques. L'emploi du couteau en fer utilisé par un meurtrier évoque d'une part des pratiques occultes et d'autre part le rôle du sang. Ce dernier attire naturellement les puces, comme nous l'avons vu précédemment, où si l'on aménage une petite fosse avec du sang de chèvre sous le lit, toutes les puces sont aussitôt attirées vers la fosse. Il y a donc une sympathie entre les puces et le sang. De là, au meurtre, évidemment il y a une relation de proximité, le sang et le meurtre renvoyant à l'impur. Ceci indique que les puces participent de l'impureté[25]. Aucune opposition n'apparaît entre procédés naturels et surnaturels mais il y a bien interpénétration. La pratique est magique, avec le cercle et le couteau en fer, mais le seul recours à ce procédé ne suffit pas, son pouvoir doit se combiner avec l'utilisation de produits dont l'efficacité est reconnue dans les *Géoponiques*. Ainsi se révèle comme une résonance interne qui ne peut être le simple fait du hasard ou d'un collage de recettes diverses. La notice révèle le recours à plusieurs formes de magie combinant l'écrit, la parole, les objets, comme le couteau en fer et la bassine, et le dessin avec le cercle tracé sur le sol. De plus, ce procédé magico-naturel est placé à un point d'articulation entre les recettes tirées uniquement des produits naturels et des procédés purement apotropaïques comme l'écrit sur la porte d'entrée ou le fait de prononcer des mots. Ainsi, la notice sur les puces révèle un effort de construction et de cohésion interne dans sa construction. Ce faisant, les *Géoponiques* illustrent le débat qui parcourt la société byzantine sur les causes naturelles et surnaturelles et sur les moyens d'action adaptés[26].

Les *Patria* de Constantinople sont une collection patriographique mise tardivement sous le nom de Kodinos. Elle remonte aux environs de 955. Nous sommes donc à l'époque même d'édition des *Géoponiques* sous Constantin VII. Un ensemble de notices y sont consacrées aux fondations et constructions de Constantinople, chaque monument étant rapporté à un empereur. Le patriographe décrit dans un passage (extrait de la notice

---

[25] *Idem*, XIII, 15, 7, ed. H. Beckh, p. 402 et p. 402, trad. J.-P. Grélois et J. Lefort, p. 223 (citation). Voir Anne FRAISSE, « Place et statut des pratiques magiques dans les textes médicaux tardifs. Le cas de Cassius Felix et de Théodore Priscien », dans Françoise GAIDE et Frédéric BIVILLE (ed.), *Manus Medica*, Aix-en-Pr. : Publications de l'Université de Provence, 2003, p. 161-171. Sur les *physica* voir P. GAILLARD-SEUX, « Un pseudo-Démocrite... », art. cité *supra* note 14, p. 223-237.

[26] Voir Gilbert DAGRON, « L'ombre d'un doute... », article cité *supra* note 2, p. 59-63.

numérotée 24 dans l'édition de Théodore Preger) le *Kônôpiôn* (porte-moustiques), qui était une colonnette ou un entablement portant des représentations animales. Il dit à propos de ce dernier que Basile Ier détruisit le *Kônôpiôn* « qui était érigé avec des mouches, des moustiques, des cousins, des puces et des punaises ». Les cousins sont plus connus sous le nom de tipules. Ils ressemblent à des moustiques, mais n'en sont pas.

Un peu plus loin, le patriographe revient sur le *Kônôpiôn* et cette fois lui consacre une notice complète (n°200 dans l'édition de Théodore Preger). Il donne sa localisation et précise qu'il se trouvait « au sommet de l'arc occidental du *forum Tauri* ». Cette grande place, à l'intérieur de la muraille constantinienne, comportait une statue de l'empereur Théodose Ier (379-395), sous le règne duquel elle avait été inaugurée en 393, d'où son nom aussi de forum de Théodose. Ce dernier donnait sur la *Mésè*, la grande artère centrale de Constantinople. En le localisant au forum de Théodose le patriographe suggère ainsi l'antiquité du *Kônôpiôn*. Les animaux représentés étaient des statues de bronze et « grâce à eux la ville était exempte de ces bestioles ». Ces statues avaient donc un rôle apotropaïque.

Les *Patria* confirment que puces et punaises étaient associées à Byzance, comme dans les *Géoponiques* où leurs notices sont traitées successivement. Il est intéressant de noter que, comme dans la notice des *Patria*, où punaises et puces sont citées après mouches et moustiques, elles succèdent, dans les *Géoponiques* aux notices sur les moustiques et les mouches dont elles ne sont séparées que par une page sur les chauves-souris. On peut en déduire qu'à Byzance moustiques, mouches, punaises et puces étaient perçues comme appartenant au même groupe de petits animaux. En revanche, les poux ne font pas partie de ce groupe dans les *Patria*. Certains manuscrits précisent que le monument avait été consacré par Apollônios pour que les habitants de Constantinople ne soient plus gênés par ces bestioles, qu'elles évitent ainsi la Ville, et que Basile agit ainsi par irréflexion, voire à cause de sa sottise. Il s'agit ici de Basile Ier (867-886), le fondateur de la dynastie macédonienne dont Constantin VII est le descendant. Cette consécration par Apollônios est évidemment une légende, qui a pour fonction de renforcer auprès du lecteur l'idée de l'efficacité du monument talisman, détruit par un empereur chrétien. Constantinople conserve au Xe siècle beaucoup de statues ou garde le souvenir de statues dont un grand nombre étaient païennes. Apollônios de Tyane, philosophe païen qui vécut à la fin du Ier et au début du IIe siècle, a laissé à Byzance le souvenir d'un homme dont les talismans étaient particulièrement efficaces[27], parce qu'il était à la fois un magicien, donc condamnable, mais aussi un naturaliste au fait des sympathies et antipathies dans les forces naturelles, ce qui le rendait compatible avec la religion chrétienne.

Les Byzantins croyaient dans l'efficacité des amulettes de façon générale et spécifiquement concernant puces et punaises. Dès lors, l'on

---

[27] Sur Apollônios de Tyane, son image et la croyance à Byzance sur ses talismans et leur efficacité, voir G. DAGRON, *Constantinople imaginaire* (*supra* note 2), p. 104-115.

comprend mieux l'insertion de pratiques magiques concernant les puces et punaises dans les *Géoponiques*[28]. Mais un autre aspect permet de justifier aussi le recours à des procédés magiques concernant puces et punaises. En effet ce sont des animaux impurs, voire démoniaques, qu'il faut combattre avec des moyens appropriés. Envisageons donc un autre aspect important : la perception des poux, puces et punaises dans la littérature religieuse.

Les miracles de Cyr et Jean sont un recueil composé entre 610 et 615 par le moine Sôphronios, alors qu'il est un conseiller du patriarche orthodoxe d'Alexandrie, Jean l'Aumônier. Sôphronios y rapporte des miracles opérés dans le sanctuaire des saints à Ménouthis, près d'Alexandrie. Sôphronios raconte l'histoire d'Athanasia, fille de clarissimes — une famille de la bonne société —, à Alexandrie. Mais Athanasia ne croyait pas en la sainteté de Cyr et Jean, contestant leur martyre et donc leurs œuvres miraculeuses. Elle mettait en avant le fait qu'il n'y avait pas de document écrit racontant l'histoire des saints. Pour Sôphronios, cette demande de preuves écrites est hors de propos car les miracles constituent les preuves mêmes que les deux saints sont des martyrs. Cette attaque de la part d'une femme de la haute société était particulièrement nuisible pour le sanctuaire des saints puisqu'elle menaçait de ruiner les fondements mêmes de la prospérité du sanctuaire qui reposait sur la réputation de guérison des deux saints martyrs. Pour le moine, une telle attitude est le signe de l'impiété et de l'erreur et ne pouvait que provoquer une sévère correction de la blasphématrice de la part des deux saints. L'instrument, l'arme de cette punition fut une puce. Alors qu'Athanasia se moquait des saints, « voici qu'une puce bondit de terre, comme si elle combattait pour les saints, et lui pique violemment le talon ». Athanasia se pencha pour l'attraper, mais resta paralysée et incapable de se relever. Souffrant terriblement, elle eut recours à de nombreux médecins qui tous furent incapables de la guérir. Les saints lui apparurent alors pendant son sommeil, et lui suggérèrent de se rendre dans leur sanctuaire afin qu'ils la guérissent. Dès son réveil, elle se rend au martyrium des saints, reconnaissant ainsi son erreur, recouvre aussitôt la station debout et peut à nouveau marcher. Elle fait de nombreux dons au sanctuaire et devient une propagandiste des saints martyrs, qui occupent « le premier rang parmi les martyrs »[29].

---

[28] *Patria Kônstantinoupoleôs*, III, 24 et 200 dans Theodorus Preger (ed.), *Scriptores Originum Constantinopolitanarum*, t. 2, Leipzig : Teubner, 1907, p. 221 et p. 278. Voir sur tout ceci Gilbert DAGRON, *Constantinople imaginaire*, p. 21-22, p. 48-51, p. 99-115 (citations p. 109). Voir aussi Cyril MANGO, *Le développement urbain de Constantinople (IVe-VIIe siècles)*, Paris : De Boccard, 1990, p. 42-45 et Albrecht BERGER, *Untersuchungen zu den Patria Konstantinupoleos*, Bonn : Rudolf Habelt, 1988, p. 502.

[29] Sôphronios, *Miracles de Cyr et Jean*, 29, dans N. Fernandez Marcos (ed.), *Los* Thaumata *de Sofronio. Contribucion al estudio de la* Incubatio *cristiana*, Madrid : Instituto "Antonio de Nebrija", 1975, p. 298-302. Traduction française dans Sophrone de Jérusalem, *Miracles des saints Cyr et Jean (BHG I 477-479)*, traduction commentée par Jean Gascou, Paris : De Boccard, 2006, p. 97-101 (citation p. 99-100). Sur le sanctuaire et le recueil de miracles voir l'introduction de Jean Gascou p. 14-24.

Sôphronios met ici en scène le personnage du douteur dont le repentir scelle la défaite des sceptiques et manifeste la victoire des saints guérisseurs[30]. Il est remarquable de constater que l'hagiographe opère ici un renversement de perspective par rapport aux perceptions habituelles. La puce est un animal nuisible, démoniaque, que l'on écarte au moyen de procédés magiques. Mais, sous la plume de Sôphronios, elle se transforme en combattante (*hupermakhousa*) des saints, en instrument d'un juste châtiment. Ce faisant, l'hagiographe procède à une « positivisation » de la puce. Il construit un discours qui, pour être crédible, suppose que l'on croyait à Byzance dans le fait qu'une puce fût l'instrument des saints et que ces derniers pussent commander à la nature. Comme l'a noté Jean Gascou, l'hagiographe peut s'appuyer sur un précédent biblique, la condamnation du serpent par Dieu qui, dans la *Genèse,* en fait une bête démoniaque qui meurtrit la femme au talon. Ici c'est la puce qui pique Athanasia au talon, le parallèle est donc clair[31].

Toutefois, une autre référence s'impose. Un texte de la littérature apocryphe chrétienne, les *Actes de Jean*, vient éclairer ce point. Les *Actes de Jean* ont été composés vers 150-200 et se présentent comme un récit d'épisodes de la vie de l'apôtre rapportés par un de ses compagnons, le narrateur. Lorsque Jean se rend à Éphèse, il fait halte avec ses compagnons dans une auberge solitaire. C'est l'occasion pour le narrateur d'introduire une anecdote plaisante et instructive. Quand l'apôtre se met au lit, il est importuné, jusqu'à une heure avancée de la nuit, par une multitude de punaises qui l'empêchent de dormir. Il leur parle alors et ses propos sont entendus par ses compagnons qui eux dorment sur le sol : « Je vous le dis, ô punaises, montrez-vous bienveillantes, toutes ensemble, abandonnez en cet instant votre demeure, restez tranquilles en un seul lieu et tenez-vous loin des serviteurs de Dieu ! ». Au lever du jour, lorsqu'ils se réveillent, le narrateur et des compagnons de l'apôtre voient à la porte de la chambre une multitude de punaises. Lorsque Jean se réveille à son tour, ses compagnons lui rapportent ce qu'ils ont vu. L'apôtre, en voyant les punaises, leur dit : « Puisque vous avez été tout à fait bienveillantes, en respectant mon avertissement, allez à votre place ». Les punaises regagnent aussitôt le lit, sur lequel elles grimpent par les pieds puis entrent dans les jointures. Jean tire une leçon édificatrice de la soumission des punaises. Il dit à ses compagnons : « Ces animaux, quand ils ont entendu la voix d'un homme, sont demeurés tranquilles de leur côté, sans passer outre. Mais nous, quand nous entendons la voix de Dieu, nous désobéissons aux commandements et nous cédons au relâchement. Jusques à quand ? »[32]. Le narrateur se met en scène dans cet épisode, il emploie le pronom « nous » lorsqu'il parle des

---

[30] Voir G. DAGRON, art. cit. *supra* note 2, p. 60-61.

[31] Sôphronios, *Miracles de Cyr et Jean*, 29, 9, ed. N. Fernandez Marcos, p. 300, trad. J. Gascou, p. 99-100 et commentaire note 574, p. 100. *Genèse*, 3, 14-15 [traduction œcuménique de la Bible], Paris : éditions du Cerf et Le Livre de Poche, 1988, p. 23.

[32] *Actes de Jean*, 60-61, dans *Acta Iohannis*, ed. trad fr. par Eric Junod et Jean-Daniel Kaestli, Turnhout : Brepols, 1983, p. 246-251.

compagnons de Jean. Certes, l'emploi du « nous » par le narrateur est fréquent, dans les *Actes* apocryphes, selon un procédé de fiction du témoignage oculaire, pour renforcer le caractère véridique des faits rapportés. Mais dans le cas des *Actes* de Jean et notamment dans l'épisode des punaises, l'auteur a voulu faire croire qu'il appartenait vraiment au cercle des compagnons de l'apôtre et qu'il avait réellement assisté à l'épisode en question. Sur le thème des punaises, la conduite des animaux avec les apôtres est une caractéristique générale des *Actes* apocryphes. Ce thème est en rapport direct avec le surnaturel. Il a pour fonction de montrer de façon éclatante que l'autorité et le pouvoir de l'apôtre s'étendent au-delà du monde des hommes jusque sur la nature. L'épisode a aussi une fonction didactique. Il s'agit ainsi de convaincre les incrédules et de renforcer la foi des compagnons, d'où la leçon de morale qui s'ensuit, qui oppose le comportement exemplaire des punaises à l'attitude défaillante des hommes. Comme nous l'avons vu avec Apollônios de Tyane, le thème du pouvoir sur les animaux et tout particulièrement sur les insectes est présent de façon commune également dans le monde païen, notamment concernant le pouvoir des philosophes[33]. Il se trouve que les *Actes de Jean* étaient connus à Byzance, puisque l'exégète égyptien Didyme l'Aveugle les mentionne à la fin du IVe siècle. Ils furent utilisés lors du concile de Hiéria en 754 et des passages de l'ouvrage furent lus aux évêques présents en 787 au concile de Nicée II. Saint Augustin s'y est aussi référé, en Occident. Enfin, de nombreux passages des *Actes*, ont été intégrés à un texte du Ve siècle, les *Actes de Jean par Jean Prochore*. Cet ouvrage a eu un écho considérable dans l'Église byzantine, comme l'atteste le grand nombre de manuscrits[34]. L'emploi du thème de la punaise et de la puce, comme instrument de la volonté du saint homme, dans une intention didactique vis-à-vis de l'incrédule, n'avait donc rien de surprenant pour un lecteur byzantin.

Terminons avec une *Vie* de saint, celle de Lazare qui vécut sur le mont Galèsios. Lazare le Galèsiote naît en 967/968 en Asie Mineure, dans la région de Magnésie du Méandre. Son nom de baptême est Léon. Vers 984-986, il se rend à Attaleia sur la côte méridionale micrasiatique pour entrer dans un monastère et y reste comme moine pendant sept ans. C'est là qu'il prend son nom monastique de Lazare. Après un séjour comme moine en Palestine, qu'il quitte peu après la destruction de l'église du Saint-Sépulcre par le calife Fatimide al-Hakim en 1009, il visite le Mont Admirable près d'Antioche où avait vécu saint Syméon Stylite le Jeune. Cette visite exerce une profonde influence sur lui. Puis il retourne dans sa région d'origine, où il arrive vers 1010/1011. Lazare débute alors une carrière de moine stylite, c'est-à-dire vivant sur une colonne. Vers 1011-1012 il s'installe sur une première colonne, dans l'ermitage préexistant de Sainte-Marina, situé dans

---

[33] Nous suivons ici le commentaire de Eric Junod et Jean-Daniel Kaestli, dans *Acta Iohannis*, p. 527-541, pour la date de composition voir p. 694-695.

[34] *Idem*, p. 3-12 et voir aussi le commentaire de Eric Junod et Jean-Daniel Kaestli, dans François BOVON, Pierre GEOLTRAIN (ed.), *Écrits apocryphes chrétiens*, t. 1, Paris : Gallimard, 1997, p. 975-977.

la région d'Éphèse, où vivent deux moines solitaires. Ce sont eux qui lui construisent une colonne. Il a alors environ 45 ans. Puis un monastère est édifié, près de la route menant à Éphèse, de sorte que de nombreux pèlerins viennent visiter le saint, troublant sa tranquillité. Il se retire alors vers 1018/1019, sur le mont Galèsios où il dresse successivement trois colonnes s'accompagnant de la construction de trois monastères, d'abord le monastère du Sauveur, puis celui de la Théotokos, et enfin celui de la Résurrection. Il meurt le 7 novembre 1053, dans son monastère de la Résurrection. Après sa mort, Grégoire, un de ses disciples, cellérier du monastère de la Résurrection, rédige la *Vie de Lazare le Galèsiote*, entre septembre 1057 et la fin du troisième quart du XIe siècle[35].

Grégoire rapporte qu'un jour, alors que Lazare était malade, une épreuve lui est envoyée par le tentateur. Une multitude de poux, de punaises et de fourmis prolifèrent autour du pilier du saint qu'ils importunent. Comme les fourmis provenaient d'un chêne, les frères durent couper l'arbre et ce contre la volonté du saint homme[36]. On voit ici que punaises et poux sont associés, alors que les puces sont absentes. Dans les *Géoponiques*, les fourmis font bien partie du même chapitre que les punaises mais pas que les poux. Poux et punaises sont bien pour l'hagiographe des bêtes du démon, ses instruments contre le saint homme. Mais nous pouvons constater ici toute la différence du rapport du saint à la nature et au surnaturel avec l'époque protobyzantine. Alors que, dans l'hagiographie protobyzantine, puces et punaises, bêtes démoniaques, étaient soumises à la volonté du saint homme, voire étaient utilisées comme instrument pour punir les incrédules, Lazare le Galésiote est contraint de subir la gêne que lui occasionne toute cette vermine. L'abattage de l'arbre pourrait apparaître comme une défaite de Lazare lui, c'est pourquoi l'hagiographe prend bien soin de préciser que ceci fut fait sans son accord. Autre point étonnant, les poux, punaises et fourmis ne respectent pas l'espace de la colonne du saint, ce qui pourrait laisser croire à son impuissance à protéger son territoire. En fait, le récit hagiographique de la vermine attaquant son espace sert à rehausser le caractère exceptionnel de l'ascétisme de Lazare qui subit la gêne provoquée par les attaques démoniaques des poux, punaises et fourmis sans mot dire, alors qu'il est malade. Ces attaques mêmes constituent une preuve de sa sainteté, d'autant que l'hagiographe veut établir un parallèle entre Lazare

---

[35] Voir Richard P. H. GREEFIELD, *The Life of Lazaros of Mt. Galesion: An Eleventh-Century Pillar saint* [Dumbarton Oaks Research Library and Collection], Washington DC, 2000, p. 1-58 ; Michel KAPLAN, « L'espace et le sacré à Byzance d'après les sources hagiographiques, *Cristianità d'Occidente e cristianità d'Oriente (secoli VI-XI)* [*Settimane di Studi sull'Alto Medioevo* 51], Spolète : Centro italiano di studi sull'alto Medioevo, 2004, p. 1053-1115, ici p. 1100-1106 ; M. KAPLAN, « L'économie des monastères à travers les Vies de saints byzantines des XIe-XIIIe siècles », dans M. KAPLAN (ed.), *Monastères, images, pouvoirs et société*, Paris : Publications de la Sorbonne, 2006, p. 27-42, ici p. 32-33. Sur l'envoi de bestioles nuisibles par le diable, *cf.* A. GOUDAL, *Possessions ...* (*supra* note 2), p. 165-167.

[36] *Vie de Lazare le Galèsiote*, 222 dans *Vita S. Lazari auctore Gregorio monacho* (*BHG* 979), ed. Hippolyte Delehaye, *Acta sanctorum novembris*, vol. 3, Bruxelles : Société des Bollandistes, 1910, p. 508-606, ici p. 576.

d'une part, le Christ, les grandes figures de l'Ancien et du Nouveau Testament, les saints stylites protobyzantins d'autre part, tous ayant dû endurer maintes attaques et souffrances.

Toutefois, le contraste est frappant avec la *Vie de Daniel le stylite*, que Grégoire le Cellérier a utilisée pour écrire sa *Vie de Lazare*. Cette *Vie* a été écrite entre décembre 493 et le printemps 496, soit aux lendemains de la mort du saint, survenue le 11 décembre 493[37]. Daniel est aussi un moine stylite, qui a visité Syméon sur sa colonne en Syrie. Il part pour Constantinople où il s'installe en 460 sur une colonne sur la hauteur au-dessus d'Anaplous au sud de Chalcédoine, dans la banlieue asiatique de Constantinople. Il y mène un mode de vie ascétique extrêmement rigoureux au sein de son espace sacré délimité par un muret, sa *mandra*. C'est l'empereur Léon Ier (457-474) qui fait bâtir un monastère pour les moines disciples de Daniel ainsi qu'un *martyrion* qui abrite la relique de Syméon. Comme l'a montré Michel Kaplan, contrairement à Daniel, non seulement il n'y a pas de *mandra* autour de la colonne de Lazare, mais il n'y a pas même de mur de clôture dans le monastère de la Résurrection. Il s'agit d'une volonté de Lazare lui-même. Pour l'hagiographe, l'endroit véritablement sacré n'est pas la colonne et son espace alentour immédiat mais la logette du saint au sommet de la colonne[38]. Il faut aussi voir l'évolution de la société byzantine entre le VIe et le XIe siècle, les miracles ne prouvant pas la sainteté et les causes naturelles n'étant pas nécessairement interprétées comme des signes ou actions de Dieu. Même si l'hagiographe attribue l'action des poux et des punaises au démon, il demeure la place pour un doute et pour une cause naturelle. Les moines abattent l'arbre cause de l'invasion par la vermine, supprimant ainsi la cause des désagréments du saint[39].

Poux, puces et punaises montrent qu'à Byzance nature et surnaturel ne s'excluent pas, les auteurs en jouent, les combinent, les utilisent pour les neutraliser.

---

[37] Voir Richard P. H. GREEFIELD, *The Life*, p. 54-55 et Vincent DÉROCHE, Bénédicte LESIEUR, « Notes d'hagiographie byzantine. Daniel le Stylite - Marcel l'Acémète - Hypatios de Rufinianes - Auxentios de Bithynie », *Analecta Bollandiana* 128 (2010), p. 283-295, ici p. 283-284.

[38] *Vie de Daniel le Stylite* (*BHG* 489), 2 (origines de Daniel), 8 (visite à saint Syméon sur sa colonne), 26 (installation sur la colonne) 57 (construction du *martyrion* et du monastère), 62 et 98 (manœuvres du diable et ascèse extrême de Daniel) dans Hippolyte DELEHAYE, *Les saints stylites* [Société des Bollandistes], Bruxelles, 1923, p. 1-147, ici p. 2, 8-9, 27, 56, 61-62 et 91. Voir M. KAPLAN, « L'espace et le sacré dans la vie de Daniel le Stylite », dans Michel KAPLAN ed., *Le sacré et son inscription dans l'espace à Byzance et en Occident. Études comparées*, Paris : Publications de la Sorbonne, 2001, p. 199-217. M. KAPLAN, « L'espace et le sacré à Byzance ... », art. cit. *supra* note 35, p. 1102-1103.

[39] *Vie de Lazare le Galèsiote*, 222, ed. H. Delehaye, p. 576. Voir G. DAGRON, art. cit. *supra* note 2, p. 59-68 et Georges SIDERIS, « Quelques aspects des catastrophes naturelles à Byzance et de leurs effets sur la société (seconde moitié du VIe siècle-milieu du Xe siècle) », dans Luc BUCHET, Catherine RIGEADE, Isabelle SÉGUY et Michel SIGNOLI *Vers une anthropologie des catastrophes*, Antibes et Paris : APDCA / INED, 2009, p. 163-178.

Des araignées et des mouches dans les calices au Moyen Âge

Benoît-Michel TOCK[1]

Dans les années 1180 un moine cistercien de Vaucelles, près de Cambrai, entreprit de raconter la vie dans l'abbaye au cours du premier abbatiat, celui de Raoul de Marston (1132-1151)[2]. Ce moine, déjà fort âgé (il ne devait pas avoir loin d'un demi-siècle de vie monastique derrière lui) avait parfois un ton un peu moralisateur. Et c'est dans ce cadre que vers le milieu de son texte il se mit à insister sur l'importance du respect des offices en général ; et, au cours de l'eucharistie, du respect pour le corps et le sang du Christ. Il raconta en particulier trois anecdotes.

> « Nous avons vu en effet, et nous l'avons beaucoup déploré, une mouche plonger dans le sang du Seigneur, dans un calice découvert. Une lourde pénitence fut imposée à tout le couvent des frères, parce qu'elle ne put être attrapée. En effet, si on avait pu l'attraper, il aurait d'abord fallu la laver au-dessus du calice, ensuite la brûler dans un bassin. Ceci est arrivé une fois à Cambrai, dans l'église du Saint-Sépulcre, et une fois aussi c'est arrivé dans notre monastère de Vaucelles. Nous savons aussi que dans ce monastère du Saint-Sépulcre, un moine, vénérable prêtre, et qui m'est proche par un lien de sang, avait avalé une araignée tombée dans le sang du Christ, en raison de la dignité d'un tel sacrement et par respect pour lui. Et cela ne lui a causé aucun dommage. De même, le seigneur Guillaume, prieur de ce monastère, nous a raconté qu'un prêtre séculier avait avalé une araignée dans des circonstances semblables, et qu'ensuite elle était sortie par son pied. Cependant, parce que les miracles ne doivent pas servir d'exemple à suivre, et parce qu'une telle nourriture entraîne le plus souvent soit des vomissements, soit la mort, comme nous l'avons dit, il faut laver de tels insectes au-dessus du calice et les brûler dans le bassin »[3].

---

[1] Professeur d'Histoire du Moyen Âge, Université de Strasbourg (EA 3400 ARCHE, Arts, civilisation et histoire de l'Europe).

[2] Foulques de Cambrai, *Fundatio abbatiae de Valcellis*, ed. trad. Benoît-Michel Tock, à paraître dans la collection *Classiques de l'Histoire au Moyen Âge*.

[3] *Vidimus etiam, valdeque doluimus, discooperto calice muscam in sanguine Domini sese immersisse, statimque evolasse. Et quia non potuit comprehendi, merito gravis poenitentia injuncta est universo fratrum conventui. Nam si capi potuisset, prius in calice lavari, dehinc in piscina debuisset comburi. Hoc quidem semel Cameraci in ecclesia dominici Sepulchri, semel quoque accidit in hoc coenobio Valcellensi. Scimus etiam in praefato Sancti Sepulchri monasterio quemdam monachum, venerabilem praesbyterum, mihi quoque carnis consanguinitate propinquum, araneam in sanguine Christi lapsam, pro dignitate et reverentia tanti sacramenti fideliter glutisse, nihilque illum nocuisse. Item audivimus, referente domino Willelmo, istius coenobii priore, quemdam praesbyterum in saeculari habitu constitutum simili modo araneam glutisse, postmodum vero per pedem illi exisse. Verum, quia miracula non sunt in exemplum operationis trahenda et de tali esu plerumque aut vomitus, aut etiam*

Ces anecdotes de Vaucelles ne sont pas uniques. D'autres cas ont pu être recensés, en général sous forme de miracles dans un contexte hagiographique[4]. Le plus connu, parce qu'il a suscité une certaine iconographie, étant celui de saint Conrad, évêque de Constance (v. 900 – 975). Sa *Vita*, écrite sous le pontificat de Calixte II (1119-1123)[5], raconte un fait similaire. C'était le jour de Pâques, le jour où on offre l'agneau dont le sang purifie les corps et les âmes. Conrad mangea sans difficulté le pain consacré, et se prépara à boire le vin consacré. On découvrit le calice et on vit une araignée : celle-ci risquait de tuer l'homme physique, mais en attendant était animée grâce à la boisson immortalisante (en ce qu'elle donne la vie éternelle) dans laquelle elle se trouvait. Qu'allait faire Conrad ? Sa foi lui ôta toute crainte de la mort. Il but ce qui était à la fois un sacrement et un poison, parce qu'il savait que le venin diabolique pouvait être vaincu par l'antidote de la Passion du Seigneur. Ceux qui l'entouraient pâlirent et s'inquiétèrent de son décès, de sorte que ce jour de fête devenait un jour de désolation. Cependant, contre toute espérance, il passa à table où l'on s'apprêtait à rompre le jeûne. Mais lui, d'abord, ne toucha pas à la nourriture. On lui demanda discrètement ce qu'il attendait. Il répondit qu'il attendait un hôte qui ne tarderait pas. Et posant sa tête sur la table, il ouvrit la bouche, par où ressortit l'araignée, qui n'était donc pas davantage morte qu'elle ne l'avait tué[6].

---

mors subsequi solet, hujusmodi vermes sicut supradiximus in calice lavari et in piscinam debent comburi (Foulques de Cambrai, *Fundatio* (voir *supra* note 2), § 38-39).

[4] L'essentiel du travail a été fait par Peter BROWE, *Die eucharistischen Wunder des Mittelalters*, Breslau, 1938 [Breslauer Studien zur historischen Theologie, n. F. 4], p. 63-67. Voir aussi Wilfried GRAUWEN, « Inleiding tot de Vita Norberti B », *Analecta Praemonstratensia* 66 (1990), p. 123-202, ici p. 146, n. 9. Les miracles d'araignées dans les calices ont suscité très peu d'attention depuis lors, contrairement aux miracles de saignement des hosties. Il n'y a rien, par exemple, dans Gary MACY, « Theology of the Eucharist in the High Middle Ages », dans *A Companion to the Eucharist in the Middle Ages*, ed. Ian Christopher LEVY, Gary MACY et Kristen VAN AUSDALL, Leyde : Brill, 2012 [Brill's Companion to the Christian Tradition, 26], p. 365-398. Rien non plus chez Miri RUBIN, *Corpus Christi. The Eucharist in Late Medieval Culture*, Cambridge : Univ. Press, 1991.

[5] Cité par P. BROWE, *op. cit. supra*, note 4, p. 64. Andreas BIHRER, « Bischof Konrad als Patron von Konstanz. Zur Stiftung städtischer Identität durch Bischof Ulrich I. (1111-1127) », *Zeitschrift für die Geschichte des Oberrheins* 148 (2000), p. 1-40. Sur Conrad voir aussi *Bibliotheca Sanctorum*, t. 4, Rome, 1964, col. 201 (Ludwig Falkenstein) ; Helmut MAURER, *Das Bistum Konstanz, 2 : Die Konstanzer Bischöfe vom Ende des 6. Jahrhunderts bis 1206*, Berlin – New York, 2003 [Germania Sacra, 42, 1, 2], p. 125-145. L'iconographie représente généralement le saint tenant un calice dans lequel est tombée une araignée : *Lexikon der christlichen Ikonographie*, t. 6, Rome, 1974, col. 333-334.

[6] *Paschalis siquidem laetitiae dies advenit, in qua vir iste agnum, cujus sanguine tum intentionis nostrae superliminare, tum postes corporis purgantur et animae, inter missarum artiorem Deo patri obtulit. Accepto ergo corporis dominici sacramento, venitur ad sanguinis ejusdem participationem. Calix ex more discooperitur ; aranea vitae liquori illapsa cernitur. Animal mortis exitium homini exteriori minatur, sed interim poculo immortali animatur. Quod fecit minister coelestis convivii ? Summa accinctus fide, nihil in hac re mortale, nihil ducit exitiale ; avidius consumit et quod sacramenti et quod exterminii fuit, non immemor, antiqui serpentis venenum antidoto passionis dominicae evacuatum. Cerneres ministerii hujus*

Le deuxième cas le plus connu, sans doute parce qu'il concerne un personnage de grande importance, est celui de saint Norbert, le fondateur de l'ordre de Prémontré (mort en 1134). Un jour qu'il disait la messe dans une crypte de l'église de Xanten, il vit après la consécration une grande araignée tomber dans le calice. Il en fut glacé d'effroi, songeant qu'il pouvait en mourir. Mais il se résolut à ne pas perdre le sacrifice eucharistique : il prit le risque de boire tout le contenu du calice. À la fin de la messe il resta sur place, devant l'autel, se recommandant à Dieu en attendant la mort. Mais il finit par avoir des démangeaisons et un chatouillis dans le nez, ce qui le fit éternuer : l'araignée fut projetée, intacte[7].

Les autres cas sont moins connus. Je les présenterai tous ici : ils ne sont pas très nombreux. Le cas de Conrad de Constance n'est pas le seul cas connu pour le Xe siècle. En mars 938 Rainier, abbé de Saint-Trond (diocèse de Liège) découvrit une araignée dans le calice au moment de la consécration, mais avala le tout bravement et sans en souffrir[8].

D'après la *Vita* que lui a consacrée Étienne de Fougères (mort en 1178), saint Vital de Savigny (mort en 1122) disait un jour la messe secrètement, à l'abri des regards, quand il découvrit une araignée dans le calice. Comme personne ne pouvait l'aider, il se résolut à boire et avaler l'araignée, convaincu qu'il ne pouvait rien arriver de mal au croyant. Et de fait, rien ne

---

cooperatores pallescere, imminens antistiti, ut suspicantur, necis periculum circumstantibus innuere. Ab omnibus in commune tristatur ac timetur, dies gaudii in moerorem vertitur. Tamen peracta communionis distributione, ultra omnium spem ad mensam, artus jejuniis attenuatos refecturus, accedit, sed non gustando cibum aliquamdiu sedit. Percontatur secretius, quid esset acturus. « Expecto, inquit, hospitem in proximo venientem ». Et reclinato super mensam capite, exitum araneae aperto praebet ore, quae nec mori in homine Dei, nec mortem potuit inferre (Udascalcus, *Vita Conradi Constantiensis episcopi*, ed. Georg Pertz, *Monumenta Germaniae Historica. Scriptores*, t. 4, Hanovre, 1841, p. 433 l. 34 à p. 434, l. 2).

[7] *Postmodum cum, jejuniis et vigiliis affectus, in cripta quadam missarum solempnia celebraret, consecrato jam corpore et sanguine dominico, aranea non modicae quantitatis in calicem lapsa est. Quo viso, obstupuit sacerdos, vitam et mortem prae oculis habens, sed ne aliquod sacrificii praeparati faceret dispendium, magis elegit subire periculum et hausit quicquid erat in calice. Peracto autem officio, dum mori se crederet, ante altare exitum suum quem expectabat a loco immotus Domino precibus commendabat. Et ecce pruritu narium provocatus dum scalperet, subita sternutationis commotione aranea integra per nares ejus excussa est. In qua re et fides ejus in Deum et in eum Dei benignitas apparuit* (*Vita Norberti A*, ed. Roger Wilmans, *Monumenta Germaniae Historica. Scriptores* [in folio], t. 12, Hanovre, 1856, p. 663-704, ici p. 672, l. 14-22). La *Vita* dite *B* (ed. Daniel Papebroch, *Acta Sanctorum Junii*, t. 1, Anvers, 1695, col. 807-845, ici col. 825-826), écrite entre 1152 et 1164 sans doute d'après la *Vita A* (*cf.* W. GRAUWEN, art. cit. *supra* note 4), raconte les choses de la même manière. Sur les liens, non encore totalement élucidés, entre ces deux textes, voir W. GRAUWEN, *Norbert, Erzbischof von Magdeburg (1126-1134)*, 2e ed., Duisbourg, 1986, p. 21-28 (ed. pr. Bruxelles, 1978). Sur ce miracle, *cf.* P. BROWE, *op. cit. supra* note 4, p. 65-66.

[8] *Circa idem tempus, abbate Reynero die quadam missam celebrante, facta fractione forme sacramentalis, cum in calicis fundo araneam horribilis quantitatis et coloris respexisset, abhorrens animalis spetiem quid faceret anxiatur, sed tandem vim divine virtutis ad mentem reducens, confisus in Domino, calicis sacramentum glutivit, nec quidnam postea molestie sensit* (*Gesta abbatum Trudonensium, continuatio tertia*, ed. R. Köpke, *Monumenta Germaniae Historica. Scriptores*, t. 10, Hanovre, 1852, p. 364-381 et 387-443, ici p. 377, l. 47-51). Cette strate des *Gesta abbatum Trudonensium* date du dernier tiers du XIVe siècle : http://www.narrative-sources.be/naso_link_nl.php?link=427.

se passa, mais un jour qu'il prêchait au peuple il vit l'araignée sortir de son pied[9].

À la Chaise-Dieu, sous l'abbatiat d'Étienne (1111-1146), le moine Bernard, surnommé Baptiste, vit lui aussi une araignée tomber dans le calice, but lui aussi, mais ce fut quelques jours plus tard, alors qu'il subissait la saignée, qu'on vit l'animal ressortir de son bras par la coupure[10]. Cette sortie de l'araignée à l'occasion d'une saignée est également reprise dans un recueil d'*exempla* claravalliens rédigé en 1173, mais elle est alors attribuée à un abbé[11] et c'est sans doute cette histoire aussi qui a inspiré Jacques de

---

[9] *Die autem quodam, cum idem, hominum aspectibus subtractus, sacris astaret altaribus, inter ipsa sacrosancta mysteria, forsan ad virtutem ejus ostendendam, aranea quaedam in sacrum calicem elabitur. Abigere eam non poterat, manus humana succurrere non valebat. Fide itaque armatus, eam cum sacrosancto sacramento percepit, nec inde triste quidquam pertulit. Et quid mirum ? Quia enim se credebat veraciter accipere corpus Dominicum et sanguinem, non immerito fidebat tantum mysterium etiam omne venenum posse superare. « Omnia, siquidem, teste veritate, possibilia sunt credenti ». Unde et discipulis ait : « Si habueritis fidem tamquam granum sinapis, dicetis huic monti : Transfer te in mare, et fiet ». Hinc est quod eamdem Paulus tanto praeconio extollit, cum per hanc, hunc et hunc viritim enumerando, ostendit eos placuisse Deo. Mira dicturus sum, et forte pro sui magnitudine aliquibus in ambiguitate ventura ; sed testor Deum, cui tota mentis intentione servire desidero, quia non nostra sunt quae hic inserimus, sed quae virorum fidelium in sancta religione viventium relatione cognovimus. Die quadam, cum pater sanctus in spargendo populis Dei verbo detineretur, eadem aranea de pede suo exisse narratur. Et recte quidem : quam enim mirabiliter perceperat, mirabiliter edere eam conveniebat ; qui enim, intemerato uteri sigillo, de matre prodire potuit, quique populo suo, contra consueta, aquam educere de petra voluit, ipse in famulo suo tantum ostendere miraculum potuit. Audiat hoc fidelis, ut ardentior et devotior efficiatur ; audiat dubius, ut in fide robustius confirmetur ; audiant omnes, ut ab omnibus virtus et fides viri cognoscatur, et ab eis Domini magnificentia glorificetur* (E. P. SAUVAGE, « *Vitae BB. Vitalis et Gaufridi, primi et secundi abbatum Saviniacensium in Normannia* », *Analecta Bollandiana* 1 (1882), p. 355-410, ici p. 376-377 = § II, 7). L'auteur de la *Vita* est Étienne de Fougères. Voir à ce sujet aussi M. PIGEON, « Le petit bestiaire de Savigny », *Cîteaux. Commentarii Cistercienses* 36 (1985), p. 84. Selon J. VAN MOOLENBROEK, *Vital l'ermite, prédicateur itinérant, fondateur de l'abbaye normande de Savigny*, Assen, Maastricht, 1990, p. 53, la *Vita Vitalis* a été écrite avant 1180-1186. Sur tout ceci, *cf.* W. GRAUWEN, art. cit. *supra* note 4, p. 146, n. 9.

[10] *Aliud quoque de hoc fratre Bertrando satis stupendum refertur, quod dum die quodam missam celebrasset, in calicem dominici sanguinis vermis araneus cecidit. Quo viso quid consilii acciperet, quo se verteret, quid ageret nesciens; simul omnia ebibit, et nil triste Deo operante passus inde sensit. Post vero non multis diebus evolutis, cum sanguine minueretur, simul cum cruore, videntibus qui aderant, aranea de brachio egreditur, et quia hic Christum diligendo verbis ejus credidit, si mortiferum bibit, non ei nocere potuit* (Bertrand, moine de la Chaise-Dieu, *Liber tripartitus de miraculis s. Roberti*, ed. *Acta Santorum Aprilis*. t. 3, Anvers, 1675, col. 326-333, ici col. 332). Cité par P. BROWE, *op. cit. supra* note 4, p. 64. Le texte a été écrit en 1160, *cf. The Lives of Monastic Reformers, 1 : Robert of la Chaise-Dieu and Stephen of Obazine*, tr. Hugh Feiss, Maureen M. O'Brien et Ronald Pepin, Collegeville, 2009 [Cistercian Studies Series, 222], p. 63. La traduction du passage en cause est p. 98.

[11] *De abbate qui cum sanguine Domini araneam forte lapsam in calicem ore sumpsit fideli. Quidam abbas cum sacrum celebraret misterium, uidit araneam quandam mersam in calice, cum dominico sanguine. Quam diligenter intuens, ministra fide sumpsit uitam cum morte, uenenum cum medicamine, araneam scilicet cum celestis agni cruore. At ubi uita sibi occupat totum, mors siquidem, necesse est, ius amittit proprium. Et quomodo, uita presente, noxium quid quemquam potest nocere? Die namque eadem abbate minutionem faciente, araneam integram quam ab ore fideli susceperant per brachium uiscera reddunt manifeste, uene*

Vitry vers 1220[12]. Bernard de Clairvaux lui-même, d'après l'*Exordium magnum* écrit peu après 1206, connut ce problème et fut lui aussi libéré par une saignée[13]. Et le même livre cite le cas d'un prêtre qui fut libéré par le pied[14].

L'abbé Waltheolf de Melrose (mort en 1159) vit lui aussi une araignée tomber dans le calice : il l'avala, et sans lui porter aucun préjudice elle sortit par le petit doigt[15]. L'information ne nous est connue que par une interpolation apportée dans le deuxième quart du XIIIe siècle par un moine de Neufmoustier, près de Huy, au diocèse de Liège, à la chronique d'Aubri de Troisfontaines. Mais il y a sans doute confusion avec une histoire similaire racontée dans la *Vita* de Waltheolf, et qui est arrivée non au saint lui-même, mais à un chanoine de Kirkham, au temps où saint Waltheolf en était le prieur[16].

---

uulnusculo incise mirum in modum sub oculis intuentium eam euomente. Mansit abbas illesus quia per fidei meritum, contra naturam, sacramenti uirtute aliunde quam intrauerat inuisceratum prodiit letiferum uirus. Neminem unquam fides fefellit. Quod natura negat prestat fides, et quod clauditur racioni fidei reseratur (*Collectaneum exemplorum et visionum Clarevallense e codice Trecensi 946*, ed. Olivier Legendre, Turnhout : Brepols, 2005 [*Corpus Christianorum, continuatio mediaevalis*, 208], p. 227 = II, 4. Pour la date du texte *cf.* p. XLI.

12 *Audivi autem de quodam qui, postquam araneam cum sanguine suscepit, post dies aliquot, cum sibi minueret, aranea viva et integra cum sanguine de brachio ejus prosiliit* (Jacques de Vitry, *Historia occidentalis*, ed. John Frederick Hinnebusch, Fribourg (CH), 1972 [*Spicilegium Friburgense*, 17], p. 246).

13 *Sed ut de maioribus taceam et modicus de modicis Dei mirabilibus loquar, qui licet sit magnus et laudabilis nimis in magnis, gloriosius tamen mirabilia operatur in minimis, quanta benignitate trepidationem illius abbatis refouere dignatus est, qui araneam in calice sancto hora diuini sacrificii repertam fide plenus cum ipso sacramento hausit, prudenter aduertens mortem uitae praeualere non posse, qui que eadem die sanguinem minuens araneam ipsam integram de uulnusculo cum sanguine erupisse miratus expauit!* (Conrad d'Eberbach, *Exordium magnum Cisterciense sive narratio de initio Cisterciensis ordinis*, ed. Bruno Griesser, Turnhout : Brepols, 1994 [*Corpus Christianorum. Continuatio mediaevalis*, 138], p. 395 = VI, 2).

14 *Alterum quoque sacerdotem quendam quanta dulcedine docuit pius Dominus aliud in altari uideri et aliud debere credi, qui in simili casu deprehensus nec dispari fide armatus mortem cum uita sumere non dubitauit, sed aduesperascente iam die, dum pruritum in pede sentiret, scalpendo araneam, quam sumpserat, nulla parte corpusculi sui contritam seu mutilatam euulsit* (Conrad d'Eberbach, voir *supra* note 13), p. 395 = VI, 2).

15 *Sanctus abbas Wasleus de Mailros araneam in calice lapsam cum sacramento absorbuit, et nichil ei nocuit, sed per minimum digitum de corpore ejus exivit* : Maurice, moine de Neufmoustier (près de Huy), Interpolations à la chronique d'Aubri de Troisfontaines, ed. P. Scheffer-Boichorst, *Monumenta Germaniae Historica. Scriptores*, t. 23, p. 831, l. 30-31. Cité par P. BROWE, *op. cit. supra* note 4, p. 64 et W. GRAUWEN, *art. cit. supra* note 4, p. 146, n. 9, ainsi que le site http://www.narrative-sources.be/ naso_link_nl.php?link=986.

16 *Die quadam canonicus quidam de Kirkeham cum missam celebrasset in prioris sui Waltheni præsentia et audientia, aranea quædam in sanctum calicem circa Agnus Dei cecidit, metumque magnum et horrorem sacrificanti ob peracta, quæ possent accidere, incussit. Stans itaque sacerdos et quid ageret ignorans, tussi ac sonitu, quo potuit, priorem acquisivit, et quid contigerat, ostendit. Prior parumper secum deliberans, fusa oratione dataque benedictione, flamma fervens fidei, imperavit, ut araneam cum sacro libamine confidenter sumeret in nomine Domini. Sacerdos ergo imperio patris paruit, et quidquid in calice continebatur fideliter et fiducialiter sumens nullam sospitatis jacturam vel nauseæ provocationem sensit. Non enim cælicus favus fel fundere, vel divinum nectar veneno misceri potuit, nec fructus*

Giraud le Cambrien (vers 1146 – vers 1223) raconte que, quand il était étudiant, il avait entendu Pierre le Mangeur (mort en 1178) dire qu'il avait entendu parler de quelqu'un qui avait bu le sang du Christ avec l'araignée et en était sorti indemne, l'araignée elle-même sortant par son bras. Le même Giraud avait entendu Adam d'Evesham raconter qu'un moine de Bermondsey, quand il en était le prieur, avait vu l'araignée sortir de son gros orteil droit après trois jours ; à Exeter, du temps de l'évêque Barthélemy (1161-1184), c'était par le crâne récemment rasé que l'araignée était sortie, pareillement après trois jours ; à Winchester les choses se passèrent de manière plus miraculeuse encore, puisque le prêtre, qui hésitait à boire le sang du Christ avec l'araignée qui y baignait, eut le soulagement de voir une abeille passer par un des vitraux pourtant hermétiques, venir saisir l'intruse et l'emporter au dehors[17].

Si le XIIe siècle semble être l'âge d'or de l'araignée dans le calice, il y a encore quelques récits postérieurs. L'abbé Guillaume de Villers (1221-1236) connut un cas semblable, mais en l'occurrence l'araignée sortit au bout d'un

---

singularis apis araneæ participare vel communicare debuit. Unde canonicis post prandium secum sedentibus in claustro, canonicus ille residens digitum suum confricabat; et post modicam morulam tumor turgescens in digito apparebat: et ecce aranea, rupta cute, viva egreditur, et coram omnibus assidentibus et mirantibus, jubente priore, flammis comburenda traditur. Oritur dehinc inter priorem et canonicum satis amica altercatio super isto, quod contigerat, signo : prior hoc deputabat obedientiæ et fidei canonici, canonicus patris præcepto, precibus, et benedictioni : ego vero hoc arbitror adscribendum utriusque fidei et devotioni, sed potissimum potentissimæ divini sacramenti virtuti. Non enim debuit vel decuit angelicum manna manare mortiferum, nec ex vitæ poculo progredi mortis periculum (Jocelyn de Furness, *Vita Waltheni* [ou *Waldevi*], ed. *Acta Sanctorum Augusti* t. 1, Anvers, 1733, col. 255). Indiqué par P. BROWE, *op. cit supra* note 4, p. 64. Waltheolf est signalé comme prieur de Kirkham en 1139, 1141 et 1143, avant de devenir moine de Wardon, puis de Rievaulx, et enfin abbé de Melrose (1148-1159) (David KNOWLES, C. n. L. BROOKE et Vera C. M. LONDON, *The Heads of Religious Houses. England and Wales, t. 1 : 940-1216*, 2e ed., Cambridge, 2001, p. 168 et 281). La *Vita* de Waltheolf fut écrite autour de 1207 : David MCROBERTS, art. *Valteno*, dans *Bibliotheca Sanctorum*, t. 12, Rome, 1969, col. 935-936. Il y a peu à tirer de Thomas MERTON, « Two Early Cistercian Abbots of the Isles. Blessed Christian O'Conarchy of Mellifont, Ireland, and Blessed Waltheolf of Melrose, Scotland », *Cistercian Studies Quarterly* 42 (2007), p. 433-448, qui est surtout une paraphrase de la *Vita*. Rien non plus dans Helen BIRKETT, « The Struggle for Sanctity : St Waltheolf of Melrose, Cistercian in-House cults and canonisation procedure at the turn of the thirteenth century », dans *The Cult of saints and the Virgin Mary in Medieval Scotland*, ed. Steve Boardman et Eila Williamson, Woodbridge, 2010 [Studies in Celtic History, 28], p. 43-59.

17 *Narrabat et de alio qui bibit sanguinem cum aranea, nec laesus est, immo postea integra per brachium exivit. Ego etiam de quodam verissime audivi cui aranea per majorem articulum dextri pedis tertio die, cum quasi ex pruritu ibidem ungue scalperet, integra exivit. Hoc autem vir venerabilis et sanctus Adam de Evesham cuidam monacho suo, cum apud Bermundeseiam Londoniis adhuc prior extitisset, in praesentia sua contigisse assertive referebat. De alio quoque cui per coronam nuper rasam, cujus cutem ex pruritu ungue scalpens aperuerat, similiter exivit die tertio, et hoc Exoniae finibus, sub venerabili viro episcopo Bartholomeo. Audivi etiam de tertio, dum haesitaret de corpore Christi sumendo, quia vidisset araneam incidere, apes per fenestram vitream integram intrans, eam a calice extraxit et per eandem fenestram asportavit. Istud autem in Wigorniae finibus his nostris similiter diebus accidisse viri probi et fide digni constanter asserebant* (Giraldus Cambrensis, *Gemma Ecclesiastica*, ed. J. S. Brewer, *Giraldi Cambrensis Opera*, t. 2, Londres, 1862, I, 45 (= p. 122-124) ; cité par P. BROWE, *op. cit. supra* (note 4), p. 66.

an, après qu'un bouton fut apparu sur un des doigts abbatiaux[18]. Le bienheureux François de Fabriano (mort en 1322) dut, lui, avaler un scorpion, mais à lui non plus cela ne fit aucun mal[19]. À Waldsassen, c'est à une époque indéterminée, antérieurement à 1323, date de la mort de l'abbé Johann d'Ellenbogen, qu'un moine vit l'araignée qu'il avait avalée sortir par l'annulaire[20].

Si la littérature, souvent hagiographique ou historiographique, relate donc un certain nombre de cas d'araignées, et beaucoup plus exceptionnellement de mouches, tombées dans des calices, cette question inquiète aussi des textes plus normatifs. Non pas les grandes collections de textes canoniques (Burchard de Worms, Yves de Chartres, Gratien, *Décrétales*), qui ne le mentionnent pas. Mais plusieurs coutumiers monastiques se saisissent du problème. Les coutumes d'Hirsau, datées de 1085/1091 déconseillent, en cas de chute de mouche ou d'araignée, d'avaler,

---

[18] *Pater enim semel divine celebrationi devotissime intentus, ex immunditia tecti subito aranea in ejus calice sanguine Christi pleno est lapsa, non immerito horrorem generans in sumente et una cum sanguine ipsam sumpsit et sibi incorporavit. De quo pater sanctus non solum membrorum destitutionem, sed ipsius etiam mortis debitum exsolvere poterat, nisi Deus ad majora servum suum custodisset. Et vere, sicut fides invicta constantia valida fuit, ita divine misericordie stillicidia et superne benignitatis fluenta profusius sensit. Nam cum istud factum ab ejus memoria esset elapsum, circa anni revolutionem quo sibi contigerat, cepit quedam pustula in uno digitorum suorum apparere, in quo etiam quemdam pruritum sensit quasi humorem mordicantem. Leniter ergo hunc tangens, pustula frangitur et non sanies, ut sperabat, sed aranea quam jam pridem sumpserat, erupit integra et quasi numquam tacta de digito mirantis exivit* (*Chronica monasterii Villariensis*, ed. Georg Waitz, *Monumenta Germaniae Historica. Scriptores*, t. 25, Hanovre, 1880, p. 195-209, ici p. 203. Voir le site http://www.narrative-sources.be/naso_link_nl.php?link=193.

[19] *Dum aliquando in ecclesia S. Francisci Fabriani rem faceret divinam, et sanguinem sumere intentaret; ecce videt in calice aliunde dilapsum scorpionem. Hæret paulisper, quid agat, considerans. Potuit juxta regulas, in his periculis præscriptas, malum avertere: sed dum recordaretur Christi doctrinæ et datæ discipulis fidei illis verbis, si mortiferum quid biberint, non eis nocebit; absque timore et horrore deglutivit animalculum. Expleto sacrificio jussit ad se vocari qui venam secaret, misso nuntio Andrea Andreutii Vanni. Venit ille, Angelus nomine, et invenit in choro orantem atque illa proferentem verba : « Auxilium meum a Domino, qui fecit cælum et terram ». In cellam recedenti venam dexteri aperuit brachii, ex qua mirabiliter scorpio prodiit vivus, absque ullo sancti viri dolore. Ita qui honorem curant divinum, a cunctis eruuntur periculis: et qui quod Dei in seipsis est honorant, etiam illi a Deo facti honorabuntur a Deo* (*Acta Sanctorum Aprilis*, t. 3, 91). Cité par P. BROWE, *op. cit. supra* (note 4), p. 64.

[20] *Cum quidam monachus ad altare S. Bartholomaei missam legeret, contigit quod post corpus Domini sumptum, sanguinem sumere vellet. Verum aranea in sanguinem decidit et monachum perturbavit, sic quod, quid faceret penitus ignoravit. Nam araneam cum sanguine sumere magnus ei horror fuit : ejicere autem iram Dei timuit. Tandem in simplicitate magna de Dei adjutorio praesumens, sanguinem cum aranea sumpsit. Et cum missam perfecisset ac calicem reportasset, et ad altare secundum consuetudinem rediisset, digitum annularem circa unguem fricare coepit, et inter unguem et carnem aranea visibiliter sine laesione egressa fuit* (Johann de Waldsassen, *De vita venerabilium monachorum monasterii sui*, ed. Bernardus Pez, *Bibliotheca ascetica antiquo-nova*, t. 8, Ratisbonne, 1725, p. 465-490, ici p. 479-480) ; cité par P. BROWE, *op. cit. supra* (note 4), p. 64.

et recommandent plutôt de brûler la bestiole[21]. Écrites vers 1123-1128, les coutumes des abbayes de Springiersbach et Rolduc (Klosterrath) sont plus prolixes. Elles veulent que toute mouche ou toute araignée qui tomberait dans le sang du Christ en soit retirée et brûlée, de manière qu'on puisse boire le sang. On ne l'avalera pas, pour éviter les vomissements ou la mort[22]. On trouve un texte très semblable dans les coutumes de Prémontré antérieures à 1143[23], et dans celles de Fleury datables de 1215-1235[24]. On peut aussi signaler que le coutumier de l'abbaye Saint-Mathias de Trèves dû à l'abbé Johannes Rode (1421-1439) mentionne l'usage du chasse-mouches, utilisé pour écarter les importunes[25]. Cependant de nombreux autres coutumiers monastiques ignorent cette question : coutumes bénédictines des VIIIe et IXe siècles[26], de Fleury (entre 1010 et 1022)[27], de la Chartreuse (entre 1121 et 1128)[28], législation cistercienne du XIIe siècle[29], coutumes de Chalais

---

[21] *Quod si in sanguine Domini musca, vel aranea, vel tale quid ceciderit, quoniam talis res non sine periculo potest glutiri, cum necesse est, igne cremandum est. Satisfactio autem hujusmodi casus in arbitrio praesidentis est, quo scilicet illi, cui hoc evenit, aut judicium accipere, aut psalmos jubeat, aut etiam publice eleemosynas dare, vel in conventu psalmos, prout sibi videtur, decantare praecipiat* (*Consuetudines Hirsaugenses*, *Patrologia Latina*, t. 150, Paris, 1854, col. 1041-1042. *Cf.* Pius ENGELBERT, « Die Constitutiones Hirsaugienses des Abtes Wilhelm von Hirsau. Arbeitsbericht zur Edition », *Studien und Mitteilungen zur Geschichte des Benediktinerordens und seiner Zweige* 119 (2008), p. 25-35.

[22] *Porro si aliquid in ipsum sanguinem, musca uel aranea uel aliud quid tale, ceciderit, quod uix sine uomitu, aliquando non sine periculo corporis sumi potest, igni diligenter cremandum est, et sanguis sumatur* (*Consuetudines canonicorum regularium Springirsbacenses-Rodenses*, ed. Stephan Weinfurter, Turnhout : Brepols, 1978 [*Corpus Christianorum, continuation mediaeualis* 48], p. 41-42 = § 85).

[23] *Porro si quid in ipsum sanguinem, musca uel aranea uel aliud tale quid, ceciderit, quod uix sine uomitu, aliquando non sine periculo corporis sumi potest, igne cremandum est, et sanguis sumatur* (Raphaël VAN WAEFELGHEM, « Les premiers statuts de l'ordre de Prémontré. Le clm 17.174 (XIIe siècle) », *Analectes de l'ordre de Prémontré* 9 (1913), p. 1-74, ici p. 55).

[24] *Consuetudines Floriacenses seculi tertii decimi*, ed. Anselme Davril, Siegburg, 1976 [*Corpus Consuetudinum monasticarum*, 9], p. 307 (= IV, 20) : *Quod si in sanguine Domini musca vel aranea vel tale quid ceciderit, quia vix sine vomitu et periculo corporis, ut jam probatum est, sumi potest, igne cremandum est, et sanguis Domini sumatur. Illud tamen quod intus cecederat prius debet in calice vino sepius perfundi et postea super piscinam debet comburi et illam ablutionem sacerdos sumat. Satisfactio hujusmodi casus in arbitrio presidentis est aut judicium accipere jubeat aut psalmos canere injungat.*

[25] *Diaconus vero tempore hiemali solitis temporibus in missa ignem post elevationem et infra canonem post memoriam utramque domino abbati porrigit, qui etiam in aestate pro muscis depellendis flabellum in manu gestat* (*Consuetudines et observantiae monasteriorum sancti Mathiae et sancti Maximini Treverensium ab Johanne Rode abbate conscriptae*, ed. Petrus Becker, Siegburg, 1968 [*Corpus consuetudinum monasticarum*, 5], p. 63-64).

[26] *Initia consuetudinis benedictinae. Consuetudines saeculi octavi et noni*, dir. Kassius HALLINGER, Siegburg, 1963 [*Corpus consuetudinum monasticarum*, 1].

[27] Thierry d'Amorbach, *Consuetudines Floriacenses antiquiores*, ed. et tr. Anselme Davril et Lin Donnat, Paris, 2004 [Sources d'histoire médiévale, 32].

[28] Guigues Ier le Chartreux, *Coutumes de Chartreuse*, 2e ed., Paris, 2001 [Sources chrétiennes, 313].

[29] Chrysogonus WADDEL, *Twelfth-Century Statutes from the Cistercian General Chapter*, Brecht, 2002 [Cîteaux : *Commentarii Cistercienses. Studia et documenta*, 12], p. 651. Danièle CHOISSELET et Placide VERNET, *Les* Ecclesiastica officia *cisterciens du XIIe siècle*, Reiningue, 1989.

datables d'environ 1176-1177 et inspirées des coutumes cisterciennes[30], coutumier d'Eynsham du XIIIe siècle[31], entre autres.

Les théoriciens de la liturgie se sont également penchés sur la question. C'est, semble-t-il, Anselme de Cantorbéry qui est le premier à envisager réellement la question des insectes et autres araignées dans le calice. Il justifiait, entre 1102 et 1106, la pratique de couvrir le calice par la nécessité d'éviter que des mouches ou d'autres choses inconvenantes n'y tombent. C'était l'évêque de Naumburg Waleram qui l'avait contacté, soumettant diverses questions à sa sagacité, lui demandant notamment si l'on pouvait couvrir le calice alors que le Christ avait été immolé nu[32]. Jean Beleth aborde également le sujet dans son traité liturgique. Il est cependant très laconique ; si une mouche ou une araignée tombe dans le calice, il faut avaler le tout[33]. Giraud le Cambrien (vers 1146 – vers 1223) ne se contente pas de raconter quelques anecdotes. Il précise qu'il n'a rien trouvé à ce sujet dans les livres de droit ou de théologie, mais cite Pierre le Mangeur (mort en 1178) disant qu'en ce cas il ne fallait surtout pas boire, mais vider le contenu du calice dans le bassin liturgique[34]. C'est d'ailleurs aussi l'avis de Guillaume Durant, composant entre 1291 et 1296 son *Rationale divinorum officiorum*, qui ajoute qu'il faut prendre de l'eau et du vin[35].

Jacques de Vitry consacra la dernière partie de son *Historia occidentalis*, écrite vers 1220, à présenter très longuement (un sixième environ de l'ensemble du livre) le sacrement de l'eucharistie, dont il présente

---

[30] Louis DUVAL-ARNOULD, *Liber usuum ordinis Calesiensis (Vat. lat. 15200). Le coutumier de l'ordre de Chalais*, Vatican, 2007 [Studi e Testi, 435].

[31] Antonia GRANDSEN, *The customary of the benedictine abbey of Eynsham in Oxfordshire*, Siegburg, 1963 [*Corpus consuetudinum monasticarum*, 2].

[32] *Tutius itaque et diligentius puto ut calix, ne aut musca, aut aliquid indecens in illum cadat (quod saepe contigisse cognovimus) operiatur: quia discoopertus contingentibus immunditiis exponatur* (Anselme de Canterbury, *Opera omnia*, ed. F. S. Schmitt, t. 2, Rome, 1940, p. 239-242, ici p. 241-242 ; la lettre de Waleram est aux p. 233-238. Voir Heinz WIESSNER, *Das Bistum Naumburg 1/2: Die Diözese*, Berlin / New York, 1998 [*Germania Sacra*, 35/2], p. 751-757, ici p. 755. La tradition manuscrite de la correspondance entre Anselme et Walram n'a malheureusement pas été étudiée par Samu NISKANEN, *The Letter Collections of Anselm of Canterbury*, Turnhout : Brepols, 2011 [*Instrumenta patristica et mediaevalia*, 61].

[33] *Et si quid in calicem ceciderit, siue musca siue aranea? Totum transglutire debet* (Jean Beleth, *Summa de ecclesiasticis officiis*, ed. H. Douteil, Turnhout : Brepols, 1976 [*Corpus Christianorum. Continuatio mediaevalis*, 41A], chap. 121 ; cité par P. BROWE, *op. cit. supra* (note 4), p. 64.

[34] *De aranea vel musca vel alio immundo si forte in calicem hora consecrationis inciderit quid faciendum. De quaestione de aranea vel alio immundo si inciderit, nihil habemus in decretis vel in libris theologicis diffinitum. Super hoc autem magistrum Petrum Manducatorem dicentem audivi, quod si ita eveniret ei non sumeret, sed potius in piscinam poneret* (Giraldus Cambrensis, *Gemma Ecclesiastica* (voir *supra*, note 17), I, 45 (= p. 122-124) ; cité par P. BROWE, *op. cit. supra* (note 4), p. 66.

[35] *Si autem musca uel aranea uel aliquid tale ceciderit in calice ante transsubstantiationem uini in sanguinem, proici debet uinum illud in piscina et aliud uinum et aqua apponi* (Guillaume Durant, *Rationale divinorum officiorum*, ed. Anselme Davril et T. M. Thibodeau, t. 1, Turnhout : Brepols, 1995 [*Corpus Christianorum, continuatio mediaeualis*, 140], p. 470 = IV, 42, 12).

une doctrine élaborée. Il met au point une méthodologie longue et complexe pour les cas où une araignée ou une mouche tomberait dans le calice : il recommande de laver l'animal plusieurs fois, de boire l'eau du lavage et de brûler la bestiole, tout en soulignant que leur foi a poussé certains prêtres, sans aucun dommage, à avaler le sang du Christ avec l'animal qui y flottait[36].

Les statuts synodaux, dès leur apparition, s'emparèrent du problème. Déjà ceux d'Eudes de Sully, vers 1203, mais dans une partie qui a sans doute été ajoutée peut-être trois ans plus tard, prévoient que si une mouche, une araignée ou quelque chose d'autre présentant un risque mortel pour le célébrant tombe dans le calice, il faut le brûler et laver le calice avec du vin (qu'il faudra ensuite boire)[37]. Le synodal de l'Ouest dit à peu près la même chose, mais apprécie que certains prêtres aient la foi assez vive pour boire le tout[38].

La question de la chute de mouches ou d'araignées dans les calices rejoint une question plus large, celle du soin que le prêtre, et l'ensemble de clergé, doivent accorder au pain et vin utilisés lors de l'eucharistie. On n'insistera pas sur ce point ici, mais cette seconde question, beaucoup plus vaste, est largement traitée notamment par le droit canonique. Le Décret de Gratien reprend un canon qui précise que si le sang du Christ tombe à terre, il devra être léché et le revêtement de sol gratté ; si ce n'est pas un plancher, il faudra le ronger ; ce qu'on aura gratté sera brûlé, et les cendres déposées dans l'autel. Le prêtre fera pénitence pendant quarante jours. Si le calice goutte sur l'autel, le prêtre avalera la goutte et fera pénitence pendant trois jours. Si la goutte tombe sur la nappe et passe à la seconde nappe, la pénitence sera de quatre jours ; si le sang pénètre jusqu'à la troisième nappe,

---

36 *Si autem musca vel aranea in calicem ceciderit, non est tutum propter vomitum muscam vel araneam cum sanguine sumere. Debet igitur sacerdos diligenter et pluries muscam vel araneam abluere et aquam ablutionis sumere. Id vero quod ablutum est comburatur et cinis in piscina reponatur vel in liquida substantia recipiatur. Quidam tamen sacerdotes ex tanta fide quandoque muscam et araneam cum sanguine receperunt, quod eis nil nocuerunt* (Jacques de Vitry, *Historia Occidentalis* (voir *supra* note 12), p. 245-246).

37 *76. Porro si in ipsum sanguinem musca vel aranea vel aliquid tale ceciderit, quia non sine vomitu et periculo corporis aliquando sumi potest, igne cremandum est et tunc sanguis Domini sumatur ; illud tamen quod intus ceciderit prius debet in calice vino perfundi et quanto cautius fieri poterit ablui, et postea super piscinam comburi, et illam ablutionem sacerdos sumat* (Odette PONTAL, *Les statuts synodaux français du XIIIe siècle, précédés de l'historique du synode diocésain depuis ses origines, t. 1 : Les statuts de Paris et le synodal de l'Ouest (XIIIe siècle)*, Paris, 1971 [Collection de documents inédits sur l'histoire de France. Section de philologie et d'histoire jusqu'à 1610, série in-8°, 9], p. 80-81 (et p. 45 pour la date). Cité par P. BROWE, *op. cit. supra* (note 4), p. 66.

38 *Si musca vel aranea vel aliquid tale in calicem ceciderit, quod vix sine vomitu aliquando vel sine periculo corporis sumi potest, sanguis sumatur et superfuso vino ipsum quod cecidit abluatur et ablutio a sacerdote sumatur vel alio munde conscientie et postea in sacrario comburatur. Quod si fides ipsa ipsum quod ceciderit sumere quempiam fecerit, Deo gratias* (O. PONTAL, *op. cit. supra* (note 37), p. 146-149 = § 10. Le § 9, p. 144-147, aborde la question de la perte de l'hostie ou du vin consacrés.

la pénitence passe à neuf jours, et à vingt si la quatrième nappe est touchée. Les nappes seront lavées trois fois par le prêtre au-dessus du calice, et l'eau de cette lessive sera conservée près de l'autel[39]. Attribué au pape Pie (environ 140 - environ 155 ?), ce canon se trouve déjà chez Burchard de Worms, Yves de Chartes et Alger de Liège[40].

Revenons à la chute d'araignées ou de mouches dans les calices. Cette question apparaît à la fin du XIe siècle, c'est-à-dire qu'elle date des décennies qui suivent la querelle de Bérenger de Tours[41]. La question de savoir si le pain et le vin devenaient réellement, au cours de l'eucharistie, le corps et le sang du Christ était déjà ancienne. Il est vrai que la question était délicate, et si l'on oppose souvent un réalisme ambrosien à un symbolisme augustinien, les positions de ces deux Pères n'étaient ni si claires, ni si opposées, et ont d'ailleurs été utilisées en des sens variés au Moyen Âge. Mais on peut considérer que jusqu'au milieu du XIe siècle, à part le *De corpore et sanguine Domini* de Paschase Radbert, l'opinion très dominante est plutôt symbolique. C'est vers 1050 que la controverse rebondit, avec la condamnation de Bérenger de Tours par un synode romain en 1059, l'écriture du *De corpore et sanguine Domini* par Lanfranc et en réponse le *Rescriptum contra Lanfrancum* de Bérenger[42]. Cependant, ni le *De corpore et sanguine Domini*[43], ni le *Rescriptum contra Lanfrancum*[44], ni d'ailleurs

[39] *Si per negligentiam aliquid de sanguine stillaverit in terram, linguabitur, tabula radetur. Si non fuerit tabula, ut non conculcetur, locus corrodetur et igne consumetur et cinis intra altare condetur, et sacerdos XL diebus peniteat. Si super altare stillaverit calix, sorbeat minister stillam et III diebus peniteat. Si super linteum altaris et ad aliud stilla pervenerit, IV diebus peniteat. Si usque ad tercium, IX diebus peniteat. Si usque ad quartum, XX diebus peniteat et lintheamina que tetigerint stillam tribus vicibus minister abluat calice subterposito et aqua ablutionis sumatur et iuxta altare recondatur* (Gratien, *Decretum*, ed. Aem. Friedberg, Leipzig, 1879 = *De Consecratione*, II, 27).

[40] Sur le sujet, voir Ian Christopher LEVY, « The Eucharist and Canon Law in the High Middle Ages », *A Companion to the Eucharist in the Middle Ages*, ed. Ian Christopher LEVY, Gary MACY et Kristen VAN AUSDALL, Leyde : Brill, 2012 [Brill's Companion to the Christian Tradition, 26], p. 399-445. On trouve déjà ce canon, ou du moins ce souci, dans des pénitentiels du Haut Moyen Âge : Ludwig BIELER, *The Irish Penitentials*, Dublin, 1963 [*Scriptores latini hiberniae*, 5], p. 60-63 (*Prafetatio Gildae de poenitentia*), p. 96-97 (pénitentiel de Cummean), p. 130-132 (pénitentiel de Colomban). Voir aussi Pseudo-Theodorus, *Paenitentiale*, ed. Carine Van Rhijn, Turnhout : Brepols, 2009 [*Corpus Christianorum. Series Latina*, 156B], chap. 33, p. 90-94. Ce souci est relayé ensuite, sur le continent, par des textes comme le sacramentaire d'Autun (ed. O. Heiming, Turnhout : Brepols, 1984 [*Corpus Christianorum, Series latina*, 159b], § 2345-2347) ou le capitulaire d'Atton de Verceil, ed. Rudolf Pokorny, *Capitula episcoporum*, t. 3, Hanovre, 1995 [*Monumenta Germaniae Historica*], p. 243-304, ici p. 291.

[41] P. BROWE, *op. cit. supra* (note 4), p. 66, faisait déjà cette constatation.

[42] Michele FERRARI, « Die Wende zum Körper. Dialektik und Euchristie im 11. Jahrhundert », dans *Canossa 1077, Erschütterung der Welt. Geschichte, Kunst und Kultur am Aufgang der Romanik*, t. 1, ed. Christoph STIEGEMANN et Mathias WEMHOFF, Munich, 2006, p. 266-275, ici p. 266-267.

[43] Lanfranc, *De corpore et sanguine Domini*, *Patrologia Latina*, t. 150, col. 407-442.

[44] Bérenger de Tours, *Rescriptum contra Lanfrancum*, ed. R. B. C. Huygens, Turnhout : Brepols, 1988 [*Corpus Christianorum. Continuatio Mediaevalis*, 84].

d'autres ouvrages de cette période, comme le *De corporis et sanguinis veritate* de Guitmond d'Aversa[45] ou le *De sacramento corporis et sanguinis dominici* d'Alger de Liège[46], ni des ouvrages antérieurs comme le *De corpore et sanguine domini* de Paschase Radbert[47] n'abordent cette question. Toutefois, d'après la *Vita Wolphelmi,* Bérenger avait utilisé comme argument, pour nier ce qu'on appellerait plus tard la « présence réelle », que si des souris mangeaient une hostie consacrée, elles n'en acquerraient pas pour autant la vie éternelle[48].

La question des mouches et des araignées perdit de son actualité au XIIIe siècle (sauf d'un point de vue iconographique, dans la mesure où l'araignée dans le calice devient un des attributs de Conrad de Constance et, dans une moindre mesure, de Norbert de Gennep) : elle cède alors la place, mais sans doute après une phase transitoire, aux miracles anti-juifs d'une part, et à une spiritualité eucharistique de plus en forte d'autre part[49].

La question de la chute de mouches ou d'araignées dans les calices n'a jamais été une question essentielle, mais elle n'en a pas moins eu une certaine importance. Il y a un lien entre le renforcement de la doctrine de la transsubstantiation et les miracles eucharistiques en général, les miracles d'intrus dans les calices en particulier. C'est bien parce que le calice ne contient plus du vin mais le sang même du Christ que la question de l'araignée devient délicate : ôter la bestiole de la main et l'écraser discrètement n'est plus possible. L'avaler est cependant tout à fait inenvisageable, puisque la morsure de l'araignée est considérée, au Moyen Âge, comme mortelle[50]. Mais surtout parce que le vin, réellement devenu le sang du Christ, c'est-à-dire un liquide qui donne la vie (éternelle), ne peut

---

45 Guitmond d'Aversa, *De corporis et sanguinis veritate*, ed. Luciano Orabona, Naples, 1995.

46 Alger de Liège, *De sacramento corporis et sanguinis dominici, Patrologia Latina*, t. 180, Paris, 1855, col. 727-854. On peut d'ailleurs relever que l'abbaye de Vaucelles possédait une copie du *de sacramento* d'Alger de Liège ; si cette copie correspond, comme c'est mon hypothèse, au manuscrit Cambrai, B. M., 562, il faut remarquer qu'elle est accompagnée de la lettre d'Anselme de Canterbury traitant de cette question.

47 Paschase Radbert, *De corpore et sanguine Domini*, ed. Beda Paulus, Turnhout : Brepols, 1969 [*Corpus Christianorum. Continuatio Mediaevalis*, 16].

48 Lettre de Wolphelm, abbé de Brauweiler, à Meginhard, abbé de Gladbach, insérée par Conrad de Brauweiler dans sa *Vita Wolphelmi abbatis Brawillerensis*, ed. Heinz Erich Stiene, Pulheim, 1991 [Pulheimer Beiträge zur Geschichte und Heimatkunde, Sonderveröffentlichungen, 6], § 10, p. 66-68 : *Verbis ipsius auctoris ita loquitur : Si mures consecratum corpus Christi comederint, non ideo Christus in eis, et ipsi in Christo manebunt, nec vitam eternam habebunt.* Sur cette question qui a suscité beaucoup d'interrogations chez les théologiens du Moyen Âge central, mais que n'aborde pas l'auteur de la *Fundatio*, *cf.* Artur Michael LANDGRAF, *Dogmengeschichte der Frühscholastik, III. Die Lehre von den Sakramenten*, t. 2, Ratisbonne, 1955, p. 207-222.

49 Sarah BECKWITH, *Christ's Body. Identity, Culture and Society in Late Medieval Writings*, Londres / New York, 1993.

50 Les araignées, comme les mouches, peuvent être perçues comme des animaux diaboliques : Harry KÜHNEL, « Die Fliege – Symbol des Teufels und der Sündhaftigkeit », dans *Aspekte der Germanistik. Festschrift für Hans-Friedrich Rosenfeld zum 90. Geburtstag*, ed. Walter TAUBER, Göppingen, 1989, p. 285-305.

donner la mort. C'est d'ailleurs bien cela que soulignent la plupart des auteurs de récits de miracles de mouches ou d'araignée, on a pu le voir ci-dessus : « il avala sans réticence ce qui était à la fois un sacrement et un poison, parce qu'il n'oubliait pas que le venin de l'antique serpent (= le Diable) pouvait être vaincu par l'antidote de la passion du Seigneur », dit la *Vita* de Conrad de Constance : le couple vin-araignée est un poison et un sacrement, mais finalement, grâce au sacrifice du Christ, davantage un sacrement qu'un poison. De même, Vital de Savigny, « qui croyait vraiment recevoir le corps et le sang du Seigneur, avait à juste confiance dans le fait qu'un aussi grand mystère puisse être plus fort que n'importe quel poison ». Même tonalité dans le *Collectaneum Claravallense*, qui cependant insiste davantage encore sur le côté miraculeux :

> « Il prit la vie avec la mort, le poison avec le remède, c'est-à-dire l'araignée avec le sang de l'Agneau céleste. Mais là où la vie prend toute la place pour elle, la mort à l'évidence doit renoncer à son droit propre. Car comment, en présence de la vie, quelque chose de nuisible pourrait-il nuire à quelqu'un ? L'abbé demeura indemne, parce que par le mérite de la foi, contre la nature, par la vertu du sacrement, le poison mortel sortit par un autre endroit que celui par lequel il était entré. La foi n'a jamais trompé personne. Ce que la nature nie, la foi le donne. Ce qui est fermé à la raison est ouvert à la foi »[51].

[51] Je ne reprends donc pas à mon compte la théorie surprenante de Steven JUSTICE, « Eucharistic Miracle and Eucharistic Doubt », *Journal of Medieval and Early Modern Studies* 42 (2012), p. 307-332, selon qui les miracles eucharistiques (en général ; il ne traite pas des chutes d'araignées et de mouches dans les calices) n'étaient pas destinés à lutter contre le scepticisme à l'égard de la transsubstantiation, mais à lutter contre une foi trop irréfléchie.

Les démangeaisons du poète burlesque

Sophie TONOLO[1]

« Entre la puce et la punaise,
Sans chaise et sans tabouret
Je suis icy mal à mon aise
Dessus le lit d'un cabaret »[2].

Ainsi disait Sigogne, auquel Sarasin, quelques décennies plus tard, fait écho :

« Desja tout le monde sommeille,
Et cependant je m'apperçoy
Que dans ce mauvais lit de veille
Mes puces veillent avec moy »[3].

Des vers de Sigogne, repris dans la plupart des mélanges satiriques qui firent florès au début du XVIIe siècle, avant le coup d'arrêt porté par le procès du poète libertin Théophile de Viau, au *Lit d'hostellerie* de Sarasin, stances parues *post mortem*, un fil ténu mais tenace se déploie : le poète, adepte des couches de fortune, a pour compagnons favoris de petits insectes parasites. Point de pou dans cette affaire, du moins apparemment. On en a trouvé cependant, et d'autres vermines, en grattant bien, car ces petites bestioles, pour la production poétique qui nous a intéressée et va de cet extraordinaire corpus de recueils satiriques parus entre 1600 et 1622, qu'a tout récemment décrit Guillaume Peureux[4], aux parutions singulières de Claude d'Esternod, Saint-Amant, Saint-Pavin, Scarron, Sarasin ou Scudéry, pour ne citer qu'eux, se dissimulent au sein d'un bestiaire fourni : celui-ci comprend bien d'autres insectes – cloportes, vers, morpions, moustiques, mais aussi des araignées, des oiseaux de nuit et des serpents, des chiens, des loups et des félins, qui vont souvent de pair avec une pourriture florissante et pathologique dont la gale est la reine. Ainsi, ce qui semblait une évidence – il doit y avoir abondance de vermine dans la poésie de cette première moitié du siècle – s'est-il révélé plus ardu que prévu à circonscrire et à interpréter.

---

[1] Service du Dictionnaire de l'Académie française. Chercheur associé à DyPaC (EA 2449).

[2] « Gauserie du Sieur de Sigogne Estant à un Cabaret », *Les Muses gaillardes Recueillies des plus beaux esprits de ce temps par M.D.B. Parisien,* Paris : A. de Brueil, 1619, p. 191.

[3] *Poesies choisies de MM. Corneille, Benserade, de Scudéry, Sarasin, Boisrobert, Desmarets, Cotin, Maleville, de Lafemas, de Montereuil, Chevreau, Ménard, Vignier, Maucroy, Perin, Le Bret, de Jussy et plusieurs autres,* Paris : C. de Sercy, 1662, p. 137.

[4] Guillaume PEUREUX, *La Muse satyrique (1600-1622),* Genève : Droz, 2014, voir notamment les pages 9 à 17, qui présentent cette série allant de *La Muse folastre* (1600) au *Parnasse des Poëtes satyriques* (1622), en passant, entre autres, par *Les Muses incognues* (1604), *Les Muses gaillardes* (1607), le *Recueil des plus excellens vers satyriques de ce tems* (1617), ou *Le Cabinet satyrique* (1618).

Cliché satirique ? Héritage d'un esprit de « folastrie », à la manière de Ronsard ? Motif picaresque ? Dans cet enchevêtrement de possibles références, il nous a fallu procéder à un dépouillement méticuleux, afin de déterminer si ces insectes ont un rôle uniforme ou s'ils font partie d'un système métaphorique plus complexe. S'il nous est apparu, dans un premier temps, qu'ils sont des hôtes obligés de la satire – disons pour être simple que le courtisan est pouilleux et que la femme est punaise, ou « verminée » – il nous a aussi semblé que la tradition de l'éloge paradoxal, mêlée à certains héritages renaissants de la poésie érotique, avait fructifié dans les textes de ces années. Ainsi, dans le champ de production versifiée articulé autour des années 1620, on a cru observer le glissement d'un motif satirique à un motif burlesque. Sur fond de matérialisme libertin[5], la puce ou le pou, qui sont nos véritables héros, et les comportements que ces deux insectes induisent, entrent dans l'imaginaire du poète burlesque et sont les révélateurs symboliques d'un processus créatif.

La vermine satirique

Il y a, bien sûr, une tradition qui lie l'écriture satirique à l'action de « mordre » ou de « piquer » et assimile implicitement le poète satirique à ces insectes, ou fait de ces derniers des alliés. Ainsi, pour stimuler sa muse contre un infâme courtisan, Motin veut « un aide requerir : / [...] Les puces, les poux, la vermine, / Hostes qu'il te plaist de nourrir », avant de s'exclamer : « Sus ! Déesse aux dents veneneuses ! »[6]. C'est encore cette tradition qui fait accoler, au titre du *Parnasse satyrique*, paru en 1622 et précédé d'un avertissement de Colletet — « Vous autres que la Muse *picque* / Dans ce cabinet satyrique » — un sous-titre éloquent : « Dernier Recueil des vers *picquans* et gaillards de nostre temps ». À la fin du siècle, l'affaire est close avec Furetière pour qui : « Un satyrique trouve à *mordre* sur qui que ce soit »[7]. En définissant la tonalité et le registre du poème, la métaphore de la piqûre ou de la morsure se double d'une signification sexuelle, « picquants » et « gaillards » pouvant également se lire comme une redondance[8]. La satire (avec un -*i*-) est réassimilée à la satyre (avec un -*y*-), alors même que Cazaubon et Vauquelin de la Fresnaye viennent de procéder à une dissociation rigoureuse pour donner ses lettres de noblesse à la

---

[5] Sur la façon dont le procès de Théophile a enrichi les pratiques libertines, voir Stéphane VAN DAMME, *L'Épreuve libertine. Morale, soupçon et pouvoirs dans la France Baroque*, Paris : CNRS éditions, 2008.

[6] « Sur le pourpoint d'un Courtisan anonyme », par le sieur de Motin, *Le Cabinet satyrique*, ed. Fernand Fleuret et Louis Perceau d'après l'édition originale de 1618, Paris : Bon vieux Temps, 1924, t. I, p. 477 ; où l'on voit ici le glissement qu'on évoquait en introduction, d'un animal à l'autre, les « dents vénéneuses » pouvant aussi appartenir au serpent.

[7] Furetière, *Dictionnaire universel*, La Haye & Rotterdam : A. & R. Leers, 1690, article « Mordre ».

[8] Voir, par exemple, l'« Epitaphe d'un poète satyrique », dans le *Recueil des plus excellens vers satyriques de ce tems, trouvez dans les cabinets des Sieurs de Sigogne, Regnier, Motin, ou autres, des plus signalez poëtes de ce siecle*, Paris : A. Estoc, 1617 : « Ci-gist un poëte satyrique / Qui l'art d'Amour sceut enseigner, / Dames, gardez qu'il ne vous picque, / Ou qu'il ne vous face picquer ».

première[9]. L'un des exemples les plus enlevés est fourni par Claude d'Esternod, dans son recueil *L'Espadon satyrique* paru en 1619 : pour inciter la belle Magdelaine à lui céder, le locuteur et amant, qui assimile volontiers son désir à un besoin animal semblable à celui des insectes piqueurs, interroge la belle : « Les bestes, qui ne sont tant belles / Que vous, dites, s'en passent-elles ? / Nenny, parbleu, les morpions, / Et toute autre petite beste, / Comme puce, et poux de teste, / Piquent, ainsi que des lions »[10].

Dans le bestiaire qui apparaît dans les recueils satiriques entre 1600 et 1622, la vermine, en général et sans distinction d'espèces, est ressort d'insulte. En un réflexe de réjouissance familière, le poète se plaît à recourir à des images systématiques, mais sans doute aussi correspondant à une réalité, qui montrent le courtisan grouillant de vermine, ou à vouer l'ennemi aux pires parasites, et aux démangeaisons et chancres qui s'en suivent. Sans doute relayée par les poètes bernesques, dont Caporali, dans son *Pedante*, est un des meilleurs représentants[11], la description du manteau de cour, hôtellerie permanente pour les parasites, est un motif anticurial que développe par exemple Motin : « Pourpoint de tous les jours et festes, / Pourpoint, repaire à maintes bestes, / Qui, faisant là leur viandis / Rongent la crasseuse charongne / Qui depeint, à ta rouge trongne / Un silene du temps jadis »[12]. Par son fameux dystique « Son pourpoinct soubs qui maint pou gronde / Montroit les dents à tout le monde »[13], Saint-Amant transposera ce motif chez le poète crotté, à l'heure où le poète hésite entre deux postures, celle du gueux, et celle, justement, de l'homme de cour. Autre lieu de la vermine et cible de la pointe, la barbe de l'ennemi. Ainsi, Sigogne moque le courtisan qui a rasé sa barbe dans la crainte, écrit-il, « Que dans le touffu de ses landes, / De mille morpions les bandes, / Pour à leur aise fourrager, / Entreprennent de s'y loger. / Et qu'une infecte pouillerie / Y bastisse une hostellerie »[14] ; bref de peur qu'elle ne dévoile sa crasse et sa veulerie. Bien des années plus tard, en 1649, l'image de la barbe révélatrice reprend de la vigueur dans un texte composé contre Mathieu Molé, souvent présenté comme une mazarinade :

---

[9] Cazaubon dans son *De Satyrica Graecorum poesi et Romanorum Satira Libri Duo,* Paris : A. et J. Drouart, 1598, et Vauquelin dans son *Art poétique* paru en 1605 : sur le sujet voir Guillaume PEUREUX, *op. cit.* (*supra* note 4), p. 93-96 ainsi que Claudine NÉDELEC, *Les États et empires du burlesque,* Paris : H. Champion, 2004, p. 239-249.

[10] Claude d'Esternod, *L'Espadon satyrique,* ed. Fernand Fleuret et Louis Perceau (d'après l'édition originale de 1619), Paris : Le bon vieux temps, 1922, p. 118 ; nous notons encore, à l'intérieur même du processus métaphorique, le goût du mélange et de la discordance qui apparaît dans la mention du fauve, jouxtant celle des petites bêtes.

[11] Voir Patrick DANDREY, *L'Éloge paradoxal de Gorgias à Molière,* Paris : PUF, 1997, p. 93-100 ; Pascal DEBAILLY, *La Muse indignée,* Paris : Garnier, 2012, p. 336-337.

[12] Motin, « Sur le pourpoinct d'un Courtisan anonyme », *op. cit.* (*supra* note 6).

[13] Saint-Amant, « Le poète crotté », *Œuvres,* Paris : Didier, 1967, t. II, p. 37, v. 89-90 et « La Gazette du Pont-Neuf », *id.,* t. I, p. 242, v. 61-62 : « Et voyant sur son estamine / Groüiller les monceaux de vermine ».

[14] Sigogne, « Contre un courtisan à barbe rasée », *Le Cabinet satyrique, op. cit.* (*supra* note 6), t. I, p. 280.

« Puisse sur toy barbe boucquine,
Barbe qui put comme ravine,
Jetter comme sur un fumier,
Tout ce qui sort de leur fessier,
Que les poux, puces et lentes,
Morpions et punaises puantes
Fussent dedans ton port espars,
[...]
Tous les poils cheus ou arrachez
A un masque soient attachez,
Pour servir de boufonne trongne
Aux fils de l'hostel de Bourgogne :
C'est là plutost qu'au Parlement
Que tu paroistra dignement »[15].

Observons le surgissement de la vermine : les insectes apparaissent en liste, dans une « hyperbolisation phantastique »[16] qui recherche l'insulte la plus large et la plus efficace mais relève aussi du plaisir métalinguistique. Par la métaphore du « port », la barbe devient un havre pour les parasites comme l'est la cour pour les courtisans : le texte est donc d'abord une satire anticuriale. Mais la réussite de ces vers tient aussi à la façon dont ils auto-engendrent leur matière, dans une manière proprement burlesque, fort proche, curieusement, des théories de la génération spontanée qui couraient alors au sujet de ces insectes. On remarquera aussi au passage l'image de la « trongne », déjà présente chez Motin, dont la rougeur peut avoir plusieurs raisons : une raison réaliste et médicale – elle est rouge de la piqûre des insectes –, une raison supposée et culturelle – on prête une intempérance d'ivrogne à ces cibles souvent qualifiées de silènes, et qui évoquent les univers picturaux de Jordaens ou de David Teniers – enfin une raison explicite, à travers la mention du masque de théâtre, qui renvoie le puissant procureur du Parlement au statut de comique et bouffon, bon pour les tréteaux de foire ou, en effet, pour l'hôtel de Bourgogne. La « boufonne trongne » recouverte de vermine est la face véritable de l'humanité : c'est la matière du poète burlesque, le fond de son rire. Ainsi, plus qu'une mazarinade, ce poème pourrait être lu comme un règlement de compte à l'égard d'un personnage, Molé, qui, avec le père Garasse, symbolise la mort du poète libertin.

L'autre cliché attaché aux insectes piqueurs est celui de la vieille femme : courtisane, maquerelle ou veuve, assimilée à un sexe avide rongé de vermine, elle fait couler beaucoup d'encre chez les poètes satiriques. Le modèle, bien sûr, en est *La Macette* de Régnier, mais rattaché à la tradition de la gueuserie et du Pont-Neuf[17]. À la Cascarette de Sigogne[18] et à la

[15] *Poesie sur la barbe de M. le PPR,* Bruxelles, 1649.
[16] Formule de Claude-Gilbert DUBOIS, dans *La Poésie au XVIe siècle,* Bordeaux : Presses universitaires de Bordeaux, 1999, p. 88.
[17] Voir la maquerelle de Motin, qui fait « Plus naistre de semence humaine / Qu'en un mois la Samaritaine / Ne verse d'eau sur le Pont-Neuf », dans les « Regrets sur le Trepas d'une des plus fameuses maquerelles de la Cour, par le sieur de Motin », Motin, *op. cit.* (note 6), p. 384.

Maquerelle de Motin succèdent la « vieille décrépitée » d'Antoine de Montaillard[19], « La femme qui feignoit d'estre devote et fut trouvée Putain » de Claude d'Esternod[20], la Perrette, « poétesse verminée », de Saint-Amant, la « vieille dame campagnarde » de Scarron[21], ou encore la « laide » de Charles d'Assoucy, dont la bouche est un trou où les mites rongent trois dents[22]. La transgression est triple : évocation scatologique scandaleuse, retournement de la lyrique amoureuse, mais aussi torsion de la langue, d'autant plus déstabilisante à l'heure où une épuration linguistique se met en place. À cette bande de femmes grouillantes de bestioles, ajoutons l'affreuse punaise qui est la compagne du mauvais poète, honnie par Mainard :

« Rimeur à l'Esprit de travers,
Et qui n'a rien qui ne deplaise,
Tu fais bien de mettre tes vers
Entre les mains d'une Punaise.
C'est montrer que ta vanité,
Du Temple de l'Eternité,
Ne prétend point d'estre placée,
Et que l'ouvrage le plus net,
Qui se livre en ton cabinet,
N'est que pour la chaise percée »[23].

Non plus rongée de vermine, comme dans la tradition misogyne, mais elle-même vermine, la femme devient suceuse de sang et de talent. Si

---

[18] Voir *Le Cabinet satyrique, op. cit.* (*supra* note 6), t. II, p. 239 ; voir aussi « Sur une vieille maquerelle », *Les Muses gaillardes* (*supra* note 2), p. 88 : « Ses cuisses flaques et beantes / Rendoient des vapeurs si puantes / Que les morpions estonnez / De l'odeur de cette civette / En fuyant sonnoient la retraite / Et courant se bouchaient le nez » ; « La Grande sauvage », *ibid.*, p. 100 : « Au demeurant la forte gale / Est sur elle en toute saison, / Comme poux ou plumes d'oison » ; ou encore « Contre une vieille veuve », *Le Parnasse satyrique* (*supra* note 4), p. 112, dont le sexe est ainsi décrit : « C'est une bille deserte / Et quand la crevasse est ouverte, / Les verts, les eaux de ces quartiers, / Noyent les puces à milliers. / D'autre part pour la seicheresse / Les poux se tirent de sa fesse / Mesme le petit morpion / S'enfuit pour la contagion. / Puis la calandre et la punaise / N'y sçauroient plus estre à leur ayse ».

[19] Antoine de Montaillard, « Ode sur une vieille decrepitée », *Œuvres,* 1606 : « Les cirons, les teignes, les poux / Les punaises, les vers, les puces / [...] Te puissent ronger le prépuce », cité par Cl.-G. DUBOIS (*supra* note 16), p. 89 ; voir le commentaire qu'en fait G. PEUREUX (*supra* note 4), p. 53-54.

[20] Claude d'Esternod, « L'Hypocrisie d'une femme qui feignoit d'estre devote et fut trouvée putain », satire XV, *op. cit.* (note 10), p. 103, v. 70-72 : « Elle dira combien les innocens guenaux / Ont dans leurs vieux haillons de poux ez hospitaux, / Car, faisant la pieuse, elle les espeluche ».

[21] Scarron, « Epistre à une vieille dame campagnarde » (1646), in *Poésies diverses,* ed. M. Cauchie, Paris : Didier, 1947, p. 319 : « Monstre fâcheux, monstre mutin / Moitié chair et moitié patin / [...] Par tes yeux et par leurs lunettes, / Par tes oreilles si mal nettes, / Par tes paupieres et sourcix / Où logent des poux plus de six ».

[22] Charles d'Assoucy, « Satyre contre une laide », *Poesies et lettres de M. d'Assoucy, contenant diverses pieces héroïques, satiriques et burlesques,* Paris : L. Chamboudry, 1653, p. 122. On pourrait y ajouter encore la « Satyre contre une Dame », de Motin, *op. cit. (supra* note 6), p. 615 : « Vos Tresses de graisse luisantes, / De couleur de poil de souris, / Sont pleines au lieu de l'Iris / De teigne, de poux et de lentes ».

[23] Mainard, « A un mauvais Poete de qui une punaise estoit Maistresse », *Recueil des plus beaux vers de Messieurs Malherbe, Racan, ...* Paris : T. du Bray, 1627, p. 377.

on adjoint l'image de la fausse dévote, qui fait semblant de donner aux mendiants, « innocens guenaux » probablement assimilés aux poètes, dont elle « espeluche les poux », la femme est donc, comme le courtisan, une incarnation de l'hypocrisie sociale, du piège du réel. Principal ennemi du poète, elle le fait sombrer dans une violence qui est aussi un point limite de la parole poétique, comme en témoignent ces vers du Sieur de la Croix :

> « Des gueux et des enfans elle soit toujours couruë,
> Chacun la montre au doigt, et la voyant pourrir
> Personne ne s'essaie à la vouloir guarir ;
> Que couverte de vers, de chancres, de verolles,
> Il ne luy reste rien d'humain que la parole »[24].

Chez les poètes qui publient après les années 1620, on observe un renoncement progressif à cette utilisation métaphorique de la vermine, bientôt remplacée par une imagerie concentrée sur la puce et le pou, moteurs plus subtils de leur imaginaire, et symboles, en un retournement spectaculaire qui les caractérise, de leur propre condition et de leur art de créer.

Le poète, la puce et le poux : significations possibles d'un imaginaire burlesque

Au XVIe siècle, la puce est devenue un animal paradoxal et métamorphique. Ce sont ces qualités qui captent l'imagination du poète burlesque[25]. *A priori* son inférieur, le pou, « cette estoile errante » selon Bruscambille, encore appelé « guenau », du même nom que le vagabond, semble peu à peu dessiner une figure symbolique à laquelle s'assimile le poète.

Comme l'a montré Patrick Dandrey, l'éloge paradoxal, bien connu des rhéteurs sophistes, se revivifie à la Renaissance, traversant l'Europe du Nord au Sud. L'hommage au plus petit, au plus repoussant, au plus nuisible de l'univers s'appuie sur un courant naturaliste[26] et plus largement sur l'éclosion d'idées nouvelles, dont la pensée libertine fait partie, mais sans jamais trancher réellement en faveur d'un de ces courants, le genre étant essentiellement porté par un esprit de rébellion, de surprise et de bigarrure qui ne favorise pas le parti pris idéologique. Il est, toujours selon Patrick Dandrey, « une arme contre l'érudition et l'autorité pesante des Anciens d'un côté, contre le dogmatisme, le rigorisme moral et l'idéalisme

---

[24] Sieur de la Croix, *La Climène, Tragi-comédie pastorale dédiée à Mme des Loges, avec plusieurs autres œuvres,* Paris : G. Corrozet, 1629, p. 189.

[25] Sur l'importance de la métamorphose, du travestissement et l'aspect monstrueux de la parole chez les poètes burlesques, voir Cl. NÉDELEC, *op. cit.* (*supra* note 9), p. 260-264.

[26] Par exemple *L'Histoire naturelle* d'Ulisse Aldrovandi (1522-1605), qui a décrit entre autres le pou, la puce et l'araignée ; mais les penseurs humanistes du Nord ne sont pas en reste, avec Casper Dornau, philosophe et médecin, Daniel Heinsius (1580-1655) ou Johann Fischart (1546-1589) ; voir P. DANDREY, *op. cit.* (*supra* note 11), p. 62-69, et p. 93 : « Le genre se trouve ainsi constituer […] un de ces ponts par lesquels l'éloquence des savants, matrice d'une nouvelle définition de l'homme, […] traverse jusque chez les mondains ».

rationaliste de l'autre »[27]. L'oisiveté, la maladie, la mort, la guerre, les animaux nuisibles sont donc objets de panégyrique. En France, *Du Passe-temps d'oysiveté* de Robert Gaguin (1489) à la *Défense et la louange du pou, ensemble celle du ciron contre ceux qui l'ont en haine et le blâment ordinairement à tort et sans cause,* de Tabourot des Accords (1597), un siècle plus tard, en passant par la mode des contre-blasons ou des petits hymnes de Belleau et de Ronsard, l'éloge paradoxal ne cesse d'être vivace, en prose et en vers, en latin et en langue vernaculaire : il constitue un fonds significatif pour nos poètes. Celui-ci est enrichi, en 1613, des *Nouvelles et plaisantes imaginations de Bruscambille.* Lieux de l'abondance langagière, également parodies de philosophie scolastique qui ramènent le droit ou la métaphysique à un sujet terre à terre, les textes de Jean Gracieux, de son vrai nom, scellent la réputation des puces, du pou et du morpion, « réveille matin des paresseux » et compagnons du « brave soldat »[28].

À la tradition de l'éloge paradoxal s'ajoute, tout au long du XVIe siècle, une exploitation particulière de la puce dans une poésie érotique et ingénieuse, dont les poètes burlesques ne retiennent pas la lettre mais l'esprit : soit une capacité de métamorphose, mais aussi un postulat d'existence matérialiste et libre, qui passe par une approche corporelle des choses et un goût de la dissonance. Moins que les variations prégalantes de la puce de Poitiers, ce sont des textes comme ceux de Jean-François de Chantelouve ou du Sieur de Sainte-Barbe qui semblent les plus porteurs. En 1577, paraît l'*Hymne de la puce* de Jean-François de Chantelouve[29]. Ouvrant ses vers par des considérations morales sur la diversité des corps, des caractères et des vocations du vivant, le locuteur du poème expose ensuite son oisiveté et son inaction accueillante (il est « sans affaires »), moment de trêve, qui, grâce à la piqûre d'une providentielle puce, devient propice à l'acte de création :

> « J'escry quelques vers comme ores que je fusse
> Endormi, si n'estoit une mordante puce
> Laquelle du dormir paresseux et oisif,
> Mescueillant, pour rimer m'a picqué jusqu'au vif ».

Et d'en déduire :

> « Ainsi, bien que la puce ayt petite pointure
> Elle me fait rimer de volonté meilleure ».

---

[27] *Ibid.,* p. 187.

[28] Avec une préférence pour ce dernier, « esleu général des bandes grises par Messieurs du Port au Foin », dans « En faveur du morpion », *Les Plaisants paradoxes* (1617), Bruscambille, *Œuvres complètes,* ed. Hugh Roberts et Annette Tomarken, Paris : H. Champion, 2012, p. 559. Voir également « Procès du pou et du morpion » et « Des puces », *Les Nouvelles et plaisantes imaginations, ibid.,* p. 446 et 483. Ces ouvrages sont des best-sellers, réédités 42 fois jusqu'en 1635.

[29] Jean-François de Chantelouve, *Tragédie de Pharaon et autres œuvres poétiques,* Paris : N. Bonfous, 1577, n.p.

Comme le fera également Sainte-Barbe, Chantelouve se livre alors, suivant les libres « saults » de la puce et comme elle « hardys », à une exploration de toutes les parties du corps, avant d'exprimer comme vœu ultime :

« Que d'homme que je suis roy puce je serois
Ô si le Ciel vouloit que devenir je peusse,
D'un nouveau changement, une nouvelle puce ».

Que « puce » rime avec « pusse », du verbe « pouvoir », comme ce sera encore le cas chez Sainte-Barbe, est éminemment suggestif : ce qui se joue, c'est l'être en puissance. Le texte se conclut sur l'attribution à la puce du pouvoir de filer comme les vers à soie, valorisation suprême[30] mais aussi, peut-être, symbole de la vie et du travail poétique. Publiés en 1619, dans le recueil des *Muses gaillardes,* les vers de Sainte-Barbe, intitulés « D'une Puce », assument d'entrée le paradoxe – devenir puce plutôt que roi :

« Si l'on a par souhaitter
Le plaisir de contenter
D'un faux heur sa fantaisie :
Par moy ne sera choisie
La grandeur d'un puissant Roy [...]
Ô combien j'aymerois mieux
Jouyr de l'heur gracieux,
Quand je voudrois que je peusse
Devenir petite puce »[31].

Ce souhait transgressif se fonde évidemment sur le potentiel érotique d'une telle métamorphose, qui permettra chaque nuit à l'amant d'explorer le corps de la belle Rose[32] ; et si l'on lit avec plaisir la variation pétrarquisante sur la peine d'amour et la cruauté de la belle – l'amant ou puce exposant réellement sa vie jusqu'à, comme à la fin d'un rêve, redevenir homme pour échapper à l'écrasement, on est frappé par l'insistance de la description corporelle, à l'instant où l'amant reprend sa forme :

« À l'heure redevenant
Homme, et nud à nud, tenant

---

[30] En effet, contrairement au ver à soie ou à l'abeille, on reprochait à ces insectes de ne pas être utiles.

[31] *Les Muses gaillardes, op. cit.* (*supra* note 2), p. 43-44. Ce vœu transgressif trouvera des échos dans des méditations morales, par exemple dans une satire de Paul Hay du Chastelet (1592-1636), académicien et proche de Pellisson, qui connut une première attribution à Théophile de Viau : « Les grands vaisseaux, pourtant, nourrissent dans leur ventre / Les vers qui font les trous par où l'Océan entre ; / Les Roys mangez de poux connoissent en mourant / Qu'il n'est rien de petit, que le monde en est grand » (*Les Satires françaises du XVII*e *siècle,* ed. Fernand Fleuret et Louis Perceau, Paris : Garnier, 1923), t. I, p. 227 ; première parution dans le Recueil Sercy de 1653).

[32] On trouvait déjà ce potentiel érotique joint à l'idée de liberté de mouvement dans « La Puce », de Guy de Tours, poème publié en 1598 : métamorphosé en puce, le poète entre dans la couche de sa belle pour « [se] promener et faire mille bonds », « Adextre / A voltiger à droit et à senestre » ; voir Guy de Tours, *Premières œuvres et soupirs amoureux,* Genève : Slatkine, 1969 (fac. sim. ed. 1878), t. I, p. 24. Les vers ont sans doute frappé l'imagination de Motin, qui en reprend la substance dans une ode érotique, « Elle avoit ouvert son collet », restée manuscrite du vivant de l'auteur, ainsi que dans « La Chasse de la puce. Sur la belle Uranie, voir Pierre Motin, *Poésies,* ed. G. Peureux, Paris : S.t.f.m., 2006, p. 73 et p. 586.

Flanc à flanc et bouche à bouche
À mon plaisir la farouche »[33].

De fait, de tous ces aspects – paradoxe fructueux du vivant et potentiel érotique et créateur du petit animal – que nous venons d'évoquer, la génération suivante de poètes a sans doute retenu beaucoup. Saint-Amant, Saint-Pavin, Sarasin ou Scudéry puisent dans ces héritages pour bâtir, par d'infimes décalages, une posture esthétique voire existentielle. Chez Saint-Amant, s'esquisse au fil de l'œuvre une figure de locuteur, voyageur ou soldat, qui combat davantage la vermine que ses semblables, et passe le temps en compagnie de morpions et de moustiques. Motif picaresque certainement, mais aussi peut-être pose existentielle, qui consiste en une perpétuelle oisiveté que seuls animent nos petits animaux, véritables aiguillons de vie, ou encore l'écriture, ramenée à une main surgissant du fond d'un lit pour composer, main également utile pour se gratter. Dans « Les Goinfres », les hommes sont assimilés à des magots « Qui baillans au Soleil se grattent sous l'aisselle »[34] ; mus par des puces ou des poux, ils rappellent la « troupe de Galeux » de Bruscambille :

> « Contemplez une troupe de Galeux (Messieurs) au soleil et une troupe de Galeuses (mes Damoiselles) à l'ombre, vous verrez qu'encor ils travaillent toujours à un mesme mestier, ils auront diverses postures, l'un se grattant la paume de la main, levant les yeux au Ciel, comme s'il vouloit remercier la planette qui l'a fait naistre galeux. L'autre en se grattant la nucque du col, grincera les dents comme un constipé sur la chaise percée, un autre se grattant le jarret gauche d'aise, pensera faire seulement un pet dans ses chausses, et il y chiera tout à faict »[35].

Prééminence des fonctions physiologiques, voire laisser aller du corps et plaisir naturel qui lui est associé, grattages divers qui sont autant de poses de l'humanité, incroyance revendiquée et éloge de l'inaction : on a là en puissance l'univers des *Goinfres.* L'acte de se gratter est particulièrement mis en exergue, tout comme il l'est sous la plume de Saint-Pavin, amant de Théophile et ami de Des Barreaux et de Descartes, dans son sonnet « Caché sous un auvent où j'ai passé la nuit » :

« Caché sous un auvent où j'ai passé la nuit,
N'ayant pour matelas que trois cordons de natte,
Au milieu des chevaux, des carrosses, et du bruit,
D'une main je t'écris, de l'autre je me gratte »[36].

---

[33] Sur le sujet et les échos possibles de ce poème et celui de Chantelouve avec des poètes anglais tels Thomas Watson, Will Drummon ou John Donne, nous renvoyons aux analyses de Annette TOMARKEN, *The Smile of Truth. The French satirical Eulogy and its antecedents,* Princeton : University Press, 1990, p. 222-225 et note 50 p. 312.

[34] Saint-Amant, « Les Goinfres » (vers 1628), *op. cit.* (voir *supra* note 13), t. II, p. 85 ; pour le reste, voir « Le Mauvais logement », p. 144, poème composé durant le siège de La Rochelle, v. 1-4, et 41-50 ; l' « Epistre au baron de Melay », p. 230 et « La Rome Ridicule », t. II, p. 53, v. 670-680 et 691-700.

[35] Bruscambille, « Des Galleux », *op. cit.* (*supra* note 28), p. 408.

[36] Denis Sanguin de Saint-Pavin, *Poésies,* ed. Nicholas Hammond, Paris : Garnier, 2012, Sonnet IV, p. 49.

Le modèle de ces poètes burlesques, voulu ou subi, est le gueux « éclatant » de misère, dont on rappelle qu'on l'appelait, du même nom que le pou, un « guenau », et qui, mine de rien, brave les interdits moraux en se grattant[37]. Or, comme l'explique Annibal de Lortigue dans son *Delice des Galleux*[38], une telle volupté est peut-être médicalement recommandée – elle purge l'homme de sa bile – mais elle est surtout transgression consciente.

Ainsi se trouve transformé le motif satirique du mauvais logis ou du lit pouilleux, d'hôtellerie ou de cabaret : et si on relit les stances de Sarasin que nous citions en introduction de cet article, on comprend que le poète – poète du texte puisque le locuteur est décrit en train de composer – n'est pas seulement la victime d'une couche de fortune ; il fait de ce demi-sommeil environné de *ses* puces – on notera le possessif, un moment de rêverie créatrice et de retour sur soi, qui se teinte d'un scepticisme foncier :

« Desjà tout le monde sommeille
Et cependant je m'apperçoy
Que dans ce mauvais lit de veille
Mes puces veillent avec moy.

Le bois de cet antique lit
Est de vieille menuiserie
Et tout son chevet s'embellit
Des placards d'une confrairie.

Il est entouré de lambeaux,
Et de grands filets à clairvoye,
On dit que ce sont des rideaux,
Qui le veut croire, qui le croye.

Pour moy, *qui crois toujours fort tard,*
Aurois-je pas mauvaise grace,
De prendre marte pour renard,
Et pour rideaux une tirasse ? »[39].

Nous retrouvons un effet similaire dans une épître envoyée par Georges de Scudéry, alors passager d'un navire, à un ami à la guerre :

« Pour tromper l'ennuy d'un Navire,
Cher amy, je te veux rescrire,
Et t'informer de mon estat.
Je suis icy couché tout plat
Dessus quatre doubles de natte,

---

[37] Voir Furetière, *Dictionnaire,* article « Guenaut » : « Vieux mot qui signifioit autrefois gueux. […] *Les guenauts de St-Innocent.* Le peuple appelle aussi *Guenaut,* un gros pou ».

[38] « Le Delice des Galleux, Annibal de Lortigue, *Les Poemes divers du Sieur de Lortigue, Provençal,* Paris : Chez J. Gesselin, 1617, p. 184. Sur le sujet, on lira Camille LE DOZE, *La Puce,* Paris : Arkhê, 2010, p. 91 et suivantes.

[39] Sarasin, « Le lit d'hostellerie », *op. cit* (*supra* note 3), nous soulignons. La tirasse est un filet de chasseur, et clôt la métaphore de l'homme assimilé à un animal pris au piège du réel, également présente chez Saint-Amant, « lièvre dans son pâté », dans « Le Paresseux », ou chez Scudéry, dans l'épître « Pour tromper l'ennui d'un navire » citée ci-après.

Aussi fier qu'un Matou qu'on flatte,
Ou qu'un Pourceau dans son pailler ;
Ma valise est mon oreiller,
Le ciel de mon lit est le Pole. [...]
Je donne un cartel à Neptune,
Je fais la nique à la Fortune,
Et malgré le temps mal plaisant,
Je fais icy le suffisant,
Comme un vieil soldat de Hollande
Quand il se voit sergent de bande.
Quatorze Marquis mal-aisez,
Quatre marchands dévalisez,
Trente Anglais, vingt Flamands, un Suisse
Fait comme un Saint de Pain d'espice,
Un grand Soldat de Spinola
Vuide comme le Quignola,
Près de moy tiennent leurs assises
Sur des cables et des valises ;
Où l'on me prendroit pour un Roy
Avec la cour autour de moy.
Tandis que le vent nous retarde,
Je mange, je bois, je renarde,
Pour éviter oisiveté :
Un Flamand boit à ma santé
À mesme une pinte de biere
Qu'il hume quasi tout entiere,
Y trempant la barbe et le nez
Plein de boutons enluminez. [...]
Il me tend son vieux pot de terre ;
Je bois, je le rends, il le serre,
Nous discourons du mauvais vent,
Et puis amis comme devant.
Je me renferme dans ma natte,
Je compose en vers, je me gratte,
Je prends des puces de meunier,
Que je veux excommunier
Si tost que je seray sur terre ; //
Cela me ramentoit la guerre,
Où je scay qu'on n'en manque point.
Si tu visites ton pourpoint,
Ou le collet de ta chemise,
Tu verras une bande grise,
Et massacreras à tous coups,
Les cousins germains de mes poux.
Donne-leur la mort, ou la vie,
Je ne t'y porte point d'envie.
Fy de la guerre des Estats,
Où les poux fourmillent à tas,
Où les habits sont en guenille,
Où l'en s'enfume de tabac
Où l'on est réduit au bissac,

Où chaque coquin fait le maistre,
Où nul n'est ce qu'il devroit estre [...] »[40].

Ces vers nous paraissent emblématiques du rôle du pou et de la puce dans la poésie burlesque. Le texte comporte deux parties, l'évocation du bateau et d'une amitié simple avec des compagnons de hasard, puis l'évocation fiévreuse de la guerre et de la façon dont elle transforme l'homme, les puces et les poux en étant le déclencheur. Dans la première partie, l'épuçage, ou l'épouillage est un moment d'attente, de vide où l'homme apprécie son bonheur, une félicité immédiate et non différée comme celle qu'on proposait alors à la société. La démangeaison, amertume et délice, est analogie de l'écriture. L'homme, comme immobilisé hors temps et hors monde, sympathise avec une troupe cosmopolite de passagers, compagnons de hasard assez misérables mais avec lesquels il noue un pur moment de complicité physiologique : boire dans le même récipient. Tel le pou pris dans la nasse des cheveux et néanmoins bondissant, le poète, bien qu'enfermé dans sa natte et prisonnier de son navire, apparaît libre comme une « estoille errante » (il fait la nique à la Fortune, le Ciel de son lit est le Pôle, il fait le suffisant, voire il est le roi d'une cour improvisée). On a là décrite une utopie, modeste certes, mais une utopie. Dans la seconde partie du texte, en un renversement tout à fait burlesque, les poux et les puces ne sont plus les compagnons d'un moment de délices et d'amitié, mais rappellent cruellement la guerre et l'éloignement de l'ami. C'est une autre heure de vérité, où les hommes apparaissent encore plus misérables, encore plus avides de puissance, encore plus vaniteux. Le pou, ou la puce, est donc l'animal qui fait le lien entre les deux conditions possibles de l'homme : boire, compagnonner avec le peuple, renarder, écrire, ou verser le sang, s'enfumer, participer à la grande tromperie du monde. Ces vers louent et critiquent le désordre.

Ainsi, de bestiaire obligé de la satire anticuriale et misogyne, le pou et la puce, d'abord considérés en tant que vermine et vecteurs d'une démesure verbale libératrice, sont devenus, par une hybridation textuelle qui est une marque de la manière burlesque, deux petits animaux symptomatiques, cristallisant un imaginaire où s'esquisse la figure du poète à l'ouvrage. Ils sont porteurs d'un potentiel érotique et métamorphique. Aiguillons de vie, les voilà associés à un moment de l'existence, temps d'oisiveté accueillante où est en puissance l'œuvre poétique. Parce qu'ils sont les compagnons obligés du soldat, du voyageur et du gueux, figures qui fascinent le poète burlesque, peut-être deviennent-ils une forme de double de celui-ci. D'ailleurs, se gratter ou écrire ne sont que deux façons de dire un même acte, jouissif et transgressif.

[40] *Poesies choisies, op. cit.* (*supra* note 3), p. 21. Les barres obliques marquent la césure entre les deux parties.

Puces sauteuses et démangeaisons amoureuses à l'époque moderne

Camille LE DOZE[1]

> « Veu par la cour la requeste disans, qu'en cette ville de Pontoise si fidèle au Cardinal leur maistre, estoit survenu une si grande quantité et un nombre innombrable de poux, puces et punaises, qu'il estoit impossible de s'en deffendre ny pouvoir éviter leurs mauvais traitements, qui sont si cruels qu'ils ont le col et les espaules toutes dechiquetées et lardées, et que ces maudits animaux montoient jusques dans les greniers pour les dévorer. Autre requeste à elle présentée par le Conseil Prié, disant que lesdits poux, puces et punaises les dévorent, et courent si fort sur leurs robes, que par apres ils montent à la teste en si grande quantité, que le premier Président nostre chef en voulant, selon la coustume, passer la main sur sa barbe, en fist tomber plus de quatre cens sur le greffier, et autant qui tombèrent sur la place »[2].

La scène digne d'un film d'épouvante est extraite d'une mazarinade écrite à la manière d'un compte-rendu de procès mené contre les « sires puces, poux et punaises ». Ce texte reste une caricature, mais ses exagérations révèlent le souci que représentent pour la société de l'époque moderne ces minuscules suceurs de sang. Malgré la multitude et la diversité des panacées, les légions de parasites n'ont déclaré aucune trêve entre le XVIe et le XVIIIe siècle. Mendiants, bourgeois, manouvriers, étudiants, secrétaires d'État, belles dames… Tous sont recouverts par la vermine[3].

La puce, notamment, s'attaque à l'ensemble de la société, sans distinction de bourse ou d'honneur. Par ailleurs, le lien entre la petite bête et la peste n'a pas été établi sous l'Ancien régime et sa désagréable piqûre ne symbolise pas encore les horreurs du terrible fléau. Si son existence s'achève souvent entre deux ongles, ce compagnon de toujours, pour citer Jean-Marie Doby[4], a néanmoins occupé une place considérable dans la vie quotidienne, les relations sociales et l'imaginaire. La puce, qui sert de nos jours à surnommer l'aimé(e) ou le petit enfant, a démangé les esprits des hommes de l'époque moderne et leur a permis ainsi de filer la métaphore.

---

[1] Chargée de publication.

[2] *Arrest du parlement de Pontoise du cinquiesme octobre 1652, rendu sur les plaintes faites en iceluy par les principaux de la Cour, contre trois sortes de creatures. Jouxte la copie imprimée à Pontoise,* Imprimeurs ordinaires de la Cour, 1652, p. 3.

[3] Hyacinthe BRABANT, *Médecins, malades et maladies de la Renaissance*, Bruxelles : La Renaissance du livre, 1966, p. 132.

[4] Jean-Marie DOBY, *Des Compagnons de toujours. Puce, pou, morpion, punaise et autres parasites de notre peau, dans l'histoire de l'art, la littérature, la chanson, le langage, les traditions populaires.* t. 1 *La Puce*, Bayeux : L'Hermitage (route de Saint Gilles 35590), 1996.

La puce étudiée et admirée

Plus rapide et alerte que d'autres insectes, la puce qui sautille de proie en proie est particulièrement difficile à capturer. La puissance de son saut rend sa chasse pour le moins sportive. L'attraper et l'écraser entre ses deux pouces ne sont pas choses aisées. Le magistrat et poète Nicolas Rapin considère la sombre bestiole bondissante comme l'ennemi le plus redoutable comparé au pou et à la tique :

> « Les autres sont pris aisément,
> Et tu as un frétillement
> Qui empesche qu'on ne te prenne.
> L'ennemy plus lourd et pesant
> Encore qu'il soit malfaisant,
> Et toutesfois est moins à craindre :
> À toute heure on le peut dompter :
> Mais on doit celuy redouter,
> Qui est le plus difficile à joindre.
> La main qui te pense écachée
> Te tournoyant dessus la chaire
> Bien souvent se trouve abusée »[5].

Les bonds gigantesques de la puce forcent l'admiration des auteurs de l'époque moderne, qu'ils soient magistrats, savants, poètes ou philosophes. Voltaire, peu réputé pour sa bigoterie, est allé même jusqu'à déclarer dans ses *Dialogues* : « Il y a certainement du divin dans une puce ; elle saute cinquante fois sa hauteur »[6].

Dans son *Theatrum Insectorum*, Thomas Moffett (1552-1604) parle d'une « merveille de la nature », quand il décrit la façon dont ses pattes postérieures et antérieures sont repliées, « à la manière des quadrupèdes »[7] [*sic*]. Selon le naturaliste et médecin anglais, « la nature a donné des pattes au nombre de quatre » aux insectes[8].

Ce type d'erreur d'observation se trouve balayé au tournant du XVIIe siècle par le microscope, invention fondamentale qui entraîne les naturalistes dans le monde de l'infiniment petit. Grâce à ce nouvel

---

[5] Nicolas Rapin a participé au recueil de poèmes intitulé *La Puce de Madame Des Roches*, publié pour la première fois en 1582. J'ai utilisé une réédition qui se trouve dans un ouvrage regroupant l'ensemble de l'œuvre d'Étienne Pasquier, instigateur de ces vers puciers : *La Puce de Madame Desroches* et *Jeus poétiques françois et latins composez sur la puce aux Grands Jours de Poictiers l'an 1579 dont Pasquier feut le premier motif*, dans *Étienne Pasquier et sa suite*, Paris : Jean Petit-Pas, 1610. Le poème cité est donc extrait de *La Puce de Madame Desroches* [désormais abrégé *LPMD*], p. 655.

[6] Voir Camille LE DOZE, *La Puce. De la vermine aux démangeaisons érotiques*, Paris : Arkhê, 2010.

[7] Thomas Moffett, *Insectorum sive minimorum animalium theatrum, olim ab Eduardo Wottono, Conrado Gesnero, Thomaque Pennio, inchoatum : Tandem Tho. Moufeti Londinatis opera sumptibusque, maximis concinnatum, auctum, perfectum : et ad vivum expressis iconibus supra quingentis illustratum*, Londres : ex. Officina typographica Thom. Cotes, 1634, p. 276.

[8] Jean-Marie DOBY, « Un grand entomologiste du XVIe siècle, Thomas Moffett, et son *Theatrum insectorum*, première encyclopédie entomologique du monde occidental », *Bulletin de la Société française de parasitologie* 12 (1994), p. 93-120.

instrument, les savants ont désormais la possibilité d'admirer des détails du corps des insectes, que l'œil nu ne peut apercevoir.

Les premières observations surprirent. Derrière ce petit grain noir, se cachait une anatomie d'une extrême complexité. La sombre bestiole fut l'un des sujets les plus étudiés par cet appareil, qui prit assez logiquement le sobriquet de « lunette à puces » (*vitra pulicaria* en latin)[9]. Un médecin parisien de renom, Étienne-Louis Geoffroy écrit d'ailleurs en 1764 dans son *Histoire abrégée des insectes* qu'il n'est pas nécessaire de s'arrêter à la décrire car elle « est connue de tout le monde »[10].

Robert Hooke, membre puis secrétaire en 1678 de la Royal Society de Londres, a rassemblé dans *Micrographia* des descriptions et des schémas réalisés à partir d'observations menées au microscope[11]. Splendide, cet ouvrage propose de visiter un zoo dans lequel les insectes se trouvent grossis comme des éléphants. Une puce mesurant une quarantaine de centimètres y est semblable à un terrible monstre recouvert « d'un curieux vêtement, ciré comme une armure »[12]. Hooke la décrit avec moult minutie, de la trompe, « cet instrument avec lequel cette petite créature animée mord et perce la peau et suce le sang des animaux », jusqu'au « curieux appareillage de ses pattes qui lui sert à l'exercice de sa force »[13].

Le savant anglais, lui non plus, n'est pas indifférent à ses prouesses sportives :

> « Ses articulations sont tellement adaptées, qu'elle peut les plier très serré l'une sur l'autre ; et, brusquement les tendre, ou les étendre sur toute leur longueur [...] Elle détend ses six pattes en même temps quand elle bondit, et de cette manière exerce sa force d'un seul coup »[14].

Restée un modèle du genre, la description de Hooke a traversé l'époque moderne. Elle est notamment évoquée par Antoine Furetière dans son célèbre dictionnaire : « c'est une chose curieuse de voir la figure de la puce dans le livre de la *Micrographia* de M. Hooke, où l'on découvre un petit ressort très délié si merveilleux, qu'il lui fait sauter deux cents fois sa hauteur de son corps par sa vertu élastique »[15].

---

[9] Antoine Furetière, *Dictionnaire universel contenant généralement tous les mots françois tant vieux que modernes et les termes de toutes les sciences et des arts*, La Haye : Arnout & Reinier Leers, 1690, 2 vols [désormais abrégé *DU*].

[10] Étienne Louis Geoffroy, *Histoire abrégée des insectes dans laquelle ces animaux sont rangés suivant un ordre méthodique*, Paris : Durand, 1764, p. 615 [désormais abrégé *HAI*].

[11] Robert Hooke utilisa un appareil composé, formé de plusieurs lentilles biconvexes qu'il fabriqua lui-même.

[12] Robert Hooke, Micrographia nova *or Some Physiological Descriptions of Minute Bodies made by Magnifying Glasses*, Londres : John Martyn & James Allestry, 1665, p. 210-211 et cahier hors-texte.

[13] *Ibid.*, p. 210-211.

[14] *Ibid*, p. 210-211.

[15] *DU* (voir *supra* note 9).

La puce, compagne des femmes

Si les victimes de la puce sont issues de toutes les couches de la société, il semble cependant que la petite bête ait eu une prédilection pour les femmes. Aux prémices du XVIIe siècle, Ulisse Aldrovandi écrit dans *De Animalibus insectis*, impressionnant travail de compilation du savoir sur les insectes, qu'à cause de la puce, « la jeune fille est obligée de sortir du sommeil profond », piquée par « ses pointes acérées »[16]. Plus tard, en 1761, Carl von Linné reconnaît la relation étroite entre la femme et la bestiole. Dans sa *Faune de Suède*, il affirme que la puce « vit sur les hommes, et surtout sur les femmes »[17]. Étienne-Louis Geoffroy explique cette préférence pour les dames « par la tendresse et la délicatesse de leur peau »[18]. Le poète Nicolas Rapin donne même un conseil radical pour s'en débarrasser : « ne couchez point avec les femmes »[19].

Aux XVIe et XVIIe siècles, trois œuvres littéraires mettent en scène des démêlées juridiques opposant ces insectes aux dames. La pièce de théâtre *Le Procès des femmes et des pulces*, publiée anonymement à Paris en 1520, décrit une femme qui proteste contre les attaques incessantes des suceuses de sang :

> « Et, mercy Dieu, puisqu'il fault que j'en jure,
> Ces Pulces-cy feront-ils tousjours guerre ?
> Cesseront-ils de me faire morsure ? [...]
> Quand suis au lit, je n'ay point d'asseurance,
> Car, quant se vient que dois prendre mon somme,
> Incontinent, sans faire demeurance,
> À mes gygos en vient une grant somme »[20].

Au fil des 4320 vers de *La Chasse aux puces. Le Défi des femmes*, Johann Fischart (1545-1591) parle du sévère Jupiter qui doit rendre justice et statuer entre les femmes et les puces[21]. Un siècle plus tard, l'écrivain allemand Hans Jakob Christoph von Grimmelshausen raconte, dans *Les Aventures de Simplicius Simplicissimus*, que « la race des puces » est venue s'adresser à Jupiter pour qu'il extermine la gent féminine qui la persécute. Les vermines refusent que les femmes viennent plaider leur cause au roi des dieux car celles-ci sauraient, « grâce à leurs venimeuses langues de vipères », amener Jupiter à porter un jugement qui leur serait favorable[22].

---

[16] Ulisse Aldrovandi, *De animalibus insectis libri septem*, Bologne : J.-B. Bellagamba, 1602, p. 565.

[17] Carl von Linné, *Fauna suecica, sistens animalia Sueciae regni*, Stockholm : Laurent Salvius, 1746, p. 342.

[18] *HAI* (*supra* note 10), p. 616.

[19] *LPMD* (*supra* note 5), p. 655.

[20] *Le Procès des femmes et des pulces composés par un Frere mineur Pelerin retournant des Hirrelendes ou il apprint la vraie recepte pour prendre et faire mourir les pulces laquelle sera declairee cy apres à la diffinitive dudict proces*, Paris, 1520.

[21] Johann Fischart, *La Chasse aux puces. Le Défi des femmes*, Strasbourg : Bernard Jobin, 1573.

[22] Hans Jacob Christoph von Grimmelshausen, *Les Aventures de Simplicius Simplicissimus*, 1669 ; rééd. Paris : Aubier, 1988, p. 471-475.

Outre leur dessein — solidement misogyne — de dépeindre les soi-disant défauts des femmes, ces trois fictions mettent en lumière le lien ténu que les auteurs — hommes — ont établi entre gent féminine et gent pucière.

Cette relation étroite est également présente dans le thème iconographique de la chasse aux puces que l'on retrouve en Europe aux XVIIe et XVIIIe siècles[23]. Toiles et gravures représentent de belles et jeunes femmes à la recherche de la vermine ou en train de l'écraser entre deux ongles, sa présence étant seulement suggérée par la position des mains des chasseuses. Ces épuceuses ne dorment pas, trop occupées, au cœur de la nuit, à chercher la bestiole dans un décolleté béant. Seules ou accompagnées d'une vieille femme, parfois épiées par des hommes au visage égrillard, l'érotisme que dégagent les chercheuses de puces est tout à fait palpable. Même au XXIe siècle, nous nous retrouvons, face à ces œuvres, dans la peau d'un voyeur, espionnant une scène des plus intimes.

La puce qui chatouille

Dérangées par de subtiles démangeaisons, ces chasseuses nocturnes semblent avoir « la puce à l'oreille », pour employer une expression dans un sens usité à l'époque moderne. Claude Duneton explique que cette locution a désigné, pendant des siècles, le tourment, l'agacement du désir amoureux et s'appliquait, dans la littérature, davantage aux femmes qu'aux hommes[24]. Jean de La Fontaine résume admirablement la situation dans cette formule : « Fille qui pense à son amant absent toute la nuit, dit-on a la puce à l'oreille ». Rabelais est l'un des rares écrivains à l'employer pour décrire le désir ardent d'un homme amoureux. Au chapitre VII du *Tiers Livre*, c'est en prenant l'expression au pied de la lettre que Rabelais prête à Panurge cette curieuse fantaisie de se fixer une puce à l'oreille : « Au lendemain Panurge se fait percer l'aureille dextre à la Judaïque, et y attache un petit anneau d'or à ouvreige de touchie, ou caston duquel estoit une pusse enchâssée[25] ». Il pouvait dès lors annoncer : « J'ay la pusse en l'oreille. Je me veulx marier ».

Comme l'explique Cl. Duneton, si ce sont les femmes qui sont censées avoir « le plus souvent la puce à l'oreille », c'est parce que cet organe ressemble à une coquille et, réciproquement, le coquillage représente l'oreille et symbolise aussi le sexe féminin, sexe qui justement signale son désir par des démangeaisons plus ou moins tenaces[26].

Comme Cupidon armé de son terrible carquois, la puce aiguillonne pour attiser le désir amoureux. Cette association entre le dieu de l'Amour et la bestiole est relativement courante à l'époque moderne. Dans le poème « Amour Pique » publié en 1582, Cupidon se plaint d'une piqûre de puce à

---

[23] Sur le thème iconographique de la chasse aux puces, se référer à l'excellent article, intitulé « Poux, puces et autres parasites dans l'art des XVIe et XVIIe siècles » de Catherine Véron-Issad, dans le présent ouvrage. Il est également analysé dans LE DOZE, *La Puce* (*supra* note 6).

[24] Claude DUNETON, *La Puce à l'oreille. Les expressions imagées et leur histoire*, Paris : Balland, 2001, p. 62.

[25] François Rabelais, *Tiers Livre*, 1546, rééd. Paris : Gallimard, 1966, p. 124.

[26] Cl. DUNETON (cité *supra* note 24), p. 63.

sa mère Vénus qui lui répond alors que la blessure de l'insecte n'est rien à côté de celle qu'il inflige aux humains avec ses flèches[27]. Au début du XVIIIe siècle, Jean-Baptiste-Joseph Willart de Grécourt (1684-1743) décrit en vers la divine origine des puces, un jour de banquet où l'Olympe est assoupie après avoir bu un breuvage concocté par Morphée[28]. Cupidon, bien décidé à les réveiller, lance une flèche qui se transforme en puces. Les insectes parviennent alors à raviver les dieux ainsi que leurs piquantes ardeurs. Selon Willart de Grécourt, depuis le jour où Cupidon créa les puces, elles furent destinées « à nous tourmenter nuit et jour, mais parfois encore utiles au dieu d'Amour », elles peuvent animer le zèle de deux tendres amants. Il conclut son poème par une forme d'autopromotion, en précisant qu'il n'en a nul besoin quand il est près de son Iris. Nous voilà donc informés.

La puce, un jeu amoureux

La chasse aux puces, particulièrement érotisée dans l'iconographie de l'Ancien Régime, constitue un jeu amoureux à la même époque. Trouver une puce sur le corps de l'être aimé est alors une activité des plus émoustillantes. L'expression « secouer les pulces à une femme », qui signifie « embrasser, coucher avec elle, faire l'acte charnel », montre bien que les puces et l'épuçage faisaient partie intégrante de la vie amoureuse[29]. Claude d'Esternod, dans son poème *Le paranymphe de la vieille qui fit un bon office*, fait l'éloge d'une ancienne maîtresse et évoque l'insecte, qui appartenait à leur quotidien et à leur intimité.

> « Que la puce mal à propos,
> Le morpion ni la punaise,
> Ne viennent point troubler ton aise,
> Ta pasture, ni ton repos »[30].

Une vermine qui s'était successivement nourrie sur le corps de deux amants prenait alors une grande valeur symbolique, puisque leurs sangs avaient été mélangés dans l'animal. Dans *La Puce*, le poète anglais John Donne (1573-1631) relate ce rite amoureux :

> « Vois cette puce et vois par elle
> Que tu te fais prier pour une bagatelle :
> Nous ayant tour à tour piqués
> Elle tient nos deux sangs en elle conjugués
> [...]
> En elle notre union presque et plus qu'accomplie :

---

[27] *LPMD* (*supra* note 5), p. 607.

[28] Jean-Baptiste Willart de Grécourt, *Œuvres complètes de Grécourt, nouvelle édition augmentée d'un certain nombre de pièces qui n'avaient pas été imprimées*, Paris : Chaigneau, 1796, t. 1, p. 129.

[29] Antoine de Oudin, *Curiositez françoises, pour supplément aux dictionnaires ou Recueil de plusieurs belles propriétez, avec une infinité de proverbes et quolibets pour l'explication de toutes sortes de livres*, Paris : Antoine de Sommaville, 1640, p. 460.

[30] Claude d'Esternod, *L'Espadon satyrique*, Lyon : Jean Lautret, 1619. J'ai utilisé une réédition de ce recueil de poèmes : Claude d'Esternod, *L'Espadon satyrique, d'après l'édition originale de 1619*, Paris : Librairie du Bon Vieux Temps, 1922, p. 32.

Cette puce, c'est nous ici
De notre mariage et notre lit »[31].

Pour magnifier cette pratique, la puce a été à l'origine de bijoux très particuliers sous l'Ancien Régime. Au XVIIe siècle, un conseiller au parlement, Jacques Des Barreaux raconte dans une pièce en vers, comment il parvint à emprisonner une puce qu'il avait capturée sur sa maîtresse, Marion Delorme :

« Un jour qu'au bord d'un bois le sommeil gracieux
De l'aimable bergère avait fermé les yeux,
Par hasard une puce insolente et folâtre
Sautait à petits bonds...
Sitôt que Pyrameon aperçoit la cruelle
D'une subtile main il la suit et la prend,
L'enferme dans un gland de cristal transparent
Luy-même qui l'a prise à peine ose-t-il croire
Qu'on en ait jamais vu de si grosse et si noire.
Pour en faire au plus tôt un chef-d'œuvre admirable,
Il va le lendemain trouver Alcimédon.
Sa main attache au col de la puce insolente,
D'or fin délicat une chaîne galante ;
Lui battit de fin or une illustre prison »[32].

Cet Alcimédon chez qui se rend Des Barreaux est un célèbre bijoutier de l'époque. Ainsi, les rapports souvent intimes des artistes et des artisans avec les riches clients qui leur passent commande encouragent l'expression de soi dans les habits, l'ameublement, et ici l'orfèvrerie[33]. Pour pallier l'absence du corps de l'autre, les amours secrètes ou illégitimes exigent la possession d'un objet destiné à le représenter. Porter sur soi une puce enchâssée dans un bijou ou attachée par une chaîne délicate, c'est conserver une trace de l'être désiré. Un souvenir de lui, à la manière d'une boucle de cheveux.

La puce enchaînée

Existent des témoignages fort amusants de puces enchaînées, que l'on pourrait qualifier, de manière quelque peu abusive, de puces de compagnie. Louis-Henri de Loménie, comte de Brienne, évoque un présent pour le moins original qu'il fit à Louis XIV : « Je faisais souvent à Sa Majesté de petits présens, comme d'épées, de pistolets, de fusils, de petits canons de cuivre ou d'autres métal. Je lui donnai entre autre un petit canon traîné par une puce [...] »[34].

Dans une lettre du 4 décembre 1673 adressée à sa fille Madame de Grignan, Madame de Sévigné fait allusion à de drôles d'attractions dont la

---

[31] *Poèmes de John Donne*, tr. Jean Fuzier et Yves Denis, Paris : Gallimard, 1962, p. 152.

[32] Alfred Edmund BREHM, *Merveilles de la nature*, tome 2, *Les insectes, les myriapodes, les arachnides et les crustacés*, Paris : Baillières & fils, 1882, p. 653.

[33] Philippe ARIÈS et Georges DUBY, *Histoire de la vie privée. 3. De la Renaissance aux Lumières*, Paris : Seuil, 1999, p. 248.

[34] *Mémoires inédits de Louis-Henri de Brienne, secrétaire d'Etat de Louis XIV, publiés sur les manuscrits autographes*, tome Ier, seconde édition, Paris : Ponthieu et Cie, 1828, p. 222.

bestiole tient le premier rôle : « On disait l'autre jour à M. le Dauphin, qu'il y avait un homme à Paris qui avait fait un petit chariot qui était traîné par des puces »[35].

Quant au célèbre pharmacien Nicolas Lémery, il narre les exploits et la fin — tragique — d'une « puce savante » dans son *Dictionnaire universel des drogues simples* :

> « J'ai vu entre les mains de Mademoiselle Cusson à Paris, rue Saint-Jacques, une puce de médiocre grosseur, enchaînée à un petit canon d'argent qu'elle traînait... ; on y mettait quelquefois de la poudre à canon, et on l'allumait sans que la puce en parut épouvantée : sa Maîtresse la gardoit dans une petite boîte veloutée qu'elle portait dans sa poche, et elle la nourrissait aisément en la mettant tous les jours quelque demi quart d'heure sur son bras, d'où la puce suçait quelques gouttes de sang sans se faire presque sentir ; l'hiver la fit mourir quoiqu'elle fut gardée bien chaudement »[36].

Des histoires de puces enchaînées se trouvent également dans la littérature savante. Geoffroy rapporte les anecdotes de deux de ses « ancêtres naturalistes », Thomas Moffett et Robert Hooke : « Au rapport de Moffett, un nommé Mark, Anglois, avoit fait une chaîne d'or de la longueur du doigt, avec un cadenas fermant à clef. Une puce attachée par cette chaîne la tiroit avec facilité, et le tout, y compris le petit animal, pesoit à peine un grain ». Hooke raconte un fait encore plus surprenant :

> « Un ouvrier Anglois avoit construit en ivoire un carrosse à six chevaux, un cocher sur le siège, avec un chien entre ses jambes, un postillon, quatre personnes dans le carrosse et deux laquais derrière, et tout cet équipage étoit traîné par une puce »[37].

Cette dimension ludique autour des puces est également présente dans certaines expérimentations. En 1789, le médecin montpelliérain Pierre-Joseph Amoreux relate, dans sa *Notice des insectes de la France réputés venimeux*, qu'au XVIIe siècle le microscopiste Griendel von Ach, qui réalisa par ailleurs une fort beau portrait de notre bestiole[38], s'était amusé à faire combattre une puce avec un pou. À la vue de ce jeu du cirque miniature, celui-ci aurait déclaré : « si ces petits insectes étoient de la grandeur que le microscope les représente, ils récréeroient plus le spectateur que les combats des ours et des lions »[39]. D'autres savants s'amusèrent et comparèrent ces

---

[35] *Lettres de Madame de Sévigné, de sa famille et de ses amis recueillies et annotées par M. Monmerqué, nouvelle édition revue sur les autographes, les copies les plus authentiques et les plus anciennes impressions et augmentée de lettres inédites, d'une nouvelle notice, d'un lexique des mots et locutions remarquables, de portraits, vues et fac-simile*, tome 4, Paris : Hachette, 1862.

[36] Nicolas Lémery, *Dictionnaire universel des drogues simples*, Paris : D'Houry, 1759, p. 719. *Cf.* Maurice BOUVERT, « Les laboratoires parisiens de Nicolas Lémery », *Revue d'histoire de la pharmacie*, 126 (1952), p. 29.

[37] *HAI* (*supra* note 10), p. 616.

[38] Johann Franz Griendel von Ach, *Micrographia nova, sive nova et curiosa variorum minutorum corporum singularis cujus dam et noviter ab autore inventi microscopii*, Nuremberg : J. Ziegeri, 1687, p. 17.

[39] Pierre-Joseph Amoreux, *Notice des insectes de la France réputés venimeux*, Paris : rue et hôtel de Serpente, 1789, p. 130-131.

deux insectes « aux monstres de l'amphithéâtre, en prenant le pou pour un crocodile, et la puce pour un rhinocéros ». Face à ces curieuses observations de l'infiniment petit, Amoreux compara alors les naturalistes aux poètes : « On permet aux micrographes d'enfler leur imagination comme aux poètes d'outrer leurs brillantes descriptions ».

La puce, véritable muse

Les poètes ne furent pas en reste pour chanter les louanges de la puce. La bestiole connut son heure de gloire en pleine guerre de religion en inspirant une assemblée entière, qui composa le recueil de poèmes intitulé *La Puce de Madame des Roches*, publié pour la première fois en 1582[40]. En 1579, les violences consécutives aux guerres civiles et religieuses qui secouaient le royaume amenèrent Henri III à faire tenir une session des « Grands Jours » à Poitiers. Il s'agissait d'une juridiction extraordinaire composée de magistrats des différents parlements du royaume. Ceux-ci, de passage en pays poitevin, en profitèrent pour se réunir dans le salon tenu par Madeleine des Roches et sa fille, Catherine. Étienne Pasquier, célèbre avocat parisien, aperçut une puce sur le sein de la jeune femme et initia une joute poétique en hommage au petit parasite, qui possédait le privilège d'approcher de très près la belle. Tous les convives applaudirent cette proposition. À cette aimable lutte prirent part, outre Étienne Pasquier, Achille de Harlay, qui était le président du Parlement de Paris, Antoine Loysel, Barnabé Brisson, Nicolas Rapin, Odet de Turnèbe, Claude Binet, Courtin de Cissé, Raoul Cailler et Catherine des Roches. Ces éminents personnages prirent le temps de composer des vers adressés au petit suceur de sang se baladant sur la blanche poitrine de Catherine...

La puce qui peut sautiller librement sur le corps des femmes constitue, selon Alain Françon, un motif de la poésie amoureuse du XVIe siècle[41]. Par ailleurs, elle démange, tout au long de l'époque moderne, l'esprit des poètes qui jalousent son existence ou l'utilisent pour écrire des textes particulièrement licencieux. Boileau évoque la vie rêvée des bestioles qui se nourrissent sur les belles et périssent dans leur bras :

> « Du repos des humains implacables ennemis,
> J'ai rendu mille amants envieux de mon sort,
> Je me repais de sang, et je trouve ma vie
> Dans les bras de celui qui cherche ma mort »[42].

La puce, un amant nocturne

Étienne Pasquier va même jusqu'à déclarer : « Que je n'ai d'autres pensées que vouloir Pulce devenir... »[43]. La vermine, parasitant la nuit, devint alors le symbole d'un autre visiteur nocturne. La figure de l'homme

---

[40] *LPMD* (*supra* note 5).
[41] Marcel FRANÇON, « Un motif de la poésie amoureuse au XVIe siècle », *Publications of Modern Language Association of America* 56 (1941), p. 320.
[42] A. E. BREHM (cité *supra* note 32), p. 652.
[43] *LPMD* (*supra* note 5), p. 602.

épris d'un vif désir amoureux se transformant en puce pour se jouer des femmes trouve son origine dans *Elegia de Pulice* (*Élégie de la puce*), un poème pseudo-ovidien datant du Moyen Âge tardif et attribué à un certain Ofilius Sergianus. Dans celui-ci, l'auteur dit son désir de se métamorphoser en cette petite bête afin de se cramponner à l'ourlet des tuniques des jeunes filles[44]. Ce thème poétique de l'amant-puce a été réactivé au XVIe siècle, sans doute en référence aux *Métamorphoses* d'Ovide. Ronsard imagine à son tour devenir puce :

> « L'Europe avoit l'estomac aussi beau,
> De t'estre fait, Jupiter, un toreau,
> Je te pardonne. Hé, que ne suis-je puce ! »[45].

Pasquier fantasme aussi autour de cette métamorphose :

> Je ne veux ni du Taureau,
> Ni du Cylne blanc oyseau,
> Ni d'Amphitrion la forme,
> Ni qu'en pluie on me transforme :
> Puis que Madame se plaist,
> Pleust or à Dieu que je pusse
> Seulement devenir Puce »[46].

Dans le *Faust* de Christopher Marlowe, un clown explique pourquoi il veut se changer en puce : « pour que je puisse aller ici, là et partout. Oh ! je chatouillerai l'affaire des jolies filles ; je vais m'en payer, sapristi ! »[47].

Pour déterminer l'itinéraire des amants-puces, j'ai répertorié, dans mon corpus de poèmes, les « zones » traversées par les parasites. J'ai trouvé quatre-vingt-seize évocations des parties du corps. Ces « poèmes aux puces » pourraient être ainsi comparés au genre littéraire des blasons du XVIe siècle, notamment au célèbre *Blason du tétin* de Clément Marot[48].

L'insecte révèle ainsi une cartographie intime des corps féminins qui hante les esprits de ces auteurs de genre masculin. Inutile de préciser que cette balade des amants-puces est loin d'être originale. Les seins, cités quarante-deux fois, constituent la partie du corps majoritairement traversée et piquée. Viennent ensuite le sexe, évoqué vingt-cinq fois, et le visage, mentionné à douze reprises[49].

À l'époque moderne, les seins constituent le support privilégié des fantasmes masculins. Leur rôle nourricier, pour l'allaitement des enfants,

---

[44] John MOFFITT, « *La Femme à la puce :* The Textual Background of 17th Century Painted "Flea Hunts" », *Gazette des Beaux-Arts* 110 (1987), p. 99-103.

[45] Pierre de Ronsard, *La Bouquinade et autres gaillardises*, Paris : Bibliothèque des curieux, 1921 [désormais abrégé *BAG*].

[46] *LPMD* (*supra* note 5), p. 576.

[47] *Le Faust de Christopher Marlowe, A.D. 1592. Doctor Faustus*, ed. et tr. Philippe de Rothschild, Paris : Seghers, 1972, scène V, acte I, p. 20.

[48] *Sensuient les blasons anatomiques du corps femenin, ensemble les contreblasons de nouueau composez, & additionez, avec les figures, le tout mis par ordre : composez par plusieurs poetes contemporains. Auec la table desdictz blasons & contreblasons imprimez en ceste annee*, Paris : Charles Langelier, 1543.

[49] LE DOZE (*supra* note 6), p. 112-113.

semble accroître leur charge érotique. C'est ce que François de La Coudraye développe dans ces quelques vers :

« Puis d'une mignarde secousse
Ce lait qu'un Zéphire entre pousse,
Tu humes à longs traits goulus.
O puce que tu fus heureuse
Lors que d'un tel bien désireuse
Loger en ce sein tu voulus !
Ha Dieux ! Un enfant de sa mère
Ne peut avoir chose plus chère
Que le lait de ses deux tétins »[50].

Ronsard, toujours dans « la peau » d'une puce, déclare : « la baisotant tous les jours, je mordroi ses beaux tétins »[51]. Alors que tout un chacun pouvait apercevoir la gorge des femmes, les « tétins » ou « tétons » n'étaient cédés au désir que dans la stricte intimité. Se laisser palper les seins à pleines mains, « manier du tétin » dit-on au XVIIe siècle, constituait un signe d'abandon du corps[52]. Dans la préface de la *Puce de Madame Desroches*, Pasquier s'adresse à sa muse Catherine :

« Au moyen de quoi par forme de riée, je luy dy, que vraiment j'estimais cette puce tres-prudente et tres-hardie, preudente d'avoir sceu entre toutes les parties de son corps choisir cette belle place pour se rafraichir : mais tres-hardie de s'estre mise en si beau jour : parce que jalouz de son heur, peu s'en falloi que je ne meissee la main sur elle, en deliberation de luy faire un mauvais tour, et bien lui prévoit qu'elle estoit en lieu de franchise »[53].

Composer ces poèmes, permet, de façon fantasmée, de toucher, discrètement et à discrétion, des parties du corps réservées à l'intimité. La plupart des trajets des amants-puces s'achèvent dans le sexe féminin, systématiquement désignés par des métaphores telles que « beau verger » ou « poteau noir »[54]. Le récit de ces balades pucières s'apparente à la description d'un acte amoureux. Aussi, Pasquier écrit-il :

« Tantot je prendrai mon vol
Tant au plus beau de ton col,
Ou d'une douce rapine
Je sucerois ta poitrine
Ou lentement pas à pas
Je me glisserais plus bas,
Et d'un mu selin folastre
Je serais Puce idolatre
Piçotant je ne sais quoi
Que j'aime trop plus que moi »[55].

---

50 *LPMD* (*supra* note 5), p. 620.
51 *BAG* (*supra* note 45).
52 Maurice DAUMAS, *La Tendresse amoureuse, XVIe-XVIIIe siècles*, Paris : Perrin, 1996, p. 51.
53 *LPMD* (*supra* note 5), p. 553.
54 C. LE DOZE (*supra* note 6), p. 116-117.
55 *LPMD* (*supra* note 5), p. 578.

La puce et la pucelle

La piqûre de puce, suceuse de sang et métaphore du phallus, symbolise la virginité déflorée[56]. Dans le poème de John Donne, *La Puce*, l'amant explique à sa belle qu'en lui cédant, il ne peut pas lui coûter plus de sang que la puce n'en a versé quand elle l'a tuée. Ce sombre parasite qui fait couler le sang sur la peau blanche des femmes, critère de beauté représentant la pureté, est une métaphore du dépucelage. Raoul Cailler développe cette idée dans son poème intitulé *La Puce* :

> « T'accrochant sur un arbre blanc,
> Tu en fais de couler le sang,
> Dont les lèvres sont enivrées :
> Ou bien tu baises quand tu veux
> La bouche, le nez et les yeux
> Des pucelettes empourprées »[57].

Certains auteurs de l'époque moderne ont d'ailleurs attribué une étymologie commune entre les termes puce et pucelle. Dans *l'Hortus sanitatis*, il est dit qu'« elles sont appelées puces parce qu'elles se nourrissent surtout sur les pucelles »[58]. Au XVIe siècle, les deux mots possèdent des diminutifs semblables, « pucette » et « pucelette »[59]. Courtin de Cissé joue sur l'ambiguïté de « pucelette », qui peut se comprendre comme le diminutif de « puce » ou comme celui de « jeune fille » :

> « Pucelette noirelette
> Noirelette pucelette
> Plus mignarde mille fois
> Qu'un agnelet de deux mois »[60].

Des proverbes intégrant les puces laissent entrevoir l'attitude de cette ancienne société envers les jeunes filles. La virginité conservée intacte jusqu'au jour du mariage était alors une question d'honneur. La pauvre pucelle évoluait sous une surveillance accrue. Un proverbe, courant à la Renaissance, le rappelle : « Qui a des filles est toujours berger »[61]. On avait alors tendance à cloîtrer les jeunes filles, dans un couvent, ou à la maison, sous la vigilance d'un tiers. Malgré toutes ces précautions, il semblait difficile de les chaperonner en permanence : « Est plus facile de garder les puces de voller soulz le soleil dardant que une femme contre sa volonté », autrement dit, il est plus aisé d'empêcher les puces de sauter lorsqu'il fait chaud – ce qui augmente beaucoup leur vivacité – que de surveiller une

---

[56] M. FRANÇON (*supra* note 41), p. 336.
[57] *LPMD* (*supra* note 5), p. 640-641.
[58] Johannes de Cuba, *Hortus Sanitatis*, Mayence : J. Meydenbach, 1491, s.p. Outre la version latine, j'ai utilisé l'une de ses traductions françaises, *Le Jardin de santé translaté en françois*, Paris : Denois, 1539, 2 t. en 1 vol. in-fol, s.p.
[59] Edmond HUGUET, *Dictionnaire de la langue française du XVIe siècle*, Paris : Édouard Champion, 1925-1967, vol. 6, p. 242.
[60] *LPMD* (*supra* note 5), p. 591.
[61] Jean-Louis FLANDRIN, « La Jeune fille dans les anciens proverbes français », chapitre 12 de *Le Sexe et l'Occident. Évolution des attitudes et des comportements*, Paris : Seuil, 1981, p. 244-245.

femme[62]. Un dicton de la même époque souligne la même angoisse : « Il est plus facile de garder des puces dans un panier que de surveiller efficacement la vertu d'une femme »[63]. Ce proverbe a été illustré dans un dessin gravé par Léonard Gaultier, datant de 1605 et intitulé *Représentation du cocu jaloux qui porte la clef et sa femme sa serrure*[64]. On y observe une femme portant une ceinture de chasteté. Une servante en remet la clef à l'amant. Dans la partie droite, un fou cherche en vain à retenir des puces dans un panier…

Voilà ce qui arrive à une femme quand elle n'est pas surveillée : elle s'adonne sans vergogne à la concupiscence… Le poète Johann Fischart indique d'ailleurs que les femmes redoutent les puces car elles sont les témoins de leurs agissements voluptueux et coupables : « Elles nous jalousent peut-être parce qu'elles craignent que nous ne voyions ou entendions trop de choses ».

Par ailleurs, selon Raoul Cailler, la sombre vermine détourne les pucelles de leurs — saines — occupations :

« Tu mors et remords le beau sein,
Les blanches mains et le tetin
De la pucelle qui s'amuse
À filer, coudre ou s'attiffer »[65].

La puce et la pudeur

Dans l'ensemble du corpus consulté, la seule source provenant d'une femme est le poème écrit par Catherine des Roches. Celle-ci raconte que la puce, avant d'être un insecte, était une « pucelle, gentille, sage, douce et belle ». Sensible à son charme, le dieu Pan la poursuit de ses assiduités, mais la prude jeune femme préfère se métamorphoser en puce pour échapper au satyre[66]. Le poème est un parfait contre-pied à la figure de l'amant-puce et un amusant pied de nez de la part de Catherine des Roches à ses coauteurs.

Si la chasteté militante est louée au XVIe siècle, notamment parmi les contributeurs à *La Puce de Madame Desroches*, l'insecte devient plus tard une astuce littéraire pour tourner en dérision les femmes vertueuses[67].

Au début du XVIIIe siècle, de Grécourt se moque, dans un conte, d'Agnès, une jeune fille rétive aux avances des hommes qui lui font la cour. Outragé par cette libido chagrine, Cupidon se transforme en puce et bondit sur le corps de la pucelle, bien décidé à en connaître tous les secrets. Cherchant à attraper la bestiole malicieuse, partie se réfugier dans son sexe, son doigt fait aussitôt « naître mille délices » [*sic*]. Par l'entremise de la puce-Cupidon, Agnès devient alors l'instigatrice de la masturbation féminine :

---

[62] Eugène ROLLAND, *Faune populaire de la France*, tome 3, *Les reptiles, les poissons, les mollusques, les crustacés et les insectes*, Paris : Maisonneuve & Larose, 1967, p. 260.
[63] Anatole LEROUX DE LINCY, *Le Livre des proverbes français*, Paris : Paulin, 1842, 2 vol.
[64] J.-M. DOBY (*supra* note 4), p. 67.
[65] *LPMD* (*supra* note 5), p. 640.
[66] *LPMD* (*supra* note 5), p. 571.
[67] Sur le thème de la chasteté militante : Sara MATTHEWS-GRIECO, *Ange ou diablesse ? La représentation de la femme au XVIe siècle*, Paris : Flammarion, 1991, p. 112.

« Le hasard seul, sans aide du génie,
Est quelque fois père d'inventions ; [...]
Nous le voyons par l'exemple d'Agnès,
Qui n'est fille à aucune découverte aucune,
Mais qui pourtant par hasard en fit une,
Que les nonains vanteront jamais »[68].

On retrouve, à la même époque, cette plaisanterie triviale sur les nones et la puce dans une chanson de Charles-Alexis Piron :

« Au dortoir
Sur le soir,
La sœur Luce,
En chemise et sans mouchoir,
Cherchant du blanc au noir
À surprendre une puce.
À tâtons,
Du téton,
À la cuisse
L'animal ne fait qu'un saut
Ensuite un peu plus haut
Se glisse.
Dans la petite ouverture,
Croyant sa retraite sûre,
De pincer,
Sans danger,
Il se flatte.
Luce pour se soulager
Y porte un doigt léger
Et gratte.
En ce lieu,
Par ce jeu,
Tout s'humecte
À force de chatouiller
Venant à se mouiller
Elle noya l'insecte.
Mais enfin,
Ce lutin,
Qui rend l'âme,
Veut faire un dernier effort.
Luce grattant plus fort
Se pâme »[69].

Face à la montée de l'hygiénisme du XIXe siècle, qui met en relation la propreté du corps avec la prolifération de la puce, le petit insecte perd peu à peu son rôle de thème érotique dans la littérature. En 1891, dans *Chanson pour elle*, Paul Verlaine est l'un des rares poètes à être encore émoustillé par une chasse aux puces :

---

[68] Willart de Grécourt (cité *supra* note 28), t. 4, p. 240-245.
[69] *Œuvres complètes illustrées d'Alexis Piron*, ed. Pierre Dufay, Paris : François Guillot, t. VIII, 1930, p. 277.

« Lorsque tu cherches tes puces
C'est très rigolo.
Que de ruses, que d'astuces !
J'aime ce tableau.
C'est alliciant en diable
Et mon coeur en bat
D'un battement préalable
À quelque autre ébat.
Sous ta chemise tendue
Au large, à deux mains
Tes yeux scrutent l'étendue
Entre tes durs seins »[70].

Verlaine, l'un des derniers chantres de l'épuçage, décède en 1896. Avec lui s'éteint « l'âge d'or » de la puce. Les angoisses à propos de la bestiole évoluent. Avec l'invention des insecticides, elle se trouve neutralisée de manière beaucoup plus efficace et, en 1898, le médecin Paul-Louis Simond prouve son rôle en tant que vecteur de *Yersinia pestis*, le bacille de la peste.

En 1970, ressurgit la puce dans toute sa dimension sulfureuse en tenant le premier rôle de *The Autobiography of a Flea*, l'un des premiers films pornographiques réalisés par une femme[71]. Sharon McNight a adapté un texte éponyme publié anonymement à la fin du XIXe siècle en Angleterre[72], dans lequel la petite bête évoque l'époque où elle vivait sur les corps de deux belles jeunes filles, Bella et Julia. L'insecte, véritable voyeur représenté à l'écran par une voix off, raconte des scènes de plus en plus licencieuses au fur et à mesure de son récit. Ce « chef d'œuvre » du Septième art, dont la piquante vermine constitue le ressort narratif, fait écho au recueil de vers écrits en hommage à une puce sautillant sur le sein blanc de Catherine Desroches. En cette période d'aveuglement sur la dangerosité de ses piqûres, Catherine, rendue célèbre par la bestiole, pouvait déclarer innocemment :

« Vostre blessure n'est cruelle,
Vostre pointure n'est mortelle,
Car en blessant pour vous guerir,
Vous ne tuez pour vous nourrir »[73].

La jeune femme mourut en 1587 de la peste lors de l'épidémie, qui tua en dix ans près de trois millions de personnes en France. Tragique destin.

---

[70] Jean-Marie Doby, « Des relations privilégiées entre la femme et la puce, au travers de l'histoire et de l'art », *Mémoires de la Société royale belge d'entomologie* 35 (1992), p. 44.
[71] Sharon McNight, *Autobiography of a Flea*, Etats-Unis : Cinéma 7, 1976.
[72] *Autobiography of a Flea*, Londres : Literary Press, 1901.
[73] *LPMD* (*supra* note 5).

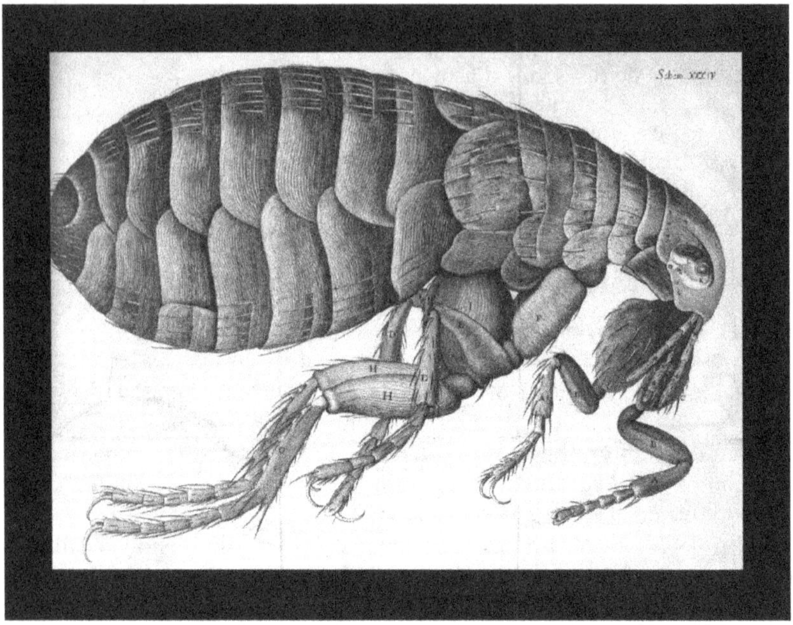

Figure 1. La puce de Robert Hooke, *Micrographia nova*, 1665

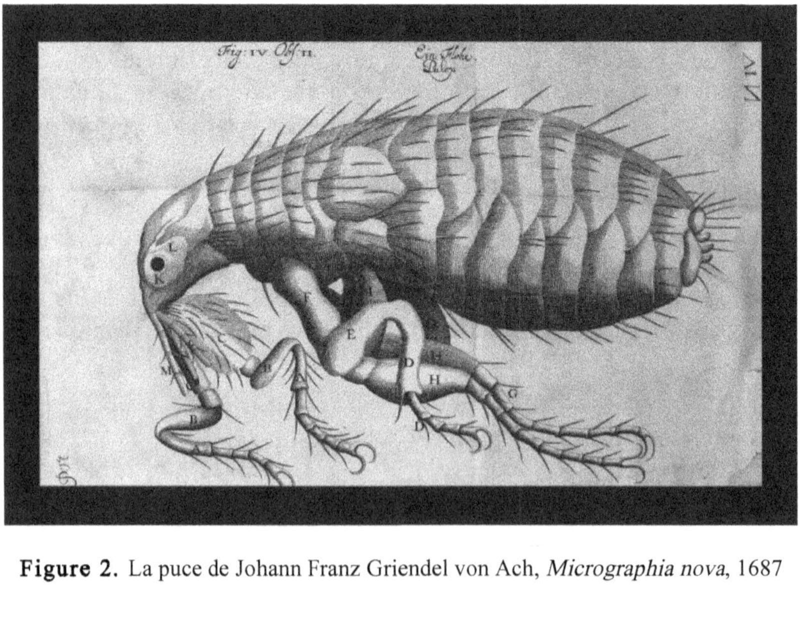

Figure 2. La puce de Johann Franz Griendel von Ach, *Micrographia nova*, 1687

« Vois cette puce, et vois par elle ». Poux, puces, punaises, les ectoparasites dans la littérature européenne

Juliette VION-DURY[1]

Le *Trésor de la langue française* donne pour « ectoparasite » : « Parasite animal, généralement un insecte, vivant à la surface des tissus végétaux, animaux ou humains ». De cette définition se détachent quatre éléments saillants : le « parasitisme », la « surface », le « tissu » et enfin les règnes associés animaux, végétaux et humains.

Une chanson amusante, chantée dans une taverne allemande, mais par le Diable – ce qui doit arrêter quelque peu notre sourire naissant –, chanson consacrée à une puce, réunit tous ces éléments de définition. La chanson a été écrite par Goethe, qui la met dans la bouche de Méphistophélès dans la « Cave d'Auerbach, à Leipzig »[2]. Voici le texte de la « Chanson de la puce » telle que la traduit Nerval :

« *Méphistophélès* (*chante)* : Une puce gentille
Chez un prince logeait…

Frosch : Écoutez ! Une puce ! … Avez-vous saisi cela ? Une puce me semble à moi un hôte assez désagréable.

Méphistophélès (*chante)* : Une puce gentille
Chez un prince logeait.
Comme sa propre fille,
Le brave homme l'aimait,
Et (l'histoire l'assure)
Par son tailleur un jour
Lui fit prendre mesure
Pour un habit de cour.

Brander : N'oubliez point d'enjoindre au tailleur de la prendre bien exacte, et que, s'il tient à sa tête, il ne laisse pas faire à la culotte le moindre pli.

M*éphistophélès (chante)* : L'animal, plein de joie,
Dès qu'il se vit paré
D'or, de velours, de soie,
Et de croix décoré,
Fit venir de province
Ses frères et ses sœurs,
Qui, par ordre du prince,
Devinrent grands seigneurs.
Mais ce qui fut le pire,
C'est que les gens de cour,
Sans en oser rien dire

[1] Professeur de Littérature comparée, Université de Paris-13, Sorbonne Paris-Cité.

[2] Johann Wolfgang von Goethe, *Faust (1770-1806)*, tr. Gérard de Nerval, p. 953-1070, dans *Théâtre*, Introduction d'André Gide, Paris : Gallimard (La Pléiade), 1951.

Se grattaient tout le jour…
Cruelle politique !
Quel ennui que cela ! …
Quand la puce nous pique,
Amis ! Écrasons-la !
Chœur (avec acclamation) : Quand la puce nous pique
Amis ! écrasons-la !
Frosch : Bravo ! Bravo ! Voilà du bon !
Siebel : Ainsi soit-il de toutes les puces !
Brander : Serrez les doigts et pincez-les ferme !
Altmayer : Vive la liberté ! Vive le vin ! »[3].

La chanson parle d'une puce et de sa famille vivant aux crochets d'un roi et de sa cour. Comme certains nobles, comme certains favoris, elle vit de parasitisme. Méphistophélès pousse ses auditeurs à la révolte, sinon à la révolution, qui entonne en refrain avec le chœur qu'il faut écraser cette puce, et avec elle le parasitisme politique et social. Cette scène de la taverne est elle-même parasitée par un spectateur que le Diable a emmené voir le monde pour le guérir de son ennui : Faust. Ce dernier avait en effet demandé, dans la scène précédente :

« *Faust* : Où devons-nous aller maintenant ?

Méphistophélès : Où il te plaira. Nous pouvons voir le grand et ensuite le petit monde : avec quel plaisir et quelle utilité tu suivras ce cours en parasite ! »[4].

Faust est un spectateur du monde, ou plutôt de ce spectacle du monde que lui donne à voir le Diable et qui commence ici, dans la taverne d'Auerbach à Leipzig. Mais est-ce le monde véritable ou une illusion ? Un théâtre du monde venu de cette Renaissance dont vient elle-même la figure de Faust ?

Goethe théorisera à la fin de sa vie, scientifiquement – car il est un savant, comme Faust, spécialiste d'optique - et esthétiquement, car il est un poète, le « milieu trouble ». Dans ce *Faust I* qu'il a mis toute sa vie d'adulte à écrire, après l'avoir joué enfant au théâtre de marionnettes, le milieu trouble et les voiles sont le fait du Diable, génial bonimenteur et illusionniste. Méphistophélès régale les convives de vins magiques leur provoquant des hallucinations après qu'il a chanté cette chanson de la puce pourtant propre à les alerter sur les dangers de la surface, et donc de l'apparence. Car la puce a l'apparence d'un seigneur de la cour, elle en porte les habits, mais n'en continue pas moins à piquer, comme l'insecte qu'elle est et reste !

Ce qui la transforme est le tissu dont la couvre l'amour contre-nature du roi. Cette transformation a d'ailleurs le caractère d'une inversion des faits de nature : les puces se trouvent habituellement plus sur les vêtements que les vêtements sur les puces. L'inversion crée le comique. Carnavalesque, elle évoque un désordre social. Désordre et inversion sont également présents

[3] *Ibid.*, p. 1000-1005.
[4] *Ibid.*

dans la confusion des règnes animaux et humains : la puce, ses frères et ses sœurs deviennent grands seigneurs, et cela démange les gens de cour réduits au seul geste mécanique de se gratter !

Un autre passage de comédie, antique, cette fois, associe un ectoparasite, non plus la puce, mais la punaise, à un dieu en qui règnes animaux et humains se confondent, et qui, comme le Diable, est le maître des hallucinations du vin. Dionysos, puisque c'est de lui qu'il s'agit, ne vient pas de l'Enfer, mais des enfers, où il se rend une fois l'an, de telle sorte qu'il lui est loisible de partager des conseils de voyageur expérimenté avec Héraclès, dans *Les Grenouilles* d'Aristophane :

> « Je suis venu [...] pour avoir de toi les adresses, en cas de besoin, de ceux qui t'ont fait profiter de leur hospitalité, lors de ton raid contre Cerbère ; oui, indique-moi tout : embarcadères, boulangeries [...] ruelles d'aisance, fontaines, rues, quartiers, pensions hôtelières où il y a le moins de punaises »[5].

Avec Méphistophélès et Dionysos, puces et punaises habitent les régions de l'entre-deux, ces lieux de passage entre la vie et la mort, le corps et l'ombre ou l'âme, que l'on risque de perdre. Héraclès, à son retour des enfers, n'échappera pas au *furor* qui lui fera tuer femme et enfants. Faust ne devra son salut qu'au droit au désir et à l'erreur que lui reconnaît Dieu chez Goethe – qui est d'ailleurs le seul auteur à sauver son Faust de la damnation dans un « Prologue au ciel » suivi d'un pari entre Dieu et le Diable. Ce pari n'est pas sans rappeler, volontairement bien sûr, le pari de Dieu et du Diable dans le *Livre de Job*, y compris dans la présence de la vermine comme signe de l'action du Diable et de l'abandon de Dieu. Au chapitre 7, verset 5, Job ne gémit-il pas : « Ma chair s'est revêtue de vermine et de croûtes terreuses, ma peau se crevasse et suppure » ?

John Donne, poète érotique puis mystique des XVIe et XVIIe siècles, ne fait pas dire autre chose à celui à qui il donne la parole dans son célèbre poème *La Puce*. Un homme y explique à une jeune demoiselle que la puce qui les a piqués tous deux et a mêlé leurs sangs incarne leur union consommée et leur mariage. Le sang de la virginité est déjà dans le corps de la puce ; il n'est donc plus à perdre, mais déjà perdu. La puce étant la manifestation de leur union, son existence démontre que cette union a bien eu lieu et que la jeune fille, si elle cédait au poète, ne ferait rien d'autre que ce qui a déjà été fait et sur quoi on ne peut revenir : la puce existe.

Or, la jeune fille écrase la puce. Plus de puce, plus de sang (ou plutôt, le sang s'est déplacé sur les doigts de la jeune fille), plus d'union. Le poète, avec un esprit d'à-propos qui frôle le cynisme, inverse son argumentation, toujours au profit de sa requête : la jeune fille a tué la puce et cela n'est rien que de tuer une puce. De même n'est-ce rien que de perdre sa

---

[5] Aristophane, *Les Grenouilles*, ed. Victor Coulon et tr. Hilaire Van Daele, Paris : Belles Lettres, CUF, 1964, p. 290.

virginité. Dans le poème de Donne, quand la puce est, et aussi quand elle n'est pas, elle représente la sexualité. Ainsi parle le séducteur :

> « Vois cette puce, et vois par elle
> Que tu te fais prier pour une bagatelle ;
> Nous ayant tour à tour piqués
> Elle tient nos deux sangs en elle conjugués.
> Tu ne peux parler d'infamie,
> De déshonneur ou de virginité ravie,
> Bien que sans cour elle ait joui
> Et se gonfle, gorgée de nos sangs réunis :
> C'est pourtant plus, hélas, qu'il ne nous est permis !
> Arrête, épargne ici trois vies :
> Elle est notre union presque – et plus qu'accomplie :
> Cette puce c'est nous, ici
> De notre mariage est le temple et le lit.
> Malgré toi, et tes pères et mères,
> Ces vivants murs de jais en leur cloître nous serrent.
> Tu peux, d'usage, me tuer :
> À cela ne va point suicide ajouter,
> Et profanation ; trois meurtres, trois péchés.
> Vive et cruelle, as-tu par chance
> Tes ongles empourprés au sang de l'innocence ?
> En quoi te put-elle offenser,
> Fors la goutte de sang qu'elle te vint sucer ?
> Tu triomphes pourtant, et nies
> Te sentir plus que moi maintenant affaiblie.
> C'est vrai ; tu crains donc vainement :
> Tu ne perdras pas plus d'honneur en me cédant
> Que cette puce a pris de ta vie en mourant »[6].

Ne sont-ce pas mots de tentateur ? La puce a bien à voir avec le Diable[7]. Christopher Marlowe est l'auteur d'une *Tragique histoire du Docteur Faust* qui a inspiré le *Faust* de Goethe. Dans le drame de Marlowe, la puce n'est pas chantée par le Diable, mais donnée à voir, offerte en spectacle à Faust. Faust a demandé, en échange de son âme, à connaître les secrets du monde, et Lucifer lui en fait un théâtre. C'est ainsi que défilent sous les yeux du savant les sept pêchés capitaux, au premier rang desquels l'Orgueil :

> « Je suis l'Orgueil : je dédaigne d'avoir père et mère. Je suis comme la puce d'Ovide ; je sais m'insinuer dans tous les coins d'une fille ; tantôt comme une perruque, je suis posé sur son front ou comme un éventail de plumes je lui baise les lèvres. En vérité je fais… Qu'est-ce que je ne fais pas ? Mais pouah ! Quelle odeur ? Je ne dirai pas un mot de plus à moins qu'on ne parfume le sol et qu'on le couvre d'une tapisserie d'Arras »[8].

---

[6] John Donne, *poèmes*, édition bilingue, traduit de l'anglais par J. Fuzier et Y. Denis, Paris : Gallimard (nrf), 1962.

[7] Belzébuth dont le nom signifie « le seigneur des mouches ».

[8] Christopher Marlowe, *La Tragique Histoire du docteur Faust,* tr. Fernand-C. Danchin, Paris : Les Belles Lettres (Classiques en poche), 2004, p. 59.

L'Orgueil dit être comme la puce et se présente comme tel, s'identifiant entièrement par cette comparaison, après qu'il a réfuté sa filiation, et l'idée même d'une filiation. Ce faisant, il enfreint le premier commandement et se place du côté de ce que l'on pensait alors être la génération spontanée de la puce. L'Orgueil ne doit rien ni à Dieu, ni à ses parents, l'Orgueil ne se réclame que de lui-même. Et pourtant il doit bien quelque chose au passé puisque, comme un savant, comme Faust, il cite et référencie sa citation en attribuant la puce au poète latin Ovide.

Cette citation établit le rapport entre la damnation finale de Faust, son goût du savoir, en particulier antique grec et latin, en d'autres termes, son humanisme[9], et les puces. Le savant, l'Orgueil, la puce (on n'ose ajouter : Marlowe) procèdent de la même génération spontanée, qui ne doit rien, ou croit ne rien devoir, à Dieu. La seule dette que se reconnaisse l'Orgueil, une dette portant sur l'origine de la puce, est envers un poète latin, Ovide. Faut-il voir dans l'aspect probablement fautif de l'attribution de cette puce à Ovide – il n'y aurait pas de puce d'Ovide – une erreur ironique ? Ou cette erreur est-elle une plaisanterie supplémentaire, un signe de dérision placé là par Marlowe comme une puce sur un texte ? La seule filiation que se reconnaissent l'Orgueil, la puce, Faust et Marlowe, celle des sources savantes, serait fausse : le père ne serait pas le père.

Les questions portant sur la génération spontanée sous-tendent également les moqueries de Voltaire sur les prêtres (ceux de Pharaon, mais ce n'en sont pas moins des prêtres) dans « Des prêtres d'Egypte » qui « firent naître jusqu'à des poux, mais qui ne purent les chasser » ; car il y a dans le texte hébreu : « ils firent ainsi, mais pour chasser les poux, ils ne le purent ». La *Vulgate* les traite plus durement : elle dit qu'ils ne purent même produire des poux »[10]. Dans cette même veine critique des faux-semblants religieux, Molière, quant à lui, évoquait ironiquement les sept ans de pénitence que s'imposa saint Macaire pour avoir tué une puce, racontés dans *L'Introduction au traité de la conformité des merveilles anciennes avec les modernes ou Traité préparatif à l'Apologie pour Hérodote*[11] d'Henri Estienne, pour dénoncer la fausse dévotion de son Tartuffe :

« [...] il se vint l'autre jour accuser
D'avoir pris une puce en faisant sa prière,

---

[9] Il est probable que la première version rédigée de l'histoire du docteur Faust, le *Ur-Faust*, source de Marlowe, puis de Goethe, soit le fait d'un étudiant protestant ennemi des humanistes.

[10] Voltaire, *Œuvres complètes de Voltaire : Mélanges historiques*, Tome I, Paris : Antoine-Augustin Renouard, 1819, p. 272.

[11] « Et à propos des bêtes, qui se pourra garder de rire quand il lira que S. Macaire fit sept ans pénitence ès épines et buissons pour avoir tué une puce ? » Henri Estienne, *L'Introduction au traité de la conformité des merveilles anciennes avec les modernes* ou *Traité préparatif à l'Apologie pour Hérodote*, 2 vol., ed. Bénédicte Boudou, Genève : Droz, 2007, « Des contes qu'on prenait ès légendes et d'autres telles drogues dont étaient aussi farcies leurs prêches et sermons », p. 491.

Et de l'avoir tuée avec trop de colère »[12].

Les faux-semblants se multiplient justement dans la première scène de l'Acte II du premier *Henri IV* de William Shakespeare. Le prince Hal, qui s'y comporte comme un bon à rien et se révèlera pourtant fils loyal, puis bon roi, et plus légitime, que son père, Henri IV, y joue dans une saynète parodique le rôle de son père, justement, après qu'il a joué le rôle d'un voleur. L'heure est grave, pourtant, et l'on est à la veille d'un complot. Le royaume risque la division et la guerre.

> « *Second voiturier :* À mon avis, sur la route de Londres, c'est l'auberge la plus dégoûtante rapport aux puces. J'ai été piqué comme une tanche.
>
> *Premier voiturier :* Une tanche ? Par la messe, y a pas un roi chrétien qui pourrait être plus mordu que moi depuis le chant du coq.
>
> *Second voiturier :* Pardi, ils ne nous donnent pas le moindre pot de chambre et on pisse dans l'âtre, et l'urine ça fait grouiller les puces comme une loche »[13].

Les punaises de l'auberge de Rochester, comme celles de la taverne de Leipzig, manifestent l'indifférenciation entre l'homme et l'animal, annoncent des temps troublés, et suggèrent par leur génération spontanée (elles naissent de l'urine des voyageurs dans la cheminée) le non respect de la filiation.

Les ectoparasites, nuées de l'Imaginaire, sont dans la pièce de Shakespeare comme chez Goethe, Marlowe, Donne ou Molière et Voltaire le contraire de ce que Jacques Lacan appelait le Nom-du-Père, l'ordre du Symbolique. Ils manifestent la superficialité, l'apparence et le désordre, mais comme l'écrit Donne, si l'on peut les « voir », on peut aussi « voir par eux » émerger une signification présente et encore informe.

---

[12] Molière, *Le Tartuffe ou L'Imposteur*, Préface, comm. et notes par Jean-Pierre Collinet, Paris : Librairie générale française (livre de poche), 1999, acte I, sc. 5, v. 306-308.

[13] William Shakespeare, *Œuvres complètes ; Histoires I*, Paris : Robert Laffont (Bouquins), 1997, p. 339-441.

Iconographie des parasites dans l'Europe des temps modernes. Poux, puces et autres parasites dans l'art des XVIe et XVIIe siècles

Catherine VÉRON-ISSAD[1]

Cela a été dit et répété, poux, puces, punaises et autres bestioles urticantes sont bien nos « compagnons de toujours »[2]. À ce titre ils apparaissent dans des textes médicaux, moraux, humoristiques, poétiques ou grivois. Mais qu'en est-il de l'iconographie ? En effet, un certain nombre de textes antiques, qu'ils soient grecs, latins, égyptiens ou arabes font référence aux parasites de l'homme. On trouve également de multiples recettes et des objets usuels qui témoignent de la volonté de chasser ces indésirables et de se débarrasser de leur trop grand attachement à l'homme. Mais on ne voit guère de représentations de la vermine avant le Moyen Âge. Et encore, ne s'agit-il que de rares illustrations des fléaux qui se sont abattus sur l'Egypte[3] et qui font référence, suivant les traductions, à des mouches, des moustiques ou des poux. Les premières représentations de ces hôtes importuns datent de la fin du XVe siècle. Au cours des siècles suivants, la question de l'iconographie des parasites dans l'art européen se pose en termes différents, suivant que l'on évoque des gravures satiriques, des dessins, des peintures de genre ou l'illustration d'ouvrages scientifiques. Un premier constat s'impose : à l'époque moderne, les parasites humains ont été une source d'inspiration pour les artistes, particulièrement au XVIIe siècle.

La représentation des parasites dans les ouvrages scientifiques

Ces fâcheux, puces, poux et punaises ont la particularité d'être fort petits. La première interrogation touche donc à la représentation de ces insectes, par ce que l'on pourrait qualifier de « portraits scientifiques » : en effet comment a-t-on figuré, dans des ouvrages scientifiques, de si petits animaux ?

Prenons l'exemple des illustrations du célèbre *Hortus Sanitatis,* paru à Strasbourg en 1491 pour la première édition latine[4], puis en 1497, 1499 et 1517, pour les éditions suivantes. On reconnaît dans chacune de ces éditions, deux images similaires qui illustrent d'une part l'invasion d'un lit par des

---

[1] HICSA – Hôtel Dieu APHP.

[2] Jean-Maris DOBY, *Des Compagnons de Toujours: puce, pou, morpion, punaise et autres parasites de notre peau, dans l'histoire de l'art, la littérature, la chanson, le langage, les traditions populaires,* Bayeux : L'Hermitage, 1996.

[3] On se réfèrera à la couverture de ce livretirée des collections de la British Library.

[4] Johann Prüss, *Hortus Sanitatis,* Strasbourg, 1491. Il s'agit d'un des premiers livres imprimés illustrés de sciences naturelles, une compilation des savoirs scientifiques de l'époque répartis en huit livres. Il représente une prouesse technique si l'on considère qu'il parait sur le marché naissant du livre. Rappelons que le premier livre imprimé, La Bible de Gutenberg, date de 1452-1455. Voir les deux illustrations *supra*, p. 108.

punaises et d'autre part une femme épouillant, à l'aide d'une brosse, la tête d'un homme agenouillé au dessus d'un baquet d'eau. Il s'agit de bois gravés de facture assez grossière. L'illustrateur cherche à représenter la vermine (punaise de lit ou poux) sans aucun souci de réalisme ni même de vraisemblance. La gravure joue le rôle de pictogramme et il est clair que le graveur ne s'est intéressé ni aux proportions ni à une quelconque ressemblance avec la réalité. Le nombre de pattes, la taille des bestioles ou les proportions n'ont pas de raison d'être ; il s'agit de figurer une idée et d'illustrer un texte.

Chaque réimpression de l'ouvrage utilise les mêmes compositions, et cela jusqu'en 1536, année où une nouvelle édition paraît à Strasbourg chez Mathias Apiarus. Le texte original est corrigé et réorganisé et les bois sont entièrement re-gravés. Il est aisé de constater que la qualité des dessins s'est nettement améliorée ; le trait s'est affiné, les détails sont plus nombreux. Une jeune femme se tient à la tête du lit, une main sous sa robe retroussée, elle semble se gratter avec énergie[5]. Une punaise, une puce ou un pou de corps grimpe le long de sa cuisse. Cependant la représentation des parasites reste toujours aussi peu réaliste. Un simple trait noir, épais et riziforme, auquel ont été rattachées quelques fines hachures, figure le corps et les pattes du parasite, bien trop gros pour être vraisemblable. L'illustrateur les a placés sur les draps, l'oreiller, le sol de la chambre et la cuisse de la jeune femme, insistant ainsi sur le pullulement de ces nuisibles.

La seconde image présente la particularité de ne figurer aucun parasite. On peut supposer que la position agenouillée de l'homme, le geste de la femme, la brosse qu'elle passe dans la chevelure, ainsi que le baquet d'eau, sont suffisamment explicites pour rendre inutile une représentation des poux. Le lecteur comprend immédiatement qu'il s'agit d'une scène d'épouillage en rapport direct avec le texte qu'elle illustre.

Mais il semble que cette édition n'ait guère eu de suite, car l'édition parisienne de 1539 se sert à nouveau des mêmes compositions que celles des premières éditions strasbourgeoises[6].

En 1639, soit un siècle plus tard, un bois gravé, illustrant *l'Historia Medica* de Willem van den Bossche, met en scène un homme assis à une table en train de se peigner. Des poux sont tombés sur la table. Au dessus de ce dessin est inscrit : *Et remedis ab iis desumptis*[7]. La représentation des parasites capillaires est similaire à celle de la vermine de l'*Hortus Sanitatis*. Ils sont stylisés et disproportionnés.

Il apparaît donc que, de la fin du XVe siècle à la première moitié du XVIIe siècle, on ne peut parler de représentation scientifique de ces animalcules. Bien qu'une différenciation des parasites fût parfaitement

[5] La représentation est quelque peu grivoise car la jeune femme se gratte visiblement le sexe. Le dessinateur joue sur l'ambiguïté « grattage sexuel ».
[6] La réutilisation de bois gravés était une pratique courante. L'usage général voulait que l'on se contente de recopier ou d'imiter les gravures ornant les éditions antérieures d'un ouvrage d'abord par souci d'économie.
[7] « Les remèdes qu'ils ont pris » (traduction C. Véron-Issad).

établie depuis l'Antiquité, en fonction du siège de leur activité et de l'observation directe de leur mode de vie, l'illustration d'ouvrages à vocation scientifique ne se soucie pas encore de vraisemblance.

Il faut attendre la seconde moitié du XVIIe siècle et la mise au point de lentilles et de microscopes pour que l'on puisse observer un monde jusque là invisible à l'œil nu. Nous devons à un drapier néerlandais, Antonie van Leeuwenhoek, à un chimiste physicien mathématicien et dessinateur anglais, Robert Hooke, et à un médecin toscan, Francesco Redi, les premières représentations, à partir d'une observation grossie, d'une puce et d'un pou. On peut alors parler de représentations scientifiques de ces animalcules. Elles signent la fascination d'esprits curieux pour le microcosme, ce monde infiniment petit dans lequel se lit la toute puissance divine[8].

Apparaissent alors les prémices d'une remise en cause de la croyance en la génération spontanée de ces animaux. Mais cette croyance ne disparaît pas avant le XVIIIe siècle, malgré l'accès à l'observation directe et à de nombreuses expériences. Ainsi, le jésuite Filippo Bonanni, dont la représentation d'une puce grossie reprend sensiblement celle de Hooke, s'oppose-t-il à Redi et continue-t-il d'affirmer la véracité de la génération spontanée[9].

En dehors de ces illustrations, les parasites ne sont guère portraiturés. Disons qu'en raison de leur petitesse, ce sont leurs effets prurigineux sur les corps et les moyens mis en œuvre pour s'en débarrasser que figurent les artistes.

Avant le XVIIe siècle, les artistes peintres et les graveurs ne prêtent que peu d'attention à cette irritante habitude : on se gratte et on partage ses nuits avec les punaises et les poux mais c'est avec l'invention de la peinture dite de genre que ces démangeaisons deviennent un sujet iconographique à

---

[8] Microcosme et macrocosme correspondent à l'idée philosophique que tout se répond dans l'univers. Ces théories, fort répandues dans l'Antiquité et au Moyen Âge, culminent au XVIe siècle avec le développement de l'idée d'analogie. Olympiodore le jeune (VIe siècle de notre ère) résume ainsi ce courant de pensée hermétiste : « Hermès se représente l'homme comme microcosme, tout ce que contient le macrocosme l'homme le contenant aussi. Le macrocosme contient des animaux terrestres et aquatiques : ainsi l'homme a-t-il des puces, des poux et des vers intestinaux », cité par Jean CEARS, *La Nature et Les Prodiges : l'insolite au XVIe siècle*, Genève : Droz, 1996, p. 303.

[9] La croyance en la génération spontanée des poux est présente dans l'*Hortus Sanitatis* dont nous avons déjà parlé, paru à la fin du XVe siècle et réimprimé au début du XVIe : *Pediculi sunt vermes cutis... Hoc malum ex ipsa hominis carne creatur indubiter* (le pouill estuy un mauvais ver créé de la chair de l'homme), ce que confirme Ambroise Paré lorsqu'il écrit que ces trois sortes d'animaux (poux, morpions et cirons) sont engendrés des humeurs et humidités corrompues. Ces croyances perdurent au XVIIe siècle et encore en partie au XVIIIe siècle. Le XVIIe siècle est un siècle de contraste en ce qui concerne la représentation des parasites, et tout particulièrement en ce qui concerne le pou, car se côtoient d'une part les croyances ancestrales en la génération spontanée et en la production d'humeurs viciées par la peau et, d'autre part, les récentes découvertes effectuées grâce au microscope : apparaît alors une image scientifique marquée par la volonté de rendre la beauté de ce microcosme, œuvre de Dieu, que l'on parvient à voir.

part entière. La puce est l'occasion de montrer les corps, d'entrer dans la sphère de l'intime, transformant le spectateur en voyeur. Une demoiselle qui plonge la main dans son décolleté avec frénésie pour se gratter et attraper l'insaisissable bestiole devient un thème iconographique à part entière.

La chasse à la puce ou la poétique érotique du parasite

L'iconographie la plus connue de la chasse à la puce met en scène une jeune femme cherchant dans son décolleté le petit animal. La scène se passe généralement de nuit dans l'intimité d'une chambre à coucher. Ce contexte offre aux artistes la possibilité non seulement de jouer avec la représentation de corps plus ou moins dénudés mais également d'exceller dans les jeux de lumière et les clairs obscurs comme Gerrit van Honthorst[10]. Cet artiste néerlandais a produit plusieurs tableaux et dessins sur ce thème au contenu clairement érotique. Alors que la peinture néerlandaise du XVIIe siècle offre peu de nus, Honthorst s'autorise, en traitant ce sujet, à dénuder jusqu'à la taille une jeune femme qui cherche l'insecte piqueur[11]. Une vieille femme participe à la scène, tenant une chandelle qui éclaire le buste de la demoiselle, et elle sourit en indiquant du doigt la puce attrapée. La scène possède un caractère sensuel et grivois car il s'agit clairement d'une prostituée et d'une entremetteuse. En effet, dans les Pays-Bas du Nord, protestants, seule une prostituée peut être ainsi représentée quasiment nue au XVIIe siècle[12]. L'entremetteuse, vieille femme laide, est un personnage récurrent des scènes de bordel ; sa vieillesse et sa laideur font contraste avec la jeunesse et la beauté de la prostituée.

La sensualité, voire la luxure, qui caractérisent les scènes d'épuçage d'Honthorst, est particulièrement mise en valeur dans l'un de ses dessins appartenant au Museum der Bildenden Künste (fig. 1) de Leipzig. La jeune femme semble endormie, ou en extase suivant la lecture que l'on en fait. Cependant, la position du corps laisse peu de doute sur la nature de l'extase éprouvée et ressemble fort à l'expression d'une jouissance extrême : la tête rejetée en arrière, la bouche entrouverte, les yeux clos, la main droite posée près du pubis, indiquant le lieu du plaisir ressenti. Ce type d'images est à mettre en parallèle avec la littérature des XVIe et XVIIe siècles qui fait de la puce un symbole érotique[13].

---

10 Gerrit van Honsthorst (surnommé Gérard de la nuit), 1590-1656, est un peintre néerlandais d'Utrecht, chef de file des « caravagesques du Nord ». Il a effectué un séjour de plusieurs années en Italie au début des années 1610 notamment à Rome et à Venise où il a connu une grande notoriété.

11 Les bustes féminins dénudés sont une caractéristique de l'œuvre d'Honsthorst, témoignant de l'influence de l'art italien dans son œuvre.

12 La peinture de genre hollandaise a souvent un caractère moralisateur et édifiant. La femme hollandaise y est représentée de deux façons : en femme vertueuse dans une attitude digne et conforme à la morale calviniste, bonne mère, bonne épouse, bonne ménagère. Mais elle est également représentée en débauchée dans des scènes de bordel ou de beuverie au caractère souvent comique, ces images servant de contre-exemples moraux.

13 Je renvoie ici aux auteurs qui l'ont montré de façon fort érudite, J.-M. Doby (*supra* note 2) et C. LE DOZE, *La Puce : de la vermine aux démangeaisons érotiques,* Paris : Arkhè, 2010.

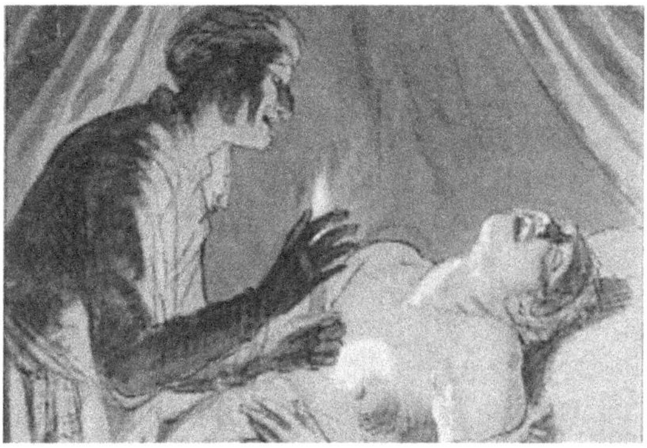

Figure 1. Guerrit van Honthorst, *Jeune femme dans un lit, éclairée par une bougie tenue par une vieille femme* [autre titre *La chasse à la puce*], dessin à la mine de plomb, lavis avec rehauts de blanc sur papier, 17 x 20,6 cm. Museum der bildenden Künste, Leipzig (inv. cat. Nr. N.I. 436, photo RKD)

D'autres artistes néerlandais ont illustré la chasse à la puce et situent l'action dans un décor radicalement différent. Parmi eux, Adriaen van de Velde[14] propose, dans un paysage bucolique, une jeune gardienne de troupeau se reposant, assise au bord d'un ruisseau (fig. 2). Les pieds dans l'eau, sa jupe rouge légèrement relevée laisse apparaître ses chevilles et ses mollets blancs. Elle cherche dans son décolleté l'insecte piqueur. L'image est charmante et l'érotisme, s'il se fait discret, est cependant bien présent. Subtilement, van de Velde suggère sans dévoiler totalement. Ainsi, l'ingénue vachère a-t-elle le buste penché vers le spectateur, dévoilant une poitrine généreuse par l'échancrure de son décolleté.

Figure 2. Adriaen van de Velde, *Paysage avec jeune vachère cherchant une puce au bord de l'eau*, 1671. Huile sur bois, 32,4 x 43,2 cm. Vendu par Sotheby's, Londres, le 4 décembre 2008 (© 2015 Sotheby's)

[14] Adriaen van de Velde, peintre animalier et paysagiste amstellodamois, 1636-1672.

Le peintre joue également avec le reflet de l'eau qui laisse deviner, comme une promesse, le plaisir contenu sous les jupes de la jeune fille. Le charme de ce tableau tient pour beaucoup à l'ingénuité de la jeune femme qui se croit seule. Bien que la scène se situe en extérieur, Van de Velde transforme le spectateur en voyeur, tout comme le font d'autres artistes lorsqu'ils situent la chasse à la puce dans l'intimité d'une chambre à coucher. Le thème de la chasse à la puce a largement inspiré les artistes européens du XVIIe siècle et du début du XVIIIe siècle, bien au-delà des frontières néerlandaises.

Certains Italiens ont produit de charmants tableaux, et Giuseppe Maria Crespi est sans doute l'un des plus prolifiques. Cet artiste, surnommé Lo Spagnolo[15], fut le peintre personnel du Pape Benoît XIV de qui il reçut le titre de comte palatin. Il est surtout connu pour ses grandes scènes religieuses, mais il a également peint un certain nombre de tableaux profanes, dont une série de petits formats mettant en scène une jeune femme s'épuçant dans un intérieur. L'artiste fait varier les postures de son modèle, parfois debout, un pied posé sur une chaise mais le plus souvent assis au bord de son lit. Une de ses œuvres les plus connues est conservée au musée du Louvre (fig. 3) et elle appartiendrait à une série de petits tableaux illustrant l'histoire d'une modeste cantatrice, depuis son ascension rapide jusqu'à la fin de sa vie, alors qu'elle verse dans une dévotion rédemptrice.

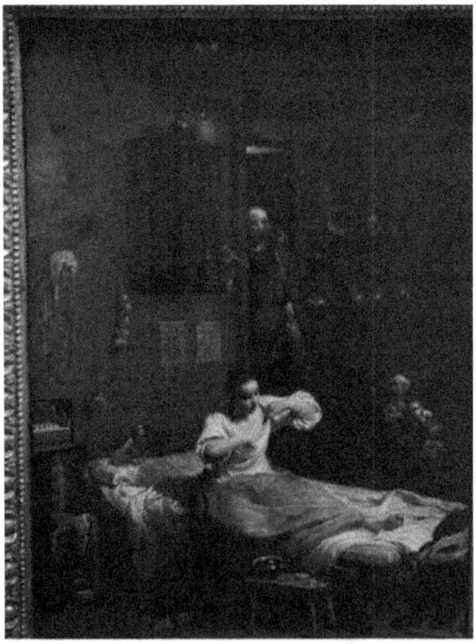

Figure 3. Giuseppe Maria Crespi, *La femme à la puce*, vers 1720. Huile sur toile, 55 x 41 cm. Musée du Louvre (photo C. I.)

[15] Ce surnom vient des habitudes vestimentaires de cet artiste qui portait des vêtements serrés, « près du corps », typiques de la mode espagnole.

La scène se déroule dans un intérieur modeste, une pièce commune servant de cuisine et de chambre à coucher. À l'arrière plan, deux femmes : l'une, sur le seuil de la porte, échange un regard avec la seconde, mère d'un jeune enfant qu'elle tient sur ses genoux. Au premier plan, la jeune cantatrice, assise sur son lit, plonge une main fébrile dans son corsage. Un petit chien se tient près d'elle, sur l'oreiller. De nombreux objets du quotidien parsèment la composition. Les bruns et les jaunes dominent dans cette œuvre dont le style se rapproche de celui des tableaux flamands de Teniers[16] le jeune.

Nicolas Lancret, peintre français de la première moitié du XVIIIe siècle a également produit un plaisant petit tableau de chasse à la puce appartenant à la Wallace Collection de Londres. Admirateur de Watteau, cet artiste s'est surtout distingué dans la représentation de scènes galantes. Or, ici le sujet et son traitement se distinguent nettement de ses productions habituelles. Dans une cuisine, une jeune servante assise sur une chaise cherche dans l'échancrure de sa chemise l'agaçante bestiole. Très proche des scènes de genre néerlandaises, ce tableau présente dans sa partie gauche, au premier plan, une nature morte aux ustensiles de cuisine, et dans sa partie droite, la jeune cuisinière chasseresse entourée d'objets usuels.

D'autres artistes ont illustré le thème de la chasse à la puce, mais toutes ces œuvres ne possèdent pas un caractère érotique ou sensuel. Ainsi, lorsque Georges de La Tour dénude une jeune femme s'épouillant, comme dans le tableau actuellement au Musée des Beaux-Arts de Nancy, il parvient à lui donner une dimension presque spirituelle[17]. Assise sur un tabouret, un chandelier posé sur une chaise près d'elle, la jeune femme écrase une puce entre ses pouces. Elle est quasiment nue. Sa chemise ouverte laisse apparaître sa poitrine, son ventre et ses jambes. La tête penchée en avant, l'air grave et concentré, elle paraît méditer. Le brun, le jaune et le rouge dominent. La flamme de la bougie diffuse une aura de lumière chaude qui contraste fortement avec les zones d'ombre. De ce clair obscur se dégage une atmosphère particulière, quasi mystique.

Les peintres n'ont pas été les seuls artistes à s'emparer du thème de la chasse à la puce érotique. Ainsi, un délicieux biscuit de porcelaine de Sèvres, réalisé à partir d'un modèle de Simon Louis Boizot, dont le premier exemplaire est daté de 1799. À demi allongée sur une méridienne bleue, une jeune femme désigne du doigt le parasite taquin caché dans les plis de sa chemise, tandis qu'un petit Amour surgit de dessous les draps. Peut-être est-ce Vénus, comme le suggéreraient la présence de ce *putto* et d'un faisceau de flèches figuré sur le montant du lit. Le premier exemplaire de cette œuvre,

---

[16] David Teniers le jeune (1610-1690), peintre flamand, admirateur de Rubens, à qui l'on doit de nombreux tableaux de genre, dont des scènes d'intérieur dans des tons bruns et chauds.

[17] Ce n'est qu'en 1955 que cette toile a été définitivement attribuée à l'artiste lorrain. En effet, l'œuvre n'est pas signée et curieusement, elle a longtemps été attribuée à Honthorst, essentiellement en raison du sujet traité, bien qu'il le soit ici d'une manière fort différente des œuvres signées de l'artiste utrechtois. De fait, cette femme rappelle davantage une Marie Madeleine qu'une prostituée, comme dans les autres tableaux que nous avons évoqués.

délicate et raffinée, a été vendu en 1800. Elle a souvent été copiée durant toute la première moitié du XIXe siècle, confirmant ainsi le goût du public pour ce sujet sensuel.

La puce et le rustre ou le paysan piqué : puce ou pou de corps ?

Bien sûr, les femmes ne sont pas les seules à être incommodées par les puces. Les hommes sont tout autant soumis à leurs irritantes piqûres mais ils ne bénéficient pas d'un même imaginaire érotique, loin de là. Il s'agit de paysans, assis, le plus souvent à l'extérieur, dans un village ou dans un champ, qui cherchent les parasites dans leur chemise. Une première réflexion vient à l'esprit lorsque l'on regarde ces tableaux : ils sont totalement dénués de sensualité ou d'érotisme.

Ce propos doit pourtant être nuancé en ce qui concerne le tableau d'Anthonie Palamedesz[18]. Dans une taverne, plusieurs personnages boivent et jouent aux cartes, pendant qu'au premier plan une petite fille câline un chien et une jeune femme aide un soldat à attraper une puce. Le couple laisse deviner, par la proximité des corps, une intimité qui l'isole des autres protagonistes du tableau. Le duo formé par la petite fille et son chien fait écho au couple de chasseurs de parasites, par la tendresse qu'il dégage. La chasse aux puces aux temps modernes est, comme l'ont montré Jean-Marie Doby et Camille le Doze, une affaire à caractère privé, une activité de l'ordre de l'intime et, ce qui est remarquable dans cette composition, c'est bien que l'artiste parvient à créer l'espace privé du couple dans un environnement public.

Cette composition demeure isolée, car les paysans chasseurs représentés dans la peinture de genre, contrairement aux jeunes traqueuses de puces, ne présentent pas de caractéristique sensuelle. Il s'agit le plus souvent d'hommes rustres, pauvrement vêtus et très certainement fort sales. Un élément important à souligner est que c'est en public qu'ils cherchent le parasite dans leurs vêtements. Se pose alors la question de l'identité de l'insecte. Puces ou poux de corps ? Ces deux insectes sont non seulement très différents du point de vue de leur morphologie (ils n'appartiennent pas à la même famille, n'ont pas le même mode de reproduction etc.), mais ils ne véhiculent pas le même imaginaire et ne sont pas porteurs de la même symbolique. Il s'agirait donc, dans ces scènes masculines, plutôt d'une chasse aux poux de corps, car si la puce fait rêver lorsqu'elle est associée au corps désirable d'une femme, le pou de corps est lié à la saleté. Notons qu'au XVIIe siècle, on ne se lave guère plus aux Pays-Bas du Nord que partout ailleurs en Europe, et que toutes les couches de la société étaient touchées par la pédiculose. Le manque d'hygiène et la promiscuité des corps favorisaient la propagation des parasites. Cependant, la propreté presque obsessionnelle du linge et de la maison chez les femmes de la bourgeoisie

---

[18] Anthonie Palamedesz, peintre de Delft (1601-1673) ; *Soldats dans une taverne avec une jeune femme aidant un soldat à chasser une puce,* 1616-1673, huile sur panneau, 23 x 32 cm, tableau vendu par la galerie d'Art Van Ham à Cologne le 6 juin 2006.

hollandaise[19] pourrait laisser supposer que les poux de corps étaient moins fréquents chez les ménagères citadines que chez les paysans. Cette différenciation entre chasse aux puces et chasse aux poux de corps se ferait donc par le sexe du chasseur et sa condition sociale, puisque les gestes pour attraper et tuer ces insectes sont identiques dans les deux cas.

La distinction entre les parasites était parfaitement établie chez des modernes. Une gravure de Laignet-Guérard[20] en fait état. L'artiste identifie un peuple à une vermine, en fonction de certains traits de caractère. Cette gravure illustre vraisemblablement une satire politique, à laquelle fait référence l'abbé Martin de Chassonville[21] dans son ouvrage *Les Delassemens d'un galant-homme, ou les fruits agréables de la lecture et de la conversation,* daté de 1742.

> « Comparaison analogique des Allemands, des François, des Espagnols et des Italiens, aux quatre mendians des Hôpitaux.
>
> Un Auteur déjà ancien, puisqu'il étoit contemporain de Rabelais, nous apprend qu'il y a dans l'Europe quatre nations analogiques (ce font ses propres termes) aux quatre mendians des Hopitaux, Poux, Puces, Morpions, Punaises. Les Poux dit-il, font des Allemands qui modent & mangent, & se laissent assommer ainfi que les Suisses sans s'avancer. Les Puces font les François qui sautent toujours ç'a & là, & n'ont point d'arrêt, & laissent de leurs marques par tout où ils vont. Les Morpions sont les Espagnols, qui sont toujours particuliers dans leurs manières d'agir, qui se campent toujours dans les meilleurs endroits & qui s'attachent avec tant d'opiniatreté où ils se trouvent bien, qu'on ne peut les en ôter que par pièces. Enfin les Punaises sont les Italiens qui infectent tout par le poison de leur Politique, de leurs inventions de Dames & de leurs veulles forfanteries ».

Ce texte met en avant une symbolique forte liée à l'identité de chacun de ces parasites en fonction de caractéristiques qui leur sont propres et se transforment ici en critique politique.

Les différences constatées entre les insectes servent également de propos à une fable du XIIIe siècle, reprise par le poète et moraliste hollandais Jacob Cats[22] qui confronte une puce et un pou. La puce, soucieuse de se débarrasser du pou qu'elle déteste, lui propose, après l'avoir flatté tant et tant, de partager les délices du corps d'une jeune fille. Le pou, acceptant l'invitation, s'installe sur la poitrine de la jeune fille qu'il pique hardiment. Peu agile par nature et alourdi par son repas, il est tué par la demoiselle, au grand plaisir de la puce. Si la morale de la fable est qu'il faut prendre garde

[19] Voir note 12. La propreté de la maison est le reflet des vertus de la maîtresse de maison.
[20] Lagniet-Guérard (1620-1675), graveur et pamphlétaire français.
[21] Né à Meaux en 1696, l'abbé Martin de Chassonville, auteur des *Délassemens d'un galant homme, ou fruits agréables de la lecture et de la conversation* (Amsterdam, 1742) est également connu pour sa traduction française du *Don Quichotte* de Cervantès. Citation p. 39.
[22] Jacob Cats, poète très populaire et politicien (grand pensionnaire) néerlandais, né en 1577 et mort en 1660, est considéré comme le La Fontaine hollandais. On lui doit notamment des recueils de poésies, composés d'emblèmes, de fables, d'allégories, écrites en langue vernaculaire et en latin.

aux flatteries d'un ennemi, elle met en évidence la différenciation entre les parasites.

Polysémie de l'épouillage capillaire

L'autre piquant sujet le plus souvent illustré est l'épouillage capillaire. Le pou de tête, comme le pou de corps, ne bénéficie guère du même attrait érotique ou sensuel que la puce. À première vue, en effet, se gratter la tête suggère qu'elle est habitée, sans que cela n'incite aux plaisirs amoureux ou n'évoque quelque pensée lascive. En revanche, la mise en image de l'épouillage quotidien se révèle porteur de sens différents, en fonction des protagonistes en présence.

L'épouillage de têtes enfantines symbolise d'abord les bons soins maternels, comme chez Gerard ter Borch[23] et Pieter de Hooch[24] (fig. 4). Ces scènes mettent en valeur l'attention affectueuse qu'une mère porte à son enfant, dans le cadre d'un foyer familial propre et ordonné. Ces tableaux sont un éloge de la bonne épouse hollandaise, excellente ménagère et mère attentionnée. Parfois ce n'est pas la mère, mais une grand-mère ou une servante, qui se chargent d'expurger de ses habitants le cuir chevelu juvénile.

Figure 4. Pieter de Hooch, *Intérieur avec une mère épouillant son enfant*, vers 1658-1660. Huile sur toile, 52,5 x 61 cm. Rijksmuseum, Amsterdam (photo C.I.)

Occasionnellement l'épouilleuse est armée d'un peigne à poux. Cet instrument, connu depuis l'Antiquité est encore utilisé de nos jours pour éliminer les lentes mortes des chevelures traitées par insecticide. Son usage

[23] Gérard ter Borch (1608-1681), peintre de genre et portraitiste néerlandais.
[24] Pieter de Hooch (1629- vers 1690), peintre de genre néerlandais.

était fort répandu et cet objet apparaît souvent dans les scènes de genre ou dans les représentations de « femme à sa toilette ».

Roemer Visscher[25] utilise le peigne comme symbole de purification. Dans son ouvrage *Sinnepoppen,* figure sur la page de droite, la représentation d'un peigne avec l'inscription *Purgat et ornat* : « il nettoie et il orne » ; sur la page de gauche est inscrite une épigramme en néerlandais :

> *Een hooch Officier van een landt, is een kamme niet onghelijck, suyverende het landt van't schadelijck gheboefte, met goede justitie en scharp toe sien ; en versiende zijn ondersaten met goede wetten en willekeuren.*
>
> « Un grand Officier d'un pays, ressemble à un peigne, qui purifie la terre des racailles nuisibles, en bonne justice et avec un regard aigu, et pourvoit ses soldats de bonnes lois et de faveurs »[26].

L'épouillage est donc assimilé à une vertu et qu'il soit manuel ou aidé d'un peigne, il est fortement valorisé. Il participe à la bonne éducation des enfants et sert de modèle moralisateur.

La scène d'épouillage prend parfois un caractère particulièrement touchant, comme dans le petit tableau de Michael Sweerts[27] (fig. 5) où une petite fille se penche avec attention sur la tête d'un vieillard qui ferme les yeux. Il se dégage une grande tendresse de cette scène d'intimité familiale. Le geste de l'enfant semble adoucir la lassitude qu'on lit sur le visage du vieil homme.

Figure 5. Michael Sweerts, *Enfant et vieillard*, 1650. Huile sur canevas, 44,5 x 32,5 cm. Museum Boijmans van Beuningen, Rotterdam (photo C.I.)

[25] Roemer Pierterszoon Visscher (1547-1620), est un négociant hollandais, auteur d'épigrammes populaires, poète du groupe des « Rhétoriqueurs ». Il est l'auteur d'un livre d'emblèmes, les *Sinnepoppen*, gravures accompagnées de devises ou de dictons rimés.

[26] Traduction C. Véron-Issad.

[27] Michael Sweerts (1618-1664), peintre flamand, est connu surtout pour des portraits délicats et très expressifs

Outre le caractère vertueux de cette activité quotidienne, l'épouillage est utilisé par les artistes néerlandais comme personnification de la vue dans les séries des cinq sens.

La chasse aux poux dans les séries des cinq sens en pays réformé

L'iconographie des cinq sens n'est pas une invention des peintres hollandais. Il existe, surtout aux XVIe et XVIIe siècles, en pays catholique, une tradition exégétique des cinq sens, c'est à dire que le fidèle est invité, pendant ses dévotions à imaginer, par les sens, les mystères divins, le premier de ces mystères étant la Passion christique, que le chrétien est convié à voir, entendre, sentir, goûter et toucher. Cela induit une conception particulière du corps, sacralisé dans sa relation à Dieu.

En revanche, le protestantisme ne développe guère de doctrine mystique. Le corps gagne un autre statut. Il est en quelque sorte libéré de l'emprise de la religion et d'une certaine façon laïcisé. La Réforme a inauguré un nouveau rapport au corps et aux sens que l'on peut représenter dans leur réalité.

Un premier élément important à noter est que ces petits tableaux ne peuvent fonctionner que lorsqu'ils sont réunis. La lecture allégorique des cinq sens ne peut se faire que lorsque les cinq tableaux de la série sont vus ensemble. Séparé, chaque tableau est une scène de genre qui représente un ou des paysans s'adonnant à des activités quotidiennes. Ils entrent alors dans certaines sous-catégories des scènes de genre, comme les scènes de taverne ou d'opération.

La plupart de ces séries sont construites sur un mode comique, à partir des activités de la vie quotidienne que les artistes rendent volontairement caricaturales. Ainsi, dans la série des cinq sens proposée par Adriaen van Ostade[28], l'odorat est-il illustré par une mère nettoyant les fesses de son bébé, le goût par des paysans mangeant, buvant et fumant dans une auberge, le toucher par une opération du pied ou un arrachage de dents, car la douleur est associée au sens du toucher, l'ouïe par un groupe de chanteurs et la vue par une scène d'épouillage, allusion à la petitesse du parasite. Cette série a donné lieu à de nombreuses copies, dont des gravures, comme celle de Willem Basse[29], le thème des cinq sens étant très populaire auprès de la bourgeoisie néerlandaise.

Parmi les nombreuses autres versions illustrant la série des cinq sens, Dirck Hals[30] propose une variante originale. Il a peint cinq petits tableaux ronds, qui mettent en scène des enfants. Les activités montrées sont elles-mêmes plutôt inédites. Ainsi, une jeune joueuse de flûte figure l'ouïe, un éplucheur de crevettes l'odorat, un mangeur de soupe le goût et une petite

[28] Adriaen van Ostade (1610-1685), peintre néerlandais spécialisé dans les scènes de genre.
[29] Willem Basse (1613-1672), dessinateur et graveur néerlandais
[30] Dirck Hals (1591-1656), peintre néerlandais, frère cadet de Frans, surtout connu pour ses scènes de genre.

fille tressant ses cheveux le toucher. La vue est illustrée par une enfant cherchant une puce dans sa chemise.

J'évoquerai, pour finir, un petit tableau très connu d'Andries Both[31] du musée des Beaux-Arts de Budapest (fig. 6). Il est habituellement identifié sous le titre de *L'opération de la loupe* ou de *La chasse aux poux*. Je proposerai personnellement comme lecture une illustration de la vue. En effet, les petites dimensions du tableau et le contenu comique de cette scène (lié au postérieur dénudé du pouilleux agenouillé) sont à rapprocher des séries que je viens d'évoquer. Je propose donc d'y reconnaître l'un des tableaux d'une série des cinq sens dont les autres auraient été perdus. De très nombreuses séries ont été séparées et dispersées au fil du temps, généralement vendues à l'unité, ce qui modifie l'interprétation donnée à ces tableaux.

Figure 6. Andries Both, *La chasse aux poux à la lumière d'une chandelle*, vers 1630. Huile sur toile, 34,5 x 27 cm. Musée des Beaux-Arts, Budapest (photo C.I.)

Quand un singe épouille un homme

L'épouillage prend parfois des formes inattendues et originales. Chez Annibal Carrache[32] c'est un jeune garçon qui se fait épouiller par un singe. Assis sur l'épaule du jeune homme hilare, l'animal épouille consciencieusement la chevelure et déguste les poux attrapés. Cette composition a donné lieu à une gravure d'un artiste inconnu, dont le titre anglais dit : « Nous sommes trois ». Cependant le sens de cette image reste quelque peu obscur. Un tableau ainsi qu'un dessin et une gravure de Gottfried Libalt[33], fournissent quelques pistes d'interprétation. La

[31] Andries Both, né en 1612, peintre et dessinateur néerlandais de scènes de genre qui séjourna et travailla longtemps en Italie où il mourut en 1642, à Venise. En italien, on désigne ces scènes de genre sous le nom de *banbocciata*, bambochades en français.

[32] Annibal Carrache (1560-1609), peintre italien actif à Bologne et à Rome.

[33] Gottfried Libalt (1610-1670), peintre allemand.

composition du tableau allemand est très proche de celle de l'artiste italien. Un jeune cavalier à mi-corps se fait épouiller par un singe assis sur son épaule. Cependant, l'atmosphère qui s'en dégage est très différente. Alors que le rire domine chez Carrache, le visage du jeune homme de Libalt paraît mélancolique. Le tableau est monochrome. Le brun domine, seulement ponctué de notes claires apportées par la carnation de l'adolescent et le col de sa chemise. Le dessin et la gravure montrent le même modèle, de plain-pied cette fois. Son chapeau a roulé au sol et il tient dans sa main droite une laisse.

À l'époque moderne, le singe est une figure ambivalente. D'une part, il était fort prisé comme animal de compagnie. Son comportement était une source d'amusement à l'image du « fou » dont les imitations faisaient rire. D'autre part, il est une figure négative. Il symbolise l'imitation, le faux semblant, la ruse. Sa ressemblance avec l'homme interroge sur la définition même de l'humain. Le XVIIe siècle voit se développer la représentation du singe dans l'iconographie, le plus souvent sous forme satirique. L'artiste lui-même se représente sous les traits d'un singe, mettant en image ses propres interrogations sur son art et sa fonction d'artiste : n'est-il pas lui-même un imitateur de la nature ? Cette dualité dans le regard porté sur cet animal questionne lorsqu'il est représenté comme épouilleur. Le jeune propriétaire utilise-t-il simplement l'instinct naturel du singe pour se faire épouiller ? Doit-on comprendre cette image comme un avertissement moral, une invitation à expurger son âme de ses défauts ?

Un petit retour en arrière chronologique permet d'évoquer une belle composition de Pieter Brueghel (fig. 7) dans laquelle un colporteur ivre s'est endormi, pendant qu'une armée de singes vandalise le contenu de sa hotte.

Figure 7. Pieter Brueghel l'Ancien, imprimé par Pieter van der Heyden, publié par Hieronymus Cock[34], 1562. Gravure sur papier, 21 x 28,9 cm (photo R.K.D.)

[34] En bas au centre, avec le monogramme du graveur à droite, figure l'inscription *Brueghel inve, H. Cock excu. 1562.*

C'est l'illustration du « songe-creux » qui perd son bien en dormant. Ce type d'images satiriques et moralisatrices est typique de l'art flamand du XVIe siècle. Cette scène drôlatique a une portée morale, si l'on considère que le singe est une figure négative du faux-semblant, idée reprise par la présence de lunettes qu'essaient plusieurs de ces animaux. Au XVIe siècle, les lunettes sont peu prisées, en raison de la médiocre qualité optique des verres, qui déformaient la vision plus qu'ils ne la corrigeaient. En flamand, un vendeur de lunettes était souvent surnommé *Brillen* (Lunettes) avec le sens d'« attrape-nigaud », vendeur de vent ou d'illusions. Dans ce contexte, l'homme est moqué, ridiculisé par l'armée de singes aux gestes grossiers ou obscènes qui ont entrepris son épouillage. Etre épouillé par un singe serait donc connoté négativement.

Conclusion

Ce n'est qu'à partir du XVIe siècle que les parasites de l'homme deviennent une source d'inspiration pour les artistes. Davantage que ces animaux minuscules, ce sont leur attachement à l'homme et leur présence irritante qui vont devenir des sujets iconographiques à part entière. Ainsi, tout comme les poètes ont chanté les louanges de la puce, les artistes ont chargé d'érotisme et de sensualité les représentations des chasseuses de puces. En revanche, les poux de corps sont associés à la pauvreté et à la saleté, et les pouilleux mis en images sont le plus souvent raillés. Quant au pou de tête, souvent moqué pour sa lourdeur et sa laideur, il se voit porteur d'une polysémie qui peut surprendre ; par l'invasion de têtes enfantines, il devient vecteur de vertus maternelles et, par sa petitesse, il se trouve associé au sens de la vue.

Aussi, pour conclure, voici quelques mots de Daniel Heinsius[35] à qui nous devons un *Éloge du Pou*, paru en latin à Leyde en 1638, sous le titre de *Laus Pediculi.* Ce texte fut traduit en français par Claude François Mercier de Compiègne en 1798 :

> « Le Pou, cet animal le plus noble de tous, le plus constant et le plus fidèle commensal de l'homme, dont il a l'honneur d'être engendré ; ce compagnon de ses lares et de ses pénates ; ce sage cosmopolite qui s'attache à tous les humains sans distinctions de mœurs et d'opinions religieuses, n'est-il pas injustement méprisé, opprimé par ces mêmes humains pour prix de son attachement ? Ne le chasse-t-on pas non seulement de la terre et des eaux, mais encore de la seule partie du corps où il a placé sa vie et sa fortune ? »

[35] Daniel Heinsius (1580-1655), philologue hollandais, professeur d'histoire et de politique à l'université de Leyde, fut aussi le secrétaire du synode de Dordrecht. On lui doit de nombreux commentaires d'ouvrages grecs et latins et quelques facéties dont ce *Laus pediculi.*

RÉSUMÉS DES COMMUNICATIONS[1]

Mireille AUSÉCACHE, « Médecins et chirurgiens salernitains face aux maladies parasitaires (XIe-XIIe siècles) »

La ville de Salerne, célèbre pour la qualité de ses médecins dès le XIe siècle, connut au XIIe siècle un tournant intellectuel majeur qui vit le passage d'une médecine pratique renommée à une médecine savante portée par les écrits de maîtres illustres. La question des maladies parasitaires est un bon exemple de cette nouvelle approche en terme surtout d'étiologie des maladies. La pratique médicale s'appuie désormais davantage sur des explications d'ordre théorique basées sur de nouveaux textes rendus accessibles notamment par les traductions de Constantin. C'est ainsi que les auteurs salernitains abordent des considérations sur l'origine et la diversité des parasites humains au sein de commentaires au *Pronostic* d'Hippocrate ou de *practice* enrichies d'apports théoriques. La pratique thérapeutique est également concernée, la réflexion sur l'action des médicaments s'inscrivant dans le cadre d'une approche quantifiée des qualités premières des substances employées.

The city of Salerno, celebrated for the skill of its doctors in the 11th century, experienced, in the 12th century, a major intellectual transformation. There happened to be a shift, from a renowned practical medicine, towards a scholarly one, characterised by the writings of illustrious masters. The question of parasitic diseases is a good example of this new approach, above all in terms of the causes of diseases. From then on, medical practice relied more upon theoretical explanations, based on newly accessible texts, made available in particular through the translations by Constantine the African. That was how authors in Salerno tackled the questions of the origin and diversity of human parasites as in the commentaries in Hippocrates' *Book of Prognostics* or in the *practice,* enriching them through theory. Therapeutic practice is also involved: the discussion of the effect of medicines took place within the framework of a quantifying approach toward the principal effects of the substances employed.

Susan BADDELEY, « Chanter ou dire pouilles : Poux, puces et punaises dans les dictionnaires et lexiques de l'époque moderne »

Les dictionnaires et lexiques des XVIe et XVIIe siècles offrent au lecteur, dans leurs colonnes, des renseignements très divers concernant les poux, puces et punaises. En l'absence de données véritablement scientifiques, fondées sur l'observation (qui ne deviendra guère possible qu'à partir du XVIIe siècle avec l'invention du microscope), étymologies, proverbes et folklore divers constituent l'essentiel des savoirs diffusés par ces ouvrages. La coexistence de ces différents types d'informations témoigne à la fois du conservatisme bien connu de ce type d'ouvrage, qui hésite à mettre en cause des étymologies transmises depuis des siècles, mais aussi du rapport de l'humain avec ces animaux, resté inchangé malgré les avancées de la science et de la médecine.

The dictionaries of the early modern period gave their readers all kinds of information concerning lice, fleas, bedbugs and other parasites. In the absence of any truly scientific discourse on the subject (the microscope was not invented until the mid 17th century), all kinds of etymologies, proverbs and folk wisdom make up the sum of knowledge carried down from generation to generation. The coexistence of these different types of information is an

[1] Sauf mention contraire, les résumés sont rédigés par les auteurs des articles. Les textes anglais ont été relus et parfois corrigés par Susan Baddeley que nous remercions très sincèrement.

indication of the well-known conservatism of dictionaries, which add rather than subtract, and hesitate to call into question long-established etymologies, even if they are in contradiction with observed facts. The many proverbs and turns of speech also attest to the age-old relationship between human beings and their parasites, which changed very little despite the advances in scientific learning in the Age of Enlightenment.

Thierry BARDINET, « Quelques insectes de l'Egypte ancienne »[2]

Les termes servant à désigner les poux, puces et punaises ainsi que d'autres insectes, bien que généralement peu précis, apparaissent pourtant dans des sources variées. Des rituels de purification, des inscriptions sur les sarcophages, le *Livre des morts* ou des textes magiques les mentionnent dans des contextes divers qui montrent combien leur présence semblait quotidienne dans l'Egypte ancienne.

The terms used to designate lice, fleas, and bedbugs, as well as other insects, although often unprecise, show how present these little companions were in the life of the Ancient Egyptians. These words occcur in texts as diverse as formulas used in purification rituals, inscriptions on tombs, the *Book of the Dead*, and in magic spells.

Marie-Christine BORNES-VAROL et Maire-Sol ORTOLA, « Puces et poux dans quelques proverbiers de la péninsule ibérique et leurs postérités : miroir comparé des sociétés ibériques »

Cet article examine les quelques proverbes recensés dans des collections de proverbes du XIIIe au XVIIe siècle, compilées dans la péninsule ibérique et issues des aires culturelles musulmane, chrétienne et morisque. L'étude porte également sur la postérité de ces énoncés brefs dans le monde judéo-espagnol de l'Empire ottoman. Elle montre la diversité des adaptations à la culture réceptrice et explique comment les contextes textuels, les intertextualités peuvent en modifier ou en complexifier le sens.

This paper examines the few proverbs present in the 13th -17th century proverb-books from the Iberian Peninsula. It studies a variety of cases from Christian, Islamic and *Morisco* cultural backgrounds and their posterity in the Judeo-Spanish culture of the Ottoman Empire. It shows the adaptations to the receiver culture and explains how textual contexts as well as intertextualities can modify or make the meaning more complex.

Irene CALÀ, « La vermine de l'homme dans les *Libri medicinales* d'Aetius d'Amida »

Aetius d'Amida, médecin sous l'empereur Justinian, est auteur de la plus remarquable œuvre médicale de l'Antiquité tardive. Dans son traité, *Libri medicinales,* il écrit aussi sur la vermine de l'homme. Les textes sur les puces et les punaises, inédits en grec, se trouvent dans le livre XIII. Aetius s'intéresse aussi aux vers intestinaux dans le livre IX. Cette contribution analyse le chapitre 38 du livre IX d'Aetius consacré aux vers appelé ascarides en relation avec la tradition médicale grecque.

Aetius of Amida, a physician who practiced during the reign of Justinian, is the author of the most important medical work of Late Antiquity. In his treatise entitled *Libri medicinales,* he studies vermin. The texts on fleas and bedbugs, unpublished in Greek, are in Book XIII.

[2] Résumé des éditeurs (E.S.).

Aetius writes about intestinal worms in Book IX. This paper analyses chapter 38 of Book IX, devoted to worms called ascarides and the relations with the Greek medical tradition.

Franck COLLARD, « *An pediculi, pulices et cimices sunt venena ?* L'approche des poux, puces et punaises dans la production "vénénologique" de l'Occident chrétien, XIVe-XVe siècles »

À première vue, si la production d'ouvrages de médecine ne les ignore pas, les poux, puces et punaises n'ont rien à faire dans la littérature sur les poisons qui a fleuri en Occident à partir de la fin du XIIIe siècle. Pourtant, le premier auteur d'un traité spécialisé dans ce genre particulier, Juan Gil de Zamora, incorpore à son *Liber contra venena* plusieurs notices consacrées à ces créatures ainsi tenues pour toxiques. La contribution vise à comprendre pourquoi, à savoir si ce choix a été imité par les successeurs du frère mineur ibérique, et quel traitement a été réservé à ces parasites empoisonnant, au sens intellectuel et au sens thérapeutique du mot traitement.

An pediculi, pulices et cimices sunt venena ? How lice, fleas and bedbugs were treated by works on poisons in the late Middle Ages.

At first sight, if medical writings don't ignore them, lice, fleas and bedbugs seem to have no place in the works on poisons that flourished in Western Europe from the late 13th century. Yet, the first author of a treatise dedicated to poison, the Spanish friar Juan Gil of Zamora, incorporated, in his *Liber contra venena,* several sections that speak about those creatures therefore considered as toxic. The paper aims to understand why, to know if this odd choice has been shared with other authors who wrote a *tractatus de venenis,* and to see how these troublesome parasites were treated in the two meanings of the word, that is, intellectually and medically.

Isabelle DRAELANTS, « Une discrète vermine ? Poux, puces et punaises entre entomologie et prophylaxie chez les naturalistes du XIIIe siècle »

Vers 1230, la documentation sur les insectes croît considérablement avec la mise à disposition du *De animalibus* d'Aristote (version arabo-latine de Michel Scot), du *Canon* d'Avicenne (traduction de Gérard de Crémone), et la circulation du livre XI de l'*Historia naturalis* de Pline. C'est pourquoi les recherches exposées ici observent, dans les textes naturalistes latins entre 1230 et 1270, l'évolution et le contenu du discours sur la « vermine », c'est-à-dire la catégorie des *vermes,* aussi appelés *annulosa* et *rugosa.* Le regard est porté plus précisément sur l'information « philosophique », c'est-à-dire sur la *natura* des poux, puces, punaises et tiques dans les encyclopédies de Thomas de Cantimpré, Barthélemy l'Anglais, Vincent de Beauvais, qui y adjoignent encore de rares correspondances exégétiques, mais aussi dans les commentaires philosophiques d'Albert le Grand, qui rationalise et systématise la même matière. Ces naturalistes transmettent également des mesures prophylactiques conformes à la tradition médicale grecque et salernitaine.

Reliable information about insects considerably increases *c.* 1230, due to the recent availability of Aristotle's *De animalibus* (Arabo-Latin version of Michael Scot), Avicenna's *Canon* (Gerard of Cremona's translation), and the circulation of Book XI of Pliny's *Historia naturalis.* This is the reason why this research examines a corpus of Latin naturalist texts, between 1230 and 1270, in order to observe the evolution of the "philosophical" discourse on the "vermin", that is to say the class of *vermes,* also called *annulosa* or *rugosa.* I focus on the "philosophical" *natura* of lice, fleas, bedbugs and ticks in the Encyclopaedias of Thomas of Cantimpré, Bartholomew the Englishman, Vincent of Beauvais, who still transmit some exegetical correspondances, and in the naturalistic commentaries of Albert the Great, who rationalises and systematizes the same information. These natural philosophers also transmit prophylactic measures in accordance with the Greek and Salernitan medical tradition.

Cándida FERRERO HERNÁNDEZ, « *Minuta atque fastidiosa* : poisons des insectes dans le travail encyclopédique de Juan Gil de Zamora »

En este capítulo se aborda una aproximación al valor y a la utilidad que se da a los bichos, es decir animales "pequeños y fastidiosos", haciéndose especial hincapié en los piojos, las liendres y las chinches en el el plan de trabajo de las obras naturalistas del franciscano Juan Gil de Zamora, *Iohannes Aegidius Zamorensis* (*Historia Naturalis* y *Liber contra uenena et animalia uenenosa*), así como sus remedios, sacados de la tradición enciclopédica.

This chapter deals with an approach to the value and utility given to « bugs », i.e. « small and annoying » animals, the emphasis being on bedbugs, lice and nits in the work plan of the naturalistic works of the Franciscan Juan Gil de Zamora, Iohannes Aegidius Zamorensis (*Historia Naturalis* and *Liber contra uenena et animalia uenenosa*), as well as their remedies, taken from the encyclopedic tradition.

Patricia GAILLARD-SEUX, « Puces et punaises, poux et phtiriase dans les textes médicaux latins (Ier-VIe s.) : du traitement à la définition du mal »

Les sources agronomiques et médicales latines mentionnent peu la lutte contre les puces et les punaises car elle relève de la gestion domestique et non d'arts nobles comme l'agronomie et la médecine. Elle emploie des produits insecticides dans la maison, selon des méthodes proches de la lutte contre les insectes et nuisibles en général. Cela s'explique par le comportement de ces parasites et par la génération hors du corps humain qui leur est attribuée, à la différence des poux. Ceux-ci sont réputés naître dans le corps des humeurs de l'homme, ce qui constitue une maladie, la *phthiriasis*. Le mot désigne aussi bien des formes de pédiculose ou de phtiriase au sens actuel, qu'une maladie touchant l'ensemble du corps et suscitant la perplexité de nos jours. Cela entraîne un traitement, conforme aux principes de la médecine antique, par le régime, des traitements locaux et des remèdes internes.

Agronomical and medical authorities do not say much about fighting fleas and bedbugs because this belongs to the domestic sphere, not to noble arts like agronomy and medicine. Insecticidal products are used in the house, by means similar to those employed for fighting other insects and noxious animals. The reasons are these parasites' behaviour and their generation outside of the human body, unlike lice. Indeed lice are believed to be generated in the body from human humours ; this is a disease, *phthiriasis*. This includes forms of pediculosis or *phthiriasis*, with the present meaning, but also a disease which affects the whole body and is very puzzling now. So, ancient *phthiriasis* was cured by a treatment according to principles of ancient medicine, by diet, external treatments and internal remedies.

Bernard GRUNBERG, « Chiques, ravets, poux de bois et autres vermines : la plaie des Petites Antilles à l'époque coloniale »

Le fort développement de la vermine, lié, en partie, à l'expansion coloniale dès le XVIe siècle, a eu pour conséquence de menacer la colonisation française dans les Petites Antilles. Ces « petites bêtes » ont, en effet, marqué non seulement les esprits mais aussi les corps des personnes établies dans les Petites Antilles, au XVIIe siècle. Progressivement, les colons français ont appris à lutter contre cette plaie, notamment grâce à l'aide des Caraïbes, mais aussi à améliorer leur hygiène, ce qui a permis de diminuer les désagréments causés par la vermine et de poursuivre leur établissement dans les îles.

The substantial development of vermin is linked to a certain extent to colonial expansion as early as the 16th century and, consequently, it threatened the French colonisation in the Lesser Antilles. Vermin not only affected the mind but also the bodies of the people established in the Lesser Antilles in the 17th century. Little by little, the French settlers learnt how to deal with this scourge, especially thanks to the help of the Caribbean people, but also learnt how to improve their hygiene, which allowed them to decrease the annoyance caused by the vermin and to continue their settlement in the islands.

Alessia GUARDASOLE, « La *phtheiriasis* chez Galien et les pharmacologues grecs »

Ce texte se propose d'étudier, dans les sources médicales grecques, la *phtheiriasis*, maladie pédiculaire, dans toutes ses manifestations. Une importance particulière est donnée au témoignage de Galien de Pergame (129-*ca.* 216) au sujet de la thérapeutique médicamenteuse. Une présentation diachronique allant jusqu'aux auteurs byzantins (notamment Oribase, Aetius, Paul d'Égine) met en évidence la continuité du savoir médical et ses évolutions.

The aim of this text is to study, in Greek medical sources, *phtheiriasis*, lice infestation in all kinds of manifestations. Above all it relies on the testimony of Galen of Pergamum (129-*ca.* 216) about pharmacological therapy. Based on a diachronical presentation up to Byzantine medical authors (mainly Oribasius, Aetius, Paul of Aegina), this investigation highlights the continuity of medical knowledge and its evolution.

Jean-Bernard HUCHET, « Ectoparasites de l'Homme : le regard de l'archéo-entomologiste »

Les parasites externes, ou ectoparasites, partagent avec leurs hôtes une longue histoire coévolutive. Enfouis dans les sédiments ou encore fixés aux cheveux de quelques momies, certains ont pu se conserver jusqu'à nous. Leur étude, qui s'inscrit dans le domaine de l'archéoentomologie, nous renseigne sur l'origine et la diffusion de ces insectes et acariens parasites mais également sur le rôle fondamental que ces derniers ont joué dans la transmission de germes pathogènes à l'origine d'endémies historiques.

External parasites, or ectoparasites, share with their hosts a long co-evolutionary history. Buried in sediments or still attached to the hair of some mummies, some of them have been preserved up to our days. Their study, forming part of archaeoentomology, provides relevant information about the origin and spread of these insects and mite parasites, as well as on the key role they have played in the transmission of microbial pathogens, which led to historical endemic diseases.

Mehrnaz KATOUZIAN-SAFADI et Kouthar LAMOUCHI-CHEBBI, « Pluralité des regards face aux nuisibles. Textes médiévaux arabes et persans »

Les rapports de l'homme avec les insectes nuisibles qui l'environnent, tels que les poux, les puces, les punaises, les moustiques et les tiques, sont traités à l'époque médiévale dans un vaste corpus de textes en persan et en arabe. Nous avons examiné un large éventail de ces textes pour cerner le regard des personnalités sociales tels que les médecins, pharmaciens, zoologistes ou encore les conseillers d'hygiène de vie et enfin les marchands d'esclave. Dans un premier temps sont présentés ces textes et leurs auteurs. L'éthologie et le comportement de ces animaux à proximité de l'homme ont été un sujet d'études zoologiques, et sources de nombreuses observations et d'expériences. Les remarques pertinentes qui en découlent sont souvent intervenues dans les diverses solutions d'évitement de ces insectes. Divers remèdes contre ces nuisibles ont été proposés. Nous cherchons les points de convergences et de divergences de ces propositions thérapeutiques adressées aux diverses couches de la société.

The relationship between humans and the harmful insects in their surroundings, such as lice, fleas, bedbugs, mosquitoes, and ticks, was discussed in the medieval period in a large corpus of books, in Arabic and Persian. This paper analyzes a spectrum of these texts, to understand the point of view of important social personalities such as physicians, pharmacists, zoologists, hygiene advisors, slave traders. First are presented these books and their authors. The behavior of harmful insects in the proximity of humans was carefully observed and experimented by the medieval scientists. These observations led to various methods of avoiding the presence of such insects and proposing different remedies against them. These treatments targeted various sectors of society. We have compared them to determine their focal points and their differences.

Camille LE DOZE, « Puces sauteuses et démangeaisons érotiques à l'époque moderne »

La puce fait partie du quotidien de la toute la société de l'époque moderne, qui passe des nuits blanches à la chasser ou à se gratter. Si sa piqûre empêche de dormir, la puissance de son saut et la facilité avec laquelle elle gambade sur le corps des femmes éveillent l'imagination des naturalistes, des artistes et des poètes. Outre leur peau, la puce a ainsi démangé les fantasmes des hommes du XVIe au XVIIIe siècle.

The flea is part of everyday life in the modern period, for all classes of society, who spent many a sleepless night scratching or trying to chase it away. Although its bite kept people awake, its amazing capacity to jump and the ease with which it skipped around women's bodies aroused the imagination of naturalists, artists and poets. It could be said that the flea tickled not only men's skin, but also their fantasies, from the 16th to the 18th century.

Stanis PEREZ, « La vermine à Versailles (XVIIe- XVIIIe siècles), une histoire épidermique »

S'il est un lieu commun de l'histoire de France, c'est bien celui de la saleté de Versailles et de ses occupants. Sous les perruques, la vermine, comme si la cour la plus célèbre du monde était en fait un vaste cloaque se donnant des airs de théâtre baroque. Or, cette légende noire peut amener l'historien à revisiter les sources, à la recherche de ces insectes dont la présence démontrerait que les hygiénistes du XIXe siècle n'ont pas tous menti. En fait, les mentions sont rares et le discours médical plutôt discret sur le sujet : si les punaises empêchent le roi de dormir, elles semblent inoffensives pour sa santé. Ici ou là, les courtisans se grattent et les apothicaires inventent mille compositions pour combattre ces animaux qu'un obscur « médecin anglois » observe dans son microscope vers 1726. Entre mesures d'hygiène et fabrication de lits en acier pour les Enfants de France, la lutte contre la vermine de Versailles réserve bien des surprises.

There are many commonplaces about the dirtiness of Versailles and its inhabitants. « Vermin under the wigs », a discovery turning the most famous court of the world into a cesspool trying to look like a baroque theater. Now, historians can reconsider this black legend, using documentation and looking for the insects whose presence attests that the 19th-century hygienists were not all liars. Truly, mentions are scarce and medical knowledge is almost silent about it, because if bedbugs pinch the sleeping king, nobody thinks that they can cause illness. Courtiers scratch themselves and apothecaries dream up many recipes to fight little animals that an unknown « medecin anglois » observes on his microscope *ca.* 1726.

Between hygiene measures and steel beds for the Enfants de France, the figth against Versailles' vermin is full of surprises.

Antoine PETIT, « Le dermatologue du XXIe siècle et les ectoparasites »

L'étude des maladies de la peau apparaît au début du XIXe siècle comme le terrain d'expression privilégié des nouvelles conceptions médicales, qui s'inspirent des sciences de la nature pour délaisser les dogmes humoralistes au profit de l'observation et de la description. La mise en évidence en 1834 du sarcopte de la gale, ectoparasitose la plus commune, est symbolique de ce renouveau. Deux siècles plus tard, la dermatologie a perdu de son prestige et paraît parfois trop attachée à son passé « entomologique ». Les réponses apportées aux questions de la visibilité des parasites, de la gravité de leurs infestations et du mode d'administration de leurs traitements (topique ou systémique) pourraient être influencées par cette problématique.

Mots-Clefs : dermatologie, ectoparasitoses, histoire de la médecine, gale, prestige des spécialités médicales

In the early 1800's, the study of skin diseases was the preferred field for experimenting the new conceptions of medicine, inspired by natural history, that turned their back on the humoral theory of diseases. The "discovering" of *Sarcoptes scabiei,* the scabies mite, was symbolic in this respect. Two centuries later, dermatology seems to have lost part of its prestige, as it remains too close to its "entomological" past. The answers that dermatology and dermatologists give to the questions of the visibility / invisibility of parasites, the severity / benignity of their infestations and topical / systemic administration of their treatments could be partly affected by this problematic of prestige.

Key Words: dermatology, ectoparasitoses, history of medicine, scabies, prestige of medical specialties

Antoine PIETROBELLI, « Les mystères de la phthiriase »

La *phtheiriasis* était pour les Anciens, une maladie mortelle causée par les poux. Cette maladie est décrite par Aristote et mentionnée par Galien, mais les seules descriptions cliniques de la maladie apparaissent dans des textes littéraires et non médicaux. D'un côté, les spécialistes de l'Antiquité ont pu montrer que cette maladie n'était qu'un mythe : il s'agit d'un motif de la littérature polémique. D'un autre côté, les médecins et les entomologistes modernes ont prouvé que l'explication physiologique de cette maladie n'était pas scientifiquement tenable, puisqu'il est bien établi aujourd'hui que les poux ne se forment pas sous la peau. Pourtant depuis Aristote jusqu'au XIXe siècle, chaque époque a recensé des cas mortels de *phtheiriasis.* Comment expliquer que la description littéraire de cette maladie, appuyée sur l'autorité médicale d'un Aristote ou d'un Galien, a pu s'ancrer si durablement dans les conceptions médicales ?

Phtheiriasis was considered by the Ancients to be a fatal disease caused by lice. The disease is described by Aristotle and mentioned by Galen, but the only clinical descriptions do not come from medical texts but from literary ones. On the one hand, classicists have shown that this disease was a myth, used as a tool by the polemical literary tradition. On the other hand, modern physicians and entomologists have demonstrated that the physiological explanation for the disease could not be sustained anymore : we know that lice are not formed under the skin. Nevertheless, from Aristotle up until the 19th century, every age has identified fatal cases of *phtheiriasis.* How can we explain that the literary description of the disease, based on Aristotle's and Galen's authority, could be anchored so strongly in medical thought ?

Caroline POLET, « Subir ou lutter contre les ectoparasites dans les populations du passé : apport de l'anthropologie biologique »

Cet article traite de l'apport de l'anthropologie biologique à la connaissance de l'impact des poux, des puces et des punaises sur les populations du passé. Des ectoparasites anciens peuvent être découverts sur des momies. Ils peuvent aussi laisser des séquelles sur la peau et même sur l'os. Les ectoparasites sont par ailleurs des vecteurs de maladies épidémiques comme le typhus, la peste et la maladie de Chagas. Ces dernières peuvent être détectées soit macroscopiquement sur des restes momifiés soit grâce aux techniques de la biologie moléculaire sur des restes momifiés ou squelettisés, prouvant ainsi de manière indirecte la présence de ces parasites. Enfin, les méthodes appliquées pour lutter contre les ectoparasites (rasage, entomophagie après épouillage et application d'insecticides) peuvent être mis en évidence par l'étude des vestiges humains.

This paper studies the contribution of biological anthropology on the impact of lice, fleas and bedbugs on past populations. Ancient ectoparasites are sometimes discovered on mummies. They can also leave lesions on the skin and even the bones. Moreover, ectoparasites are vectors of epidemic diseases such as typhus, plague and Chagas' disease. These diseases can be detected macroscopically on mummified remains or by the use of molecular biology technologies on mummified or skeletised remains, which indirectly reveals the presence of the parasites. The methods used to fight against ectoparasites (shaving, entomophagy following de-lousing and insecticide application) are also demonstrated from the study of ancient human remains.

Joëlle RICORDEL, « Recommandations des médecins et agronomes "arabes" pour lutter contre la vermine »

Les évocations de la vermine dans les grands textes littéraires classiques écrits dans le monde arabo-musulman rendent compte, pour discrètes quelles soient, de la présence de celle-ci et de ses inconvénients dans la vie quotidienne de l'homme. Entre le VIIIe et le XIIIe siècle, les médecins, et les agronomes pour ce qui concerne les animaux vivant au contact des humains, sont en charge du problème, de la prévention au traitement, qu'il s'agisse de protéger les habitats, de formuler des conseils d'hygiène et de dicter des règles de vie. Ils rédigent de nombreuses recettes simples ou composées à utiliser pendant les bains, en frictions pour les personnes, en décoctions ou en fumigations pour les maisons. L'étude prend en compte les écrits de plusieurs médecins dont Avicenne, d'agronomes comme Ibn al-`awwâm et de spécialistes des substances simples.

Evocations of vermin in the classical literary texts written in the Arabo-Muslim world attest, as discreet as they are, to its presence and its drawbacks in human daily life. Between the 8th and 13th century, physicians and agronomists as far as they respect animals living in contact with humans, are responsible for the problem, from prevention to treatment, both to protect habitats, formulate advice on hygiene and dictate rules of life. They write many recipes, simple or compound, to be used during baths or by frictions for people, and in decoctions or fumigations for homes. The study takes into account the writings of several physicians, including Avicenna, and agronomists, such as Ibn al-Awwam and other specialists in simple substances.

Evelyne SAMAMA, « Le pou, la puce, la punaise et l'Autre : non-dits et sous-entendus sur la vermine dans les textes grecs »

Poux, puces et punaises sont peu mentionnés dans la littérature grecque non-scientifique. Leur taille minuscule permet des usages métaphoriques désignant des sujets dénués d'importance, mais leur présence reste considérée comme fâcheuse et tous s'accordent pour les écarter, des corps comme des textes.

« Lice, fleas and politics : the metaphorical use of vermin in Greek texts »

Lice, fleas and bedbugs are scarcely mentioned in non-scientific Greek literature. Their tininess allows metaphorical uses for unimportant details, but their presence is always considered as nasty and repellent, so that the authors prefer to expel them from their bodies as well as from their texts.

Georges SIDÉRIS, « Poux, puces et punaises à Byzance (IVe-XIe siècle) : entre naturel et surnaturel »

Poux, puces et punaises sont souvent associés par les auteurs byzantins. Les fondements chrétiens de Byzance font que cette vermine était vue comme démoniaque, mais acceptant souvent de se soumettre aux saints hommes qui n'hésitaient pas à l'utiliser contre les incrédules. Ces bestioles relèvent aussi de la nature et on les combat avec des produits naturels, des recettes à base notamment de produits toxiques, dont un manuel sur la vie rurale, les *Géoponiques,* nous fournit la liste. Parmi ces recettes s'insèrent des procédés magiques qui rappellent le caractère surnaturel de cette vermine, nature et surnaturel ne s'excluant pas. Ainsi, même si cette vermine agit de façon démoniaque contre le saint homme, elle peut être éliminée par un procédé entièrement naturel.

Lice, fleas and bedbugs are often grouped together by Byzantine authors. The Christian origins of Byzantium meant that these vermin were seen as demoniacal, but also often as obedient to holy men, who did not hesitate to use them against unbelievers. These bedbugs were also part of nature and natural substances were used to eliminate them. These preparations, listed in the *Geoponika,* a manual on rural life, were composed of toxic substances. Magic spells were also included along with these preparations, a reminder of the supernatural characteristics of this vermin, natural and supernatural not being mutually exclusive categories. Thus, even if this vermin acted in a demoniacal way against a holy man, it could be eliminated by an entirely natural process.

Benoît-Michel TOCK, « Mouches et araignées dans les calices au Moyen Âge »

Quelques récits de miracles racontent comment un prêtre, constatant la présence d'une araignée ou d'une mouche dans le vin consacré, avale l'animal sans dommage ni pour celui-ci, ni pour lui-même. Ils relayent une inquiétude présente dans des textes liturgiques, théologiques ou canoniques, et sont liés à l'insistance nouvelle de l'Église, à partir de la seconde moitié du XIe siècle, sur la présence réelle dans l'eucharistie.

Some miracles tell how a priest, seeing a spider or a fly in the consecrated wine, swallows the animal without any damage to it, or either to himself. These miracles express a concern also present in liturgical, theological or canonical texts, due to the fact that, from the second half of the 11th century onwards, the Church emphasizes more clearly the real presence in the Eucharist.

Sophie TONOLO, « Les démangeaison du poète burlesque »

La présence de la vermine, en particulier du pou, de la puce et de la punaise dans la poésie française de la première moitié du XVIIe siècle s'insère dans une triple tradition : tradition de la satire, renouvelée au XVIe siècle par les bernesques, tradition de l'éloge paradoxal dont Lucien est un fondateur et qui s'est notamment développée chez les penseurs humanistes d'Europe du Nord, enfin tradition des *realia*, vivace depuis la poésie alexandrine. Cependant, au-delà de son inscription dans un champ littéraire et culturel, la convocation de ces insectes qui mangent et démangent l'homme, à l'heure où la pensée matérialiste se développe, relève d'un parti pris existentiel qu'il convient d'examiner. Plus que familiers aux hommes de guerre et aux voyageurs que furent les poètes, parfois marginaux et souvent libertins, assimilés aux littérateurs burlesques, le pou et la puce ne constituent-ils pas des symboles de la figure du poète et d'une conception affranchie de la vie, loin des préjugés mais aussi de tout dogmatisme rationaliste, fondée sur l'oisiveté, le plaisir charnel et la transgression ?

The presence of vermin, in particular the louse, the flea and the bedbug, in French poetry of the first part of the 17th century, fits into a threefold tradition : that of satire, renewed in the 16th century by the *bernesque* writers ; that of paradoxical praise, of which Lucian was a founder, and which was developed among the humanist thinkers of Northern Europe; and finally, that of *realia*, a tradition which had remained vigorous since Alexandrian poetry. However, more than just belonging to a literary and cultural field, the evocation of these insects, which bite men and make them itch, at the time when materialistic thought was developing, reveal an existential aspect, which needs to be studied. Do not the flea and the louse, more than being just the familiars of soldiers and of the travellers that were poets (sometimes marginal and often libertine, and often assimilated with burlesque literature), embody the figure of the poet and a liberalized conception of life, far removed from prejudice and dogmatic rationalism, based on the notions of idleness, carnal pleasure and transgression?

Catherine VÉRON-ISSAD, « Poux, puces et autres parasites dans l'art des XVIe et XVIIe siècles »

C'est à partir du XVIe siècle et surtout au XVIIe siècle que les parasites de l'homme et leurs effets vont devenir un sujet iconographique. Si le thème de la chasse à la puce se diffuse dans l'Europe entière, c'est essentiellement aux Pays Bas du Nord que se développent les scènes d'épouillage. Peintures de petits formats, ces compositions sont souvent polysémiques et empreintes d'humour.

From the sixteenth century onwards, and especially in the seventeenth century, human parasites and their effects will become an iconographical subject. Although the topic of flea-hunting circulated throughout Europe, it was mainly in the Northern Netherlands that delousing scenes were developed. These small size compositions are often polysemic and tinged with humour.

Juliette VION-DURY, « "Vois cette puce, et vois par elle", Poux, puces, punaises, les ectoparasites dans la littérature européenne »

Cette communication étudie et propose une interprétation de la présence de poux, puces et punaises dans plusieurs œuvres de la littérature européenne, *Les Grenouilles* d'Aristophane, *La Tragique Histoire du Docteur Faust* de Marlowe, Le premier *Henry IV* de Shakespeare, *La Puce* de Donne, *Tartuffe ou L'Imposteur* de Molière, le *Faust I* de Goethe. Les parasites y sont la manifestation d'apparences trompeuses, de situations d'entre-deux et de transformations s'opérant d'un état de confusion, d'indifférenciation, à une signification juste et à un ordre symbolique.

This paper proposes an interpretation of the presence of fleas, bedbugs and lice in a few European literary texts, including Aristophanes' *Frogs*, Marlowe's *Tragical History of Doctor Faustus*, Shakespeare's *Henry IV, Part I*, Donne's *The Flea*, Molière's *Tartuffe ou L'Imposteur* and Goethe's *Faust I*. In these texts, fleas, bedbugs and lice mean confusion, interspace and in-between periods. They are the signs of a transformation from confusion and indifferentiation to a right meaning and a right symbolic order.

BIBLIOGRAPHIE SOMMAIRE[3]

Selon un classement thématique

1. Ouvrages généraux

AUDOUIN-ROUZEAU Frédérique, *Les chemins de la peste. Le rat, la puce et l'homme*, Paris : Éditions Tallandier (collection "Texto"), 2007

CHANDLER Asa, *Introduction to Human Parasitology*, New York : Wiley & Sons, 1930 (4e ed.)

DOBY Jean-Marie, « La lutte contre poux et morpions de l'Antiquité à nos jours », *Bulletin de la Société Française de Parasitologie* 14 (1966), p. 1-19

DOBY Jean-Marie, *Des compagnons de toujours : puces, pou, morpion et autres parasites de notre peau dans l'histoire, l'art, la littérature, la chanson, le langage, les traditions populaires*, t. 2, *Pou et morpion*, Bayeux : L'Hermitage, 1996

GHESQUIER-POURCIN Danièle, *Itinéraire des idées, l'affaire de la gale*, Paris : Hermann, 2011

HOEPPLI Reinhard, *The role of parasites in medicine before the development of modern parasitology*, Singapore, 1952

HOEPPLI Reinhard, « Parasitological Review: The Knowledge of Parasites and Parasitic Infections from Ancient Times to the 17th Century », *Experimental Parasitology* 5 (1956), p. 398-419

HOEPPLI Reinhard, *Parasites and Parasitic Infections in Early Medicine and Science*, Singapore : University of Malaya Press, 1959

HUMPHREYS Margaret, « On Rats, Lice, and History », *Environmental History* 10, 4 (Oct. 2005), p. 708-709

PERRY George H., « Parasites and human evolution », *Evolutionary Anthropology*, 23 (2014), p. 218-228

TILLES Gérard, *Teignes et teigneux. Histoire médicale et sociale*, Paris : Springer, 2009

VIGARELLO Georges, *Le Propre et le Sale. Hygiène du corps depuis le Moyen Age*, Paris : Seuil, 1985

VITAUX Jean, *Histoire de la peste*, Paris : PUF, 2010

ZINSSER Hans, *Rats, Lice and History*, Boston : Little Brown, 1935, repr. New York, 2008

2. Livres et articles de paléopathologie et de paléoentomologie

BAIN Allison, « Irritating Intimates: The Archaeoentomology of Lice, Fleas and Bedbugs » *Northeast Historical Archaeology* 33 (2004), p. 81-90

BOUTELLIS Amina, ABI-RACHED Laurent & RAOULT Didier, « The origin and distribution of human lice in the world », *Infection, Genetics and Evolution* 23 (2014), p. 209-217

BUCKLAND Paul C. & SADLER Jon P., « A biogeography of the human flea, *Pulex irritans* L. (Siphonaptera: Pulicidae) », *Journal of Biogeography* 16, 2 (1989), p. 115-120

The Cambridge Encyclopedia of Human Paleopathology, dir. Arthur C. AUFDERHEIDE, Conrado RODRIGUEZ-MARTIN, Cambridge : University Press, 2011

[3] N'ont été retenus dans cette bibliographie que les livres et articles portant spécifiquement sur les parasites de l'homme ; on n'y trouvera donc aucun ouvrage d'histoire, de philologie, de littérature ou de médecine. Elle rassemble la plupart des ouvrages cités dans les notes ainsi que des références générales résultant des recherches des deux éditeurs de ce volume. Les sources figurent dans l'index *infra*, p. 391 *sqq*.

FORBES Véronique, Frédéric DUSSAULT & Allison BAIN, « Contributions of ectoparasite studies in archaeology with two examples from the North Atlantic region », *International Journal of Paleopathology* 3 (2013), p. 158–164

HARTER Stéphanie & BOUCHET Françoise, « Paléoparasitologie : apports des méthodes de la parasitologie médicale à l'étude des populations anciennes », *Bulletins et Mémoires de la Société d'Anthropologie de Paris*, nouvelle série 14 (2002), p. 363-370

KITTLER Ralf, KAYSER Manfred and STONEKING Mark, « Molecular Evolution of *Pediculus humanus* and the Origin of Clothing », *Current Biology* 13 (2003), p. 1414–1417

MUMCUOGLU Kosta Y., « Human lice : *Pediculus* and *Phtirus* », chapitre 13 de *Paleomicrobiology: Past Human Infections*, dir. Didier RAOULT & Michel DRANCOURT, Berlin : Springer, 2008, p. 215-221

Paleomicrobiology and Past Infections, dir. Didier RAOULT & Michel DRANCOURT, Berlin : Springer, 2008

3. Livres et articles concernant la période antique

AFRICA Thomas, « Worms and the Death of Kings: A Cautionary Note on Disease and History », *Classical Antiquity* 1 (1982), p. 1-17

ANDRÉ Jacques, « *Verminare, verminari* », *Revue de philologie* 48 [= 100] (1974), p. 267-273

BEAVIS Ian C., *Insects and other Invertebrates in Classical Antiquity*, Exeter : Univ. Press, 1988

BIRT Th., « Laus und Entlausung : ein Beitrag zu Lucilius und Martial », *Rheinisches Museum für Philologie* NF 71 (1916), p. 570-577

BONDESON Jan, « Phtiriasis : the Riddle of the Lousy Disease », *Journal of the Royal Society of Medicine* 91 (1998), p. 328-334

CARNEY Thomas Francis, « The Death of Sulla », *Acta classica* 4 (1961), p. 64-79

CILLIERS Louise & RETIEF François P., « The Sulla Syndrome », *Acta Classica* 43 (2000), p. 33-43

DAUX Georges, « Deux anthroponymes grecs méconnus : guenon et puce », *Revue des études grecques* 85 (1972), p. 75-82

DAVIES Malcolm, Jeyaraney KATHIRITHAMBY, *Greek Insects*, Londres : Duckworth, 1986

DEONNA Walter, « Puces du temps jadis », *Revue des Études Anciennes* 4 (1925), p. 302-306

FRIEDRICH Wolf Hartmut, « Der Tod des Tyrannen. Die poetische Gerechtigkeit der alten Geschichtsschreiber und Herodot », *Antike und Abendland* 18, 2 (1973), p. 97-129

GAUGER Jörg-Dieter, « Der Tod des Verfolgers : Überlegungen zur Historizität eines Topos », *Journal for the Study of Judaism* 33, 1 (2002), p. 42-64

GIL FERNANDEZ Luis, *Nombres de Insectos en griego antiguo*, Madrid : Instituto Antonio de Nebrua, 1959

HEIMERZHEIM Heinrich, *Insekten, Ungeziefer, Würmer in ihrer hygienischen Bedeutung bei Plinius*, Cologne : J. Borowsky, 1940

JOUANNA Jacques, « Le traité hippocratique des *Affections internes* (c. 35) et le *Glossaire hippocratique* de Galien : à propos des plantes dénommées *korè, koris* et *korion* », *Revue de philologie* 50 [= 102] (1976), p. 32-40

KEAVENEY Arthur & MADDEN John, « Phtiriasis and its victims », *Symbolae Osloenses* 57 (1982), p. 87-99

KEIL Harry, « The Louse in Greek Antiquity, with Comments on the Diagnosis of the Athenian Plague as Recorded by Thucydides », *Bulletin of the History of Medicine* 25 (1951), p. 305-323

KELLER Otto, *Die antike Tierwelt*, 2. Bd, Leipzig : Wilhelm Engelmann, 1913

KEMPER Heinrich, « Über Gliederfüßler als Gesundheitsschädlinge im Altertum 1 », *Zeitschrift für Gesundheitstechnik und Städtehygiene* 10, 1934, p. 547-554

KEMPER Heinrich, « Über Gliederfüßler als Gesundheitsschädlinge im Altertum 2 », *Zeitschrift für Gesundheitstechnik und Städtehygiene* 11/12, 1934, p. 613-628

KIRK G. S., « The Michigan Alcidamas-Papyrus; Heraclitus Fr. 56 D: The Riddle of the Lice », *Classical Quarterly* 44 (1950), p. 149-167

KONIARIS Georges, « On Homer and the Riddle of the Lice », *Wiener Studien* 84 (N.S. 5), 1971, p. 29-38

LILJA Saara, « Vermin in Ancient Greece », *Arctos* 10 (1976), p. 59-68

LUCHNER Katharina, « Der kranke Philosoph in der Antiken Biographik: Sokrates, Platon, Heraklit, Plotin », dans Wilhelm GEERLINGS, Andreas MÜGGE (ed.), *Gesundheit – Geisteswissenschaftliche und Medizinische Aspekte*, Berlin : LIT Verlag, 2009

LUKASZEWICZ Adam, « *Culices rutundos* — Gnats or ... fleas ? », *Eos* 90 (2003), p. 47-48

McCARTNEY Eugene S., « Spontaneous Generation and Kindred Notions in Antiquity », *Transactions and Proceedings of the American Philological Association* 51 (1920), p. 101-115

OUDEMANS A. C., « Über Phtiriasis und über ihren Erzeuger, *Harpyrynchus tabescentium* (Berhols 1845) », *Zeitschrift für Parasitenkunde* 11 (1939), p. 145-198

PANAGIOTAKOPULU Eva, BUCKLAND Paul C., DAY Peter M., SARPAKI Anaya A., DOUMAS C., « Natural Insecticides and Insect Repellents in Antiquity: A Review of the Evidence », *Journal of Archaeological Science* 22 (1995), p. 705-710

SCARBOROUGH John, « On the History of Early Entomology, Chiefly Greek and Roman with a Preliminary Bibliography », *Melsheimer Entomological Series* 26 (1979), p. 17-27

SCHAMP Jacques, « La mort en fleurs: considérations sur la maladie "pédiculaire" de Sylla », *L'Antiquité Classique* 60 (1991), p. 139-170

STEINACHER Roland, « Von Würmern bei lebendigem Leib zerfressen… und die Läusesucht *Phtheiriasis*. Ein antikes Strafmotiv und seine Rezeptionsgeschichte », *Tyche* 18 (2003), p. 145-166

SUNDEVALL Carl Jacob, *Die Thierarten des Aristoteles, von den Klassen der Säugethiere, Vögel, Reptilien und Insekten*, Stockholm : Samson & Wallin, 1863

THÜRY Günther E., « Zur Infektkette der Pest in hellenistisch-römischer Zeit », dans Peter SCHRÖTER, *Anthropologische Staatssammlung, Festschrift zum 75. Geburtstag d. Gründung am 2. August 1902*, München, 1977, p. 275-283

VERNUS Pascal et YOYOTTE Jean, *Le Bestiaire des pharaons*, Paris : Perrin, 2005

WAEGEMAN Maryse, « The Gecko, the Hoopoe ... and Lice », *L'Antiquité classique* 53 (1984), p. 218-225

ZIEHEN Julius, « Sullas *Phtiriasis* », *Philologus* 57 (1898), p.189-191

ZUCKER Arnaud, *Aristote et les classifications zoologiques*, Louvain-la-Neuve : Peeters, 2005

ZUCKER Arnaud, *Les classes zoologiques en Grèce ancienne d'Homère à Élien (VIIIe av.-IIIe ap. J.C.)*, Aix en Provence : Presses Universitaires de Provence, 2005.

4. Livres et articles cncernant la période médiévale

BODSON Liliane, « Ancient views on pests and parasites of livestock », *Argos, Bulletin van het veterinair historisch Genootschap* 10 (1994), p. 303-310

DAUPHIN Claudine, « Leprosy, Lust and Lice: Health and Hygiene in Byzantine Palestine », *Bulletin of the Anglo-Israel Archaeological Society*, 15 (1996-97), p. 55-80

KALOF Linda, POHL-RESL Brigitte, *A Cultural History of Animals in the Medieval Age*, Berg, 2007

KENWARD Harry, « Pubic lice *(Pthirus pubis* L.) were present in Roman and Medieval Britain » *Antiquity* 73 (1999), p. 911-915

NICOUD Marilyn, « *Che manza fichi, semina rogna* : problèmes d'identification d'une dermatose au Moyen Âge », *Médiévales*, 26 (1994), p. 85-101

OGILVIE Brian W., *Beasts, Birds, and Insects. Folkbiology and Early Modern Classification of Insects*, in K. von GREYERZ, S. FLUBACHER & Ph. SENN, ed., *Wissenschaftsgeschichte und Geschichte des Wissens im Dialog. Connecting Science and Knowledge*, Göttingen : C.H. Beck, 2013, p. 295-216

SALISBURY Joyce, *The Beast Within: Animals in the Middle Ages,* Londres : Routledge, 2012

SALTER David, *Holy and Noble Beasts: Encounters with Animals in Medieval Literature,* Boydell & Brewer, 2001

THÉODORIDÈS Jean, « La parasitologie chez les Byzantins. Essai de comparaison avec les Arabes », *Actes du 15e Congrès international d'histoire médicale (Madrid-Alcalà),* 1956, t. 1, Madrid, 1958, p. 207-221

VAN DER LUGT Maike, *Le ver, le démon et la Vierge : les théories médiévales de la génération extraordinaire; une étude sur les rapports entre théologie, philosophie naturelle et médecin,* Paris : Les Belles Lettres, 2004

5. Livres et articles concernant la période moderne

DOBY Jean-Marie, « Un grand entomologiste du XVIe siècle, Thomas Moffett, et son *Theatrum insectorum,* première encyclopédie entomologique du monde occidental », *Bulletin de la Société française de parasitologie* 12 (1994), p. 93-120

FORNACIARI Gino, Valentina GIUFFRA, Silvia MARINOZZI, Malayka S. PICCHI & Massimo MASETTI, « "Royal" pediculosis in Renaissance Italy: Lice in the mummy of the King of Naples Ferdinand II of Aragon (1467-1496) », *Memórias do Instituto Oswaldo Cruz* 104, 4 (2009), p. 671-672

LE DOZE Camille, *La Puce. De la vermine aux démangeaisons érotiques,* Paris : Arkhê, 2010

MOFFITT John, « La Femme à la puce : The Textual Background of 17th Century Painted "Flea Hunts" », *Gazette des Beaux-Arts* 110 (1987), p. 99-103

6. Recherches médicales

ALEXANDER John O'D., *Arthropods and Human Skin,* Berlin : Springer Verlag, 1984

Arthropods as vectors of emerging diseases (*Parasitology Research Monographs,* 3), dir. H. MEHLHORN, Berlin : Springer, 2012

CANTLIE James, « The Part Played by Vermin in the Spread of Disease », *Journal of the Royal Society of Arts* 57 (1909), p. 202-204

CHOSIDOW Olivier, Bruno GIRAUDEAU, Jeremy COTTRELL, Arezki IZRI, Robert HOFMANN, Stephen G. MANN, Ian BURGESS, « Oral Ivermectin *versus* Malathion Lotion for Difficult-to-Treat Head Lice », *The New England Journal of Medicine* 362 (2010), p. 896-905

DELAUNAY Pascal, Véronique BLANC, Pascal DEL GIUDICE, Anna LEVY-BENCHETON, Olivier CHOSIDOW, Pierre MARTY, Philippe BROUQUI, « Bedbugs and Infectious Diseases », *Clinical Infectious Diseases* 52 (2011), p. 200-210

GODDARD Jerome, Richard DE SHAZO, « Psychological effects of bed bug attacks (*Cimex lectularius* L.) », *Social Science & Medicine* 71 (2010), p. 1084-1088

LI Wenjun, Gabriel ORTIZ, Pierre-Edouard FOURNIER, Gregory GIMENEZ, David L. REED, Barry PITTENDRIGH, Didier RAOULT, « Genotyping of human lice suggests multiple emergences of body lice from local head louse populations », *PLOS Neglected Tropical Diseases* 4 (2010), e-641

MAZIGO H.D., E. BAHEMANA, E.T. KONJE, O. DYEGURA, L.L. MNYONE, E.J. KWEKA, B.R. KIDENYA, J. HEUKELBACH, « Jigger flea infestation (*Tungiasis*) in rural Western Tanzania : high prevalence and severe morbidity », *Transactions of the Royal Society of Tropical Medicine and Hygiena* 106 (2012), p. 159-163

MÜLLER Reiner, *Medizinische Mikrobiologie : Parasiten, Bakterien, Immunität,* München : Urban & Schwarzenberg, 1950 [4e *ed., ed. pr.* 1939], p. 19-29

PARISER David M., Terry Lynn MEINKING, Margie BELL, William G. RYAN, « Topical 0.5 % Ivermectin Lotion for Treatment of Head Lice », *The New England Journal of Medicine* 367 (2012), p. 1687-1691

RAOULT Didier et ROUX Véronique, « The Body Louse as a Vector of Reemerging Human Diseases », *Clinical Infectious Diseases* 29, 4 (1999), p. 888-911

THÉODORIDÈS Jean, « L'influence de la parasitologie sur le développement de la médecine clinique », *Clio Medica* 7 (1972), p. 259-269
TILLES Gérard, *Dermatologie des XIXe et XXe siècles. Mutations et controverses*, Paris : Springer Verlag France, 2011
WALLACH Daniel et TILLES Gérard dir., *La dermatologie en France*, Toulouse : Privat, 2002

INDEX AUCTORUM OPERUMQUE

INDEX VERBORUM NOMINUMQUE POTIORUM[4]

[4] Cet index ne prétend évidemment pas à l'exhaustivité. Les noms **pou**, **puce**, **punaise** n'ont pas été repris pour éviter de l'alourdir. Outre l'eau de mer, le mercure, le réalgar, la staphisaigre et le vinaigre, les remèdes, si nombreux, ont été regroupés sous une unique entrée. Nous sommes très reconnaissants à Nicole Moine pour son concours.

TABLE DES MATIÈRES

TROISIÈME PARTIE : Du corps à l'esprit

L'histoire aux éditions L'Harmattan

Dernières parutions

POURQUOI ? LES LUMIÈRES À L'ORIGINE DE L'HOLOCAUSTE
Valdman Edouard
Et si la grande tentation pour les Juifs était d'oublier leur identité ? Et si l'assimilation faisait le lit de l'antisémitisme ? Et si la laïcité exacerbait les antagonismes religieux ? Et si les origines de l'Holocauste étaient à chercher aussi du côté des Lumières ? La réflexion de l'auteur, loin des préjugés bien pensants, est une contribution essentielle dans un contexte de résurgence de l'antisémitisme en Europe et dans le monde.
(10.50 euros, 78 p.)
ISBN : 978-2-343-04928-1, ISBN EBOOK : 978-2-336-36942-6

LES TONDUES – Un carnaval moche
Brossat Alain - Préface de Geneviève Fraisse
La tonte de milliers de femmes soupçonnées de «collaboration horizontale» avec l'ennemi est un phénomène qui a longtemps filé entre les doigts des historiens professionnels. Partant de cet embarras, l'auteur tente de saisir ces violences comme un phénomène «total» dont chaque facette ne s'éclaire qu'au prix de la mobilisation des savoirs et d'hypothèses infiniment variées. Le développement tardif, mais désormais bien ancré, en France, des études de genre souligne l'intérêt de la réédition de ce livre paru la première fois en 1992.
(Téraèdre, Coll. [Ré]édition, 36.00 euros, 348 p.)
ISBN : 978-2-36085-060-0, ISBN EBOOK : 978-2-336-37022-4

UN «MALGRÉ-NOUS» DANS L'ENGRENAGE NAZI
Les sacrifiés de l'Histoire
Cantinho Pereira Pedro
Ce livre constitue un humble hommage aux Alsaciens et Mosellans incorporés de force dans les armées allemandes lors de la Seconde Guerre mondiale et qui vivent dans l'ambiguïté de leur destin. Dans ce cataclysme, les agresseurs ont souvent été victimes de leurs propres actes. En racontant l'histoire vraie de Paul Freundlich, jeune Alsacien dont la vie a été bouleversée par la Seconde Guerre mondiale, le narrateur revient sur son propre passé.
(Coll. Mémoires du XXe siècle, série Seconde Guerre mondiale, 21.50 euros, 216 p.)
ISBN : 978-2-343-05059-1, ISBN EBOOK : 978-2-336-36992-1

TROUPES (LES) COLONIALES D'ANCIEN RÉGIME
Fidelitate per Mare et Terras
Lesueur Boris - Préface de Michel Vergé-Franceschi
«Le désavantage des colonies qui perdent la liberté de commerce est visiblement compensé par la protection de la Métropole qui les défend par ses armes ou les maintient par ses lois». Cette phrase de Montesquieu résume les liens compliqués entre une métropole et ses colonies sous l'Ancien Régime. La prospérité apportée par les colonies devait être souvent défendue avec acharnement. Des compagnies détachées aux régiments coloniaux, l'aventure des soldats au temps de la Nouvelle-France et des Îles demeure singulière et mal connue.
(SPM, Coll. Kronos, 45.00 euros, 534 p.)
ISBN : 978-2-917232-28-6, ISBN EBOOK : 978-2-336-36549-7

DROIT (LE) DES NOIRS EN FRANCE AU TEMPS DE L'ESCLAVAGE
Textes choisis et commentés
Boulle Pierre H., Peabody Sue
En France entre le XVIe siècle et le XIXe siècle, la vision de l'individu doté d'une liberté formelle fut confrontée à l'existence de l'esclavage aux colonies, en particulier lorsqu'à partir de 1716 une exception au principe du sol libre fut octroyée aux planteurs qui souhaitaient amener en métropole leurs esclaves domestiques. Tout un appareil juridique dut être créé pour accommoder cette exception. Le présent ouvrage cherche à illustrer les différentes étapes que prit cette recherche d'un équilibre entre liberté et esclavage.
(Coll. Autrement Mêmes, 29.00 euros, 291 p.)
ISBN : 978-2-343-04823-9, ISBN EBOOK : 978-2-336-36295-3

ÂGES (LES) DE L'HUMANITÉ
Essai sur l'histoire du monde et la fin des temps
Bolton Robert
Comment, quand et pourquoi le monde a-t-il commencé ? Et quand touchera-t-il à son terme ? Les deux mille dernières années sont analysées en termes de cosmologie traditionnelle, à l'aide de la science des nombres afin de permettre le calcul de la position de notre époque dans l'ère à laquelle elle appartient. L'auteur arrive à la conclusion qu'il y a de fortes probabilités pour que son terme coïncide avec la fin des temps.
(Coll. Théôria, 28.00 euros, 272 p.)
ISBN : 978-2-343-03921-3, ISBN EBOOK : 978-2-336-36288-5

DIVINATION (LA) DANS LA ROME ANTIQUE
Études lexicales
François Guillaumont et Sophie Roesch (éds.)
Les Romains vivaient dans un monde peuplé de signes de la volonté des dieux. Savoir lire ces signes, par le biais de la divination, permettait aux hommes de s'assurer le succès de leurs entreprises. L'objet de ce recueil est de compléter par une approche lexicale les nombreuses publications déjà consacrées à ce domaine de la religion antique, afin de mieux définir les croyances et les pratiques divinatoires des Romains.
(Coll. Kubaba, 15.50 euros, 150 p.)
ISBN : 978-2-343-04273-2, ISBN EBOOK : 978-2-336-36431-5

DISPARITION (LA) DU DIEU DANS LA BIBLE ET LES MYTHES HITTITES
Essai anthropologique
Nutkowicz Hélène, Mazoyer Michel
Drames et tragédies se succèdent qui voient les destructions de la nature, de l'homme et du cosmos dans les royaumes tant hatti que judéen, témoins de la rupture entre le monde terrestre et le monde divin. Quelles explications les peuples touchés par ces situations de crises apportent-ils ? Quels sont les points partagés et les divergences développées par ces deux peuples ?
(Coll. Kubaba, série Antiquité, 22.00 euros, 214 p.)
ISBN : 978-2-343-04876-5, ISBN EBOOK : 978-2-336-36434-6

ÉCHANGES (LES) MARITIMES ET COMMERCIAUX DE L'ANTIQUITÉ À NOS JOURS (2 volumes)
Sous la direction de Philippe Sturmel
Tous les peuples, ou presque, ont voulu faire de la mer et des océans leur terrain de jeu, de chasse, d'échanges ou d'aventures. A l'aube de l'époque moderne, la navigation commerciale connaît un essor spectaculaire et les terres apparaissent comme un obstacle à son développement. La mer, enfin, comme lieu de toutes les spéculations, intellectuelles, philosophiques ou utopiques. C'est cette grande histoire que les communications rassemblées dans cet ouvrage ont l'ambition de raconter.
(Volume 1, Coll. Méditerranées, 31.00 euros, 300 p.)
ISBN : 978-2-343-03509-3, ISBN EBOOK : 978-2-336-36383-7
(Volume 2, Coll. Méditerranées, 30.00 euros, 294 p.)
ISBN : 978-2-336-30724-4, ISBN EBOOK : 978-2-336-36382-0

MENSONGES DE L'HISTOIRE (Tome 2)
Monteil Pierre
Avec simplicité, esprit critique et objectivité, l'auteur s'attaque, dans ce second tome, à de nouveaux «mensonges de l'Histoire» : ainsi, saviez-vous que l'Enfer est une conception médiévale ? Que les chiffres arabes sont en réalité indiens ? Que Gutenberg n'a pas inventé l'imprimerie ? Qu'Abraham Lincoln était raciste ? Que l'Allemagne nazie fut le premier pays dans l'espace ?
(Coll. Rue des écoles, 30.00 euros, 300 p.)
ISBN : 978-2-343-04362-3, ISBN EBOOK : 978-2-336-36119-2

VOYAGEUSES (LES) D'ALBERT KAHN (1905-1930)
Vingt-sept femmes à la découverte du monde
Arasa Yaelle
Entre 1905 et 1930, Albert Kahn, riche banquier autodidacte, crée en France, une bourse féminine Autour du monde, octroyée aux plus brillantes des jeunes femmes titulaires de l'agrégation. Les lauréates se nourrissent, durant une année, d'un quotidien nomade, se frottant aux traditions les plus anciennes et à la modernité la plus échevelée. Courriers, rapports et carnets de bord narrent les changements de paysage, du monde, de la société, de l'enseignement féminin et de la vie des femmes durant un quart de siècle.
(38.00 euros, 382 p.)
ISBN : 978-2-343-04419-4, ISBN EBOOK : 978-2-336-36174-1

MYTHE (LE) INDO-EUROPÉEN DU GUERRIER IMPIE
Blaive Frédéric, Sterckx Claude
Cet ouvrage s'appuie sur les travaux de comparatisme indo-européen initié par Georges Dumézil et plus particulièrement d'un mythème de «guerrier impie» s'attaquant obstinément à tous les niveaux du sacré, du droit et du juste, repoussant dédaigneusement les avertissements divins et s'obstinant dans sa démesure jusqu'à succomber. Ces enquêtes rendent compte des formes et des motivations propres à chaque culture du guerrier impie (tels que les Grecs Achille et Bellérophon, les Romains César et Julien l'Apostat, l'Irlandais Cuchulainn, le Scandinave Harald l'impitoyable, voire l'Anglais Richard III).
(Coll. Kubaba, série Antiquité, 22.00 euros, 224 p.)
ISBN : 978-2-336-30260-7, ISBN EBOOK : 978-2-336-35479-8

FIGURES ROYALES DES MONDES ANCIENS
Sous la direction de Michel Mazoyer, Alain Meurant et Barbara Sébastien
Dans les mondes indo-européen et méditerranéen, la royauté apparaît comme la forme naturelle et privilégiée de la souveraineté. Son souvenir est particulièrement bien conservé, nos sociétés modernes en ont largement hérité. Dix variations sur la royauté dans l'Antiquité, du monde celtique au domaine gréco-romain en passant par celui des Scythes et des Hittites sont ici proposées.
(Coll. Kubaba, 23.00 euros, 230 p.)
ISBN : 978-2-343-00291-0, ISBN EBOOK : 978-2-296-53505-3

ESSAIS D'HISTOIRE GLOBALE
Sous la direction de Chloé Maurel – Préface de Christophe Charle
L'histoire globale est une approche novatrice qui transcende les cloisonnements étatiques et les barrières temporelles et promeut un va-et-vient entre le local et le global. Développé depuis plusieurs années aux États-Unis, ce courant connaît un essor récent en France. Voici un tour d'horizon varié des travaux récents en histoire globale (concernant l'abolition de l'esclavage, l'histoire du livre et de l'édition, des revues et celle des organisations internationales).
(23.00 euros, 226 p.)
ISBN : 978-2-336-29213-7, ISBN EBOOK : 978-2-296-53077-5

VERS UN NOUVEL ARCHIVISTE NUMÉRIQUE
Ouvrage collectif coordonné par Valentine Frey et Matteo Treleani
La réinvention permanente apportée par le numérique suscite de nombreux débats. Notre rapport à la mémoire et à l'histoire, longtemps basé sur l'objet matériel et sa conservation physique, est à

présent bouleversé. Les techniques ont beaucoup évolué, apportant de nouvelles problématiques, dans le domaine de l'informatique comme celui des sciences humaines. Quelles tensions entre technique et mémoire ? Comment se souvenir du passé à travers ses vestiges ? Que change le numérique ?
(Coll. Les médias en actes, 22.00 euros, 224 p.)
ISBN : 978-2-336-00174-6, ISBN EBOOK : 978-2-296-53103-1

MENSONGES (LES) DE L'HISTOIRE
Monteil Pierre
Chaque génération hérite des *a priori* et des idées reçues de la génération précédente. Ainsi, nombreux sont les mensonges de l'Histoire qui ont survécu jusqu'à nos jours. Nos ancêtres les Gaulois ? Napoléon était petit ? Au Moyen Age, les gens ne se lavaient pas ? Christophe Colomb a découvert l'Amérique ? Ce livre revient sur 80 poncifs considérés par beaucoup comme une réalité...
(Coll. Rue des écoles, 28.00 euros, 282 p.)
ISBN : 978-2-336-29074-4, ISBN EBOOK : 978-2-296-51351-8

FLAVIUS JOSÈPHE
Les ambitions d'un homme
Cohen-Matlofsky Claude
Quelles furent les ambitions cachées de Flavius Josèphe, historien Juif de l'Antiquité ? Il prône, à travers ses écrits, le retour à la monarchie de type hasmonéen, à savoir d'un roi-grand prêtre, comme réponse à tous les maux de la Judée. La question fondamentale est la suivante : comment les élites locales ont-elles géré leurs relations avec la puissance romaine et quel rôle les membres de l'élite ont-ils assigné à leurs traditions et constitution politique dans cet environnement d'acculturation ?
(Coll. Historiques, série Travaux, 15.50 euros, 152 p.)
ISBN : 978-2-336-00528-7, ISBN EBOOK : 978-2-296-51387-7

MER (LA), SES VALEURS
Groupe «Mer et valeurs» Sous la direction de Chantal Reynier – Préface de Francis Vallat
La mer, plus que jamais, est la chance des hommes et la clef de leur avenir. Elle leur apprend la responsabilité, suscite l'esprit d'initiative, mais elle oblige tout autant à rester humble devant ses forces naturelles. Le groupe de réflexion «Mer et Valeurs», réunissant navigants et universitaires, examine l'influence de ces valeurs rapportées à toutes les activités humaines. Des références historiques et géographiques illustrent le développement intellectuel et économique des pays qui se sont tournés vers la mer.
(21.00 euros, 188 p.)
ISBN : 978-2-336-00836-3, ISBN EBOOK : 978-2-296-51412-6

MÉTAMORPHOSES RURALES
Philippe Schar : itinéraire géographique de 1984 à 2010
Sous la direction de Dominique Soulancé et Frédéric Bourdier
Philippe Schar était convaincu que la géographie ne saurait exister sans la dimension du temps et la profondeur de l'histoire, seules capables de mettre pleinement en lumière le présent et de le restituer dans toutes ses dimensions. On retrouve en filigrane dans ses recherches concises et pointues la volonté de replacer les opérations de développement à l'interface des logiques promues par les décideurs d'un côté et par les populations de l'autre. Cet ouvrage présente une sélection de ses écrits.
(33.00 euros, 320 p.)
ISBN : 978-2-296-99748-6, ISBN EBOOK : 978-2-296-51501-7

L'HARMATTAN ITALIA
Via Degli Artisti 15; 10124 Torino

L'HARMATTAN HONGRIE
Könyvesbolt ; Kossuth L. u. 14-16
1053 Budapest

L'HARMATTAN KINSHASA
185, avenue Nyangwe
Commune de Lingwala
Kinshasa, R.D. Congo
(00243) 998697603 ou (00243) 999229662

L'HARMATTAN CONGO
67, av. E. P. Lumumba
Bât. – Congo Pharmacie (Bib. Nat.)
BP2874 Brazzaville
harmattan.congo@yahoo.fr

L'HARMATTAN GUINÉE
Almamya Rue KA 028, en face
du restaurant Le Cèdre
OKB agency BP 3470 Conakry
(00224) 657 20 85 08 / 664 28 91 96
harmattanguinee@yahoo.fr

L'HARMATTAN MALI
Rue 73, Porte 536, Niamakoro,
Cité Unicef, Bamako
Tél. 00 (223) 20205724 / +(223) 76378082
poudiougopaul@yahoo.fr
pp.harmattan@gmail.com

L'HARMATTAN CAMEROUN
BP 11486
Face à la SNI, immeuble Don Bosco
Yaoundé
(00237) 99 76 61 66
harmattancam@yahoo.fr

L'HARMATTAN CÔTE D'IVOIRE
Résidence Karl / cité des arts
Abidjan-Cocody 03 BP 1588 Abidjan 03
(00225) 05 77 87 31
etien_nda@yahoo.fr

L'HARMATTAN BURKINA
Penou Achille Some
Ouagadougou
(+226) 70 26 88 27

L'HARMATTAN SÉNÉGAL
10 VDN en face Mermoz, après le pont de Fann
BP 45034 Dakar Fann
33 825 98 58 / 33 860 9858
senharmattan@gmail.com / senlibraire@gmail.com
www.harmattansenegal.com

L'HARMATTAN BÉNIN
ISOR-BENIN
01 BP 359 COTONOU-RP
Quartier Gbèdjromèdé,
Rue Agbélenco, Lot 1247 I
Tél : 00 229 21 32 53 79
christian_dablaka123@yahoo.fr

654643 - Mai 2016
Achevé d'imprimer par
1livre.com
du rêve à la réalité !

www.ingramcontent.com/pod-product-compliance
Lightning Source LLC
LaVergne TN
LVHW011133061026
849535LV00003B/476
* 9 7 8 2 3 4 3 0 7 8 9 8 4 *